航天科技图书出版基金资助出版

复合材料制品模具
设计制造及其案例

文根保 文 莉 史 文 编著

中国宇航出版社

·北京·

图书在版编目（C I P）数据

复合材料制品模具设计制造及其案例 / 文根保，文莉，史文编著 . -- 北京：中国宇航出版社，2023.1
　　ISBN 978 - 7 - 5159 - 2081 - 8

Ⅰ. ①复… Ⅱ. ①文… ②文… ③史… Ⅲ. ①复合材料－模具－设计②复合材料－模具－制造 Ⅳ. ①TG76

中国版本图书馆 CIP 数据核字（2022）第 103248 号

责任编辑 张丹丹　　**封面设计** 宇星文化

出　版 发　行	中国宇航出版社		
社　址	北京市阜成路 8 号　邮　编　100830	版　次	2023 年 1 月第 1 版
	（010）68768548		2023 年 1 月第 1 次印刷
网　址	www.caphbook.com	规　格	787×1092
经　销	新华书店	开　本	1/16
发行部	（010）68767386　　（010）68371900	印　张	30.25
	（010）68767382　　（010）88100613（传真）	字　数	736 千字
零售店	读者服务部　　（010）68371105	书　号	ISBN 978 - 7 - 5159 - 2081 - 8
承　印	天津画中画印刷有限公司	定　价	148.00 元

本书如有印装质量问题，可与发行部联系调换

航天科技图书出版基金简介

航天科技图书出版基金是由中国航天科技集团公司于 2007 年设立的，旨在鼓励航天科技人员著书立说，不断积累和传承航天科技知识，为航天事业提供知识储备和技术支持，繁荣航天科技图书出版工作，促进航天事业又好又快地发展。基金资助项目由航天科技图书出版基金评审委员会审定，由中国宇航出版社出版。

申请出版基金资助的项目包括航天基础理论著作，航天工程技术著作，航天科技工具书，航天型号管理经验与管理思想集萃，世界航天各学科前沿技术发展译著以及有代表性的科研生产、经营管理译著，向社会公众普及航天知识、宣传航天文化的优秀读物等。出版基金每年评审 1～2 次，资助 20～30 项。

欢迎广大作者积极申请航天科技图书出版基金。可以登录中国航天科技国际交流中心网站，点击"通知公告"专栏查询详情并下载基金申请表；也可以通过电话、信函索取申报指南和基金申请表。

网址：http：//www.ccastic.spacechina.com

电话：(010) 68767205，68767805

前　言

　　复合材料产品是指以增强纤维织物（纤维、带、布和编织物）作为基体，树脂作为黏结剂，以及为获得产品某些性能的添加剂，在模具上制作的成型产品。复合材料纤维是指石棉纤维、玻璃纤维、芳族聚酰胺纤维、碳纤维、硼纤维、陶瓷纤维、晶须和其他类型的纤维。复合材料纤维是一种新型高科技材料，复合材料产品成型方法是一种新型成型工艺方法。聚酯纤维增强复合材料作为新型高科技材料，使当前人类已经从合成材料的时代进入复合材料的时代，复合材料必定会成为今后材料研制的重点和热点。

　　增强复合材料在世界上已有 70 多年的发展历程，是极富挑战性和极有发展前途的一种新型的现代材料。增强复合材料产品具有质轻、强度高、耐腐蚀和节能等特点，将会在国民经济各个领域发挥越来越重要的作用。近些年大力提倡的节能环保理念，为增强复合材料及其产品的发展提供了良好的机遇。近几年，随着市场经济的发展，我国增强复合材料产业呈现出跳跃性增长，年增长率为国民经济增长率的 3～4 倍。2008 年，玻璃钢总产量已经超过日本，居世界第二位。新型复合材料的开发与应用已成为当今科技进步的一个重要标志，复合材料更是以其无可替代的性能，成为现有材料中的第三大材料。

　　复合材料具有质量小，强度高，耐蚀性、耐水性、隔热性、热稳定性、耐候性、电绝缘性及透微波性好，加工方便和成本低的特点，甚至能像人的皮肤一样具有感应能力。而芳纶纤维的性能优于玻璃钢，碳纤维的性能优于芳纶纤维，晶须的性能又优于碳纤维，它们被广泛地应用于造船、化工、航空航天、建筑、汽车、运动器材和农用机械等行业，由此聚酯制品被快速、高质量和大批量地生产。高强轻质复合材料在汽车工业中的应用，又加快了不饱和聚酯树脂的发展和应用，并大量应用于建材、造船和化工防腐等行业。它们可以制造成玻璃钢化工管道、槽罐、耐腐蚀容器、船艇、汽车、火车、冷藏车部件、冷却塔、空调设备、耐酸泵及管道配件、建筑板材、屋面波形瓦、温室透明瓦、装饰板、活动房、电工绝缘板、机器零件、机器外壳、农用喷雾器等，其制品多达数百种。玻璃钢产品在国民经济各个领域具有越来越重要的作用，玻璃钢产品的发展反过来又推动着不饱和聚酯树脂的生产。除玻璃钢之外，其他复合材料制造过程困难、成型工艺和模具结构复杂，造成复合材料产品价格昂贵，故目前复合材料产品多应用在军品上，很难在民用产品上推广。本书的写作目的就是希望能将军用技术推广到民用产品上。

　　玻璃钢产品起初多用于路标、雨棚、储水罐、化工槽、船艇和中小飞机蒙皮等产品中。而柔韧的芳纶纤维，可以制成防弹衣和防弹头盔。质轻、强度高、模量高、抗高温冲击性好、体胀系数小、防原子辐射和化学稳定性高的碳纤维，可在 2 000 ℃高温环境中使用，在 3 000 ℃非氧化环境中不软化，起初只是用于制作高尔夫球杆、运动自行车和钓鱼竿等。碳纤维去磁处理后可在雷达电磁波照射中隐形，现多使用在无人侦察机、歼击机、坦克和军舰外壳上，起到减重和隐形的作用。

我国复合材料产品在生产和技术上虽然发展很快，但与发达国家相比还是存在着较大的差距，主要表现在不饱和聚酯树脂的品种和产量少，我国仅有数百种，发达国家多达上千种；我国大部分是通用树脂，缺乏许多重要品种，如低挥发树脂、发泡树脂、乙烯基树脂、SMC 用树脂、拉挤用树脂、纽扣和人造大理石及人造玛瑙树脂。近些年来才引进碳纤维加工技术，硼纤维、碳化硅纤维、陶瓷纤维和金属晶须等品种更是处于起步阶段。各类纤维加工设备和工艺落后，我国绝大部分采用手工裱糊加工，此方法制品数量占玻璃钢制品总量的 80%，而日本只有 26%，缺乏玻璃钢制品自动生产流水线的高效率设备。总之，我国复合材料产品存在生产工艺落后，设备简陋，技术水平低，管理不良，质量不稳定，操作、环保和安全规程不健全等问题。

本书对于要求具有无气泡、间隙、分层、富胶、缺胶、皱褶、重量超差和壁厚超差等缺陷玻璃钢制品模具的设计，在现有接触成型的技术基础上进行了多项革新与改进，使复合材料制品能达到消除上述缺陷的目的。对于合成型钻模，局部凸模袋压成型模，可移动组合凸模袋压成型模，机械结构袋压成型模，二次抽芯、三次抽芯简易与机械成型模，RTM 成型模，热压罐真空成型模，压力机对模成型模的设计，均有模具结构的创新形式。如采用对模成型解决具有封闭边形式"障碍体"无缺陷箱或盒及盖类型制品的成型技术；对于具有深与浅型凹坑"障碍体"的复合材料制品，采用模具型腔进行裱糊与刚性可移动组合模块在袋压作用下无缺陷成型技术；对于具有众多凸台和凹坑及弓形高"障碍体"的复合材料制品，采用成型制品外形可装卸的型腔，将内型面分割成多个模块，在袋压作用下彼此可以移动的无缺陷成型技术；为了解决具有橄榄球形状头盔外壳出现的皱褶，防止锐器穿刺或子弹射穿头盔外壳，采用增强基芳纶纤维预成型编织物后的 RTM 成型技术。为了解决手工裱糊时人工劳动强度大的难题，采用凹模开闭模和装有橡胶袋盖板开合的机械结构形式设计，代替手工开闭模操作；为了实现复合材料制品自动化生产的喷涂成型和浸渍成型技术，还介绍了碳纤维制品的真空成型和热压罐成型技术。另外，还介绍了多种复合材料制品边角余料切割模的设计，特别是有关激光切割模避让激光头运动和排烟的设计。由于我国企业大多数采用手工裱糊工艺方法成型复合材料制品，90% 以上采用湿法接触成型工艺方法，上述新技术可以为读者在设计同类产品模具时提供参考。复合材料模具用材十分广泛，从非金属、有色金属、黑色金属、常规模具钢到新型模具钢都能够选用。由于受到制品收缩、应力、温度、脱模、树脂品种和批量的影响，很多复合材料制品成型模构件会产生变形、腐蚀等缺陷。本书专门介绍了模具用材的选用和热处理、表面处理的方法。应该说，这些技术对复合材料成型加工企业的技术有较大的帮助。

对于复合材料制品模具设计理论而言，开创性地提出了在模具设计前，应对制品进行形体七要素分析、模具结构方案与最佳优化方案以及模具最终结构方案可行性分析与论证。痕迹与痕迹技术的提出，又为模具方案制定、复制和缺陷整治提供了理论依据，故形成了一个完整、全面和系统的辩证论证方法论。同一制品采用的成型工艺不同，其模具结构便会不同。在依据制品质量要求、确定制品成型工艺方法后，再以解决制品形体七要素分析的模具方案进行模具设计。"障碍体"要素分析为成型模结构的分型、抽芯和脱模以及避让"障碍体"提供了技巧和方法。这种设计既考虑到了模具能顺利地成型制品，又照顾到让制品避免产生各种缺陷，还考虑到模具结构方案的论证。书中介绍的模具结构，对同类型制品模具结构设计具有参考作用，同时对"军转民"技术起到了促进作用。制品形体的"型孔和型槽"要素的分析，为型孔和型槽的加工和切割模具的设计提供了设计依据。通过大量案例的介绍，将复合材料各种模具的设计思维、设计技巧和设计方法介绍给读者。让读者在掌握这些方法之后，可以设计出性能更加先进的模具，并能够避免模具和制品出现废次品。书中还特别介绍了复合材料的边角余料和型孔及型槽切割的方法，即带锯、铣床、冲切和激光4种切割工艺方法。由于带锯、铣床切割易产生微小的纤维灰尘以及因切削热产生的有害气体，长期工作条件下操作人员易患有癌症和帕金森综合征，所以作者提倡采用激光切割的工艺方法。

参与本书编写的人员有文根保、文莉、史文、刘静、王庭江、袁开波、高俊丽、卞坤、丁杰文、张佳、燕宇洋、黄皓宇、胡君、文根秀、蔡运莲等。本书是作者在40多年复合材料模具设计制造实践的经验基础上而编写的。本书中所阐述的内容，希望能对从事复合材料成型行业的人员有所帮助。当然，这些理论还有很大拓展和充实的空间，欢迎广大同行能深化该理论。

由于作者的水平和知识面有限，加之时间仓促，书中难免存在不足之处，恳请读者提出宝贵意见。联系邮箱：1024647478@qq.com。

作 者

于中国航空工业航宇救生装备有限公司

2022 年 8 月

目　录

第1章　复合材料制品及其组合材料简介

复合材料是以一种材料为黏结剂、另一种材料为增强体组合而成的材料。复合材料由非金属材料和金属材料，或者由两种非金属材料，以物理方式混合或层压组合而成。复合材料制品是以树脂作为黏结剂，以玻璃纤维、芳纶纤维、碳纤维、硼纤维、陶瓷纤维或金属晶须作为增强材料，在成型模中成型固化后所制成的产品。在讨论复合材料成型模和切割模时，必须对树脂和各种纤维材料的性能、用途和加工工艺方法有所了解。只有对要加工的对象做到了如指掌，才能设计出优良的制品和模具。在设计模具之前，读者有必要先对复合材料的基础知识进行一定的了解。树脂是一种新型的高科技材料，复合材料制品更是以复合材料和新型加工工艺方法制造的产品。由于复合材料具有重量轻，强度高，耐蚀性、耐水性、隔热性、热稳定性、耐候性、电绝缘性和透微波性好，加工方便和成本低等特点，因此具有十分广泛的应用。复合材料更是以其无可替代的性能，成为现有材料中的第三大材料。其制品已从军事工业迅速发展到各行各业，并以势不可挡的速度成为材料之星，而作为增强材料的玻璃纤维、芳纶纤维或碳纤维更是具有不同特性。由于作为黏结剂的树脂不同，成型的增强纤维复合材料制品不同，模具结构和成型方法也有所不同。

1.1　不饱和聚酯树脂基本概念

在介绍不饱和聚酯树脂之前，先对不饱和聚酯树脂技术领域的一些术语进行介绍，如聚酯的反应、高分子、聚酯和树脂的概念。

1.1.1　聚酯的反应

在高分子科学中把聚合反应分为逐步聚合反应、链加成聚合反应、加聚反应。同时，高分子是由单体分子连续反应而生成的。不饱和树脂的合成有加成聚合反应和缩合聚合反应两种，目前大多数采用缩合聚合反应来合成。

1.1.1.1　加成聚合反应

用环氧丙烷与顺酐、苯酐反应制备不饱和聚酯树脂，是典型的加成聚合反应。该反应可用含羟基化合物（如水、醇、羧酸）作为起始剂来引发。目前，普遍采用二元醇为起始剂，如乙二醇、丙二醇等。二元醇中的羟基与酸酐发生反应生成羟基羧酸酯，羟基羧酸酯引发环氧基开环形成环氧基羧酸酯，二元酸酐与环氧丙烷交替反应直至反应单体用完为止。以环氧丙烷为原料通过加成聚合反应制备不饱和聚酯具有以下优点：

1) 加成聚合反应过程中无水及小分子物生成，产品组成比较简单纯净；

2）起始剂的用量决定了聚酯分子量的大小，分子量分布比较均匀；

3）生产过程能耗低；

4）反应周期短，生产率高；

5）无污染，对环境没有影响。

此方法生产不饱和聚酯树脂对工艺要求不十分苛刻，能生产多种牌号的优质聚酯。

1.1.1.2　缩聚反应

链加成聚合反应可分为自由基聚合反应、阳离子聚合反应、阴离子聚合反应和配位络合聚合反应等。逐步聚合反应中最重要的是缩合聚合反应，简称缩聚反应，聚酯就是通过缩聚反应制得的。聚酯的固化就是通过自由基聚合反应来实现的，单体是指能发生聚合反应的化合物；生成的聚合物的分子量是大小不一的同系物，其组成具有多分散性。不饱和聚酯绝大多数是以二元酸和二元醇进行缩聚反应来合成的，在反应初期，二元酸、二元醇和低聚物与二元酸或二元醇反应占大多数，到反应后期反应体系中的二元酸和二元醇消耗完后，聚合反应主要是低聚体聚酯分子的脂化反应，最后形成高分子。聚合物是指单体通过聚合反应生成分子量很大的大分子（分子量为 $10^4 \sim 10^6$），也可称为高分子。低聚物是指分子量较低的高分子。其分子量的变化会大大改变这种高分子的性能。

聚酯反应和缩聚反应属于平衡可逆反应，当反应到一定程度，即正逆反应速度相等达到平衡状态时，分子量不再随着时间延长而增大。而要使聚合物分子量增大，就必须以排除反应水和低分子物来破坏平衡。到反应后期反应液的黏度相当大，反应水和低分子物难以排除，阻碍了高分子量聚合物的生成，故缩聚聚合物的分子量比较小。除可逆反应之外，还伴随着一些副反应，主要是单体和低聚合物的环化反应、官能团的分解反应、聚酯高分子的解聚反应，如醇解反应、酸解反应、羧基的脱羧反应、聚合物链的交联反应等。如此，大大地影响了缩聚产物的分子量及其分布，从而影响着聚酯树脂的各项性能。

1.1.1.3　交联反应

交联是指高分子之间产生化学键，并形成立体网状大分子的化学反应过程。交联单体是指具有反应活性、能在高分子之间形成化学键的单体，如乙烯基类单体。在热固性树脂中，常用凝胶和固化来描述高分子的交联反应。凝胶是指交联反应的前期阶段，其产物加热可软化，溶剂可溶胀但不溶解。固化是指交联反应的后期阶段，固化后产物既不溶也不熔。

当两种双键物质共聚时，由于化学结构不同，两者活性存在差异，因此生成的共聚物组成与配料组成不同。在共聚过程中先生成的共聚物组成也不一致，在聚合后期某种双键物质先消耗完，只生成剩余物质的均聚物。不饱和聚酯树脂的交联固化反应是烯类单体（如苯乙烯）和不饱和聚酯的双键发生自由基的共聚反应，反应遵循共聚反应规律。不饱和聚酯树脂自由基聚合固化交联反应与缩聚反应不同，它们各自具有以下一些特点：

1）缩聚反应是逐步反应，反应可以控制。自由基共聚合反应一旦引发，分子量便会急剧增大，很快形成高聚物。

2）缩合聚合反应是可逆反应，自由基聚合反应是不可逆反应，一经链引发反应会自动进行到底，直至生产三向交联型结构。

3）不饱和聚酯树脂自由基聚合反应具有链引发、链增长及链终止 3 种自由基反应的特点。聚酯树脂通过引发剂等使单体引发形成单体自由基的反应称为链引发；单体自由基立即与其他分子反应进行连锁聚合，形成长链自由基的反应称为链增长；两个单体自由基结合，聚合物长链自由基活性受到限制停止增长的反应称为链终止。

1.1.1.4　引发反应

为了加快聚酯反应和固化速度，常加入适量的引发剂、促进剂。为了减缓聚酯反应和固化速度，常加入适量的阻聚剂或缓聚剂。

1）引发剂：单体的聚合反应和聚合物的化学反应中常用引发剂来进行引发反应。在高分子反应中，用于产生活性并引发反应的化学物质称为引发剂。在不饱和聚酯反应中的引发剂是自由基引发剂，有偶氮化合物和过氧化物等。不饱和聚酯在引发剂的作用下能固化交联，引发剂用量过多时会使引发速度过快，从而使固化反应不易控制而造成产品性能不良。引发剂用量过少时会使引发速度过慢，从而使固化慢甚至发黏不固化，效率低。加热也可以加速固化，但需要加压，加压易产生气泡和裂纹等缺陷。

2）促进剂：也称为加速剂，是一种活化剂，可以促进引发剂活化加速其分解，以引发交联反应。促进剂可使某些引发剂在常温下分解，常用的促进剂有钴盐（如环烷酸钴）、胺类化合物（如二甲基苯胺）。

3）阻聚剂或缓聚剂：阻聚剂或缓聚剂是一种能使树脂交联固化自由基活性消失或降低的化学物质。常用的阻聚剂是二酚类化合物，如对苯二酚。不饱和聚酯和交联单体的混合物中加入一定量的阻聚剂或缓聚剂，能使不饱和聚酯树脂有一定的贮存期。

1.1.1.5　连续反应

高分子是由单体分子连续反应而生成的，能够连续反应形成高聚物的分子必须具有一定的反应活性。在缩聚反应中活性用官能度表示，只有反应分子的平均官能度大于或等于两种单体才能反应生成高分子聚合物，如乙酸和乙醇反应只能形成简单的化合物乙酸乙醇，二元酸和二元醇反应能生成高分子量的聚合物。连续反应形成高聚物的分子除了生成少量的环状化合物之外，大多数为线型高分子。高分子的性能依赖于分子量，如高分子的力学性能随分子量的增大而提高。但当分子量增大到一定程度时，高分子材料的性能不再变化。所以，分子量是衡量高分子性能的重要指标。

1.1.2　高分子

高分子按结构形状不同可分为线型、支化型和交联型。由骨架原子链成长的直线形状的高分子称为线型高分子，这种高分子可溶解于溶剂中，也可熔化。骨架原子全是碳原子构成的称为碳链高分子，如聚乙烯和聚氯乙烯等。骨架原子含有非碳原子的称为杂链高分子，如聚对苯二甲酸乙二醇酯、不饱和聚酯等。支化型高分子是在线型高分子链上派生出的一些支链，其组成的结构单元和主链的结构单元可相同，也可不同。支化型高分子是可溶的，很多性质与线型高分子相类似，但溶液黏度和结晶倾向是不同的，支化型高分子的结晶倾向较低。交联型高分子是指高分子链间发生化学结合而形成交联或网状高分子，只能被溶胀而不能溶解，也不能熔融，高度交联的高分子也不溶胀。

1.1.3 聚酯

聚酯是主链上含有酯键的高分子化合物的总称，一般是由二元酸和二元醇经缩聚反应而生成的含有酯键的一类高分子化合物。聚酯树脂可分成两类，一类是饱和的聚酯树脂，饱和聚酯树脂是指分子链上不含不饱和双键的聚酯高分子，如二甲酸乙二醇酯。它是一种热塑性树脂，可以制成纤维，也可以制成薄膜，俗称"涤纶"。另一类是不饱和聚酯树脂，不饱和聚酯树脂是指分子链上具有不饱和键（如双键）的聚酯高分子，它由不饱和二元酸（酐）、饱和二元酸（酐）与二元醇或多元醇缩聚而成，并在缩聚反应结束后趁热加入一定量的乙烯基类单体形成黏稠液体树脂，在应用时加入引发剂、促进剂等发生反应，形成立体网状结构的高分子，这种高分子称为热固性树脂。这种不饱和聚酯溶解于有聚合能力的单体中而成为一种黏稠液体（如苯乙烯）时，称为不饱和聚酯树脂，简称 UPR。不饱和聚酯树脂也可以定义为二元酸和二元醇经缩聚反应而成的含有不饱和二元酸或二元醇的线型高分子化合物溶解于单体（通常用苯乙烯）中而成的黏稠液体。

1.1.4 树脂

树脂是一种俗称，指制造塑料产品所用的高分子原料，凡未经过加工的任何高聚物都可称为树脂。通常指受热后软化或熔融时在外力的作用下有流动倾向，在常温下为固态、半固态或液态的有机物。树脂可分为天然树脂和合成树脂。天然树脂是指由自然界中动植物分泌物所得到的无定形的有机物质，如松香、琥珀和虫胶等。合成树脂是指由简单有机物经化学合成或某些天然产物经化学反应而得到的树脂产物。

人类最早发现的树脂是从树上分泌物中提炼出来的脂状物（如松香等），这是"脂"前为什么有"树"字的原因。树脂工艺品是公元前109年秦国宰相吕不韦在锻造天下第一剑时在山东临沂八脚山的溶洞下发现的。那时发现的只是制作树脂工艺品的原料的雏形，吕不韦让工匠把其雕刻成一座雄鹰献给秦王，这就是世界上第一件树脂工艺品。从此树脂工艺品在秦代开始流行起来，许多商人开始大肆在八脚山下发掘和寻找这种树脂工艺品的原材料。当这种原材料很快被发掘完时，人们发现这种石头让工匠雕刻的成本太大，花好几天的时间才能雕刻一件树脂工艺品，根本满足不了当时市场的需求。到了公元430年时，宋国商人学会了利用硅橡胶、玻璃蒙砂粉等，大大提高了树脂工艺品的生产速度。

直到1906年人工第一次合成了酚醛树脂，才开辟了人工合成树脂的新纪元。1942年，美国橡胶公司首先投产，后来把未经加工的任何高聚物（不包含聚酯树脂）统称为树脂。这时树脂早与"树"无关了，但由于历史原因仍称为树脂。树脂又可分成热塑性树脂和热固性树脂两大类。线型长链高分子分子链在热的作用下可以克服分子间力的作用而发生相对滑动，产生非弹性变形，这种高分子可称为热塑性高分子。热塑性树脂是可以反复进行加热熔化、冷却固化的可熔性的树脂，即热塑性高分子可以进行多次加热熔融、冷却凝固的过程，即可多次成型。热固性高分子是加热固化后不可再逆的树脂，即成为不溶解、不熔化的固体。过度加热只能使高聚物降解，即只能进行一次成型，如酚醛树脂、环氧树脂、不饱和聚酯树脂等。

1.1.4.1　树脂的分类

（1）按树脂合成反应分类

树脂按树脂合成反应可分成加聚物和缩聚物。加聚物是由加成聚合反应所制的聚合物，其链节结构的化学式与单体的分子式相同，如聚乙烯、聚苯乙烯和聚四氟乙烯等。缩聚物是由缩合反应所制的聚合物，其结构单元的化学式与单体的分子式不同，如酚醛树脂、聚酯树脂和聚酰胺树脂等。

（2）按分子主链组成分类

树脂按分子主链组成可分成碳链聚合物、杂链聚合物和元素有机聚合物。碳链聚合物是指主链全由碳原子所构成的聚合物，如聚乙烯、聚苯乙烯等。杂链聚合物指主链由碳和氧、氮、硫等两种以上的原子所构成的聚合物，如聚甲醛、聚酰胺、聚砜和聚醚等。元素有机聚合物是指主链上不一定含有碳原子，主要由硅、氧、铝、钛、硼、硫、磷等元素的原子构成，如有机硅。

1.1.4.2　特性

聚酯指的是二元羧酸和二元醇经过缩合反应而成的聚合物。通用聚酯树脂一般为邻苯型，即采用邻苯二甲酸酐、顺丁烯二酸酐、丙二醇、乙二醇等常用的材料合成，然后溶解于交联单体苯乙烯中。不饱和聚酯树脂的加工方便，聚酯树脂不但可在常温、常压下固化，而且可在加温、加压下反应，如酚醛树脂的成型需在较高的压力（8～30 MPa）和温度下进行。不饱和聚酯树脂的固化不放出小分子，可以制造出比较均一的产品。

（1）物理性质

不饱和聚酯树脂相对密度为 1.11～1.20，固化时体积收缩率较大，固化时间短，放热温度高，强度高，综合性能好，是一种适用性很广的树脂。

1）耐热性：绝大多数不饱和聚酯树脂的热变形温度都在 50～60 ℃ 范围内，耐热性好的可达 120 ℃，线胀系数为（130～150）×10^{-6}℃$^{-1}$，具有较高的抗拉强度、抗弯强度和抗压强度。

常压三大热固性树脂固化后的性能见表 1-1。从表中可以看出，固化后的热固性树脂的性能很低，不能满足许多使用要求。因此，通常需要用纤维增强制成复合材料。

表 1-1　热固性树脂固化后的性能

性能	不饱和聚酯树脂	缩水甘油醚环氧树脂	酚醛树脂
抗拉强度/MPa	25～80	30～100	20～65
弹性模量/GPa	2.5～3.5	2.5～6.0	2.0～6.5
断后伸长率(%)	1.3～10.0	1.1～7.5	1.5～3.5

续表

性能	不饱和聚酯树脂	缩水甘油醚环氧树脂	酚醛树脂
抗弯强度/MPa	70～140	60～180	45～95
弯曲模量/GPa	2.5～3.5	1.8～3.3	2.5～6.6
抗压强度/MPa	60～160	60～190	45～115
泊松比	0.35	0.16～0.25	—
密度/(g/cm^3)	1.11～1.15	1.15～1.25	1.31
吸水率(24 h)/mg	10～30	7～20	15～30
体积电阻率/Ω·cm	10^{12}～10^{14}	10^{10}～10^{18}	10^{9}～10^{11}

2）耐化学腐蚀性：不饱和聚酯树脂与普通金属的电化学腐蚀机理不同，它不导电，透微波，在电解质溶液里不会有离子溶解出来，因而对大气、水和一般浓度的酸、碱、盐等介质有着良好的化学稳定性。特别在强的非氧化性酸和相当广泛的 pH 值范围内的介质中都有着良好的适应性。过去用不锈钢也应对不了的一些介质，如盐酸、氯气、二氧化碳、稀硫酸、次氯酸钠和二氧化硫等，现在都可以得到很好的解决，固化后的树脂综合性能良好。常见的热固性树脂一般都耐酸、稀碱、盐、有机溶剂、海水，耐湿。

（2）工艺性能优良

不饱和聚酯树脂最突出的优点是，在室温下具有适宜的黏度，可以在室温下固化，常压下成型，固化过程中无小分子形成，因而施工方便，易保证质量，并可用多种措施来调节它的工艺性能，特别适合于制造大型制品和现场制造玻璃钢制品，可以一次成型各种大型制品，或具有复杂形状和结构的制品，因而不饱和聚酯树脂成为一种具有很大优越性的新型材料。

（3）化学性能

不饱和聚酯树脂是具有多功能团的线型高分子化合物，在其骨架主链上具有聚酯链键与不饱和双键，在大分子链两端各带有羧基和羟基。

1）主链上的双键可以和乙烯基单体发生共聚交联反应，使不饱和聚酯树脂从可溶状态转变成不可溶状态。

2）主链上的酯键可以发生水解反应，酸或碱可以加速该反应，使不饱和聚酯树脂从可溶状态转变成不可溶状态。若与苯乙烯共聚交联，则可大大降低水解反应的发生。在酸性介质中，水解是不完全可逆的，所以聚酯能耐酸性介质的侵蚀。在碱性介质中，由于形成了共振稳定的羧酸根阴离子，水解成为不可逆的，所以聚酯耐碱性较差。

3）树脂处于未交联状态，在适合的溶剂中仍可溶解，加热时流动性良好。

（4）其他特性

不饱和聚酯树脂除了具有上述特性之外，还具有以下其他特性：

1）在室温下可采用不同的固化系统固化成型，在常压下成型颜色浅，可以制成浅色或彩色的制品。

2）固化后树脂综合性能好，不饱和聚酯树脂的力学性能介于环氧树脂和酚醛树脂之间，电学性能、耐蚀性、老化性能优良。

3）不饱和聚酯树脂的价格适中，比环氧树脂要便宜，原料来源广。在增强塑料中所有的树脂大部分是热固性树脂，热塑性树脂用量较少，不饱和聚酯树脂是增强塑料中用量最多的树脂。

（5）不足

不饱和聚酯树脂除了具有上述优点之外，还有以下不足之处：

1）固化时体积收缩率大，会影响制品的尺寸，但可以通过加入聚乙烯、聚氯乙烯、聚苯乙烯、聚甲基丙烯酸甲酯或邻苯二甲酸二丙烯酯等热塑性聚合物的方法降低收缩性。

2）绝大多数不饱和聚酯树脂的热变形温度都在 50～60 ℃ 范围内，成型时气味（苯乙烯）和刺激性较大。

1.1.5　不饱和聚酯树脂的分类和用途

1.1.5.1　分类

不饱和聚酯树脂主要是根据品种、性能、成型特点和结构进行分类，具体如下：

1）可按专用品种树脂分类：可分成手糊树脂、缠绕树脂、喷射树脂、拉挤树脂、模压树脂、片状或团状模树脂、浇铸树脂、连续制板树脂等。

2）按反应性能分类：可分成高反应型树脂、中等反应型树脂和低反应型树脂，触变型树脂和非触变型树脂等。

3）根据其性能分类：可分成通用树脂、防腐蚀树脂、阻燃树脂、自燃树脂、耐热树脂、低收缩树脂、柔性树脂、高透明树脂、人造石树脂、玛瑙树脂、纽扣树脂、胶衣树脂、泡沫树脂、颜色载体树脂等。

4）按成型特点分类：可分成 SMC 树脂、BMC 树脂、RTM 树脂、食品级树脂、气干型树脂、宝丽板树脂、工艺品树脂、水晶树脂和原子灰树脂等。

5）根据不饱和聚酯树脂的结构分类：可分成邻苯型、间苯型、对苯型、双酚 A 型和乙烯基酯型等。

1.1.5.2　用途

各种不饱和聚酯未固化时是从低黏度到高黏度的液体，加入各种添加剂加热，固化后即成为刚性或弹性的塑料，可以是透明的或不透明的。

（1）未增强不饱和聚酯树脂的应用

不饱和聚酯树脂早期主要用作涂料，于 1941 年开始用于浇铸，1942 年以后用于聚酯玻璃钢。由于玻璃钢强度大、加工方便，发展极为迅速，聚酯玻璃钢中的聚酯用量已经占聚酯总消耗量的 70%～80%。其他非玻璃钢部分的总消耗量较少，但应用十分广泛，如装饰铸塑件和电器浇铸，制造耐腐和耐化学腐蚀的地板，铸塑纽扣，特别是珠光纽扣，无溶剂的聚酯清漆，用作陶瓷或铸铁排水管的密封和螺母的固定胶；聚酯腻子和胶泥等。

1）表面涂层：家具涂层，如钢琴、电视机、收音机外壳、缝纫机台板及自行车罩光漆等。固化后的漆膜具有突出的耐候性、耐水性、耐油性、耐酸性，硬度高、光泽好、电气绝缘性优良和不易污染的优点。

2）浇铸：聚酯树脂注入铅模中进行热铸塑固化后硬度比酚醛树脂高，颜色浅且容易着色。用此法可以生产各种刀把、刷子和伞柄等。聚酯树脂室温固化后具有良好的电气性能，可以用于电子元件与电子部件的包容，如电气元件、成套微型化电路、互感器、变压器和大型浇铸制品。聚酯固化后，能良好地抗机械振动和湿气的侵入。

聚酯树脂浇铸体适用于保存动物、地质和生物标本。最重要的应用是制造"珠光纽扣"、水晶工艺品、不透明各种造型工艺品、各种聚酯纽扣制品。聚酯纽扣浇铸料根据需要预先混好人工合成的或天然的珠光粉，再加入各种颜色以及金色或银色线进行装饰。聚酯纽扣能耐洗涤并在短时间内经得住烙铁的烫熨。

聚酯树脂用来制造人造大理石、水晶石桌面、人造玛瑙和人造花岗岩等。透明的聚酯树脂能使各种彩色石粒或卵石呈现出鲜明的立体感，使得制品光彩绚丽、晶莹如水、美观大方。人造大理石可以作为建筑装饰品，如墙面、台面和浴池等。

3）浸渍：聚酯树脂作为无溶剂漆使制品具有优良的电性能，如各种线圈和电容器的真空浸渍。木制品的浸渍可使其变得强韧而坚硬，经久耐用。还可用于制作胶衣，如玻璃钢表面装饰的防老化阻燃胶衣、耐热胶衣、喷涂胶衣、模具胶衣、不开裂胶衣、辐射固化胶衣和高耐磨胶衣等。因为聚酯树脂在室温下能固化，考古学家用来处理历史悠久的朽木、字画和古董，以保存文物。

（2）不饱和聚酯树脂非玻璃钢

1）聚酯腻子和聚酯胶泥：聚酯腻子具有较高的黏结力，抗水、耐腐蚀、耐老化，并具有触变性和气干性，广泛用于作为铸铁件的表面覆盖层涂料，这样粗糙的铸铁表面不用机械抛光及去毛刺的加工。

聚酯胶泥、聚酯腻子常用于修补汽车、船舶及玻璃钢工程，根据使用要求可选用不同型号的聚酯，并配入一定比例的粉末填料，如石英粉、辉绿岩粉等。

2）聚酯黏结剂：可以黏结毛笔、毛刷、固定螺母和建筑物的梁柱等，聚酯作为黏结剂的应用范围十分广泛。

3）聚酯混凝土：是指以聚酯树脂作为胶接材料，与各种骨料或粉料调配而成的一种新型高强度、多功能的建筑材料，也是一种有发展前途的非金属防腐蚀材料。它具有强度高、抗渗性和抗冲击性好、耐磨、不导电及化学稳定性良好的特点。

1.2　不饱和聚酯树脂加工和应用的原料

增强复合材料制品中除了作为基体的聚酯树脂和增强基的玻璃纤维、芳纶纤维、碳纤维、晶须或其他纤维之外，还需要添加一些其他的辅助化学品。这些辅助化学品有改变增强复合材料制品性质的，有改变反应速度的，有为了使增强复合材料制品脱模更容易的。

这些辅助化学品是增强复合材料制品加工过程中不可缺失的物品。

1.2.1　不饱和聚酯树脂的交联剂、阻聚剂和缓聚剂

（1）交联剂（或称架桥剂）

交联剂是一类烯烃不饱和化合物，与聚酯树脂中双键发生共聚产生交联结构。由于不饱和聚酯树脂分子链中具有一定量的不饱和双键，加入一定量的交联剂后可增加聚酯分子间的交联，改善树脂固化的性能，与聚酯树脂中双键发生共聚产生交联结构。由于聚酯树脂中含有一定比例的交联剂，常用的苯乙烯相当于溶剂，在树脂中加入引发剂（也称催化剂或固化剂）和促进剂，使树脂在常温下固化。固化特征表现为树脂从黏稠状→凝胶→不溶不熔的固体，同时伴有发热现象。常用的交联剂有苯乙烯、甲基苯乙烯、甲基丙烯酸甲酯、邻苯二甲酸二丙烯酯、三聚氰酸三丙烯酯等。苯乙烯的反应能力大，在室温下能与不饱和聚酯反应。固化后制品强度较高、电气性能较好，苯乙烯用量为20%～50%。用量过多虽然可以降低树脂黏度，但固化后树脂的耐热性、耐蚀性均会下降。

（2）阻聚剂（或称聚合终止剂）

阻聚剂是指能迅速与游离基作用减慢或抑制不希望有的化学反应物质，用于延长某些单体和树脂的贮存期。由于不饱和聚酯树脂含有双键，与交联剂混合后不能长期贮存，在常温、氧和光的作用下树脂黏度会逐渐增加。为了防止它的聚合，需加入阻聚剂，如对苯二酚或苯醌。阻聚剂仅能降低聚合反应速度，但不能完全消除聚合作用，会消耗部分引发剂而降低引发剂的作用。阻聚剂可以防止聚合作用的进行，在聚合过程中产生诱导期（聚合速度为零的一段时间），诱导期的长短与阻聚剂含量成正比，阻聚剂消耗完后诱导期便结束，即按无阻聚剂存在时的正常速度进行反应。

（3）缓聚剂

缓聚剂是调节树脂的放热性能，以满足工艺要求的添加剂，它不会产生诱导期，只会降低聚合速度。缓聚剂除不少品种与阻聚剂相同之外，最有效的是α-甲基苯乙烯。

阻聚剂、缓聚剂和稳定剂都是树脂交联固化反应的抑制剂，它们的作用原理都是吸收、消灭可以引发树脂交联固化的游离基，是游离基的抑制剂。若在某一种树脂中消灭游离基能力强的为阻聚剂作用，在另一种树脂中只起到减弱游离基活性的为缓聚剂作用。

1.2.2　不饱和聚酯树脂的引发剂

引发剂是不饱和聚酯树脂用的固化剂，是在促进剂或其他外界条件作用下而引发树脂交联的一种过氧化物。在玻璃钢的生产中引发剂虽然用量很少，但却是配方中极重要的成分。引发剂选用是否恰当直接关系到生产率的高低和制品性能的好坏与稳定性。常用的引发剂为过氧化甲乙酮、过氧化环乙酮，一般用量小于4%。固化可采用引发剂并加热的办法，也可在室温下使用引发剂和促进剂（加速剂）予以固化。通常是用过氧化二苯甲酰、过氧化环乙酮、过氧化甲乙酮、过氧化苯甲酸叔丁酯等作为引发剂。但这些过氧化物属于

易燃、易爆危险品，对人体的呼吸道、皮肤和眼睛等有刺激作用。为了使用的安全性，一般与增韧剂（如邻苯二甲酸或邻酸三甲苯酯等）混合成糊状。因此，引发剂在生产、贮存和使用过程中应严格遵守安全规则。

1.2.3　不饱和聚酯树脂的促进剂

不饱和聚酯树脂的促进剂（加速剂）是指聚酯树脂在固化过程中能降低引发剂引发的温度，促使有机过氧化物在室温下产生游离基的物质。不饱和聚酯树脂用的有机过氧化物（引发剂）临界温度都在 60 ℃以上，不能满足室温固化要求，促进剂的作用在于降低有机过氧化物开始分解成游离基的温度，从而保证树脂能在室温下交联固化。常用的促进剂有萘酸钴、环烷酸钴、二甲氧基苯胺以及 N，N-二基苯胺等，它们的用量一般为树脂的 $0.05\%\sim0.5\%$。树脂的交联固化对促进剂的用量甚为敏感，使用时必须严格控制用量。

由引发剂和促进剂组成的体系称为引发系统，手糊、喷射、注射、浇铸及纤维缠绕成型工艺一般采用常温固化。在常温条件下稳定的有机过氧化物和促进剂组成氧化-还原系统，如过氧化甲乙酮-环烷酸钴及过氧苯甲酰-叔胺类。目前，市场上的促进剂多为复合促进剂，与传统的单一钴盐类型促进剂相比，在固化速度、固化后对制品的色泽影响等多方面都优于进口材料，二甲氧基苯胺促进剂对钴盐有很强的协效作用，常用于冬季低温施工。

1.2.4　稀释剂

稀释剂是一类使液体树脂黏度变稀薄时的液体物质，它不能溶解树脂，但能部分代替溶剂。稀释剂的作用是降低树脂黏度，使树脂具有流动性，改善树脂对增强材料、填料的浸润性，控制固化时的热反应，延长树脂固化体系适用期。不同的树脂，所需要的稀释剂也不同。

（1）不饱和聚酯树脂用的稀释剂

不饱和聚酯树脂用的稀释剂主要是苯乙烯、α-甲基苯乙烯、甲基丙烯酸单体等。

（2）酚醛树脂用的稀释剂

酚醛树脂用的稀释剂主要是酒精和丙酮等。

（3）环氧树脂用的稀释剂

环氧树脂用的稀释剂主要是活性稀释剂和非活性稀释剂。

1）非活性稀释剂：这种稀释剂只共混在树脂中，不参与树脂的固化反应，仅仅是降低树脂黏度，如添加邻苯二甲酸二丁酯的双酚 A 环氧树脂。

2）活性稀释剂：这类稀释剂主要指含有环氧基团的低分子化合物，能与固化剂反应，并参与环氧树脂的固化反应成为交联树脂结构的一部分。活性稀释剂可分为单环氧基和双环氧基两类，还有不含环氧基的亚磷酸三苯酯、γ-丁内酯两种。

1.2.5　填料

填料是用以改善复合材料硬度、刚度和冲击强度等性能以及降低成本的固体添加剂，它与增强材料不同。填料呈颗粒状，呈纤维状的增强材料不能作为填料。

1.2.5.1　作用机理

填料作为添加剂主要是通过它以体积占据空间发挥作用，由于填料的存在，基体材料的分子链就不能再占据原有的全部空间，使相连的链段在某种程度上被固定并可能引起基体聚合物的取向。由于填料的尺寸稳定性，在填充的聚合物中，其界面区域内的分子链运动受到了限制，而使玻璃化温度上升，热变形温度提高，收缩率降低，弹性模量、硬度、刚度和冲击强度提高。

1.2.5.2　作用

填料的作用如下：

1）可以降低成型件的断面收缩率和表面粗糙度，提高制品尺寸的稳定性、平滑性和平光性或无光性等。

2）可以有效调节树脂的黏度。

3）可以满足不同性能的要求，提高耐磨性，改善导电性和导热性等，大多数填料能提高材料冲击强度和压缩强度，但不能提高抗拉强度。

4）可提高颜色的着色效果。

5）某些填料具有极好的光稳定性和耐化学腐蚀性。

6）有增容作用，可降低成本，提高产品在市场上的竞争力。

1.2.5.3　填料的种类

填料包含无机填料、有机填料、惰性填料、活性填料、微球形填料、片状填料、纤维状填料、针状填料和玻璃粉、磨碎玻璃纤维填料以及复合型填料。

（1）无机填料和有机填料

1）无机填料：主要以天然矿物为原料，经过开采、加工制成的颗粒状填料，少数是经过处理制成的。无机填料包含：

a）氧化硅与硅酸盐；

b）碳酸盐与碳化物；

c）硫酸盐与硫化物；

d）钛酸盐；

e）氧化物与氢氧化物；

f）金属类。

2）有机填料：是由天然的动植物及人工合成的有机材料（如再生纤维素、合成树脂等）制成的。

（2）惰性填料和活性填料

1）惰性填料：是将天然矿石用湿磨研磨后烘干或干磨成粉直接使用。

2）活性填料：采用偶联剂表面处理使填料表面有覆层，或将天然矿物煅烧，或兼有覆层和煅烧两种方法。

（3）微球形（实心或空心）填料

微球形填料的主要特征是在任意方向上长度大致相等。

1）玻璃微珠：有实心微珠（沉珠）和空心微珠（漂珠）两种。

2）聚合物微珠：是有机化合物制成的高分子聚合物微珠。

（4）片状填料、纤维状填料、针状填料

1）鳞片状填料：是在两个方向上长度比第三个方向长得多的粒子，具有鳞片形状。

2）晶须：是由碳化硅、氮化硼、氧化铝、石墨或铍的金属氧化物制成的微小纤维状单晶体。

（5）玻璃粉和磨碎玻璃纤维填料

玻璃粉和磨碎玻璃纤维填料是由碎玻璃或玻璃纤维研磨而成的，是热固性和热塑性基体的填料。能赋予制品耐热性和低收缩性，并可改善力学性能。

（6）复合型填料

复合型填料是指利用不同填料的特性，通过特殊处理方法将两种或两种以上的填料组合和改性后制成。

1.2.5.4　添加剂

添加剂是指复合材料产品在生产或加工过程中需要添加的辅助化学品。添加剂在复合材料中的作用如下：

（1）稳定化作用

树脂基复合材料在制备、贮存、加工和使用过程中容易老化变质，其性能会明显地降低。为了防止或延缓复合材料的老化，在复合材料制备和加工中就需要添加稳定剂，也可称为防老剂。稳定化添加剂主要是抑制由氧、光和热等引起的复合材料在制备、加工和应用时发生的老化过程。

（2）改善力学性能

为了改善树脂基复合材料的抗拉强度、硬度、刚性和冲击强度等力学性能，在复合材料制备加工时添加一些可以改善力学性能的添加剂，如以环氧树脂为基体的复合材料在交联固化之后，硬度较大、强度较高，但韧性较差和抗冲击性能不理想时，为了改善它的抗冲击性能，可以添加提高韧性的添加剂。

（3）改善加工性能

复合材料在制备和加工过程中经常要添加一些稀释剂，以改善复合材料的加工性能，提高流动性和脱模性能。稀释剂的加入可以降低树脂的黏度，改善胶液的适用期。润滑剂的加入可以提高聚合物分子之间以及聚合物与增强材料之间的润滑性，从而改善复合材料的加工性。

（4）阻燃作用

随着复合材料应用领域的迅速扩大，对其阻燃性能的要求越来越高。树脂基复合材料基体多数是由碳氢化合物构成的有机聚合物，具有可燃性。因此，在复合材料的加工过程中，需要添加使复合材料达到一定阻燃要求的添加剂，将这类添加剂统称为阻燃剂。阻燃剂有卤化物、含磷或含磷与卤素的添加剂，三水合氧化铅和锑、钼化合物等。

（5）改进表面性能

为了防止复合材料在加工和使用时产生静电危害，在复合材料制备时常常加入具有表面活性的添加剂物质，以改善复合材料的表面性能，这类添加剂包括抗静电剂和防雾剂。

（6）改善外观质量

在加工或制备复合材料及其制品时，为了改善复合材料及其制品的外观质量，常加入能使制品具有各种色彩或赋予复合材料外观粗糙度的添加剂，这类添加剂有着色剂和触变剂。

1）着色剂：是能使制品着色的有机与无机的、天然与合成的色料的总称。着色剂有颜料糊、氧化钛、氧化锌、炭黑、铁黑、镉黄、镉红、铬绿、酞青蓝等。着色剂又分成染料和颜料两类：

a）染料：是施加于基材使之具有颜色的强力着色剂，染料借吸附、溶解、机械粘合、离子键化学结合或共价键结合保留于基料中。但染料易在塑料中发生部分溶解出现着色迁移现象，耐光性差。

b）颜料：颗粒较大，并且通常不溶于普通溶剂的有机物或无机物。有机颜料产生半透明或近乎透明的颜色，比染料具有较好的抗色移性和稍高的抗热性。无机颜料除少数之外均为不透明并具有牢固的耐磨性、耐热性和抗色移性，遮盖力好、色泽鲜艳。

2）触变剂：是一种使液体树脂基体或胶衣树脂的流动性变好的添加剂，其在撤除外力后（如搅拌时），又可恢复成原来不易流动的状态。触变剂的作用是防止树脂在施工中的斜面或垂直面上流淌，避免树脂含量在上下层出现不均匀的现象，从而确保制品的质量。常用的触变剂有粉状聚氯乙烯、活性二氧化硅（俗称白炭黑）。其他的触变剂有石棉、高岭土、凹凸棒土、乳液法氯乙烯化合物等。

1.2.6　脱模剂

为了防止成型的复合材料制品脱模时粘在模具上，在制品与模具之间施加的隔离膜称为脱模剂。脱模剂的作用一方面是使制品很容易从模具中脱出，另一方面要保证制品表面质量和模具完好无损。常用的脱模剂主要有以下几类：

（1）按使用方式分类

脱模剂按使用方式可分成外脱模剂和内脱模剂。

1）外脱模剂：是直接将脱模剂涂敷在模具上的脱模剂。

2）内脱模剂：是指熔点比普通模具温度稍低的化合物，在加热成型工艺中将其加入树脂中，它与液体树脂相容，并与固化树脂不相容。在一定加工温度条件下内脱模剂从树脂基体渗出，在制品与模具之间形成一层隔离膜。

（2）按脱模剂状态分类

脱模剂按状态可分成薄膜型、溶液型、膏型和蜡型。

1）薄膜型：有聚酯、聚乙烯醇、聚苯乙烯、聚氯乙烯、玻璃纸和氟塑料薄膜等。

2）溶液型：有烃类、醇类、羧酸及羧酸酯、羧酸的金属盐、酮、酰胺、卤代烃溶液型脱模剂。

3）膏型和蜡型：有硅酯、硅油、HK－50 耐热油膏、气缸油、汽油与沥青的溶液及蜡型脱模剂。

蜡型脱模剂是应用最广泛的一类，如石蜡、石膏，价格便宜、使用方便、无毒、脱模效果好。缺点是会使制品表面沾油污，影响表面涂漆，漏涂时会使脱模困难。对于成型复杂的大型制品，常与溶液型脱模剂复合使用。

（3）按组合情况分类

脱模剂按组合情况可分为单一型脱模剂和复合型脱模剂，包括组分复合和使用方式的复合。

（4）按使用温度分类

脱模剂按使用温度分为常温型脱模剂和高温型脱模剂，如常温蜡、高温蜡和硬脂酸盐类。

（5）按化学成分分类

脱模剂按化学成分分为无机脱模剂（如滑石粉、高岭土等）和有机脱模剂。

（6）按复用次数分类

脱模剂按复用次数分为一次性脱模剂和多次性脱模剂。

1.2.7　不饱和聚酯树脂固化过程的表观特征变化

树脂中加入固化剂后引发交联聚合反应，使树脂开始由液态向固态转变，这一固化过程可分成以下 3 个阶段：

1）凝胶阶段或称 A 阶段：从加入固化剂、促进剂后算起，直至树脂凝结成胶冻状而失去了流动性的阶段。在该阶段中，树脂能熔融，并可溶于某些溶剂（如乙醇、丙酮）中，这一阶段大约需要几分钟至几十分钟。

2）硬化阶段或称 B 阶段：从树脂凝胶以后算起直至变成具有足够硬度，达到基本不粘手的阶段。在该阶段中，树脂与某些溶剂（如乙醇、丙酮等）接触时能溶胀但不能溶解，加热时可以软化但不能完全熔化，这一阶段大约需要几十分钟至几小时。

3）熟化阶段或称 C 阶段：在室温下放置从硬化以后算起达到了制品所要求的硬度，具有稳定的物理性能与化学性能可供使用的阶段。在该阶段中，树脂既不溶解也不熔融，这就是常指的后期固化。这个阶段是一个很漫长的过程，通常需要几天或几个星期甚至更长的时间。

1.2.8　固化剂和促进剂加入量对树脂固化的影响

为了提高施工的进度和制品性能的稳定性，都希望树脂能尽快完全固化。对于反应活性的树脂，固化剂和促进剂的加入量对树脂的固化速度和固化程度有很大的影响。

1）足够量的固化剂：加入足够量的固化剂以保证足够的放热峰温度，达到较高的固化程度。固化剂加入量过少，会造成树脂永久性的欠固化。

2）较高环境的温度：可适当减少促进剂的加入量，以得到足够长的凝胶时间和较完全的固化程度。

3）促进剂与固化剂的比例：促进剂与固化剂的摩尔比必须小于 1（只能选择钴盐作为促进剂），否则促进剂与初级游离基的逆反速度会大于初级游离基引发单体的速度，使转化率下降。因此，过多地使用促进剂并不能达到加速固化的效果，反而会使制品性能下降。

4）对于低反应活性的不饱和聚酯树脂的固化，宜选用低活化的固化系统。

5）在低温或高湿度的不利固化条件下，可以采用复合固化系统：如过氧化甲乙酮 1%，二甲基苯胺 0.5%，过氧化苯甲酰 2%。总结固化的原则：固化剂足够的加入量和促进剂适当的加入量。

1.2.9　施工环境对树脂固化的影响

施工环境对树脂固化的影响很大，环境温度越高，胶凝和固化时间越短。施工环境温度升高 10 ℃，可使胶凝时间缩短将近 1/2。如果施工环境温度过低，易造成永久性的欠固化。因为树脂在低温下虽然能够凝胶，但凝胶后形成的大分子却不能移动。由于没有足够的放热峰温度，引发固化剂不断释放自由基，使得连锁交联反应不易进行，最终导致永久的欠固化。

1）温湿度要求：施工环境温度不低于 16 ℃，相对湿度不大于 80%。为了使树脂充分固化，固化成型后最后进行高温后固化处理。

2）后固化处理方法：可于 40 ℃下 2 h、60 ℃下 2 h、80 ℃下 2 h 进行处理，在 100～120 ℃处理 2 h 效果更佳，然后，常温养护 24 h 后再投入使用。若无热处理，可在施工后常温养护 1 个月，环境温度低时还要适当延长养护时间，使其充分固化后再投入使用，这一点对于耐腐蚀用途的树脂固化尤其重要。

1.3　不饱和聚酯树脂的发展简史与特性

不饱和聚酯树脂作为一种复合材料，在石油化工、交通运输、建筑、机械、电气、环保、农业、航空以及国防工业等领域得到了越来越广泛的应用。

1.3.1　不饱和聚酯树脂发展史

不饱和聚酯树脂作为一种复合材料，在古代和现代都有应用。复合材料在工业发达国家中的应用较金属材料晚一些，我国比工业发达国家的应用更晚一些，但是发展的速度还是很快的。

1.3.1.1　复合材料古代的应用

复合材料也有着一定的历史发展过程。早在远古时代，人类祖先就运用稻草增强泥坯作为墙体材料，这种造房的方法至今还在应用。古巴比伦人用沥青裹着麻布修补船只，古埃及人用麻布和涂料制成木乃伊保护尸体千年不腐。复合材料起源于中国，如敦煌壁画里的泥胎，宫殿建筑里的圆木表面的披麻覆漆，享誉海内外的福建脱胎漆器，乃至已使用上百年的钢筋混凝土结构建筑，这些事例都是古代人类对复合材料的具体应用。

1.3.1.2　复合材料现代的应用

不饱和聚酯树脂现代应用可分成初期、中期和现今 3 个发展阶段。

（1）初期阶段

初期阶段是指 18 世纪中叶到 19 世纪 30 年代，不饱和聚酯树脂早期的产品主要用于油漆和涂料方面。

（2）中期阶段

中期阶段是指 19 世纪 30 年代至第二次世界大战结束，不饱和聚酯树脂除了用于油漆和涂料方面，还用于战争方面。过氧苯甲酰作为"催干剂"，使不饱和聚酯树脂与单体快速进行交联反应时可加速干燥，使油漆生产实现"快干"。因 20 世纪第二次世界大战的需求，自 1935 年开始玻璃纤维已有较大的发展，1939 年发明了常温常压下成型的不饱和聚酯树脂。当时的玻璃钢首先应用在航空工业方面（如飞机的雷达罩、副油箱等），由此而发展出近代复合材料，如用烯丙基乙二醇作为飞机雷达和玻璃布增强的树脂基，使雷达重量轻、强度高、透微波性好、制造方便。

（3）现今阶段

现今阶段是指第二次世界大战结束至今，不饱和聚酯树脂作为新型材料迅速推广，并应用于民用行业，如"珍珠"纽扣、人造大理石、人造玛瑙、地板和路面铺覆材料。自 20 世纪 50 年代以后，美国开始研制玻璃钢火箭发动机外壳，1957 年应用玻璃钢布裱糊制作红石导弹第一节外壳，1967 年用环氧树脂制作第一架全玻璃钢飞机。20 世纪 70 年代玻璃钢在船舶工业领域发展迅速，如玻璃钢摩托艇、扫雷艇和中小型渔船。其中，摩托艇 100% 采用玻璃钢，中小型渔船中玻璃钢占到 40%，扫雷艇的长度达到 10 m 以上。储水箱和储水罐更是 100% 采用玻璃钢，客车车厢外壳材料也采用玻璃钢。

1957 年研发了团状模塑料和片状模塑料，使聚酯制品能以高速度、高质量和大批量进行生产。轻质高强度的复合材料在汽车工业中的应用，加快了不饱和聚酯树脂的发展和应用，并大量应用于建材、造船和化工防腐等行业。具体可以用复合材料制造玻璃钢化工管道、槽罐、耐腐蚀容器、玻璃钢船艇、汽车、火车、冷藏车部件、冷却塔、空调设备、耐酸泵及管道配件、玻璃钢建筑板材、屋面波形瓦、温室透明瓦、装饰板、玻璃钢活动房、电工绝缘板、玻璃钢机器零件、机器外壳、农用喷雾器等，各种制品多达数百种。玻璃钢产品在国民经济各个领域具有越来越重要的作用，玻璃钢产品的发展反过来又推动着不饱和聚酯树脂的生产。

1.3.1.3　我国复合材料的应用与发展状况

我国是从 1958 年才开始在国防军工方面研究玻璃钢，1960 年所研制的超厚度层压玻璃钢为我国尖端科研做出了贡献。1965 年在全国举办的第一次玻璃钢展览会上，展品达几百种，除了军工产品外，还有不少民品，实现了纤维缠绕工艺机械化生产。1959 年试航了 9 m 长的玻璃钢游艇；1965 年试用了玻璃钢飞机螺旋桨；1966 年试飞了全玻璃钢水上飞机浮筒和解放 7 型滑翔机；1968 年安装了第一台直径为 15 m 的大型玻璃钢风洞螺旋桨；1971 年安装了直径为 44 m 的大型全玻璃钢蜂窝夹层结构的地面雷达罩；1974 年颁布了 0.4 m³ 铝内衬玻璃钢气瓶规范，同年，我国第一艘长度为 39.8 m 的大型玻璃钢船舶下水；1975 年第一个直径为 18.6 m 的玻璃钢高山雷达防风罩正式服役；1976 年成型了直径为 8 m 的玻璃钢风机叶片，同年，第一座大型钢筋混凝土断桥用玻璃钢修补成功并通车使用。以后，每年都有新的玻璃钢产品研制成功，如冷却塔、化工贮罐、波形瓦、活动房屋、风力发电机叶片、大型电机护环、管道、体育器材及文娱用品等。据不完全统计，至 1989 年我国已有近 2 000 个不同规模的玻璃钢企业，生产玻璃钢产品几千种，玻璃钢年产量约 7.4 万 t。现在年产玻璃纤维球 2 万 t，玻璃纤维纱 3 000 t，玻璃纤维涂层墙体网布 7 000 万 m²。

2006 年，全国累计生产玻璃纤维纱 116.07 万 t，同比增长 22.18%。其中，池窑产量 89.12 万 t，占生产总量的 76.79%。玻璃纤维工业产品销售率为 99.5%，比 2005 年同期增长 2.8 个百分点，库存量减少。企业主营业务成本高达 237.44 亿元，同比增长 30.84%。企业克服原材料价格上涨的影响，利润水平又创新高。行业利润总额 25.66 亿元，同比增长 39.65%；利税总额 36.85 亿元，同比增长 43.53%。2006 年，中国玻璃纤维行业出口创汇 11.8 亿美元，实现贸易顺差 4.51 亿美元，累计出口玻璃纤维及制品 79.01 万 t，同比增长 38.9%。

2007 年 1—11 月，中国玻璃纤维及制品制造行业累计实现工业总产值 3 762 453 万元，比上年同期增长 38.07%；累计实现产品销售收入 3 656 584 万元，比上年同期增长 38.22%；累计实现利润总额 354 105 万元，比上年同期增长 51.08%。2007 年中国（大陆）行业中，复合材料玻璃纤维产量 160 万 t，其中 115.5 万 t 用于玻璃钢（FRP）工业；不饱和聚酯树脂（UPR）产量 135 万 t，其中 68.8 万 t 用于玻璃钢领域，占 51%；乙烯基树脂产量 12 640 t，胶衣树脂产量 15 870 t。

2008 年，我国复合材料整个行业全年经济运行平稳，产量增长达 12% 左右。行业规模以上企业全年实现工业增加值 86.7 亿元，复合材料总产量达 290 万 t，工业总产值 258 亿元，新产品产值 11.6 亿元，销售产值 253 亿元。

增强复合材料在世界上已有 70 多年的发展历程，可以作为极富挑战性和极有发展前途的一种新型的现代材料。增强复合材料产品以质轻、强度高、耐腐蚀和节能等特点，将在国民经济各个领域发挥越来越重要的作用。在大力提倡节能环保的今天，为增强复合材料及其产品的发展提供了良好的机遇。近几年随着市场经济的发展，我国增强复合材料产业显现出跳跃性增长，年增长率为国民经济增长率的 3～4 倍。2008 年，我国玻璃钢总产量已经超过日本，居世界第二位。有关统计资料表明，全球玻璃钢的产品已超过 4 万种。美国玻璃钢产量在 150 万 t 以上，居世界首位。2010 年，我国玻璃钢年产量为 329 万 t，较 2009 年增长约 21.8%，产量已位列全球第一位。玻璃钢作为一种新型材料，必将为我国的经济建设发挥更大的作用。

从 2010 年年初起，国家发展和改革委员会、科技部、财政部、工信部四部委联合制定下发了《国务院关于加快培育和发展战略性新兴产业的决定》代拟稿，经过半年的意见征求，主要领域从 7 个扩为 9 个，其中"新材料"中分列了特种功能和高性能复合材料两项。在"十大产业振兴规划"之后，"战略性新兴产业"已经被认为是振兴经济的又一重大举措，所以普遍认为这是继国家"4 万亿"投资计划之后又一个大型产业投资计划。

在现阶段，我国复合材料行业面临着一个新的大发展时期，如城市化进程中大规模的市政建设、新能源的利用和大规模开发、环境保护政策的出台、汽车工业的发展、大规模的铁路建设、大飞机项目等，以及我国对"十三五"规划的实行；特别是我国提出的"一带一路"倡议，必定带动欧亚基础设施的建设。在巨大的市场需求牵引下，复合材料产业将有很广阔的发展空间。

从长远来看，随着全球在玻璃纤维改性塑料、运动器材、航空航天等方面对玻璃纤维的需求不断增长，玻璃纤维行业前景仍然乐观。另外，玻璃纤维的应用领域扩展到风电市场，这可能是玻璃纤维未来发展的又一个亮点。能源危机促使各国寻求新能源，风能成为近年来关注的一个焦点，中国在风电领域也开始加大投资。到 2020 年，国内在风力发电领域将投资 3 500 亿元，其中，20%（即 700 亿元）左右的领域需要使用玻璃纤维（如风机叶片等）。这对中国玻璃纤维企业来说是一个很大的市场。

1.3.2　不饱和聚酯树脂与国外发达国家的差距

我国不饱和聚酯树脂的品种和产量虽在生产和技术上发展很快，但与发达国家相比还存在着差距。主要表现在：产品品种少，我国仅有数百种，国外多达千种；我国大部分是通用树脂，缺乏许多重要品种，如低挥发树脂、发泡树脂、乙烯基树脂、SMC 用树脂、拉挤用树脂、纽扣和人造大理石及人造玛瑙树脂；进入 21 世纪才引进碳纤维加工技术，从 2000 年开始，我国碳纤维向技术多元化发展。此外，硼纤维、碳化硅纤维、陶瓷纤维、金属晶须、纳米复合材料和木塑材料等品种的数量、质量更是不如国外；我国绝大部分采用手工裱糊加工，此方法制品数量占玻璃钢制品总量的 80%，而日本只有 26%，缺乏玻璃钢制品自动生产流水线的高效率设备。总之，生产工艺落后、设备和模具简陋、技术水平低、管理不良、质量不稳定、操作规程和安全规程不健全。

国内开展最早的碳纤维工业可以追溯到 1962 年，直到 1975 年，原国防科工委主任开始主持碳纤维研发工作；进入 2000 年，两院院士师昌绪提出要大力发展碳纤维产业，这引起了政府的重视；2005 年，当时国内的碳纤维行业企业仅有 10 家，合计产能仅占全球产能的 1%；2008 年，以国有企业为代表的企业开始进入碳纤维行业，但大部分企业在核心关键技术上还无任何突破，无论是生产线的运行还是产品质量，都极不稳定；进入 2010 年，国内碳纤维生产能力占世界高性能碳纤维总产量的 0.5%；2012 年 1 月，国家工信部公布了"十二五"规划，其中碳纤维计划产能为 1.2 万吨/年，到 2022 年，预计我国碳纤维的产能约为 2.4 万吨/年。

近年来，我国大力引进国外生产和应用技术，提高了不饱和聚酯树脂加工技术水平，缩小了与国外的差距或达到了国际先进水平。我国虽然在热塑性玻璃钢和覆铜板的开发和生产方面与工业发达国家存在一定的差距，但在热固性玻璃钢产品的产量方面，已在世界各国中处于十分重要的地位。

1.4　聚酯纤维增强复合材料的发展

近年来除了玻璃纤维、凯芙拉纤维和碳纤维之外，增强纤维还发展有高温、高强度、高模量的硼纤维、碳化硅纤维、陶瓷晶须、金属晶须等。聚酯增强纤维作为新型高科技材料，使人类从合成材料的时代进入复合材料的时代，复合材料必定会成为今后材料研制的重点和热点。复合材料甚至会代替很多传统材料，但是传统材料绝不可能代替复合材料。增强复合材料无可比拟的特性为增强复合材料产品提供了很大的发展空间。众所周知，凯芙拉纤维的性能优于玻璃钢，碳纤维的性能优于凯芙拉纤维，晶须的性能又优于碳纤维。这些复合材料产品的发展极为迅速，广泛地应用于造船、化工、航空航天、建筑、汽车、运动器材和农用机械等领域。

1.4.1　玻璃纤维复合材料

我国玻璃钢所需的复合材料得到了迅速的发展，其中有无碱、中碱、耐碱、高硅氧和高强度等多种玻璃纤维。除传统的方格布、单向布之外，直接无捻粗纱（实用拉挤、缠绕成型）、SMC 与 BMC、喷射用捻粗纱、短切原丝毡、湿法表面毡、连续原丝毡、针刺毡、经编织物等产品的产量均逐年提高；FRTP（热塑性玻璃钢）与 FW（纤维缠绕）用无捻粗纱在国内销售量均达到 2 万 t 以上。

玻璃钢制品是以玻璃纤维作为增强树脂的制品，玻璃钢中玻璃纤维的质量分数一般为 25%～35%。主要是采用短切纤维毡，其增强效果良好。我国绝大多数玻璃钢是一种由单一的多层粗格子布叠合糊制玻璃钢层合的制品，这种制品树脂含量不足，层间结合力低，在树脂固化过程中会形成玻璃钢结构内部的气泡、间隙和分层的缺陷。玻璃纤维是支撑骨架，它基本上决定了玻璃钢制品的力学性能，并且可减小聚合物的收缩，提高热变形温度和低温冲击强度。

玻璃纤维以玻璃为原料，在高温熔融状态下拉丝而成，其直径在 $0.5～30\ \mu m$ 范围内。玻璃纤维具有力学性能和光学性能优良、不燃烧、耐腐蚀、价格低廉及易制造等特点。

1.4.1.1　玻璃纤维的分类

玻璃纤维的类型有很多种，可按化学成分、纤维性能、纤维尺寸和纤维特性分类。玻璃纤维按尺寸可分为连续纤维、定长纤维和玻璃棉；按化学成分可分为无碱、高碱、中碱玻璃纤维；按性能可分为高强度、高弹性、高模量和耐碱玻璃纤维等。

（1）按化学成分分类

玻璃纤维按化学成分分为无碱玻璃纤维、中碱玻璃纤维和高碱玻璃纤维。

1）无碱玻璃纤维：是指化学成分中碱金属氧化物的质量分数＜1％的铝硼硅酸盐的玻璃纤维，称为 E-玻璃。其特点是具有优异的电绝缘性、耐热性、耐候性和力学性能，主要用于电绝缘材料。无碱成分处在钠-硅-钙三元系统中，由氧化硅、氧化铝、氧化钙、氧化硼、少量氧化钠等组成。原料采用进口硼钙石、叶蜡石、石灰石、纯碱、萤石、芒硝等。

2）中碱玻璃纤维：是指化学成分中碱金属氧化物的质量分数为 2％～6％的钠钙硅酸盐的玻璃纤维，称为 C-玻璃。其特点是耐酸性好，机械强度约为无碱玻璃纤维的 75％，成本比无碱玻璃纤维低，用途广泛。中碱成分处在钠-硅-钙三元系统中，由氧化硅、氧化钠、氧化钙、氧化镁、氧化铝和氧化铈组成。原料有石英砂、钠长石、白云石、萤石、纯碱、硝酸钠、芒硝等。

3）高碱玻璃纤维：是指化学成分中碱金属氧化物的质量分数为 11.5％～12.5％（或更高）的钠钙硅酸盐的玻璃纤维，称为 A-玻璃。其特点是耐酸性好，但不耐水，原料易制造，价格低廉。

（2）按玻璃纤维性能分类

玻璃纤维按性能分为高强玻璃纤维、高模量玻璃纤维、普通玻璃纤维、耐酸玻璃纤维、耐碱玻璃纤维、耐辐射玻璃纤维和耐高温玻璃纤维。

1）高强玻璃纤维（S-玻璃）：由 Mg、Al 和 Si 三元素组成。

2）高模量玻璃纤维（M-玻璃）：BeO 或 ZrO_2、TiO_2 含量较高。

3）普通玻璃纤维：高碱玻璃纤维（A-玻璃，即钠钙系玻璃）和无碱玻璃纤维（E-玻璃）。

4）耐酸玻璃纤维（C-玻璃）：指 Si、Al、Ca 和 Mg 系耐化学腐蚀玻璃。

5）耐碱玻璃纤维（AR-玻璃）。

6）耐辐射玻璃纤维（L-玻璃）：含 PbO37％。

7）耐高温玻璃纤维。

（3）按单丝直径分类

玻璃纤维按单丝直径分为粗纤维、初级纤维、中级纤维、高级纤维和超细级纤维。

1）粗纤维：纤维直径为 30 μm。

2）初级纤维：纤维直径为 20 μm。

3）中级纤维：纤维直径为 10～20 μm。

4）高级纤维：纤维直径为 2～10 μm。

5）超细级纤维：纤维直径＜4 μm。

（4）按玻璃纤维外观分类

玻璃纤维按外观分为连续纤维（有捻及无捻粗纱）、短切纤维、空心纤维和玻璃粉及磨料纤维等。

1.4.1.2　玻璃纤维的组成及其作用

（1）玻璃纤维的组成

玻璃纤维主要由 SiO_2、B_2O_3、CaO 和 Al_2O_3 等组成，常用玻璃纤维的成分见表 1-2。

表 1-2　常用玻璃纤维的成分（质量分数）

玻璃纤维种类	玻璃纤维成分							
	SiO_2	Al_2O_3	CaO	MgO	ZrO_2	B_2O_3	Na_2O	K_2O
无碱 1 号	54.1±0.7	15.0±0.5	16.5±0.5	4.5±0.5		9.0±0.5	<0.5	
无碱 2 号	54.5±0.7	13.8±0.5	16.2±0.5	4.0±0.5		9.0±0.5	<2.0	
中碱 5 号	67.5±0.7	6.6±0.5	6.6±0.5	4.2±0.5			11.5±0.5	<0.5
中碱 B17	66.8	4.7	8.5	4.2		3.0	12.0	
E-玻璃	53.5	16.3	17.3	4.4		8.0	0~3	
C-玻璃	65.0	4.0	14.0	3.0		6.0	8.0	
S-玻璃	64.3	25.0	10.3				0.3	
G-20①	71.0	1.0			16.0		2.49	
A-玻璃	72.0	0.6	10.0	2.5			14.2	

① 抗碱玻璃纤维。

（2）玻璃纤维的组成所起的作用

玻璃纤维成分对玻璃纤维性能和生产工艺起着决定性的作用。

1）二氧化硅（SiO_2）：是玻璃纤维的主要成分，在玻璃纤维中构成牢固的骨架，使玻璃纤维具有化学稳定性、热稳定性和机械强度的性能，二氧化硅主要来源于砂岩和沙子。

2）氧化硼（B_2O_3）：可以提高玻璃纤维的热稳定性、耐化学性能和电绝缘性能，可降低玻璃纤维的韧性。

3）氧化钙（CaO）：可以提高玻璃纤维的化学稳定性和机械强度，增加玻璃纤维的硬度，会降低玻璃纤维的热稳定性，主要来源于石灰石和大理石等。

4）三氧化二铝（Al_2O_3）：可以提高玻璃纤维的耐水性和韧性，会降低玻璃纤维的析晶性，主要来源于长石和高岭土等。

5）氧化钠（Na_2O 和氧化钾（K_2O）等助熔氧化物：可以降低玻璃的熔化温度和黏度，同时增大玻璃纤维的线胀系数，主要来源于芒硝和小苏打。

6）氧化镁（MgO）：可以提高玻璃纤维的耐热性、化学稳定性、机械强度，降低玻璃纤维的析晶性和韧性，主要来源于白云石和菱苦土等。

1.4.2　玻璃纤维的物理性能和化学性能

玻璃纤维的性能取决于玻璃纤维的物理性能和化学性能，只有了解玻璃纤维的性能，才能清楚地知道玻璃纤维的用途。

1.4.2.1　玻璃纤维的物理性能

玻璃纤维机械性能优良，比有机纤维耐温高，在高温下玻璃纤维不会燃烧，隔热、隔声性好（特别是玻璃棉），抗拉强度高，电绝缘性好（如无碱玻璃纤维）。但性脆，耐磨性较差。

1）外观：玻璃纤维表面呈光滑的圆柱体，纤维之间抱合力非常小，不利于与树脂的粘接。玻璃纤维彼此靠近时，间隙填充较密实，有利于提高玻璃钢制品的玻璃纤维含量。

2）密度：玻璃纤维的密度较其他有机纤维大，比金属密度小，几乎与铝相同。因此，在航空工业上能以玻璃钢代替铝钛合金。玻璃纤维的直径为 $5\sim20~\mu m$，密度为 $2.4\sim2.7~g/cm^3$，但含有大量重金属的高弹玻璃纤维密度可达 $2.9~g/cm^3$，无碱玻璃纤维的密度一般比有碱玻璃纤维略大。各种纤维的密度见表 1-3。

表 1-3　各种纤维的密度

纤维名称	羊毛	蚕丝	棉花	人造丝	尼龙	碳纤维	玻璃纤维（有碱）	玻璃纤维（无碱）
密度/ (g/cm^3)	1.28~1.33	1.3~1.45	1.5~1.6	1.5~1.6	1.14	1.4	2.6~2.7	2.4~2.6

3）抗拉强度：玻璃纤维抗拉强度比同成分的玻璃高几十倍，具有优良的玻璃纤维性能。无碱玻璃纤维抗拉强度为 $1\,000\sim3\,000$ MPa，玻璃只有 $40\sim120$ MPa，高出 $200\sim750$ 倍。玻璃纤维的抗拉强度甚至高于金属材料，故玻璃钢广泛地应用于航空工业。玻璃纤维具有一定的弹性，伸长率为 3% 左右，弹性模量为 80 GPa 左右，比有机纤维高得多，比一般金属材料低。玻璃纤维的强度与玻璃纤维的直径有关，直径越细，抗拉强度越高。玻璃纤维的弹性模量与化学组分有关，含 BeO 玻璃纤维具有高弹性模量，比无碱玻璃纤维提高了 60%。玻璃纤维是由熔融的玻璃拉成或吹成的无机纤维材料，其主要成分是二氧化硅、氧化铝、氧化硼、氧化镁、氧化钠等。制成的纤维有长丝、短丝及絮状物，直径一般为 $3\sim80~\mu m$，最粗也只有头发丝那么粗。直径为 10 μm 的玻璃纤维抗拉强度为 3 600 MPa，相当于在每平方毫米的截面面积上能承受 360 kgf 的拉力而不断，这种强度比高强度钢还高出 2 倍。各种材料纤维直径与抗拉强度见表 1-4，可以看出，玻璃纤维抗拉强度比高强度合金钢还要高。

表 1-4　各种材料纤维直径与拉伸强度

材料名称　直径与强度	羊毛	亚麻	棉花	生丝	尼龙	高强度合金钢	铝合金	玻璃	玻璃纤维
纤维直径/μm	15	16~50	10~20	18	块状	块状	块状	块状	5~8
抗拉强度/MPa	160~300	350	300~700	440	300~600	1 600	40~460	40~120	1 000~3 000

4）伸长率和弹性：纤维的伸长率是指纤维在外力作用下，直至拉断时的伸长百分率。弹性是指材料在外力作用下发生变形、当外力解除后，能够完全恢复到变形前的性质。所能用的外力越大，其弹性越好。玻璃纤维的伸长率和弹性比其他有机纤维都低。

5）耐磨性和耐折性：玻璃纤维的耐磨性是指纤维抗摩擦的能力，玻璃纤维的耐折性是指纤维抗折断的能力，玻璃纤维的耐磨性和耐折性均很差。当纤维表面吸附水分后能加速微裂纹的扩展，使耐磨性和耐折性降低。为了提高玻璃纤维的柔性，满足纺织工艺的要求，可以采用适当的表面处理。如经 0.2% 阳离子活性剂水溶液处理后，玻璃纤维的耐磨性比未处理的高 200 倍。纤维柔性以断裂前弯曲半径的大小表示，弯曲半径越小，柔性越好。如玻璃纤维直径为 9 μm 时，其弯曲半径为 0.094 mm，而超细纤维直径为 3.6 μm 时，其弯曲半径为 0.038 mm。

6）电性能：由于玻璃纤维的介电性好、玻璃纤维绝缘性能较好，电阻率与湿度有关，湿度越高，电阻率越低，所以无碱玻璃纤维制品在电器和电机工业中得到了广泛而有效的应用。

7）热性能：玻璃纤维的热导率低，特别是玻璃棉制品耐高温，是一种优良的热绝缘材料，广泛应用于建筑和工业保温、隔热和隔冷。玻璃的热导率为 0.7～1.28 W/（m·K），拉制玻璃纤维后热导率为 0.035 W/（m·K），其主要原因是纤维间的空隙较大、密度较小。密度越小，其热导率越小，这是因为空气热导率小所致。热导率越小，隔热性能越好。玻璃纤维的热导率较低，为 0.12 kW/（m·K），受潮时热导率将会提高，绝热性能会降低。相对有机材料而言，玻璃纤维的耐热性能非常好，其软化点为 550～850 ℃，线胀系数为 $4.8×10^{-6}℃^{-1}$。在高温下玻璃纤维不会燃烧，在 250 ℃ 以下玻璃纤维强度不变。其耐热性依赖于它的化学组成。一般钠钙玻璃纤维加热到 470 ℃ 之前强度变化不大，石英玻璃纤维和高硅氧玻璃纤维的耐热性很高，可达 2 000 ℃ 以上。玻璃纤维的强度与热有关，玻璃纤维被加热到 250 ℃ 以上之后再冷却，其强度将明显下降。且温度越高，强度下降得越多。

8）电导率：电导率依赖于其化学组成、温度和湿度，无碱玻璃纤维比有碱玻璃纤维的电绝缘性能好得多。玻璃纤维中碱金属离子越少，电绝缘性能越高。玻璃纤维电阻率与湿度有关，湿度越高，电阻率越低，玻璃纤维的电阻率随温度的升高而降低。在玻璃纤维中加入大量的氧化物，如氧化铁、氧化铅、氧化铜、氧化铋或氧化钒，会使玻璃纤维具有半导体的性能。在玻璃纤维表面涂覆金属或石墨能获得导电纤维，可用作无静电的玻璃钢。玻璃纤维的介电常数和介电损耗在 100 Hz、10^{10} Hz 下分别是 6.43、0.004 2 和 6.11、0.006，说明玻璃纤维的绝缘性能是不错的。玻璃具有优良的透光率，但纤维的透光率不如玻璃。玻璃布的反射系数为 40%～70%，反射系数与布的织纹特点、密度和厚度有关。玻璃布的透光率与其厚度和密度有关，密度小而薄的玻璃布透光率可达 65%，密度大而厚的玻璃布透光率只有 18%～20%。故玻璃纤维的光学性能良好，可制造透明玻璃钢用于屋面采光材料。

9）吸声性能：玻璃纤维有优良的吸声性能和隔声性能，故在建筑、机械和交通运输业得到广泛的应用。吸声系数是当声波传递到物体表面时，物体表面所吸收的声能与落在表面声能的比值。一般材料吸声系数大小与声源物体振动频率有关，所有各种材料的吸声系数都有一定的音频特性。如用棉花制成的隔声物质，当音频由 200 Hz 变到 1 200 Hz 时，吸声系数可由 0.09 变到 0.92。玻璃纤维的吸声系数、频率特性与玻璃纤维容积密度、厚度、纤维直径等指标密切相关，随着密度的增大，吸声系数也会不断增大。

1.4.2.2　玻璃纤维的化学性能

玻璃纤维具有良好的化学稳定性，除氢氟酸、浓碱（NaOH 等）、浓磷酸外，玻璃纤维对所有的化学药品和有机溶剂均有良好的化学稳定性，因此玻璃纤维应用十分广泛。玻璃纤维的化学稳定性与化学组成、表面状况、作用介质和温度等有关。

1.4.3　复合材料的三大要素

玻璃钢是由玻璃纤维和合成树脂两大组分构成的一个整体，树脂是作为黏结剂将松散的玻璃纤维连成坚硬的玻璃钢。玻璃钢制品在成型过程中，由液体的树脂包围和浸渍了玻璃纤维，形成了固定形状的坚硬体。如果玻璃纤维表面和树脂不亲和，就不能加工成高强度的整体，增强材料就无法发挥作用。因此，玻璃表面和树脂的交界面称为界面。所以将玻璃纤维、合成树脂及界面称为复合材料的三大要素。

1.4.3.1　三大要素的作用和相互关系

（1）玻璃纤维

玻璃纤维是玻璃钢中的主要承力部分，它不仅能够提高玻璃钢的强度和弹性模量，而且能够减少收缩变形，提高热变形温度和低温冲击强度等。例如 306 号聚酯树脂浇铸体，在加入 50% 的玻璃布后，抗拉强度可由 50 MPa 提高到 200 MPa，拉伸模量可由 3.9 GPa 提高到 14 GPa。

（2）合成树脂

合成树脂是玻璃钢的基体，松散的玻璃纤维靠它粘接成整体。树脂主要起传递应力的作用，因此树脂对玻璃钢的强度具有重要的影响，尤其是抗压、抗弯、抗扭、抗剪强度更为显著。

由于树脂是基体材料，因此它对玻璃钢的弹性模量、耐热性、电绝缘性、透电磁波性、耐化学腐蚀性、耐候性、耐老化性等都有影响。例如玻璃钢的耐化学液体浸蚀性和耐水性，主要取决于树脂基体的性能。通常，不饱和聚酯树脂 197 号耐化学腐蚀性较好，而不饱和聚酯树脂 1289 号耐水性较好。不同类型、不同牌号的树脂，其性能是不相同的。

树脂含量对玻璃钢的性能也有影响，通常树脂的质量分数为 20%～35%。同时，树脂含量也和成型方法、增强材料品种有关。例如，缠绕和模压成型，树脂含量偏低；而手糊成型，树脂含量则稍高。强度层树脂的质量分数稍低，通常在 25%～40% 范围内；耐腐蚀、防渗层树脂含量较高，一般超过 50%，用玻璃布作为增强材料，树脂含量低时用玻璃毡。用玻璃纤维表面毡作为增强材料时，富树脂的质量分数可达 85% 以上。

（3）界面

所谓界面就是任何两相物质间的分界面。玻璃钢的性能不仅与所用的增强材料、合成树脂有关，同时，在很大程度上还和纤维与树脂之间界面黏结的好坏及耐久性有关。众所周知，玻璃纤维是一种圆柱状玻璃，表面也像玻璃那样光滑，而且表面还常牢固地吸附着一层薄的水膜，这一定会影响玻璃纤维和树脂的黏结性能。尤其是玻璃纤维在拉丝纺织过程中，为了达到集束、润滑和消除静电等目的，常涂上一层浸润剂，这种浸润剂多数是石蜡类物质，它们存留在玻璃纤维表面上，对合成树脂与玻璃纤维起隔离作用，妨碍两者粘接。可见，界面对玻璃钢的性能影响很大。

界面有问题就需要处理，如在玻璃纤维表面覆盖一层表面处理剂，从而使玻璃纤维和树脂可以牢固地粘接在一起。这种方法是提高玻璃钢基本性能很有效的途径，国内外都在大力研究和采用。实践证明，玻璃纤维及其织物，在经过表面处理剂处理后，不仅改善了玻璃纤维的耐磨、耐水、电绝缘性能，还对提高玻璃钢的强度，特别是潮湿情况下的强度具有更为显著的作用。

此外，玻璃钢与其他材料或玻璃钢本身的多次铺层粘贴等也都有界面问题。例如在金属罐里层做玻璃钢防腐贴衬时，需要把金属罐内表面处理干净，如去掉污垢、油污、水分和锈蚀层等，常采用喷砂、酸洗等处理办法。如果金属表面处理不好，玻璃钢贴衬就会失败。有时，还会遇到固化了的玻璃钢层，再进行粘接玻璃钢，也会有界面问题。如采用分层固化工艺或者玻璃钢破损维修等，都需要把玻璃钢层表面进行处理，除去掉污垢、油、水等外，还需要把表面用砂纸打毛，以增大粘贴面积，否则，就会出现分层瑕疵。

1.4.3.2　固化机理

从游离基聚合的化学动力学角度分析，不饱和聚酯树脂的固化属于自由基共聚合反应。固化反应具有链引发、链增长、链终止、链转移 4 个游离基反应的特点。

1）链引发：是从过氧化物引发剂分解形成游离基到这种游离基加到不饱和基团上的过程。

2）链增长：是单体不断地合成到新产生的游离基上的过程。与链引发相比，链增长所需的活化能要低得多。

3）链终止：是两个游离基结合，终止了增长着的聚合链。

4）链转移：是一个增长着的大游离基能与其他分子（如溶剂分子或抑制剂）发生作用，使原来的活性链消失成为稳定的大分子，同时原来不活泼的分子也变成了游离基。

1.4.4　玻璃纤维的主要制品

我国生产的玻璃纤维制品已达到 300 多个品种，主要有表面毡、短切纤维、短切纤维毡、无捻粗纱、无捻粗纱布（俗称方格布）、玻璃布、玻璃布带及无纺布等。其中，玻璃布又有平纹布、斜纹布、缎纹布和单向布等。玻璃纤维针复合织物的各层由无捻粗纱单向平行排列构成，单向角度可分别为 0°、90°、±45°，最外一层可复合一层短切纤维，然后经针织而成，可分为针织毡、双向织物、多向织物和复合织物。该产品可以根据玻璃钢制品的需要调整织物层数和股纱方向，使其具有最佳的力学性能。该织物无经纬交结、无起皱、无黏结剂，作为玻璃钢增强材料时用于树脂浸透、降低树脂含量、简化操作和工艺、降低成本、增强性能。该产品可采用手糊法、拉挤法；树脂传递模压法等玻璃钢成型方法，广泛用于玻璃钢船体、汽车外壳、板材和型材等。

1.4.5　玻璃纤维表面处理

增强无机玻璃纤维材料与有机聚合物基体是属于本质上不相容的两类材料,直接用它们形成玻璃钢不能获得理想的界面。如果增强纤维与基体牢固地粘接在一起以提高玻璃钢性能,就必须对玻璃纤维进行表面处理,即在玻璃纤维表面包覆或包敷一种称为表面处理剂(或称偶联剂)的特殊物质。

(1)表面处理方法

玻璃纤维表面处理工艺方法有前处理法、后处理法和迁移法3种。

1)前处理法:在玻璃纤维拉丝过程中,采用增强型浸润剂涂覆玻璃纤维的一种方法。由于浸润剂加入了偶联剂,既能满足纺织工艺的要求,又不妨碍纤维与树脂的浸润和粘接,同时偶联剂在拉丝过程中就被涂覆到了玻璃纤维表面上。

2)后处理法(又称为普通处理法):后处理法分两步进行,先除掉拉丝过程中涂覆在玻璃纤维表面的纺织型浸润剂,再浸润偶联剂经烘干,使玻璃纤维表面涂覆一层偶联剂。凡是使用纺织型浸润剂的玻璃纤维制品,在制作玻璃钢之前都应采用后处理法进行表面处理。

3)迁移法(又称为潜处理法):是将偶联剂直接加到树脂液中,于是玻璃纤维在浸胶的同时就被覆上了偶联剂。偶联剂在树脂液中将发生向玻璃纤维表面的迁移作用,进而与玻璃纤维表面发生反应,从而产生偶联作用。

(2)表面处理剂的种类和应用范围

按处理剂的化学成分分类,可分为有机硅烷类和有机络合物两大类。

1)有机硅烷类偶联剂:一般通用式是 YR_nSiX_{4-n},其中,Y 是可以与树脂发生偶联的基团,R 是亚甲基,为 $-CH_2-CH_2-CH_2-$ 等,X 是可以与玻璃纤维表面发生偶联的基团,如烷氧基等。根据 X、R 的不同,硅烷类偶联剂又可分成水解型硅烷、阳离子型硅烷和耐高温型硅烷等。

2)有机络合物类偶联剂:结构形式表述为 R_nCrX_{4-n},其中,R 是可与树脂偶联的基团。

上述两种表面处理剂适用范围是不同的,硅烷类适用于玻璃纤维二氧化硅、石棉等无机填料;有机络合物类适用于碳酸钙、钛白粉等无机物。国内处理剂有沃兰、KH-550、KH-560 等,沃兰和 KH-560 同时可用于环氧、酚醛、不饱和聚酯3种树脂,大部分玻璃钢布都可用沃兰或 KH-560 处理。

1.4.6　玻璃钢的特性和应用

众所周知,单一种玻璃纤维虽然强度很高,但纤维之间是松散的,只能承受拉力而不能承受弯曲、剪切和压应力,还不易做成固定的几何形状。如果用树脂将它们粘接在一起,可以做成各种具有固定形状的坚硬制品,既能承受拉应力,又能承受弯曲、压缩和剪切应力。组成玻璃纤维增强的塑料基复合材料,又含有玻璃成分,其强度相当于钢材,具有玻璃的色泽和形体，耐腐蚀，电绝缘和隔热性好。不饱和聚酯树脂是一种热固性树脂，其在热或引发剂的作用下可固化成为一种不溶不熔的高分子网状聚合物。这种聚合物机械强度很低，不能满足大多数使用情况下的要求。当用玻璃纤维增强时可成为一种复合材料，俗称"玻璃钢"，简称 FRP。玻璃钢在机械强度等方面的性能比树脂浇铸体有了很大的提高。

（1）玻璃钢特性

以不饱和聚酯树脂为基材的玻璃钢（简称 UPR－FRP）特性如下：

1）抗拉强度高，伸长率小（3％）。

2）弹性系数高，刚性佳。

3）在弹性限度内伸长量大且抗拉强度高，故吸收冲击能量大。

4）为无机纤维，具有不燃性，耐化学性佳。

5）吸水性小。

6）尺寸稳定性、耐热性均佳。

7）加工性佳，可做成股、束、毡、织布等不同形态的产品。

8）透明，可透过光线。

9）与树脂黏结性良好。

10）价格便宜。

（2）主要优点

1）质轻强度高：玻璃钢密度为 $1.4\sim2.2$ g/cm^3，比钢轻 $75\%\sim80\%$。其比强度可以与高级合金钢相比，超过型钢、硬铝和杉木，但是抗拉强度接近甚至超过碳素钢。因此，在航空、火箭、宇宙飞行器、高压容器以及其他需要减轻自重的产品应用中具有卓越的成效。某些环氧玻璃钢的抗拉强度、抗弯强度和抗压强度能达到 300 MPa 以上。不饱和聚酯树脂玻璃钢与其他材料的性能对比见表 1－5。

表 1－5 不饱和聚酯树脂玻璃钢与其他材料的性能对比

性能 \ 材料	不饱和聚酯树脂玻璃钢	钢	硬铝	杉木
相对密度/(g/cm^3)	1.5～1.7	7.8	2.8	0.5
极限抗拉强度/MPa	352	880	457.6	70.4
比强度/(×10^3 N·m/kg)	2 076.6	1 128.2	1 634.2	1 408.0
拉伸弹性模量 E /GPa	19.71	204.16	70.4	9.86
比模量(×10^3 m)	115.9	261.7	251.4	197.2

2）耐蚀性：不饱和聚酯树脂玻璃钢是一种良好的耐腐蚀性材料，能耐一般浓度的酸、碱和盐类，大部分有机溶剂、海水、大气和油类，对微生物的抵抗力很强。广泛应用于石油、化工、农药、医药、染料、电镀、电解、冶炼和轻工等国民经济领域，发挥着其他材料无法替代的作用。不饱和聚酯树脂玻璃钢已应用到化工防腐的各个方面，正在取代碳素钢、不锈钢、木材和有色金属等材料。

3）电性能：绝缘性能极好，在高频作用下仍然保持良好的介电性能。不会反射无线电波，不受电磁的作用，微波透过性良好，是制造雷达罩理想的材料。用其制造仪表、电机、电器产品中的绝缘部件能提高电器的可靠性和延长使用寿命。不饱和聚酯树脂玻璃钢的介电性能见表 1-6。

表 1-6　不饱和聚酯树脂玻璃钢的介电性能

介电性能 材料	体积电阻率/ Ω·cm	介电强度/ （kV/mm）	介电常数 （60 Hz）	功率因数 （60 Hz）	耐电弧性/s
不饱和聚酯树脂	$10^{12} \sim 10^{14}$	15～20	3.0～4.4	0.003	125

4）独特的热性能：热导率为 0.3～0.4 kcal/（m·h·℃），只有金属的 1/100～1/1 000，是一种优良的绝热材料，可用于制作第五代新型节能建材的门窗。玻璃钢是理想的热防护和耐烧蚀材料，能保护宇宙飞行器在 2 000 ℃ 以上承受高速气流的冲刷。另外，其线胀系数很小，与一般金属材料接近，其与金属连接不会受到热膨胀所产生应力的影响，有利于其与金属基材或混凝土结构粘接。

5）加工工艺性能：可以根据产品的形状、技术要求、用途和数量灵活地选择成型工艺。加工工艺性能优异，工艺简单可一次成型。尤其对形状复杂、不易成型、数量少的产品，更突出了它的工艺优越性。既可常温、常压成型，又可加温、加压固化，在固化过程中不会生成低分子副产物，可制造比较均一的产品。近年来，广泛用于制作工艺品、仿大理石产品、聚酯漆等非玻璃钢纤维增强型材料。

6）设计性能：不饱和聚酯树脂是以树脂为基体，以玻璃纤维为增强骨材的复合材料。两者经过一次性加工成型为最终给定形状的产品。玻璃纤维不仅是一种材料，也是一种结构。其设计性能如下：

a）功能性设计：可以充分地选择材料来满足产品的性能，通过选择合适的树脂和玻璃纤维可以制成具有各种特殊功能的玻璃钢产品，如耐腐蚀产品、耐瞬时高温产品、透光板材、耐火阻燃产品、耐紫外线产品和某方向上有特别高强度的、介电性好的产品；

b）结构性设计：可设计各种结构的产品，如玻璃钢门窗、玻璃钢格栅、玻璃钢管、玻璃钢槽和玻璃钢罐等。

（3）主要缺点

1）弹性模量低：玻璃钢弹性模量比木材大两倍，比钢（$E=2.1\times10^6$ MPa）小 1/10。因此，在产品结构中，常表现为刚性不足，容易变形。但可以做成薄壳和夹层结构，也可以通过高模量纤维或做加强筋等形式来弥补。

2）长期耐温性差：玻璃钢不能在高温下长期使用，因为聚酯玻璃钢通常在 50 ℃ 以上时强度会明显地下降，一般情况下只能在 100 ℃ 以下使用，通用型环氧玻璃钢在 60 ℃ 以上强度有明显下降。选择耐高温树脂时，长期工作温度可在 200～300 ℃。

3）老化现象：老化是塑料共同的缺陷，玻璃钢在紫外线、风沙雨雪、化学介质、机械应力等作用下容易导致性能下降。

4）层间抗剪强度低：玻璃钢是依靠树脂来承担层间抗剪强度，所以层间抗剪强度很低。可以通过选择工艺方法和使用偶联剂方法来提高层间黏结力，但主要是在产品设计时尽量避免使层间受剪。玻璃钢与金属相比存在许多本质上的差别，如金属是各向同性材料，而玻璃钢是各向异性材料。金属在应力的作用下可分成弹性变形和塑性变形两个阶段，而玻璃钢在应力的作用下一般没有显著的塑性变形阶段，没有屈服强度，在受力过程中有分层现象，在超负荷作用时容易突然断裂。

（4）成型加工方法

树脂复合材料的制品可以通过不同的工艺方法，达到成型和获得不同性能的制品。树脂复合材料可以通过纤维种类和不同排布的设计，把潜在的性能集中到必要的方向上发挥增强材料的作用。通过调节复合材料各组分的成分、结构及排列方式，构件在不同方向上承受不同的作用力，具有传统材料不具备的刚性、韧性和塑性。树脂复合材料可以使用模具一次成型，制造各种结构件。树脂复合材料制品工艺也关系到材料的质量，是复合效应能否体现的关键。原材料质量的控制、增强材料表面处理和铺设的均匀性、成型温度和压力、后处理及模具设计的合理性都将影响制品的性能。制品在成型过程中所存在的物理、化学和力学的问题都需要综合考虑。固化时在基体内部和界面上所产生的空隙、裂纹、缺胶、富胶和皱褶等缺陷，在许多工艺环节中可能造成纤维的弯曲、扭曲和折断，工艺选择不当可能使基体和增强材料之间发生不良的化学反应，以及引起界面脱粘和基体开裂等损伤，这些都是树脂复合材料的制品工艺需要考虑的问题。

树脂复合材料的成型有 20 多种不同的工艺方法，具体加工方法如下：

1）湿法铺层成型法（手糊成型工艺）；

2）喷射成型工艺；

3）树脂传递模塑成型技术（RTM 技术）；

4）袋压法（压力袋）成型；

5）真空袋压成型；

6）热压罐成型；

7）液压釜法成型技术；

8）热膨胀模塑成型技术；

9）夹层结构成型技术；

10）模压料生产工艺；

11）ZMC 模压料注射技术；

12）模压成型工艺；

13）层合板生产技术；

14）卷制管成型技术；

15）纤维缠绕制品技术；

16）连续制板生产工艺；

17）浇铸成型技术；

18）拉挤成型工艺；

　　19）连续缠绕制管工艺；

　　20）编制复合材料制造技术；

　　21）热塑性片状模塑料制造技术及冷模冲压成型工艺；

　　22）注射成型工艺；

　　23）挤出成型工艺；

　　24）离心浇铸制管成型工艺；

　　25）其他成型技术。

（5）应用

　　玻璃钢可制作玻璃钢瓦，又称为透明瓦，是和钢结构配套使用的采光材料，其主要由高性能上膜、强化聚酯和玻璃纤维组成。其中上膜要起到很好的抗紫外线、抗静电的作用。抗紫外线是为了保护玻璃钢采光板的聚酯不发黄老化，过早失去透光特性。抗静电是为了保证表面的灰尘轻易被雨水冲走或被风吹走，维持清洁、美观的表面。由于其具有质量稳定、经久耐用的特点，深受顾客的欢迎，所制产品可广泛使用在工业、商业、民用建筑物屋面和墙面。

　　不饱和聚酯树脂玻璃钢的用途：用途十分广泛，主要用于造船业，如制造交通艇、运输艇、机帆船、油箱、楼船、风斗、救生器材、渔轮、蓄电池外壳、船用设备及部件等；用于运输器材，如汽车、飞机、火车制造业等；用于建筑设备，如波形瓦、房屋、浴盆、便槽和净化器等；用于化工耐腐蚀设备与管道等。人们还用它来制作各种坚固耐用的生活日常用品，如浴具、厨房用具和梳洗用具等。玻璃钢制品如图1-1所示。

　　电影界用玻璃钢来做道具，既方便快捷，又省成本。玻璃钢可以仿制很多种材料效果，受到人们的欢迎。化工厂也采用酚醛树脂的玻璃钢代替不锈钢做各种耐腐蚀设备，大大延长了设备寿命。玻璃钢无磁性，不阻挡电磁波通过。用它来做导弹的雷达罩，就好比给导弹戴上了一副防护眼镜，既不阻挡雷达的"视线"，又起到了防护作用。许多导弹和地面雷达站的雷达罩都是用玻璃钢制造的。进入21世纪，随着手机通信的广泛流行，由于玻璃钢具有良好的透波性而被广泛应用于制造2G和3G天线外罩，玻璃钢以其良好的可成型性能、外观的可美化性，起到了很好的小区美化作用，这方面的产品有方柱线罩、仿真石和野外应用的美化树等。玻璃钢还为提高体育运动的水平立下了汗马功劳。自从有撑竿跳高这项运动以来，运动员使用木制撑竿创造的最高纪录是3.05 m。后来使用了竹竿，到1942年，把纪录提高到了4.77 m。竹竿的优点是轻而富有弹性，欠缺之处是下端粗而上端细，再要提高纪录有很大困难。于是人们又用铝合金竿代替竹竿，它虽然轻而牢固，但弹性不足。这样，从1942年到1957年，经历了15年的时间，撑竿跳高的最高纪录仅提高了1 cm。但自从新的玻璃钢撑竿出现以后，由于它轻而富于弹性，纪录飞速上升，如今的撑竿跳高纪录已经超过了6 m大关。在今天，玻璃钢也被大量应用在人们的生活方面，人们亲切地把它叫作"玻璃钢"。由于它的某些特殊品种仍能保留许多玻璃的优点，如透明性，于是人们用它作为窗户玻璃，既能遮挡阳光中的紫外线，又能使居室明亮。

　　常见的玻璃钢雕塑有浮雕、圆雕和其他艺术造型。玻璃钢雕塑如图1-2所示。玻璃

(a) 玻璃钢船艇 　　　　　　　(b) 玻璃钢家具

(c) 玻璃钢围栏　　　(d) 玻璃钢风机(一)　　(e) 玻璃钢阀门罩

(f) 玻璃钢治安亭　　(g) 玻璃钢夹砂管道　　(h) 汽车壳体

(i) 冷却塔　　(j) 玻璃钢罩壳　　(k) 玻璃钢风机(二)　(l) 玻璃钢贮罐

图 1-1　玻璃钢制品

钢雕塑模具有玻璃钢雕塑石膏模、玻璃钢雕塑橡胶模、玻璃钢雕塑石蜡模、混凝土模、玻璃钢雕塑木模和玻璃钢金属模等。

氧气瓶是一种耐高压容器，它所承受的工作压力是 150 kgf/cm²。为了使用安全，制造时要求它能承受 3 倍的工作压力，即 450 kgf/cm²，不爆裂才算合格。采用玻璃与塑料复合在一起制成的氧气瓶进行试验，直到 700 kgf/cm² 时，氧气瓶才爆炸。

喷气式飞机上用玻璃钢做油箱和管道，可减轻飞机的重量。登上月球的航天员们身上背着的微型氧气瓶，也是用玻璃钢制成的。玻璃钢加工容易，不锈不烂，不需油漆。我国已广泛采用玻璃钢制造各种小型汽艇、救生艇和游艇，以及用于汽车制造业等，节约了不少钢材。

产业部门应用的主要玻璃钢产品有矿山通风设备、炼焦及相关设备、稀土冶炼及铁合

图 1-2　玻璃钢雕塑

金冶炼相关设备、冷轧及电镀设备，输变电设备、风力发电设备、火力发电用水管、冷却水设备、电力管理及维修工器具，煤矿风筒、隔爆水袋、防爆装置，石油开采相关部件及设备、石油化工设备，化工设备、化工建筑用材、矿山通风设备，电动机部件及零配件、电镀设备、风力发电机及部件，纺织印染设备、设施及部件，汽车制造用材及部件、汽车维修用材、摩托车制造用材及部件，铁路机车车辆用材及相关设施、铁路信号系统用材及相关部件，各种江河湖海船艇、大型钢船艇配套零部件及附属设施，建筑设施及用材（卫生间、厨房、门窗、波形瓦）、冷却塔、建筑通风空调设施、建筑模板等，轻工日用化学及造纸业用的相关设施、家用电器、酒类、制革、家具用材，食品贮罐、电子工业用设备、生活消费品用材及电子设备配件，邮电电信器材配套设施，体育器械、游乐器材及相关设施，农业喷灌设备、暖房温室、农机配件、冷库、水产养殖，商业柜台、商业包装箱、商用冷藏库，医药工业设施及医疗卫生用途等。

1）用于城市建筑领域：可制冷却塔，8.3～3 000 m/h 的横流、逆流、喷射式塔及风筒、风机收水器等附件；门、窗、围护结构、室内设备、装饰件、轻型采光建筑、波纹板、建筑板材、装饰板、卫生洁具及整体卫生间、桑拿浴室、冲浪浴室，建筑施工模板、储仓建筑、混凝土模板、筋材、活动房、冷库、公园亭台和报亭以及太阳能利用装置等；玻璃钢城市雕塑、字体、工艺品和贴骨工艺等。

2）用于化学防腐设备和管道：各种耐酸、碱、盐的贮罐，配合槽，反应槽，输送大、中、小口径管道，管件，阀门，贮槽，风扇，防护罩，水桶，洗净塔，填仓板，塔器，腐蚀性气体处理设备，排气烟道，烟囱，地面及建筑防腐等，耐腐蚀管道、贮罐、贮槽、耐腐蚀输送泵及其附件、耐腐阀门、格栅、通风设施，以及污水和废水的处理设备及其附件等。

3）用于汽车及交通运输行业：汽车壳体及其他部件，全塑微型汽车，大型客车的车体外壳、车门、内板、主柱、地板、底梁、保险杠、仪表屏，小型客货车以及消防罐车、冷藏车、火车、双层客车的零部件、通风道、弹簧板，拖拉机的驾驶室及机器罩等。

4）公路建设及水上运输行业：有交通路标、隔离墩、标志桩、标志牌、公路护栏，船艇等。

　　5）铁路运输方面：有火车窗框、车内顶弯板、车顶水箱、厕所地板、行李车车门、车顶通风器、冷藏车门、贮水箱，以及某些铁路通信设施等。

　　6）用于玻璃钢船艇：用玻璃钢造船具有成型简便、重量轻、耐虫蛀、耐海水浸蚀、不堆积海生物、维修费用低等优点，可用玻璃钢制游艇、救生艇、交通艇、渔船、快艇、舢板、养殖船和冲锋舟等，还可制内河客货船、捕鱼船、气垫船、各类赛艇、高速艇，以及玻璃钢航标浮鼓及系船浮筒等。

　　7）用于玻璃钢游乐设备：大型游艺机、大型水上乐园和儿童乐园等。

　　8）用于玻璃钢交通设备、劳保及保全用品：人行桥、灯具、电缆盒、测量标尺、回收亭、防爆器材和井盖等。

　　9）用于玻璃钢卫生设备：浴缸、洗漱台、便器、镜架、整体卫生间和垃圾箱等。

　　10）用于节能玻璃钢产品：轴流风机、离心风机、太阳能热水器和风力发电机等。

　　11）用于玻璃钢食品容器：高位水箱、食品运输罐和饮料罐等。

　　12）用于玻璃钢家具：座椅、快餐桌、成套家具、电话亭和柜台等。

　　13）用于电气工业及通信工程：有灭弧设备、电缆保护管、发电机定子线圈和支撑环及锥壳、绝缘管、绝缘杆、电动机护环、高压绝缘子、标准电容器外壳、电机冷却用套管、发电机挡风板等强电设备；配电箱及配电盘、绝缘轴、玻璃钢罩等电气设备；印制电路板、天线、雷达罩等电子工程应用；防护罩、格栅、干式变压器、互感器、高压拉杆、计算机房、电器开关、SMC卫星天线、铜箔板、服装模特、通风管道和棉条筒等玻璃钢机电、矿用和轻纺产品。

　　14）用于玻璃钢运动器材和音乐舞蹈器材：网球拍、双杠、单杠、助跳板、赛艇和道具等。

1.4.7　玻璃钢的发展远景

　　玻璃钢是复合材料的一种，玻璃钢材料因其独特的性能优势，已在航空航天、铁道铁路、装饰建筑、家居家具、广告展示、工艺礼品、建材卫浴、游艇泊船、体育用材和环卫工程等相关10多个行业中广泛应用，并深受赞誉。玻璃钢制品也不同于传统材料制品，在性能、用途和寿命属性上大大优于传统制品。其具有易造型、可定制、色彩随意调配的特点，深受商家和销售者的青睐，因此占有越来越大的市场份额，前景广阔。具体应用的行业包括黑色冶金业，有色冶金业，电力行业，煤炭业，石油化工业，化学工业，机电工业，纺织工业，汽车及摩托车制造业，铁路业，船舶工业，建筑业，轻工业，食品工业，电子工业，邮电业，文化、体育及娱乐业，农业，商业，医药卫生业，军工及民用等各个方面。

　　随着科学技术的发展，以及人民生活水平的提高，民用玻璃钢产品被大量应用，例如许多城市雕塑、工艺美术造型、快餐桌椅、摩托车部件、玻璃钢花盆、安全帽、高级游乐设备、家用电器外壳等。

1.5　芳纶纤维（凯芙拉纤维）

在 20 世纪 60 年代，美国研制出一种新型复合材料"凯芙拉"，这是一种芳纶复合材料。芳纶主要可分成对位芳酰胺纤维（PPTA）和间位芳酰胺纤维（PMIA）两种，我国将芳纶分为位芳酰胺纤维 TAPARAN 和间芳酰胺纤维 TAMETAR。由于这种新型材料密度低、强度高、韧性好、耐高温、易于加工和成型，因而受到人们的重视。这种新型材料强度为同等质量钢铁的 5 倍，但密度仅为钢铁的 1/5（凯芙拉纤维密度为 1.44 g/cm^3，钢铁密度为 7.859 g/cm^3）。由于"凯芙拉"材料坚韧耐磨、刚柔相济，因此具有刀枪不入的特殊本领。最典型的应用是做成防弹衣和防弹背心，在军事上被称为"装甲卫士"。

高性能芳族聚酰胺纤维是 1972 年由美国生产的，有芳纶-29 和芳纶-49 两种。这种纤维具有优良的比强度、比模量、抗冲击、抗蠕变、耐疲劳性能，耐有机溶剂、酸、碱的侵蚀，具有良好的振动阻尼与介电性能，不燃烧、自熄、发烟低、耐热性好，在 180 ℃下还可以继续使用。凯芙拉纤维在航空、航天有着广泛的应用。

芳纶纤维是一种新型复合材料，芳纶纤维的研制历史很短，但发展很快。芳香族聚酰胺纤维的应用和发展状况如下：1960 年，美国研制出 Nomex——聚间苯二甲酰间苯二胺纤维，即芳纶 1313 耐热纤维；1965 年，杜邦研制出 Kevlar——聚对苯二甲酰对苯二胺纤维，即芳纶 1414 高强高模纤维；1974 年，美国联邦通商委员会把全芳香族聚酰胺命名为 ARAMID 纤维。其中，芳纶-29 主要用于绳索、电缆、涂漆织物、带和带状物以及防弹衣等；芳纶-49 主要用于航空、航天和造船工业；B 纤维主要用于橡胶增强、轮胎、V 带和同步带等。

我国自主研制的 F-12 高强度有机纤维属于芳纶类纤维，具有高比强度、高比模量，性能远远超过芳纶Ⅱ纤维。几根 F-12 高强度有机纤维绳就可以吊起 46 t 的重物，而同样粗细的钢丝只能吊起 8 t 的重物。F-12 高强度有机纤维广泛应用于航天、航空和高性能飞艇等领域，还可以应用于光缆强纤维、增强电力电缆、升降机缆绳及各类高性能体育运动器材等领域，可为国防军工及高端民品的研制提供有力支撑。

1.5.1　芳纶纤维的性能

1）具有永久的耐热阻燃性，极限氧指数（Loi）大于 28%。

2）具有永久的抗静电性。

3）具有永久的耐酸碱和有机溶剂的浸蚀。

4）具有高强度、高耐磨、高抗撕裂性。

5）具有遇火无熔滴产生，不产生有毒气体。

6）具有火烧布面时布面增厚，增强密封性，不破裂。

芳纶中最具实用价值的品种有两个：一是间位芳纶，我国称为芳纶 1313；二是对位芳纶，我国称为芳纶 1414。两者化学结构相似，但性能差异很大，应用领域各有不同。芳纶

1313 以其出色的耐高温绝缘性，成为高品质功能性纤维中的一种；而芳纶 1414 极好的力学性能使之在高性能纤维中占据重要的核心地位。

目前，很多领域应用最多的是芳纶 1313。这是一种柔软洁白、纤细蓬松、富有光泽的纤维，外观与普通化纤并无二致，却集众长于一身，拥有超乎寻常的"特异功能"。

1) 持久的热稳定性：芳纶 1313 最突出的特点就是耐高温，可在 220 ℃ 高温下长期使用而不老化，其电气性能与力学性能可保持 10 年之久，而且尺寸稳定性极佳，在 250 ℃ 左右时，其热收缩率仅为 1%；短时间暴露于 300 ℃ 高温中也不会收缩、脆化、软化或者熔融；在超过 370 ℃ 的强温下才开始分解；400 ℃ 左右才开始碳化，如此高的热稳定性在有机耐温纤维中是很少有的。

2) 骄人的阻燃性：材料在空气中燃烧所需氧气体积的百分数叫做极限氧指数，极限氧指数越大，其阻燃性能就越好。通常，空气中氧气的体积分数为 21%，而芳纶 1313 的极限氧指数大于 29%，属于难燃纤维，所以不会在空气中燃烧，也不助燃，具有自熄性。这种源于本身分子结构的固有特性，使芳纶 1313 永久阻燃，因此有"防火纤维"的美称。

3) 极佳的电绝缘性：芳纶 1313 介电常数很低，固有的介电强度使其在高温、低温、高湿条件下均能保持优良的电绝缘性，用其制备的绝缘纸耐击穿电压可达到 10 万 V/mm，是全球公认的最佳绝缘材料。

4) 杰出的化学稳定性：芳纶 1313 的化学结构异常稳定，可耐大多数高浓无机酸及其他化学品的腐蚀，抗水解和蒸汽腐蚀。

5) 优良的机械特性：芳纶 1313 是柔性高分子材料，低刚度高伸长特性使之具备与普通纤维相同的可纺性，可用常规纺机加工成各种织物或无纺布，而且耐磨抗撕裂，适用范围十分广泛。

6) 超强的耐辐射性：芳纶 1313 耐 α、β、X 射线以及紫外光线辐射的性能十分优异。用 50 kV 的 X 射线辐射 100 h，其纤维强度仍保持原来的 73%，而此时的涤纶或锦纶早已成了粉末。

独特而稳定的化学结构赋予芳纶 1313 诸多优异性能，通过对这些特性加以综合利用，一系列芳纶新产品被不断地开发出来。它们在安全防护、高温过滤、电气绝缘和结构材料等领域的应用越来越广，普及程度越来越高，已成为军事、工业、科技等许多领域不可或缺的重要基础材料。

1.5.2 凯芙拉纤维的用途

凯芙拉纤维主要用于军事防护方面，如坦克、舰船、直升机、防弹衣和防弹盔等。

（1）用于坦克、装甲车、航空母舰和导弹驱逐舰的防护

通常，要提高坦克和装甲车的防护性能，就要增加金属装甲的厚度，因此，重量增加除了影响它们的灵活性之外，还会影响载弹量和增加燃料的消耗量。凯芙拉纤维的出现为解决这个问题出现了转机，使坦克和装甲车的防护性能提高到一个崭新的阶段。在防护相同的情况下，用凯芙拉材料后金属钢板的重量可以减轻一半，并且凯芙拉层压薄板的韧性

是钢的 3 倍，经得起反复撞击。

　　凯芙拉薄板与钢装甲结合使用威力无比，如采用钢与芳纶型复合装甲能防穿甲厚度 700 mm 的反坦克导弹，还可防中子弹。凯芙拉层压薄板与钢、铝板的复合装甲，不仅广泛应用于坦克、装甲车、防弹衣和防弹背心，而且应用于核动力航空母舰及导弹驱逐舰，使它们的防护性能和机动性能得到极大的提高。

　　（2）用于制造直升机与歼击机驾驶舱和驾驶座椅

　　凯芙拉纤维与碳化硼、陶瓷等材料结合的复合材料是制造直升机与歼击机驾驶舱和驾驶座椅的理想材料。它抵御穿甲弹的能力比玻璃钢和钢材装甲要好得多。

　　（3）用于制造防弹背心、防弹衣和防弹头盔

　　在军事和警用防护领域，凯芙拉纤维用于制造防弹衣、防弹背心、防刺服、防弹头盔、防割手套和防护装甲等。凯芙拉纤维相比于尼龙和玻璃纤维，在单位面积质量相同的情况下的防护能力至少可增加一倍，重量减轻了 50%，并且有很好的柔韧性，穿着舒适。

　　用凯芙拉纤维制作的防弹衣只有 2～3 kg 重，穿着行动方便，已被多国警察和士兵使用。防弹头盔是用芳族聚酰胺类有机纤维制成的，其防弹性能比原标准钢盔高出了 33%，更贴近头部佩戴者，感觉更加舒适。防弹背心、防弹衣、防弹头盔、超级液体防弹衣和防切割手套如图 1-3 所示。

　　　　(a) 防弹背心　　　　　　　(b) 防弹衣　　　　　　　(c) 防弹头盔

　　　　　(d) 超级液体防弹衣　　　　　　　　　(e) 防切割手套

图 1-3　防弹背心、防弹衣、防弹头盔、超级液体防弹衣和防切割手套

1）超级液体防弹衣：超级液体防弹衣的主材料是制作防弹衣常用的凯芙拉纤维（其强度是钢筋的 5 倍），里面加入一种"剪切黏稠液体"，这种特殊液体的黏度会随着剪切率的增加而提高。在受热情况下，两种材料会紧紧结合在一起，并且增加厚度。

传统防弹衣有 31 层凯芙拉纤维，子弹击中在一个较小点上，凹痕深；超级液体防弹衣有 10 层是加入了"剪切黏稠液体"（STF）的凯芙拉纤维，内置的液体具有吸收、缓冲子弹或者弹片的攻击力并分散攻击力的作用，从而大大提高了防护力，使用更加灵活轻便。航空航天系统公司的研究人员表示，这种防弹衣只有原来防弹背心重量的一半，士兵的身体将会更加灵活。目前，士兵最常用的防弹衣都是用陶瓷板结合凯芙拉纤维制造的，在阿富汗这种天气炎热的战场，穿起来非常不舒服。而对于新型防弹衣，士兵只要通过挂在皮带上的移动键盘系统，就可以控制它们。研究人员利用 9 mm 手枪对 31 层凯芙拉纤维防弹衣和 10 层加入"剪切黏稠液体"的新型防弹衣进行了测试，结果显示，子弹在击中新式防弹衣后攻击力会被分散，大大降低了士兵受伤和阵亡的概率，这种防弹衣对大威力枪械的防护效果也很好。

2）防切割手套：防切割手套具有超乎寻常的防割性能和耐磨性能，使其成为高质量的手部劳保用品。一双防切割手套的使用寿命相当于 500 副普通线手套，称得上是以一当百。

材料：高强高模聚乙烯纤维包覆玻璃纤维、氨纶或钢丝。

性能：具有超强的防割性能、耐磨性能和防刺性能，能有效地保护人手不被刀具等利刃割伤，优异的防滑性能可以保护在抓取物件时不会掉落。

用途：佩戴防切割手套可手抓匕首、刺刀等利器刃部，即使刀具从手中拔出也不会割破手套，更不会伤及手部。小小的一双防切割手套是公安、武警、保安等行业人员防身护命、建功立业的必需装备。防切割手套不仅是司机、服装加工、肉联厂和机械制造、冶金、建筑、玻璃、薄板加工等行业人员的防身必备装备，也是石油化工、冶炼采矿、食肉分割、金属加工、救灾抢险等行业的劳动保护产品。

（4）民用领域

凯芙拉纤维抗拉强度是一般有机纤维的 4 倍，模量为涤纶的 9 倍。其比重小，比强度高于玻璃纤维、碳纤维和硼纤维，压缩强度和抗剪强度较低，吸水率较高，因而限制了它在某些方面的应用。

1）主要用来制作绳索、电缆、涂漆织物，可缠绕大型固体火箭发动机燃烧室壳体，用作可耐 150～160 ℃的轮胎帘子线和输送带。凯芙拉纤维取代可致癌的石棉，用作各种制动器的刹车片、密封垫和离合器衬片的补强材料等。

2）凯芙拉纤维用来制作电信传输光纤的缓冲层或涂覆层，其在光纤外皮以内，具有很好的柔软性，起到保护光纤不受损的作用。

3）应用于各种耐高温高强度纤维增强的板材、框架结构、手机背板、输油管道和建筑补强等。

4）光缆加强芯：用于光纤光缆跳线、ADSS、皮线缆等加强芯。

5）汽车胶管：用于油管、动力转向管、散热器管的编织或针织增强材料。

1.6　碳纤维

　　碳纤维是由许多细长的碳同素异构体组成的，其结构是由一层以六角形排列的碳原子构成的，各层之间有链接。碳纤维主要分为聚丙烯腈（PAN）基高强度碳纤维和沥青基高弹性碳纤维，碳纤维的比重为 1.8 左右。碳纤维中碳的质量分数都在 95％以上。碳纤维复合材料主要有碳纤维树脂基、铝合金基、镁合金基材料。增强体包括碳纤维、硼纤维、碳化硅纤维、氧化铝纤维、金属丝纤维和有机纤维。碳纤维是一种纤维状碳材料，价格较贵，属于高端材料。这些复合材料已开始用于制作钓鱼竿、高尔夫球杆和自行赛车。在火箭、飞机、汽车结构中已经或逐渐替代金属材料。碳的结构不同，其组成的物质就可硬可软。碳纤维的独特结构使它确实"很硬"，这不是指硬度高，而是指它"很结实"，它的强度很高。它的刚度（抗拉性）也特别高，也就是说，它的弹性模量很高，远高于常用的玻璃纤维和芳纶纤维。碳纤维的比重低，纵向线胀系数是零或小于零，耐蚀性好，使它成为优质的新兴材料。

　　碳纤维早在 20 世纪 50 年代就开始被应用在火箭上，在 20 世纪 80 年代，复合材料的不断发展，为碳纤维技术的发展带来了新的革命。碳纤维复合材料由于其比重小、刚性好和强度高的特点被广泛应用于航空航天领域。在航天领域中，要求飞行器的质量小，而由于碳纤维复合材料的强度、韧性、弹性远超过铝、镁和钛合金，其应用解决了这个难题。在飞行器上每使用 1 kg 的碳纤维复合材料，就会减小 500 kg 的质量。使用碳纤维复合材料有助于减轻宇宙飞船以及航天飞机的重量，可以大大地减少飞行中的推进剂消耗。由于碳纤维复合材料具有很高的抗高温性能，可用作绝热保温材料，所以对航天航空飞行器的外围保护起到了很大的作用。碳纤维复合材料具有独特、卓越的性能，因此在航空领域特别是飞机制造业中应用广泛。据统计显示，碳纤维复合材料在小型商务飞机和直升机上的使用量占 70％～80％，在军用飞机上的使用量占 30％～40％，在大型客机上的使用量占 15％～50％。碳纤维复合材料已广泛用于飞机、导弹、卫星和航天飞机中，如飞机舱门、整流罩、机载雷达罩、支架、机翼、尾翼、隔板、壁板及隐形飞机等。

　　"阳光动力" 2 号是全球最先进的太阳能飞机，也是首架长航时不必耗费一滴燃油便可昼夜连续飞行的太阳能飞机，全程依靠太阳能环球航行。"阳光动力"是全球首款能够在不添加任何燃料、不排放任何污染物的情况下，进行昼夜飞行的飞机。这一架由碳纤维（碳纤维织物的重量是普通打印纸的 1/3）为主材料的单座飞机，它的机翼有 72 m（比波音 747 还要大），而质量仅有 2 300 kg，与一辆小型汽车相当。机翼上装载的 17 248 块太阳电池板为飞机提供了持续的可再生能源。同时，这些太阳电池板可以为飞机上重约 633 kg 的 4 个电动机充电，使这架飞机可以在夜间飞行而不受限制。飞行员吃喝拉撒都在机舱里完成。每隔几小时，飞行员可以休息十几分钟。座椅有充气垫，能让飞行员完全伸展双腿。由于对气流变化敏感，当飞机倾斜时，手腕上的振动器会自动唤醒飞行员。

　　碳纤维材料在航空航天领域中的应用非常普遍，碳纤维材料能降低机身的重量，提高发动机使用效率，有效吸收雷达波等，以实现歼击机的隐身要求。碳纤维是我国军工科技材料的重要组成部分，以碳纤维为代表的材料规模化制造现在进入新的发展阶段。

碳纤维各种构件如图 1-4 所示。

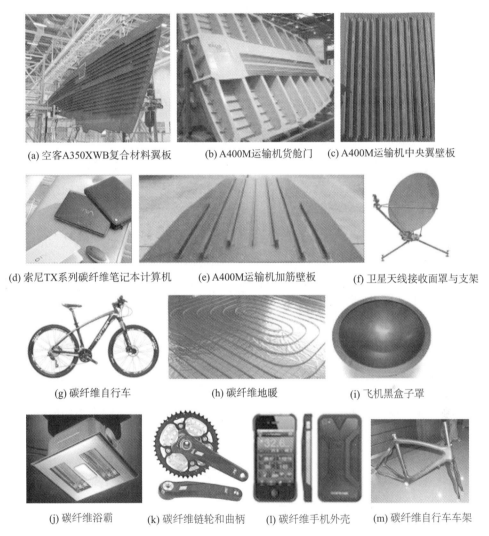

(a) 空客A350XWB复合材料翼板　(b) A400M运输机货舱门　(c) A400M运输机中央翼壁板

(d) 索尼TX系列碳纤维笔记本计算机　(e) A400M运输机加筋壁板　(f) 卫星天线接收面罩与支架

(g) 碳纤维自行车　　(h) 碳纤维地暖　　(i) 飞机黑盒子罩

(j) 碳纤维浴霸　(k) 碳纤维链轮和曲柄　(l) 碳纤维手机外壳　(m) 碳纤维自行车车架

图 1-4　碳纤维各种构件

目前，世界上碳纤维年产量达到了 4 万 t 以上。我国于 20 世纪 60 年代开始研究碳纤维，20 世纪 80 年代开始研究高强度碳纤维，21 世纪引进碳纤维生产设备实现了产业化，并开始向技术多元化发展。我国采用以二甲基亚砜为溶剂的一种湿法纺丝技术获得了成功，利用自主技术研制的 T300、T700 碳纤维产品已经达到国际同类产品的水平。近年来，碳纤维已被列为国家化纤行业重点扶持的新产品，成为国内新材料行业研发的热点。目前，只有很少国家能够掌握核心技术，更难保证加工稳定的产品。在当前军事科技发展和军备竞赛过程中，各国都意识到碳纤维材料的重要性，它关乎国家安全战略性资源的发展，也就是说军备竞赛的关键点在于复合材料的发展水平。

1.6.1 制造

碳纤维是 20 世纪 60 年代开发的高性能纤维，其原料采用纤维素、聚丙烯腈纤维等。先在 200～300 ℃进行氧化制成预氧丝，然后在 700～1 000 ℃对预氧丝进行碳化，最后在 2 000～3 000 ℃进行石墨化而制成高强度高模量纤维。根据石墨化程度的不同（温度），把 2 000 ℃下制得的纤维称为碳纤维，在 3 000 ℃下制得的纤维称为石墨纤维。目前，应用的碳纤维包含聚丙烯碳纤维和沥青碳纤维，碳纤维制造包括纤维纺丝、热稳定化（预氧化）、碳化、石墨化等 4 个过程，期间伴随的化学变化包括脱氢、环化、预氧化、氧化及脱氧等。

1.6.2 性能

碳纤维是一种强度比钢大、密度比铝小、比不锈钢还耐腐蚀、比耐热钢还耐高温，又能像铜那样导电，具有电学、热学和力学性能的新型材料。除了具有高强度、高模量之外，轴向强度好，无蠕变，耐疲劳，比热及导电性介于非金属与金属之间，线胀系数小，耐蚀性好，纤维密度低，X 射线透过性好。

具体性能如下：碳纤维是一种力学性能优异的新材料，其比重不到钢的 1/4，而抗拉强度在 3 500 MPa 以上，是钢的 7～9 倍，抗拉弹性模量为 230～430 GPa，也高于钢。其材料强度与其密度之比称为比强度，比强度可达到 2 000 MPa/（g/cm³）以上。而 A3 钢的比强度仅为 59 MPa/（g/cm³）左右，其比模量也高于钢。材料的比强度越高，所制成的构件自重越小。比模量越高，所制成的构件刚度越大。碳纤维是有机纤维在惰性气氛中经高温碳化而形成的纤维碳化物，是纤维化学物组成中碳元素占总质量 90％以上的纤维，其中，碳的质量分数高于 99％的称为石墨纤维。只有碳化过程中不熔融不剧烈分解的有机纤维，才能作为碳化纤维的原料，有些纤维要经过预氧化处理后才能满足要求。

（1）优点

1）碳纤维使用温度可高达 2 000 ℃，在 3 000 ℃非氧化环境中不软化。

2）石墨化纤维具有优良的润滑性。

3）相对密度小。

4）抗高温冲击性。

5）线胀系数小，热导率大。

6）导电性好，电阻率为 10^{-2}～10^{-4} Ω·cm。

7）防原子辐射，能使中子减速。

8）化学稳定性好，耐酸（如浓盐酸、磷酸、硫酸等）、苯、丙酮等。

（2）缺点

碳纤维耐冲击性较差，容易损伤，在强酸作用下会发生氧化，与金属复合时会发生金属碳化、渗碳及电化学腐蚀现象。因此，碳纤维在使用前须进行表面处理。

1.6.3　应用和发展状况

采用碳纤维制造笔记本计算机,韧性是铝镁合金的两倍。碳纤维散热效果最好,笔记本计算机机壳摸起来不烫手,也不像镁合金那么冰凉,手感舒适。

碳纤维可用作结构材料,广泛用于航天航空领域;可作为烧蚀材料,如火箭喷嘴、头锥、防热层、机翼前缘等;可用作耐磨材料,如齿轮和制动片等;可用作体育运动器材,如自行赛车、球拍、高尔夫球杆、钓鱼竿等。

碳纤维复合材料以其独特、卓越的理化性能,广泛应用在火箭、导弹和高速飞行器等。例如采用碳纤维与塑料制成的复合材料制造的飞机、卫星、火箭等飞行器,不但推力大、噪声小,而且由于其重量较轻,所以动力消耗少,可节约大量燃料。据报道,航天飞行器的质量每减少 1 kg,就可使运载火箭减轻 500 kg。2007 年面世的超大型飞机 A380,使用复合材料的比例已达 23%。2010 年问世的 A350 超宽客机,其高性能轻质结构件所占比例将达 62%,成为空客公司第一架全复合材料机翼飞机。轻质"外衣"不仅能有效克服质量与安全之间固有的矛盾,还能大幅降低飞机能耗。以 A380 为例,其首架飞机每位乘客的百千米油耗不到 3 L,而 A350 的百千米油耗只有 2.5 L/人,几乎可以跟现在的小汽车媲美。

航空航天领域是碳纤维的传统市场,航空器中碳纤维复合材料的使用量未来几年将以年均 12% 的速度继续增长,从 2008 年的 8 200 t 增加至 2010 年的 1 万 t 以上,2012 年达到 1.3 万 t。碳纤维复合材料约占空客 A380 飞机 35 t 结构材料中的 20% 以上,包括中央翼盒、机尾组件以及压舱壁。波音 787 中结构材料有近 50% 需要使用碳纤维复合材料和玻璃纤维增强塑料,包括主机翼和机身。金属结构材料采用碳纤维复合材料后不仅可以减轻机身重量,而且可以保证不损失强度或刚度,大大提高了燃油经济性。新一代的客机将使用更高比例的碳纤维复合材料,A400M 运输机上主要的复合材料构件见表 1-7,从中可以知道飞机上有多少构件是采用复合材料来制造的。

碳纤维是一种导电材料,可以起到类似金属屏蔽的作用。1999 年,南联科索沃战争中北约使用碳纤维炸弹破坏了南联大部分电力供应,这是碳纤维形成的覆盖云层致使供电系统短路。碳纤维还可以用来制作卫星天线接收面罩和支架及飞机黑匣子罩。

表 1-7　A400M 运输机上主要的复合材料构件

构件名称	成型材料及工艺
外翼蒙皮	中模碳纤维单向带,自动铺带技术(ATL),共胶接 T 型长桁
外翼梁	中模碳纤维单向带,自动铺带技术
中央翼蒙皮	高强/中模碳纤维单向带,T 型筋条共固化
中央翼梁	高强/中模碳纤维单向带
襟翼	蒙皮、筋条、梁、肋、前端保护罩和叶片,高强单向带,共固化
襟翼整流罩	固定及可移动整流罩:高强材料,铺丝工艺,夹芯结构;后锥体:纤维织物,RTM 成型;前突:高强纤维织物,夹芯结构

续表

构件名称	成型材料及工艺
扰流板	高强碳纤维单向带,全厚度夹芯结构,共胶接
副翼蒙皮和梁	高强纤维织物,夹芯结构,共胶接/共固化
平尾蒙皮和梁	中模碳纤维单向带,自动铺带技术,T型筋条共胶接
平尾前缘和梢部	织物,蒙皮与肋整体 RTM 成型
升降舵	高强织物,夹芯面板,中模碳纤维单向带,梁与T型筋条共胶接
垂尾前缘和梢部	碳纤维/玻璃纤维高强织物,夹芯结构,分区段
垂尾蒙皮、梁和肋	中模碳纤维单向带,自动铺带技术,T型筋条共胶接
方向舵蒙皮	中模单向带,U型前端共固化
方向舵肋	PPS 热塑性树脂复合物
货舱门	蒙皮、框架、顶板和中央横梁:无皱褶织物(NCF),树脂注射工艺
翼身整流罩	高强织物,夹芯结构
翼梢浮筒	高强织物,碳纤维/玻璃纤维,与夹芯面板整体成型
发动机罩	高强织物,整体夹芯结构,RTM 成型

通过改变复合材料中增强体含量,可以调整复合材料的线胀系数。如在石墨纤维增强镁基复合材料中,当石墨纤维的质量分数达到 48% 时,线胀系数为零,使材料在温度变化时制品不会发生变形,这对航天和航空构件来讲十分重要。

1.7　硼纤维

从 20 世纪 50 年代开始,纤维增强复合材料就成为研究和使用的重点对象,其核心技术就是开发重量轻、强度和弹性模量高的增强纤维复合材料。硼纤维是在航空领域中应用最早的一种高性能纤维,最早开发研制硼纤维的是美国空军增强材料研究室(AFML),因生产成本过高和工艺复杂难以进行规模生产。纤维增强金属基复合材料在 20 世纪 70 年代发展较慢,到 20 世纪 80 年代美国开始进入实用阶段,硼纤维大量用于航空航天工业,如 1981 年美国发射的哥伦比亚号航天飞机上货舱桁架就是硼纤维增强铝基复合材料制造的。自 20 世纪 80 年代以来,由于价格低廉的增强复合材料的大量涌现,以及复合材料制备工艺的发展,促进了铝基复合材料在汽车工业上的应用。

我国的北京航空材料研究院,从 1970 年开始研制硼纤维及其碳化涂层。其所研制的碳化硼涂层纤维经美国 Lowell 大学研究中心测试,该产品与美国公司生产的产品相当,某些性能甚至超过了美国。目前,北京航空材料研究院已经建立了硼纤维生产线,可以进行一定批量的生产。

1.7.1　性能

硼纤维因其具有强度高、韧性大、抗疲劳、抗冲击性能好等特点而备受青睐,但价格偏高，在实际应用中受到一定的限制。硼纤维是用化学气相沉积法使其沉积在钨丝或碳纤维上制得的直径为 $100 \sim 200 \ \mu m$ 的连续单丝。它具有陶瓷纤维难以比拟的高强度、高模量和低密度的性能，从而成为制备高性能复合材料的重要增强纤维材料。

硼纤维抗拉强度超过了高强度钢，而密度只有 $2.5 \ g/cm^3$，强度比普通金属（钢、铝）高出 $4 \sim 8$ 倍。硼的硬度极高，莫氏硬度为 9.5，仅次于金刚石，比碳化硅几乎高 40%，比碳化钨高一倍。突出的优点是密度低，力学性能好。一般含硼纤维 45%～50%（指体积分数），单向增强时纵向抗拉强度可达 $1\,250 \sim 1\,550$ MPa，模量 $200 \sim 230$ GPa，密度 $2.6 \ g/cm^3$。比强度约为钛合金、硬铝、合金钢的 $3 \sim 5$ 倍，比模量约为上述材料的 3 倍，抗疲劳性能明显优于一般铝合金，而且在 400 ℃下仍能保持较高的强度。

1.7.2　硼纤维增强铝基复合材料

经过 20 多年的研究，硼纤维可用于增强铝、镁和铁等金属材料和树脂，它是现在唯一实用的金属增强用纤维，在金属基复合材料中，硼/铝发展的历史最长。铝和硼纤维增强复合把铝和铝合金良好韧性、延展性和易成型的特点与硼纤维的高强度、耐烧蚀和重量轻的特点结合在一起，既克服了增强体的弱点，又可弥补金属基体硬度不足和较重的缺点。硼纤维增强铝基复合材料作为纤维强化金属，具有高的比强度、比模量、高强度、高刚性、轻重量、高导热性和低热膨胀性等特点，与金属和树脂构成的复合材料及传统工程材料相比，重量可以减轻 20%～40%，并具有优异的疲劳强度和耐蚀性，能在 300 ℃ 或更高的温度下安全工作。硼纤维与铝的复合材料性能（纤维方向为 $0°$），见表 $1 - 8$。

表 $1 - 8$　硼纤维与铝的复合材料性能（纤维方向为 $0°$）

性能	抗拉强度/MPa	拉伸弹性/GPa	压缩强度/MPa	压缩弹性模量/GPa	抗剪强度/MPa	剪切弹性模量/GPa	线胀系数/$10 \ ℃^{-1}$
参数值	1 520	214	2 760	207	159	41	6.1

金属基复合材料的基体大多采用铝、铜、镁、镍、钛及其合金，增强材料主要有纤维、晶须和颗粒材料 3 种类型。金属基复合材料正是由于增强体的加入并与基体良好的复合才具有比普通金属材料更高的性能。硼纤维在与金属复合时，与金属基体之间的润湿性较好，反应程度较低；纤维直径较大时操作简便，但会导致所制成的复合材料纤维纵向容易断裂，价格昂贵。因此，采用较小直径（ $76.2 \ \mu m$ ）硼纤维及硼/碳纤维环氧树脂预浸带用于加强低熔点的铝合金是新的研究热点。已开发的小直径硼纤维更容易弯曲和处理，与标准单纤维（ $10.6 \ \mu m$ ）相比，抗拉强度增加约 20%，但仍保留了硼纤维原有的高压缩性能。硼纤维在高温下能与大多数金属起反应而变脆，使用温度超过 $1\,200$ ℃时强度明显下降。

硼纤维与各种树脂复合而成高级复合材料，硼纤维是在 $1\,100$ ℃和氢气中用三氯化硼在钨丝或碳丝上化学气相沉积而成的（强度 $2.80 \ kgf/mm^2$，模量 $4.2 \times 10^4 \ kgf/mm^2$，密度约为 $2.6 \ g/cm^3$）。硼纤维的抗压性能很好，但是密度太大，直径也大（0.1 mm），使工艺性受到限制，价格比碳纤维贵，而且在 500 ℃以上强度明显降低。

1.7.3　硼纤维增强环氧树脂复合材料

硼纤维增强环氧树脂复合材料的抗拉强度、抗压强度、抗弯强度和刚度性能，取决于纤维性能和纤维铺层的方向，硼纤维/环氧铺层方向通常分为 0°、45°、90°或各种度数的组合。宽度为 6.4～152 mm 的连续硼/环氧预浸带，硼纤维约占复合材料的 50%，预浸带背面贴有一单层 0.03 mm 厚的玻璃纱布。5505 型和 5521 型硼纤维/环氧复合材料性能见表 1-9。

表 1-9　5505 型和 5521 型硼纤维/环氧复合材料性能

性能	单位	5505 型		5521 型	
		室温	177 ℃	室温	177 ℃
抗拉强度	MPa	1 590	1 450	1 520	1 450
抗压强度	MPa	2 930	1 250	2 930	1 250
抗弯强度	MPa	2 050	1 800	1 790	1 720
层间抗剪强度	MPa	110	48	97	55

硼纤维/环氧复合材料除了具有高的比强度和比模量之外，还比碳纤维/环氧复合材料具有较大的线胀系数及不易与铝合金发生电化学腐蚀的特点，可将其用于修复损伤铝合金的结构。

1.7.4　应用

硼纤维复合材料主要用于制造重量轻和刚度要求高的航空、航天飞行器的零部件，也为体积小、重量轻、高空性能好的飞机提供了理想的材料。硼纤维复合材料包括硼纤维＋铝基复合材料、硼纤维＋塑料复合材料，可以做结构件和光纤材料。

（1）航空航天领域的应用

由于硼纤维具有独特的综合力学性能，硼纤维增强金属铝复合材料的韧性是铝的 3 倍，重量仅为铝合金的 2/3，所以硼纤维被大量用于高性能飞机和宇宙飞船的结构件上，如美国的 F-15 和 F-14 歼击机垂直尾翼和稳定器，B-1 轰炸机的机翅纵向通材，CH-54B 直升机和 F-4 歼击机的方向舵，707 客机的机襟翼、F-5 歼击机陆装置的门、T-39 飞机的机翼箱，以及法国制造的幻影 2000 飞机等。硼纤维复合材料管材可用于航天飞机主舱框架，重量减轻 44%；可用作航天飞机的骨架、机身构件，与常规材料相比，在提高可靠性的同时重量均减轻 25%～40%；美国和苏联的航天飞机中机身框架、支柱和起落架拉杆均采用硼纤维增强铝基复合材料制造；DG-10 飞机后吊架和蒙皮使用硼纤维增强铝基复合材料，可长期在 180 ℃的条件下工作；金属铝在 400～500 ℃时完全丧失强度，但用硼纤维或碳纤维增强铝基复合材料能在 300 ℃或更高的温度下安全工作，所以硼纤维增强铝基复合材料已在飞机部件、喷气发动机、火箭发动机上得到了应用。硼纤维增强铝基复合材料用来制造 F404 涡轮风扇喷气发动机的风扇叶片；可以取代钛合金制造 B1 轰炸机翼肋，可降低制造成本 43%～45%，重量减轻 33%；美国在 JT8D 发动机上用硼纤维铝基复合材料取代钛合金制作叶片可减重 10%。

　　飞机在空中高速飞行，与气流及空气中的杂质颗粒长期发生高速摩擦，从而导致飞机表面的蒙皮老化出现龟裂及金属疲劳，这就为硼纤维复合材料带来了应用的契机。硼纤维与环氧树脂复合板（局部加强），可以被粘接在断裂或受损的飞机构件上。硼复合板构件减小了金属构件的局部疲劳应力，从而可以达到修补和加固的作用，如美国对发生龟裂和金属疲劳的 C-130 飞机和 C-141 飞机的构件部位，就是利用硼纤维与环氧树脂带材进行修补的，并取得了良好的使用效果。采用硼纤维复合材料修补飞机具有以下特点：

　　1）不需要分解机体就可以进行修补，从而缩短了修理和停飞的时间。

　　2）修补时不需要通过铆钉和螺栓等来进行连接，而是采用树脂粘接修补，避免了加工铆钉和螺栓过孔的龟裂和应力。

　　3）可使用超声波和涡流非破坏性试验进行检查，简单而准确。

　　4）可延长疲劳寿命，减少维修成本。在航天领域，硼纤维复合材料也可以作为航天器的结构零件。由于具有很高的刚性，尤其是线胀系数趋近于零，可使航天器能满足宇宙中苛刻的环境变化的需要。

　　（2）体育用品领域的应用

　　大多数是将硼纤维与碳纤维制成混杂纤维复合材料，如高尔夫球棒既有碳纤维球棒轻便和钢质球棒的球感，又能使高尔夫球飞行距离和飞行方向变得更加容易控制；用硼纤维复合材料制成的网球拍和羽毛球拍，能使击球的感觉和效果更好；使用硼纤维的钓鱼竿在鱼上钩时的振动传递性更强，还增加了韧性，难以折断；硼纤维制成的滑雪板，因衰减性能优越减少了板的扰度，使之能适应雪面微妙的变化，使在滑雪过程中更加舒适和安全。硼纤维作为接桥或局部加强构件，能增强高应力区的强度或刚性，对减轻构件重量是十分有益的。

　　（3）工业制品领域的应用

　　硼纤维增强金属铝具有高热导率和低线胀系数，可用于制造半导体冷却基板；利用硼纤维的高硬度制造切割轮等工具；利用硼纤维对中子具有吸收能力的特性，可制作核废料的运输、贮存容器等；利用硼纤维的高抗压强度，在沥青基碳纤维补强方面极其有效；硼纤维复合材料在宇宙服、消防服、汽车车轮、雷达、超导材料领域也有重要的应用。

　　目前，硼纤维复合材料主要应用在航空、航天、汽车和军事方面，而在民用工业上应用较少，主要是因其制造成本高。随着复合材料和成型工艺及成型设备的开发，成本的大幅度降低，相信其应用领域会越来越宽广，在未来的生产和生活中将会发挥越来越大的作用。

1.8　晶须与陶瓷基复合材料

　　陶瓷或陶瓷基体材料与其他材料所组成的多相材料，主要有陶瓷与金属复合材料，如特种无机纤维或晶须增强金属材料、金属陶瓷、复合粉料等；陶瓷与有机高分子材料的复合材料，如特种无机纤维或晶须增强有机材料等；陶瓷与陶瓷的复合材料，如特种无机纤维、晶须、颗粒、板晶等增韧补强陶瓷材料。陶瓷基复合材料通常可分为颗粒补强陶瓷基复合材料和纤维补强陶瓷基复合材料两类。

1.8.1 晶须

1661 年首次见到银晶须自发生长的现象，20 世纪 60 年代初开发了金属氧化物、碳化物、氮化物、卤化物晶须试验品；1965 年开发出强度比铝高 6 倍的 AlO_3（W）/Al 复合材料，强度比塑料高 10 倍的 Al_2O_3（W）/塑料的复合材料；1992 年，中国科学院硅酸盐研究所从事晶须的研究，2000 年生产了 100 t 硼酸铝晶须。

（1）种类

晶须是指以金属或合金为基体，以各种晶须为增强的复合材料。按金属或合金基体的不同，晶须可分为铝基、镁基、铜基、钛基、镍基、高温合金基、金属间化合物及难熔金属基等，使用的晶须有 SiC、Si_3N_4、$Al_2O_3 \cdot B_2O_3$、$K_2O \cdot 6TiO_2$、TiB_2、TiC、ZnO 等。

1）硅系晶须：碳化硅晶须和氮化硅晶须；

2）氧化物晶须：氧化锌晶须、氧化镁晶须、氧化钛晶须、氧化锡晶须、氧化铜晶须等；

3）砷化镓晶须；

4）盐类晶须：钛酸钾晶须、硫酸钙晶须、碳酸钙晶须和硅酸钙晶须等；

5）硼酸盐晶须：硼酸铝晶须、硼酸镁晶须和硼酸镍晶须等；

6）氢氧化物晶须：氢氧化镁晶须等。

（2）结构

晶须增强体是一类长径比较大的单晶体，直径为 0.1 μm 至几个微米，长度一般为数十至数千微米。缺陷少的单晶短纤维，其抗拉强度接近纯晶体的理论强度。晶须主要包括金属晶须增强体和非金属晶须增强体。不同的晶须可采用不同的方法制取，晶须常用作复合材料的增强体。

晶须是在人工条件下以单晶形式生长成的一种纤维，是高技术新型复合材料中的一种特殊成员。横断面近乎一致，内外结构高度完整，长径比一般在 5～1 000，直径通常在 20 nm～100 μm 范围内，具有特殊性质的晶须直径通常在 1～10 μm 范围内。晶须直径非常小，以致难以容纳在大晶体中常出现的缺陷。因为其原子高度为有序排列，使强度接近完整晶体。

（3）性能

这类复合材料具有高的强度和模量；横向力学性能高，综合力学性能较好，具有良好的高温性能；还具有导热、导电、耐磨损、线胀系数小、尺寸稳定性好、阻尼性好等特点。晶须增强铝基复合材料的制备工艺较成熟，正向实用化发展，而钛基和金属间化合物基等高温合金基复合材料加工温度高，界面控制困难，工艺复杂，还不够成熟。主要应用对象是航空、航天等领域。

（4）应用

晶须主要用作复合材料的增强体，增强金属、陶瓷、树脂和玻璃等材料。因此，它不仅具有优良的耐高温、耐高热和耐蚀性，良好的机械强度、电绝缘性、重量轻、强度高、硬度高和弹性模量高等特性，而且在电学、光学、磁学，铁磁性、介电性和传导性甚至超导性等方面都发生了显著的变化。塑料、金属、陶瓷的改性增强材料显示出极佳的物理性能、化学性能和优异的力学性能。以碳化硅晶须为代表的无机晶须材料增韧的金属基、陶瓷基复合材料已经应用到机械、电子、化工、国防、能源和环保等领域，也将对国防工业、汽车工业、航空航天材料工业、塑料工业等多种产品的升级换代及对提高经济效益具有重大的意义。

1）航空航天领域：金属基和树脂基的晶须复合材料，由于重量轻和比强度高，可用作直升机的旋翼、机翼、尾翼、空间壳体，飞机起落架及其他航天部件。

2）机械工业领域：陶瓷基晶须复合材料 SiC（W）/Al_2O_3 已用于切削刀具，在镍基耐热合金的加工中发挥作用。在汽车工业中，发动机活塞的耐磨部件广泛采用了 SiC（W）/Al_2O_3 材料，大大地延长了使用寿命，晶须塑料复合材料可以制造汽车车身和机体构件。

1.8.2　金属晶须

1945 年，美国专家在检查电话系统出现的故障时，发现蓄电池的电极板表面长出了一些针状的晶体，这些晶体和电极板虽属于同种金属，但强度大、弹性好。经 X 光衍射显示该晶体内部原子完全按照同样的方向和部位排列，构成了一种完全没有缺陷的理想晶体。由于该晶体像动物的胡须，故起名为晶须。到目前为止，人们利用 30 多种单质体材料和几十种化合物制出了晶须。通过实验，直径为 1.6 μm 的铁晶须抗拉强度可以达到纯铁的 70 倍以上，比经过特殊处理的超强度钢还要高出 4～10 倍。用这样的铁晶须编织成 2 mm 的钢丝绳，足可以吊起 4 t 重的载重汽车。

金属晶须由金属材料制成，如金、银、铁、镍、铜等，可以金属的固体、熔体或气体为原料，采用熔融盐电解法或气相沉积法制得。晶须是指自然形成或者在人工控制条件下（主要形式）以单晶形式生长成的一种纤维，其直径非常小（微米数量级），不含有普通材料通常存在的缺陷（晶界、位错、空穴等），其原子排列高度有序，因而其强度接近于完整晶体的理论值，其机械强度等于邻接原子间力。晶须的高度取向结构不仅使其具有高强度、高模量和高伸长率，还具有电、光、磁、介电、导电、超导电性质。晶须的强度远高于其他短切纤维，主要用作复合材料的增强体，用于制造高强度复合材料。

（1）晶须种类

晶须可分为有机晶须和无机晶须两大类，其中有机晶须主要有纤维素晶须、聚（丙烯酸丁酯-苯乙烯）晶须、聚（4-羟基苯甲酯）晶须（PHB 晶须）等几种类型，在聚合物中应用较多。无机晶须主要包括陶瓷质晶须（SiC、钛酸钾、硼酸铝等）、无机盐晶须（硫酸钙、碳酸钙等）和金属晶须（氧化铝、氧化锌等）等，其中金属晶须主要应用于金属基复合材料中，而陶瓷基晶须和无机盐晶须可应用于陶瓷复合材料、聚合物复合材料等多个领域。

（2）几种主要晶须的性能

自然界存在包含晶须的天然矿物（如：Suanite），但数量有限，工业应用的晶须主要在人工控制条件下合成。已发现有100多种材料可制成晶须，主要包括金属、氧化物、碳化物、卤化物、氮化物、石墨和高分子化合物等。

晶须可从过饱气相、熔体、溶液或固体生长，常生长成不同规格的纤维，其使用形态有原棉、松纤维、毡或纸。原棉（由蓝宝石晶须构成）具有很松散的结构，长径比为500～5 000：1，松密度为0.028 g/cm。松纤维具有轻微交错的结构，长径比为10～200：1。毡或纸状的晶须，排列杂乱，长径比为250～2 500：1。几种主要晶须的性能见表1-10。

表1-10　几种主要晶须的性能

晶须	密度/(g/cm³)	直径/μm	长度/μm	抗拉强度/GPa	弹性模量/GPa	莫氏硬度	线胀系数/10^{-6}℃$^{-1}$	熔点/℃	耐热性/℃
SiC	3.18	0.05～7	5～200	21	490	9	4.0	2 690	1 600
Si_3N_4	3.2	0.1～1.6	5～200	14	380		3.0	1 900	1 700
$K_6Ti_3O_6$	3.3	0.1～1.5	10～100	7	280	4	6.8	1 370	1 200
$Al_{18}B_4O_{33}$	2.93	0.5～1	10～20	8	400	7	4.2	1 950	1 200
ZnO	5.78	5	200～300	10	350	4		1 720	
MgO	3.6	3.0～10	200～300	1～8			4.0	2 850	2 800
Al_2O_3	3.96			21	430		13.5	2 040	
$CaSO_4$	2.69	1～4	200～300	20.5	178	3～4		1 450	

（3）晶须的应用

以SiC晶须为例，SiC晶须是高技术关键新材料，是金属基、陶瓷基和高聚物基等先进复合材料的增强剂，用于陶瓷基、金属基和树脂基复合材料，已在陶瓷刀具、航天飞机、汽车用零部件、化工、机械及能源生产中获得广泛应用。金属晶须的主要用途是，可作为复合材料增强体，广泛应用于火箭、导弹、喷气发动机等方面，特别是用作导电复合材料和电磁波屏蔽材料。

SiC晶须主要应用领域是在陶瓷刀具增韧。美国成功开发"SiC晶须及纳米复合喷涂"，用于耐磨、耐腐蚀、耐高温涂层，SiC晶须市场需求量将急剧增加，市场前景非常广阔。碳化硅晶须具有优良的力学性能、耐热性、耐蚀性以及抗高温氧化性能，该新产品与基体材料具有良好的相容性，近年来已成为各类高性能复合材料的主要增强剂、增韧剂之一。SiC晶须增强的复合材料可应用于航空、军事、矿冶、化工、汽车、运动器材、切削工具、喷嘴、耐高温部件等领域。晶须补强氮化硅陶瓷基复合材料具有优异的物理力学性能，除了可作为发动机的零部件外，还可广泛应用于各种耐磨、耐高温、耐腐蚀、抗冲击场合，具有广阔的应用前景，在切削刀具、石材锯、纺织割刀、喷嘴、耐高温挤压模、密封环、装甲等领域都有很大的市场需求。

北美约有37%的结构陶瓷零件是由陶瓷基体复合物制成的，而其余的则是单一陶瓷制品。陶瓷基体复合材料主要用于生产切削工具、耐磨零件、插件以及航空工业用产品。切削工具是由 TiC、强化的 Si_3N_4 和 Al_2O_3 以及由 SiC 晶须强化的 Al_2O_3 制成的陶瓷基体复合物的产品，大部分（约 41%）为耐磨产品，有些类型的陶瓷复合材料还用于雷达、发动机和飞机燃气轮机。17% 的结构陶瓷应用在陶瓷刀具上，包括 Al_2O_3、Al_2O_3/TiC、SiC 晶须增强 Al_2O_3、Si_3N_4 和 Sialon 陶瓷。陶瓷刀具市场的速度发展得益于产业化进程的加快，SiC 晶须增强 Al_2O_3 和 Si_3N_4 刀具价格下降也使陶瓷刀具更具有市场竞争力。

1.8.3　陶瓷基复合材料

连续纤维补强陶瓷基复合材料，简称 CFCC，是将耐高温的纤维植入陶瓷基体中所形成的一种高性能复合材料。其以优良的性能引起人们的重视，可以预见，随着对其理论的不断深入研究和加工工艺技术的开发和完善，陶瓷基复合材料的应用范围将会不断地扩大，它的应用前景也会十分光明。

20 世纪 70 年代初，在连续纤维增强聚合物基复合材料和纤维增强金属基复合材料研究的基础上，首次提出纤维增强陶瓷基复合材料的概念，为高性能陶瓷材料的研究与开发开辟了一个方向。随着纤维制备技术和其他相关技术的进步，人们逐步开发出制备这类材料的有效方法，使纤维增强陶瓷基复合材料的制备技术日渐成熟。20 多年来，世界各国特别是欧美以及日本对纤维增强陶瓷基复合材料的制备工艺和增强理论进行了大量的研究，取得了许多重要的成果，有的已经达到实用化水平。

1.8.3.1　陶瓷基复合材料增强体

用于陶瓷基复合材料的增强体品种很多，根据复合材料的性能要求，主要有以下几种：

1）纤维类增强体：有连续长纤维和短纤维，纤维的性能存在方向性，沿轴向有很高的强度和弹性模量。

2）颗粒类增强体：是一些具有高强度、高模量、耐热、耐磨、耐高温陶瓷的无机金属颗粒，如碳化硅、氧化铝、碳化钛、石墨、细金刚石、高岭土、滑石和碳酸钙等。还有一些金属和聚合物颗粒类增强体，如热塑性树脂粉末。

3）晶须类增强体：是在人工条件下制造的细小呈棒状的单晶体，直径为 $0.2\sim 1.0\ \mu m$，长度为几十微米。由于具有细小组织结构，缺陷少，有很高的强度和模量。

4）金属丝类增强体：主要有铍丝、钢丝、不锈钢丝和钨丝等高强度、高模量的金属增强物，金属丝一般用于金属基复合材料和水泥基复合材料。

5）片状物增强体：主要是陶瓷片，将陶瓷薄片叠压起来可以形成陶瓷基复合材料，具有很高的韧性。

1.8.3.2　性能

陶瓷基复合材料是以陶瓷为基体与各种纤维复合的一类复合材料，陶瓷基体可分为氮化硅、碳化硅等高温结构陶瓷。这些陶瓷具有耐高温、高强度和刚度、相对重量较轻、耐腐蚀等优异性能，而其致命的弱点是具有脆性，处于应力状态时，会产生裂纹，甚至断裂，导致材料失效。而采用高强度、高弹性的纤维与基体复合，则是提高陶瓷韧性和可靠性的一个有效的方法。纤维能阻止裂纹的扩展，从而得到有优良韧性的纤维增强陶瓷基复合材料。

1）陶瓷能够很好地渗透进纤维晶须和颗粒增强材料；

2）与增强材料之间形成较强的结合力；

3）在制造和使用过程中与增强纤维间没有化学反应；

4）对纤维的物理性能没有损伤；

5）具有很好的抗蠕变、抗冲击、抗疲劳性能；

6）高韧性；

7）具有耐腐蚀、耐氧化、耐潮湿等化学性能。

1.8.3.3　种类

陶瓷基体材料主要以结晶和非结晶两种形态的化合物存在，按照组成化合物的元素不同，又可以分为氧化物陶瓷、碳化物陶瓷和氮化物陶瓷等。此外，还有一些会以混合氧化物的形态存在氧化物陶瓷基体。

（1）氧化物陶瓷基体

氧化物陶瓷基体主要有氧化铝陶瓷基体、氧化锆陶瓷基体等。

1）氧化铝陶瓷基体：以氧化铝为主要成分的陶瓷称为氧化铝陶瓷，氧化铝仅有一种热动力学稳定的相态。氧化铝陶瓷包括高纯氧化铝陶瓷、99 氧化铝陶瓷、95 氧化铝陶瓷和 85 氧化铝陶瓷等。

2）氧化锆陶瓷基体：以氧化锆为主要成分的陶瓷称为氧化锆陶瓷。氧化锆密度为 $5.6 \sim 5.9 \ g/cm^3$，熔点为 2 175 ℃。稳定氧化锆陶瓷的比热容和热导率小，韧性好，化学稳定性良好，高温时具有抗酸性和抗碱性。

（2）氮化物陶瓷基体

氮化物陶瓷基体主要是氮与过渡族金属（如钛、钒、铌、锆、钽和铪）的化合物，还有氮化硅中固溶铝和氧仍保持氮化硅结构的氮化物陶瓷，如氮化硅陶瓷、氮化铝陶瓷和氮化硼陶瓷等。

1）氮化硅陶瓷基体：以氮化硅为主要成分的陶瓷称为氮化硅陶瓷，氮化硅陶瓷有两种形态。此外，氮化硅线胀系数低，具有优异的抗冷热聚变能力，能耐除氢氟酸外的各种无机酸和碱溶液，还可耐熔融的铅、锡、镍、黄铜、铝等有色金属及合金侵蚀且不粘留这些金属液。

2）氮化硼陶瓷基体：以氮化硼为主要成分的陶瓷称为氮化硼陶瓷，氮化硼是共价键化合物。

（3）碳化硅陶瓷基体

以碳化硅为主要成分的陶瓷称为碳化硅陶瓷。碳化硅是一种非常硬和抗磨蚀的材料，以热压法制造的碳化硅可以作为切割钻石的刀具。碳化硅还具有优异的耐蚀性和抗氧化性能。

（4）碳化硼陶瓷基体

以碳化硼为主要成分的陶瓷称为碳化硼陶瓷，是硅、钛及其他过渡族金属碳化物的总称，如碳化硅陶瓷、碳化锆陶瓷、碳化钨陶瓷和碳化钛陶瓷等。碳化硼是一种低密度、高熔点、高硬度陶瓷。碳化硼粉末可以通过无压烧结、热压等制备技术形成致密材料。

（5）玻璃基体和玻璃陶瓷基体

1）玻璃基体：高硅氧玻璃、硼硅玻璃和铝硅玻璃等；

2）玻璃陶瓷基体：在一定条件下玻璃可以出现结晶，并且在熔点时由于原子有序排列其体积会突然变小，形成结晶化的玻璃，即玻璃陶瓷，如铝锂硅酸盐玻璃陶瓷、镁铝硅酸盐玻璃陶瓷等。

（6）其他陶瓷基体

其他陶瓷基体有硼化物陶瓷和硅化物陶瓷等。

1.8.3.4　应用

陶瓷基复合材料具有优异的耐高温性能，主要用作高温及耐磨制品。其最高使用温度主要取决于基体特征。陶瓷基复合材料已实用化或即将实用化的领域有刀具、滑动构件、发动机制件和能源构件等。法国已将长纤维增强碳化硅复合材料应用于制造高速列车的制动件，显示出优异的摩擦、磨损特性，取得了满意的使用效果。作为高温结构材料用的陶瓷基复合材料，主要用于宇航、军工等部门。此外，在机械、化工、电子技术等领域也广泛采用各种陶瓷基复合材料。

1）机械、汽车工业领域和刀具：可制造机械加工的刀具、滑动构件、模具、耐磨轴承和喷嘴等；在汽车零部件方面，可制造火花塞、密封装置、吸气阀、排气阀和涡轮转子等，如图 1-5 所示。陶瓷刀具的优点：硬度高，仅次于金刚石，耐磨，只要不摔、不砍和不刹，正常情况下可以永远不磨刀，轻薄锐利，不藏污纳垢，易清洗，不生锈，且食品无金属味残留等。陶瓷刀具的缺点：韧性低、脆，摔落易崩刃、缺角或断裂，所有陶瓷刀具不能砍、刹、砸和撬等。

(a) 陶瓷轴承　　　　　　　　(b) 陶瓷构件　　　　　　(c) SiC(W)/Al$_2$O$_3$复合材料钻头

图 1-5　陶瓷机械构件

2）航空航天领域与涡轮发动机：陶瓷基复合材料可用于制作导弹的头锥、火箭的喷管、航天飞机的结构件、隔热瓦、外部燃料箱等，还可用于制造涡轮发动机燃烧室腹壁、涡轮盘、导向叶片和螺栓等，能减轻这些构件的重量，提高燃烧效率，减少有害气体排放和节省冷却系统；用于制造飞机涡轮转子叶片，能减小发动机质量约 455 kg，相当于发动机质量的 6%，不但材料本身比金属材料轻，而且减小了冷却系统的质量，大大节约了成本。航空航天构件如图 1-6 所示。

(a) 涡轮叶片   (b) 固体火箭发动机复合材料喷管   (c) 涡轮发动机

图 1-6　航空航天构件

3）生物工程和高速列车制动器件：由于陶瓷材料与生物组织之间具有较好的相容性，而且强度高、耐磨损，可以用作人类骨关节和牙齿的重要替代材料。将长纤维增强碳化硅复合材料应用于制作超高速列车的制动器件，有比传统的制动器件所无法比拟的耐摩擦和耐磨损的效果，例如二氧化锆（ZrO_2）陶瓷具有高强度、高硬度和高耐化学腐蚀性，其韧性是陶瓷中最高的。应用其耐磨损性能，可以制作拉丝模、密封件、医用人造骨骼、汽车发动机活塞顶、缸盖底板和气缸内衬等。生物工程和高速列车制动器件如图 1-7 所示。

(a) 人造牙齿   (b) 人造骨关节   (c) 高速列车制动器件

图 1-7　生物工程和高速列车制动器件

4）石油化工领域：陶瓷的抗高温、抗热冲击、耐蚀、耐磨损等性能使其成为石油化工领域的重要材料，如催化剂载体、质量小的热交换器等。

5）冶金材料领域：可用作熔炼炉的耐火材料、钢液过滤材料等。

由于其具有高强度和高韧性，特别是具有与普通陶瓷不同的非失效性断裂方式，使其受到世界各国的极大关注。连续纤维增强陶瓷基复合材料已经开始在航天航空、国防等领域得到广泛应用，如法国生产的"Cerasep"可作为战斗机的喷气发动机和"Hermes"航天飞机的部件和内燃机的部件；纤维增强 SiO_2 复合材料已用作"哥伦比亚号"和"挑战者号"航天飞机的隔热瓦。由于纤维增强陶瓷基复合材料具有优异的抗高温性能、高韧性、高比强、高比模以及热稳定性好等优点，能有效地克服对裂纹和热震的敏感性，因此，在重复使用的热防护领域有着重要的应用和广泛的市场。

陶瓷的制作是一个十分复杂的工艺过程，影响制品品质的因素众多。如何进一步加工稳定的陶瓷，提高制品的可靠性与一致性，是进一步扩大陶瓷应用范围所面临的问题。只有对陶瓷基复合材料的结构、性能和制造技术等问题进行科学系统深入的研究，才会产生新的突破。

1.9　其他增强纤维

不饱和聚酯树脂可用的其他增强纤维，除了玻璃纤维之外，还有聚酯纤维、聚丙烯腈纤维、石棉和黄麻等。饱和聚酯树脂纤维可用作表面薄毡，以提高固化后树脂的耐化学性和耐磨性，与玻璃纤维合用时具有高抗冲击性。聚丙烯腈纤维也可作为表面薄毡或布，以提高固化后树脂的耐化学性。还有纳米磁性复合材料、塑木复合材料、麻纤维增强聚丙烯等复合材料，近年来已开发出耐高温、高强度、高模量的硼纤维、碳化硅纤维、陶瓷晶须和金属晶须。

1.9.1　石棉纤维

石棉是纤维状耐火矿物，按化学成分可分为角闪石石棉和蛇纹石石棉两大类。角闪石石棉称为蓝石棉，其耐酸性好，纤维较脆，纺丝性差。蛇纹石石棉称为温石棉，常用作增强材料，温石棉占世界石棉产量的95%。温石棉劈分性能优良，在一定条件下可纺成线。

用作增强材料的石棉制品有石棉短纤维、石棉纱和石棉布等，夹金属丝的石棉纱、线中采用铜丝并合时，铜丝直径为0.15～0.18 mm，要求铜丝无显著外露。用作增强材料的石棉布主要包括普通石棉布和铜丝石棉布两种。此外，还有石棉绳、石棉纸和石棉毡等。

石棉纤维具有耐热、耐火、耐摩擦和价格低廉的特点，广泛用于增强热固性和热塑性树脂。石棉纤维与玻璃纤维是相互补充不足的增强材料，在生产中把两者按一定比例混合使用。石棉增强聚酯树脂具有良好的耐水性、耐磨性、耐化学性及刚度，常用于流动性控制剂。与玻璃纤维混用时，可限制树脂、填料与玻璃纤维分离。石棉的致癌性早已被学界所知，政府也规定了开采、加工温石棉必须佩戴防护用品。

1.9.2　纳米复合材料

纳米材料是指在三维空间中至少有一维处于纳米量级的范围或由它们作为基本单元构成的材料。在纳米量级的范围内，材料的各种限域效应能够引起各种特性发生相当大的变化。这些变化可以提高材料的性能，为发展新型高性能材料创造了条件。单一的纳米晶材料不能满足实际应用的需要，从而将纳米粒子和其他材料复合成纳米复合材料。这种复合材料能同时兼顾纳米粒子和其他材料的优点，并具有一些特殊的性能。

一般认为纳米材料需满足两个条件：第一，材料在三维空间尺度中至少有一维处于纳米量级（大致为 10～100 个原子层的距离）；第二，与块体材料相比，纳米材料需在性能上有突变或者大幅提高。比如，有的纳米材料有吸附、凝聚功能，有的能防垢、防附着，有的韧性佳，有的保温性好，还有的耐高温、耐摩擦和耐冲击等。而纳米技术就是利用纳米材料的奇妙性能，制造具有特定功能的零部件和产品的技术。

纳米复合材料是由两种或两种以上的不同相材料组成的，其复合结构中至少有一相在一个维度上呈纳米级大小。纳米复合材料可以是金属/金属、金属/陶瓷、陶瓷/陶瓷、无机（金属、陶瓷）/聚合物、聚合物/无机及聚合物/聚合物等不同的组合方式。在数百万年前，大自然就已经制造出优异的纳米材料，如骨骼、珠母贝壳等。直至最近 10 年才开始研究和制备纳米复合材料，探索纳米复合材料的应用，如纳米级的结构复合材料、高性能涂料、催化剂、电子器件和光学器件等。当前纳米技术、信息技术及生物技术被誉为 21 世纪社会经济发展的 3 大支柱。纳米技术是 20 世纪 80 年代末 90 年代初逐步发展起来的前沿、交叉性新型学科领域。据一些权威专家预测，未来纳米技术将在生物医学、航空航天、能源和环境等领域大显身手。美国国家科学基金会的纳米技术高级顾问米哈伊尔·罗科甚至预言："由于纳米技术的出现，在今后 30 年中，人类文明所经历的变化将会比刚刚过去的整个 20 世纪都要多得多。"纳米材料是纳米科技的基础，功能纳米材料是纳米材料科学中最富有活力的领域，它对信息、生物、能源、环境、宇航等高科技领域将产生深远影响并具有广阔的应用前景。

1.9.2.1　纳米材料的特性

当材料的尺寸进入纳米级，材料便会出现以下奇异的物理性能：

（1）尺寸效应

当超细微粒尺寸与光波波长、德布罗意波长以及超导态的相干长度或投射深度等物理特征尺寸相当或更小时，晶体的边界条件将被破坏，非晶态纳米微粒的颗粒表面附近原子密度减小，导致声、光、电、磁、热、力学等特性呈现出新的小尺寸效应。如当颗粒的粒径降到纳米级时，材料的磁性就会发生很大变化，如一般铁的矫顽力约为 80 A/m，而直径小于 20 μm 的铁，其矫顽力却增加了 1 000 倍。若将纳米粒子添加到聚合物中，不但可以改善聚合物的力学性能，还可以赋予其新性能。

注：德布罗意波长说明了波长和动量成反比、频率和总能成正比的关系。

（2）表面效应

一般随着微粒尺寸的减小，微粒中表面原子与原子总数之比将会增大，表面面积也将会增大，从而引起材料性能的变化，这就是纳米粒子的表面效应。随着纳米粒径的减小，表面原子所占比例急剧增加。由于表面原子数增多，原子配位不足及高的表面能使这些表面原子具有高的活性，很容易与其他原子结合。若将纳米粒子添加到高聚物中，这些具有不饱和性质的表面原子就很容易同高聚物分子链段发生物理化学作用。

（3）量子隧道效应

微观粒子贯穿势垒的能力称为隧道效应。纳米粒子的磁化强度等也具有隧道效应，它们可以穿越宏观系统的势垒而产生变化，这称为纳米粒子的宏观量子隧道效应。它的研究对基础研究及实际应用（如导电、导磁高聚物，微波吸收高聚物等）都具有重要意义。

1.9.2.2　高聚物/纳米复合材料的技术进展

按纳米粒子种类的不同，可把高聚物/纳米复合材料分为以下几类：

（1）高聚物/黏土纳米复合材料

由于层状无机物在一定驱动力作用下能碎裂成纳米尺寸的结构微区，其片层间距一般为纳米级，它不仅可让聚合物嵌入夹层，形成"嵌入纳米复合材料"，还可使片层均匀分散于聚合物中形成"层离纳米复合材料"。其中，黏土易与有机阳离子发生交换反应，具有的亲油性甚至可引入与聚合物发生反应的官能团来加强其黏结。其制备的技术有插层法和剥离法。插层法是预先对黏土片层间进行插层处理后，制成"嵌入纳米复合材料"，而剥离法则是采用一些手段对黏土片层直接进行剥离，形成"层离纳米复合材料"。

（2）高聚物/刚性纳米粒子复合材料

用刚性纳米粒子对力学性能有一定脆性的聚合物增韧是改善其力学性能的另一种可行性方法。随着无机粒子微细化技术和粒子表面处理技术的发展，特别是近年来纳米级无机粒子的出现，塑料的增韧彻底打破了以往在塑料中加入橡胶类弹性体的传统做法。采用纳米刚性粒子填充不仅会使韧性、强度得到提高，而且其性价比也将是不能比拟的。

（3）高聚物/碳纳米管复合材料

碳纳米管于 1991 年由 S. Iijima 发现，是中空的，属于纳米级别、肉眼看不见。而碳纤维是微米级别，肉眼能见，都是碳材料家族成员，其主要用途之一是作为聚合物复合材料的增强材料。碳纳米管的力学性能相当突出。现已测出碳纳米管的强度实验值为 30~50 GPa。尽管碳纳米管的强度高，脆性却不像碳纤维那样高。碳纤维在约 1% 变形时就会断裂，而碳纳米管要到约 18% 变形时才断裂。碳纳米管的层间抗剪强度高达 500 MPa，比传统碳纤维增强环氧树脂复合材料高一个数量级。在电性能方面，碳纳米管作为聚合物的填料具有独特的优势。加入少量碳纳米管即可大幅度提高材料的导电性。与以往为提高导电性而向树脂中加入的炭黑相比，碳纳米管有高的长径比，因此其体积含量可比球状炭黑减少很多。同时，由于纳米管的本身长度极短而且柔曲性好，填入聚合物基体时不会断裂，因而能保持其高长径比。爱尔兰都柏林 Trinity 学院进行的研究表明，在塑料中含 2%~3% 的多壁碳纳米管使电导率提高了 2 个数量级，从 10~12 S/m 提高到了 102 S/m。

1.9.2.3　纳米复合材料的应用前景

纳米复合材料是在复合材料的特征上叠加了纳米材料的优点，使材料的可变结构参数及复合效应得到最充分的发挥，产生最佳宏观性能。

（1）纳米复合涂层材料

纳米复合涂层材料由于具有高强度、高韧性和高硬度等特性，在材料表面防护和改性上有着广泛的应用前景。如日本 MoB - Ni 粉体低压等离子喷涂膜，粒子复合技术提高了喷涂膜的致密度和结构的均匀性，使喷涂层与基体间的亲和力、抗热振动性能大大地提高，达 95%~98%；结合强度比商用粉末涂层提高了 2~3 倍；抗磨粒磨损能力提高了 2

倍；抗弯模量提高了 2～3 倍。

（2）高韧性、高强度的纳米复合陶瓷材料

纳米级大碳化物、氧化物、氮化物等弥散到陶瓷基体中可以大幅度改善陶瓷的韧性和强度。德国制备了 Si_3N_4/SiC 纳米复合材料，具有高强度、高韧性和优良的热稳定性及化学稳定性。将纳米 SiC 弥散到莫来石基体中，大大地提高了材料的力学性能，使材料断裂强度达到 1.5 GPa，室温破断抗力提高到 10 MPa·$m^{1/2}$ 以上。

（3）高分子基纳米复合材料

将纳米粒子加入聚合物中，可使聚合物性能有很大的提高，且表现出不同于一般复合材料的力学、热学、电磁和光学性能。如将纳米 Fe_2O_3 和 Fe_3O_4 粒子复合到聚苯胺中，可得到具有铁磁性的复合材料。纳米粒子对高分子材料有着明显的增强增韧作用，是新世纪很有发展前途的复合材料。日本将纳米复合材料应用于汽车以后，高分子基纳米复合材料在汽车行业得到了广泛应用，车用纳米复合材料在力学性能、阻燃性能和热性能方面有了很大的提高，而且对冲击强度和断裂韧性损失很小。

（4）仿生材料

自纳米材料出现之后，仿生材料的研究转向纳米复合材料，如日本采用粒子复合技术将羟基磷灰石（HAP）包覆在 Ti 基体上形成一个多孔的表面喷涂层，使这种能植入体内的材料可显示出良好的生物活性。

（5）纳米隐身材料

隐身有外形设计隐身和应用吸波材料隐身两种，纳米复合材料是一种新型的吸波材料。它具有频带宽、兼容性好、质量小及厚度薄的特点，如美国制备的一种"超黑粉"纳米复合材料的雷达波吸收率高达 99%。

（6）光学材料

用纳米 CdSe（硒化镉）聚苯撑乙烯（PPV）制得一种发光装置，随着纳米颗粒大小的改变，装置发光的颜色可以在红色与黄色之间变化。如此，纳米复合材料为开拓新型发光材料提供了新的途径和思路。

（7）用于化妆品工业

利用纳米粒子复合技术将滑石、云母、高岭土、TiO_2 等包覆于化妆品基体上，不仅能降低化妆品的生产成本，还使化妆品具有良好的润湿性、延展性、吸汗油性及抗紫外线辐射等性能。

（8）医药工业

可以开发新型药物缓冲剂，如对母粒实行表面包覆、母粒子可减小到 0.5 μm，缓释效果得到大大提高。

随着纳米复合材料研究的深入，还将开发出其他一些应用领域。纳米复合材料作为一种新型的高科技材料，必将存在着广阔的应用前景。纳米材料由于平均粒径微小、表面原子多、比表面积大、表面能高，因而其性质显示出独特的小尺寸效应、表面效应等特性，具有许多常规材料不可能具有的性能。纳米材料由于其具有超凡的特性，逐渐引起了人们越来越广泛的关注，不少学者认为纳米材料将是 21 世纪最有前途的材料之一，纳米技术将成为 21 世纪的主导技术。

（9）隐性材料

英美研究人员发明的隐性材料，用来控制光线及物体周围其他的电磁射线，让这些光线和射线给人以隐身的感觉，就像是隐藏在太空的黑洞里一样。美国正在用一种被称为元材料的新奇材料研制隐形服，如图 1-8（a）所示。英国物理学家也使用元材料，其结构必须是纳米级别的。它能避让电磁射线（如无线电波或可见光等），向任何方向折射。用这种材料制成的外衣，既不反射光线，也不投射阴影。就像一条小河沿着一块平滑的大石头流淌一样，光线和电磁射线照射到斗篷上后就顺着衣服"流走"了，就好像从未碰到障碍物一样。旁人无法在衣服上看到光线，一切就这样消失了。

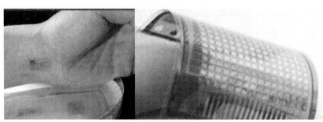

(a) 隐形服　　　　　　　　　　　　　　　　　　(b) 电子皮肤

图 1-8　隐形服与电子皮肤

隐形技术在军用和民用方面的应用前景很广阔。例如，可研制一种容器遮蔽核磁共振扫描仪干扰；可建隐形罩，以避免障碍物阻挡手机信号；甚至可在炼油厂上建一个隐形罩，这样可以不影响海边的美丽风景。医生手术所戴的手套使用"隐形"技术，医生动手术的手就会变得透明，不会挡住需要手术的部位。飞机驾驶舱的底部穿上隐形衣，飞机着陆时，驾驶员就能很清楚地看到地面跑道的情况，着陆时就更安全。

科学技术的不断发展使各种可探测技术、隐形材料层出不穷，以往只能在科幻小说里见到的隐形兵器、隐形人，而今已悄然走出实验室，出现在信息化战场上。尤其伴随隐形飞行器、隐形战斗车辆、隐形舰艇、隐形弹药的出现，单兵隐形技术也从实验室走上了战火纷飞的阵地。隐形技术并非让人从人间蒸发，而是利用光学原理、电磁原理，使自己在敌人的视觉、光学侦察器材、红外侦察器材前不可见，或与环境融合而不可辨。随着隐形技术和隐形装备的不断发展，身着隐形衣的作战人员涌向未来战场，必将给传统的侦察设备带来全新挑战，同时，也必将推动隐形与反隐形对抗技术的加速发展。

反可见光侦察隐形衣：它印有与大自然主色调一致的 6 种颜色构成的变形图案。这些图案是经过计算机对大量丛林、沙漠、岩石等复杂环境进行统计分析后模拟出来的。它可使着装者的轮廓产生变形，其细碎的图案与周围环境完全融合，即使目标在运动也不易被发现。

反红外侦察隐形衣：它由精选的 6 种颜色作为染料，并掺进特殊化学物质后制成。该隐形衣与周围自然景物反射的红外光波大致相似，颜色效果更接近大自然的色彩环境，以此迷惑敌人的视觉和干扰红外侦察器材。

变色隐形衣：它是一种由光敏变色物质处理过的化纤布制成的作战服，也可用光敏染料染在普通布料上制成。不论是在绿色的丛林、黄色的沙滩、蓝色的海洋还是白雪皑皑的原野，隐形衣都会根据周围环境的变化而自动改变颜色，着装者能够很容易地接近袭击目标，而不易暴露自己。

视而不见的透明服：日本东京大学工程学教授田智晋也研发出了一种神奇的"透明服"，可以从人前看到人后的一切，从而达到"视而不见"的隐形效果。其原理是利用透明服后的摄像机，把影像传送并映射到前面具有反光功能的衣服表面，使人能看到着装者背后的影像，如同着装人是"透明"的。如图 1 - 8（a）所示的隐形服，就能够看见衣服后面的人和物体。

隐形帐篷：除研制、装备各种隐形衣外，国外还在研制用于集体防护的隐形帐篷。它用特殊材料制成，顶部和围墙采用隐形材料，支架和固定体采用塑料或复合材料，外形类似一个平台。它能有效地防敌雷达探测，保护作战人员免受弹片和轻武器杀伤，并且具有防光辐射、放射性沾染和化学武器的功能。

（10）电子皮肤

研制的电子皮肤如图 1 - 8（b）所示，这是一种可以让机器人产生触觉的系统，其结构简单，可被加工成各种形状，能像衣服一样附着在设备表面，能够让机器人感知到物体的地点和方位以及硬度等信息。该项技术的关键点在于一种名为 QCT 的量子隧道复合材料，由美国研发而成。与以往类似的材料相比，QCT 材料不但能感知物体的硬度，还能监测到物体的硬度等级。此外，借助 XY 扫描技术，使用 QCT 技术的机器人还能获得不同区域（如前臂、肩部和躯干）的综合知觉信息。

QCT 是一种金属活性聚合材料，由金属或非金属碎料压制而成，这种材料能对微小的压力和触感进行测量并通过电阻值的变化反馈给电路，这就如同通过调光开关控制灯泡的亮度一样。由于 QCT 自身所具备的这种独特性能，它可被制作成各种形状和大小的压敏开关。通过丝网印刷后的 QCT 材料的厚度可薄至 75 μm。QCT 的运行功耗极低，整个系统无移动部件，可直接与物体接触而无须任何空气层。这使其十分可靠，可被一体化集成到超薄电子设备中，同时，还具备极长的运行寿命。

QCT 技术已先期在 NASA 的机器人项目上获得了应用，其先进的传感技术和机械臂在世界均属领先。研究人员下一步的目标是让机器人具有与人类更为接近的触觉，并增强其与人类的互动能力。

1.9.3　石墨烯

石墨烯（Graphene）是一种由碳原子以 sp2 杂化轨道组成六角形呈蜂巢晶格的平面薄膜，只有一个碳原子厚度的二维材料。石墨烯一直被认为是假设性的结构，无法单独稳定存在，直至 2004 年，英国曼彻斯特大学物理学家安德烈·海姆和康斯坦丁·诺沃肖洛夫在实验中成功地从石墨中分离出石墨烯，证实它可以单独存在，两人也因"在二维石墨烯材料的开创性实验"共同获得 2010 年诺贝尔物理学奖。

石墨烯既是最薄的材料，也是最强韧的材料，断裂强度比最好的钢材还要高 200 倍。同时，它又有很好的弹性，拉伸幅度能达到自身尺寸的 20%。它是自然界最薄、强度最高的材料，如果用一块面积 1 m² 的石墨烯做成吊床，本身质量不足 1 mg 可以承受一只 1 000 g 的猫。石墨烯最有潜力的应用是成为硅的替代品，制造超微型晶体管，用来生产未来的超级计算机。用石墨烯取代硅，计算机处理器的运行速度将会快数百倍。

（1）发展历程

实际上，石墨烯本来就存在于自然界中，只是难以剥离出单层结构。石墨烯一层层叠起来就是石墨，厚 1 mm 的石墨大约包含 300 万层石墨烯。铅笔在纸上轻轻划过，留下的痕迹就可能是几层甚至仅仅一层石墨烯。

当时，能用一种非常简单的方法得到越来越薄的石墨薄片。从高定向热解石墨中剥离出石墨片，然后将薄片的两面粘在一种特殊的胶带上，撕开胶带，就能把石墨片一分为二。不断地这样操作，于是薄片越来越薄，最后，可得到仅由一层碳原子构成的薄片，这就是石墨烯。从这以后，制备石墨烯的新方法层出不穷，经过 5 年的发展，人们发现将石墨烯带入工业化生产的领域已为时不远了。因此，在此后的 3 年内，在单层和双层石墨烯体系中分别发现了整数量子霍尔效应及常温条件下的量子霍尔效应。

注：霍尔效应在 1879 年被 E. H. 霍尔发现，它定义了磁场和感应电压之间的关系。当电流通过一个位于磁场中的导体时，磁场会对导体中的电子产生一个横向的作用力，从而在导体的两端产生电压差。

（2）结构组成

石墨烯是由碳六元环组成的二维周期蜂窝状点阵结构，它可以翘曲成零维的富勒烯（Fullerene），卷成一维的碳纳米管（Carbon Nano - Tube，CNT）或者堆垛成三维的石墨（Graphite）。因此，石墨烯是构成其他石墨材料的基本单元。石墨烯的基本结构单元为有机材料中最稳定的苯六元环，是最理想的二维纳米材料。理想的石墨烯结构是平面六边形点阵，可以看作一层被剥离的石墨分子，每个碳原子均为 sp2 杂化，并贡献剩余一个 p 轨道上的电子形成大 π 键，π 电子可以自由移动，赋予石墨烯良好的导电性。二维石墨烯结构可以看成是形成所有 sp2 杂化碳质材料的基本组成单元。

（3）类别划分

单层石墨烯：指由一层以苯环结构（即六角形蜂巢结构）周期性紧密堆积的碳原子构成的一种二维碳材料。

双层石墨烯（Bilayer or Double - layer Graphene）：指由两层以苯环结构（即六角形蜂巢结构）周期性紧密堆积的碳原子以不同堆垛方式（包括 AB 堆垛、AA 堆垛等）堆垛构成的一种二维碳材料。

多层石墨烯（Few - layer or Multi - layer Graphene）：指由 3～10 层以苯环结构（即六角形蜂巢结构）周期性紧密堆积的碳原子以不同堆垛方式（包括 ABC 堆垛、ABA 堆垛等）堆垛构成的一种二维碳材料。

石墨烯：是一种二维碳材料，是单层石墨烯、双层石墨烯和多层石墨烯的统称。

（4）基本特性

1）电子运输：发现石墨烯以前，用高度定向的热解石墨首次获得了独立存在的高质量石墨烯，打破了传统的物理观点：二维晶体在常温下不能稳定存在。所以，它的发现立即震撼了凝聚态物理界。虽然理论和实验界都认为完美的二维结构无法在非绝对零度稳定存在，但是单层石墨烯在实验中被制备出来，这些可能归结于石墨烯在纳米级别上的微观扭曲。石墨烯还表现出了异常的整数量子霍尔行为。其霍尔电导为量子电导的奇数倍，且可以在室温下观测到。这个行为已被科学家解释为"电子在石墨烯里遵守相对论量子力学，没有静质量"。

注：由大量子系统组成的系统的可测的宏观量在每一时刻的实际测度相对平均值或多或少有些偏差，这些偏差就叫作涨落。

2）导电性：石墨烯结构非常稳定，迄今为止，研究者仍未发现石墨烯中有碳原子缺失的情况。石墨烯中各碳原子之间的连接非常柔韧，当施加外部机械力时，碳原子面就弯曲变形，从而使碳原子不必重新排列来适应外力，也就保持了结构稳定。这种稳定的晶格结构使碳原子具有优秀的导电性。石墨烯中的电子在轨道中移动时，不会因晶格缺陷或引入外来原子而发生散射。由于原子间作用力十分强，在常温下，即使周围碳原子发生碰撞，石墨烯中电子受到的干扰也非常小。

石墨烯最大的特性是，电子的运动速度达到了光速的 1/300，远远超过了电子在一般导体中的运动速度。这使石墨烯中的电子（或更准确地应称为"载荷子"，Electric Charge Carrier）的性质和相对论性的中微子非常相似。石墨烯是新一代透明导电材料，几乎完全透明，透光率高达 97.4%，且能降低 40%～60% 的反射率，可以吸收大约 2.3% 的可见光，而这也是石墨烯中载荷子相对论性的体现。

3）导热性：石墨烯具有极高的热导率，近年来被提倡用于散热等方面，在散热片中嵌入石墨烯或数层石墨烯可使其局部热点温度大幅下降。美国加州大学一项研究显示，石墨烯的导热性能优于碳纳米管。中国科学院山西煤炭化学研究所高导热石墨烯/碳纤维柔性复合薄膜的厚度在 10～200 μm 范围内可控，室温面向热导率高达 977 W/(m·K)，抗拉强度超过 15 MPa。普通碳纳米管的热导率可达 3 000 W/(m·K) 以上，各种金属中热导率相对较高的有银、铜、金、铝，而单层石墨烯的热导率可达 5 300 W/(m·K)，甚至有研究表明，其热导率可高达 6 600 W/(m·K)。优异的导热性能使石墨烯有望作为未来超大规模纳米集成电路的散热材料。与纯石墨烯相比，还原剥离氧化石墨得到热导率相对较低 [0.14～2.87 W/(m·K)] 的石墨烯（RGO）。其热导率与氧化石墨被氧化程度密切相关，原因是石墨烯薄片即使经过热还原处理后仍然具有氧化性。热导率可能与其中残余的化学官能团、破坏的碳六元环等缺陷有关，化学结构被氧化导致晶格缺陷的产生，阻止了热传导作用。

4）机械性：石墨烯是人类已知强度最高的物质，比钻石还坚硬，强度比世界上最好的钢铁还要高 100 倍。哥伦比亚大学的物理学家对石墨烯的机械特性进行了全面的研究，在实验过程中，他们选取了一些直径在 $10\sim20~\mu m$ 的石墨烯微粒作为研究对象。研究人员先是将这些石墨烯样品放在了一个表面被钻有小孔的晶体薄板上，这些孔的直径在 $1\sim 1.5~\mu m$ 范围内。之后，他们用金刚石制成的探针对这些放置在小孔上的石墨烯施加压力，以测试它们的承受能力。

研究人员发现，在石墨烯样品微粒开始碎裂前，它们每 100 nm 距离上可承受的最大压力居然达到了大约 $2.9~\mu N$。据科学家们测算，这一结果相当于要施加 55 N 的压力才能使 $1~\mu m$ 长的石墨烯断裂。如果物理学家们能制取出厚度相当于普通食品塑料包装袋（厚度约 100 nm）的石墨烯，那么需要施加约 20 000 N 的压力才能将其扯断。换句话说，如果用石墨烯制成包装袋，那么它将能承受大约 2 t 重的物品。

5）电子的相互作用：利用世界上最强大的人造辐射源，美国加州大学、哥伦比亚大学和劳伦斯伯克利国家实验室的物理学家发现了石墨烯特性新秘密：石墨烯中电子间以及电子与蜂窝状栅格间均存在着强烈的相互作用。

科学家借助了美国劳伦斯伯克利国家实验室的"先进光源（ALS）"电子同步加速器。这个加速器产生的光辐射亮度相当于医学上 X 射线强度的 1 亿倍。科学家利用这一强光源观测发现，石墨烯中的电子不仅与蜂巢晶格之间相互作用强烈，而且电子和电子之间也有很强的相互作用。

6）化学性质：类似石墨表面，石墨烯可以吸附和脱附各种原子和分子。从表面化学的角度来看，石墨烯的性质类似于石墨，可利用石墨来推测石墨烯的性质。石墨烯的化学性质可能有许多潜在的应用，然而要使石墨烯的化学性质得到广泛关注，有一个不得不克服的障碍：缺乏适用于传统化学方法的样品。这一点若得不到解决，研究石墨烯化学性质将面临重重困难。

（5）主要应用

石墨烯对物理学基础研究有着特殊意义，它使一些此前只能纸上谈兵的量子效应可以通过实验来验证，例如电子无视障碍、实现幽灵一般的穿越，但更令人感兴趣的是它那许多"极端"性质的物理性质。因为只有一层原子，电子的运动被限制在一个平面上，石墨烯也有着全新的电学属性。石墨烯是世界上导电性最好的材料，在塑料里掺入 1/100 的石墨烯，就能使塑料具备良好的导电性；加入 1/1 000 的石墨烯，能使塑料的抗热性能提高 30 ℃。在此基础上可以研制出薄、轻、拉伸性好和超强韧的新型材料，用于制造汽车、飞机和卫星。随着批量化生产以及大尺寸等难题的逐步突破，石墨烯的产业化应用步伐正在加快，基于已有的研究成果，最先实现商业化应用的可能会是移动设备、航空航天、新能源电池领域。

在消费电子展上可弯曲屏幕备受瞩目，成为未来移动设备显示屏的发展趋势。柔性显示在未来市场十分广阔，这时作为基础材料的石墨烯前景也被看好。有数据显示，2013年全球对手机触摸屏的需求量大概在 9.65 亿片。到 2015 年，平板电脑对大尺寸触摸屏的需求也将达到 2.3 亿片，这为石墨烯的应用提供了广阔的市场。韩国三星公司的研究人员也已制造出由多层石墨烯等材料组成的透明可弯曲显示屏，相信大规模商用指日可待。

　　另一方面，新能源电池也是石墨烯最早商用的一大重要领域。之前美国麻省理工学院已成功研制出表面附有石墨烯纳米涂层的柔性光伏电池板，可极大降低制造透明可变形太阳电池的成本，这种电池有可能在夜视镜、相机等小型数码设备中使用。另外，石墨烯超级电池的成功研发，也可解决新能源汽车电池的容量不足以及充电时间长的问题，极大加速了新能源电池产业的发展。这一系列的研究成果为石墨烯在新能源电池行业的应用铺就了道路。

　　由于具有高导电性、高强度、超轻薄等特性，石墨烯在航天军工领域的应用优势也是极为突出的。美国 NASA 开发出应用于航天领域的石墨烯传感器就能很好地对地球高空大气层的微量元素、航天器上的结构性缺陷等进行检测，而石墨烯在超轻型飞机材料等潜在应用上也将发挥更重要的作用。

　　（6）研究成果

　　1）折叠最小最快的石墨烯晶体管：2011 年 4 月 7 日，IBM 向媒体展示了石墨烯晶体和折叠最小最快的石墨烯晶体管，该产品每秒能执行 1 550 亿个循环操作，比之前的试验用晶体管快 50%。该晶体管的截止频率为 155 GHz，使其速度更快的同时，也比 IBM 2010 年 2 月展出的 100 GHz 石墨烯晶体管具备了更多的能力。IBM 研究人员表示，石墨烯晶体管成本较低，可以在标准半导体生产过程中表现出优良的性能，为石墨烯芯片的商业化生产提供了方向，从而用于无线通信、网络、雷达和影像等多个领域。

　　2）折叠最小的光学调制器：美国华裔科学家使用纳米材料石墨烯最新研制出了一款调制器，这个只有头发丝 1/400 细的光学调制器具备的高速信号传输能力，使 1 s 内下载一部高清电影指日可待。这项研究是由加州大学伯克利分校劳伦斯国家实验室的张翔教授、王枫助理教授以及博士后刘明等组成的研究团队共同完成的，研究论文于 2011 年 6 月 2 日在英国《自然》杂志上发表。这项研究的突破点就在于，用石墨烯这种世界上最薄却最坚硬的纳米材料，做成一个高速、对热不敏感宽带、廉价和小尺寸的调制器，从而解决了业界长期未能解决的问题。

　　3）折叠低成本石墨烯电池：美国俄亥俄州 Nanotek 仪器公司的研究人员，利用锂离子可在石墨烯锂离子电池的石墨烯表面和电极之间快速大量穿梭运动的特性开发出一种新型储能设备，可以将充电时间从过去的数小时之久缩短到不足 1 min，该研究发表在《纳米快报》上。

　　4）折叠石墨烯手机：2015 年 3 月 2 日，全球首批 3 万部石墨烯手机在渝发布，该款手机采用了最新研制的石墨烯触摸屏、电池和导热膜。其核心技术由中国科学院重庆绿色智能技术研究院和中国科学院宁波材料技术与工程研究所开发。

　　5）折叠石墨烯指数：2015 年 5 月 18 日，国家金融信息中心指数研究院在江苏省常州市发布了全球首个石墨烯指数。指数评价结果显示，全球石墨烯产业综合发展实力排名前三位的国家分别是美国、日本和中国。

　　6）折叠可呼吸二氧化碳电池：2015 年 5 月，南开大学化学学院周震教授课题组发现一种可呼吸二氧化碳电池。这种电池以石墨烯用作锂二氧化碳电池的空气电极，以金属锂作为负极，吸收空气中的二氧化碳释放能量。

7）折叠特殊石墨烯材料：2015 年 6 月，南开大学化学学院陈永胜教授和物理学院田建国教授的联合科研团队通过 3 年的研究，获得了一种特殊的石墨烯材料。该材料可在包括太阳光在内的各种光源照射下驱动飞行，其获得的驱动力是传统光压的千倍以上。该研究成果令"光动"飞行成为可能。

8）折叠超级材料：2015 年 9 月，中国科学院上海硅酸盐研究所的研究人员称，利用细小的石墨烯晶体管石墨烯构成了一个拥有与钻石同等稳定性的蜂窝状结构，创造出一种泡沫状材料。这种材料的强度比同重量的钢材要大 207 倍，而且能够以极高的效率导热和导电。刊登在《高级材料》周刊的研究报告称，这种新材料能够支撑起相当于其自身重量 40 万倍的物体而不发生弯曲。这种新材料的特性意味着其可以用在防弹衣的内部和坦克的表面作为缓冲垫，以吸收来自射弹（如子弹、炮弹、火箭弹等）的冲击力。

1.9.4　塑木复合材料

塑木复合材料指利用聚乙烯、聚丙烯和聚氯乙烯等，代替通常的树脂胶粘剂，与超过 50％以上的木粉、稻壳、秸秆等废植物纤维混合成新的木质材料，再经挤压、模压、注射成型等塑料加工工艺，生产出的板材或型材。塑木复合材料是已被当今世界上许多国家逐步推广应用的绿色环保新型材料。在中国，塑木材料是一个非常年轻的新兴环保产业，从 2005 年起就一直处于高速发展期。原料包括木粉以及其他纤维素农副产品，中国塑木复合材料用量年平均增速高达 30％。

随着对塑木复合材料的研发，生产塑木复合材料的塑料原料，除了有高密度聚乙烯或聚丙烯以外，还有聚氯乙烯和 PS。工艺也由最早的单螺杆挤出机发展成第二代锥形双螺杆挤出机，到由平行双螺杆挤出机初步造粒，再由锥形螺杆挤出成型，可以弥补难以塑化、抗老化性差、抗蠕变性差、色彩的一致性和持久性差和抗拉强度差等缺陷。塑木复合材料的出现，既能发挥材料中各组分的优点，克服因木材强度低、变异性大及有机材料弹性模量低等造成的使用局限性，又能充分利用废弃的木材和塑料，减少环境污染。从生产原料来看，塑木复合材料的原料可采用各种废旧塑料、废木料及农作物的剩余物。因此，塑木复合材料的研制和广泛应用，有助于减缓塑料废弃物的污染，也有助于减少农业废弃物焚烧给环境带来的污染。塑木复合材料的生产和使用，不会向周围环境散发危害人类健康的挥发物，材料本身还可回收利用，既是一种全新的绿色环保产品，也是一种生态洁净的复合材料。

塑木同时具备植物纤维和塑料的优点，适用范围广泛，几乎可涵盖所有原木、塑料、塑钢、铝合金及其他类似复合材料的使用领域，同时也解决了塑料、木材行业废弃资源的再生利用问题。

其主要特点为：原料资源化、产品可塑化、使用环保化、成本经济化、回收再生化。

我们生存的地球，历经了四十几亿年的衍变，才造就了适合生物生存的环境。从过去的 1 万年开始，地球的生态发生了变化，近 100 年来，尤为严重。热带雨林的大量采伐和人类环境的快速发展,对大气、土壤和水质等造成了自然生态环境的恶性循环。为了维护地球长期生存的环境,应该从经济发展、产业产品及日常生活等环节做到符合自然规律,形成良好的生态链,保护赖以生存的地球。但人类的生存和发展都需要资源,需要做的事情是合理利用有限的资源满足人类持续发展的需求,而塑木就是在考虑资源循环的前提下,开发研制出的一种可塑性复合材料,将废木材、废塑料作为原材料,进行再利用,制造新的材料。这种材料经过再生后,无论从质感和手感,都可以替代天然木材和其他复合材料的功能及使用范围。塑木复合材料是国内外近年蓬勃兴起的一类新型复合材料,主要用于建材、家具和物流包装等行业。将塑料和木质粉料按一定比例混合后经热挤压成型的板材,称为挤压塑木复合板材。

塑木复合材料用途:制作草坪甬道、泳池包边和露天连廊的户外板;制作花箱、树池、篱笆和垃圾桶的花箱板;制作外墙装饰板、遮阳板和百叶窗条;制作座凳、椅条、靠背条和休闲桌面;制作标志牌、指示牌和宣传栏;制作建筑立柱、横梁和龙骨(可镶套金属件);制作码头铺板、水上通道和近水建筑;制作栈道、步道和桥板(实心或空心);制作扶手、扶栏、栅栏、隔断杆和挡杆;制作各种角线、边条、镶条和装饰条以及复合地板等。

随着我国塑料制品行业产业结构调整不断加快,作为结构调整的方向之一,废旧塑料的回收再利用问题已经成为整个循环产业链的关键,而且也是整个行业技术含量较高、利润较高的一个环节。现阶段,我国废弃塑料及其包装物回收利用率还不到10%,而日本已达到26%。英国《经济学家》统计,美国的城市垃圾循环利用率达到了32%,而在奥地利、荷兰等欧洲国家,垃圾循环利用率达到了60%以上,英国则为27%。WRAP组织通过计算得出,英国的垃圾循环利用工作将每年的二氧化碳排放量减少了1 000万~1 500万t。在2005年,循环利用工作将美国的二氧化碳排放量减少了4 900万t。在一些发达国家,有关废旧塑料回收利用的开发研究工作起步早,许多技术已日趋成熟,且产生了很好的效益。在我国,废旧塑料回收行业是个朝阳环保产业,发展潜力很大。从目前废旧塑料回收利用技术来看,主要通过几个方式来提高废旧塑料制品价值,包括塑木复合制造建筑材料、日杂用品、化工产品、土木材料等。在上述领域中,将塑料合金化,用废旧聚氯乙烯、聚苯乙烯制成的建筑材料有防潮、防腐、隔声和不变质等优点,还可用于制作河堤与湖边护岸、门窗、墙(芯)隔板等,可代替木材和水泥,是整个行业未来发展的重要方向。低碳环保塑木材料是进入21世纪以来国内外推崇并迅速发展的一种新型环保材料,它是由聚丙烯(PP)、聚乙烯(PE)、聚氯乙烯(PVC)等回收的废旧塑料与锯木、秸秆、稻壳、玉米秆等农林废弃物制成的,原料中废弃物的利用比例可高达90%,符合国家节能环保的政策导向。由于兼备木材与塑料的双重特性,塑木材料克服了木质材料吸水率高、易变形开裂、易被虫蛀霉变的缺点,具有力学性能高、质轻、防潮、耐酸碱、耐腐蚀、便于清洗等优点,可在很多领域替代原木、塑料和铝合金等使用,是未来替代传统木材的新一代节能环保新产品,市场应用前景广泛。

复合材料通常具有不同材料相互取长补短的良好综合性能。复合材料兼有两种或两种以上材料的特点，能改善单一材料的性能，如提高强度、增加韧性和改善介电性能等。如陶瓷基复合材料是以陶瓷为基体与各种纤维复合的一类复合材料。而采用高强度、高弹性的纤维与基体复合，则是提高陶瓷韧性和可靠性的一个有效的方法。纤维能阻止裂纹的扩展，从而得到有优良韧性的纤维增强陶瓷基复合材料。

　　本章所介绍的复合材料只是玻璃纤维、芳纶纤维、碳纤维、硼纤维和塑木复合材料，陶瓷纤维、晶须和石墨烯还处于研究阶段，距实际应用还有一段时日。由于复合材料制备复杂，加上成本高，从大多数复合材料研制开始到现在仍然是在军事工业上的应用，尚难用于民品。随着增强复合材料理论深入的研究、复合材料生产、复合材料工艺的完善、复合材料设备制备以及复合材料制品工艺装备的成熟，特别是国家经济实力增强和科技水平的发展，相信增强复合材料一定能够走出军事工业进入国民经济的整个市场，像铁、不锈钢和铝一样，从当年发现的稀有之物发展到现在随处可见。

第2章　国内目前主要复合材料成型工艺介绍

迄今为止，我国已经实用化的高性能树脂基复合材料用的碳纤维、芳纶纤维、高强度玻璃纤维3大增强纤维中，只有高强度玻璃纤维已达到国际先进水平，且拥有自主知识产权，形成了小规模的产业，现阶段年产可达500 t。复合材料成型工艺是复合材料工业的发展基础和条件，复合材料设备和模具是复合材料制品质量的保证。随着复合材料应用领域的拓宽，复合材料工业得到迅速的发展，使常用的成型工艺日渐完善，新的成型工艺不断涌现。目前，复合材料成型方法已有20多种，已成功用于生产。聚合物基复合材料的性能在纤维与树脂体系确定之后，主要取决于成型工艺方法和成型模及切割模具。按基体材料和树脂不同，复合材料的成型有20多种不同的工艺方法，如手糊成型、喷射成型、纤维缠绕成型、模压成型、拉挤成型、RTM成型、热压罐成型、隔膜成型、迁移成型、反应注射成型和软膜膨胀成型等。

金属基复合材料成型方法分为固相成型法和液相成型法。前者是在低于基体熔点温度下，通过施加压力实现成型，包括扩散焊接、粉末冶金、热喷涂、热轧、热拔、热静压和爆炸焊接法等。后者是将基体熔化后，充填到增强体材料中，包括传统铸造、真空吸铸、真空反压铸造、挤压铸造及喷铸等。陶瓷基复合材料的成型方法主要有固相烧结、化学气相浸渗成型和化学气相沉积成型等。复合材料的二次加工技术有压力加工方法和工艺、机械加工、连接技术、热处理技术和表面处理技术等。

聚合物基复合材料模压成型工艺在各种成型工艺方法中占有重要地位，主要用于异型制品的成型。由于模压成型工艺所需设备简单，又能对纤维料、碎布、毡料、层压制品、缠绕制品和编织物进行模压成型，因而被各种规模的复合材料生产企业所普遍采用。

（1）复合材料成型工艺的种类

复合材料成型工艺的种类有聚合物基复合材料的成型工艺、金属基复合材料的成型工艺和陶瓷基复合材料的成型工艺3种。

（2）复合材料制品成型工艺的特点

复合材料制品成型工艺与其他材料加工工艺相比，复合材料制品成型工艺具有以下特点：

1）材料的制造与制品成型可以同时完成：在一般情况下，复合材料的生产过程就是制品的成型过程。材料的性能必须根据制品的使用要求进行设计，在制定材料的加工、设计配比、纤维铺层的确定和成型方法时，都必须满足制品的物理性能、化学性能和使用性能以及制品形状结构、尺寸精度和外观质量要求。

2）制品成型的方法比较简便：热固性复合材料的树脂基体在成型前是流动的液体，增强材料是柔软纤维或织物。用这些复合材料生产的复合材料制品所需工序与设备要比其他材料简单得多，有的制品仅需一副模具就能生产。

3）可以实现大型制品一次整体成型，简化了制品结构，减少了组成零件和连接件的数量，对减轻重量、降低工艺消耗和提高结构使用性能十分有利。

（3）成型工艺的主要内容

一是成型，即将预浸料按制品形状的要求，在成型模中铺置成一定的形状。二是固化，即把已铺置成一定形状的叠层预浸料，在适当的温度、时间和压力等条件下使铺料形状固定下来，以达到预期的物理性能、化学性能和使用性能要求。

（4）经常采用的成型工艺方法

国内目前常用的复合材料成型工艺方法如下：

1）手糊成型工艺方法；

2）模压成型工艺方法；

3）层压成型工艺方法；

4）喷射成型工艺方法；

5）纤维缠绕成型工艺方法；

6）拉挤成型工艺方法；

7）注射成型工艺方法；

8）树脂注射和树脂传递成型工艺方法；

9）袋压和真空袋成型工艺方法；

10）热压罐成型工艺方法。

在这些成型工艺方法中，模具是不可缺少的工艺装备。

（5）成型工艺与模具

复合材料制品成型工艺的内容包括复合材料和树脂类型、使用设备和模具、加工参数和过程等。可见，模具既是成型工艺中的重要内容，也是重要的工艺装备。制品的形状和尺寸及制品质量依赖于模具的结构、形状和尺寸，有的复合材料制品甚至只能依靠模具成型。

（6）主要工艺过程

主要工艺过程包括预浸料的制造、制件的铺层（定型）、固化（成型）、制件的后处理和机械加工等。

复合材料成型工艺和模具是相辅相成的关系，模具的形状和尺寸是依据复合材料制品的形状和尺寸进行设计和制造的。模具的结构既要依据复合材料制品和成型工艺的要求，又必须服从和保证复合材料制品和成型工艺的要求。模具是复合材料制品重要的工艺装备，没有模具，复合材料制品不可能顺利地进行成型加工。

2.1　接触低压（手糊）成型工艺

接触低压成型工艺是以手工铺放增强材料、浸湿树脂，或用简单工具辅助铺放增强材料和树脂。在成型过程中不需要施加成型压力（接触成型），或只施加较小成型压力（接触成型后施加 0.01～0.7 MPa 的压力，最大压力不超过 2.0 MPa）。接触成型过程中是先将增强材料铺放在与制品形状相同内外形的凸模或凹模或对模上，再通过加热或常温固化，脱模后经过辅助加工而成为制品。属于接触低压成型工艺的有手糊成型工艺、喷射成型工艺、袋压成型工艺、树脂传递模成型工艺、真空袋成型工艺、热压罐成型工艺和热膨胀模成型工艺（低压成型工艺等）。其中手糊成型工艺和喷射成型工艺为接触成型工艺。在接触低压成型工艺中，手糊成型工艺是聚合物基复合材料生产中最早使用的一种成型方法，也是最简单的成型方法，其他成型工艺方法都是在手糊成型工艺的基础上发展或改正而来的。由于接触成型工艺使用的设备和加工过程简单、适用范围广、投资少、见效快，使接触成型工艺在复合材料工业生产中具有不可替代的重要性，其缺点是效率低，劳动强度大，对加工人员身体具有危害性，对环境具有污染性。

2.1.1　原材料

接触低压成型的原材料有增强材料、基体材料和辅助材料等。

2.1.1.1　增强材料

目前，常用的增强材料主要有玻璃纤维、碳纤维、芳纶纤维及其织物。

（1）增强材料的要求

接触低压成型工艺对增强材料的要求如下：

1）易被树脂浸透；

2）具有足够的变形性能，能够满足复合材料制品复杂形状的成型要求；

3）气泡容易被清除；

4）能够满足复合材料制品使用条件的物理性能和化学性能要求；

5）具有较便宜的价格，来源丰富。

（2）用于接触低压成型的增强材料类型

用于接触低压成型的增强材料类型包括玻璃纤维、碳纤维和芳纶纤维。

1）玻璃纤维：是用熔融玻璃制成的极细的纤维，其具有不燃、耐高温、电绝缘、抗拉强度高和化学稳定性好的优异性能。玻璃纤维是一种性能优良的无机非金属材料，成分为二氧化硅、氧化铝、氧化钙、氧化硼、氧化镁和氧化钠等。它是以玻璃球或废弃玻璃为原料经高温熔制、拉丝、络纱和织布等工序形成各类产品。玻璃纤维单丝直径为几个微米到二十几个微米，相当于一根头发丝的 1/20～1/5，而每束纤维原丝又由数百根甚至上千根单丝组成。玻璃纤维通常作为复合材料中的增强材料、电绝缘材料和绝热保温材料以及电路基板等。

玻璃纤维按化学成分、纤维使用特征和产品特点进行分类。

a）玻璃纤维按化学成分可分为碱玻璃纤维、中碱玻璃纤维、低碱玻璃纤维、微碱玻璃纤维、耐酸性玻璃纤维；

b）玻璃纤维按纤维使用特征可分为普通玻璃纤维、电工用玻璃纤维、高强型玻璃纤维、高模量型玻璃纤维、高弹型玻璃纤维、耐化学药品玻璃纤维、耐碱玻璃纤维、低价玻璃纤维、防辐射玻璃纤维、高硅氧玻璃纤维和石英玻璃纤维；

c）玻璃纤维按产品特点，可根据纤维长短、直径大小和外观进行分类。

Ⅰ）玻璃纤维按纤维长短可分为定长纤维和连续纤维；

Ⅱ）玻璃纤维按纤维直径大小可分为粗纤维、初级纤维、中级纤维和高级纤维；

Ⅲ）玻璃纤维按纤维外观可分为连续纤维（无捻粗纱、有捻粗纱）、短切纤维、空心玻璃纤维、磨细纤维和玻璃粉。

手糊成型增强材料的形式：要求易被树脂浸渍和具有一定的可变形性能。

a）无捻粗纱布（方格布）：是手糊成型的主要增强材料，其变形性好，易被树脂浸透，增厚效率高，能提高玻璃钢的抗冲击能力，脱泡性好。货源充足，品种规格齐全，厚度为 0.1～0.8 mm，价格低。

b）加捻布：有平纹布、斜纹布、缎纹布和单向布等，厚度为 0.05 mm、0.1 mm 和 0.2～0.6 mm，表面含蜡。以加捻布制作的玻璃钢制品表面平整、气密性好，不易浸透树脂，增厚效果较差。

c）玻璃布带：主要是加强型材和特殊部分增厚使用。

d）短切毡：可分为无碱玻纤短切毡和中碱玻纤短切毡，短切毡对树脂浸透性最好，气泡容易排除，变形性好，施工方便，制品含胶量达 60%～80%。防渗漏效果好，在防水和耐腐蚀制品中大量被采用。

e）短切纤维：主要用于填充复合材料制品的死角。

f）表面毡：用于表面富树脂层，表面毡是用直径 10～20 μm 的单丝随机交替铺成的，厚度很薄。

2）碳纤维：是新一代的增强材料，它由有机纤维（如黏胶纤维、聚丙烯腈纤维或沥青纤维）在保护气氛下热处理碳化成为碳的质量分数为 90%～99% 的纤维。它不仅具有碳材料的固有特性，又兼有纺织纤维的柔软可加工性。碳纤维的成分是由有机纤维经碳化及石墨化处理后得到的微晶石墨材料，碳纤维的微观结构类似人造石墨，为乱层石墨结构。

碳纤维可按原料、制造方法、力学性能、应用领域和功能进行分类。

a）按先驱体纤维原料类型可分为聚丙烯腈碳纤维、沥青基碳纤维、黏胶基碳纤维和气相生长碳纤维。

b）按纤维制造方法可分为碳纤维、石墨纤维、氧化纤维、活性碳纤维和气相生长碳纤维。

c）按纤维力学性能可分为通用级碳纤维和高性能碳纤维。

d）按纤维应用领域可分为商品级碳纤维和宇航级碳纤维。

　　e）按碳纤维功能可分为受力结构用碳纤维、耐焰火碳纤维、活性碳纤维、导电用碳纤维、润滑用碳纤维、耐磨用碳纤维和耐腐蚀用碳纤维。

　　碳纤维品种有普通型、高强型、高模量型、超高强度型和超高断裂伸长型及其织物。

　　3）芳纶纤维：是芳香族聚酰胺纤维的统称。其主要成分是对苯二胺聚合物（PPTA），既含脂肪族主链，又含芳香族主链的牢固分子结构。芳纶纤维是由直径为 12 μm 左右的单丝汇集在一起形成的多纤维状结构，芳纶布是芳纶纤维由单向或双向排列形成的一种片材。常用的是单向片材，它除了具有所有的 FRP（纤维增强）复合材料共同的性质（轻质高强、高弹模、防腐耐久性能好等特点）之外，还具有自己的特点：耐碱腐蚀能力强、不导电、抗动载、抗冲击性能好。由于它是一种有机材料，和同是有机材料树脂的浸透能力比其他纤维增强材料强，芳纶固化时间是其他纤维增强材料的 1/3～1/4，有着其他纤维增强材料所不能比的优势。芳纶纤维是一种新型高科技合成纤维，其具有超高强度、高模量和耐高温、耐酸耐碱、重量轻等优良性能。其强度是钢丝的 5～6 倍，模量为钢丝或玻璃纤维的 2～3 倍，韧性是钢丝的 2 倍，而重量仅为钢丝的 1/5 左右。在 560 ℃ 下不分解、不熔化，具有良好的绝缘性和抗老化性能，具有很长的使用周期。

　　芳纶纤维按分子结构可分成 3 类：对位芳香族聚酰胺纤维、聚对苯二甲酰对苯二胺纤维和芳香族聚酰胺共聚纤维。其中，对位芳香族聚酰胺纤维又可分成聚对苯二甲酰对苯二胺纤维（PPTA），或称芳纶 1414 和聚对间苯二甲酰间苯二胺纤维（PMTA），或称芳纶 1313，间位苯二甲酰间苯二胺纤维可分为聚间苯二甲酰间苯二胺纤维和聚 N，N -间苯双-（间苯甲酰胺）对苯二甲酰胺纤维。

　　芳纶纤维品种有芳纶-29、芳纶-49 及其织物。

2.1.1.2　基体材料

　　复合材料是由增强材料和基体材料组成的，在复合材料制品的成型过程中，基体经过一系列的物理、化学和物理化学的复杂变化过程，与增强材料复合成为具有一定形状的整体。因此，基体材料的性能直接影响复合材料制品的性能，复合材料的成型方法与工艺参数的选择主要由基体的工艺性决定。聚合物是基体的主要组分，它对复合材料的性能、成型工艺和制品加工都有直接的影响。以复合材料合成的树脂具有较高的力学性能、介电性能、耐热性能和耐老化性能，施工简单，工艺加工性能良好。

　　（1）基体材料的要求

　　接触低压成型工艺对基体材料的要求如下：

　　1）在手糊成型工艺条件下易浸透纤维增强材料，易排除气泡，与纤维粘接力强；

　　2）在室温条件下能凝胶固化，并在固化过程中无低分子物产生，收缩小，挥发物少；

　　3）黏度适宜，一般为 0.2～0.5 Pa·s，不能产生流胶现象；

　　4）能配成适当的胶液，无毒或低毒；

　　5）价格便宜，来源可靠。

　　（2）常用的树脂

　　常用的树脂有不饱和聚酯树脂，环氧树脂，有时也可用酚醛树脂、双马来酰亚胺树脂、聚酰亚胺树脂等。不饱和聚酯树脂用量约占各类树脂的 80%，主要牌号有 196 号、191 号、189 号和 198 号，其次是环氧树脂，约占各类树脂的 15%，主要牌号有 E - 51、E - 44 和 E - 42。航空结构制品采用高性能树脂，须高温高压固化成型。

（3）树脂性能

几种接触低压成型对树脂性能的具体要求见表 2 - 1。

表 2 - 1　几种接触低压成型对树脂性能的具体要求

成型方法	对树脂性能的要求
胶衣制作	1）成型时不流淌，并且流动性和脱泡性好
	2）色调均匀，不浮色
	3）固化快，不易产生皱纹，与铺层树脂粘接性好
袋压成型	1）浸润性好，易浸透纤维，脱泡性好
	2）固化快，固化放热量要小，收缩小
	3）不易流胶，层间粘接力强
手糊成型	1）浸渍性好，易浸透纤维，易脱泡（成型温度下黏度以 0.2～0.5 Pa · s 为宜）
	2）铺敷后固化快，固化放热少，收缩小
	3）苯乙烯挥发量少，制品表面不发黏
	4）层间粘接性好
喷射成型	除应保证手糊成型的各项要求之外，还应具有以下性能：
	1）触变性应恢复得更早
	2）温度对树脂黏度影响小
	3）树脂适用期要长，加入促进剂后黏度不应增大

（4）不饱和聚酯树脂的特点

不饱和聚酯树脂的优缺点见表 2 - 2。

表 2 - 2　不饱和聚酯树脂的优缺点

	优点		缺点
1	固化迅速，能在常温下固化，无挥发性副产物	1	空气中氧的存在会阻碍固化
2	黏度低，浸渍性好	2	固化收缩较大
3	可用多种手段实现固化，如引发剂、紫外射线等	3	固化不当时，固化放热收缩时会产生裂纹
4	可低压成型，接触压也可以成型	4	固化时易受温度和湿度的影响
5	力学性能和电性能优良	5	通用聚酯具有可燃性
6	耐药品性好	6	硫黄、酚类化合物、碳等混入时固化困难
7	能赋予耐候性、耐热性、耐药品性、阻燃和触变特性	7	特殊金属或化合物对固化影响较大
8	可着色，能获得透明美观的涂膜		
9	能实现兼具保护与装饰的涂装		

（5）环氧树脂的特点

环氧树脂的优缺点见表 2-3。

表 2-3　环氧树脂的优缺点

	优点		缺点
1	粘接力强	1	价格较高
2	固化收缩小，固化体积断面收缩率为 1%～4%，制品尺寸稳定性好	2	双酚 A 型黏度大，一般不适合喷射成型
3	电绝缘性、耐化学腐蚀性（特别是耐碱性）好	3	固化时间比聚酯长，要想达到完全固化必须热处理
4	固化物机械强度高	4	固化剂毒性较大
5	树脂保存期长，可制成 B 阶树脂，有良好的制造预浸渍制品的特性		

（6）树脂性能的比较

不饱和聚酯树脂、环氧树脂和酚醛树脂性能比较见表 2-4。

表 2-4　不饱和聚酯树脂、环氧树脂和酚醛树脂性能比较

性能 树脂名称	工艺性能	制品性能	价格
不饱和聚酯树脂	黏度小，浸润性好，胶液的使用期调节范围广	力学性能低，耐酸性好，固化断面收缩率大，表面质量较差	便宜
环氧树脂	黏度较大，使用时要加入稀释剂。固化剂用量变化范围小，胶液使用期不易调整。用胺类化合物作为固化剂时毒性较大	力学性能、耐蚀性能好，固化断面收缩率低，脆性较大	较贵
酚醛树脂	黏度小，浸润性好，在较低温度下，固化周期长	阻燃性能好，燃烧时烟密度低，毒性小	便宜

2.1.1.3　辅助材料

接触低压成型工艺中的辅助材料主要是指填料和色料两大类。而固化剂、稀释剂、增韧剂等归属树脂基体的体系。

（1）固化剂、引发剂和促进剂

环氧树脂是一种热塑性线型结构，必须用固化剂促使它交联成网状结构的大分子，成为不熔的固化产物。不饱和聚酯树脂的固化在加热条件下采用引发剂，或者在室温条件下使用引发剂和促进剂固化的办法来进行。

（2）稀释剂

为了降低树脂黏度，以符合工艺要求，需要在树脂中加入一定量的稀释剂，以调整树脂黏度。稀释剂一般存在活性和非活性两大类。

1）非活性稀释剂：不参与树脂的固化反应，通常在浸胶后要经过烘干过程，将大部分稀释剂除去。常用的非活性稀释剂有丙酮、乙醇、甲苯和苯等，非活性加入量为树脂质

量的 5%～15%。酚醛和环氧树脂的黏度较大，常需要加入非活性稀释剂。

2）活性稀释剂：当基体树脂不允许加入挥发性物质时，为了降低树脂的黏度，可加入活性稀释剂。活性稀释剂参加树脂的固化反应成为网状结构的组成部分。活性稀释剂的选择和用量，取决于稀释剂的结构和树脂类型。

（3）交联剂

用不饱和聚酯树脂的交联剂（如苯乙烯、乙烯衍生物等）可以调整树脂的黏度。因此，这类树脂的交联剂可以起到稀释剂的作用，使用了交联剂一般不另加稀释剂。环氧树脂中加入单环氧基或多环氧基低黏度化合物时，可以起到活性稀释剂的作用。

（4）增韧剂或增塑剂

为了降低固化后树脂的脆性，提高冲击强度而加入的组分称为增韧剂或增塑剂。常用的增韧剂有邻苯二甲酸酯（如二丁酯、二辛酯）和磷酸酯等，它们不参与固化反应，只起到降低交联密度和导致刚性下降的作用，同时也可导致强度和耐热性下降。增韧剂多为线型聚合物带有活性基团，可直接参加固化反应，如在环氧树脂中加入聚酰胺、聚硫橡胶、羧基丁腈橡胶和聚酯等，在酚醛树脂中加入丁腈橡胶等。增韧剂在不降低树脂强度的情况下提高韧性，有的还可以降低树脂的耐热性。

（5）触变剂

在手糊成型工艺中糊制大型制品时，特别是垂直面常发生树脂向下流的现象，严重影响质量。为了消除此现象，常在树脂中加入一定量的触变剂。它能提高基体在静止状态下的黏度，在外力作用下（如搅拌时）变成流动性液体。因而其适用于涂刷大型制件，尤其是在垂直面上的使用。常用的触变剂有活性二氧化硅（白炭黑），加入量一般为 1%～3%，在手糊工艺中用的胶衣树脂一般都存在着触变剂。

（6）填料

加入一定量的填料可以降低成本，增加树脂的黏度，改善其流动性，降低树脂固化收缩及增加表面硬度等，如减小断面收缩率、自熄性和耐磨性等。填料有黏土、碳酸钙、白云石、滑石粉、石英砂、石墨和聚氯乙烯等。糊制垂直面或倾斜面时，可加少量的 SiO_2。

（7）颜料

为了制造彩色的复合材料制品，在树脂中需加入一定量的颜料或染料。其作用是改变制品的外观，一般不使用有机颜料和炭黑，常用颜料的用量为树脂的 0.5%～5%。

使用颜料的要求如下：

1）颜色鲜明，具有耐热性和耐光性；

2）在树脂中的分散性好，不妨碍树脂的固化；

3）不影响制品的性能；

4）来源方便和价格便宜。

2.1.2 模具

成型模具是指可以使复合材料制品成型的模具及使复合材料制品中的边角和余料切除

的切割模具。

2.1.2.1　模具设计要求

模具是指复合材料制品的成型模、冲裁模具及切割夹具。模具是各种接触成型工艺中的主要工艺装备，模具的结构合理与否，直接关系到复合材料制品的质量、效益和成本。

（1）成型模的设计要求

成型模是成型复合材料制品的关键性工艺装备，其必须确保复合材料制品的形状、尺寸、精度和表面粗糙度的要求，以及无模具结构缺陷与能够制造的要求。

1）应满足复合材料制品的形状、尺寸、精度和表面粗糙度的要求，必须消除复合材料制品的模具结构缺陷；

2）有足够的热稳定性，在冷热交替变换过程中变形要小；

3）具有耐磨性和耐蚀性，具有足够的使用寿命；

4）具有足够的强度和刚度，重量轻；

5）方便脱模，模具制造方便，造价适当；

6）确保工作环境无毒或低毒，无污染；

7）模具应具有较高的生产率，应能降低或减轻劳动强度；

8）模具上需要制有激光切割或冲裁复合材料外形和孔槽的刻线和埋有销钉等。

（2）激光切割夹具的设计要求

激光切割夹具是将复合材料制品多余的边角废料和孔槽中多余料切割掉的模具，复合材料制品需要安装在激光切割夹具上，而夹具又需要安装在激光切割机上。

1）应能避免激光头切割运动与夹具结构件产生的运动干涉；

2）模具结构必须具有让开激光切割到模具实体的结构；

3）模具结构中对于每一处激光切割的位置必须具有排烟的要求；

4）激光夹具在设备上的定位与安装需要符合六点定位原则；

5）复合材料制品在激光夹具上的定位与安装需要符合六点定位原则。

（3）冲裁模的设计要求

冲裁模是将复合材料制品多余的边角废料和孔槽中多余料冲裁掉的模具，冲裁模安装在压力机上，而复合材料制品必须安装在冲裁模上。

1）复合材料制品在冲裁模上的定位与安装需要符合六点定位原则；

2）复合材料制品冲裁后产生的废料要能及时地去除；

3）冲裁模的加工应具有安全性。

2.1.2.2　成型模结构形式

成型模具有多种结构形式，成型模结构形式是要根据复合材料制品的成型工艺、复合材料品种、复合材料制品质量要求和批量进行确定的。成型模结构种类又可分为结构形式模具、数量形式模具和高效模具。

（1）结构形式模具

结构形式模具可分为整体形式模具和拼装形式模具。

1) 整体形式模具：模具结构是整体的形式，模具不可拆卸。

2) 拼装形式模具：模具结构中存在两种及两种以上的模具构件，这些模具构件是通过圆柱销和螺钉或其他机械元件连接在一起的。这种拼装形式模具便于复合材料制品的脱模、模具的安装和拆卸及模具的加工。

（2）数量形式模具

数量形式模具可分成单模形式模具和对合模形式模具。

1) 单模：就是一副模具仅有单个凹模或单个凸模，如手工裱糊的凹模、手工裱糊的凸模、袋压成型的凹模、真空袋成型和热压罐成型的凹模等。

2) 对合模：就是一副模具中同时具有凹模和凸模，如对合模成型的凹凸模、袋压成型的凹凸模、压模成型的凹凸模、RTM 模成型的凹凸模、热压罐成型的凹凸模、机械形式成型和自动化式成型的凹凸模等。

（3）高效模具

高效模具可分成机械形式成型模和自动化形式模具。

1) 机械形式成型模：模具的分型、抽芯等运动及复合材料制品的脱模动作，是通过机械结构来完成的，可以较大地减轻加工人员的劳动强度。

2) 自动化形式模具：是在机械形式成型模的基础上，利用机械传动机构或气压或液压机构进行模具的分型、抽芯等运动及复合材料制品的脱模动作的自动化操作，极大地减轻了加工人员的劳动强度，提高了生产率。机械机构的动作，则依靠计算机控制。

2.1.3　模具材料要求

由于复合材料成型模有手工裱糊成型、低压力成型和热压成型多种形式，这样模具要经受一定压力和温度的作用。成型的增强材料有玻璃纤维、芳纶纤维、碳纤维和硼纤维等多种纤维与织物，这些增强材料具有一定的强度和硬度。而作为粘接剂的基体材料又具有一定的腐蚀性，有些复合材料制品要求具有外观性，在复合材料制品批量很大的情形下，作为与复合材料制品直接接触的模具材料，就必须具有相应的性能上的要求。虽然，我国目前还没有研制复合材料成型模的专用材料，但我国有针对冷作模具、热作模具和塑料模具用钢的专用系列模具钢。只要复合材料成型模的失效条件和批量与这些模具钢性能相近似，就可以借用这些专用模具钢，并能取得十分明显的效果。

（1）成型模具材料的要求

成型模具材料应根据成型模具使用的性能、失效条件和生产批量等来确定模具的材料。成型模具材料应具有以下要求：

1) 能够满足复合材料制品的形状、尺寸、精度、外观质量和使用寿命的要求；

2) 模具材料要有足够的强度和刚度，在模具使用过程中不易变形和损坏；

3) 不受树脂的腐蚀，不影响树脂的固化；

4) 热稳定性良好，复合材料制品固化和加热固化时，模具不变形；

5) 加工高强度复合材料制品时模具材料必须耐磨；

6）模具容易机械加工，脱模容易；

7）尽量能减轻模具的重量，价格尽量便宜。

（2）成型模的用材类型

由于复合材料成型模的类型不同，模具的性能就不同，模具用材也就不同。

1）可用于手糊成型模的材料有石膏、硬质泡沫塑料、树脂、玻璃钢、木材、水泥、低熔点金属、有色金属和钢材等。

2）用于对模成型、模压成型和袋压成型，特别是热压罐成型的模具材料有碳素钢、合金钢、预硬钢、基体钢、耐热钢、耐压钢和低变形钢等。

2.1.4　脱模剂的要求和种类

为了使复合材料制品更容易脱模，在脱模之前一般在模具成型表面上涂抹脱模剂。

（1）脱模剂的要求

脱模剂是用以使复合材料制品能够顺利脱模的化学剂。

1）不得腐蚀模具，不影响树脂的固化，对树脂的黏结力应小于 0.01 MPa；

2）成膜时间短，厚度均匀，表面光滑；

3）使用安全，无毒害作用；

4）耐热，能承受加热固化温度的作用；

5）操作方便，加工便宜。

（2）接触成型工艺脱模剂的种类

接触成型工艺脱模剂分为薄膜类、溶液类和油脂脱模剂。

1）薄膜类脱模剂：各种塑料薄膜，如 PVC 薄膜、PE 薄膜、PA 薄膜和玻璃纸等，甚至可采用打字蜡纸作为脱模薄膜。这类脱模剂使用方便，来源容易，脱模效果好，但形变能力差，只适用于几何形状简单的制品，耐热性差。PVC 薄膜不适用于聚酯玻璃钢，是因为苯乙烯可溶胀 PVC。

2）溶液类脱模剂：这类脱模剂是利用涂覆在模具表面的聚合物溶液的溶剂挥发后成膜，在模具表面上会形成一层均匀的脱模薄膜。

3）油脂脱模剂：采用油膏、石蜡类脱模剂，如硅油、硅脂、凡士林、润滑脂、201油膏和汽车上光蜡等，可直接涂覆在模具表面上。这类脱模剂使用方便，脱模效果好，无毒，对模具无腐蚀作用，但会使制品表面污染，不光洁，会造成喷漆困难。

手糊成型工艺常用的脱模剂分成三种：第一种是聚乙烯醇类（PVC）脱模剂，为 5%PVC 的水和乙醇溶液；第二种是蜡类脱模剂，多为进口的专用脱模蜡；第三种是新型液体脱模剂，为不含蜡的高聚物溶液。对于金属模，还可以用硅脂、甲基硅油等，木模可用聚碳酸纤维等。

增强材料、树脂和辅助材料是复合材料产品成型加工的基本材料，模具与脱模剂是复合材料产品成型的基本工具，这些内容是复合材料产品成型加工的最基层和最根本物质。再运用相应复合材料产品成型加工的工艺方法，就能够生产出优质的复合材料产品。

2.2　手糊成型工艺

手糊成型是用手工制作复合材料制品的一种工艺方法，该工艺方法是复合材料最常采用和最简单的一种成型工艺方法。手糊成型工艺目前不管是在我国，还是在其他国家所占的比例都很大。随着机械水平的日益提高，这种古老的成型工艺面临越来越大的挑战。

2.2.1　手糊成型工艺的定义和特点

手糊（可称为裱糊或层贴）成型是以手工操作为主，来成型复合材料制品的工艺方法。这种成型方法适于多品种和小批量生产，不受制品尺寸和形状的限制，成型设备简单，成本低。

（1）手糊成型工艺的定义

手糊成型工艺又称为接触成型工艺，是采用手工方法将纤维增强材料或织物和树脂胶液在模具上铺敷成型，在室温或加热与无压或低压的条件下固化，脱模后成为制品的工艺方法，是最早和最简单的复合材料成型方法。

（2）手糊成型工艺的特点

手糊成型工艺具有很多的优点，也具有不少的缺点。

1）优点：不受制品尺寸和形状的限制，适宜尺寸大、形状复杂、批量小的制品成型。成型设备简单、投资少、见效快、工艺简单、成本低；树脂含量高，耐腐蚀；可在制品不同部位随意增补增强材料；生产技术容易掌握，只要经过短期培训即可进行生产操作，特别适宜乡镇企业和个体企业的生产。

2）缺点：生产周期长、效率低、不适宜大批量生产；制品质量不易控制，性能稳定性差，力学性能低；劳动强度大、气味大、纤维尘埃多，对施工人员身体会造成伤害，对环境会产生污染；制品壁厚均匀性较差，挥发物易引起环保问题。

手糊成型工艺主要是使用不饱和聚酯树脂和玻璃纤维加工复合材料制品，难以加工高纤维含量的复合材料。

2.2.2　复合材料成型工艺三要素与成型条件

（1）复合材料成型工艺三要素

复合材料成型工艺三要素包括赋形、浸渍和固化。

1）赋形：是赋予制品最终形状和大小，主要是保证增强纤维的均匀分布，以及在设定方向高度排列。通过增强材料赋予制品以外形，并在固化过程中通过模具和压力完成制品的制作。

2）浸渍：目的是排除气体和浸润，以形成良好界面粘接和控制孔隙率。先将增强材料复合浸渍成半成品（预浸料），再固化成型；或复合浸渍与固化成型一次完成制品的制作。

3）固化：热固性树脂的固化。树脂由齐聚物（可溶可熔）反应形成线性高分子，再交联形成三维网络结构（不溶不熔）。热固性树脂的固化通常需要固化剂、促进剂及加热。除引发之外，还有辐射固化工艺（如紫外光和电子束等），适应外场修补。

（2）复合材料成型条件

复合材料成型条件是指复合材料制品生产的环境和模具的温度与湿度。

1）温度：会影响树脂体系的黏度和使用，影响制品固化（对室温固化体系而言），环境温度与模具温度最好保持一致。

2）湿度：水分有阻聚作用，影响制品固化，形成内部缺陷。为了确保制品的质量和生产率，应控制复合材料制品生产环境的湿度。

2.2.3　手糊成型工艺方法

手糊成型按成型固化压力可分成接触压成型和低压（接触压以上）成型两类。

1）接触压成型：为手糊成型和喷射成型。

2）低压成型：可分成对模成型、真空袋成型、袋压成型、RTM 成型和反应注射模塑（RIM）成型等。

2.2.3.1　手糊成型工艺方法的分类

手糊成型工艺可分成湿法手糊成型工艺和干法浸渍成型工艺两种。

（1）湿法手糊成型工艺

我国 75% 的玻璃钢制品是采用湿法手糊成型工艺的方法加工，国外工业发达国家的玻璃钢制品也大部分采用湿法手糊成型工艺方法加工。

1）湿法手糊成型的概念与原理：是将增强材料（布、带、毡）用含或不含溶剂胶液进行直接手糊，增强材料的浸渍和预成型过程同时完成，也可称为湿法铺层成型法。湿法原理是用平行排列的纤维束或织物同时进入胶槽，浸渍树脂后由挤胶器除去多余胶液，经烘干炉除去溶剂后，加隔离纸并经辊压整平，最后收卷。

2）湿法手糊成型工艺过程：先在模具上涂一层脱模剂，然后用加入了固化剂的树脂混合料均匀涂刷一层，再将按制品的形状尺寸剪裁好的纤维增强织物直接铺放在胶层上，并用刮刀、毛刷或压辊迫使树脂胶液能均匀浸入织物中，并排除气泡。待增强织物被树脂胶液完全浸透之后，再涂刷树脂混合料，铺贴纤维织物，重复以上步骤直至达到复合材料制品的厚度为止。然后是制品固化、脱模、切割毛边废料。

3）干法浸渍（热熔预浸法）：是在热熔预浸机上进行的。熔融态树脂从漏槽流到隔离纸上，通过刮刀后在隔离纸上形成一层厚度均匀的胶膜，经导向辊与经过整合后平行排列的纤维或织物叠合，通过热熔预浸机时树脂熔融并浸渍纤维，再经过辊压使树脂充分浸渍，冷却收卷。

（2）干法手糊成型工艺

干法手糊成型方法多用于热压罐成型和袋压成型。

1）干法手糊成型的概念：复合材料织物或编织带先采用预浸料，再按铺层序列手糊预成型，以塑料薄膜粘贴加以保护。该成型工艺是将浸渍和预成型过程分开，获得预成型毛坯之后，再用模压或真空袋-热压罐的成型方法固化成型。

2）干法手糊成型工艺过程：模具表面清理后涂敷脱模剂，用预浸料为原料，先将预浸料（布）按样板裁剪成坯料，铺层时加热软化。然后，再一层一层地紧贴在模具型面上，并以工具挤压排除层间气泡，使之密实。让制品中的树脂混合物在一定压力的作用下加热固化成型（热压成型）和在袋压中固化，或者利用树脂体系固化时释放出的热量固化成型（冷压成型）。最后是制品脱模、切割毛边废料。

2.2.3.2 复合材料成型方法的分类

复合材料成型工艺要素与成型及固化方法如图 2-1 所示。

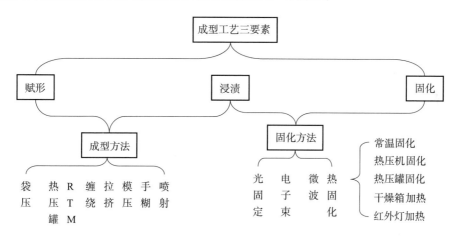

图 2-1 复合材料成型工艺要素与成型及固化方法

（1）按赋形成型方法分类

按赋形成型方法可分为层贴法、沉积法、缠绕法和编织法。

1）层贴法：是采用预浸料在模具表面上铺敷成型的方法，如热压罐成型；或者采用连续纤维增强材料（布、带、毡）和低黏度胶液在模具表面上铺敷成型的方法，如手糊成型。

2）沉积法：是利用压缩空气或抽空气方法使短切纤维沉积到模具表面上的方法，如喷射成型。

3）缠绕法：是将浸胶后的连续长纤维增强材料（布、带、毡）连续缠绕到芯模或内衬上的方法，如缠绕成型。这种成型方法适应成型回转制品，如压力容器和管道等。其特点是自动化程度高，制品纤维含量高，强度高。

4）编织法：是将增强材料编织成与制品形状尺寸基本一致的编织物，称为纤维预成型体。可用于 RTM、REI 等各种液体成型（LCM）工艺中，可获得较高的层间强度。

（2）按成型压力的大小分类

按成型压力的大小可分为接触成型、真空袋成型、加压袋成型、热压罐成型、RTM成型与拉挤成型、模压成型、缠绕成型。前5种施加压力较小，后3种施加压力较大。

1）接触成型：固化时不加外力，如手糊成型、喷射成型。

2）真空袋成型：用真空袋密封坯料和模具，通过抽去真空袋内的空气和挥发物而对制品施加压力（<0.1 MPa）。

3）加压袋成型：是将压缩空气通入橡胶袋，借助橡胶袋膨胀后对制品均匀加压的压力（0.25～0.5 MPa）将增强材料压实并挤出多余的胶液和层间的气泡后固化成型。

4）热压罐成型：是通过热压罐内的压缩气体对真空袋内的复合材料的坯料进行加压的压力（0.5～2.5 MPa），将增强材料压实并挤出多余的胶液和层间的气泡后，利用热压罐内热量固化成型。

5）RTM成型：是利用压力使低黏度树脂在闭合的模具内流动，并浸润增强材料，使制品固化成型，注射成型压力为0.1～0.6 MPa。

6）拉挤成型：是将连续性增强材料经树脂浸润后，在牵引力的作用下通过具有截面形状的成型模具，在型腔内固化成型或在型腔内凝胶出模后加热固化。

7）模压成型：通过加热使模压料塑化，并加压使树脂粘裹纤维一起流动充满型腔。其适应批量大和外形复杂的小型制品。

8）缠绕成型：是将浸过树脂胶液的连续纤维或布带、预浸纱按照一定规律缠绕到芯模上，然后，经过固化、脱模得到制品。

（3）按开、闭模方式分类

按开、闭模方式可分为闭模成型和开模成型两种。

1）闭模成型：包括模压成型、RTM成型、注射成型和增强反应注射成型。

2）开模成型：包括手糊成型、喷射成型、真空袋成型、加压袋成型、热压罐成型、缠绕成型、拉挤成型和离心浇铸成型。

复合材料成型方法的分类见表2-5。

表2-5　复合材料成型方法的分类

纤维预浸	预浸料	热压罐成型	可制造各类复杂形状制品，制品质量优异。对工艺人员技术要求高，生产率低，设备投资大
		真空袋成型	模具费用低，设备投资少。压力为0.1 MPa，制件质量差，一般只限于民用
		加压袋成型	可产生大于0.1 MPa的压力，设备投资少，工艺实施容易
		软模成型	适用于复杂结构的整体化成型过程，成型工艺对模具要求高
		模压成型	尺寸精度高，表面光滑，制品质量稳定，重复性好，可生产形状复杂的制品。模具成型压力大，适宜大批量生产，模具费用高，不适宜质量要求高的制品
		自动铺带法	是一种预浸料自动铺叠成型方法。产品精度高，废品率低，生产速度快，所用预浸料一般为干法预浸料，设备投资大，是复合材料工艺化发展方向

续表

纤维预浸	在线浸润	缠绕成型	制品强度高,易实现机械化和自动化生产,制品质量稳定,重复性好
		自动铺丝法	高度自动化,适合于各种复杂结构制品,如 S 型进气道,生产率低于自动铺带法
		拉挤成型	适用于生产等截面的线性型材,轴向强度大,生产率高
预成型的液体成型	长程流动	RTM 成型	可生产形状复杂的小型整体制品,可实现高精度无余量制造。适用于缝纫和编织技术,辅助用量极小,模具费用高,批量生产中可显著降低制品成本
	厚度方向浸润	REI	为树脂膜熔渗成型技术,在一定温度和压力的作用下,树脂膜熔融沿厚度方向浸渍纤维预成型体,可利用现有模具在热压罐中成型,制品孔隙率低,质量好,适用于大型复杂壁板和加强筋类结构制品,制造成本较低
		SCRLMP	低压下成型,多用于平板或小曲率层合板,成型设备低,模具费用低

2.2.4 手糊成型工艺流程

手糊成型工艺包括模具的清理和涂脱模剂准备、增强材料准备和树脂胶液的配置等工作。手糊成型工艺流程图如图 2-2 所示。

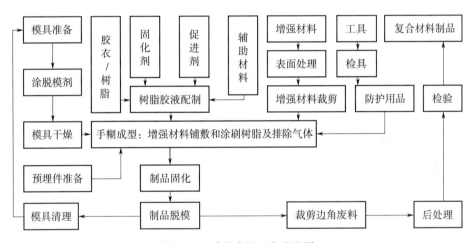

图 2-2　手糊成型工艺流程图

2.2.4.1 生产准备工作

（1）生产场地的准备

手糊成型工作场地的大小,要根据产品大小和日产量决定。场地要求清洁、干燥、通风良好,空气温度应保持在 15~35 ℃范围内。后加工整修段,要设有抽风除尘和喷水装置。

（2）模具准备

模具准备包括模具的清理、组装及涂脱模剂等。

（3）糊制工具的准备

糊制工具包括毛刷、胶皮辊、浸胶辊、脱泡辊和刮胶板等。

（4）原料准备

原料包括纤维增强材料、树脂和辅助材料。

1）纤维增强材料：玻璃纤维和玻纤织物（无捻粗纱、短切纤维毡、无捻粗纱布、玻纤细布、单向织物）、碳纤维、芳纶纤维。

2）树脂：不饱和聚酯树脂、环氧树脂。

3）辅助材料：稀释剂、填料和色料。

（5）树脂胶液的准备

树脂胶液的工艺性是指胶液的黏度和凝胶的时间。配制树脂胶液时，要注意以下两个问题：

1）防止胶液中混入气泡；

2）配胶量不能过多，每次配量要保证在树脂凝胶前用完。增强材料的准备、增强材料的种类和规格按设计要求选择。

①手糊成型胶液的黏度

树脂应控制在 $0.2\sim0.8$ Pa·s 范围内为宜。环氧树脂可加入 $5\%\sim15\%$（质量分数）的邻苯二甲酸二丁酯或环氧丙烷丁基醚等稀释剂进行黏度的调节。

②凝胶时间

凝胶时间是在一定温度条件下，树脂中加入定量的引发剂、促进剂或固化剂后，从黏流态到失去流动性而变成软胶状态凝胶所需的时间。重要制品手糊作业前必须做凝胶试验，通过合理的胶液配方来调控凝胶时间。但是树脂胶液的凝胶时间不等于制品的凝胶时间，因为制品的凝胶时间不仅与引发剂、促进剂或固化剂含量有关，还与胶液的体积，环境温度、湿度，制品厚度与表面面积大小，交联剂蒸发损失，胶液中杂质的混入，填料加入量等有关。

（6）增强材料的裁剪

手糊成型所用的增强材料主要是纤维织物和毡。增强材料的准备工作是织物的排向、同一铺层的拼接和织物的裁剪。

1）布的方向性；

2）对于外形要求高和受力的制品，在同一铺层需要拼接时，可采用对接的形式，但各层接缝应错开，一般制品纤维布可采用搭接的形式，但搭接处会增加制品的厚度；

3）圆环形制品，纤维布可沿与布的经向成 45°剪成布袋，而对于锥形，则应剪成扇形；

4）纤维布应经济使用。

（7）胶衣糊的准备

胶衣糊的准备包括胶衣糊的外观、酸值、凝胶时间、触变指数和贮存温度与时间。

1）外观：颜色均匀，无杂质，黏稠状流体。

2）酸值：树脂 $10\sim15$ mg KOH/g。

3）凝胶时间：$10\sim15$ min。

4）触变指数：5.5～6.5。

5）贮存温度与时间：25 ℃，6 个月。

2.2.4.2 手糊制品厚度和层数的计算

1）手糊制品厚度的计算公式为

$$t = mk \tag{2-1}$$

式中 t ——复合材料制品的厚度，单位为 mm；

m ——材料密度，单位为 kg/m²；

k ——厚度常数，单位为 mm/（kg/m²）。

材料厚度常数 k 见表 2-6。

表 2-6 材料厚度常数 k

性能 \ 复合材料	玻璃纤维 E 型 S 型 C 型	聚酯树脂	环氧树脂	填料－碳酸钙
密度/（kg/m²）	2.56 2.49 2.45	1.1 1.2 1.3 1.4	1.1 1.3	2.3 2.5 2.9
材料厚度常数/ mm/（kg/m²）	0.391 0.402 0.408	0.909 0.837 0.769 0.714	0.909 0.769	0.435 0.400 0.345

2）铺层的层数计算公式为

$$n = \frac{A}{m_f(k_f + ck_r)} \tag{2-2}$$

式中 A ——手糊制品总厚度，单位为 mm；

m_f ——增强纤维单位体积质量，单位为 kg/m²；

k_f ——增强纤维的厚度常数，单位为 mm/（kg/m²）；

k_r ——树脂基体的厚度常数，单位为 mm/（kg/m²）；

c ——树脂与增强材料的质量比；

n ——增强材料铺层的层数。

2.2.4.3 复合材料制品的铺放方法

1）手工铺放方法：是以手工方式将裁剪好的复合材料织物或编织带在成型模上进行铺放，多用于形状复杂和尺寸较小的制品。

2）机械自动铺放：是采用机械方式或机械手自动进行复合材料织物或编织带在成型模上的铺放，如图 2-3 所示。

3）高性能铺带头和曲面铺带头：对于复合材料织带的铺放，可以采用高性能铺带头和曲面铺带头进行，如图 2-4 所示。

2.2.5 糊制

糊制过程可分成涂刷表面层、铺层控制和铺层糊制。

(a) 马格·辛辛那提公司的纤维铺放设备

(b) A350XWB下翼的自动铺放

(c) 科里奥利公司的自动铺丝机器人

(d) 空客A350碳纤维桁条生产线

图 2-3　复合材料机械自动铺放

(a) 高性能铺带头

(b) 曲面铺带头

图 2-4　高性能铺带头和曲面铺带头

（1）涂刷表面层（俗称胶衣层）

树脂应涂刷两遍，为防止缺胶，涂刷方向应正交。喷涂距离应保持在 400~600 mm 范围内。涂刷表面层时注意事项：为防止树脂固化不良，涂刷树脂时应杜绝表面层内混入气泡和带进水分，在喷涂树脂过程中尽量减少苯乙烯的挥发。

（2）铺层控制

复合材料铺层应使制品强度损失小，不会影响外观质量和尺寸精度，并且施工要方便。

　　1）铺层拼接形式：铺层存在搭接和对接的拼接形式，一般以对接为宜。因为对接形式铺层可以保持纤维的平直性，使制品外形不发生畸变，并且制品外形和质量分布的重复性好。为了不降低接缝区域强度，各层的接缝必须错开，并应在接缝区域多加一层附加织物。

　　2）多层织物的铺放：复合材料织物可按一个方向错开，以形成阶梯接缝连接，即将玻璃纤维织物厚度 t 与接缝 s 之比称为铺层斜度 Z，即 $Z = t/s$。试验表明，$Z = 1/100$ 时，铺层强度与模量最高，该铺层斜度 Z 可作为施工控制参数。

　　3）铺层二次固化拼接：由于各种原因不适宜一次完成铺层固化的制品，如果厚度超过 7 mm 时，需要两次拼接固化。

　　4）安装预埋件：有些复合材料制品中需要安装预埋的金属件，需要金属件埋入制品中。

　　（3）铺层糊制

　　成型操作包括表面层制作、增强层制作和加固件制作。

　　1）表面层制作：表面层用表面毡铺层制作，表面层可防止胶衣显露出布纹，使表面形成表面层，从而可提高制品耐渗透和耐蚀性。将表面毡按模具表面的大小剪裁，铺在胶衣面上用胶皮辊上胶。然后，用脱泡辊脱泡，要求严格脱泡，表面层的含胶量应控制在 90%。

　　2）增强层制作：增强层是玻璃钢的承载层，增强材料为玻璃布或短切毡。按一次糊制用量配胶，并对所剪切的玻璃布进行编号后，便可进行玻璃布的铺层糊制工序。

　　糊制过程：先在模具表面上涂覆脱模剂和刷胶或胶皮辊上胶，然后，用手工方式将布或毡平铺在模具表面上，抹平后再用毛刷上胶或用胶皮辊上胶，需要用脱泡辊来回碾压使胶液浸入毡内。然后，用刮胶板刮平、脱泡或用脱泡辊将毡内胶液挤出表面，并排除气泡。再铺第二层，依次铺一层布或粘上一层胶液，重复直至制品所需厚度。遇到弯角、弧形或凸凹块时，可用剪刀将布剪口再压平。糊制过程中应尽可能排除气泡，控制好含胶量和含胶量的均匀性，搭缝尽量错开，搭接宽度为 50 mm，并应注意铺层方向与铺层序列。

2.2.6　固化

　　手糊成型大多数是在室温中固化，因此，应选择活化能和临界温度较低的引发剂。在室温下引发剂不能分解出游离基（低于临界温度），故必须加入促进剂。注意低温高湿不利于不饱和树脂的固化。制品室温固化后，有的需要进行加热后处理。其作用是：促使制品充分固化，以提高其耐化学腐蚀性、耐候性；缩短生产周期，提高生产率。一般环氧玻璃钢的热处理常控制在 150 ℃ 以内，聚酯玻璃钢控制在 50～80 ℃ 范围内。

2.2.7　脱模

　　复合材料制品脱模时要保证不受到损伤，要采用合理的脱模方法。复合材料制品脱模方法如下：

1）手动脱模：利用木楔和橡胶槌均匀地逐次敲击制品的边缘进行脱模。但成型模必须制有脱模斜度，在制品成型前需要涂抹脱模剂，并且制品脱模部分需要延伸一定的长度，以防敲击损伤制品。

2）顶出脱模：在成型模上设置顶出装置，通过脱模机构将复合材料制品顶出。这种方法基本上不会发生制品的变形和损伤。但必须注意，顶出的面积要足够大，脱模机构的结构要合理。

3）压力脱模：在模具上留有压缩空气或水的入口，制品脱模时将压缩空气或水（0.2 MPa）注入模具与制品之间。同时，用木锤或橡胶槌敲打，使制品脱模。

4）大型制品（如船、罐等）可借助千斤顶、吊车和硬木楔等工具脱模。

5）复杂制品可先在模具上手糊 2～3 层复合材料，固化脱模再在脱模后的制品上手糊至产品的厚度为止。

6）模具镶拼结构：模具可采用镶拼结构，通过拆卸模具结构将制品脱模。

7）模具抽芯机构：通过模具的抽芯机构可以将制品脱模。

2.2.8　后处理

后处理包括切除多余边角余料和型孔与型槽中的余料，以及制品铣削加工和修整工作。

（1）裁剪边角废料

可以采用激光切割、冲裁和锯切等方法，裁剪边角余料和型孔与型槽中的废料后，并需要对制品所裁剪的边去除毛刺，使制品的尺寸能符合图样的要求。

（2）铣削加工

有些制品的厚薄不同，有的形状和尺寸不符合图样要求时，可用铣刀进行加工，以达到图样要求。

（3）修整

主要是对制品缺陷的修补，包括对制品裂纹、气泡的修补和破孔的补强等工作。

2.2.9　复合材料制品缺陷的修复

手糊成型工艺过程中时常会产生各种缺陷，手糊成型工艺中常见缺陷及解决措施见附表 C-1。修复了缺陷之后制品还需要刮腻子和喷漆等，制品通过检验合格、包装后才能发给用户。

2.3　不饱和聚酯树脂的喷射成型

喷射成型是将混有引发剂和促进剂的两种不饱和聚酯树脂分别从喷枪两侧（或喷枪内混合）喷出，同时将切断的玻璃纤维无捻粗纱由喷枪中心喷出，使其与树脂均匀混合沉积到模具表面上。当沉积到一定厚度时，用辊轮压实使纤维浸透树脂，并排除气泡固化后成为制品。喷射法是基于手糊成型开发出来的一种半机械化成型技术，主要是采用了喷射设备，但仍是间歇型生产方式。

2.3.1　喷射成型

喷射成型是通过喷枪将短切纤维和雾化树脂同时喷射到模具表面上，经辊压、固化制成复合材料制品的方法。其模具与材料的准备等与手糊成型基本相同，不同之处是使用了一台喷射设备，将手工裱糊与叠层工序改变成了喷枪的机械化连续作业。

2.3.1.1　喷射成型方法

喷射成型方法示意图如图 2-5 所示。加入了促进剂、引发剂的树脂经压缩空气 10 的压力，分别从树脂贮罐 3、4 中抽出。玻璃纤维切割器 2 将连续玻璃无捻粗纱 1 切割成短纤维，经压缩空气 10 的压力使它们各自由联合喷枪 5 上的几个喷嘴同时均匀地喷出。在空间混合后，沉积到正在旋转模台 7 上均匀旋转的头盔外壳成型模具 6 的表面上。再用小辊压实和脱泡，经固化而成制品。头盔外壳的成型是在隔离室 8 中进行的，室内所产生的有害气体和物质可由抽风罩 9 中的抽风机抽出，室外空气从隔离室 8 上方进入。无捻粗纱经玻璃纤维切割器 2 切割成短纤维，并与树脂同时喷射到头盔外壳成型模具 6 的型面上，经轧辊、挤压、固化、脱模而成型为玻璃钢制品。

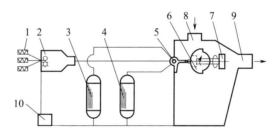

图 2-5　喷射成型方法示意图

1—无捻粗纱；2—玻璃纤维切割器；3、4—树脂贮罐；5—联合喷枪；6—头盔外壳成型模具；

7—旋转模台；8—隔离室；9—抽风罩；10—压缩空气

2.3.1.2　喷射成型工艺

喷射成型一般是将分装在两个罐中的混有引发剂的树脂和促进剂的树脂，由液压泵或压缩空气按比例输送到喷枪，从喷枪 4 两侧或在喷枪内混合雾化后喷出。同时，将玻璃纤维无捻粗纱 5 用切割机切断，并由喷枪 4 中心喷出与喷出的树脂一起均匀地沉积到成型模具 1 的表面上。待沉积到一定厚度，再用手辊 3 滚压使纤维浸透树脂、压实并排除气泡。再继续喷射直至完成制品坯件 2 的制作，最后固化成型。喷射成型工艺示意图如图 2-6 所示。

（1）喷射成型的优点

1）用玻璃纤维粗纱代替织物，可降低材料成本。

2）生产率比手糊高 2～4 倍，生产率可达 15 kg/min，可以较少设备实现中批量生产。

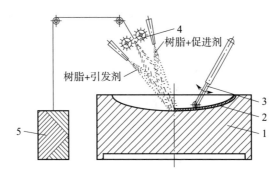

图 2-6　喷射成型工艺示意图

1—成型模具；2—制品坯件；3—手辊；4—喷枪；5—玻璃纤维无捻粗纱

3）产品整体性好，无接缝，层间抗剪强度高，树脂含量高，耐腐蚀和耐渗漏性好。

4）可减少飞边、裁剪布屑和剩余胶液的消耗。可自由调变制品厚度，以及纤维与树脂比例。

5）产品尺寸和形状不受限制。

（2）喷射成型的缺点

1）树脂含量高，使制品强度低；

2）制品只有贴模具的表面光滑；

3）污染环境，有害工人的健康。

可适宜制造大型船体、浴盆、整体卫生间、机器外罩、汽车车身构件和大型浮雕制品等。

（3）复合材料制品喷射流程

复合材料制品喷射流程如图 2-7 所示。

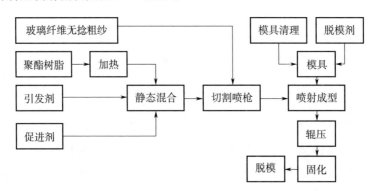

图 2-7　复合材料制品喷射流程

2.3.2　工艺过程

首先是原材料和模具的准备，然后是喷射成型设备的准备，之后是喷射成型工艺参数的选择。

2.3.2.1　喷射成型用原材料和模具的准备

（1）原材料的准备

原材料的准备主要是不饱和聚酯树脂和无捻玻璃纤维粗纱增强材料的准备。

（2）模具的准备

模具的准备包括模具的清理、组装和脱模剂的涂敷等工作。

2.3.2.2　喷射成型工艺参数的选择

（1）喷雾压力选择

喷雾压力大小要能保证两种树脂组分均匀混合，同时还要使树脂损失最小。喷射成型树脂黏度为 2.0 Pa·s 时，树脂容器内压力为 0.05～0.15 MPa，雾化压力选择 0.3～0.35 MPa 为宜。

（2）喷枪夹角选择

两种不同组分树脂在枪口处的混合程度与喷枪夹角有关，一般选用 20°夹角，喷枪口距离成型表面 350～400 mm。

喷射成型的工艺参数如下：

树脂贮罐压力：50 kPa；

树脂喷雾压力：350 kPa；

喷枪口直径：35 mm；

两树脂喷枪口夹角：20°；

玻璃纤维粗纱切断长度：40 mm；

玻璃纤维含量：30%～40%；

喷枪口到成型面的距离：350～400 mm。

2.3.3　喷射成型设备

喷射成型设备主要由树脂喷射系统和无捻粗纱切割脂喷射系统组成。

2.3.3.1　树脂喷射系统

树脂喷射系统由树脂输送（供胶）、树脂混合和树脂喷射装置 3 部分组成。

（1）树脂输送

树脂输送部分由树脂、助剂和固化剂等的加压输送设备、管道和压力、流量、温度的控制元件组成。其作用是根据工艺要求，将具有一定温度、压力和流量的树脂及助剂按一定比例，输送到树脂混合器或喷枪的喷嘴。增压输送树脂由气动泵、电动泵和压力罐来完成。

（2）树脂混合

树脂混合部分可分为树脂预混合和树脂喷射混合两种。

1）树脂预混合：用机械式在混合罐中进行搅拌；

2）树脂喷射混合：由树脂和引发剂等在增压输送后按一定配比进行混合。混合过程很短暂，混合后的树脂很快就会凝胶固化。喷射混合又可分为内混合、外混合和先混合 3 种。

（3）树脂喷射装置

树脂喷射装置按胶液喷射动力和胶液混合形式分类。

1）按胶液喷射动力分类：气动型喷射成型和液压型喷射成型。

a）气动型喷射成型：是用空气引射喷涂系统，它靠压缩空气的喷射将胶衣雾化并喷射到模具表面上。由于部分树脂和引发剂烟雾被压缩空气扩散到周围空气，造成环境污染和胶液的浪费，这种形式的喷射成型已经不采用了。

b）液压型喷射成型：是无空气的液压喷射系统，它靠液压将胶液挤成滴状并喷涂到模具表面上。由于没有压缩空气，所以不存在胶液的烟雾，从而不会污染环境，也不会造成胶液的浪费。

2）按胶液混合形式分类：内混合型喷射成型、外混合型喷射成型和先混合型喷射成型。

a）内混合型喷射成型：是将树脂与引发剂分别送到喷枪头部的絮流混合器中充分地混合，由于引发剂不与压缩空气接触，所以不会产生引发剂的蒸气。但喷枪易堵塞，必须用溶剂及时清除。

b）外混合型喷射成型：是树脂和引发剂在喷枪外的空气中相互混合，由于引发剂在同树脂混合前必须与空气接触，引发剂又容易挥发，所以既会造成环境的污染，又会浪费胶液。

c）先混合型喷射成型：是将树脂、引发剂和促进剂先分别送到静态混合器充分混合，再送至喷枪喷射。这种形式的喷射成型既不会造成环境的污染，也不会浪费胶液。

2.3.3.2　喷射成型机

喷射成型机分成压力罐式和泵式两种，使用时应检查它们的工作是否正常。

（1）泵式供胶喷射成型机

泵式供胶喷射成型机是将树脂引发剂和促进剂分别由泵输送到静态混合器中，充分混合后再由喷枪喷出，这种喷胶形式称为枪内混合型。喷枪与喷射设备如图 2-8 所示。

1）枪内混合型成型机的组成：气动控制系统、树脂泵、助剂泵、混合器、喷枪和纤维切割喷射器等。

2）枪内混合型成型机的工作过程：树脂泵和助剂泵由摇臂刚性连接，调节助剂泵在摇臂上的位置可保证配料比例。在空压机的作用下，树脂和助剂在混合器内均匀地混合，经喷枪喷出形成雾滴，与切断的纤维连续地喷射到模具表面上。

3）枪内混合型成型特点：由于喷射机只有一个胶液喷枪，结构简单、重量轻、引发剂浪费少。但因喷射机为枪内混合，使用完后应立即清洗，以防止喷嘴被堵塞。

（2）压力罐式供胶喷射成型机

压力罐式供胶喷射成型机是将树脂胶液分别安装在两个压力罐中，依靠进入罐中气体的压力，使胶液进入喷枪能够连续地喷出。

1）压力罐式供胶喷射成型机的组成：由两个树脂罐、管道、阀门、喷枪、纤维切割喷射器、小车及支架组成。

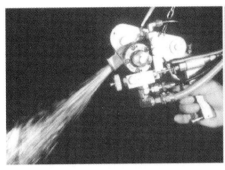

(a) 喷枪　　　　　　　　　　　　　　　(b) 喷射设备

图 2 - 8　喷枪与喷射设备

　　2）压力罐式供胶喷射成型机的工作过程：工作时要接通压缩空气的气源，使压缩空气经过气水分离器进入树脂罐、纤维切割喷射器和喷枪。可使树脂和玻璃纤维连续不断地由喷枪喷出，树脂雾化、玻璃纤维分散，混合均匀后沉落到模具上。

　　3）压力罐式供胶喷射成型机的特点：由于树脂为喷枪外混合，不会堵塞喷嘴。

　　（3）复合材料制品的喷射成型

　　复合材料制品的喷射成型机如图 2 - 9 所示。

(a) 平面复合材料制品喷射成型机　　　　　(b) 曲面复合材料制品喷射成型机

图 2 - 9　复合材料制品的喷射成型机

2.3.4　喷射成型工艺参数的控制

　　喷射成型工艺控制包括纤维含量和长度的控制，树脂含量和胶液黏度的控制，树脂喷射量、喷枪夹角和雾化压力的控制。

　　（1）纤维

　　应选用经过处理的专用无捻粗纱。

　　1）纤维含量：制品纤维含量控制在 25%～45%。低于 25% 时滚压容易，但制品强度太低；高于 45% 时，滚压困难，气泡多。

　　2）纤维长度一般为 25～50 mm。小于 10 mm 时，制品强度会降低，大于 50 mm 时，不易分散。

（2）树脂含量和胶液黏度

主要是通过喷枪控制胶液喷射量。

1）树脂含量：喷射制品采用不饱和聚酯树脂，树脂含量控制在 60% 左右。含胶量过低时纤维浸润不均，粘接不牢。

2）胶液黏度：应控制在 0.3~0.8 Pa·s，触变度以 1.5~4 为宜，即应控制在易喷射雾化、易浸润玻璃纤维和排气泡而不易流失的范围内。

（3）树脂喷射量

柱塞泵供胶的胶液喷射量是通过柱塞的行程和速度来调控的。

1）在喷射过程中，应始终保持胶液喷射量与纤维切割适宜和稳定的比例。如喷射量太小，生产率会较低；喷射量过大，又会影响制品的质量。

2）喷射量与喷射压力和喷嘴直径相关，喷嘴直径应在 $\phi 1.2 \sim \phi 3.5$ mm 范围内，喷胶量应在 8~60 g/s 范围内。

（4）喷枪夹角

喷枪夹角对树脂与引发剂在枪外混合的均匀度影响很大。

1）不同夹角喷射出来的树脂混合交距不相同，应选用 20°夹角为宜。

2）喷枪口与成型模表面距离以 350~400 mm 为宜。操作距离主要是控制产品形状与树脂液飞失等因素。如果改变操作距离，则需要调整喷枪夹角，以保证树脂在靠近成型面处交集混合。

（5）雾化压力

雾化压力的前提是要能保证两组分树脂均匀混合。

1）当树脂黏度为 0.2 Pa·s、树脂贮罐压力为 0.05~0.15 MPa 时，雾化压力为 0.3~0.35 MPa 方能保证组分混合均匀。

2）压力太小，混合不均匀；压力太大，树脂流失过多。

2.3.5　喷射成型工艺要点

喷射成型工艺要点如下：

1）成型环境温度以 20~30 ℃为宜，温度过高固化快，系统易堵塞；温度过低胶液黏度大，浸润不均，固化慢。

2）制品喷射成型工序应该标准化，以免因操作者不同而产生制品质量的差异。

3）为了避免压力产生波动，喷射机应由独立管路供气，气体要彻底除湿，以免影响固化。

4）罐内树脂胶液的温度应根据需要进行加温或保温，以维持适宜的胶液黏度。

5）喷射开始时应注意玻璃纤维和树脂的喷出量，可以通过调整气压以达到规定的玻璃纤维含量。

6）误切纤维时，要调整切割辊与支撑辊的间隙与调整气压，使纤维喷出量不变，必要时需要通过转速表校验切割辊的转速。

7）喷射成型时，在模具表面上要先喷涂一层树脂。然后，再开动纤维切割器。喷射最初层和最后层，应尽量薄一些，以获得光滑制品表面。

8）喷枪移动的速度要均匀，不允许漏喷，不能走弧线。相邻两个行程间重叠宽度应是前一行程宽度的 1/3，以得到均匀连续的涂层。前后涂层走向应交叉或垂直，以便能均匀覆盖。

9）每个喷射面喷射完后，应立即用压辊滚压，注意避免出现凹凸面。压平表面，修整毛刺，排除气泡后，再喷射第二层。

10）要充分调整喷枪纤维切割器喷出的纤维和胶衣的喷射直径，以便得到最好的喷射效果。

11）特殊部位的喷射：喷射曲面制品时，喷射方向应始终沿着曲面的法线方向；喷射沟槽时，应先喷射四周和侧面，然后，在底部补喷适量纤维，防止树脂在沟槽底部聚集；喷射转角时，应从夹角部位向外喷射，以防止在角尖处出现树脂的聚集现象。

2.3.6　喷射成型制品缺陷与防治

首先要对制品进行观察，判断制品上有无缺陷和缺陷的种类，找出缺陷产生的原因，并采取相应的防治办法。喷射成型工艺中常见缺陷及解决措施见附表 C-3。

由于喷射成型会污染环境，有害工人健康，因此可以采用机械手或机械人操作喷枪，并将喷射场地完全封闭，这些不足便能得到改善。

2.4　复合材料袋压成型工艺

袋压成型是借助弹性袋（或其他弹性隔膜）接受流体压力，使介于刚性模和弹性袋之间的增强纤维材料均匀受压而成为制品的一种方法。袋压成型是在接触成型的基础上经改进产生的，是制备热固性材料以及大型复合材料器件的重要方法之一。

袋压成型已经成功地应用在我国航空和航天工业，我国在 20 世纪 50 年代就开始采用真空袋法制造飞机雷达罩，20 世纪 70 年代后采用热压罐法制造碳纤维和硼纤维复合材料机翼后缘板、起落架后门和垂直尾翼等。

袋压成型是通过橡胶袋或其他不透气柔性材料（低密度聚乙烯、高密度聚乙烯和双向拉伸聚丙烯薄膜）制成的袋，将压缩空气的压力传递到未固化的复合材料制品（可以是手糊制品或喷射制品）表面上，赶除气泡使增强材料层合致密，施加压力直至固化的一种成型制品的工艺方法。

（1）袋压成型的优点

袋压成型是玻璃钢的一种重要生产方法。

1）成型质量高，所成型制品的两面平滑而光洁，制品厚度均匀，无气泡缺陷；

2）袋压成型比手糊成型制品的强度高、材质均匀致密、质量稳定；

3）生产率较高，是手糊成型的几倍，但比模压成型的效率低；

4）能适应聚酯树脂、环氧树脂和酚醛树脂；

5）所需设备简单，可缩短生产周期。

（2）袋压成型的缺点

袋压成型需要有压缩空气的气源。

1）生产成本较手糊成型高；

2）不适于大尺寸制品的加工。

（3）袋压成型的特点

袋压成型是采用一种柔性的袋，在湿铺或预浸料复合材料的固化过程中始终施加压力，致使制品结构紧密、性能得到提高。如同时提高成型温度，可大大地加速制品固化。这种方法可用于不同尺寸大小、不同形状结构和批量不太大的制品成型，在航空用制品中得到广泛应用。

（4）袋压成型条件

1）需要两面光滑的制品；

2）模压法不能生产的较复杂的制品；

3）批量不大的制品。

（5）袋压成型工艺分类

袋压成型可分成湿法和干法，按加压形式又可分为加压袋成型法、真空袋成型法和热压罐成型法3种。

2.4.1　加压袋成型法

加压袋成型法是在模具型面上，铺放浸润增强材料或预浸料制品的表面上放进一个能够膨胀和收缩的橡胶袋，在固定好盖板之后，通入压缩空气或蒸汽，在气体均匀压力的作用下将制品层间的气体和多余的胶液挤出型腔之外，压力保持在制品固化后撤离的一种成型方法。

1）球形复合材料加压袋成型法：如图2-10所示，左右模板6通过导柱7和导套8进行定位与导向，以T形螺钉4和开口垫圈12、圆柱形螺母13和手柄14紧固形成完整的型腔。这便可以先在型腔中涂敷脱模剂，再将裁剪好的增强材料布铺放在型腔中并涂刷树脂浸润。如此反复进行，直至达到制品图样的厚度为止。然后，用六角螺母16和垫片17固定好的喷嘴15以及安装有橡胶袋18的盖板11盖在左右模板6之上，用活节螺钉1和开口垫圈12、圆柱形螺母13和手柄14紧固形成封闭的型腔。最后，将压缩空气接管的快换接头与喷嘴15的螺纹连接，并通入一定量压力的压缩空气或蒸汽，使橡胶袋18膨胀对浸润制品施加一定的压力，直至复合材料制品固化。如此，浸润制品中的气泡和多余的树脂在橡胶袋18压力的作用下，可以从钻套10的孔中排出，从而确保制品20铺层中不会存在气泡并具有均匀的固化树脂。卸下盖板11和左右模板6之后，制品的脱模十分便利。当然也可在左右模板6中适当的位置上制孔并安装电热器，对模具加温，以提高制品固化速度。

2）平面形复合材料加压袋成型法：如图2-11所示，先将上模4两侧的槽对准导向连接板2的凸台，再以内六角螺钉3与上模4紧固，使上模4与下模1形成一个整体型

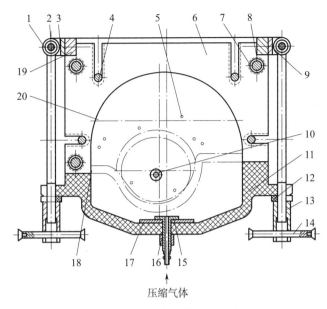

图 2-10　球形复合材料加压袋成型法

1—活节螺钉；2—圆柱销；3—支架；4—T 形螺钉；5—定位钉；6—左右模板；7—导柱；8—导套；
9—内六角螺钉；10—钻套；11—盖板；12—开口垫圈；13—圆柱形螺母；14—手柄；15—喷嘴；
16—六角螺母；17—垫片；18—橡胶袋；19—底框；20—制品

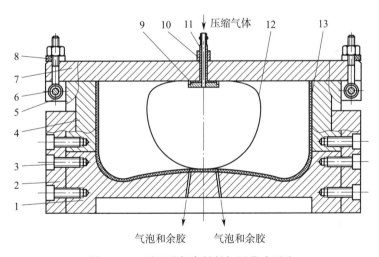

图 2-11　平面形复合材料加压袋成型法

1—下模；2—导向连接板；3—内六角螺钉；4—上模；5—活节螺钉；6—圆柱销；7—盖板；
8—开口垫圈；9—垫片；10—六角螺母；11—喷嘴；12—橡胶袋；13—制品

腔。然后，在涂有脱模剂的型腔中用增强材料布铺放一层。浸渍适量的树脂，然后再铺放
一层增强材料布，直至达到图样要求的厚度。再用六角螺母 10 和垫片 9 固定好的喷嘴 11
以及安装了橡胶袋 12 的盖板 7，盖在上模 4 之上，并用活节螺钉 5、开口垫圈 8 和六角螺
母 10 紧固。最后，将压缩空气接管的快换接头与喷嘴 11 的螺纹连接，并通入一定量压力

的压缩空气或蒸汽。压缩空气或蒸汽使橡胶袋 12 膨胀对浸润的制品施加一定的压力，直至复合材料制品固化。浸润制品中的气泡和多余的树脂在橡胶袋 12 压力的作用下，可以从下模 1 的孔中排出，从而确保制品 13 中不存在气泡并具有均匀的树脂。卸下盖板 7 和上模 4 之后，制品的脱模也十分便利。当然，也可在下模 1 和上模 4 适当的位置上制孔并安装电热器，对模具加温，以提高制品固化速度。导向连接板 2 是为了将下模 1 和上模 4 连接在一起，上模 4 从下模 1 上拆除后有利于制品 13 的脱模。

　　硅橡胶膨胀加压成型工艺是一种改进型的复合材料加压成型方法，成型时将硅橡胶芯模与复合材料预浸料一起放置在刚性外模内，硅橡胶加热膨胀后对产品施加压力。因为硅橡胶的加压形式与过程调控简便，所以可以制作模压或热压罐等传统方法无法制造的产品。

2.4.2　真空袋成型法

　　在纤维预制件上铺覆柔性橡胶或塑料薄膜，使其与模具之间形成密闭空间，再将组合体放入热压罐或烘箱中，在加热的同时对密闭空间抽真空形成负压进行固化。具体是在未凝胶的手糊制品连同整个模具的成型表面，用一个大的橡胶袋包好。包裹面密封，抽真空使手糊制品表面受到大气的压力，经室温固化后得到制品，也可在距模具成型表面一定的距离处制孔安装电热器，可加快制品固化速度。

2.4.2.1　真空袋技术理论

　　众所周知，单纯的树脂结构具有很大的脆性，而单纯的纤维织物又没有多大强度。如果复合材料制品中树脂含量太大，制品的脆性将加大；如果复合材料制品中树脂含量不够，就会造成制品的强度薄弱。只有树脂和纤维达到优化比例，制品才能够达到强度重量比。复合材料制品在成型过程中应让纤维织物充分与树脂浸润，并挤出多余的树脂，以得到最大纤维与树脂含量比。由于欠树脂制品的强度低于富树脂制品，一般认为树脂含量为 60% 比较好。

　　（1）过程

　　制品毛坯→真空袋密封→抽真空→固化→脱模→制品。

　　（2）特征

　　真空袋是应用在固化区间内对复合材料制品实施加压的一种工艺方法。

　　1）工艺简单，不需要专业设备；

　　2）压力较小，最大压力为 0.1 MPa，只适用厚度为 1.5 mm 以下的复合材料制品；

　　3）多采用环氧树脂体系。

　　（3）优点

　　提高手糊复合材料制品的强度重量比，真空袋成型是一种最好的途径，其优点如下：

　　1）能够驱除层间的空气；

　　2）使压力能通过纤维均匀传递，可防止纤维在固化时产生方向偏移；

　　3）可降低湿度；

　　4）可优化树脂与纤维含量的比例；

5）可适用于各种复合材料制品形状和尺寸的成型。

2.4.2.2　复合材料真空袋成型设备与成型

如图 2-12 所示，复合材料通过手工裱糊或喷涂在模具成型表面上。在制品毛坯上铺放透气毡和真空膜，在制品毛坯周围用密封胶条将真空膜密封，以形成一个在密封范围中制品内的空气能渗入真空膜。开动真空泵，通过抽气口、气管和双向阀将真空膜内气体抽出。通过真空度表控制真空膜内的真空度，同时对制品施加一定的压力，将制品中的空气和多余胶液挤出模具外，并使树脂保持优化含量。

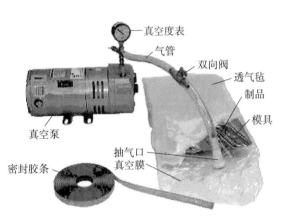
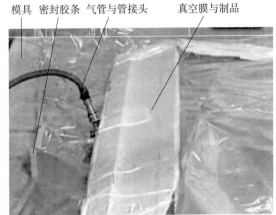

(a) 复合材料制品真空袋成型设备　　　　　　(b) 复合材料制品成型

图 2-12　复合材料制品真空袋成型设备与成型

2.4.2.3　复合材料制品真空袋成型分类

复合材料制品真空袋成型可按裱糊方法、抽真空类型和固化方式进行分类。

1）按裱糊方法分类：有真空袋/湿法手工裱糊法、真空袋/干法手工裱糊法和真空袋/喷射裱糊法等，如图 2-13 所示。

2）按固化方式分类：有真空袋/室温自然固化成型法、真空袋/电热器加温固化成型法、真空袋/温箱加热固化成型法、真空袋/高压釜模塑法和真空袋/热压罐成型法。

将真空袋压整套装置移入高压釜中加压、加温，就构成了真空袋/高压釜模塑法。用这种方法制得的产品，由于所受的压力较高而质地密实，因此比用单一真空袋压法得到的产品质量高。加热固化是在一个适当尺寸的加热炉或者高压釜中进行的，炉子或高压釜上必须开有抽真空管道的孔。有时可以将加热元件（如电阻丝）接埋入模具中，在这种情况下，必须使传到模压件上的热量均匀，以避免局部过热而影响制品质量。

3）按抽真空类型分类：如图 2-14 所示，有真空袋/局部密封抽真空成型法和真空袋/整副模具密封抽真空成型法。

图 2-14 中的带孔隔离膜 6 可以让制品（预浸片）4 中多余的树脂通过它的孔流入透气毡（吸胶麻布）7 中，同时还能防止透气毡（吸胶麻布）7 及其他材料与固化制品 4 接触的组件粘连。带孔隔离膜 6 常用 0.075 mm 厚的聚四氟乙烯的多孔玻璃纤维织物，也可

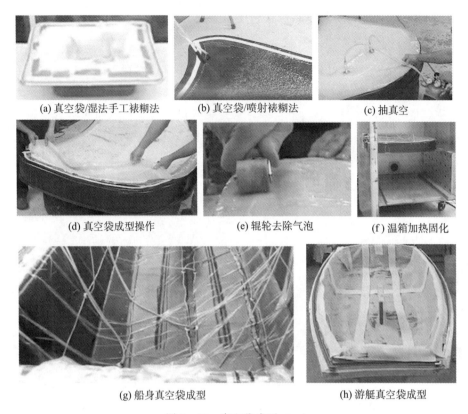

(a) 真空袋/湿法手工裱糊法　　　(b) 真空袋/喷射裱糊法　　　(c) 抽真空

(d) 真空袋成型操作　　　(e) 辊轮去除气泡　　　(f) 温箱加热固化

(g) 船身真空袋成型　　　　　(h) 游艇真空袋成型

图 2-13　真空袋成型（一）

以使用每平方厘米含有 1 mm 直径小孔的高温稳定的热塑性树脂薄膜。适当调整吸胶材料的厚度在一定程度上可以达到控制制品含胶量的目的。吸胶材料还提供了预浸片气体排出的通道，防止真空袋将制品局部封住而加不上压力。除了麻布片以外，玻璃织物中加入吸胶纸也是很好的吸胶材料。

真空袋在高温下的密封性能对于真空袋/高压釜模塑法的成败具有决定性的意义。氯丁橡胶、硅橡胶均可用作真空袋材料，而 0.05 mm 厚的尼龙薄膜，由于其热稳定性较好和容易加工，也日益普遍地被用作真空袋材料。真空袋边缘的密封既可以采用弓形夹夹住垫条的办法，也可以采用胶粘剂粘接的办法，后者比较简单易行。

2.4.2.4　真空导入成型

真空导入工艺是复合材料加工方法，由起初的手糊发展到机械化的喷射、拉挤和模压等工艺，一直到现在兴起的真空导入工艺。与真空导入相关的工艺还有 RTM、真空辅助和真空袋压。

（1）真空导入工艺

真空导入工艺简称 VIP，在模具上铺"干"增强材料（玻璃纤维、碳纤维、夹芯材料等，有别于真空袋工艺），然后铺真空袋，并抽出体系中的空气，在模具型腔中形成一个负压。利用真空产生的压力把不饱和树脂通过预铺的管路压入纤维积层中，让树脂浸润增

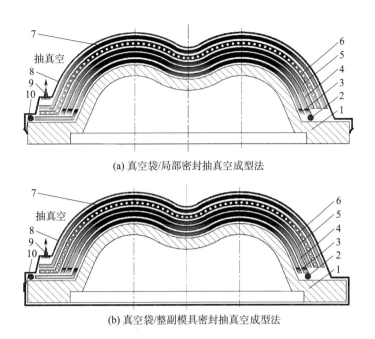

(a) 真空袋/局部密封抽真空成型法

(b) 真空袋/整副模具密封抽真空成型法

图 2-14　真空袋成型（二）

1—模具；2—密封胶带；3—脱模剂；4—制品（预浸片）；5—脱模布；6—带孔隔离膜；

7—透气毡（吸胶麻布）；8—真空袋膜；9—真空阀；10—压敏胶带

强材料最后充满整个模具。制品固化后，揭去真空袋材料，从模具上得到所需制品。真空导入工艺采用单面模具（就像通常的手糊和喷射的模具）建立一个闭合系统。

（2）特点

在通常的手糊工艺中，增强材料铺于模具中，采用刷子、辊子或其他方式手工浸润增强材料。另外一种改进的方法，是使用真空袋吸出手糊时积层中多余的树脂。这样能提高玻璃纤维含量，得到更高强度和更轻的产品。真空导入工艺相对于传统的工艺具有很多优点。

1）更高质量制品：在真空环境下，树脂浸润玻璃纤维与传统制造工艺相比，制品中的气泡极少。体系中不留有多余的树脂，玻璃纤维含量很高，可达到 70%。所得制品重量更轻、强度更高，批次与批次之间也非常稳定。

2）更少树脂损耗：用真空导入工艺树脂的用量可以精确预算，对于手糊或喷射工艺来说，会因操作人员的多变性而难以控制。真空导入工艺可以使树脂的损耗达到最少，从而节约成本。

3）树脂分布均匀：制品不同部分的真空产生的压力是一致的，因此，树脂对玻璃纤维的浸润速度和含量趋于一致。

4）过程挥发更少：生产过程中没有刷子或辊子等用具，不会有树脂的泼洒或滴落现象出现，更不会出现大量的气味。所以它能提供一个干净、安全和友好的工作环境，保护操作者的身心健康。

5）使用单面模具：仅用一面模具就可以得到两面光滑、平整的制品，可以较好地控制产品的厚度，节约模具制造成本和时间。

正因为用真空导入工艺所做的产品有如此多的优点，所以最早应用于航天航空等特种领域，后来慢慢应用于高要求的民用领域。

（3）真空袋成型制品缺陷与防治

真空袋成型工艺中常见的缺陷及解决措施见附表 C‐10。

2.4.3 热压罐成型法

热压罐工艺开始于 20 世纪 40 年代，在 20 世纪 60 年代开始广泛使用，这是针对第二代复合材料的生产而研制开发的工艺。由热压罐工艺生产的复合材料制品占整个复合材料产量的 50% 以上，在航空航天领域比重高达 80% 以上。复合材料制品在成型过程中，可以利用热压罐内提供的均匀温度和均匀分布的压力成型和固化，可得到表面和内部为高质量、形状复杂、尺寸巨大的复合材料的制品。

（1）热压罐成型法的工作原理

如图 2‐15 所示，热压罐成型法是在真空袋成型法的基础上，把模具 4 与手糊或喷射制品 3 采用真空袋 2 形成一个密封系统。制品 3 和模具 4 放置在模具平台 5 上，并整体推进热压罐 6 中。接通抽真空 7 和压缩空气 1 系统以及加温系统，边抽真空边导入压缩空气，使制品 3 在密封的热压罐 6 内受热、受压成型固化。

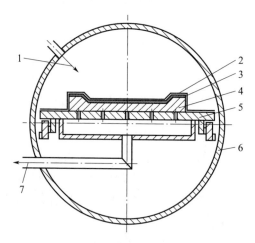

图 2‐15　热压罐成型法的工作原理

1—压缩空气；2—真空袋；3—制品；4—模具；5—模具平台；6—热压罐；7—抽真空

（2）工艺过程

热压罐成型法是将预浸料铺层和其他工艺辅助材料组合在一起，构成一个真空袋密闭组合系统，并在热压罐中的一定压力（包括真空袋内的真空负压和袋外正压）和温度作用之下固化，制成各种形状的制品。

（3）热压罐成型法的工艺特点

见表 2‐7，热压罐成型法综合了加压袋和真空袋的优点，具有生产周期长、产品质量高的特点。罐内压力和温度均匀，在它们共同的作用下，可满足复合材料高纤维含量的要求，其复合材料具有较高的力学性能和较稳定的物理性能，例如复合材料结构件的孔隙率低，树脂含量均匀。热压罐成型法适用范围广，例如层压结构、夹芯结构、胶接结构和缝纫结构。模具相对比较简单，效率高，尤其适用于大型具有高性能要求的复合材料结构件的成型。

表 2-7　热压罐成型法的工艺特点

特点	说明
压力均匀	用压缩空气向罐内充气加压，使罐内压力相同，制品在均匀压力下固化
温度均匀	罐内装有风扇和导风套，热空气高速循环流动，使罐内各点温度均匀
适用范围广	热压罐尺寸大，适用于结构和型面复杂的大小型制品，如各种整流罩、机翼和蒙皮、肋、框、各种壁板、地板和整流罩等
效率高	热压罐容积大，一次可以放置两层或多层多种模具和制品同时成型固化
模具要求高	模具必须具有良好的导热性、热稳态刚性和气密性
一次性投资大	热压罐价格昂贵，在使用过程中大量消耗水、电和真空袋辅助材料

热压罐成型平板复合材料固化制度的制定，是真空热压罐成型工艺的关键。热压罐工艺多用于树脂浸渍平面织物复合材料制品的成型。由于树脂浸渍平面织物可以采用溶剂法和热熔法来实现，因此，这种成型工艺方法可以满足高黏度、高性能树脂基复合材料的成型。但是，对于立体织物增强高性能树脂基复合材料成型而言，热压罐成型法由于树脂浸渍的问题而不能实施。

（4）应用

由于对袋内抽真空能排除预浸料铺层中的空气及树脂内的挥发物，对于需要进行二次胶接的制品，可使用热压罐法成型。真空袋/热压罐成型工艺是生产航空、航天用高纤维增强热固性塑料高强度构件的主要方法，广泛应用于先进的复合材料结构、蜂窝夹层结构及金属或复合材料胶接结构的成型中，最常用的是纤维增强复合材料构件、层压板构件和组合构件的成型。热压罐成型是将复合材料毛坯、蜂窝夹芯结构或胶接结构用真空袋密封在模具上，置于热压罐中，在真空（或非真空）状态下，经过升温、加压、保温、降温和卸压过程，使其成为所需要求的先进复合材料及其构件的成型方法之一。用热压罐成型的复合材料构件，多应用于航空、航天领域等的主承力和次承力结构。该成型工艺模具简单、制件密实、尺寸公差小、孔隙率低。但是该方法能耗大、辅助材料多、成本高。

（5）热压罐成型主要设备和要求

热压罐是非金属复合材料构件制品生产的关键工艺设备，如图 2-16 所示。热压罐由真空系统、压力系统、冷却系统、中心控制系统及配套的机械装置组成。热压罐内腔要足够大，能按需要控温和升温并能承受足够压力，并附有自动记录温度和压力的系统。抽真空系统在制品固化前后，应给袋内提供适当的真空度。

在复合材料制品的固化工序中，根据工艺技术要求，完成对制品的真空、加热、加压，使制品固化。热压罐系统在工作过程中，可在各加温区和制品的有关部位设立测温

图 2-16　热压罐与热压罐主要设备

点，温度分布状况可由中心控制系统采集、显示，并按工艺要求调节升温和降温速率，以保证制品的固化质量。对于重要产品，在固化时，罐体内采用惰性气体加以保护，以防止制品在固化过程中逸出的可燃性挥发物引起燃烧或爆炸。

（6）热压罐成型用模具

热压罐成型用模具根据制件形状、尺寸和制品要求而定。外表面要求光滑的制件常用凹模；反之，则用凸模。模具材料根据制件的数量、纤维品种、树脂类型、压力大小、固化温度和制品表面粗糙度要求等选用。选用模具材料时，还要考虑其线胀性能。对于成型尺寸精度要求较高、产量不大的复合材料制品，可以使用碳纤维/环氧复合材料模具；成型尺寸精度要求不高的复合材料制品或平板型制品，最适用于铝制模具；成型尺寸精度要求高、批量大的复合材料制品，应选用钢制模具。

（7）操作过程

真空袋/热压罐成型的操作过程如下：

1）模具准备：模具要用软质材料轻轻擦拭干净，并检查是否漏气。然后，在模具上均匀涂敷脱模剂。

2）裁剪和铺叠：从冷柜中取出，室温融化复合材料。按样板裁剪带有保护膜的预浸料，剪切时必须注意纤维取向和尺寸。然后，将裁剪好的预浸料揭去保护膜，按规定次序和方向依次铺叠。每铺一层要用橡胶辊等工具将预浸料压实，赶除空气。

3）组合和装袋：在模具上将预浸料坯料和各种辅助材料组合并装袋，应检查真空袋和周边密封是否良好；吸胶材料的用量要精确计算，真空袋不宜过小或过大，以舒展为宜。

4）热压固化：将真空袋系统组合到热压罐中，接好真空系统（真空负压和热压罐气体正压）和加热系统（气体加热和电加热）。关闭热压罐。然后，按确定固化工艺条件抽真空/加热/加压固化；装袋后应进行真空检漏，确认无误后，便可闭合锁紧热压罐门，升温固化。

5）出罐脱模：固化完成待冷却到室温后，将真空袋系统移出热压罐，去除各种辅助材料，取出制件进行修整。

（8）成型参数

复合材料基体树脂固化三因素：与树脂分子结构、其他组分（固化剂、交联促进剂等）、环境条件（温度、压力和时间）等因素有关。

1）压力：除了聚酰亚胺类之外，固化压力范围一般为 0.3～0.6 MPa，用于复合材料成型工艺的热压罐压力一般为 1.6 MPa，属于二类低压容器。

2）基体树脂固化过程三阶段：流动阶段、凝胶阶段和固化阶段，固化过程是在一定温度作用下进行的。复合材料基体树脂的固化温度最高为（180±5）℃，热压罐最高使用温度设定在 250 ℃。

3）温度场分布：热压罐内部设有空气搅拌循环装置，能使罐内温度均匀分布。由于罐内模具大小与材质的不同，复合材料面积和厚度、辅助材料层数的不同，导致罐内温度与制品实际温度存在较大的差异，测出温差用于调整罐内温度就显得十分重要。

（9）缺陷整治

常见缺陷有分层、孔隙、气孔、富酯、贫胶、脱粘和变形。其中，分层出现频率最高，其次是孔隙和气孔，最后是富酯、贫胶、脱粘和变形。热压罐成型工艺中常见的缺陷及解决措施见附表 C-9。

随着环保意识的增强，对复合材料限制挥发物法规越来越严格。在这种情况下，传统手工裱糊工艺必将遭到淘汰，于是国外科学家成功研究了各种类型真空法成型工艺。其中，比较典型的有 "SCRIMP"（Seeman 复合材料树脂浸渍技术）、RIFI（柔性膜树脂浸渍技术）、VARI（真空辅助 RTM）以及 SPRINT（SP 树脂浸渍技术）。这些成型工艺大都是在真空状态下排除纤维增强体中的气体，利用树脂流动、渗透，实现对织物的浸渍，并在室温下固化，形成一定树脂/纤维比例工艺方法。这些工艺大都仅仅需要一个单面的刚性模具，用来铺放纤维增强体；模具只为保证结构型面满足要求，简化了模具制造工序，节省了费用，有的上模为柔性真空袋膜；整个工艺操作过程在室温下进行，无须加热；也只需一个真空压力，无须额外的压力。

2.5　复合材料模压成型

模压成型工艺是复合材料生产中最古老而又富有无限活力的一种成型方法。它是将一定量的预混料或预浸料加入对模内，经加热、加压固化成型的方法，主要用作结构件、连接件、防护件和电气绝缘件，广泛应用于工业、农业、交通运输、电气、化工、建筑和机械等领域。由于模压制品质量可靠，在兵器、飞机、导弹和卫星上也都得到了应用。

2.5.1　模压成型工艺方法简介

模压成型工艺特别适用于制造大批量和高精度及重复性要求较高的复合材料制品，广泛应用于家用制品、机壳、电子设备和办公设备的外壳，货车门和轿车仪表板等，也可以制造连续纤维增强制品。

2.5.1.1　模压成型的原理

模压成型（又称为压制成型或压缩成型）如图 2-17 所示，是先将毛坯 11（粉状、粒状、片材或纤维状的塑料）放入成型温度下的对模（上模 5 和下模 9）的型腔中，然后，在导柱 4 和导套 6 的导向下闭模、加压而使毛坯 11 成型并固化、脱模所制得的产品 7 方法。模压成型可兼用于热固性塑料、热塑性塑料和橡胶材料。

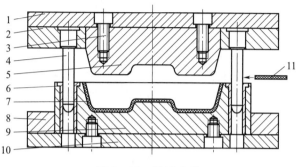

图 2-17　模压成型

1—上模垫板；2—上模板；3—内六角螺钉；4—导柱；5—上模；6—导套；7—产品；
8—下模板；9—下模；10—下模垫板；11—毛坯

2.5.1.2　模压成型的工艺流程

模压成型的工艺流程如图 2-18 所示。

图 2-18　模压成型的工艺流程

2.5.1.3　模压成型的特点

模压成型复合材料制品的生产率较高，制品尺寸准确，表面粗糙度值低，无须二次加工，易实现机械化生产和自动化生产。但模具复杂，压机与模具投资大，制品受压机限制，只适于大批量中小型制品的生产。模压成型的优缺点见表 2-8。

表 2-8　模压成型的优缺点

优点	1)原料的损失小,不会造成过多的损失,通常为制品质量的 2%～5%
	2)制品的内应力很低,且翘曲变形也很小,力学性能较稳定
	3)型腔的磨损很小,模具的维护费用较低
	4)成型设备的造价较低,其模具结构较简单,制造费用通常比注塑模具或传递成型模具低
	5)可成型较大型平板状制品,模压所能成型制品尺寸仅由已有模压机的合模力与模板尺寸所决定
	6)制品的断面收缩率小,产品尺寸精度高,表面光洁,无须二次修饰,且重复性较好
	7)可在一给定的模板上放置型腔数量较多的模具,生产率高。可以适应自动加料与自动取出制品,便于实现专业化生产和自动化生产
	8)能一次成型结构复杂的制品,批量生产,价格相对低廉

续表

缺点	1）整个制作工艺中的成型周期较长,效率低,对工作人员有着较大的体力消耗
	2）不适合对存在凹陷、侧面斜度或小孔等的复杂制品采用模压成型
	3）在固化阶段结束后,不同的制品有着不同的刚度,对产品性能有所影响
	4）对有很高尺寸精度要求的制品(尤其对多型腔模具),该工艺有所不足
	5）最后制品的飞边较厚,而去除飞边的工作量大
	6）模压成型的不足之处在于模具制造复杂,投资较大,加上受压机限制,最适合于批量生产中小型复合材料制品

2.5.1.4　模压成型的分类

模压成型工艺按增强材料物态和模压料品种及模压加工形式,可分为以下几种:

1）纤维料模压法:将经预混或预浸的纤维状模压料投入金属模具内,在一定的温度和压力下成型复合材料制品。

2）碎布料模压法:将浸过树脂胶液的玻璃纤维布或其他织物（如麻布、有机纤维布、石棉布或棉布等）的边角料切成碎块,然后在模具中加温、加压成型复合材料制品,此法适用于成型形状简单、性能要求一般的制品。

3）织物模压法:将预先织成所需形状的两维或三维织物浸渍树脂胶液,然后放入金属模具中加热、加压成型为复合材料制品。

4）层压模压法:将预浸过树脂胶液的玻璃纤维布或其他织物,裁剪成所需的形状,然后在金属模具中经加温或加压成型复合材料制品。

5）片状塑料（SMC）模压法:将片状塑料片材按制品尺寸、形状和厚度等要求裁剪下料,然后将多层片材叠合后放入金属模具中加热、加压成型制品。或者是将树脂、填料和其他添加剂先进行混合成糊,再和纤维增强材料进行复合,放入金属模具中加热、加压成型制品。

6）预成型坯料模压法:先将短切纤维制成制品形状和尺寸相似的预成型坯料,将其放入金属模具中,然后向模具中注入配制好的黏结剂（树脂混合物）,在一定的温度和压力下成型。

7）定向辅设模压法:将单向预浸料制品按主应力方向铺设,然后模压成型,制品中纤维含量可达 70%,适用于成型单向强度要求高的制品。

8）模塑粉模压法:模塑粉主要由树脂、填料、固化剂、着色剂和脱模剂等构成。其中,树脂主要是热固性树脂（如酚醛树脂、环氧树脂、氨基树脂等）,相对分子质量大、流动性差、熔融温度很高,难以注射和挤出成型,热塑性树脂也可制成模塑粉。模塑粉和其他模压料的成型工艺基本相同,两者的主要差别在于前者不含增强材料,故其制品强度较低,主要用于次受力件。

9）吸附预成型坯模压法:采用吸附法（空气吸附或湿浆吸附）预先将玻璃纤维制成与模压成型制品结构相似的预成型坯,然后将其置于模具内,并在其上倒入树脂糊,在一定的温度与压力下成型。此法采用的材料成本较低,可采用较长的短切纤维,适用于成型形状较复杂的制品，可以实现自动化，但设备费用较高。

10）团状模塑料（BMC）模压法：团状模塑料是一种纤维增强的热固性塑料，且通常是一种由不饱和聚酯树脂、短切纤维、填料以及各种添加剂构成的，经 Z 型捏合机或行星混合机充分混合而成的团状、木节状或散状形式的预浸料。团状模塑料中加入低收缩添加剂，从而可大大改善制品的外观性能。

11）毡料模压法：此法采用树脂（多数为酚醛树脂）浸渍玻璃纤维毡，然后烘干为预浸毡，并把其裁剪成所需形状后置于模具内，加热、加压成型为制品。此法适用于成型形状较简单、厚度变化不大的薄壁大型制品。

12）RTM 成型法（又称为树脂转移成型）：是将增强纤维预成型坯料预先放进型腔内，合模后注入聚合物经固化成型为复合材料制品。

13）缠绕模压法：将预浸过树脂胶液的连续纤维或布（带），通过专用缠绕机提供一定的张力和温度缠在芯模上，再放入模具中进行加温、加压成型复合材料制品。

14）机械模压成型法：增强纤维用树脂经裱糊或喷射之后，可以通过凸凹模中的电热器加温，以机械机构或压力机将凸模移动至凹模中加压成型为制品。机械模压为成型较小的复合材料制品，压力机可成型较大的复合材料制品。

根据上列所述，前面 11 种方法均为增强材料物态和模压料品种成型方法，这些成型方法都是成型工艺所考虑的内容，后 3 种才是与模具结构有关的成型法。本书重点是叙述模具设计，因此，后 3 种成型工艺方法是介绍的重点。模压制品成型时常见缺陷及解决措施见附表 C-4。

2.5.2　机械双模（对合模）成型

机械双模成型是指增强复合材料经过手工或机械铺敷和喷射铺敷在凹模或凸模后，利用机械机构或设备将凸模放置到凹模中，由限位元件限制凹凸模之间的间隙，浸润的复合材料经自然固化或加温固化成型为制品。机械双模成型包括采用机构机械双模成型和设备（压力机）机械双模成型两大类。

2.5.2.1　机构形式的机械双模成型模

机构形式的机械双模是指仅利用机械的机构或构件来完成模具闭合模和制品的脱模动作，这些动作的操作是靠手工完成的。

（1）机构形式的机械双模成型原理

机构形式的机械双模成型原理是在凹模或凸模上经手工铺敷或喷射增强材料后，利用导柱和导套对模具的导向，限位元件对凹凸模之间的间隙的控制，用扳手拧紧螺杆上的螺母，来实现对凹凸模的紧固，使浸润的增强材料保持固有的厚度和形状，固化成型为制品。

（2）机构形式的机械双模成型结构

凹凸模可以是整体形式，也可以是组合形式。整体形式主要是针对形状小而简单的制品，组合形式是形状小而复杂，以及不容易脱模的制品。对凹凸模型面加工困难的模具，也常采用组合的形式。

　　盛水盆机构形式的机械双模结构如图 2-19 所示。盛水盆如图 2-19（a）所示。盛水盆机构形式的机械双模如图 2-19（b）所示。凸模 4 安装在用沉头螺钉 1 连接的垫板 2 和凸模板 3 中，而凹模 6 安装在凹模板 5 中。凸模 4 和凹模 6 的定位和导向是依靠导柱 8 和导套 7 进行的，紧固则是依靠导柱 8 端头的螺杆和开口垫圈 9 和六角螺母 10。凸模 4 与凹模 6 之间的模具型腔间隙距离 b 是依靠定位块 11 厚度 h 控制的，整副模具是依靠夹持块 12 安装在台虎钳的钳口中。盛水盆如滞留在凸模 4 上或凹模型腔中，均可用专用铲刀脱模。直径为 d 的孔可以排出型腔中气泡和多余的树脂。当然，也可以在凸模和凹模上安装脱模机构进行脱模。

　　1) 模具型腔间隙一致性：合模后模具型腔间隙能够保持一致，成型加工时型腔间隙距离 b 中仅存在着增强材料和树脂。

　　2) 制品成型质量高：模具型腔中的气体和多余的树脂都从孔 d 中排出，制品中不会存在气泡、孔隙、富胶、贫胶和分层等缺陷。增强材料布铺敷后浸胶工艺时，会产生起皱缺陷，而采用编织件浸胶工艺时可消除起皱缺陷。由于凸凹模同时成型，制品能实现两面光洁。

　　3) 模具简单成本低：即使是组合的机构形式的机械双模结构也非常简单，复合材料制品的机械双模结构成型不需要设备，故成本低廉。

　　4) 成型加工简单：复合材料的铺敷与涂刷树脂或喷射与手工裱糊或喷射工艺相同，只要将凸模部分放进凹模部分中，用六角螺母和开口垫圈紧固就可以了，操作过程简单。

　　5) 该成型工艺只能成型小型尺寸制品。由于树脂裱糊或喷涂是敞开进行的，树脂的挥发气体对环境和人体具有毒害作用，操作人员必须戴口罩，车间必须安装排风扇等防护措施。

　　机构形式的机械双模结构的成型模是依靠手工进行裱糊、装模、卸模和制品脱模，为了缩短制品固化时间，还可以在凸模与凹模中间安装电热器或将模具放进烘箱加温。

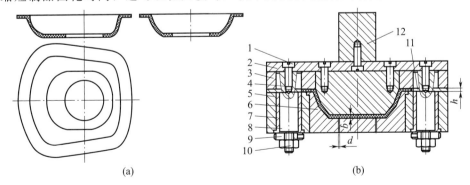

(a)　　　　　　　　　　　　　　(b)

图 2-19　盛水盆机构形式的机械双模结构

1—沉头螺钉；2—垫板；3—凸模板；4—凸模；5—凹模板；6—凹模；7—导套；

8—导柱；9—开口垫圈；10—六角螺母；11—定位块；12—夹持块

d — 溢胶和排气孔的直径；h — 定位块 11 的厚度；b — 模具型腔间隙的距离

（3）机构形式的机械双模成型特点

根据盛水盆机构形式的机械双模结构，就不难得出这类模具的特点。

2.5.2.2　设备（压力机）

设备机械双模成型模是安装在压力机中进行开模和闭模的，其特点与机构形式的机械双模成型模相同，区别是利用压力机的开启和闭合来完成模具的开模和闭模。

（1）压力机的工作原理

压力机包括机械压力机和液压机。压力机具有用途广泛、生产率高等特点，可广泛应用于切断、冲孔、落料、弯曲、铆合和成型等工艺。通过对金属或非金属坯件施加强大压力使金属或非金属发生塑性变形和断裂来加工成零件。

1）机械压力机：工作时由电动机通过 V 带驱动大带轮（通常兼作飞轮），经过齿轮副和离合器带动曲柄滑块机构，使滑块和凸模直线下行。机械压力机在压力工作完成后滑块上行，离合器自动脱开，同时曲柄轴上的自动器接通，使滑块停止在上止点附近。

如图 2 - 20 （a）、（b）、（c）、（e）所示，液压传动系统由动力机构、控制机构、执行机构、辅助机构和工作介质组成。通常采用油泵作为动力机构，一般为积式油泵。为了满足执行机构运动速度的要求，选用一个油泵或多个油泵。低压（油压小于 2.5 MPa）用齿轮泵，中压（油压为 2.5～6.3 MPa）用叶片泵，高压（油压为 6.3～32.0 MPa）用柱塞泵。各种可塑性材料的压力加工和成型，既可用于不锈钢板的挤压、弯曲、拉伸及金属零件的冷压成型，也可用于粉末制品、砂轮、胶木、树脂热固性制品的压制。

2）液压机：四柱液压机如图 2 - 20 （d）所示，液压机是利用液体来传递压力的设备。大、小柱塞面积分别为 S_2、S_1，柱塞上的作用力分别为 F_2、F_1。根据帕斯卡原理，密闭液体压强各处相等，即 $F_2/S_2 = F_1/S_1 = p$；$F_2 = F_1(S_2/S_1)$。表示液压的增益作用与机械增益一样，力增大了但功不增益，因此大柱塞的运动距离是小柱塞运动距离的 S_1/S_2 倍。基本原理是油泵把液压油输送到集成插装阀块，通过各个单向阀和溢流阀把液压油分配到油缸的上腔或者下腔，在高压油的作用下，使油缸进行运动。液体在密闭的容器中传递压力时，要遵循帕斯卡定律。

（2）设备机械双模成型过程

如图 2 - 21 （a）所示，模具的凸模 4 是由模柄 1 放置在中工作台 19 的孔中定位，用上垫板 2 和内六角螺钉 3 等安装在压力机中工作台 19 的工作面上，凹模 8 是安装在下工作台 15 工作面的滑轨 10 上。增强材料的裱糊和制品的脱模，需要手动将模具从滑轨 10 上移动到压力机工作面外面进行操作。增强材料和树脂在凹模 8 或凸模 4 上，经手工铺敷或喷射后，利用导柱 18 和导套 17 的导向，限位板 6 对凹凸模之间的间隙进行控制。启动压力机中工作台 19 下降后模具闭模，使浸润的增强材料保持固有的厚度和形状，固化成型为制品。上升压力机中工作台 19，实现模具开模。

（3）设备机械双模成型结构

如图 2 - 21 （b）所示，凸凹模可通过压板、支撑杆、螺杆和螺母分别固定在中工作台 19 和下工作台 15 上。凹模 8 需要用手向外移出中工作台 19 台面，方便增强材料铺敷和裱

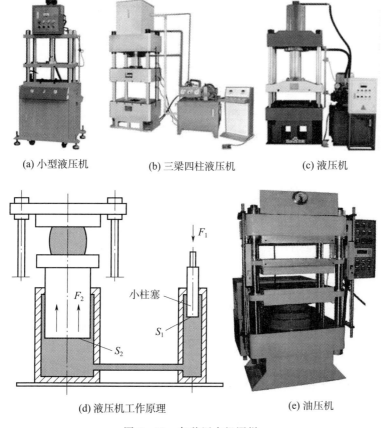

(a) 小型液压机　　　(b) 三梁四柱液压机　　　(c) 液压机

(d) 液压机工作原理　　　　　(e) 油压机

图 2-20　各种压力机图样

糊。增强材料铺敷和裱糊之后，又需要将凹模 8 移至凸模 4 下方成型。如图 2-21（a）所示，凸凹模开启后，以手用力向右推动凹模 8，凹模 8 使碰柱 12 压缩弹簧 13 移动，凹模 8 是用内六角螺钉 3 固定在滑轨 10 上，滑轨 10 可沿着滑槽 11 滑移到两端碰柱 12 位置上定位。挡板 16 是为了防止模具在惯性作用下，脱离滑槽 11。

移动距离公式为

$$L = L_2/2 + L_1 \tag{2-3}$$

式中　L ——凹模 8 移动的距离，单位为 mm；

　　　L_2 ——压力机工作台的宽度，单位为 mm；

　　　L_1 ——凹模 8 与压力机工作台的间隙，单位为 mm。

（4）设备机械双模成型特点

设备机械双模成型适应制作大型和复杂的复合材料制品，凸凹模的开启和闭合由压力机自动控制，操作省力，加工成本相对机构双模结构要高，其他特点与机构双模结构相同。使用的设备为通用型压力机，但与热压罐成型、树脂传递模塑成型、缠绕成型和拉挤成型时需要专用设备相比设备简单。

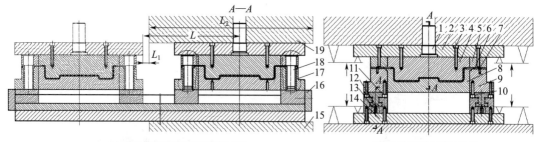

(a) 设备机械双模手糊成型过程　　　　　　(b) 设备机械双模的结构

图 2 - 21　压力机模压成型

1—模柄；2—上垫板；3—内六角螺钉；4—凸模；5—上模板；6—限位板；7—沉头螺钉；8—凹模；

9—下模板；10—滑轨；11—滑槽；12—碰柱；13—弹簧；14—下垫板；15—下工作台；16—挡板；

17—导套；18—导柱；19—中工作台

2.5.2.3　模压制品成型时的缺陷与控制

模压制品成型时常见缺陷及解决措施见附表 C - 4。

机构双模结构和设备机械双模成型都可以在凸模和凹模部分安装电热器，以提高制品固化的效率。机构双模结构压模还可以将模具整体放入烘箱、真空釜中加温，而设备机械双模成型只能采用安装电热器的方法。

2.5.3　树脂传递模塑（RTM）成型法

树脂传递模塑（Resin Transfer Moulding，RTM）是将树脂注入闭合模具中浸润增强材料并固化的工艺方法。RTM 成型工艺是一个低压系统，树脂注射压力范围为 0.4～0.5 MPa。当制造玻璃纤维含量（体积分数）超过 50％的制品（如航空、航天用零部件）时，压力甚至可达到 0.7 MPa。手糊成型和喷射成型虽然具有投资少、见效快的特点，但对环境有污染（苯乙烯），对操作人员毒害严重，从而使复合材料制品的加工逐渐转移到RTM 成型上。

RTM 起始于 20 世纪 50 年代，是手糊成型工艺改进的一种闭模成型技术，可以生产出两面光洁的制品。该项技术可不用预浸料、热压罐，有效地降低了设备成本、成型成本。在国外属于这一工艺范畴的还有树脂注射工艺（Resin Injection）和压力注射工艺（Pressure Injection）。该项技术近年来发展很快，在飞机工业、汽车工业、舰船工业等领域应用日益广泛，并研究发展出 RFI（树脂渗透成型工艺）、VARTM（热压罐/VARTM组合成型新工艺）、VARTM/SCRIMP（真空辅助树脂传递模塑工艺）、SCRIMP（真空辅助注射技术）、SPRINT（真空灌注成型工艺）等多种分支，满足不同领域的应用需求。RTM 技术的研究发展方向包括微机控制注射机组，增强材料预成型技术，低成本模具，快速树脂固化体系，工艺稳定性和适应性等。

2.5.3.1　RTM 成型原理

RTM 成型原理是在一个封闭的模具内预先放置增强材料预型件，以低压（小于

0.69 MPa）注入树脂，使之浸透增强材料预型件固化后成型两面光洁的制品。

　　RTM 成型工艺简图如图 2-22（a）所示。先将纺织后经过处理定型的纤维预型件 3 放进框式成型凹模 4 中，再放置好凸模 2 及带排气孔顶板 1，以顶板 1 上的抽真空口 9 抽真空。然后，从装有树脂源的压力桶 5 中抽取树脂注入框式成型凹模 4 中浸透纤维预型件 3，型腔的气体和多余的树脂可从抽真空口 9 溢出，纤维预型件 3 中的树脂经固化成型为制品。RTM 成型工艺模具及成型设备如图 2-22（b）所示。

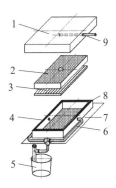

(a) RTM成型工艺简图　　　　　　　　(b) RTM成型工艺模具及成型设备

图 2-22　RTM 成型工艺简图和实物

1—带排气孔顶板；2—凸模；3—纤维预型件；4—框式成型凹模；5—压力桶（树脂源）；6—底板；
7—树脂浇口；8—O 形环槽；9—抽真空口

2.5.3.2　RTM 成型工艺过程与流程

　　RTM 工艺包括真空树脂传递模塑、复合材料树脂浸渍模塑成型工艺和树脂膜渗透成型工艺。

　　1）RTM 成型过程：RTM 成型是将玻璃纤维增强材料先铺放到凹模型腔内，凸模合模后，用压力将树脂胶液注入型腔，浸透玻璃纤维增强材料，经固化脱模成型制品。

　　2）RTM 成型工艺流程：RTM 成型工艺流程图如图 2-23 所示。其主要过程包括：模具清理→脱模处理→胶衣涂布→胶衣固化→纤维和嵌件安放→合模夹紧→树脂注入树脂固化→启模→脱模和二次加工。

　　RTM 成型工艺全部生产过程分 11 道工序，各工序的操作人员及工具、设备位置固定。模具由小车运送，依次经过每一道工序，实现流水作业。模具在流水线上的循环时间基本上反映了制品的生产周期。小型制品一般只需十几分钟，大型制品的生产周期可以控制在 1 h 以内完成。

　　RTM 成型工艺示意图如图 2-24 所示。经过清洗和涂刷脱模剂的凸模 8 和凹模 9，在凸模 8 上套增强材料预成型坯料或在凹模 9 型腔中铺放增强材料毛坯 6 后，在计算机控制下，树脂泵 2 中的树脂和催化泵 3 中的添加剂由比例泵 1 控制着树脂和添加剂的比例进入混合器 7 中，混合的树脂由模具浇口注入模具的型腔，迫使型腔内的气体和多余的树脂从凹模 9 的排气孔 10 排出，待树脂固化后开启凸模 8 取出制品。

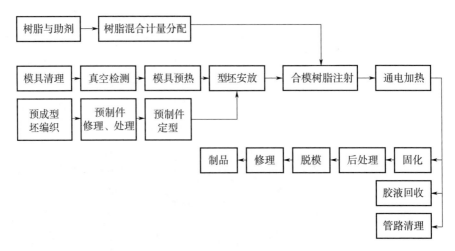

图 2-23　RTM 成型工艺流程图

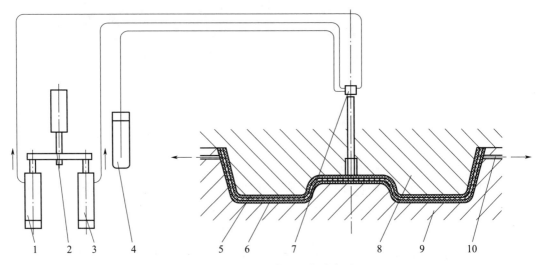

图 2-24　RTM 成型工艺示意图

1—比例泵；2—树脂泵；3—催化泵；4—冲洗剂；5—树脂基体；6—增强材料毛坯；7—混合器；
8—凸模；9—凹模；10—排气孔

2.5.3.3　RTM 成型设备

成型设备主要是树脂压注机和模具，其应用于大比例混合的复合材料，它可以应用于配胶混合和灌注混合。

（1）树脂注射系统

树脂注射系统称为 RTM 机（注塑机），包括加热恒温系统、混合搅拌器、多组分计量泵及各种自动化仪表（如注射压力自控器、模塑周期计算器、树脂凝胶计时器等）。RTM 机分成单组分式、双组分加压式、双组分泵式和加催化剂泵式，主要采用加催化剂泵式。RTM 注入方式如图 2-25 所示。

RTM 机特征：树脂注射量从每分钟几克至 45 kg，每分钟输送树脂的能力跨度很大。RTM 机可操作多种树脂体系，如聚酯、环氧、聚氨酯和甲基丙烯酸树脂等。

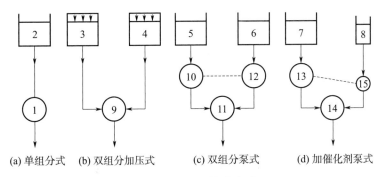

图 2-25　RTM 注入方式

1—注入机；2—树脂催化剂、促进剂；3、5—树脂催化剂；4、6、7—树脂促进剂；8—催化剂；

9、11、14—混合注入机；10、12、13、15—计量泵

（2）树脂压注机

树脂压注机由树脂泵和注射枪组成，各种国产 RTM 成型树脂压注机如图 2-26 所示。树脂 RTM 注射设备由一个主泵和两个固化剂泵组合而成，比例可以在 10%～30% 范围内调节，同时，当树脂黏度过高，无法混合时，还可以增添加热装置。树脂泵是一组活塞式往复泵，最上端是一个空气动力泵。当压缩空气驱动空气泵活塞上下运动时，树脂泵将桶中树脂经过流量控制器、过滤器定量地抽入树脂贮存器，侧向杠杆使催化剂泵运动，将催化剂定量地抽至贮存器。压缩空气充入两个贮存器，产生与泵压力相反的缓冲力，保证树脂和催化剂能稳定地流向注射枪口。注射枪口后有一个静态湍流混合器，可使树脂和催化剂在无气状态下混合均匀，然后经枪口注入模具。混合器后面设计有清洗剂入口，它与一个有 0.28 MPa 压力的溶剂罐相连。当机器使用完后，打开开关溶剂自动喷出，将注射枪口清洗干净。

RTM 成型树脂压注机是 RTM 工艺中的关键工艺装备，按结构可分成贮罐加压式和水泵压送式两种。虽然 RTM 成型树脂压注机构造有所不同，但主要部件基本相同，介绍如下：

1）树脂泵和引发剂泵：它们利用空气驱动，树脂泵用连杆带动引发剂泵，以精确控制树脂和引发剂的比例。

2）清洗装置：注射操作完成后，应开启冲洗阀，用丙酮冲洗管道及注入枪口。

3）注射枪和混合器：注射枪座上分别接有树脂、引发剂和溶剂 3 个管道，在注入过程中，树脂和引发剂经由不同的管道进入枪座。然后，经由混合器混合均匀后注入型腔内。当冲洗时，溶剂进入枪座，以冲洗混合器。

4）其他设备：蓄压器用于保持树脂和引发剂的输出稳定压力，以控制流量。泵汲动计数器用于预定树脂汲动次数，以控制 RTM 成型机自动停止。

图 2-26　各种国产 RTM 成型树脂压注机

（3）RTM 一体化成型设备

用于 RTM 工艺的设备叫作"RTM 一体化成型设备"，国产 RTM 一体化成型设备如图 2-27 所示。RTM 一体化成型设备准确地讲应该是一套设备，包括反应釜、真空设备、注射排气系统、加热系统、保压系统和模具等多种设备，这套系统将上述设备按照 RTM 工艺有机地融合起来。

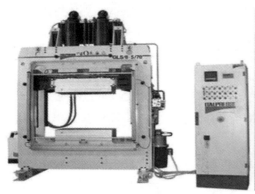

图 2-27　国产 RTM 一体化成型设备

（4）模具

RTM 模具分为玻璃钢模具、玻璃钢表面镀金属模具和金属模具 3 种。玻璃钢模具容易制造，价格较低，聚酯玻璃钢模具可使用 2 000 次，环氧玻璃钢模具可使用 4 000 次。玻璃钢表面镀金属模具可使用 10 000 次以上。金属模具在 RTM 工艺中很少使用，一般来讲，RTM 的模具费仅为 SMC 的 2%～16%。RTM 对模具的要求如下：

1）须保证制品的形状、尺寸、厚度和精度及凸凹模的配合，使制品能够达到 A 级表面粗糙度要求。

2）具有凸凹模开启和制品脱模装置，模具成本低。

3）具有足够的强度和刚度，在 50～150 kPa 的注射压力作用下不变形。

4）可通电加热，在一万次成型加工寿命的 80～120 ℃条件下不开裂和不变形。

5）具有合理的注射浇口、流道、排气孔和溢胶孔（槽）。

6）凸凹模密封性好，除制品边缘外，模内树脂漏损率应小于 1%，并能排尽模内气体，保证制品中无气泡、孔隙和疵点。

2.5.3.4　RTM 成型技术的特点

RTM 成型是指低黏度树脂在闭合模具中流动、浸润增强材料并固化成型的一种工艺技术。RTM 工艺特点：是能够允许闭模前在预成型体中放入芯模填充材料，避免预成型体在合模过程中被挤压。芯模在整个预成型体中所占的比重较低，大约在 0～2% 范围内。RTM 成型无须制备、运输、储藏冷冻的预浸料，无须繁重劳动强度的手工铺层和真空袋压过程，也无热处理时间，操作简单，可分批成型，增强材料与基体的组合自由度大。

1）RTM 成型工艺由增强材料预成型坯加工和树脂注射固化两个步骤进行，具有高度灵活性和组合性，能实现材料形状合理的设计。

2）RTM 是闭模成型工艺，增强材料与树脂的浸润由带压树脂在密闭型腔中快速流动来完成，而非手糊和喷射工艺中的手工浸润，又非预浸料工艺和 SMC 工艺中的昂贵机械化浸润，是一种低成本、高质量的半机械化纤维/树脂浸润方法。

3）RTM 工艺采用了与制品形状相近的增强材料预成型技术，纤维/树脂的浸润一经完成即可固化。因此，可用低黏度快速固化的树脂，并可对模具加热而进一步提高生产率和产品质量。

4）增强材料预成型体可以是短切毡、连续纤维毡、纤维布、无起皱织物、三维针织物及三维编织物，并可根据性能要求进行选向增强、局部增强、混杂增强及采用预埋和夹芯结构，可充分发挥复合材料的性能。

5）RTM 成型采用的低压注射技术（注射压力小于 4 kgf/cm²）能制造出具有良好表面、高精度、大尺寸和复杂结构的复合材料制品。无须胶衣涂层即可制造两面光洁的制品，也不需要进行后处理。

6）成型效率高，适合于中等规模的玻璃钢产品生产（20 000 件/年以内）。

7）原材料及能源消耗少，仅需用树脂进行冷却。

8）增强材料可以任意方向铺放，容易实现按制品受力状况铺放增强材料。制品厚度和增强纤维含量准确，纤维含量高，空隙率小于 0.2%，制品质量高。

9）RTM 成型为闭模树脂注入方式，可极大减少树脂对环境的污染和对工人健康的毒害；制品成型过程中产生的挥发物少，不会污染环境和影响工作人员的身体健康，满足国家对苯乙烯等有害气体挥发浓度越来越严格的限制。

10）模具制造与选材灵活，可以降低成本。无须庞大和复杂的成型设备就可以制造大型复杂的制品，设备与模具投资小，建厂投资少，上马快。其经济性在各种复合材料成型工艺中仅次于拉挤工艺。

11）在制品铺层过程中可加入嵌件和对制品局部进行加强，因此，采用这种工艺可以生产高强度、低密度、变形小的异性体，产品只需做较小的修边。

12）采用凸凹模费用高，预成型坯的投资大，对模具和工艺要求严格。

13）在 RTM 成型过程中，预型件经过带压树脂流动冲模时会带动或冲散纤维，造成制品出现"冲浪"或"跑道"等缺陷。为了确保质量，RTM 成型工艺适合采用长纤维和连续纤维作为增强材料。

简而言之，RTM 工艺可以作为一种高效可重复的自动化制造工艺，大幅降低加工成型时间，将传统手糊成型的几天时间缩短为几小时，甚至几十分钟。在 RTM 工艺过程中所使用的干预成型体和树脂材料的价格都比预浸料便宜，还可以在室温下存放，而且在成型过程中挥发成分少、环境污染少。利用这种工艺可以生产较厚的净成型零件，同时免去许多后续加工程序。该工艺还能帮助生产尺寸精确、表面工艺精湛的复杂零件。

2.5.3.5　RTM 成型工艺原材料的选择

RTM 成型工艺所用的原材料有树脂系统、增强材料和填料。

（1）树脂系统

RTM 成型工艺用的树脂主要是不饱和聚酯树脂，该树脂价格低廉，固化速度快。树脂类型有通用型、低收缩型、乙烯基酯树脂和混杂树脂，树脂系统应满足以下条件：

1）黏度低：树脂黏度一般在 2 500～3 000 Pa·s 范围内为最佳，超过 3 000 Pa·s 树脂黏度高则需要较大泵的压力。这会增加模具的壁厚，也会使型腔内的增强纤维被冲位移。低于 1 000 Pa·s 树脂黏度易夹带空气，使制品出现针孔。

2）固化放热峰值低：一般为 80～140 ℃，采用复合型引发剂来降低树脂固化放热峰值。

3）固化时间短：一般凝胶时间控制在 5～30 min，固化时间为凝胶时间的两倍。

（2）增强材料

一般 RTM 增强材料的种类主要是玻璃纤维，其质量分数为 25％～45％，如碳纤维、芳纶、聚酯纤维和维尼纶等。常用的增强材料品种有连续纤维毡、短切纤维毡、无捻粗纱布、预成型坯、表面毡、复合毡及方格布等。

1）RTM 成型对增强材料的要求如下：

a）适用性好：增强材料在无起皱、不断裂和不撕裂的情况下，容易制成与制品相同的形状，主要纤维方向性为受力方向。

b）重量均匀性好，对树脂的浸润性好。

c）容积压缩系数要大：无载荷时增强材料的厚度，在合模时能够承受均匀压缩能力的性能，对制品的力学性能和树脂注射压力有较大的影响。

d）耐冲刷性好：增强材料在树脂注入时，能够保持好原有位置，与增强材料的结构和所用的粘接剂有关。预型件铺好后其状态和位置应保持不变，不会因合模和注射树脂而引起变化，并能经受树脂的冲击。

　　e）树脂的流动阻力小，有利于树脂的流动，机械强度高。

　　2）RTM 增强材料的种类：RTM 增强材料见表 2-9。

表 2-9　RTM 增强材料

分类	材料
片状增强体	短切纤维毡：将纤维纱切成定长，加粘接剂成型为毡状物 连续纤维毡：纤维纱不切断，加粘接剂制成粘接物 纤维织物：将纤维织成织物 粗纱织物：将纤维粗纱（将规定根数的纱合股）织成织物 纤维编织物：将纤维粗纱等编织成毛坯 表面毡：用玻璃纤维或有机单纤维无序结合的无纺布类 组合增强片材：将以上各种片状增强材料或难以单独使用的纱以胶接、缝合方法组合而成
预成型坯	短切纤维预成型：在短切玻璃纤维中加粘接剂，预成型为与成型件形状相似的坯料 连续纤维毡预成型：通过对连续纤维毡加热、加压，预成型为与成型件形状相似的坯料 纤维、编带、编织品：符合成型件形状并且具有三维曲面的纤维、编带、编织品 组合预成型坯：将以上预成型件之间或预成型坯与片状增强材料、粗纱等以胶接、缝合方法组合而成

　　3）各种增强材料品种的综合性能：各种增强材料品种的综合性能比较见表 2-10。

　　a）连续纤维毡因具有表面平整、工艺性好和耐冲刷性好的特点，在 RTM 成型中是应用最广泛的增强材料。

　　b）玻璃纤维复合毡各层间用线针织而成，层间连接牢固，更具有耐冲刷性。复合毡间无黏结剂，经纬相交纤维间无黏结点而具有树脂浸润性。复合毡经裁剪可直接制成 RTM 预成型件，具有制品质量好、操作方便和高效性的特点。

　　c）方格布增强材料因纱束密并具有较多交点，在成型过程中易出现冲动和起皱及树脂浸润性差的现象，须与毡材结合使用或制成预成型坯使用。

表 2-10　各种增强材料品种的综合性能比较

增强材料	浸润性	充模性	纤维增强复合材料强度	纤维增强复合材料韧性	成本
连续纤维毡	好	好	较高	一般	高
玻璃纤维复合毡	好	一般	极高	好	较低
方格布	差	差	一般	较好	低

　　4）增强材料预成型工艺：手工铺层、编织法、针织法、热成型连续原丝毡法和预成型定向纤维毡。从低成本、高效益考虑，后两种方法更适合 RTM 成型，尤其是预成型定向纤维毡技术具有较好的渗透性、耐冲刷性，容易充模，最经济。

　　混合使用连续纤维毡和短切纤维毡，尤其是短切纤维毡/连续纤维毡/短切纤维毡的排列方式，可使制品的纤维含量提高。无捻粗纱布一般用于具有高强度要求的制品，但其变形性和浸透性差，一般不单独使用。预成型坯适用于成型形状复杂的制品，尤其是带有深螺纹的制品，但成本高。表面毡用于改善制品的表面状态，尤其适于化学防癌的制品，通常是制成富胶层以保护制品。

（3）填料

填料对 RTM 工艺很重要，它不仅能降低成本，改善性能，而且能在树脂固化放热阶段吸收热量。常用的填料有氢氧化铝、玻璃微珠、碳酸钙、云母和黏土等，其用量为树脂的 20%～40%。填料用量要严加控制，以与树脂混合后的黏度不超过 RTM 成型机所允许的黏度范围为好。

2.5.3.6　RTM 成型技术的应用

由于 RTM 成型技术具有众多优点，所以其在风电行业、交通、军工和生活用品等领域有着广泛的应用。

1）航空、航天工业的应用：雷达罩、增强筋壁板、飞机机身骨架、舱门、隔板、T形隔框、增强梁、导弹发射舱、导弹机翼、推进器转向风门、蒙皮和机翼等结构件；

2）汽车工业的应用：汽车底盘保护板、前箱盖、前照灯罩、下侧面板、货车导风板、挡泥板和贮物箱门等；

3）船结构件：游艇、小船体、独桅快艇的船壳、水箱、救生筏外壳和小型舰艇壳体等；

4）风能和电气设备：机舱罩、工业水冷却塔驱动轴的旋转叶、空调主机罩、注射机控制箱壳体、风力发电涡轮叶片、变压器的壳体；

5）生活用品：浴缸、桌、座椅、CAT 扫描仪底盘板、自行车手柄、高尔夫手推车车体、洗衣机外壳和电话亭屋顶等。

2.5.3.7　RTM 成型工艺产品

玻璃钢模具的缺点是模具表面的使用寿命短，为了得到重复性和高的尺寸精度的制品和延长模具寿命，以及减少环境污染与对人体的毒害，可采用 RTM 成型工艺。各种 RTM 成型工艺的产品如图 2 - 28 所示。

2.5.3.8　改良型 RTM 成型方法

应用 RTM 成型工艺的方法需要将增强材料预成型后再放入模具中，合模注入树脂固化后脱模才能获得成型制品。现正在开发一种不需要预成型的 RTM 成型方法，将这种方法称为改良型 RTM 成型方法。改良型 RTM 成型方法不但可以大幅度提高可操作性和生产率，还能进一步改善工作环境。

改良型 RTM 成型方法是利用增强材料编织物具有较好的伸缩性，合模后增强材料在型腔内可以自行伸长并封闭固定，以此达到增强材料预成型的目的。玻璃纤维、芳纶纤维和碳纤维等增强材料的增强性好，伸缩性低，但它们的编织物具有伸缩性。因此，可用低伸缩性的纤维纺织出具有伸缩性的布。如将增强材料编织物放入成型模的凹模中，再固定端部。凸模合模后增强材料就会在型腔内伸长成型，然后注入树脂固化成型。采用改良型 RTM 成型方法可在任何形状的成型模内封闭固定住增强材料，不会由于成型模的不同而

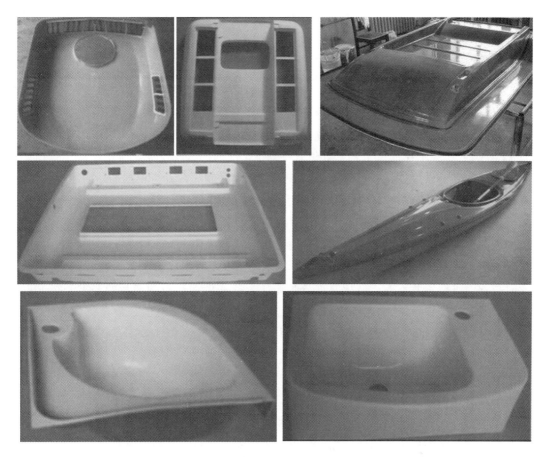

图 2-28　各种 RTM 成型工艺的产品

变更预成型设备，并且还能制成形状较为复杂的复合材料制品。

2.5.3.9　影响 RTM 成型工艺的因素

影响 RTM 成型工艺的参数有：注胶压力、温度、速度，树脂固化温度和固化时间，以及模具结构、增强材料和树脂的特性，并且这些参数相互关联，相互影响。

1）注胶压力：是影响 RTM 成型工艺的主要参数，压力的大小决定着模具的强度和刚度，进而决定着模具的结构；压力的大小还决定着增强材料的浸润程度，压力过小会造成增强材料无法浸润而出现贫胶和分层的缺陷。由于 RTM 成型工艺为低压注射树脂，加上制品壁厚较薄而造成凸凹模之间间隙小，坯料很难浸透，因此，可以采用一些措施改善树脂流动性，选用低黏度的树脂、设置多个浇口、选择适当的浇口和排气口及排布适当的纤维方向等。

2）注胶速度：也是影响 RTM 成型工艺的重要参数，其取决于树脂对纤维的润湿性和树脂的表面张力及黏度与活性期，还取决于压注设备的能力和坯料纤维含量及型腔的间隙。充模时间和压力，又是影响注胶速度的因素。

3）注胶温度：取决于树脂活性期和最小树脂黏度、温度，较高的温度可降低树脂表面张力，使纤维中的空气受热上升而有利于气泡的排出。过高的温度会缩短树脂的工作期，过低的温度会使树脂的黏度增大，从而阻碍了树脂正常渗入纤维的能力。

4）树脂固化温度和固化时间：它们也是影响 RTM 成型的工艺参数，固化温度高时，反应快，放热多，会使树脂和纤维黏结发生破坏。固化时间长，可得到性能较好的制品。

2.5.3.10　RTM 成型制品的缺陷与防治

RTM 成型工艺中常见的缺陷及解决措施见附表 C-8。

RTM 工艺作为闭模成型工艺，近年来得到了广泛而深入的发展与应用。RTM 树脂生产工艺成型制品可设计性强，可获得 A 级表面的高质量制品，并可根据产品的结构性能要求进行计算机设计与分析，使制品的性能达到最佳。RTM 的广泛应用引起了众多汽车、舰船等生产厂家的关注。对于年产 1 万件以内的大型复合材料制品，为了在有效保证产品性能的同时最大限度地降低成本，大型车用或船用结构采用 RTM 树脂工艺进行制备，降低了模具的投入费用，提高了产品收益比。然而，RTM 树脂成型工艺，通常因为各生产厂家对技术的掌握参差不齐，造成有部分生产厂家效率低而达不到产量的要求。在 RTM 树脂生产工艺过程中，制约生产率的因素很多，提高产品固化速度是最经济的方法和手段。这可减少模具数量，节约占地面积，减少工作人员，提高工作效率。

2.5.4　纤维缠绕成型工艺

缠绕复合材料制品主要用于固体火箭发动机和其他航空航天结构件、压力容器、管道、管状结构件、电绝缘制品、汽车、轮船和机床传动轴、贮罐及风力发电机叶片等。缠绕复合材料制品主要用于圆筒形制品，也可以用于盒形制品，但必须避免用于具有凸凹圆弧形制品。

2.5.4.1　纤维缠绕成型原理

将浸渍树脂的连续纤维丝束或带，在一定张力下按照一定规律缠绕到芯模上，然后加温或在常温下固化，制成一定形状制品的工艺方法称为纤维缠绕成型工艺。

纤维缠绕成型工艺示意图如图 2-29 所示。多股连续纤维 1 经过树脂槽 2 中树脂浸润后，芯模 5 在芯模驱动器 6 带动之下按箭头方向转动，多股连续纤维 1 在纤维输送架 3 上输送架驱动器 4 沿箭头的左右方向移动，使多股连续纤维 1 汇合成一股产生一定的张力缠绕在芯模 5 上，缠绕的连续纤维 1 达到制品要求的厚度后固化脱模为制品毛坯，经后处理为制品。

1）内衬：玻璃管透气，采用缠绕制成的内压容器在承受压力后会出现渗漏，需要运用内衬起到密封作用。当内衬强度足够时，可以直接在内衬缠绕复合材料，内衬强度不足时才需要芯模。

2）内衬材料和要求：气密性好、耐蚀性好、耐高低温，以钢、铝、橡胶和塑料制成的内衬能够符合上述要求。

3）芯模：为了使复合材料制品在缠绕程序过程中能够获得图样要求的形状和尺寸，需要采用与制品内形一致的模具，这个模具称为型面芯模。

4）芯模要求：应具有足够的强度和刚度；符合复合材料制品内形尺寸和形状要求；制品脱模方便；加工简单，价格便宜；干法缠绕成型时需要芯模装置有电热器。

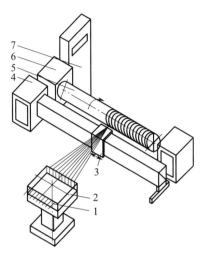

图 2 - 29 纤维缠绕成型工艺示意图

1—连续纤维；2—树脂槽；3—输送架；4—输送架驱动器；5—芯模；6—芯模驱动器；7—控制柜

2.5.4.2 缠绕成型工艺分类

缠绕成型工艺可分为干法缠绕成型法、湿法缠绕成型法和半干缠绕成型法。

1）干法缠绕成型法又称为预浸带缠绕：玻璃纤维在缠绕之前，由专门设备制成预浸渍带，然后，卷在特制的卷盘上使用。使用时，要使预浸渍带软化后缠绕在芯模上。浸渍工艺和缠绕成型是分别进行的，该法可以严格控制纱带含胶量和纱带尺寸，得到稳定的高质量制品。干法缠绕成型法的缠绕速度可达 100～200 m/min，缠绕设备干净，能够实现自动化控制。但胶纱需要烘干和络纱，缠绕设备复杂，投资大。

干法缠绕成型法工艺过程：预浸纱→加热软化→缠绕。

2）湿法缠绕成型法：是将玻璃纤维经集束和浸胶后，在张力控制下直接缠绕在芯模上，然后固定成型的工艺方法。该法对设备要求简单，对原料要求不严，可选用不同的材料，比较经济。由于不容易控制和检验纱带的质量，缠绕过程中的所有浸胶辊、张力控制辊需要人工洗刷和维护，以免发生纤维缠结而影响缠绕成型正常进行。

湿法缠绕成型法工艺过程：纤维纱→浸胶→缠绕。

3）半干缠绕成型法又称为湿干缠绕成型法：与湿法缠绕成型法相比增加了烘干工序，与干法缠绕成型法相比缩短了烘干时间。降低了胶纱的烘干程度，使缠绕过程可以在室温下进行。该法是干法缠绕成型法工艺的发展，因此，既除去了溶剂，又提高了胶纱缠绕速度，还可以减少设备和提高制品质量。

半干缠绕成型法工艺过程：纤维纱→浸胶→烘干→缠绕。

2.5.4.3 缠绕工艺的规律

缠绕工艺的规律是指导丝头与芯模之间相对运动的规律，增强材料在芯模表面上的铺放形式称为线型。

1）环向缠绕：如图 2 - 30 （a）所示，芯模每转一周，纤维丝束沿芯模轴向移动一个纱片螺距。环向缠绕只缠绕筒身段，承受径向载荷。

2）纵向缠绕：如图 2 - 30 （b）所示，导丝头绕轴转一周，芯模转动一个角度，芯模表面转动一个纱片宽度，纵向缠绕只承受纵向载荷。

3）螺旋缠绕又称为平面缠绕：如图 2 - 30 （c）所示，芯模绕轴匀速转动，导丝头沿芯模轴向往返运动缠绕筒身和封头。

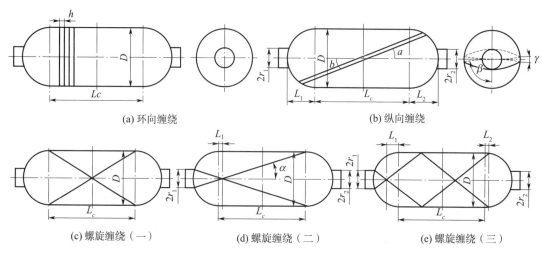

(a) 环向缠绕　　　　　　　　　　　　　(b) 纵向缠绕

(c) 螺旋缠绕（一）　　　　(d) 螺旋缠绕（二）　　　　(e) 螺旋缠绕（三）

图 2 - 30　纤维丝缠绕规律

L_c—容器内衬筒身长度；h—纤维带宽度；$2r_1$—头部包络圆直径；$2r_2$—尾部包络圆直径；

L_1—头部顶点至圆弧圆心距离；L_2—尾部顶点至圆弧圆心距离；α—筒身上纤维与筒身轴线的夹角；

β—纤维在头部包角；γ—纤维自筒身一端至另一端筒身所转过的角度，即进角；D—内衬外径

2.5.4.4　缠绕成型工艺特点

缠绕成型工艺除了具有一般玻璃钢的特点之外，还具有以下一些特点：

1）比强度高和重量轻：缠绕玻璃钢的抗拉强度可达 392 MPa 以上，比强度超过钛合金，而玻璃纤维缠绕压力容器的重量比同体积的钢质容器轻 40%～60%。

2）强度高：缠绕成型工艺制品的玻璃纤维含量高达 80%；缠绕成型避免了布纹的交织点和短纤维末端的应力集中；应用了无捻纱直接缠绕成型减少了捻纺工艺和操作工人数量，减少了玻璃纤维的强度损失；缠绕成型纤维方向可自由决定，选择了适当的纤维取向和数量后可充分发挥材料的效率；纤维能够保持连续完整性，可靠性好，这些因素有利于提高玻璃纤维的强度。

3）质量稳定和生产率高：缠绕成型工艺可实现连续机械化和自动化生产，生产周期短，劳动强度小，该工艺是玻璃钢成型方法中机械化和自动化较高的方法之一。

4）制品质量高和成本低：缠绕成型的制品形状和尺寸准确，不需要机械加工，生产质量高而且稳定，便于大批量生产。所用增强材料为低成本材料，如连续纤维、无捻粗纱

和无纬带等。

5）弹性模量低：缠绕成型玻璃钢的弹性模量约为钢的 1/10，制品刚度差，易变形，层间抗剪强度低；消除开孔或开口周围应力集中的能力小，制品固化后尽量不要切割和钻孔，在切口或连接处必须用模压塑料或嵌入物进行加强以及采用晶须增强。

6）存在各向异性：由于纤维存在缠绕方向性，沿着缠绕方向的强度高，其他方向的强度低。为了使强度低处的强度增加，可采用晶须增强。

7）制品形体的局限性：缠绕成型工艺只适用于制造圆柱体、球形以及正曲率回转体。负曲率回转体因纤维在其表面上易滑动，一般不采纳缠绕成型工艺。非回转体制品的芯模结构和缠绕设备比较复杂，应慎重采用。

8）缠绕成型工艺需要缠绕机、芯模和专用固化炉才能实现，但缠绕设备复杂，技术难度大，工艺不易控制，投资大。

2.5.4.5　缠绕成型工艺流程

干法与湿法缠绕成型工艺流程如图 2-31 所示。

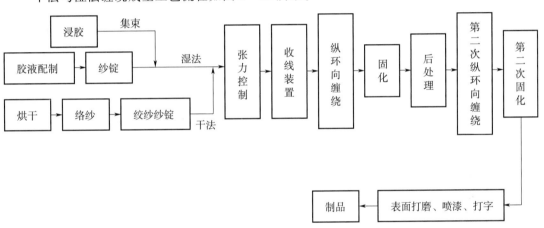

图 2-31　干法与湿法缠绕成型工艺流程

2.5.4.6　缠绕成型工艺过程

缠绕成型工艺过程应按干法或湿法缠绕成型工艺流程图进行。

（1）原材料准备

要求对增强材料、树脂系统和辅助材料的名称、规格、型号、生产厂家等进行复查。对增强材料需要测试强度、密度、含油率和含水量等指标。纤维在使用前需进行烘干处理，根据纱团大小在 60～80 ℃的烘箱内干燥 24～48 h。芳纶纤维极易吸水，在使用过程中应采用密封和加热方式，使之与湿气隔绝。

（2）胶液配制

对适量胶液各组分用天平、台秤、磅秤、电子秤称重量，按配方要求依次加入溶剂、固化剂或其他辅助材料，经人工或搅拌器充分搅拌均匀后使用。配制不饱和聚酯树脂时应根据环境温度调节固化剂、促进剂的用量，测试凝胶时间。配制不饱和聚酯树脂的固化剂和促进剂不能直接混合，以免造成危险。

（3）设备检验、调试及输入缠绕成型程序

在正式缠绕之前需要对缠绕设备进行检验调试及输入缠绕成型程序等工作。

1）设备检验：设备空转以检查设备运转是否正常，如出现异常的声音、气味和光，需要立即停机进行检查，并找机修工或电工来处理。检查项目有机电系统（缠绕机架、电机和传动系统等）、控制系统、辅助系统（纱架、胶槽和加热器等）、张力控制系统（传感器、控制器和测控系统）。

2）缠绕线型设计与调试：安装好缠绕芯模，对计算机控制的缠绕机需要输入参数，对于机械式缠绕机通过调节挂轮比和链条等获得所需缠绕线型。通过 CADWIND、CADFIL 缠绕软件进行线型设计，芯模安装后进行预定线型缠绕，以不出现纱片离缝和滑线线型为准。

3）辅助设备安装调试：为了保证辅助设备正常运行，需对辅助设备（如纱架、胶槽、绕丝嘴和加热器等）进行检验，使过纱路径光滑，不影响制品质量。

（4）芯模处理和安装

对设备进行检验调试及输入缠绕成型程序等工作之后，着手处理和安装芯模。芯模一般由 3 种材料制成，对它们的准备工作如下：

1）金属芯模的准备：应先用砂纸打光型面表面，再用丙酮或乙酸乙酯清除模具表面的油污。然后，可采用不同方法涂敷所选用的聚乙烯醇、有机硅类、醋酸纤维素、聚酯薄膜、玻璃纸等脱模剂。

2）石膏芯模的准备：石膏芯模不适合固化温度高于 150 ℃的复合材料制品。用树脂或油漆在石膏芯模表面上涂敷胶液将小的气孔堵塞，待固化后再涂上一层或数层聚乙烯醇晾干使用。或者在石膏芯模表面糊上一层玻璃纸，以排除气泡待用。

3）水溶性芯模的准备：常用的黏结剂为聚乙烯醇和硅酸钠，水溶性芯模与石膏芯模类似。制品固化温度低于 150 ℃时用聚乙烯醇，制品固化温度高于 150 ℃时用硅酸钠。

（5）缠绕成型

缠绕成型是复合材料制品缠绕成型工艺过程中最重要的环节，其过程和应注意的事项如下：

1）调节纤维张力：用张力器测量纤维张力，根据测量结果对照工艺规定的数据，以张力控制机构进行调节。

2）胶槽中倒入胶液，纤维经浸胶槽和挤胶辊使多根纤维通过分纱装置后集束进入绕丝嘴。

3）缠绕：调节好浸胶槽并控制纤维带胶量，刮掉制品表面上多余的胶液，观察排纱状况。出现纱片滑移、重叠和缝隙时，应及时停车处理。在缠绕过程中，应不断调节张力和添加胶液。

4）缠绕结束时应测量制品厚度，达到图样要求时方可停机，卸下制品放入固化炉或放置室温下固化。

（6）固化

将缠绕制品放于烘箱、固化炉、真空罐或常温下固化。根据制品形状可采用水平放置、垂直放置或旋转放置，以工艺规定的温度和时间进行，严防温度过高或过低，升温过快或过低以及高温出炉。

（7）脱模

芯模结构形式和材料不同，脱模方法也不相同。

1）金属芯模：一般采用机械脱模方式和脱模设备。

2）组合模具：一般将模具一部分一部分地拆除，最后只剩下缠绕制品。

3）水冲砂芯模：砂芯模是在金属轴上堆积带有胶的砂，制品脱模时用高压热水冲刷掉型砂后实现制品脱模。

（8）制品加大刀具和防尘防毒气要求

复合材料制品一般需要采用车、铣、刨、磨和钻等加工方法，去除制品形状上的多余部分和需要加工孔和槽中的多余料。

1）切削性质：制品中高硬度的纤维增强材料和软质的树脂为软硬相间的断续切削，切削条件恶劣，刀具易磨损，应采用芯部韧性好、外部硬度高的刀具材料。

2）导热性：复合材料制品的导热性差，在加工过程中易产生过热现象，刀具出现退火，加速刀具磨损。因此，要求刀具具有高的耐热性和耐磨性。

3）切削速度：由于加工过程中产生振动和过热，易引起制品分层、起皮和断裂，又因树脂不耐高温，高速切削时胶粘状碎屑遇冷硬化粘刀，应选择较低的切削速度。

4）防尘防毒气：在加工过程中，含有树脂的粉尘和树脂挥发的气体，都是对身体有害的，需要采取通风除尘措施。

2.5.4.7　缠绕成型参数

缠绕成型过程中存在许多的工艺参数，其中，缠绕张力、缠绕速度、环境温湿度、胶液浸渍及含量等参数对制品质量影响很大，只有处理好这些参数，才能加工好缠绕制品。

1）缠绕张力：张力大小、各束纤维间和层间纤维张力的均匀性对制品质量影响很大，在缠绕过程中必须严格控制缠绕张力的大小。缠绕张力与缠绕速度、纤维路径摩擦程度和弯曲程度相关。湿法缠绕宜在纤维浸胶后施加张力，干法缠绕宜在纱团上施加。纤维通过张力辊时要用梳子分开纤维丝。厚度较大制品的缠绕，应采取逐层递减的张力制度。

2）缠绕速度：是指纤维纱缠绕到芯模上的线速度。缠绕速度会直接影响生产率，提高缠绕速度必须确保维持正常操作。湿法缠绕的速度过快，芯模转速过高，会造成纤维浸胶不足和胶液飞溅，一般缠绕速度不宜超过 0.9 m/s。干法缠绕的速度要高于湿法缠绕，但应保证预浸料加热到所需黏度。纱片宽度通常为 15～35 mm，纱片宽度不均匀会使纱片间隙成为富胶区，纱片宽度是通过控制纤维缠绕张力的变化而得到改善的。

3）环境温湿度：树脂胶液的黏度是随着温度变化而改变的。为了保证胶纱的浸渍效果和避免固化剂低温析出，温度一定要控制在 15 ℃以上。用红外线烘烤制品表面时，要保证表面温度在 40 ℃左右。湿度过大会造成纤维吸潮，使纤维与树脂间黏结力降低，加速制品老化，引起应力腐蚀，使微裂纹扩展，造成局部复合材料破坏。故纤维在缠绕成型前需要烘干，无捻纱应在 60～80 ℃烘 24 h。用石蜡乳剂型浸润剂浸润的复合材料纤维在缠绕制品前，需要去除润滑剂。

4）胶液浸渍及含量：胶液含量和分布直接影响制品质量和厚度，胶液含量过高会降低制品强度，胶液含量过低制品空隙增加，使其气密性、耐老化性和抗剪强度下降。胶液含量变化过大会引起应力分布不均，造成局部破坏。含胶量必须依据制品使用要求而定。

为了保证纤维浸渍充分胶液均匀，应采用加热（胶槽恒温）和加入稀释剂的措施来控制胶液的黏度。但提高胶槽温度会缩短树脂胶液的试用期，加入稀释剂制品容易产生气泡。选择合适的加热温度和易挥发的溶剂及对胶纱采取烘干等措施，能够有效地解决上述问题。因此，要求树脂黏度控制在 0.35～1.0 Pa·s，在缠绕过程中应随时用刮胶板刮去多余的树脂。

2.5.4.8　缠绕成型工艺的原材料

缠绕成型工艺的原材料主要有增强材料和树脂系统及其他辅助材料。

（1）增强材料

增强材料是缠绕成型制品的主要承力材料，分为捻纱和无捻纱两种，包括玻璃纤维、碳纤维、芳纶纤维、布、无纬胶带和毡。增强材料必须具有较高的强度和弹性模量，对黏结剂有较好的浸润性和结合力，具有良好的工艺性和贮存稳定性等。对于增强材料，应检查纤维类型、线密度、浸润剂类型、有无加捻等指标。

（2）树脂系统

树脂对增强纤维应具有良好的黏结力和浸润性；具有较高的机械强度、弹性模量和伸长率；具有良好的工艺性，如初始黏度、固化温度、小的毒性、溶剂易清除等；以及具有耐温性、耐老化性能和价格低廉。树脂的性能对复合材料制品性能影响较大，通常需要进行力学性能、热稳定性、浇铸体硬度、热变形温度等指标检测。树脂包括不饱和聚酯树脂、环氧树脂、酚醛树脂、有机硅树脂和乙烯基酯树脂等。使用前检查树脂种类、牌号、生产厂家、出厂日期和有效期，对树脂外观和黏度规定指标应进行复测。环氧树脂需要复测的指标有环氧值、羟值、氯含量和黏度等。不饱和聚酯树脂需要复测的指标有黏度、酸值、固体含量、羟值、反应活性、凝胶时间和 80 ℃下树脂的热稳定性等。

2.5.4.9　缠绕成型设备

缠绕机有多种形式，目前大多数是采用程序控制和电子计算机控制的缠绕机，可实现多种运动参数的自动控制。

（1）缠绕机类型

根据芯模和纤维供给机构（绕丝嘴）的运动形式和特点分：小车环链式缠绕机、绕臂式（立式）缠绕机、滚转式（翻筋斗式）缠绕机、跑道式缠绕机、电缆机式环向缠绕机、球形容器缠绕机、内侧缠绕和斜缠缠绕机等；根据生产过程分：非连续生产和连续生产缠绕机；根据控制系统分：普通机械式缠绕机、程序控制缠绕机和计算机缠绕机；根据制品形状分：密封压力容器缠绕机、连续缠绕长管缠绕机、球形或扁球形压力容器缠绕机、方形断面容器缠绕机和菱形断面容器缠绕机等。

1）绕臂式缠绕机：如图 2-32（a）所示，芯模 1 垂直放置，缠绕时要将绕臂 3 倾斜一个小角度，以避开芯模 1 两端的金属嘴，同时用改变倾斜角的方法来调整缠绕角。位于绕臂 3 端部的丝嘴随着绕臂 3 的旋转在固定平面内做匀速圆周运动，芯模 1 绕自身轴线做慢速旋转。绕臂 3（丝嘴）每转一周，芯模 1 转过一个微小角度，反映在芯模 1 表面上是一个纱片宽度。纱片与两端极孔相切，依次连续缠绕到芯模 1 上。各股纤维纱 2 互相紧挨着，不发生纤维交叉，纤维缠绕轨迹是一条单圈平面封闭曲线。封头的外形必须按满足应力分布和防止纤维打滑的条件设计，环向缠绕一般是用丝杠驱动上下往复运动来完成。

2）滚转式缠绕机：如图 2-32（b）所示，缠绕时芯模 4 一方面围绕一根与芯模 4 中心相交并垂直纤维迹线的轴转动，一个筋斗接一个筋斗地翻转；另一方面芯模 4 又绕自身轴线自转，翻转一周芯模 4 自转与一纱片宽相应的角度。芯模 4 也可以一端或两端固定，在垂直或水平平面内滚转，纤维用固定不动的伸臂来供给，而环向缠绕由附加装置来实现。由于滚转动作使制品的尺寸受到限制，滚转式缠绕机应用范围不够广泛，只适用于干法和湿法平面缠绕。

3）球形容器缠绕机：如图 2-32（c）所示，可使用无捻粗纱或复合材料布带进行，芯模轴可以直立或横卧放置。该设备广泛用于缠绕球形发动机壳体和压缩空气用容器。球形芯模悬臂连接在摇摆臂 3 上，摇摆臂 3 能够摆动，球形芯模能在摇摆臂 3 上绕自轴转动。绕丝嘴与浸胶装置都固定在粗纱装置（转台）1 上，转台内装置纱架，胶量由计量泵进行控制。

4）缠绕运动：在缠绕过程中，球形容器缠绕机有 4 种运动：如图 2-33 所示，纱架和浸渍系统（转台）的转动 L_1，绕丝嘴速度为 60 m/min；芯模绕自轴转动 B，转台与芯模的转速比约为 25：1，并随球体大小而变化；摆臂的转动 D，转角是转台转数的函数；缠绕起始不在赤道圆上进行，而在 a-b 方向进行。缠过一定数量后，球轴以 a 为转动中心开始摆动，并转过弧长 bc，于是缠绕开始在 a-c 方向逐步进行。控制装置使各项运动有规律地匹配并自动进行。

开始缠绕时，先将摆臂处于起始位置上，如图 2-33 所示。开动送料泵将胶液注进浸渍装置 2，用手把纱带经过浸渍系统抽出来，并固定在芯模 3 上。同时，转台（粗纱架 5 和浸胶装置 2）在低速下转动一次，此后缠绕程序的其余部分就能借助于控制装置自动进行。当缠绕到预定转数时，机器停止。切断砂带，用加热器进行初步固化，然后使用摆臂处于垂直位置，取下制品，再装另一个芯模 3，转动到初始位置继续缠绕。

（2）缠绕成型设备的基本要求

应满足工艺要求的缠绕规律；缠绕轨迹准确，排纱均匀；操作简单可靠；设备制造方便，成本低。

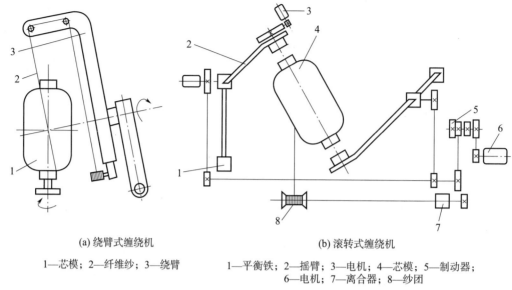

(a) 绕臂式缠绕机

1—芯模；2—纤维纱；3—绕臂

(b) 滚转式缠绕机

1—平衡铁；2—摇臂；3—电机；4—芯模；5—制动器；
6—电机；7—离合器；8—纱团

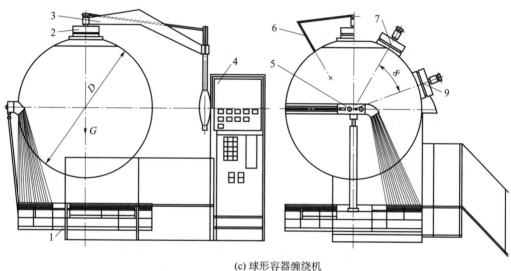

(c) 球形容器缠绕机

1—粗纱装置（转台）；2—连接部件；3—摇摆臂；4—控制柜；5—浸渍装置；6—安装和拆卸芯模的位置；
7—最终位置；8—缠绕过程中的运动位置；9—初始位置

图 2-32　缠绕成型设备

2.5.4.10　缠绕成型制品的缺陷和预防及修补方法

在缠绕成型过程中，由于增强纤维、树脂和辅助材料的质量和配比，设备与工艺参数的选择，芯模制造精度等问题，会造成缠绕制品产生表面发黏、气泡和分层等缺陷。出现这些缺陷后，要采取修补的方法消除制品中的缺陷。缠绕成型制品的缺陷和预防及修补方法见附表 C-6。

2.5.4.11　缠绕工艺应用

由于缠绕具有轻便、防腐、持久、维修方便和成本低等多种优点，在工业和军工行业

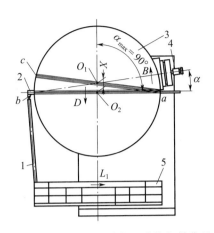

图 2-33　球形容器缠绕机缠绕起始位置

1—缠绕支架；2—浸渍装置；3—芯模；4—转轴；5—粗纱架（转台）

获得较广泛的应用，特别是在压力容器和管道的生产中，一般采用缠绕成型工艺。

1）压力容器：包括承受内压（如各种气罐）和承受外压（如鱼雷火箭、飞机、舰艇和医疗方面）的压力容器。

2）化工管道：用于油田、炼油厂，用以输送石油、水、天然气和其他化工流体的管道。

3）各种贮罐和槽车：用于公路和铁路上及企事业单位贮存和贮运酸类、碱类、盐类和油类的贮罐和槽车。

4）军工制品：如火箭发动机、火箭发射管和雷达罩等。

目前，最常用的材料是 S 玻璃纤维环氧树脂，最新的材料是将高模量、高强度的芳纶纤维、硼纤维、碳化硅纤维、陶瓷纤维和各种混杂纤维与新型耐热聚合物进行缠绕成型，以提高复合材料纤维的耐高温性能。高精度的数控缠绕设备与新型复合材料相结合，以提高缠绕制品的精度和扩大复合材料制品的使用范围，以提高制品质量和强度，提高制品耐高温和耐蚀性，简化成型工艺，降低制品成本和扩大应用范围，是缠绕成型技术发展的方向。缠绕成型技术发展主要体现在设备的发展和原、辅材料的发展。

2.6　复合材料拉挤成型

拉挤成型是指玻璃纤维粗纱或其织物在外力牵引（外力拉拔和挤压模塑）下，经过浸胶、挤压成型、加热固化、定长切割，连续生产长度不限的玻璃钢线型制品的一种方法。拉挤工艺是一种能生产连续的具有固定横截面的复合材料型材的自动化工艺，是一种可使高性能复合材料达到高度工业化生产的制造技术。复杂形状的直线型材，运用连续纤维增强可获得超过传统缠绕材料的力学性能。聚合物基复合材料可以制成能最大限度地满足结构、化学、阻燃、电学、防腐和环境要求的各类制品，而设计可行性十分丰富。

2.6.1 拉挤成型的原理、优缺点和应用

拉挤机能够生产较大截面的型材和部件，具有质量和可靠性均佳的显著特点，并在价格上具有竞争力。

2.6.1.1 拉挤成型工艺的原理

拉挤成型工艺的原理是将连续增强材料（如无捻玻璃纤维、聚酯表面毡）进行树脂浸渍后，在一定拉力作用下以一定的速度经过一定截面形状的模具，在挤压模具内加热固化成型后连续不断生产长度不限的复合材料型材。

2.6.1.2 拉挤制品的类型

拉挤制品可分成热固性拉挤产品和热塑性拉挤产品。热固性拉挤产品是以热固性树脂为基体的纤维增强塑料制品。热塑性拉挤产品是以热塑性树脂（如 PE、PP、PVC、PA、PET 等塑料）为基体的纤维增强塑料制品。

2.6.1.3 拉挤成型工艺的主要特征

拉挤成型工艺具有比强高，耐蚀性和电绝缘性好，尺寸稳定性高的特征。另外，它们还具有与拉挤成型工艺相关的其他优点，如连续长度。同时，拉挤型材的内外表面通常光滑、精致。热固性拉挤工艺和热塑性拉挤工艺优缺点比较见表 2-11。

表 2-11　热固性拉挤工艺和热塑性拉挤工艺优缺点比较

优缺点	热固性拉挤工艺	热塑性拉挤工艺
优点	1）树脂加工范围宽 2）树脂工艺性能好	1）拉挤速度高，可达 15 m/min 2）制品可回收 3）制品耐蚀性好，并具有韧性
缺点	1）制品脆性大 2）制品耐蚀性差 3）拉挤速度低，0.5～1.0 m/min	1）树脂黏度高 2）成型工艺差

2.6.1.4 拉挤成型工艺的优缺点

拉挤成型是复合材料成型工艺中的一种特殊工艺，其优缺点如下：

（1）优点

拉挤制品具有优良性能，可以代替金属、塑料、木材和陶瓷制品，广泛应用于化工、石油、建筑、电力、交通和汽车等行业。

1）生产过程可以完全实现自动化控制，拉挤速度可达 4.5 m/min，生产率高，适宜批量生产；

2）拉挤成型制品中纤维含量可高达 80%，在浸胶张力作用下可充分发挥增强材料的作用，制品强度高，在拉挤方向的强度和刚度都很高；

3）制品纵向、横向强度可任意调整，以满足不同力学性能和使用要求；

4）原料利用率在 95% 以上，废品率低，无边角废料，无须后加工工序，较其他工艺省工、省原料和省能耗；

5）制品质量稳定，制品精度较高，表面平滑，重复性好，可生产长尺寸的制品，并可任意切断长度；

6）树脂含量可精确控制，主要用无捻粗纱增强，原材料成本低，多种增强材料组合使用可调节制品力学性能。

（2）缺点

1）不能利用非连续增强材料；

2）产品形状单调，只能生产线形型材（非变截面制品），横向强度不高；

3）模具费用较高；

4）一般限于生产恒定横截面的制品。

2.6.1.5　拉挤成型工艺用途

玻璃纤维增强材料拉挤是为了生产钓鱼竿，在 20 世纪 40 年代发展起来的，这种工艺最适合于生产各种断面形状的复合材料型材，如棒、管、实心型材（如工字形、槽形、方形型材）和空腹型材（如门窗型材、叶片）等。用拉挤法可以生产玻璃管、椭圆形截面的双杠、高低杠横杠、酚醛树脂为基体的电机槽楔、小直径圆截面拉杆和天线、油杆、汽车传动轴、灯光杆、电缆增强芯、格栅型材、窗户用材、电工梯、冷却塔用材、帐篷支撑杆以及建筑用板材、电线横担、高速公路护栏、门窗等。

2.6.2　拉挤成型材料

拉挤成型材料由增强材料、基体材料、填料和辅助剂等组成。

2.6.2.1　增强材料

用于拉挤成型制品增强材料：玻璃纤维及其织物、碳纤维及其织物、有机纤维及其织物、芳纶纤维和聚酯纤维等。主要有玻璃纤维无捻粗纱、玻璃纤维无捻粗纱布及布带、玻璃纤维连续毡和短切毡（表面毡和增强毡）等。此外，为了特殊用途、制品的需求，也可选用碳纤维、芳纶纤维、聚酯纤维和维尼纶等合成纤维。为了提高中空制品的横向强度，还可采用连续纤维毡、布、带等作为增强材料。拉挤成型工艺用增强材料性能与应用见表 2 - 12。

表 2 - 12　拉挤成型工艺用增强材料性能与应用

类型	牌号	性能与应用
聚酯粗纱		低模量、低性能、低成本
玻璃粗纱	E 玻璃	通用品级
	S - 2 玻璃 463	适用于环氧树脂，可改善剪切性能，降低成本
	S - 2 玻璃 449	高性能，适用于军品
	S - 2 玻璃 425	常用 56 股和 113 股粗纱，低悬垂度，分散性好，工艺性好
	S - 2 玻璃 424,30 型	浸润性好，无悬垂度，常用 113 股和 256 股粗纱，分散性和拉伸性好，仅适用于聚酯，加工条件苛刻时易断

续表

类型	牌号	性能与应用
有机纤维	凯芙拉-49	轻质,用于航空、航天材料和军用材料,中等成本
石墨布带	AS	轻质,成本高于凯芙拉纤维和玻璃纤维,用于刚性要求高的场合
	T300	与AS相同

（1）玻璃纤维无捻粗纱

无捻粗纱张力均匀，纤维平行排列，抗拉强度高，能充分发挥纤维强度。拉挤成型玻璃钢所用的纤维增强材料主要是 E 玻璃纤维无捻粗纱居多。其优点是，不产生悬垂现象，集束性好，易被树脂浸透，力学性能较高。根据制品需要，也可选用 C 玻璃纤维、S 玻璃纤维、T 玻璃纤维、AR 玻璃纤维等。无捻粗纱可分成合股原丝、直接无捻粗纱（不需合股）和膨体无捻粗纱。

1）合股原丝：张力不均匀容易产生悬垂现象，在拉挤成型进料端会形成松弛和圈结现象而影响加工进行。

2）直接无捻粗纱：具有集束性好、易被树脂浸透、速度快、力学性能优良等特点，应用较普遍。

3）膨体无捻粗纱：具有一定横向增强效果，如卷曲无捻粗纱和空气变形无捻粗纱，部分纤维蓬松成单丝状态可改善拉挤成型制品的表面质量。

对拉挤成型的玻璃纤维无捻粗纱的工艺要求：不能产生悬垂现象，纤维张力均匀，成带性好，耐磨性好，断头少，不起毛，浸润性好，树脂浸润速度快，强度和刚度大。一般采用1100TEX、2400TEX 或 4800ETX 无捻粗纱。

（2）玻璃纤维毡

玻璃纤维毡有短切原丝毡、连续原丝毡和组合毡等，连续原丝毡是使用最普遍的玻璃纤维横向增强材料之一，表面毡也常用。玻璃纤维毡具有铺覆性好、易被树脂浸透、含胶量较高等特点，连续原丝毡能提供横向强度。

对拉挤成型的玻璃纤维毡的工艺要求：应具有较高的机械强度；对化学黏结的短切原丝毡，黏结剂必须能耐浸胶和预成型时化学和热的作用，以保证在成型时具有足够的强度；浸润性好；起毛少，断头少。

（3）聚酯纤维表面毡

聚酯纤维表面毡是拉挤工艺应用的一种纤维毡增强材料，常用的聚酯纤维表面毡为Nexus111-10 和 Nexus131-10，可以取代 C 玻璃表面毡，具有拉挤效果好、成本低的特点，并具有对酒精、漂白剂、干洗剂、卤族碳氢化合物、丙酮、合成洗涤剂和水（包括海水）的耐化学腐蚀性。

采用 Nexus 表面毡的特性：可改善制品的抗冲击、防腐蚀和大气老化性能；可使制品表面更加光滑；能提高贴敷性能和抗拉性能，不易产生断头，可减少停机次数；可提高拉挤速度；可减少模具的磨损而使用模具延长寿命。

（4）玻璃纤维布带

拉挤成型工艺是制品横向力学性能较弱的一种工艺，采用双向编织物可有效地改善拉挤成型制品的强度和刚度。这种双向编织物的纤维相互缠绕，每个方向的纤维都处于垂直状态，没有任何弯曲。目前，三向编织已成为最先进的编织技术，三向编织物具有更高的强度和刚度。

2.6.2.2　基体树脂

纤维增强复合塑料的各项性能不仅与增强材料有关，还与基体材料有关。纤维的种类和形状，决定着复合材料的强度。然而，其他的复合材料性能，如耐蚀性、电性能和高温性能都是由基体材料提供的。基体材料是将增强材料黏结成为一个整体，起着传递和均衡载荷的作用。基体材料的主要组分是合成树脂，还混有辅助剂，如交联单体、引发剂、促进剂、阻聚剂、触变剂、阻燃剂、填料、颜料、稀释剂、固化剂和增韧剂等。

拉挤成型工艺对基体树脂的要求：黏度低（<2.000 Pa·s），具有良好的流动性和润湿性，浸透性好，浸透速度快；固化断面收缩率低，树脂配方中可以加入各种填料，以降低固化断面收缩率和性能及成本；具有较长的凝胶时间和较短的固化时间；黏结性好；具有一定的柔软性，使制品不易产生裂纹。拉挤成型工艺使用树脂类型：不饱和聚酯树脂、乙烯基酯树脂、环氧树脂和酚醛树脂，不饱和聚酯树脂约占总用量的90%。常用拉挤工艺用树脂性能与应用见表2-13。

（1）不饱和聚酯树脂

许多品种都以磷酸、间苯二甲酸和对苯二甲酸做主要成分。在不受芳香烃酸、酮酸和浓酸影响时，通常能提供较好的力学性能、坚韧性、耐热性和耐蚀性。不饱和聚酯树脂的断面收缩率为7，这可以通过使用填料或低收缩添加剂来降低。不饱和聚酯树脂可在温度80～105.7 ℃范围内使用，甚至在高温时也能提供优良的电性能。耐气候性相当好，而且可以通过表面贴层或各种添加剂来提高。热塑性聚合物工程热塑性树脂作为拉挤基体正被越来越多地使用，因为它们比热固性树脂更坚韧，且模塑后还可以加工。

1）优点：工艺性能好，不饱和聚酯树脂经交联剂苯乙烯稀释后，在室温下具有适宜的黏度。可以在室温下固化，在常压下成型。其色泽浅，可以制成各种色彩的制品，也可采用各种方法改善树脂体系的工艺性能；力学性能不如环氧树脂，但高于酚醛树脂，具有较好的电气性能、耐化学腐蚀性能和耐老化性能；价格比环氧树脂低，约高于酚醛树脂；性能可以通过改变配方组分和交联剂来得到。

2）缺点：固化时体积断面收缩率较大，耐热性能较差，成型时排出的毒气及黏结力约低于环氧树脂。

（2）乙烯基酯树脂

乙烯基酯树脂一般都具有良好的耐蚀性和耐热性，同时，还具有高抗剪力、电稳定性能、抗冲击性能和耐疲劳性能。典型的拉挤用乙烯基酯树脂有 Co - Rezyn VE8300、Hetron 922、Hetron 980、Derakane 411 和 Derakane 470。

（3）环氧树脂

环氧树脂和不饱和聚酯树脂相比，具有优良的力学性能、耐蚀性、高介电性能、耐表面漏电、耐电弧，是优良的绝缘材料。当需要较高的力学性能、电性能和耐热性能时，可使用环氧树脂，如用于军事和航空、航天中的产品。

表 2 - 13　常用拉挤工艺用树脂性能与应用

类型	牌号	性能与应用
聚酯	Dion 8200	通过缓和升温引起的收缩反应可解决热裂纹问题
	Dion	在 148.9 ℃下连续使用，可用作抽油杆
	EP 34456	反应型增韧剂与通用树脂混合使用可减缓升温，减少裂纹并能增加拉挤线
	Hetron 197A	耐酸，不耐碱和次氯酸盐
	Polylite 31 - 020	高活性间苯聚酯，可增加小直径杆与型材的拉挤速度
	不饱和聚酯 4001A．B703	可提高阻燃性，降低断面收缩率
溴化聚酯	Hetron 613	阻燃级树脂
乙烯基酯树脂	Hetron 922	耐碱和次氯酸盐
	Hetron 980	高温下具有良好的物理性能保持率，可用作抽油杆
	Derakane 411 - 35．470 - 25	阻燃剂含量低，拉挤线速度高，苯乙烯含量低，黏度高，用作抽油杆，低填料量时有良好的物理性能和耐高温性能
环氧树脂	EPON 9102．9302	可提高拉挤速度，可用高温加热固化，黏度与断面收缩率类似聚酯
	EPON 9310	推荐用于拉挤工艺
	TACTIX	用于航天和航空结构件
	TETRAD - C．X	可提高耐热性，用于制造飞机零部件
	ELM100．120	可提高耐磨性，用于航天和航空结构件

（4）其他树脂

酚醛树脂可以利用它的优良阻燃性；甲基丙烯酸甲酯（MMA）基体树脂具有低黏度而优良的填充性，使它们在改善拉挤制品的物理性能、化学性能及高性能方面成为可能。

2.6.2.3　辅助剂

为了满足拉挤成型工艺和拉挤制品的使用要求，在树脂中应添加必要的辅助剂。除了树脂辅助剂，如交联剂、引发剂、促进剂、催化剂、阻聚剂、触变剂、阻燃剂、稀释剂、固化剂和增韧剂等外，还有填料和色料。

（1）填料

填料可以改善树脂的工艺性能（如流动性）和制品性能（如耐热性），还可以降低树脂的成本。其中，无机填料可以提高机械强度和硬度，减小体积断面收缩率，提高耐热性、自熄性，增加树脂的黏度，降低树脂的流动性、耐水性和耐化学腐蚀性。

1）填料要求：对树脂应用良好的浸润性，低密度，不易沉降，粒度为 150～300 目，具有一定的导热性，不影响树脂的固化反应及其性能。

2) 填料种类：硅藻土、石墨、碳酸钙、氢氧化铝、高岭土、氧化铝和二硫化钼等，填料用量为树脂的 10%～15%。

3) 填料制品性能的影响：石墨和金属可以提高导电性和导热性；二氧化硅和二氧化钛粉末可以提高抗电弧性；石棉粉和铝粉可以提高抗冲击强度，石棉粉可以提高绝热性；二硫化钼和石墨可以提高制品的润滑性和耐磨性；氯化萘和磷化合物、含结晶水的氢氧化铝可以提高自熄性。在使用碳酸钙和氢氧化铝过程中，常采用硅烷或钛酸酯偶联剂进行表面处理。

(2) 色料

使用色料是为了改变制品的颜色，以达到使制品外观美观和用颜色区分的目的。

1) 着色种类：可分成内着色和外着色两种。内着色是在成型前将色料与树脂充分混合后使用，外着色是在制品的外表面上涂敷颜色。

2) 对色料的要求：颜色应鲜艳，具有耐光性、耐热性和覆盖能力；不变色、不妨碍树脂固化、不影响制品性能；价格低廉。

3) 配制方法：将色料先溶或混在交联剂中，配制成具有一定浓度的均匀溶液或糊状物，以 0.5%～5% 的定量加入色料。对存在阻聚作用的色料，可以增加引发剂和促进剂。

2.6.3　拉挤成型工艺、设备和工艺参数

拉挤成型工艺是将浸渍树脂胶液的连续复合材料纤维束或带或布，在牵引力作用下通过挤压模成型、固化，连续不断地生产长度不限的复合材料型材的一种加工方法。

2.6.3.1　拉挤成型工艺过程

拉挤成型工艺由排纱、浸渍、入模固化、牵引和切割 5 个过程组成。拉挤成型工艺过程框图如图 2-34 所示。拉挤成型工艺过程示意图如图 2-35 所示。

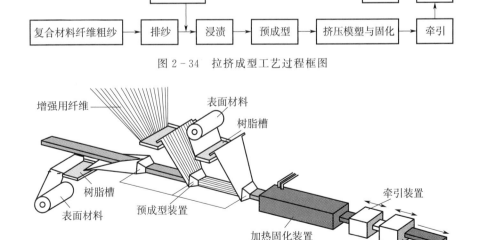

图 2-34　拉挤成型工艺过程框图

图 2-35　拉挤成型工艺过程示意图

1）排纱：是将无捻纤维纱筒或毡材筒放置在纱架上，并将其引出，其有内壁和外壁两种引出方法。

2）浸渍：是将树脂充分和均匀地涂敷在纤维或毡材上，有长槽浸渍法、直槽浸渍法和滚筒浸渍法3种。

3）入模固化：浸渍树脂后的纤维或毡材通过预成型槽再进入模具中进行成型固化。

4）牵引：在牵引机的作用下成型固化的型材被拉出。

5）切割：在切割机切割下获得制品。

2.6.3.2 拉挤成型设备

拉挤成型设备有立式拉挤成型机和卧式拉挤成型机两大类。通用拉挤成型机多为履带式间歇拉挤机，现在应用双夹持交替往返连续式拉挤机，并实现了电子计算机自动控制。拉挤机结构包括增强材料架、预成型导向装置、树脂浸渍装置、带加热控制的金属模具、牵引设备、切割设备。

2.6.3.3 拉挤成型方法

拉挤成型方法有间歇牵引模塑成型方法和连续牵引模塑成型方法、卧式成型方法和立式成型方法等。

（1）间歇牵引模塑成型方法

牵引机构间歇工作，成型制品也是间歇地移动前进，即当一段预成型制品进入模具后停止移动，在成型模中受热固化成型。然后，前进一段的距离使下一段进入模具中成型固化，以如此间歇牵引移动方式制造制品。由于成型模为热模，拉挤成型间歇牵引用热成型模如图2-36所示。其存在闭合式热成型模，如图2-36（a）所示。配合式压模如图2-36（b）所示。其工作过程是，热成型模前端装有冷模，其由循环水冷却，以避免树脂过早固化。后面预成型件进入由配有压机的对合上下模具合模加热固化，之后上下模开启牵引机牵引下一段进入模塑位置停止牵引，再次合模加热固化。

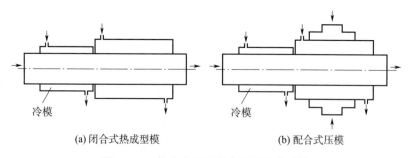

(a)闭合式热成型模　　　　　　　(b)配合式压模

图2-36　拉挤成型间歇牵引用热成型模

（2）连续牵引模塑成型方法

拉挤成型连续牵引成型模如图2-37所示。制品在拉挤成型过程中牵引机构是连续工作的，成型和固化也是连续进行的。其模塑成型可采用以下几种方法：

1）分段固化成型热模，如图2-37（a）所示。预成型件通过热成型模2，树脂预热达到凝胶状态，制品进入模塑成型后进入单设的加热固化炉 4 可实现连续生产。该成型方法一般用于棒材的拉挤成型。

2）一次固化成型热模，如图 2 - 37（b）所示。预成型件通过热成型模 6 同时进行成型和固化，可以不另设加热固化炉 4。该成型方法一般适用于大型构件和空心型材，一般要选用聚酯树脂，并在树脂中夹进内脱模剂。

3）高频加热模塑成型，如图 2 - 37（c）所示。预成型件通过成型热模同时进行成型和固化，采用高频加热。可以生产厚壁型材，增强材料和聚酯树脂必须适应高频电磁场不被烧损。

4）熔融金属加热固化，如图 2 - 37（d）所示。成型物预成型后进入低熔点的熔融金属槽 12，金属液既是加热介质，又是成型模具，成型物在槽内被其包覆而实现成型。所用的金属有"五德合金"和"洛兹合金"，它们的熔点在 60～100 ℃ 范围内。该成型方法一般用于棒材的固化成型。

注：1）五德合金：以金属铋为基体的一类低熔点合金。其强度不高，室温下仅为 30 MPa，伸长率为 3%，硬度很低（为 25 HBW）。熔融法制备，压力加工成材。

2）洛兹合金：铅铋锡易熔合金（Pb：28%、Sn：22%、Bi：50%），熔点为 98～110 ℃。

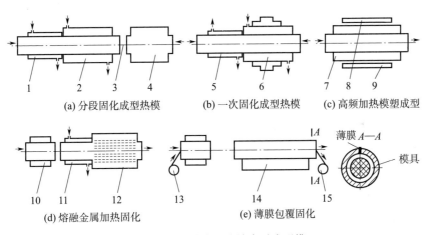

图 2 - 37　拉挤成型连续牵引成型模

1、5、11—冷模；2、6—热成型模；3—胶凝区段；4、14—加热炉；7—成型模；8、9—电极；10—预成型模；
12—熔融金属槽；13—薄膜开卷；15—薄膜收卷

5）薄膜包覆固化，如图 2 - 37（e）所示。当成型物通过预成型模之前要在其表面包覆薄膜后通过成型模，再由加热固化炉 14 加热固化。薄膜是为了保护制品的表面并可产生一定的压力。该成型方法一般用于生产棒材。

卧式拉挤成型易产生树脂与模具表面的黏结，使得制品表面被划伤；制品与模具之间摩擦力很大，造成脱模困难；包敷或缠绕薄膜虽可整形固化，但只能生产圆形或椭圆形型材。可以采用熔融或液体金属固化来代替钢制成型模，从而可以避免上述缺点。

（3）卧式成型方法

卧式成型方法具有操作简单、设备结构简易的特点，存在间歇牵引模塑成型方法和连续牵引模塑成型方法。卧式拉挤成型机的组成示意图如图2-38所示，该机由纱架1、集纱辊2、树脂槽3、冷模4、成型模5、牵引机6、切割机7和支架8组成。工作过程为，纱架1放置着纱锭上的纤维无捻粗纱，由牵引机6牵引经集纱辊2集束进入树脂槽3浸润。再在冷模4中预成型后，在成型模5成型和固化。最后，由切割机7切割成所需要的制品长度，整个过程为连续自动化操作。卧式拉挤成型机实况如图2-39所示。

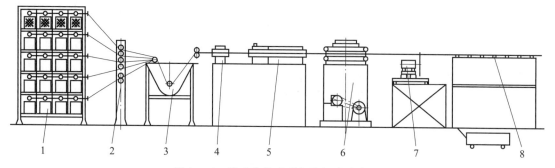

图2-38　卧式拉挤成型机的组成示意图

1—纱架；2—集纱辊；3—树脂槽；4—冷模；5—成型模；6—牵引机；7—切割机；8—支架

图2-39　卧式拉挤成型机实况

（4）立式成型方法

除了采用立式引拔及熔融金属代替热成型模之外，其工艺过程与卧式拉挤成型基本相同。立式拉挤成型机组工作过程示意图如图2-40所示。成型物从金属液中通过时，熔融金属作用于成型物表面的摩擦力较小，不会出现划伤和遗留树脂的现象，从而可以长时间连续工作。成型物在金属液中被加热，可以减少成型物表面低沸点成分的蒸发，使制品表面光滑、不变形、树脂不流失。由于熔融金属液与空气接触，氧化物黏结制品表面，在槽中金属液面放置乙二醇等醇类液体，可以隔绝空气。

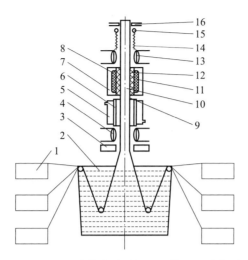

图 2 - 40　立式拉挤成型机组工作过程示意图

1—纱团；2—浸胶槽；3—挤胶辊；4—预热装置；5—加热水槽；6—预成型模；7—固化槽；8—低熔点合金；9—成型孔；
10—孔道；11—加热导线；12—保温层；13—加热装置；14—冷却装置；15—引拔（牵引）装置；16—切割装置

2.6.4　拉挤工艺参数

拉挤工艺参数包括成型温度、固化时间、牵引力、拉挤速度和纱团数量等。

1）成型温度：成型件牵引进入模具中经历了预热区、凝胶区和固化区，通过预热区后树脂体系开始凝胶和固化。模具温度应大于树脂放热峰值，温度的上限为树脂的降解温度，并且与树脂凝胶温度、凝胶时间、牵引速度相匹配。预热区温度较低，凝胶区和固化区温度相似，温度分布应使制品固化放热峰出现在模具中部靠后，凝胶固化分离点应控制在模具中部，三段温差控制在 20～30 ℃，温度梯度不宜过大。

2）拉挤速度：一般拉挤速度要考虑制品在模具中部的凝胶固化状况，拉挤速度过快会造成制品固化不良，拉挤速度过慢，型材在模具中滞留时间过长会降低生产率。一般典型的拉挤速度为 300 mm/min 左右，常用的速度为 200～300 mm/min。刚启动时速度应慢，然后逐渐提高到正常速度。

3）牵引力：牵引力由制品与模具之间界面上的剪切应力来确定。成型过程中若要使制品光洁，就应要求制品在脱离点的剪切应力较小，并尽早脱离模具。牵引力与纤维含量、制品几何形状和尺寸、脱模剂、温度和拉挤速度有关。

拉挤工艺三要素的控制，目前可以通过计算机根据实验数据的设定进行编程后加以控制，以达到三者有机配合。

2.6.5　拉挤制品的缺陷与控制

拉挤制品的缺陷与拉挤工艺参数有关，只有在成型工艺过程中协调好这些参数，才能有效地消除拉挤制品的缺陷。拉挤成型工艺中常见的缺陷及对策见附表 C－7。由于拉挤成型工艺从国外引进时间不久，很多工艺还处在摸索和学习阶段。因此，拉挤成型工艺随着研究的深入还会有许多后续的内容大幅度地增加。

2.7 复合材料制品的切割加工和前、后处理工艺

前面介绍了各种复合材料的成型工艺方法，经过这些成型工艺加工出来的制品还都是一些半成品。这些毛坯还需要采用刀具或激光，将半成品的边角余料以及孔和槽中的余料切割掉。因此，就需要制定有关复合材料半成品的边角余料和孔槽中废料的切割加工工艺。同时，在复合材料半成品的加工中，还需要考虑制品前后处理的工艺，如复合材料制品成型前镶嵌件的加工和成型后制品刮腻子、喷油漆和包边等后处理。

2.7.1 复合材料制品的切割加工工艺

成型后半成品因脱模和工艺的需要，其外围沿四周都需要延伸一定的尺寸，这样就需要将毛坯的边角余料切割至图样要求的尺寸。另外，毛坯料上的一些孔和槽中还存留有余料，也需要加工掉。

2.7.1.1 复合材料半成品切割线的制定

复合材料半成品在切割前需要在半成品上绘制切割线，这样便于各种切割加工。绘制切割线的方法有多种。

1) 手工绘制方法：在复合材料半成品成型模上制有一定数量的钻套，用手电钻加工出这些基准孔，以基准孔为基准用普通铅笔或红蓝铅笔绘制出切割线。根据制出的切割线采用刀具将需要切割的多余材料加工掉。由于基准线和绘制切割线都存在误差，该方法只能用于切割精度差的制品。同时，绘制切割线增加了加工工作量。

2) 模具标记方法：在模具加工过程中，将切割线在模具成型表面加工出来。如切割直线可在模具表面上加工出宽 0.3 mm、深 0.1 mm 的刻线，制品成型时就会在制品表面上出现 0.3 mm×0.1 mm 树脂的凸台，用刀具可沿切割直线进行切割。如圆形、圆弧形孔槽的切割线，可在相对应模具孔的圆心处，埋一个 $\phi 2 r 6 \times H \times 60°$ 的圆锥头销。60°圆锥头须外露模具型面 0.3 mm，制品成型时会在制品表面上留下 0.3 mm×60°孔，用钻头以 0.3 mm×60°孔进行定位可加工出圆孔。该方法在制品上得到切割线或切割基准的痕迹精度高，且省时。

3) 编程方法：三轴或五轴激光切割机和加工中心都能进行数控编程切割加工，这种加工精度更高，并且可以自动进行切割加工，只是编程复杂。

4) 编程与模具标记结合方法：对于复杂空间曲面复合材料制品的切割加工而言，五轴联动编程十分复杂，一般编程员很难达到制品加工的要求。因此，可以采用编程与模具标记相结合的方法进行切割加工，即加工前先将激光切割头或刀具对准切割线或切割基准，然后让激光或刀具按切割线的编程进行切割。由于所切割的边或孔槽都是简单的几何

体，编程就相对简单一些，切割过程也就不能联动，只能一个个几何体进行切割。

2.7.1.2　切割加工工艺方法

复合材料制品的切割存在多种加工方法，主要是根据复合材料制品的形状、大小、精度和批量来选定加工方法。

1) 带锯和钻削切割加工工艺：用手握住复合材料半成品，根据所绘制的切割线控制半成品在带锯上的位置。由人手握着玻璃钢半成品进入带锯运动的齿中，以手的移动使玻璃钢半成品进行切割，切割面会呈锯齿状，尺寸加工的误差大。这种切割方法只适用于临时性切割直线型边角余料和直线孔槽，对于小型的圆形孔槽，一般可采用手电钻加工，大型孔槽可在铣床或钻床进行加工。由于带锯切割容易伤及操作者的手指，带锯将操作人员手指切掉是司空见惯的事情，安全是带锯加工中最大的问题之一。由于树脂在加工热作用下存在挥发的毒气，纤维在切割时有碎屑，人长期吸入这种有毒的气体，易患癌症和帕金森综合征。切割时还会产生含有玻璃纤维的细屑，其危害程度比起 PM 2.5 对人身体健康的影响还要严重得多。这些玻璃纤维的细屑粘在皮肤上痛痒难忍，若扎进皮肤里很难取出。带锯切割只能依靠佩戴的眼镜、口罩和以衣服包裹起来进行防护，这种防护效果是极其有限的。为了防止切掉手指，严禁戴手套。因此，带锯切割加工只能是加工试制的制品，不能作为长线性加工方法。但很多乡镇和小型私营企业，基本上都采用这种加工方法，这是对职工不负责任的做法。

2) 铣削和钻孔加工工艺：是将复合材料半成品在铣床校正加工位置后，固定在工作台上。采用铣刀进行切削加工，铣床可以进行直线和圆孔槽及异形孔槽的加工。由于走刀是设备控制，加工的精度和加工面的表面粗糙度都比带锯加工要好。与带锯和钻削切割加工相比，铣削没有切掉手指的风险。由于铣削加工也会产生切削热和细屑，对操作者的身体损害和环境的污染也是同样存在的。切削可以手动或机动进行，有的树脂存在对机床导轨的腐蚀作用，而纤维具有高强度和硬度，其细屑对机床导轨存在磨损作用。因此，对加工后切屑的处理要做到干净、彻底，不能留存纤维细屑和树脂。

3) 加工中心数控加工工艺：与铣床加工相同，只是加工中心可以通过数控编程进行联动加工，其加工精度和效率更高。由于加工中心可以进行封闭性加工，对人体损害和环境的污染会少一些。

4) 激光切割加工工艺：激光切割是将从激光器发射出的激光，经光路系统聚焦成高功率密度的激光束，激光束照射到复合材料半成品表面上，使材料达到熔点或沸点，同时与光束同轴的高压气体将熔化或汽化的材料吹走。随着光束与半成品相对位置的移动，最终使材料形成切缝，从而达到切割的目的。由于激光切割的频率非常高，切割出来的切缝表面粗糙度值很低。激光切割也需要利用三轴和五轴编程进行数控联动空间形状和尺寸的切割，能进行十分复杂形状制品的切割加工。所切割的切缝存在焦痕和锐边的现象，切割只有微少的焦屑。激光切割机是在封闭的环境下进行的，并由抽风机将毒气排出室外，因此对加工人员的身体无毒害。提倡复合材料制品加工的企业，都应采用这种激光切割机，对维护工人的健康和保护环境具有很大的益处。同时，对制品加工的质量也是很有益的。

但是激光切割机，特别是多轴激光切割机的价格昂贵。

5）冲裁切割加工工艺：是在压力机上利用冲模进行余料的切割，由于是利用凸凹模进行冲压加工，很少存在加工热，这样就不会产生毒气。冲裁的废料均是大块料，只存在很少的纤维细屑。因此，对人的身体无毒害，对环境无污染。但是，制品的装卸模都是依靠手工进行的，存在冲切手指的风险。由于冲裁是垂直制品表面进行的，容易造成制品的分层，如果模具结构设计得合理，是可以避开分层的。因此，在没有激光切割机的企业，采用冲裁切割是一种很好的选择。

2.7.2　切割模具

因为复合材料制品的壁厚较薄，导致刚度较差，在刀具大切削力的作用下会产生变形而影响加工的进行。因此，各种切割加工的方法都需要有模具作为半成品的定位、支撑和固定作用。各种模具又由于所采用的切割加工方法不同而导致结构有所区别。

2.7.3　切割刀具

采用的切割加工方法不同所使用的刀具就不同，主要是在应用手电钻、钻床、铣床和加工中心时要使用刀具，锯床上使用的是带锯。各种加工复合材料刀具如图 2-41 所示。

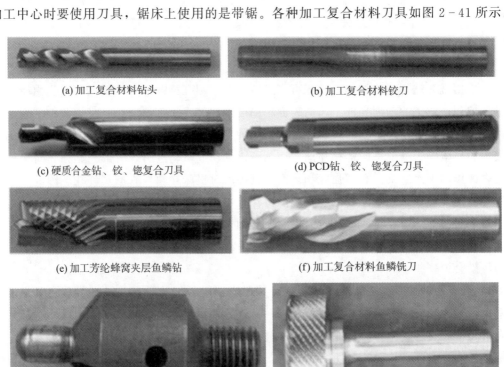

(a) 加工复合材料钻头　　　　　　　　　　(b) 加工复合材料铰刀

(c) 硬质合金钻、铰、锪复合刀具　　　　　(d) PCD钻、铰、锪复合刀具

(e) 加工芳纶蜂窝夹层鱼鳞钻　　　　　　　(f) 加工复合材料鱼鳞铣刀

(g) 加工复合材料锪钻　　　　　　　　　　(h) 加工纸蜂窝铣刀

图 2-41　各种加工复合材料刀具

2.7.4　复合材料制品的前、后处理工艺

有些复合材料制品在成型时需要镶嵌一些金属件，这些金属件需要在复合材料制品成型之前就要生产好。成型后的复合材料半成品，即使是经过切割加工去除了多余的废料，仍然是一种半成品，之后还需要进行各种后处理才能成为真正的复合材料制品。

2.7.4.1　复合材料制品的前处理工艺

复合材料制品因精度和使用性能的要求（如耐磨性），需要镶嵌一些金属件，这些金属件镶嵌后成为复合材料制品的一部分。因此，在复合材料制品成型之前就必须处理好这些镶嵌件。无非是要制定好镶嵌金属件的制造和热表面处理工艺，成型之前还需要对镶嵌件进行清洗和预热，目的是让镶嵌件与复合材料很好地融合。

2.7.4.2　复合材料制品的后处理工艺

激光切割后，复合材料制品的切割面存在着烧焦层和锐角，锐角的切割边会划伤人的皮肤。机械加工的切割边也是锐角并存在纤维细屑，这些一旦装配到产品中都是潜在的危害因素。因此，成型切割后半成品还需要进行一些必要的后处理工艺。

1) 打磨清洗烘干工序：成型切割后制品先要在水中用砂纸或废砂轮将切割边的烧焦层打磨掉，将锐角制成圆角。同时，要将纤维细屑洗净后烘干。

2) 刮腻子打磨工序：洗净烘干后的复合材料制品先经过刮腻子，腻子干燥后要打磨平滑并去除腻子灰尘。

3) 喷漆工序：喷漆烘干。

4) 锁缝或包边工序：有些复合材料制品是要与人的皮肤接触的，如头盔的外缘会与人的后颈接触，即使是将切割边打磨成圆角，抬头时有硬物抵住后颈还是会不舒服，这样就需要用皮质将切割边包裹好。摩托艇的切割边更需要用塑料或铝合金槽型件包裹，这样才不会伤及人。

复合材料制品的加工是通过复合材料制品成型工艺方法获得的，成型模和切割模是成型工艺中的重要工艺装备。优质的复合材料制品，只有通过正确的复合材料制品成型工艺和优良的成型模及切割模才能获得。因此，复合材料制品成型工艺方法是获取优质复合材料制品的前提。成型模和切割模，是获取优质复合材料制品的保证。本章通过对各种复合材料制品成型工艺的叙述，在确定复合材料制品成型工艺方法的前提下，来制定成型模和切割模的结构和设计方法。离开了复合材料制品成型工艺方法，就谈不上任何的成型模和切割模的设计，或者说成型模和切割模结构是服务和完善复合材料制品成型工艺方法的。有了复合材料制品成型工艺方法，才会有相应的成型模和切割模的结构，这就是本书用较大篇幅来叙述复合材料制品成型工艺方法的初衷。

第3章　复合材料制品成型质量要求与模具设计原理

复合材料制品模具，包括复合材料制品成型模和复合材料制品毛边和孔槽余料的切割模具，其中复合材料制品成型模结构最为复杂。复合材料制品的质量取决于成型模和成型设备。除了模压成型、RTM成型、热压罐成型、缠绕成型和拉挤成型需要有设备，其他成型方法则完全依靠成型模。设计好这类模具必须遵守一定的原则，设计时也有一定的规则和路径。否则，是设计不出成功的模具的，同时也会造成复合材料制品的不合格。复合材料制品成型模属于型腔模中的一种，因此，复合材料制品成型模的设计，既有型腔模设计的一些共性特点，又有自身复合材料成型模设计的特征。

众所周知，从复合材料过渡到制品中间是要依靠成型模来成型的，只有依靠切割模具去除半成品的边角和废料才能成为制品。由于复合材料是近几十年才发展起来的新型材料，其成型模我国还没有成熟的理论，需要有一种能够适应现在日益迫切需求的理论来指导成型模和切割模的设计。复合材料制品成型模设计知识，只在有关复合材料工艺的书籍和手册中简单地被提及。到目前为止，还没有专门系统介绍复合材料制品成型模和切割模方面的书籍，可见其理论的匮乏。要解决高难度的成型模设计中的技术问题，需要有深层次理论的指导，这便是造成成型模设计和制造工作困惑的原因。目前，复合材料制品复杂成型模在设计上存在越来越突出的理论缺失问题，缺乏一种具有逻辑性、整体性的辩证方法论，去指导成型模和切割模的设计和制造工作。

3.1　复合材料制品成型模设计的类型和要求

复合材料制品成型模的设计，按凹凸模的结构形式可分成整体的模具设计和组合模具的设计。按凹凸模的用材可分成非金属模具、有色金属模具和黑色金属模具，其中，非金属模具中主要有石膏材料模具、木材模具、玻璃钢模具和树脂模具。

3.1.1　复合材料模具的分类

复合材料模具可按成型工艺、模具用材、模具结构、模具功能、切割形式、生产效率、劳动强度、污染程度和表面粗糙度进行分类。

（1）按成型工艺分类

复合材料模具按成型工艺可分为手糊成型模、喷射成型模、RTM成型模、袋压成型模、模压成型模、真空袋成型模、热压罐成型模、缠绕成型模、拉挤成型模、层压成型模和激光切割模等。由于复合材料制品的粘接剂有液体的形式，也有在复合材料布或带上像胶布一样的干粘接剂，故成型模可分成溢流式压模、半溢流式压模、非溢流式压模和多型腔式压模。

（2）按模具用材分类

复合材料模具按用材可分为非金属成型模、有色金属成型模和黑色金属成型模。

1）非金属成型模有石膏成型模、石蜡成型模、玻璃钢成型模、混凝土成型模、树脂成型模、硅胶成型模和木材成型模等。

2）有色金属成型模有铸铝成型模、铝成型模、低熔点金属成型模。

3）黑色金属成型模有铸铁成型模、铸钢成型模、锻钢成型模、碳钢成型模、合金钢成型模、特殊模具钢成型模。

（3）按模具结构分类

复合材料模具按结构可分为凹模、凸模、对合模、双模和组合模。

（4）按模具功能分类

复合材料模具按功能可分为各种类型的成型模、切割模。

（5）切割形式的分类

切割模可分为钻模、冲裁模和激光切割模。

（6）按模具的生产效率分类

复合材料模具按效率可分为低效成型模、高效成型模和自动流水线成型模。

（7）按劳动强度分类

复合材料模具按劳动强度可分为高劳动强度成型模和低劳动强度成型模。

（8）按污染程度分类

复合材料模具按污染程度可分为存在污染的成型模和无污染的成型模。

（9）按表面粗糙度值大小分类

复合材料模具按表面粗糙度值可分为表面粗糙度值较大的成型模和镜面成型模。

3.1.2　成型模一般结构要求

采用手工裱糊和喷射成型的复合材料制品的两个型面，一般规定其中的一个型面相对另一个型面的壁厚大致一致，型面要平整，表面粗糙度值也要求相对小一些。

（1）脱模斜度

由于树脂具有收缩的特性，液体树脂涂敷在模具成型面上铺覆的复合材料纤维布上固化时，使得制品收缩随之紧紧包裹在模具型面上很难脱模。因此，为了使制品能够顺利地脱模，模具的型面都必须制有脱模斜度。

1）脱模斜度选取原则：主要取决于制品的精度、形状、尺寸和壁厚。对于精度高的脱模斜度取小值，形状简单的取大值，尺寸小的取小值，尺寸大的取大值。

2）脱模斜度选取值范围：对于手工裱糊和喷射成型模型面的脱模斜度而言，可以取大一些。一般，脱模斜度可取 $\alpha = 3° \sim 6°$。对于压力成型模型面的脱模斜度可取 $1° \sim 3°$，对于存在配合要求的尺寸，脱模斜度取尺寸公差的 $1/5 \sim 1/3$，壁厚小的制品，取小的脱模斜度。

（2）表面粗糙度值的选取

从制品脱模角度考虑，模具型面的表面粗糙度值越小，模具表面越光洁，制品脱模力越小，越容易脱模。但是，模具型面表面粗糙度值越小，加工费用越高。因此，手工裱糊和喷射成型模型面表面粗糙度值取 $Ra1.6~\mu m$，压力成型模型面的表面粗糙度值取 $Ra0.8~\mu m$，镜面要求制品成型模型面的表面粗糙度值取 $Ra0.4~\mu m$。

（3）制品成型面延伸尺寸

成型后制品的型面边缘处由于存在虚边、贫胶、气泡和分层等缺陷，制品边缘处的力学性能不能满足使用要求，这一段边缘需要切割掉。因此，在制品尺寸之外需要预留 $10\sim15~mm$ 的距离，随之成型模也就需要有 $15\sim20~mm$ 的延伸型面。

（4）制品切割尺寸标志

为了能在制品上显现出制品的尺寸范围，可以在模具型面上加工出宽 $0.3~mm$、深 $0.3~mm$ 的刻线，在制品图样孔槽中心位置上，在模具型面中埋一些锥形钉，锥形钉仅外露 $0.3~mm \times 60°$ 的钉头。这样在制品的相应型面上就会出现 $0.3~mm \times 0.3~mm$ 的图线和 $0.3~mm \times 60°$ 的锥形孔，以在制品上留存有指示切割的孔和槽的基准。

（5）分型面的选取

在模具设计之前需要对制品的分型面进行分析，正确地选取分型面的形式和位置。分型面的选择应该能避让"障碍体"，使制品更容易脱模和加工。

（6）连接半径

制品型面间转接处需要有连接半径，以避免出现锐角，直角和钝角处也需要制有连接半径。

（7）镶嵌件的设计

当制品上存在型孔或型槽时，需要在模具上加工出凸台结构。当凸台不好加工或会影响制品脱模时，需要将凸台制成镶嵌件结构形式，通过抽取凸台镶嵌件来实现制品的脱模。

（8）抽芯机构的设计

复合材料制品在一般情况下以薄壁＋加强筋的形式存在，很难制成实体的形式。当复合材料制品型腔中存在"障碍体"或薄壁深孔难以脱模时，可以在成型模中设计抽芯机构，抽芯机构可以有手动、斜导柱滑块和液压抽芯的形式。对于在薄壁上的型孔或型槽，则可以采用钻头、锪刀和激光进行切割加工。

（9）脱模机构的设计

复合材料制品在一般情况下是利用模具的脱模斜度、脱模剂，以及使用橡胶锤或木榔头和铲刮刀进行脱模的。当复合材料制品存在脱模"障碍体"时，可以利用镶嵌结构或脱模机构进行脱模。

（10）型腔中多余的树脂和空气的排出

在型腔中存留的多余树脂和空气必须有排出的通道，否则会出现富脂、制品壁厚、重量超重和气泡等缺陷。

（11）模具用材和热处理的选择

模具用材和热处理主要是根据复合材料制品的批量、机械性能、化学性能和物理性能进行选择。

（12）模具结构的选择

模具结构主要是根据复合材料制品技术要求、形体七要素、成型工艺要求进行选择。为了缩短树脂固化时间，提高制品成型效率，可在模具中装入电热器或通入蒸汽等。

复合材料制品加工模具主要包括各种类型的成型模和切割模。模具的结构设计除了应遵照复合材料成型模和切割模的设计原理和工艺方法进行，还必须按照成型模一般结构的要求进行设计。

3.2　复合材料制品加工模具的设计程序

复合材料制品模具在依据复合材料制品的形状、尺寸、精度、成型质量和批量进行统筹规划后，才能进行设计和造型，并且要遵守一定的设计程序才能达到完美的设计要求。复合材料制品的形状、尺寸、精度、成型质量和批量是与模具的结构息息相关的，将这些影响模具结构的因素称为复合材料制品的形体要素。在模具设计之前，需要先根据复合材料制品形体进行要素的分析，简称复合材料制品形体分析。

3.2.1　复合材料制品成型模的设计程序

任何工作都要遵守一定的程序才能够顺利地完成，复合材料制品的模具是现代高科技的技术，更需要严格地按照预设的程序进行。复合材料制品成型模结构设计、论证及缺陷整治程序如图 3-1 所示。只有严格地遵照预设的程序进行，并且过程中还不能出现遗漏和差错，模具的设计才能获得成功。

3.2.1.1　复合材料制品成型模的设计与造型

首先要经过成型件七要素的形体分析，再经过模具结构方案可行性分析，最后经过模具结构方案的论证进行模具结构的二维设计和三维造型。

（1）复合材料制品的形体分析

七要素分析就是复合材料制品的形体分析，复合材料制品七要素与模具结构有决定性的对应关系。只有对制品形体进行了七要素分析，才能采取解决要素所对应模具结构上的措施。复合材料制品的形体分析包含七要素，七要素又可分成 13 子要素。由于复合材料成型模的结构与成型工艺方法有关，同一制品成型工艺方法不同，其模具结构也就不同。其中，成型工艺要素是针对成型工艺方法的，由复合材料制品的质量要求来确定制品成型工艺方法。成型工艺方法确定后，再根据其他六要素来确定模具的结构。但对于具体制品而言，其形体中可能只有少量要素。但对特别复杂的制品来说，可能存在着多种和多个同种的要素。在对要素分析时，必须要做到寻找的要素准和全，否则制定的模具结构方案就会出现错误和遗漏。这是因为模具结构方案的制定是依据制品的形体分析所得到的。形体

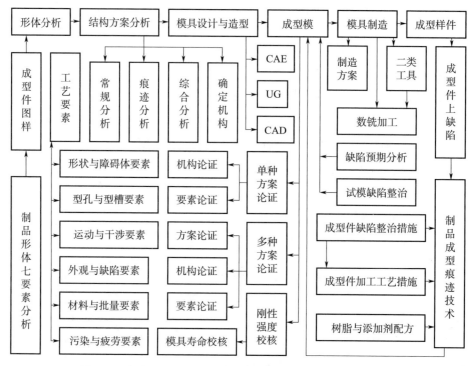

图 3-1　复合材料制品成型模结构设计、论证及缺陷整治程序

分析出现了错误和遗漏,模具结构方案相应也会出现错误和遗漏。

(2) 复合材料制品成型模结构方案可行性分析

分析制品形体成型工艺要素之后,制定制品成型工艺方法,就是根据制品形体七要素进行模具结构方案的分析。由于模具结构方案存在着与制品形体七要素一一对应的关系,因此模具结构方案是化解制品形体七要素的办法。只有针对制品形体七要素的模具结构方案制定出来之后,才可以确定执行于模具结构方案的模具各种机构。

1) 成型模结构方案可行性分析方法:根据要素分析和痕迹分析方法得来的方案可行性分析法包括常规(单要素)分析方法、痕迹分析方法和综合分析方法。

2) 各种模具机构的确定:成型模结构方案确定之后,要确定执行这些方案的各种模具机构。

3) 成型模结构方案论证:成型模结构方案确定之后还要确定其可行性,即检查成型模结构方案是否正确,有无遗漏,各种机构是否选用正确,模具的强度和刚度是否满足使用要求。

只有制定了模具的结构方案,确定了各种模具机构,进行了模具结构论证及强度与刚度验算之后,才能进行模具结构的设计或造型。

(3) 成型模的设计与造型

制定出模具结构方案和相应各种机构之后,可以采用 CAD 软件对模具进行二维设计。但现在许多模具都是在三维制品零件造型的基础上进行的造型,三维造型后再将造型转换成二维 CAD 图。

3.2.1.2　制品预测与模具结构调整及修理

在模具设计好之前，必须对模具结构所产生的缺陷（也可称为弊病）进行预期分析，在确定不会因成型工艺方法和模具结构产生缺陷之后，才能进行模具的设计和制造。模具制造之后还需要通过试模，进一步发现成型件是否还会出现质量问题和缺陷，针对成型件出现的质量问题和缺陷进行模具修理。

1) 成型制品缺陷的预期分析对模具结构的调整：成型模结构制定之后，需要对成型件进行缺陷预期分析。即在现有模具结构方案基础上，对成型件会产生那些与模具结构相关的缺陷进行分析。如果预测到会产生某些类型的缺陷，必须立即调整制品成型工艺和模具结构方案，使之所产生模具结构引发的缺陷消失为止。这种缺陷预测分析能够极大地减少模具结构失败和修理的概率，以确保模具结构设计一次性成功。

2) 试模时发现的缺陷与模具的修理：如果预测不到缺陷而在试模中出现了缺陷，那么只能根据缺陷进行分析，若是因模具结构不当所产生的缺陷，要调整模具的结构，尽量降低模具的修理量。若是由其他原因造成的质量问题和缺陷，要找出产生缺陷的原因，再找相对应的措施来解决。模具的修理都会造成经济上的损失和模具制造周期的延误，由此可见缺陷预期分析的重要性。

模具这种以缺陷（弊病）预防为主、整治为辅的方针，是模具设计和制造之前必不可少的关键。如果模具不经过缺陷预期分析就立即投产，到试模过程中发现了缺陷，修模→再试模→再修模……如此反复地进行，必将造成大量经济上的损失和模具制造周期延长。

注塑模有计算机辅助工程分析（CAE）方法，简称 CAE 法，是可以通过 CAE 软件对注塑模缺陷进行分析，在找出注塑件产生的模具结构的缺陷后，再调整成型模结构方案的一种方法。复合材料成型模没有这种计算机辅助工程分析方法可以利用，只能够采取缺陷图解预测分析方法。

3.2.1.3　复合材料成型模结构方案的论证

模具结构设计或造型之后需要进行模具结构的论证，自我检查模具设计的正确性，也就是对模具结构进行自我校对或审核工作，也可根据模具结构方案进行论证。

(1) 单种模具结构方案的论证

这是只有一种模具结构方案的论证，用来检查模具结构方案的正确性，以避免模具设计失误。

1) 模具结构方案论证：这是对由形体要素或痕迹分析所制定模具结构方案进行的论证，方法与复合材料制品成型模的设计与造型的过程相反。其过程包括 3 项内容：即从检查模具机构的结构开始，到模具结构方案检查，再到制品形体要素检查。

2) 模具机构论证：通过检查模具各种机构的结构，确定各种机构能否满足模具结构方案所提出分型、抽芯和脱模的运动要求和运动机构有无干涉现象。

3) 模具机构方案论证：通过对模具机构的检查，确定制品能否顺利地从模具的内外型腔中顺利地分型、抽芯和脱模。

4）制品形体要素的论证：通过对模具结构方案的检查，确定是否能满足对制品形体要素所提出的各项要求。

通过对模具结构方案的论证，得出制品形体要素分析中有无错误和遗漏，模具结构方案中措施选用是否正确，模具机构选用是否得当。

（2）多种模具结构方案的论证

由于模具结构方案中存在多种结构方案，有错误的方案，也有复杂烦琐的可行性方案，还有简单可行的方案，这种方案称为最佳优化可行性方案。要通过模具结构方案的论证和比较，找出这种最佳优化可行性方案，排除错误的方案和复杂烦琐的可行性方案，确保模具设计和造型是最佳优化可行性方案。

（3）模具刚度和强度的校核

对于模具主要承力构件，需要对它们的刚度和强度进行计算，以防止模具构件发生变形，影响制品的形体、尺寸和精度以及模具机构的运动。特别是热压罐成型加工的模具，由于模具受到热压罐的压力和温度作用，模具容易发生变形。当然，袋压成型和真空成型时模具也会受到一定压力和制品收缩及脱模锤击的作用，模具的刚度和强度的校核也是不可缺少的。

（4）模具寿命的校核

由于复合材料制品都需要用树脂和添加剂的混合液体浸透增强材料。固化后制品黏在模具之上，需要用铲刀将制品和模具分离，模具必须要耐磨。热压罐成型加工的模具，由于模具受到热压罐的压力和温度作用，并且要经受冷热交替的工作环境，模具必须能耐热和微变形。一般复合材料制品固化后的强度较高，制品脱模时受到了激烈的摩擦而磨损，由此模具必须具有较高的强度和耐磨性。特别是对批量特大的制品加工，模具更需要耐高温、耐高压、耐磨、耐腐蚀、高强度、高硬度和低变形的要求。

3.2.1.4 模具的痕迹技术

在没有被打光或刮腻子油漆的制品上一般会存留两种痕迹：一种是模具结构的痕迹；另一种是缺陷的痕迹。这两种痕迹是树脂固化后遗留在制品上的痕迹。如提供了复合材料制品样件，可以通过模具结构的痕迹还原模具的结构，为克隆模具设计提供了设计依据。而制品上缺陷的痕迹，为整治缺陷和修理模具提供了依据。

1）模具结构的痕迹：如分型面的痕迹、抽芯痕迹、排气孔痕迹、溢胶口痕迹、浇口痕迹、定位钉的痕迹和刻线痕迹。根据上述痕迹，可以确定原有模具的结构和成型工艺方法。根据定位钉的痕迹和刻线痕迹，可以判断制品切割的位置和形状。

2）缺陷痕迹：复合材料制品上的缺陷（如富脂、贫胶、气泡、分层和型面粗糙度等缺陷），都会保留在制品的壁厚中和型面上，对调整模具结构和整治缺陷具有十分重要的意义。

3）切割位置和孔（槽）位置的标志：由于复合材料制品形体的复杂性，为了防止激光切割这些空间位置的孔（槽）时产生错位，需要在模具相应位置上刻线和埋定位钉。这样，模具的刻线和定位钉便烙印在制品内外表面上，这些印痕就成为指示激光切割的基准线和点，以确保激光切割位置的正确性。

3.2.1.5 模具的制造

由于复合材料制品成型模结构十分复杂，同时这种模具的工作件由于缺乏定位和夹紧的基准，即使采用五轴数控铣床也无法加工好这些工作件。加工不出模具的工作件，即使模具结构设计再合理，模具制造不出来也是空谈。在很多情况下，是需要通过设计和制造二类夹具来进行制品的安装。

1）模具制造方案：在进行模具结构设计之前，甚至是在制定模具结构方案时，必须根据模具结构方案制定模具制造的方案，并且采取必要的措施解决模具工作件的定位和夹紧的问题。

2）二类夹具：对于这类直接进行加工的模具工作件，在既没有定位基准，又没有夹紧的基准时，一般采用二类夹具。二类夹具是为了加工或修理既没有定位基准，又没有夹紧基准的模具工作件时的一种夹具，二类夹具不是模具本身的零部件。

复合材料制品成型模的设计或造型，只有严格地遵照复合材料制品成型模结构设计方法和论证及缺陷整治程序，才能设计和制造出合格的模具。这种模具不仅设计合理、制造顺利、制品加工理想，制品还不会出现任何的缺陷，模具能够达到一次试模即合格的目的。

3.2.2 复合材料制品切割模具的设计程序

由于复合材料制品都是利用复合材料和树脂在成型模具中粘接固化成型而形成制品的，为了使制品不出现分层等缺陷，一般成型制品的外延形状都比实际制品要长 10～15 mm，而且制品中孔和槽都是需要通过切削加工获得的。因此，复合材料制品上多余的材料就需要采用切割加工的方法去除掉，一般可采用激光切割加工、冲裁加工和带锯切割加工的方法。

3.2.2.1 激光切割加工

激光切割是利用激光切割设备上激光头所产生的一束高能量的激光，这束激光可以穿透复合材料制品材料并随着激光头的运动将制品的边角料和孔（槽）中的废料切割掉，这束激光与头盔外壳切割面应始终保持着法线的方向。激光切割加工需要有激光切割夹具，将复合材料制品安装在激光切割设备上。

（1）激光切割夹具

激光切割夹具是将复合材料制品与激光切割设备连接在一起的工艺装备，用以确保复合材料制品在加工过程中准确的加工位置。一般来说，任何的复合材料制品都能在激光切割设备上进行加工，切割加工质量优良。复合材料制品按切割夹具的定位可分为两大类。

1）可直接定位和安装的制品：是可以在切割夹具上直接进行定位和安装的复合材料制品。

2）需要补充加工的制品：是不存在定位和安装基准的复合材料制品，这类制品需要在成型模上制作一组钻套，在制品上加工出一组能够进行定位和安装的孔。

（2）激光切割夹具设计要求

由于这种激光切割夹具与普通的机械加工夹具不同，因此对激光切割夹具有一些与机械加工夹具不同的要求。

1）制品在模具上的定位基准要求：对于不能直接进行定位的制品，需要在成型制品的模具上，利用钻套加工出制品的一组基准孔。加工出的这组基准孔必须能够限制制品在模具中的 6 个自由度，实现制品的完全定位，并且安装不能使制品发生变形。

2）避免切割运动与夹具干涉的要求：由于制品和孔为空间形体，激光在切割运动时不能与夹具结构件发生任何干涉现象。

3）激光避让结构和排毒气的要求：由于激光切割制品的热量会产生大量的有毒气体，这些毒气必须排出室外，因此，夹具上对于制品需要加工的每个孔（槽）位置要能避让，以免激光切割到模具。同时，还需要有排气槽，以便抽风机能将每个切割位置所产生的毒气抽出。

4）激光夹具在设备上的定位与安装：也需要进行完全定位，以消除模具在设备上的 6 个自由度，并且安装要牢固。

3.2.2.2　冲裁加工

冲裁只能适应加工比较正规的复合材料制品，并且具有可直接进行定位的面和孔，夹紧也方便的制品。

1）边角废料的卸料：复合材料制品冲裁后产生的边角废料会套在冲头上，冲裁模必须有卸除边角废料的结构。

2）孔（槽）余料的排出：复合材料制品上孔（槽）冲裁后产生余料，需要有结构将孔（槽）余料排出。

只有复合材料制品边角废料经过卸料和孔（槽）余料排出之后，清理了制品加工的模具才能进行下一制品的冲裁加工。

以上是复合材料制品成型模和废料冲裁模设计与造型设计的总原则和总要求，只有充分地注意到上述总原则和总要求才能设计出理想和合格的模具。

3.2.2.3　带锯切割加工

因复合材料和树脂均为化工材料，带锯切割热所产生的气体含有甲醛等有毒物质，长期吸入人易患肺癌和帕金森综合征。复合材料布由直径为 $3\sim10~\mu m$ 的纤维织成，带锯切割所产生的纤维灰尘甚至比 PM2.5 雾霾的危害更大。细小的纤维若粘在皮肤上奇痒难忍，更不要说是吸入肺中了。另外，带锯切割掉手指的事故时有发生。所以除了临时性的复合材料制品的切割可以采用带锯切割外，一般不提倡采用这种切割方法。所以，加工前要检查设备的可靠性；带锯切割加工时操作人员必须戴有防护眼镜和口罩，并穿专用的工作服；操作时注意力必须非常集中；加工结束后需要洗澡，将身上粘着的纤维冲洗掉。

复合材料制品在成型模上以树脂浸透固化脱模后，经过切割模具将多余材料切除后成为半成制品，再经过刮腻子、烘干和喷漆才成为制品。其中，制品的成型和余料的切除最为重要。制品的质量除了成型工艺重要之外，就是成型模具和余料切割模具能决定制品的质量了。制品的形体、尺寸、精度、表面质量和瑕疵取决于模具，而且模具的结构也最为复杂，因此，要重视模具的设计和制造。

3.3　复合材料模具设计的制品形体分析

从复合材料制品成型模结构设计论证及缺陷整治的程序得知：模具的结构设计，是根据制品的形体、尺寸、精度、表面质量、使用性能和有无瑕疵等因素进行的。那么，制品在形体上一定存在着决定模具结构的因素。因此，模具设计之前一定要找出这些影响模具的形体因素。找出影响模具的制品形体因素，就是进行制品的形体分析。将影响模具结构的形体因素归纳为制品形体分析七要素，换句话说，形体七要素分析就是制品的形体分析。

模具结构设计辩证方法论，就是以事实和已有的理论为依据，去解决模具中问题的方法。复合材料成型模和切割模设计原理，是一个完整的、连续的、循环的和系统的辩证方法论，为解决成型模和切割模最佳优化结构方案提供了理论和技巧，也为成型模结构设计提供了程序、路径和验证方法，又为解释许多模具的结构和成型现象提供了理论依据。这些理论来自实践，自然可以用于指导实践，且具有很强的可操作性和实用性，可以从根本上解决成型模和切割模难设计、模具需要反复试模和修模的乱象。因此，只要按成型模设计辩证方法论去做，就可以全盘地从根本上解决从模具设计到复合材料制品在成型中的所有问题。这些理论简单易学，可以说只要具备成型模设计基础知识和专业理论以及会应用CAD绘图、三维造型的人，再复杂的成型模设计也难不倒他，能使其成为成型模设计的专家和高手。即使对于一般基础知识较差的人员来说，在了解成型模设计辩证方法论之后，也能够进行模具最佳优化方案的审核，还能够找出成型模设计的不足和存在的问题，这样可以从整体上提高模具和复合材料制品成型从业人员的技术水平。那么，日后对成型模设计水平的衡量，主要是看能否正确而全部地将成型件形体分析的"七要素"寻找到；如何找到解决"七要素"所提出问题的措施，即如何制定出模具结构方案；如何找到成型模结构的最佳优化方案；如何确定成型模最终结构方案；如何设计出高效模具的机构；如何避免产生成型模结构缺陷的措施。这样不仅可以解决如何进行模具的设计问题，还可以判断所设计的模具结构是否正确，模具结构是否是最佳优化结构的问题。

3.3.1　成型工艺要素

成型加工工艺是复合材料制品形体分析的第七要素，复合材料制品的成型加工工艺依据制品的形状、尺寸和质量要求，有多种成型加工方法，如手糊成型、喷射成型、对合模成型、袋压成型、真空袋成型、热压罐成型、RTM成型、缠绕成型和拉挤成型等。采用成型加工的工艺不同，所用的成型模结构便不同。如手糊成型、喷射成型可以使用凸模或凹模成型加工；对合模成型是同时采用凹模和凸模成型加工的；RTM成型虽然采用凹模和凸模成型加工，但又不同于对合模；袋压成型、真空袋成型、热压罐成型所采用的凹模或凸模与手糊成型、喷射成型加工凹模或凸模也是有区别的，缠绕成型和拉挤成型加工的模具就更有其特点。所有的复合材料制品成型模设计时，首先要根据制品质量要求要素，确定成型工艺方法。在确定制品成型工艺方法后，再根据其他七要素来制定成型模分型、抽芯和脱模的结构形式。

3.3.2　形体与障碍体要素

制品的形体分析是制定模具结构可行性方案、模具设计和造型的依据，模具设计的第一步就是要进行制品的形体分析。只有对制品的形体分析透彻了，模具结构方案才能制定得完整和合理，模具设计和造型才能够到位。

3.3.2.1　形体要素

形体要素是指制品的形状因素，它是决定成型模形状的要素。制造模具的形状必须依据制品的形状，而绝不可能是其他制品的形状。由于复合材料受热胀冷缩的影响很小，因此所有模具的大小与制品的大小应保持一致。制品的作用和用途不同，制品的形体、尺寸、精度和表面质量的要求也就不同。因此，不同的制品就存在不同的模具形状和结构。注塑模的结构与制品的内外形状有关，形体要素主要是影响成型模型腔和型芯的形状、数量以及嵌件形式，模具体的形式和大小的确定。任何复合材料制品都具有外形或内形，否则制品就不是实体了。

3.3.2.2　障碍体要素

障碍体是指妨碍模具各种机构运动和型腔与型芯加工的制品形体要素，又是影响模具分型面选取、模具抽芯机构和制品脱模结构的主要因素。障碍体可以存在于制品的型面上，也可以由制品的型面而转存留在模具的型面上。可以说，障碍体对模具结构的影响无处不在，其内容广泛，也使得模具结构内容变得十分丰富。

（1）障碍体的作用

障碍体在复合材料制品和成型模型面上的存在是不争的事实。从总体上看，障碍体的存在既不利于成型模的分型和抽芯，也不利于制品的脱模和型面的加工。但对模具而言，又是能使制品滞留在模具型面的有效方法，并且刻线和埋入定位钉的痕迹也可以视为微小的障碍体，但它们能够作为激光切割的加工基准。

（2）障碍体判断方法

障碍体是根据模具机构的运动方向来判断的，凡是起到阻碍模具机构运动的物体都称为障碍体。

1）分型面上的障碍体：对于分型面来说，障碍体是阻碍模具分型面分型的形体。不消除分型面上障碍体的影响，模具无法分型，复合材料制品无法从模具中脱模。如果障碍体是设计需要，那么是不能随意去除的，消除的方法是，让分型面避开障碍体阻碍的作用。

2）抽芯运动的障碍体：阻碍型芯或镶嵌件从制品的型孔或型槽中抽芯。必须采取适当的抽芯措施，来避开抽芯运动障碍体的阻碍作用。

3）脱模运动的障碍体：阻碍复合材料制品在模具中按正常状态进行脱模的障碍体。必须采取适当的脱模措施，来避开脱模运动的障碍体阻碍作用。

4）模具加工的障碍体：采用普通加工设备制造模具型面和型腔时，会加工掉模具型面和型腔上的几何体，这种几何体称为模具加工的障碍体。其方法是采取适当的措施，来避开加工的障碍体，可以采用四轴或五轴加工中心或电火花的加工来保留模具上的加工障碍体。

（3）障碍体判断线与障碍体高度值

要判断制品或模具型面上是否存在障碍体，可以对障碍体进行测量。

1）障碍体判断线：在障碍体最高的峰点或最低的谷点作一平行模具运动或型面加工的方向线，此直线称为障碍体判断线。对凹模来说，障碍体判断线以内的实体是障碍体，而对凸模来说，障碍体判断线以外的实体便是障碍体。

2）障碍体高度值：障碍体判断线与最高的峰点或最低的谷点之间的距离为障碍体高度值，直线至凸起或凹进的最高点或最低点的距离是障碍体的高度，单位为 mm。

（4）障碍体的测量

障碍体在二维图样、三维造型和实体上都可以被测量出来，障碍体的高度也可通过计算得出。

例：警用头盔外壳，如图 3-2 所示。材料：芳纶纤维。如图 3-2（a）所示，警用头盔后侧存在着弓形障碍体，在后侧最高点处作一平行制品脱模方向的直线为障碍体判断线，截取最高点至头盔下摆最低点处之间的距离 h，该距离 h 为该处的障碍体高度。如图 3-2（b）所示，同理，以警用头盔正面两侧最高点作平行中心线的切线为弓形高障碍体判断线，截取判断线至头盔下摆最低点处之间的距离 H，该距离 H 为该两处的障碍体高度。由此可见，警用头盔存在 3 处弓形障碍体，形体要素为多重障碍体。

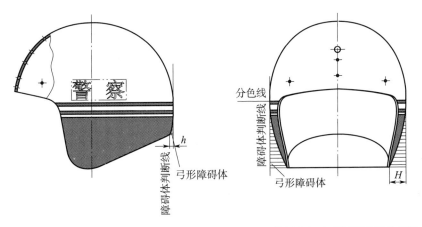

(a) 警用头盔侧面弓形障碍体的测量　　　　　(b) 警用头盔正面弓形障碍体的测量

图 3-2　警用头盔弓形障碍体的测量

在制品形体分析时，如果能够找到制品或模具上存在着的障碍体，又能测量出障碍体的高度，不仅能够制定出避让或化解这些障碍体的措施，还能计算出模具避让障碍体的距离。

（5）障碍体的种类

障碍体存在多种类型，就复合材料成型模而言，制品上仅有凸台式障碍体、凹坑式障碍体、弓形高式障碍体和内扣式障碍体等。数字头盔外壳上各种类型障碍体如图 3 - 2 所示，可见数字头盔外壳存在 4 种不同类型的多重障碍体。

1）凸台式障碍体：如图 3 - 3 所示，这种障碍体在制品上凸出于基体面，在成型模中则表现为凹坑的形式，使得制品不易脱模。

2）凹坑式障碍体：如图 3 - 3 所示，这种障碍体在制品上凹陷于基体面，在成型模中则表现为凸起的形式，也会使得制品不易脱模。

3）弓形高式障碍体：如图 3 - 3 所示，这是一种呈弧形型面形式的障碍体，它的存在会影响制品的脱模。

4）内扣式障碍体：如图 3 - 3 所示，这是一种型面呈内扣形式的障碍体，它的存在会影响制品的脱模。

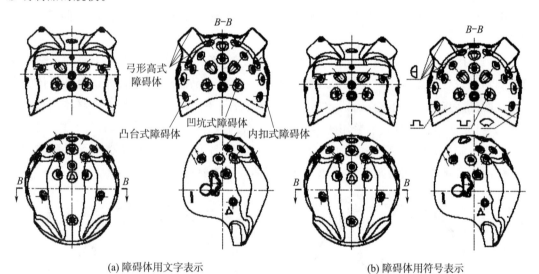

(a) 障碍体用文字表示　　　　　　　　　　(b) 障碍体用符号表示

图 3 - 3　数字头盔外壳上各种类型障碍体

⎍ 表示凸台式障碍体；⎎ 表示凹坑式障碍体；◇ 表示内扣式障碍体；⊟ 表示弓形高障碍体

5）结构性障碍体：由于复合材料制品结构上的需要，人为有意识地设置了障碍体，这种障碍体称为结构性障碍体，如模具型面上的刻线和埋的定位钉等。这种结构性障碍体是不能去除的，在模具结构设计时，只能避开这种障碍体。

6）差错性障碍体：是指在制品设计或造型时，无意间使制品形体与模具分型或抽芯或脱模运动方向产生了障碍体，这种障碍体并不是制品功能上需要的，将这种障碍体称为差错性障碍体，如图 3 - 4 所示。这种差错性障碍体不仅会影响模具的分型、抽芯和脱模，还会影响模具型面的加工。因此，对出现的差错性障碍体应及时改进制品设计或造型。

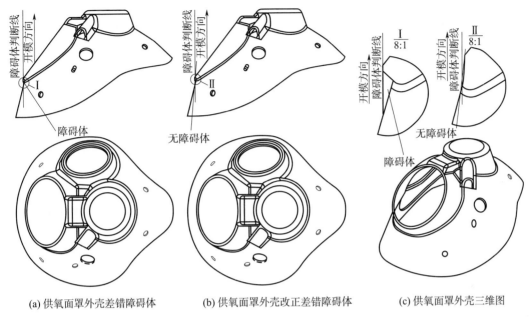

(a) 供氧面罩外壳差错障碍体　　　(b) 供氧面罩外壳改正差错障碍体　　　(c) 供氧面罩外壳三维图

图 3-4　供氧面罩外壳差错障碍体与改进差错障碍体方法

所谓多重障碍体是指在同一制品上存在不同类型的障碍体，如凸台式障碍体、凹坑式障碍体、内扣式障碍体和弓形高式障碍体；多重障碍体也可以指同类型的多个障碍体。制品上障碍体的存在形式是多种的：有的制品可能不存在障碍体，有的只存在一种障碍体，有的存在多种障碍体，还有的存在多重障碍体，甚至还存在多重多种障碍体。

3.3.3　型孔与型槽要素

复合材料制品因功能上的需要，会设置一些型孔和型槽，这些型孔和型槽需要模具上相关的结构元素成型它们。因此，型孔和型槽是影响成型模结构的重要因素，故称为型孔与型槽要素。

1) 型孔要素：是由一个或两个具有相对敞开面组成的几何形状凹坑，一个面敞开的凹坑是不通孔，两个平行面敞开的凹坑是通孔。孔的形状可以是圆形、方形、椭圆形和各种其他几何形状。

2) 型槽要素：是由一个、两个、三个和具有平行与相邻敞开面组成的长条形状的凹坑，一个面敞开长条形状的凹坑是盲槽（指不通的槽），两个平行或两个平行＋相邻面敞开长条形状的凹坑是通槽。槽的形状可以是半圆腰字形、长方形和各种其他长条几何形状凹坑。

通孔和通槽在一般情况下，可用激光切割的方法进行切割加工；对于不通孔或盲槽，一般采用型芯成型。如果型芯成为模具的障碍体影响制品的脱模，则应采用型芯抽芯结构，只要先将型芯抽芯后再使制品脱模就可以了。

3.3.4　运动与干涉要素

大多数成型模在复合材料制品成型和脱模过程中,模具机构需要有多种运动的形式,而机构的多种运动形式就会有可能产生碰撞的现象。成型模结构的运动形式和碰撞方式,取决于复合材料制品运动与干涉要素,运动与干涉要素也是复合材料制品形体分析的七大要素之一。它们不仅影响着成型模的结构,还影响着成型模的正常工作。模具还会因构件的相互撞击而损坏,甚至会造成模具和设备的损坏和操作人员的伤亡。所以,运动与干涉要素应引起模具设计人员足够的重视。运动与干涉是成型模结构设计时不可回避的因素,也是成型模结构设计的要点。

1) 运动要素:运动是指在完成制品成型加工的过程中,模具的机构所需要具备的运动形式。成型模存在着各种分型运动、抽芯运动和制品脱模的运动形式,在对制品进行形体分析时,需要将这些运动形式和路线分析出来,这样便可以根据运动因素设置出模具的各种运动执行机构。

2) 干涉要素:干涉是指模具机构运动时所产生的运动构件之间及运动构件与静止构件之间所发生的碰撞现象,将这种机构构件的碰撞称为干涉。一旦模具结构发生了干涉现象,轻则损坏模具,重则伤及设备和操作人员。特别是对发生相交运动形式的模具的构件来说,要特别注意模具机构的干涉。

3) 避开干涉的措施:绘制构件运动分析图和造型,就是要将运动机构的构件运动路线、起始位置、终止位置和运动的行程绘制出来,才能将发生构件碰撞的部位确定下来。然后,可以将碰撞的机构采用错开或镂空的方法避免运动干涉,还可使成型模的各种运动机构在成型加工过程中,严格地按照运动机构的先后顺序进行。

在模具设计时,要预先铲除各种运动机构可能产生的运动干涉的隐患,其具体方法是应用制品的运动与干涉要素,去分析成型模的各种运动机构是否会产生运动干涉;若会产生,则要采取有效的措施去避免运动干涉现象。成型件运动与干涉要素的寻找,比起寻找障碍体要素更有难度,因为成型件运动与干涉要素更具有隐蔽性和困难性。一般情况下,可以通过绘制成型件运动与干涉要素的运动分析图或造型,以及绘制所有运动机构的构件运动分析图或仿真运动造型,才能够找到。即使模具要求具有同种的运动形式,也会因运动机构选择的不同而使得模具的结构不同。

3.3.5　外观与缺陷要素

外观是人们对成型制品外观质量的要求,目前甚至达到了挑剔的地步。缺陷是指成型制品的内在质量。模具在长期的加工过程中会产生变形,使复合材料制品的形状和尺寸发生了变形,变形也属于缺陷要素。

1) 外观要素:是指制品外表面的美观性,即制品外表面光洁性,简称为成型件外观。具体是指制品内外表面粗糙度、有无印痕和划伤等缺陷,这些因素与模具的结构关系很大。当然,成型件通过打磨型面、刮腻子和喷油漆等可以获得好的外观。但成型件的外观质量过差时，即使采用上述加工方法还是很难获得好的外观质量，同时又会浪费资源和污染环境。因此，制品的外观与模具结构有很大的关系。

变形：是指制品形状、尺寸和精度与图样要求存在的偏差，如弯曲、翘曲、扭曲和错位等。变形是影响模具结构的因素之一，模具在成型加工过程中产生变形是不可避免的。在模具结构设计时需要考虑模具的强度和刚度的问题，进而会影响模具的结构。

2）缺陷要素：成型件在模具中成型时，会由于模具的结构和其他各种原因而产生多种缺陷，即弊病。这些缺陷不仅会影响制品的厚度、形状、尺寸以及外观，还会影响制品的强度、刚度和使用性能，使制品无法使用。缺陷产生的原因，可分成因模具结构因素产生的缺陷、成型工艺方法产生的缺陷、加工者责任心产生的缺陷、外界环境因素产生的缺陷、树脂胶配方产生的缺陷、复合材料质量产生的缺陷等。作为模具而言，主要是在模具设计或造型之前需要对成型缺陷进行预期分析，去除因模具结构所产生的缺陷。因模具结构原因产生的缺陷有：富脂胶、贫胶、孔隙、疏松、分层和搭接等，各种缺陷见附录 C。

3.3.6　材料与批量要素

不同的复合材料制品有相同的成型方法，也有不同的成型方法，模具有相同的结构，也有不同的结构。复合材料制品的批量，更是影响成型加工的效率和模具结构的因素。

1）材料要素：是指纤维材料和纤维材料织物的类型，纤维材料和纤维材料织物也是影响复合材料制品成型工艺的因素，进而是影响模具结构和模具用材的因素。需要根据复合材料和纤维材料织物的类型，确定成型工艺方法和模具的结构。如复合材料因强度和刚度的不同，既可以采用整体形式的模具，也可以采用拼装的结构。由于复合材料制品中树脂添加剂的腐蚀性，模具用钢便采用耐腐蚀的材料或模具型面需要镀铬。如复合材料制品成型工艺采用热压罐成型，模具在反复经受加热和冷却时会产生变形，模具用钢需要耐热和低变形的材料。

2）批量要素：批量是指制品需要生产的总体数量，批量是影响模具结构的因素之一。批量少时，可采用简易模具，模具材料可以采用木材、水泥、树脂和有色金属，甚至是泥土。批量大和特大时，模具需要采用高效的形式和流水线自动化模具。模具用钢更需要根据批量，采用耐磨和长使用寿命的钢材，也是影响制品成型工艺的因素。

3.3.7　污染与疲劳要素

污染与疲劳要素是指环境污染的程度和操作人员的劳动强度，环境污染的程度和劳动强度也是影响模具结构的因素之一。由于复合材料制品是依靠树脂作为粘接剂固化后成型，树脂固化过程中挥发的化学成分对人和环境都有很大的污染。复合材料制品的加工，特别是多品种、小批量玻璃钢的手工裱糊 100% 是手工操作，劳动强度很大。为了改善工人的劳动强度，需要挖掘模具结构的潜力。

1）污染要素：操作人员在长期的复合材料制品成型过程中吸入挥发的化学成分，易患肺癌和帕金森综合征，工作环境中的化工和玻璃纤维灰尘比 PM2.5 的危害更大。在模具结构设计时，一定要考虑到减少或消除污染以及排毒、吸尘的问题。

2）疲劳要素：由于复合材料制品的加工绝大部分是手工操作，因此加工过程中要不断搬移和拆卸模具。据统计，这种手工操作，在我国复合材料制品的加工中占到了 90% 以上。复合材料制品加工施工人员劳动强度很大，因此，模具结构需要针对上述因素，考虑减轻劳动强度的问题，如采用机械化和自动化模具结构。

可以说，制品形体七要素的分析，虽是模具设计初始阶段，却是影响模具设计的整个过程中的重中之重的问题。如果形体七要素分析出现了错误和遗漏，必然会造成模具结构方案的错误和缺失。因为制品形体七要素的分析是模具设计或造型的源头，如果水源断流或被污染，下游还会有水或下游的水还能干净吗？只有充分地考虑了制品形体七要素对模具结构的影响，所设计的模具才能确保复合材料制品质量、生产率和缺陷的处置，确保复合材料制品的外观，以及改善工人的劳动强度与生产的环境。制品的模具是根据制品来进行设计的，而复合材料制品的形体七要素，包揽了整个制品形体要素对模具结构的影响。当然，制品上不会都具有全部七要素，只会存在七要素中部分的要素。但只要将这些要素找对找全，对应制定的模具结构方案就可能合理和齐全，确定的模具机构就能到位，模具的设计就能获得成功。有了这套模具设计的理论之后，只要能掌握它，模具的设计就不再是件困难的事情，而是一件轻松、愉快和有趣的事情。日后衡量模具设计水平的高低，主要是寻找形体分析七要素能否准和全的问题，模具结构方案的制定是否是最佳优化以及是否合理的问题。

3.4　复合材料成型模结构方案的可行性分析与论证

找到了复合材料制品形体分析的七要素，也只是找出了影响模具结构的各种因素。要设计出理想的模具，还需要有一个从形体分析七要素到模具设计或造型的一个平滑过渡部分，这就是复合材料制品成型模结构方案的可行性分析。打个比喻，河的两岸分别是复合材料制品形体分析的七要素和成型模结构设计，要从河的对岸到达彼岸，非得要有桥和船才行，人不能跳过去或飞过去。成型模结构方案可行性分析就相当于是座桥或是条船，有了成型模结构方案，可行性分析就有了这两端的连接部分，模具的设计就能水到渠成。

成型模结构方案可行性分析，就是根据复合材料制品形体分析的七要素，制定出相应的措施去化解和规避七要素所提出的要求，以达到处理七要素的目的。成型模结构方案可行性分析具有一些具体的方法和技巧，如成型模结构方案的 3 种分析方法、模具机构的制定方法和复合材料制品缺陷预期分析方法以及模具制造方案分析方法。只有如此，才能设计出理想的和完善的模具。

3.4.1　模具结构方案可行性分析与最佳优化方案可行性分析

提出复合材料制品形体分析的七要素是关键，但是根据七要素分析找到模具结构方案也十分重要。因为模具结构方案是解开七要素分析中提出问题的措施和方法。例如，如何实现模具能够顺利地成型复合材料制品，即如何实现成型模的分型、抽芯和制品的脱模；如何解决制品所产生的因模具结构出现的缺陷；如何实现成型模的制造。

3.4.1.1　成型模结构方案的可行性分析方法

成型模结构方案的单要素分析方法和成型模结构方案的痕迹分析方法及成型模结构方案的综合分析方法，是成型模结构方案的可行性分析的 3 种方法。

（1）成型模结构方案的单要素分析方法

单要素分析法又称为常规分析法，是针对复合材料制品形体分析的某单种要素，所采用的适当措施来满足单要素要求的成型模结构方案的一种分析方法。由于复合材料制品的形体存在着七要素，因此成型模结构方案的单要素分析方法就应该有七种。其中包括形体与障碍体要素的注塑模结构分析方法、型孔与型槽要素的注塑模结构分析方法、外观与缺陷要素的注塑模结构分析方法、运动与干涉要素的注塑模结构分析方法、材料与批量要素的注塑模结构分析方法和污染与疲劳要素的注塑模结构分析方法。其实，每一种要素中都存在着两个相近似而又有区别的子要素。因此，子要素共有 14 种。其中，除了成型工艺是用于制定制品成型工艺方法的，这 14 种子要素都是用于制定模具结构的。

（2）成型模结构方案的痕迹分析方法

成型模结构方案的痕迹分析方法是在对复合材料制品上的成型痕迹进行识别的基础上，再针对复合材料制品上的模具结构成型痕迹进行分析，以确定注塑模结构方案的一种分析方法。

（3）成型模结构方案的综合分析方法

成型模结构方案的综合分析方法是针对复合材料制品形体上的多种、多重要素和混合要素以及复合材料制品形体上要素与模具结构成型痕迹等综合因素，采取适当措施来满足综合因素要求的注塑模结构方案的一种分析方法。

1）复合材料制品上要素和模具结构成型痕迹的分析法，简称要素痕迹分析法：这是针对复合材料制品上形体要素和复合材料制品上模具结构成型痕迹的综合因素，采取适当措施来满足要素痕迹综合因素要求的成型模结构方案的一种分析方法。

2）复合材料制品上多种要素的分析法：这是针对复合材料制品上形体多种要素的综合因素，采取适当措施来满足多种要素综合因素要求的成型结构方案的一种分析方法。

3）复合材料制品上多重要素的分析法：这是针对复合材料制品上形体多重要素的综合因素，采取适当措施来满足多重要素综合因素要求的成型模结构方案的一种分析方法。

4）复合材料制品上混合要素的分析法：这是针对复合材料制品上形体多种和多重要素的混合综合因素，采取适当措施来满足混合要素综合因素要求的成型模结构方案的一种分析方法。

3.4.1.2　成型模结构最佳优化方案的可行性分析方法

成型模结构存在着多种方案，有错误的结构方案；有复杂可行的结构方案；也有简单可行的结构方案，将简单可行的结构方案称为最佳优化方案。错误的结构方案从一开始就会导致模具设计出现错误,是应该完全避免的结构方案。复杂可行的结构方案,会造成模具结构复杂,制造难度大,制造成本高,制造周期长,也是应该避免的。唯有简单可行的结构方案,才是应该采纳的最佳优化方案。

3.4.2　复合材料制品上的痕迹与痕迹技术

在没有经过后处理的复合材料制品上,存在着明显的模具结构痕迹和制品缺陷痕迹。模具结构痕迹和制品缺陷痕迹特征不同,是很容易分辨的。可以利用模具结构痕迹技术来确定模具的结构,利用制品缺陷痕迹整治缺陷。

3.4.2.1　复合材料制品上的痕迹

复合材料制品上存在着模具结构痕迹和制品缺陷痕迹两种类型。

（1）模具结构痕迹

模具结构痕迹是模具结构在复合材料制品成型过程中遗留的痕迹,其实际是树脂在固化过程中将模具结构烙印在制品内外型面上的印痕,如分型面的痕迹、排气孔的痕迹、流胶槽的痕迹、浇口的痕迹、镶嵌结构的痕迹和抽芯的痕迹,以及复合材料制品脱模的痕迹。这些痕迹是树脂液体进入模具构件的间隙中固化后的痕迹。

（2）制品缺陷痕迹

制品缺陷痕迹是复合材料制品在成型加工所出现的痕迹,如富脂痕迹、贫胶痕迹、孔隙痕迹、疏松痕迹、分层痕迹和搭接痕迹。这些痕迹可以通过观察发现,可以通过成型的复合材料制品的颜色和厚度进行初步的判断。

1）缺陷简易检验方法:可以通过观察复合材料制品的颜色和测量制品壁厚来判断缺陷,如深颜色和厚壁部分是富脂和搭接缺陷;浅颜色和薄壁部分是贫胶和分层缺陷;深颜色部分中存在浅颜色的形状,一般是孔隙和疏松缺陷。

2）缺陷无损方法:缺陷也可以通过以下无损检测方法进行检查。超声波检测法:超声波脉冲反射法、超声波脉冲透射法、超声共振法、超声多次反射法、超声相位分析法和超声声谱分析法;X射线检测法;X射线CT成像检测法;声发射检测法;激光全息（散斑）无损检测法;涡流检测法。

3.4.2.2　复合材料制品上的痕迹技术

痕迹技术是根据复合材料制品上的各种痕迹,利用痕迹对制定克隆模具结构和确认模具结构以及各种缺陷进行整治的技术。这种根据复合材料制品上痕迹的内容进行模具结构和缺陷的分析,确定模具结构设计和缺陷整治的方法称为复合材料制品的痕迹技术。

（1）复合材料制品上痕迹分析

前提是必须提供未经后处理的制品样件,分析方法先要对复合材料制品上的缺陷进行辨认和分类,再根据模具结构痕迹的分析还原模具的结构,最后进行制品缺陷的整治。

根据复合材料制品上的痕迹形状、位置和尺寸进行分析,并对痕迹进行分类,即针对模具结构痕迹进行判断,哪些是模具分型的痕迹;哪些是浇口的痕迹、镶嵌结构的痕迹和抽芯的痕迹,以及复合材料制品脱模的痕迹,以复原样件模具的结构。最后,由模具结构和缺陷痕迹的分析，找出缺陷产生的原因。

（2）痕迹技术的作用

既然复合材料制品上存在各种形式的痕迹，可以利用这些痕迹进行模具结构确定和缺陷的整治。

1）克隆模具：在提供有复合材料制品样件的前提下，可以根据这些模具结构痕迹的判断，测出这些模具结构痕迹的形状、位置和尺寸。根据测量到的这些数据，可以进行模具的克隆，由克隆模具加工出克隆复合材料制品。这是一种对复合材料成型模结构确定的补充方法，也可以作为对克隆模具结构的校核。

2）整治因模具结构产生的缺陷：可对复合材料制品上产生的缺陷进行分析，以确定产生缺陷的原因，从而找到解决制品缺陷的措施。特别是要找到因模具结构产生的缺陷，这是避免导致模具修理和报废重制的风险之一。

3）其他类型缺陷的整治：在复合材料制品上，还存在非模具结构的缺陷。复合材料制品还存在着在成型加工过程中产生其他类型的缺陷问题。因为复合材料制品其他类型缺陷的存在，同样影响着制品的质量。在经过分析辨别确定了缺陷产生的原因之后，可以采取相应的措施加以根治。

3.4.3　复合材料制品上模具结构缺陷预测对成型模结构方案的影响

成型模结构方案可行性分析，只是解决了复合材料制品成型和成型模结构相关的问题，或者说只是找到了复合材料制品形体与成型模结构之间的关系，还必须对模具结构可能存在的缺陷进行预测，进而在制定模具结构方案时避免因模具结构导致制品产生缺陷，从而避免模具的修理和报废。对复合材料制品成型加工可能出现的缺陷进行预先的分析，再根据预测的结果调整成型模结构方案，这样成型模就能一次试模获得成功。

3.4.4　成型模机构的确定

在完成了模具结构可行性分析和模具结构缺陷预期分析之后，便可以制定成型模的结构方案。成型模结构方案制定之后，就要确定模具结构中的相关机构。可根据成型模结构方案中的要求去寻找有关模具书籍、图册和手册中所介绍的机构，也可由自己设计能满足模具结构方案相应的机构。在机构选择或设计中，要注意机构的协调性和运动干涉。

3.4.5　复合材料成型模结构方案最终的确定

在对复合材料制品进行形体七要素分析之后，依据形体七要素的分析初步制定了成型模最佳优化结构方案；在进行了复合材料制品模具结构缺陷的预期分析之后，调整了模具结构，才算制定出模最终的结构方案。这样既可使成型模能够顺利进行复合材料制品的成型（即模具结构能够顺利地完成模具结构方案中所规定的动作），又能够消除模具结构所产生的缺陷。只有模具结构能够顺利地进行复合材料制品的成型，又能不出现模具结构的缺陷，模具的制造才算是合格的。至于另外一些非模具结构的缺陷，只要不会造成模具结构的修理或报废，这些非模具结构的缺陷可以通过试模找出缺陷产生的原因，而且这些缺陷整治容易。而模具结构的缺陷会导致模具修理或报废重制，这样会产生经济损失，并导致模具交货时间延误。

3.4.6　成型模结构方案的校核

制定出成型模结构最终方案之后，需要暂缓成型模的设计，因为还需要进行成型模结构方案的校核。所谓校核就是对成型模结构方案进行检验，以检查复合材料制品形体分析中有无缺失和错误，检查成型模结构初步方案和最终方案中有无解决形体分析中不当的措施，检查成型模各个机构有无不适应模具结构的最终方案，检查制定的最终成型模方案中是否是最佳优化方案。然后，还得对模具的强度和刚度进行校核，以确保模具结构最终方案正确无误，只有模具结构最终方案完全正确才能进行模具的设计。

3.4.7　成型模制造方案的制定

在成型模结构设计之前，需要对成型模的工作件（即凸模、凹模）制造方案进行一定的评估，就是能否采用适当的加工方法制造出成型模的工作件。如果没有好的方法制造出成型模的工作件，成型模设计方案再好也是枉然。成型模工作件制造方案首先是要立足于自己本单位的加工条件来制定，再立足于本市或本地区的条件，最后可以根据国内的条件来制定。如果连国内都没有办法加工出成型模工作件，那么只能调整模具结构方案。在实在没有办法的情况下，借用国外先进的加工手段也是一种选择。

3.4.8　成型模的设计或造型

在制定了成型模最终结构方案之后，又经过成型模结构方案审核，没有发现成型模最终结构方案存在任何差错，成型模结构制造也进行得顺利，此时可以大胆地进行成型模结构的设计和造型了。这些过程是指复杂模具设计的程序。对于简单的模具，则可以简化这些程序。只有严格遵守这些设计的程序，才能确保成型模设计准确无误。成型模的结构不仅能确保模具各个动作顺利完成，复合材料制品顺利成型和脱模，还能确保复合材料制品无模具结构的缺陷，最大程度确保成型模不需要修理和重新制造。

（1）复合材料成型模设计程序

复合材料成型模包含简单模具结构和复杂模具结构的成型模。简单结构的成型模设计程序要比复杂结构的成型模设计程序简化一些。成型模依靠模具凹模型腔或凸模型面成型，故属于型腔模具的范畴，其设计原理在本章所介绍的内容之中。

1）对于简单的复合材料成型模的设计程序：复合材料制品形体七要素分析→型模结构初步方案可行性分析→成型模结构设计或造型。

2）对于复杂的复合材料成型模的设计程序：复合材料制品形体七要素分析→成型模结构初步方案的可行性分析（运用3种可行性分析方法）→成型模结构最佳优化方案的可行性分析（多种方案的比较分析）→成型模结构最终方案的可行性分析（复合材料制品模

具结构缺陷的预测）→成型模结构方案的校核→成型模制造方案的制定→成型模结构设计或造型。

（2）复合材料制品切割模具设计程序

复合材料制品切割模具包含激光切割夹具和冲裁模具。激光切割夹具属于夹具类型，其设计原理为夹具的原理。冲裁模具为冲压模类型，其设计原理为冲压模的原理。

1）激光切割夹具的设计程序：复合材料制品的形体分析→六点定则（分别是制品与夹具和夹具与设备）→夹具体应回避激光切割运动→排除激光产生的有毒气体模具结构。

2）冲裁模的设计程序：复合材料制品的形体分析→六点定则→冲裁废料的排出→制品的脱模。

可见，复合材料制品形体七要素分析、成型模结构方案最佳优化和最终方案可行性分析、复合材料制品痕迹与痕迹技术和缺陷预期分析等内容为新创的成型模设计理论。上述理论组成了一个完整的、系统的、科学的成型模结构设计与论证体系，而且是整体不可分割的，缺少哪一部分都是不完整的，都会给模具结构方案带来不足，甚至是不可弥补的缺失。该理论解决了复合材料制品模具设计的方法和技巧。众所周知，从复合材料过渡到制品，中间是依靠成型模来成型的，依靠切割模具去除半成品的边角和废料才能成为制品。由于复合材料是近几十年才发展起来的新型材料，其成型模到目前为止还没有成熟的理论，这样就需要有一种能够适应现在日益迫切需求的理论来指导成型模的设计。有关复合材料制备和成型工艺的论文、书籍和手册不少，可是有关模具的十分匮乏，而国内外发表的众多有关复合材料成型模的论文都是零散的，复合材料制品成型模只是在有关复合材料工艺的书籍和手册中有提到，到目前为止还没有专门系统介绍复合材料成型模和切割模方面的书籍。要解决高难度的成型模设计中的技术问题，需要有深层次的理论。现时缺乏包括成型模在内的型腔模通用性和深层次的高端指导性理论，这就造成了成型模设计和制造工作的困惑。目前，复合材料制品复杂成型模在设计上存在越来越突出的理论缺失问题，缺乏深层次的高端技术理论，缺少能指导成型模和切割模的设计和制造工作的逻辑性、整体性的辩证方法论。而对于成型模和切割模设计的复杂性和困难性，目前还无相应的理论去指导，这就使许多成型模和切割模设计人员无所适应和茫然。

模具设计辩证方法论就是以事实和已有的理论为依据，去解决模具中问题的方法。

第4章　复合材料制品的模具用材选用及热表处理

复合材料制品的形状、尺寸和精度是依靠成型模形状、尺寸和精度所获得的，并依靠切割模去除边角余料和孔槽中废料而成为半成品，可见模具是复合材料制品的重要工艺装备。而各种复合材料成型模和切割模是需要应用模具材料制造出来的，所有模具材料又是成型模和切割模的物质基础，同时，模具材料又是决定模具价格、性能、加工性能和使用寿命的重要因素。作为复合材料产品模具设计人员，首先需要掌握能够用于成型模和切割模的各种模具材料名称、牌号、物理性能、化学性能、力学性能和热表处理工艺，材料的用途、价格和来源，这样才能做到物有所值、物有所用。

当前，复合材料模具用材主要有夹布胶木、铝合金、铸铁和传统模具钢，甚至是供货状态的45号钢，因此，复合材料模具结构件具有变形、腐蚀和短寿命的特点。这里存在一个误区，认为复合材料模具没有冲压加工、锻铸加工、压铸和注射加工那样恶劣的加工环境。殊不知，不同的复合材料模具用材也存在着不同的工作环境。对于复合材料制品在室温无压力条件下的凹凸模裱糊成型，主要问题是制品中的树脂固化时的收缩会造成脱模困难以及对模具材料的腐蚀作用。在这种情况下，制品脱模时需要用刮刀铲戳制品与模具成型面的接触面，或用橡胶槌敲击制品。模具材料的选择主要是考虑耐磨性和耐蚀性。在大多数情况下，为了提高复合材料制品生产率，在各种成型模的凸凹中加装电热器。会造成模具温度冷热交替变化的内应力，使得模具构件出现变形。对于在室温有压力条件下对模成型或抽真空成型时所造成的压力，不仅要考虑模具材料的耐磨性和耐蚀性，还需要考虑模具材料的强度和刚度。对于在热压罐中成型的制品，模具除了受热之外，还需抽取真空，利用压缩空气成型而承受压力及在成型加工过程中模具冷热交替变化的环境，模具需要考虑热变形、应力变形和刚度的问题。对于表面具有镜面要求的制品，则需要考虑选用模具型面为镜面的材料。只有如此，才能达到制品的质量要求。目前，新型模具用钢主要是针对冷作模具钢、热作模具钢和塑料模具钢进行研究和冶炼。市场没有专门针对复合材料模具的模具钢，这就需要从大量特钢中找出适用于上述复合材料制品工艺的模具钢。从总体上看，复合材料模具的工作环境没有冷热作模具和注塑模具工作环境恶劣，因此模具用材可以稍微逊色。若采用一些性能更加先进的钢材，则是不必要的浪费。从严格意义上讲，金属材料都能作为复合材料模具用材，但还需要考虑模具的使用经济性。为此，作者从众多的模具材料和特钢中挑选了少量的材料以供读者选用，这些钢材完全能够满足上述各种复合材料模具的使用性能。

4.1　非金属模具材料

复合材料制品是需要有模具成型的，模具则需要用材料来制造，特别是对于手工裱糊和喷射成型工艺的成型模而言。由于这两种成型工艺是在无压力和室温中固化成型的，对于单件和小批量复合材料制品，只要有一副成型模就可以进行生产。因此，这两种制品的成型对模具材料的要求不太高，大部分的固体材料都可以加工为成型模。当然，除了有色金属、黑色金属和合金之外，非金属材料也是制造这两种复合材料制品成型模的常用材料，如石膏、石头、水泥、木材、树脂、塑料和玻璃钢等，甚至沙和土也可以成为手工裱糊和喷射成型工艺复合材料成型模的材料。对于非金属材料而言，只能适用于制作试制性和小批量复合材料制品的成型模。

4.1.1　石膏

石膏制成的复合材料制品成型模，一般只能使用一次，特别是对于难以脱模的制品，只要将石膏成型模捣毁就可以取出制品。石膏成型模取材广泛，生产一件制品就需要制造一副模具。模具几乎不存在强度和刚度，裱糊时还容易掉块。由于石膏成型模裱糊面粗糙、尺寸精度差，因此只适宜制造民用的制品。

石膏是一种单斜晶体系矿物，晶体为显微针状，呈块状。无色或白色，条痕白色，似玻璃光泽，不透明。硬度约为 2（莫氏硬度），密度为 $2.55 \sim 2.67 \ \text{g/cm}^3$，熔点为 $1\ 450\ ℃$，将石膏加热到 $150 \sim 170\ ℃$，会失去大部分结晶水，变成熟石膏（$CaSO_4 \cdot 1/2H_2O$）。

特性：凝结硬化快、具有微膨胀性、孔隙率大、耐水性差、可塑性好、抗火性好。主要的化学成分为硫酸钙（$CaSO_4$）水合物，在市场上能买到。石膏泛指生石膏和硬石膏两种矿物，其中，生石膏又称为天然二水石膏（$CaSO_4 \cdot 2H_2O$），经煅烧、磨细可得 β 型半水石膏（$2CaSO_4 \cdot H_2O$）。建筑石膏又称为熟石膏或灰泥，若煅烧温度为 $190\ ℃$可得模具石膏，其细度和白度均比建筑石膏高。

石膏可用于水泥缓凝剂、石膏建筑品、模型制作、医用食品添加剂、硫酸生产、纸张填料和油漆填料等。熟石膏是一种常用于试制性和一次性生产的复合材料手工裱糊和喷射成型模的模具材料，特别是脱模困难或无法脱模制品的成型模制作更具优越性，因为只要将石膏模砸碎就能得到制品。

4.1.2　石头、水泥和玻璃

现在以石头和水泥制成的街景雕塑很多。石头或水泥制成的雕塑，受到光的照射和风的吹拂后存在风化现象，经过雨水中酸的长期淋洗也会产生腐蚀现象，很多古代室外的石雕被风化腐蚀就是有力例证。为了防止街景雕塑出现这种现象影响景观，一般要在石雕外裱糊玻璃钢才能保持雕塑长久的外观性。石头、水泥和玻璃成型模在复合材料制品生产中也是常用的模具材料之一。

1）石头：由于石头具有一定的硬度和刚度、加工方便、取材广泛、价格低廉等优点，因此，各种石头特别是花岗岩，是制造复合材料手工裱糊和喷射成型模的常用材料。各种石头经过雕刻后成为模具，便可以直接在其上进行复合材料的裱糊和喷射。石头模具可以多次使用，价格比钢模低，使用寿命也低于钢模，制造精度也低于钢模。对于精度要求不高、生产批量不大的玻璃钢制品，可采用石头作为材料的模具。

2）水泥：用水泥制造复合材料裱糊或喷射的成型模，要先用木材做好成型模的模胎，然后注入水泥，水泥凝固拆除模胎后为成型模。由于水泥模的型面表面光洁，成型制品的对应面也较为光洁，其他特点与石头模具相同。

3）玻璃：玻璃是由二氧化硅和其他化学物质熔融在一起形成的，主要生产原料为纯碱、石灰石和石英。在熔融时形成连续网络结构，冷却过程中黏度逐渐增大并硬化，致使其结晶为硅酸盐类非金属材料。普通玻璃的化学组成是 $Na_2O \cdot CaO \cdot 6SiO_2$，主要成分是二氧化硅，是一种无规则结构的非晶态固体。另外，有混入了某些金属的氧化物或者盐类而显现出颜色的有色玻璃，还有通过物理方法或者化学方法制得的钢化玻璃等。有时把一些透明的塑料（如聚甲基丙烯酸甲酯）也称作有机玻璃，如石英玻璃、硅酸盐玻璃、钠钙玻璃、氟化物玻璃、高温玻璃、耐高压玻璃、防紫外线玻璃和防爆玻璃等。玻璃通常是指硅酸盐玻璃，以石英砂、纯碱、长石及石灰石等为原料，经混合、高温熔融和匀化后加工成型，再经退火而得，属于混合物。玻璃广泛用于建筑物，用来隔风透光，以及用于日用、医疗、化学、电子、仪表、核工程等领域。

复合材料玻璃成型模是将熔融玻璃体注入钢制的模胎中，冷却凝固卸模后即可成为成型模。玻璃模硬度和刚度很高，表面粗糙度值低，能耐较高的温度，故可以用于各种复合材料成型模。钢制的模胎可以制造出许多成型模，吹制的成型模具有很小的收缩性，可以制造出形状精度高和表面光洁的各种复合材料制品。采用石头和水泥制成的成型模可以降低制品的成本。特别是街景雕塑，现在基本上都是采用石头或水泥作为模胎，再在其上用玻璃钢裱糊后进行彩绘，使街景雕塑栩栩如生。

4.1.3　树脂、塑料与玻璃钢

树脂、塑料与玻璃钢也是玻璃钢制品成型时所用的模具材料之一，这些材料加工简单，材料来源丰富，价格低廉。

4.1.3.1　树脂

树脂通常是指受热后存在软化或熔融范围，软化时在外力的作用下有流动倾向，常温下是固态和半固态，有时也可以是液态的有机聚合物。广义上是指用作塑料基材的聚合物或预聚物，一般不溶于水，能溶于有机溶剂。树脂按来源可分为天然树脂和合成树脂；按其加工行为不同的特点，又有热塑性树脂和热固性树脂之分。

1）热固性树脂（玻璃钢一般用这类树脂）：有不饱和聚酯树脂、乙烯基酯树脂、环氧树脂、酚醛树脂、双马来酰亚胺（BMI）和聚酰亚胺树脂等。

2）热塑性树脂：有聚丙烯（PP）、聚碳酸酯（PC）、尼龙（NYLON）、聚醚醚酮（PEEK）和聚醚砜（PES）等。

3）合成树脂：是由人工合成的一类高分子聚合物，合成树脂最重要的应用是制造塑料。为了便于加工和改善性能，常添加助剂，有时也直接用于加工成型，故常是塑料的同义语。合成树脂种类繁多，其中，聚乙烯（PE）、聚氯乙烯（PVC）、聚苯乙烯（PS）、聚丙烯（PP）和 ABS 树脂为五大通用树脂，是应用最为广泛的合成树脂材料。

一般是在预制的模胎中浇铸不饱和聚酯，树脂固化后取出树脂模具，再在树脂模具上进行复合材料的裱糊或喷射成型，成型固化后可获得复合材料制品。虽然树脂模具使用寿命较短，但模胎可以不断翻制出新模具，旧模具的材料还可以回炉熔融重新浇铸模具。

4.1.3.2　塑料

塑料是以单体为原料，通过加聚或缩聚反应聚合而成的高分子化合物，又称树脂（Resin）。塑料由合成树脂及填料、增塑剂、稳定剂、润滑剂和色料等添加剂组成，可以自由改变成分及形体样式。塑料的主要成分是树脂，树脂是指尚未和各种添加剂混合的高分子化合物。树脂约占塑料总重量的 40%～100%。塑料的基本性能主要取决于树脂的本性，但添加剂也起着重要作用。有些塑料基本上由合成树脂组成，不含或少含添加剂，如有机玻璃、聚苯乙烯等。所谓塑料，其实是合成树脂中的一种，形状跟天然树脂中的松树脂相似，经过化学手段进行人工合成。塑料可分成通用塑料、工程塑料和特种塑料三大类。

（1）通用塑料

通用塑料一般是指产量大、用途广、成型性好、价格便宜的塑料。通用塑料有五大品种，即聚乙烯（PE）、聚丙烯（PP）、聚氯乙烯（PVC）、聚苯乙烯（PS）及丙烯腈-丁二烯-苯乙烯共聚合物（ABS）。其余的基本可以归入特种塑料，如聚苯硫醚（PPS）、聚亚苯基氧化物或聚苯撑醚（PPO）、尼龙或聚酰胺（PA）、聚碳酸酯（PC）、聚甲醛（POM）等，它们在日用生活产品中的用量很少，主要应用在工程产业、国防科技等高端领域，如汽车、航天、建筑和通信等。塑料根据其可塑性，可分为热塑性塑料和热固性塑料。根据光学性能，可分为透明、半透明及不透明原料，如聚苯乙烯（PS）、聚甲基丙烯酸甲酯（PMMA）、丙烯腈-苯乙烯共聚物（AS）、聚碳酸酯（PC）等属于透明塑料，而其他大多数塑料都为不透明塑料。

1）热塑性塑料：热塑性塑料是一类应用最广的塑料，以热塑性树脂为主要成分，并添加了各种助剂。在一定的温度条件下，塑料能软化或熔融成任意形状，冷却后形状不变；这种状态可多次反复而始终具有可塑性，且这种反复只是一种物理变化，称这种塑料为热塑性塑料，故热塑性塑料的产品可再回收利用。常用的热塑性塑料品种有聚乙烯、聚丙烯、聚氯乙烯、聚苯乙烯、聚甲醛、聚碳酸酯、聚酰胺、丙烯酸类塑料等，还有聚烯烃及其共聚物、聚砜、聚苯醚等。

2）热固性塑料：第一次加热时可以软化流动，加热到一定温度，产生化学反应-交联反应而固化变硬，这种变化是不可逆的。此后，再次加热时已不能再变软流动了，故热固性塑料的产品不能回收利用。常用的热固性塑料品种有酚醛塑料、氨基塑料、不饱和聚酯和醇酸塑料，热固性塑料又分为甲醛交联型和其他交联型两种。

（2）工程塑料

工程塑料一般指能承受一定外力的作用，具有良好的力学性能和耐高、低温性能，尺寸稳定性较好，可以用作工程结构的塑料，如聚酰胺、聚四氟乙烯、ABS、聚甲醛和聚碳酸酯等。在工程塑料中又将其分为通用工程塑料和特种工程塑料两大类。

1）通用工程塑料包括聚酰胺、聚甲醛、聚碳酸酯、改性聚苯醚和热塑性聚酯五大类通用工程塑料。

2）特种工程塑料又有交联型和非交联型之分。交联型有聚氨基双马来酰亚胺、聚三嗪、交联聚酰亚胺、耐热环氧树脂等。非交联型有聚砜、聚醚砜、聚苯硫醚、聚醚醚酮（PEEK）等。

（3）特种塑料

特种塑料一般是指具有特种功能，可用于航空、航天等特殊应用领域的塑料。如氟塑料和有机硅具有突出的耐高温、自润滑等特殊功用，增强塑料和泡沫塑料具有高强度、高缓冲性等特殊性能，这些塑料都属于特种塑料的范畴。

1）增强塑料：增强塑料原料在外形上可分为粒状（如钙塑增强塑料）、纤维状（如玻璃纤维或玻璃布增强塑料）、片状（如云母增强塑料）三种。按材质可分为布基增强塑料（如碎布增强或石棉增强塑料）、无机矿物填充塑料（如石英或云母填充塑料）、纤维增强塑料（如碳纤维增强塑料）三种。

增强纤维或增强纤维布带在裱糊成型之后，也可以作为复合材料的成型模，在其型面上直接进行裱糊或喷射成型后固化脱模成为增强材料的制品，只是所得的制品要比作为复合材料成型模的尺寸大或小一个制品的厚度。如制品的尺寸要求不严，就可以直接利用制品作为成型模；如制品的尺寸要求严格，作为复合材料成型模的尺寸就必须相应增大或减小一个制品的厚度。

2）泡沫塑料：泡沫塑料可以分为硬质、半硬质和软质泡沫塑料三种。硬质泡沫塑料没有柔韧性，压缩硬度很大，只有达到一定应力值才产生变形，应力解除后不能恢复原状；软质泡沫塑料富有柔韧性，压缩硬度很小，很容易变形，应力解除后能恢复原状，残余变形较小；半硬质泡沫塑料的柔韧性和其他性能介于硬质泡沫塑料与软质泡沫塑料之间。

通用塑料、工程塑料、工程增强塑料和硬质泡沫塑料，都可以作为制作复合材料手工裱糊和喷射成型模的材料。只是要先将塑料板和塑料棒的连接部分加工好后拼装在一起，再进行组合加工制成模具。然后，在塑料模具上进行复合材料裱糊或喷射固化成型为制品。只是塑料的机械加工较钢材容易一些，加工费用低一些。但是，塑料模具使用寿命没有钢材模具高。

4.1.3.3 玻璃钢

玻璃钢也能作为复合材料制品的成型模具材料，具体制作方法是以石膏制成模胎，然后在模胎上裱糊成型模，之后便可在玻璃钢成型模加工复合材料制品。只是玻璃钢成型模型面的尺寸必须增加制品的壁厚。

4.1.4 木材与夹布胶木

木材和夹布胶木是制作复合材料制品裱糊和喷射成型模常用的模具材料，但木材必须充分干燥后不变形和开裂才能使用。干燥的方法有自然风干和在温箱中烘干两种。自然风干所用的时间过长，在温箱中烘干虽然时间很短，但不容易彻底干燥和消除变形。而夹布胶木板买回来就可以直接使用，不会产生变形和开裂。

（1）木材

下述木材都适宜制作复合材料制品的成型模，但木材必须干燥不变形。各种木材的性能见表 4-1。

表 4-1　各种木材的性能

序号	名称	性能
1	红松	材质轻软,强度适中,干燥性好,耐水、耐腐,加工、涂饰、着色、胶结性好
2	白松	材质轻软,富有弹性,结构细致均匀,干燥性好,耐水、耐腐,加工、涂饰、着色、胶结性好,白松比红松强度高
3	桦木	材质略重硬,结构细,强度大,加工、涂饰、胶结性好
4	椴木	材质略轻软,结构略细,有丝绢光泽,不易开裂,加工、涂饰、着色、胶结性好,不耐腐,干燥时稍有翘曲
5	水曲柳	材质略重硬,花纹美丽,结构粗,易加工,韧性大,涂饰、胶结性好,干燥性一般
6	榆木	花纹美丽,结构粗,加工、涂饰、胶结性好,干燥性差,易开裂翘曲
7	柞木	材质坚硬,结构粗,强度高,加工困难,着色、涂饰性好,胶结性差,易干燥,易开裂
8	榉木	材质坚硬,纹理直,结构细,耐磨,有光泽,干燥时不易变形,加工、涂饰、胶结性较好
9	枫木	重量适中,结构细,加工容易,切削面光滑,涂饰、胶结性较好,干燥时有翘曲现象
10	樟木	重量适中,结构细,有香气,干燥时不易变形,加工、涂饰、胶结性较好
11	柳木	材质适中,结构略粗,加工容易,胶结与涂饰性能良好,干燥时稍有开裂和翘曲
12	花梨木	材质坚硬,纹理,结构中等,耐腐,不易干燥,切削面光滑,涂饰、胶结性较好
13	紫檀(红木)	材质坚硬,纹理,结构粗,耐久性强,有光泽,切削面光滑
14	楠木	其色浅橙黄略灰,纹理淡雅文静,质地温润柔和,无收缩性,遇雨有阵阵幽香
15	栎木	材质重硬,生长缓慢,芯边材区分明显。纹理直或斜,耐水、耐蚀性强,加工难度高,但切削面光滑,耐磨损,胶结要求高,油漆着色、涂饰性能良好
16	核桃木	经水磨烫蜡后,会有硬木般的光泽,其质细腻无性,易于雕刻,色泽灰淡柔和。其木质特点是有细密似针尖状棕眼并有浅黄细丝般的年轮,密度与榆木相同
17	杨木	其质细软,性稳,价廉易得。杨木也称小叶杨,常有缎子般光泽,故也称缎杨。杨木常有骚味,比桦木轻软。桦木则有微香,常有极细褐黑色的水浸线,这是两者的差别
18	柏木	色黄、质细、气馥、耐水,多节疤,故民间多用其做柏木筲。柏木香味可入药,防腐
19	杜木(杜梨木)	色呈土灰黄色,木质细腻无华,横竖纹理差别不大,适于雕刻
20	楸木	民间称不结果之核桃木为楸,楸木棕眼排列平淡无华,但其收缩性小。楸木相对于核桃木密度小,色深,质松,棕眼大而分散

（2）合成木

合成木是近几年发展较快的一种新型材料，密度高、硬度高。目前，合成木又称为仿木材塑料（Imitation - wood Plastics），可用来代替木材的硬质低发泡塑料。一般用价格较低的烯类树脂（如聚氯乙烯、聚苯乙烯、聚乙烯、聚丙烯等）通过低发泡特殊加工来提高刚度。与木材相比，同样可以采用切削、开孔、打钉、上螺钉、胶结等进行加工，并具有物性均一、质轻、不吸水、尺寸稳定、耐腐蚀、耐虫蛀、着色容易、免刷油漆、防蚁、耐磨、无污染等优点，但耐候性、刚度、强度、触感较差。以聚丙烯（PP）树脂为基体材料，以木粉、竹粉、稻壳粉、稻秸秆粉为填料，采用模压成型工艺制备了多种聚丙烯（PP）基塑木复合材料。

塑木复合材料具有天然木材的质感，物理性能、力学性能优于木材，广泛应用于建筑材料、车辆船舶、家具、包装运输等行业。塑木复合材料的研究和应用对寻求木材替代材料具有重要意义，也是回收塑料再生利用的有效途径之一。有一种可利用高压气体的爆轰力能使木材的毛细管孔扩张，填充料和助剂紧接着充入而与膨化了的木材组织实现共混共聚，再立即压制成型的复合材料。填充料为塑料、陶瓷、金属粉、碳粉，可附加泥石粉、废渣粉。塑木复合材料的比强度、比模量比现有的同类材料高，可按不同需求制取不同等级品种的复合材料。推出了先复合、后从中生成碳纤维而制取碳纤维增强复合材料的方法，既利用了木材的毛细管孔，又利用了膨化时的脉冲与吞咽效应使充入的碳粉聚集成碳纤维。各种合成木材的性能见表 4-2。这些合成木材都可以作为制造复合材料制品成型模的材料，其性能较天然木材好。

表 4-2　各种合成木材的性能

序号	名称	性能
1	化学木材	用环氧树脂聚氨酯和添加剂配合而成，在液态时可注塑成型，因而容易形成制品形状。物理化学特性和技术指标与天然木材一样，可对其进行锯、刨、钉等加工，成本只有天然木材的 25% 左右
2	原子木材	是将木料与塑胶混合，再经钻 60 加工处理制成。由于经塑胶强化的木材比天然木材的花纹和色泽更美观，并容易锯、钉和打磨，因此用普通木工工具就可以对其进行加工
3	阻燃木材	是一种不会燃烧的木材。它在抗火材料中添加了无机盐，并把选后的木材浸入含有钡离子和磷酸离子的溶液中，以达到使木材防腐、防白蚁的目的。用其制成的床、家具、天花板等，即使房间地毯着火，也不会被火烧着
4	增强木材	是一种陶瓷增强木材。它是将木材浸入四乙氧醚硅中，待吸足后放入 500 ℃ 的固化炉中，使木材细胞内存有热量和水分。该木材形似木材，既保留了木材纹理，又可接受着色，硬度和强度大大高于原有木材
5	复合木材	是一种聚氯乙烯硬质高泡复合材料木材。它主要原料为聚氯乙烯，并加入适量的耐燃剂，使木材具有防火功能。该木材结构为单位独立发泡体，具有不连续、不传导、不传透等特性，可发挥隔热、隔间、防火、耐用等特点
6	彩色木材	它是采用特殊处理法将色料渗透到木材内部的一种新式材料，锯开就可呈现彩虹般的色彩，因而不需要再上色
7	合成木材	是采用木屑和树脂制成的一种合成木材，它既有天然木材的质感，又有树脂的可塑性，其特点是防水性强、便于加工、不易变形、防蛀性能好
8	人造木材	是一种用聚苯乙烯废塑料制造出的人造木材。主要成分为 85% 的聚苯乙烯废塑料，4% 加固剂、滑石粉以及黏合剂等 9 种添加剂，制成一种仿木材制品，其外观、强度及耐用性等均可与松木相媲美

（3）夹布胶木

夹布胶木是一种加强酚醛塑料，它只是胶木中的一种加强材料。夹布胶木在塑料工业中又称为电木，是以木粉为填料的酚醛塑料的俗称。以木粉为主要填料的酚醛压塑粉俗称胶木粉或电木粉。由胶木粉或电木粉压制而成的塑料制品称为胶木制品或电木制品。习惯上，人们常把用胶木、电工、尼龙、塑料、橡胶、陶瓷等绝缘材料作为基体构成的电器统称为胶木电器。它是连接用电器具和电源之间不可缺少的电气接插件，或启闭电路通断的开关。胶木电器主要包括灯座、线盒、开关、插头和插座等。此类电器生产量大，使用面广，是家用电器家族中应用最广泛的一类。橡胶和多量硫黄加热制成的硬质材料，多用作电器的绝缘材料，也用来制成其他日用品。

多块夹布胶木板的连接形式如图 4－1 所示。由于夹布胶木板的厚度有限，模具制造时凹模厚度超过了最大夹布胶木板厚度，需要用内六角螺钉 3 和内六角螺母 4 用多块夹布胶木板连接起来组成凹模 1 和凹模 2，并留有一定的加工余量后再进行加工。应注意的事项是：连接用的内六角螺钉 3 和内六角螺母 4 不能放置在成型面范围之内而影响模具的加工。

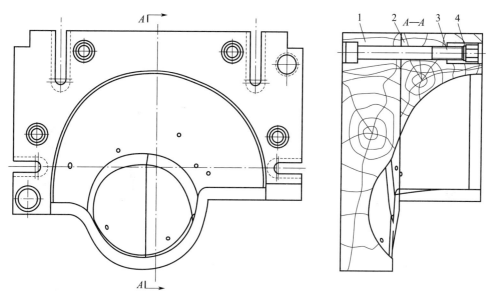

图 4－1　多块夹布胶木板的连接形式

1、2—凹模；3—内六角螺钉；4—内六角螺母

（4）尼龙（PA）

尼龙具有良好的综合性能，包括力学性能、耐热性、耐磨损性、耐化学药品性和自润滑性，且摩擦系数低，有一定的阻燃性，易于加工。尼龙适用于玻璃纤维和其他填料填充增强改性，可提高性能和扩大应用范围。尼龙的品种繁多，有 PA6、PA66、PA11、PA12、PA46、PA610、PA612、PA1010 等，还有近几年开发的半芳香族尼龙 PA6T 和特种尼龙等很多新品种。

在工作实践中，可以直接采用夹布胶木板制作复合材料制品的成型模，模具容易进行机械切削加工，加工后具有不变形的特点。因此，采用夹布胶木板制造模具零部件最省时省工，但使用寿命不太长，适合于试制和很小批量制品的生产。

4.1.5　陶瓷

陶瓷是陶器和瓷器的通称，是通过成型和高温烧结所得到的成型烧结体。陶瓷采用天然原料（如长石、黏土和石英等）烧结而成，是典型的硅酸盐材料。主要组成元素是硅、铝、氧，这 3 种元素占地壳元素总量的 90%。普通陶瓷来源丰富、成本低、工艺成熟。

4.1.5.1　分类

陶瓷可分成普通陶瓷和特种陶瓷。

（1）普通陶瓷

普通陶瓷按性能特征和用途可分为日用陶瓷、建筑陶瓷、电绝缘陶瓷和化工陶瓷等。

（2）特种陶瓷

特种陶瓷根据成分可分为氧化物陶瓷、氮化物陶瓷、碳化物陶瓷、金属陶瓷，根据用途可分为结构陶瓷、工具陶瓷和功能陶瓷。

1）结构陶瓷：可分成氧化铝陶瓷、氮化硅陶瓷、碳化硅陶瓷和六方氮化硼陶瓷。

2）工具陶瓷：可分成硬质合金、金刚石和立方氮化硼。

3）功能陶瓷：可分成介电陶瓷、光学陶瓷、磁性陶瓷、半导体陶瓷、精细陶瓷、结构陶瓷、电子陶瓷和生物陶瓷。

4.1.5.2　性能

（1）普通陶瓷的性能

1）力学特性：陶瓷材料是工程材料中刚度最好、硬度最高的材料，其硬度大多在 1 500 HV 以上。陶瓷的抗压强度较高，但抗拉强度较低，塑性和韧性很差。

2）热特性：陶瓷材料一般具有高的熔点（大多在 2 000 ℃以上），且在高温下具有极好的化学稳定性；陶瓷的导热性低于金属材料，陶瓷还是良好的隔热材料。同时，陶瓷的线胀系数比金属低，当温度发生变化时，陶瓷具有良好的尺寸稳定性。

3）电特性：大多数陶瓷具有良好的电绝缘性，因此大量用于制作各种电压（1～110 kV）绝缘器件。铁电陶瓷（钛酸钡 $BaTiO_3$）具有较高的介电常数，可用于制作电容器，铁电陶瓷在外电场的作用下，还能改变形状，将电能转换为机械能（具有压电材料特性），可用作扩音机、电唱机、超声波仪、声呐、医疗用声谱仪等。少数陶瓷还具有半导体特性，可做整流器。

4）化学特性：陶瓷材料在高温下不易氧化，并对酸、碱、盐具有良好的耐蚀能力。

5）光学特性：陶瓷材料还具有独特的光学性能，可用作固体激光器材料、光导纤维材料、光储存器等，透明陶瓷可用于高压钠灯管等。磁性陶瓷（铁氧体如 $MgFe_2O_4$、$CuFe_2O_4$、Fe_3O_4）在录音磁带、唱片、变压器铁心、大型计算机记忆元件方面的应用有着广泛的前途。

（2）特种陶瓷的性能

特种陶瓷主要是具有特殊力学、光、声、电、磁、热等性能，下面仅介绍结构陶瓷。

1）氧化铝陶瓷：主要组成物为 Al_2O_3，一般质量分数高于 45％。氧化铝陶瓷具有各种优良的性能。耐高温，一般可在 1 600 ℃长期使用，耐腐蚀，高强度，其强度为普通陶瓷的 2～3 倍，甚至高达 5～6 倍。其缺点是脆性大，不能接受突然的环境温度变化。用途极为广泛，可用作坩埚、发动机火花塞、高温耐火材料、热电偶套管、密封环等，也可用作刀具和模具。

2）氮化硅陶瓷：主要组成物为 Si_3N_4，这是一种耐高温、高强度、高硬度、耐磨、耐腐蚀并能自润滑的高温陶瓷。线胀系数在各种陶瓷中最小，使用温度高达 1 400 ℃，具有极好的耐蚀性。除氢氟酸外，能耐其他各种酸的腐蚀，能耐碱、各种金属的腐蚀，并具有优良的电绝缘性和耐辐射性。可用作高温轴承、在腐蚀介质中使用的密封环、热电偶套管，也可用作金属切削刀具。

3）碳化硅陶瓷：主要组成物为 SiC，这是一种高强度、高硬度的耐高温陶瓷。在 1 200～1 400 ℃使用仍能保持高的抗弯强度，是目前高温条件下强度最高的陶瓷。碳化硅陶瓷还具有良好的导热性、抗氧化性、导电性和高的冲击韧度，是良好的高温结构材料，可用于火箭尾喷管喷嘴、热电偶套管、炉管等高温下工作的部件；利用它的导热性可制作高温下的热交换器材料；利用它的高硬度和耐磨性制作砂轮和磨料等。

4）六方氮化硼陶瓷：主要成分为 BN，晶体结构为六方晶系，六方氮化硼的结构和性能与石墨相似，故有"白石墨"之称。硬度较低，可以进行切削加工，具有自润滑性，可制成自润滑高温轴承、玻璃成型模具等。

4.2　有色金属模具材料

有色金属模具材料指铁、铬、锰 3 种金属以外的所有金属。有色金属模具材料是金属材料的一种，主要是铜、铝、铅和镍等，其耐蚀性在很大程度上取决于其纯度。加入其他金属后，其力学性能增大，耐蚀性则降低。冷加工（如冲压成型）可提高其强度，但会降低其塑性。最高许用温度：铜（及其合金）是 250 ℃，铝是 200 ℃，铅是 140 ℃，镍是 500 ℃。

4.2.1　分类

有色金属模具材料主要是根据有色金属合金系统、用途、化学成分、形状和生产形式进行分类。

4.2.1.1　按合金系统分类

有色金属模具材料按合金系统分为重有色金属合金、轻有色金属合金、贵金属合金、稀有金属合金等。

（1）重有色金属

重有色金属指密度大于 4.5 g/cm³ 的金属，如铜、铅、锌、铁、钴、镍、锰、镉、汞、钨、钼、金、银等。

（2）轻有色金属

轻有色金属是指密度小于 4.5 g/cm³ 的有色金属，有铝、镁、钠、钙、锶、钡等。

（3）稀有金属

稀有金属是指在地壳中含量少又比较分散的有色金属，有锂、钛、镭等。

（4）贵金属

贵金属是指在地壳中含量少、密度大（10.4～22.4 g/cm³）、熔点高、价格贵的有色金属，如金、银、铂族（钌、铑、钯、锇、铱、铂）等 8 种金属元素。这些金属大多数拥有美丽的色泽，对化学药品的抵抗力相当大，在一般条件下不易发生化学反应。它们被用来制作珠宝和纪念品，而且还有广泛的工业用途。

（5）半金属

半金属是指介于金属和非金属之间的有色金属，如硅、硒、碲、硼等。

4.2.1.2　按合金用途分类

有色金属模具材料按合金用途分为变形（压力加工用）合金、铸造合金、轴承合金、印刷合金、硬质合金、焊料、中间合金和金属粉末等。

4.2.1.3　按化学成分分类

有色金属模具材料按化学成分分为铜和铜合金、铝和铝合金、铅和铅合金、镍和镍合金、钛和钛合金。

4.2.1.4　按形状分类

有色金属模具材料按形状分为板、条、带、箔、管、棒、线、型等品种。

4.2.1.5　按生产及应用分类

有色金属模具材料按生产及应用分为以下几类：

1）有色冶炼产品：指以冶炼方法得到的各种纯有色金属或合金产品。

2）有色加工产品（或称为变形合金）：指以机械加工方法生产出来的各种管、棒、线、型、板、箔、条、带等有色半成品材料。

3）铸造有色合金：指以铸造方法，用有色金属材料直接浇铸形成的各种形状的机械零件。

4）轴承合金：专指制作滑动轴承、轴瓦的有色金属材料。

5）硬质合金：指以难熔硬质金属化合物（如碳化钨、碳化钛）作为基体，以钴、铁或镍作为黏结剂，采用粉末冶金法（或铸造法）制作而成的一种硬质工具材料，其特点是具有比高速工具钢更好的热硬性和耐磨性，如钨钴合金、钨钴钛合金和通用硬质合金等。

6）焊料：是指焊接金属制件时所用的有色合金。

7）金属粉末：指粉状的有色金属材料，如镁粉、铝粉、铜粉等。

4.2.2　锌基合金

锌基合金主要由锌和适量的铝、铜等元素构成，熔点低（约为 320～450 ℃），但具有一定的强度和韧性，其铸造性能好，用于铸造几何形状复杂、分型面不规则、机械加工困难的各种型腔板或型芯。锌基合金主要用于生产批量不大的场合，且一次使用后还可以重熔，以供二次利用，具有一定的经济效益。因为该材料允许使用工作温度低（通常为150～170 ℃），可用于热塑性塑料模具和复合材料制品成型模。

4.2.3　铍铜合金

铍铜的主要成分是铜，添加了少量的铍和钴。铍铜经热处理后可达到较高的硬度（通常 40～50 HRC），有较佳的耐磨性、耐热疲劳性。利用压力或精密铸造可制作结构形状复杂、不易切削加工成型的模具工作零件。在铍铜表面镀铬可使之具有耐蚀性能。铍铜的热导率高，因此在塑料模中主要用来制作导热零件，铍铜的价格较贵。

4.2.4　铝合金

铝合金除了可以采用切削加工之外，还可以进行塑性加工或精铸成型。因为用铝合金来制作模具可以大大缩短加工周期，从而使制品生产比较经济。但是，铝合金的强度、硬度、耐热性、电镀性和焊接性都比钢材低得多，所以只能在制作小批量或试制性模具时使用。发泡注射模因受到型腔压力不大，用铝合金模具可实现中等批量制品的生产。

此外，由于铝合金的热导率高，常用来制造中空吹塑模的型腔。在有色金属中，除了铝及其合金可以应用于复合材料制品的成型模制造，严格地讲，其他有色金属都不可以作为模具材料。金、银、铜等贵金属价格高，稀有金属资源较少，显然不可以用于制作模具。

4.2.5　铸铝合金

铸铝是以熔融状态的铝浇铸进模具内，经冷却形成所需要形状铝件的一种工艺方法。铸铝所得到的铸件称为铸铝件。铸铝件的成本低，工艺性好，重熔再生能节省资源和能源。铸铝件铸造的轻合金，由于具有密度小、比强度高、耐腐蚀等一系列优良特性，对于形状复杂的批量中等复合材料制品的成型模，基本上可采用铸铝。一般情况是先按留有加工余量的模具图样制造出模具零件毛坯，毛坯再经过机械加工后成为成型模零件。

铸铝合金（ZL）按成分中除铝以外的主要元素硅、铜、镁、锌分为 4 类，代号编码分别为 100、200、300、400。

铸铝件在铸造成形过程中，容易产生内部疏松、缩孔和气孔等缺陷。这些含有缺陷的铸件在经过机加工，表面致密层部分被去掉，会使得内部组织缺陷暴露出来。对于具有缺陷的铸件，最普遍的技术是浸渗处理，即堵漏。所谓"浸渗"，就是在一定条件下把浸渗剂渗透到铸铝件的微孔隙中，经过固化后使渗入孔隙中的填料与铸件孔隙内壁连成一体堵住微孔，使零件能够满足加压、防渗及防漏等条件的工艺技术。为了获得各种形状与规格的优质精密铸件，用于铸造的铝合金应具有的特性见表 4-3。

表 4 - 3　用于铸造的铝合金应具有的特性

序号	特性
1	有填充狭槽窄缝部分的良好流动性
2	有比一般金属低的熔点,并能满足极大部分一般金属性能的要求
3	导热性能好,熔融铝的热量能快速向铸模传递,铸造周期较短
4	熔体中的氢气和其他有害气体可通过处理得到有效的控制
5	铝合金铸造时,没有热脆开裂和撕裂的倾向
6	化学稳定性好,耐蚀性强
7	不易产生表面缺陷,铸件表面有良好的表面粗糙度和光泽,而且易于进行表面处理
8	铸造铝合金的加工性能好,可用于制造梁、燃气轮叶片、泵体、挂架、轮毂、进气唇口和发动机的机匣等,也可用真空铸造、低压和高压铸造、挤压铸造、半固态铸造、离心铸造等方法成形,生产不同用途、不同品种规格、不同性能的各种铸件

4.2.6　锻铝合金

　　锻铝合金属于变形铝合金的一类,代号为 LD,包括铝镁硅铜系变形铝合金和铝镁硅系变形铝合金,主要用作形状复杂的锻件。镁和硅可形成强化相 Mg_2Si;铜可以改善热加工性能,并形成强化相 $Cu_4Mg_5Si_4Al$;锰可以防止加热时出现过热现象。锻铝合金大都在淬火、人工时效状态下使用。在淬火后应立即进行人工时效,否则会降低强化效果。主要牌号有 LD2 等。锻铝合金高温强度低,热塑性好,可锻造成形状复杂的锻件和模锻件,也可轧制成板材或其他型材,主要用于飞机结构件上。

　　高强度铝合金是指抗拉强度大于 480 MPa 的铝合金,主要是在压力加工铝合金中,如防锈铝合金类、硬铝合金类、超硬铝合金类、锻铝合金类、铝锂合金类。铝合金压力加工产品分为防锈（LF）、硬质（LY）、锻造（LD）、超硬（LC）、包覆（LB）、特殊（LT）及钎焊（LQ）等 7 类。常用铝合金材料的状态为退火（M 焖火）、硬化（Y）、热轧（R）等 3 种。铝合金的代号及其特点与用途见表 4 - 4。

表 4 - 4　铝合金的代号及其特点与用途

牌号	特点	代表牌号及用途
1×××	属于含铝量最多的一个系列	代表牌号为 1050、1060 和 1100,该系列铝板根据最后两位阿拉伯数字来确定这个系列的最低含铝量,含铝量必须达到 99.5% 以上方为合格产品
2×××	是硬度较高的铝合金,其中铜元素的质量分数最高,大概在 3%～5%	代表牌号为 2A16(LY16) 和 2A06(LY6),2××× 系列铝板属于航空铝材
3×××	锰元素为主要成分,质量分数在 1.0%～1.5% 范围内,是一款防锈功能较好的系列铝合金	代表牌号以 3003、3004 和 3A21 为主,常应用在空调、冰箱、车底等潮湿环境中
4×××	属于含硅量较高的系列铝合金,硅的质量分数在 4.5%～6.0% 范围内	代表牌号为 4A01,属建筑材料、机械零件、锻造用材和焊接材料;熔点低、耐蚀性好;具有耐热、耐磨的特性

续表

牌号	特点	代表牌号及用途
5×××	属于较常用的合金铝板系列,主要元素为镁,镁的质量分数在 3%～5% 范围内。又可以称为铝镁合金,加工工艺为连铸连轧,属于热轧铝板系列,故能进行氧化深加工	代表牌号为 5052、5005、5083 和 5A05,密度低,抗拉强度高,伸长率高。在相同体积下,铝镁合金的重量低于其他系列,故常用在航空产品方面,比如飞机油箱,在常规工业中广泛应用
6×××	主要含有镁和硅两种元素,集中了 4××× 系列和 5××× 系列的优点	代表牌号为 6061,是一种冷处理铝锻造产品,适用于对耐蚀性、抗氧化性要求高的场合。可使用性好,接口特点优良,容易涂覆,加工性好。可以用于低压武器和飞机接头上
7×××	主要含有锌元素。属于航空系列,是铝镁锌铜合金。7075 铝板已经消除应力,加工后不会变形、翘曲。所有超大、超厚的 7075 铝板全部经超声波探测,可以保证无砂眼、杂质	代表牌号为 7075,可热处理,属于超硬铝合金。有良好的耐磨性,7075 铝板热导率高,可以缩短成型时间,提高工作效率。主要特点是硬度高,7075 是高硬度、高强度的铝合金,常用于制造飞机零部件
8×××	属于其他系列	牌号 8011 为常用的铝板材,是以做瓶盖为主要功用的铝板,也应用在散热器方面,大部应用为铝箔

制造复合材料制品成型模的铝材料,主要是铸铝和合金铝板,适于制作小批量、形状复杂的复合材料成型模。当合金铝板的厚度小于模具厚度时,需要将两块甚至几块合金铝板用螺钉和螺母连接起来,连接处的螺钉和螺母不能影响模具加工的型面,连接形式与图 4-1 所示相同。

4.3　传统普通碳素结构钢的性能和用途

传统模具钢是研制新型特殊模具钢性能的基础。模具零件包括模具结构零件和模具工作零件两大类。模具结构零件大多数可以采用传统性钢材。碳素结构钢是碳素钢的一种,碳的质量分数约为 0.05%～0.70%,个别可高达 0.90%。碳素结构钢是制作复合材料制品成型模和切割模中最常用的钢材之一,模具结构件常采用碳素结构钢。

4.3.1　分类

普通碳素结构钢又称为普通碳素钢,可分为普通碳素结构钢和优质碳素结构钢两类。前者含杂质较多,价格低廉,用于对性能要求不高的机械构件,它的碳的质量分数多数在 0.30% 以下,锰的质量分数不超过 0.80%,强度较低,但塑性、韧性、冷变形性能好。除少数情况外,一般不进行热处理,直接使用,多制成条钢、异型钢材和钢板等。用途很多,用量很大,主要用于制造承受静载荷的各种金属构件及不重要、不需要热处理的机械零件和一般焊接件。

碳素结构钢的牌号由代表屈服强度的字母、屈服强度数值、质量等级符号、脱氧方法符号等 4 个部分按顺序组成。用 Q＋数字表示,其中"Q"为屈服强度"屈"字的汉语拼音字首,数字表示屈服强度数值,例如 Q275 表示屈服强度为 275 MPa。

4.3.2　普通碳素结构钢的性能与用途

　　普通碳素钢主要用于制作工程结构件，它一般在供应状态下使用。钢中硫、磷的质量分数较高，分别达 0.050% 和 0.045%，在钢的总产量中，普通碳素钢占有很大的比例。

　　普通碳素钢可由氧气转炉、平炉或电炉冶炼，一般热轧成钢板、钢带、型材和棒材。钢板一般以热轧（包括控制轧制）或正火处理状态交货。钢材的化学成分、拉伸性能、耐冲击性能和冷弯性能应符合有关规定。

　　普通碳素钢的应用范围非常广泛，大部分用作焊接、铆接或拴接的钢结构件，少数用于制作各种机器部件。强度较低的 Q195、Q215 钢用于制作低碳钢丝、钢丝网、屋面板、焊接钢管、地脚螺栓和铆钉等。Q235 钢具有中等强度，并具有良好的塑性和韧性，而且易于成形和焊接。这种钢多用作钢筋和钢结构件，另外还可用作铆钉、铁路道钉和各种机械零件，如螺栓、拉杆和连杆等。强度较高的 Q255、Q275 钢用于制作各种农业机械，也可用作钢筋和铁路鱼尾板。根据一些工业用钢的特殊性能要求，对普通碳素钢的成分稍加调整而形成一系列专业用钢，如铆螺钢、桥梁钢、压力容器钢、船体钢、锅炉钢。专业用钢除了严格控制化学成分、保证常规性能外，还规定某些特殊检验项目，如低温冲击韧性、时效敏感性、钢中气体、夹杂和断口等。

4.3.2.1　Q235A（A3）钢

　　Q235 钢是普通碳素钢的一种表示方法。命名规则：由 Q+数字+质量等级符号+脱氧方法符号组成，钢号冠以"Q"，代表钢材的屈服强度，后面的数字表示屈服强度数值，单位为 MPa，如 Q235 表示屈服强度（R_{eL}）为 235 MPa 的碳素钢。Q235 又按质量等级符号，细分为 A、B、C、D 四个等级，表示含硫（S）、磷（P）量依次降低，钢材质量依次提高。普通碳素钢在一般情况下都不经热处理，而在供应状态下直接使用。若在牌号后面标注字母"F"则为沸腾钢，标注"b"为半镇静钢，不标注"F"或"b"者为镇静钢，例如 Q235AF 表示屈服强度为 235 MPa 的 A 级沸腾钢，Q235C 表示屈服强度为 235 MPa 的 C 级镇静钢。

　　A3 是老国标的牌号，新国标为 Q235。在国家标准 GB/T 700—2006 中，此类钢按屈服强度数值分为 5 个牌号，并按质量分为 4 个等级。

　　Q235 钢分 A、B、C、D 四级（GB/T 700—2006）。Q235 钢化学成分、性能和用途见表 4-5。

表 4-5　Q235 钢化学成分

成分等级	C	Mn	Si	S	P
Q235A	≤0.22%	≤1.4%	≤0.35%	≤0.050	≤0.045
Q235B	≤0.20%	≤1.4%	≤0.35%	≤0.045	≤0.045
Q235C	≤0.17%	≤1.4%	≤0.35%	≤0.040	≤0.040
Q235D	≤0.17%	≤1.4%	≤0.35%	≤0.035	≤0.035

续表

力学性能	弹性模量/GPa	200~210	泊松比	0.25~0.33	抗拉强度/MPa	375~500
伸长率 （%）	≥26 (a≤16 mm)	≥25 (a>16~40 mm)	≥24 (a>40~60 mm)	≥23 (a>60~100 mm)	≥22 (a>100~150 mm)	≥21 (a>150 mm)
用途	廉价钢,可用于制造注塑模的动模板、定模板和垫块等,冲裁模的模架和固定模板。建筑结构和桥梁用钢,如角钢、槽钢、工字钢和钢筋等,可制造一般机械上的连杆、心轴、拉杆和螺栓等;大量应用于建筑及工程结构:用以制作钢筋或建造厂房的房架、高压输电铁塔、桥梁、车辆、锅炉、容器、船舶等,也大量用作对性能要求不太高的机械零件。C、D 级钢还可作为某些专业用钢使用;可用于各种模具把手以及其他不重要的模具零件,采用 Q235 钢做冲头材料,经淬火后不回火直接使用,硬度为 36~40HRC,能解决冲头在使用中碎裂的问题					

注:a 为钢材厚度或直径。

4.3.2.2　Q275 钢

Q275 钢是一种碳素结构钢。对应国际标准化组织:E275A;对应老牌号为:A5,国家标准为:GB/T 709—2019。Q275 钢化学成分、性能和用途见表 4 - 6。

表 4 - 6　Q275 钢化学成分、性能和用途

化学成分 （质量分数,%）	C	Mn	Si	S	P
	≤0.37	≤1.5	≤0.35	≤0.050(A 级)	≤0.035
力学性能	弹性模量/GPa		脱氧方法	Z	抗拉强度/MPa	410~560
伸长率 A （%）	≥20 (a≤16 mm)	≥19 (a>16~40 mm)	≥18 (a>40~60 mm)	≥17 (a>60~100 mm)	≥16 (a>100~150 mm)	≥15 (a>150 mm)
伸长率 A_5 （%）	≥26 (a≤16 mm)	≥25 (a>16~40 mm)	≥24 (a>40~60 mm)	≥23 (a>60~100 mm)	≥22 (a>100~150 mm)	≥21 (a>150 mm)
冷弯性能	180°冷弯 试验	d=3a（B=2a; 60 mm)		d=4a（B=2a:>60~100 mm)		d=4.5a (B=2a:>100~200 mm)
特性	具有较高的强度、较好的塑性和切削加工性能,一定的焊接性能,小型零件可以淬火强化					
用途	用于制造要求强度较高的机械零件,如齿轮、轴、链轮、键、螺栓、螺母、农机用型钢、输送链和链节。用于建筑桥梁工程上制作比较重要的机械构件,可代替优质碳素钢材使用,其中,Q275B 相当于 35~40 钢					

注:d 为弯心直径,B 为试样宽度,a 为钢材厚度或直径。

4.3.3　普通碳素结构钢的用途对比

普通碳素结构钢的成分不同,它们的性能就不同,因此它们的用途也就不同。用错了普通碳素结构钢的牌号,会发生钢材的变形、弯曲和断裂的现象。

（1）Q235 和 Q275 的主要用途

1）Q235:含碳量适中,综合性能较好,强度、塑性和焊接等得到较好配合,用途最广泛。常轧制成盘条或圆钢、方钢、扁钢、角钢、工字钢、槽钢、窗框钢等型钢,中厚钢板。大量用于建筑及工程结构,用以制作钢筋或建造厂房房架、高压输电铁塔、桥梁、车辆、锅炉、容器、船舶等,也大量用于制作对性能要求不太高的机械零件。C、D 级钢还可作为某些专业用钢。

2）Q275：强度、硬度较高，耐磨性较好。用于制造轴类、农业机具、耐磨零件、钢轨接头夹板、垫板、车轮和轧辊等。

（2）力学性能与用途

这类钢主要应保证力学性能，故其牌号体现其力学性能，通常 Q235 等钢的碳质量分数低，焊接性能好，塑性、韧性好，有一定强度，常轧制成薄板、钢筋、焊接钢管等，用于桥梁、建筑等结构和制造普通螺钉、螺母等零件。Q275 钢的碳质量分数稍高，强度较高，塑性、韧性较好，可进行焊接，通常轧制成型钢、条钢和钢板作为结构件以及制造简单机械的连杆、齿轮、联轴节和销等零件。

4.4　传统结构钢的性能和用途

结构钢的钢质纯净，杂质少，力学性能好，可经热处理后使用。根据含锰量分为普通含锰量（小于 0.80%）和较高含锰量（0.80%~1.20%）两组。碳的质量分数在 0.25% 以下的钢，多不经热处理直接使用，或经渗碳、碳氮共渗等处理，制造中小齿轮、轴类和活塞销等；碳的质量分数为 0.25%~0.60% 的钢，典型钢号有 40、45、40Mn、45Mn 等，多经调质处理，制造各种机械零件及紧固件等；碳的质量分数超过 0.60% 的钢，如 65、70、85、65Mn、70Mn 等，多作为弹簧钢使用。碳素结构钢如 Q235A（A3）钢和 Q255B 等，优质碳素结构钢如 35 钢、45 钢和 55 钢，合金结构钢如 40Cr、60Si2Mn、9SiGr 和 Cr12MnV 等。

4.4.1　优质碳素结构钢的分类

优质碳素结构钢和普通碳素结构钢相比，硫、磷及其他非金属夹杂物的含量较低。根据含碳量和用途不同，这类钢大致又分为以下 3 类：

1）低碳钢：具有很好的深冲性和焊接性而被广泛地用作深冲件，如汽车、制罐等；20G 则是制造普通锅炉的主要材料。此外，低碳钢也广泛地作为渗碳钢，用于机械制造业。

2）中碳钢：多在调质状态下使用，制作机械制造工业的零件。调质硬度为 22~34HRC，能得到综合力学性能，也便于切削。

3）高碳钢：多用于制造弹簧、齿轮和轧辊等，根据含锰量的不同，又可分为普通含锰量（0.25%~0.8%）和较高含锰量（0.7%~1.0% 和 0.9%~1.2%）两组。锰能改善钢的淬透性，强化铁素体，提高钢的屈服强度、抗拉强度和耐磨性。通常，在含锰量高的钢的牌号后附加标记"Mn"，如 15Mn、20Mn，以区别于正常含锰量的碳素钢。

根据钢种和钢的质量要求，合金结构钢的冶炼，可采用氧气顶吹转炉、平炉和电弧炉；或再加电渣重熔、真空除气。铸锭可采用连铸或模铸，钢锭应缓慢冷却或热送锻造、轧制。钢锭加热时，应力求温度均匀并有足够的保温时间，以改善偏析缺陷和避免锻、轧时变形不均匀；锻、轧后钢材尺寸小的，特别是碳的质量分数为 0.2% 左右的渗碳钢，在

600 ℃以上时应快速冷却，以免加重带状组织；截面较大的锻件，应采取措施消除内应力和白点。

调质钢应尽可能淬火成马氏体组织，然后回火成索氏体组织；渗碳钢在渗碳过程中，渗层浓度梯度不宜过大，以免在渗层晶界上出现连续网状碳化物；氮化钢必须先经热处理得到所需的性能，最后经精加工进行氮化。氮化处理后除将脆薄的"白层"研磨除去外，不再进行加工。

4.4.2　优质碳素结构钢合金元素含量与牌号

优质碳素结构钢碳的质量分数约为 0.05%～0.70%，个别可高达 0.90%。钢中含有碳元素和为脱氧而存在的硅，一般不超过 0.40%。锰一般不超过 0.80%，较高的可达到1.20%。一般不含其他合金元素（残余元素除外），此类钢必须同时保证化学成分和力学性能。其硫、磷杂质元素含量一般控制在 0.035% 以下。若磷控制在 0.030% 以下的叫作高级优质钢，其牌号后面应加 "A"，例如 20A；若磷控制在 0.025% 以下，硫控制在0.020% 以下时，称特级优质钢，其牌号后面应加 "E"，以示区别。对于由原料带进钢中的其他残余合金元素，如铬（Cr）、镍（Ni）、铜（Cu）等，一般控制在 Cr≤0.25%、Ni≤0.30%、Cu≤0.25%。有的牌号锰含量达到 1.40%，称为锰钢。

钢和铁的区分是：碳的质量分数低于 2.11% 的为钢，碳的质量分数高于 2.11% 的为铁；钢中含碳量越高其韧性越差，铁中含碳量越高其韧性越好。

4.4.3　30 钢

30 钢碳的质量分数为 0.3% 左右，为优质碳素结构钢。该钢是由电炉、平炉或纯氧转炉炼钢法制造的全静钢，耐磨性及韧性极高，金相组织均匀，加工性能优良。强度与淬透性比 20 钢高，焊接性中等，冷变形、塑性中等，切削性好，一般在正火状态下使用。30钢成分、性能和用途见表 4 - 7。

表 4 - 7　30 钢成分、性能和用途（GB/T 699—2015）

牌号	化学成分(质量分数，%)							
	C	Mn	Si	Ni	P	S	Cr	Cu
30	0.27～0.34	0.50～0.80	0.17～0.37	≤				
				0.30	0.035	0.035	0.25	0.25
力学性能	抗拉强度/MPa	屈服强度/MPa	伸长率(%)	冲击功/J	断面收缩率(%)	硬度未热处理	试样毛坯尺寸/mm	
	≥490	≥295	≥21	≥63	≥50	≤179 HBW	25	
热处理工艺	正火:880 ℃		淬火:860 ℃			回火:600 ℃		
分类	普通碳素钢:S≤0.055%，P≤0.045%；优质碳素钢:S≤0.035%，P≤0.035%；高级碳素钢:S≤0.025%，P≤0.025%；特级质量钢:S≤0.015%，P≤0.015%							

续表

焊接性	是唯一接合性较好的硬度钢焊条，适用于空冷钢、火焰淬火冷作模具钢，如 ICD5、7CrSiMnMoV 等。可用于汽车钣金覆盖件模具及大型五金钣金冲压模具的拉延、拉伸部位修补，也可用于硬面制作。另外，在使用时也有一些需要注意的事项： 1)在潮湿场地施工前，焊条应先以 150～200 ℃烘干 30～50 min 2)焊接前通常施以 200 ℃以上预热，焊接后空冷，如果可能最好实施应力消除 3)需多层堆焊处，以 CMC－E30N(打底焊条)打底，可得到较好的焊接效果
特性	与低碳钢相比，强度、硬度均较高，具有较好的韧性、焊接性，大多在正火状态下使用，可进行调质处理，硬度为 48～52 HRC；主要成分：Cr、Si、Mn、C；适用电流范围：直径及长度：3.2 mm×350 mm，4.0 mm× 350 mm；电流范围：70～100 A、130～150 A
用途	采用热锻、热压及切削加工方法，制造截面较小、受力不大、工作温度≤150 ℃的机械零件，如丝杠、拉杆、轴键、吊环、齿轮、套筒等；切削性能良好，广泛应用于自动机床上加工螺栓、螺钉等；用于制造需冷顶锻零件及焊接件；用作渗碳、碳氮共渗等零件，用作热锻和热冲压机械零件、冷拉丝，用作重型和一般机械用的轴、拉杆、套环、螺栓、螺母、杠杆和高应力下工作的小型零件，以及机械上用的铸件，如气缸、汽轮机机架、轧钢机机架和零件、机床机架及飞轮等

4.4.4　45 钢

45 钢为优质碳素结构钢，硬度不高，易切削加工。45 钢在机械结构中用途最广，常用来制造轴、丝杠、齿轮、连杆、套筒、键、重要螺钉和螺母等。在冲压模中常用来做固定模板、圆柱销和导柱等，须热处理。45 钢成分、性能和用途见表 4－8。

表 4－8　45 钢成分、性能和用途（GB/T 699—2015）

牌号	化学成分(质量分数，%)					
	C	Mn	Si	Ni	Cr	Cu
45	0.42～0.50	0.50～0.80	0.17～0.37	≤		
				0.30	0.25	0.25

力学性能	抗拉强度/MPa	屈服强度/MPa	伸长率(%)	冲击功/J	断面收缩率(%)	硬度 未热处理	试样毛坯尺寸/mm
	≥490	≥295	≥21	≥63	≥50	≤179 HBW	25

热处理工艺	正火：850 ℃	淬火：840 ℃	回火：600 ℃

性能	是一种中碳钢，力学性能很好。淬火性能并不好，可以淬硬至 42～46 HRC。在淬火后回火前，实际应用最高硬度为 55 HRC。在退火状态下硬度较低，具有良好的切削性能和塑性。渗碳后经淬火、低温回火处理，模具表面具有高硬度、高耐磨性及抛光性能，具有一定的强度和韧性。能保证模具使用性能，可有效地提高模具使用寿命。调质处理后的零件具有良好的综合力学性能，广泛应用于各种重要的结构零件，特别是那些在交变负荷下工作的连杆、螺栓、齿轮及轴类等。表面硬度较低，不耐磨，可用调质＋表面淬火提高零件表面硬度。价格便宜，经过调质(或正火)后，可得到较好的切削性能，而且能获得较高强度和韧性等综合力学性能。渗碳处理一般用于表面耐磨、芯部耐冲击的重载零件。如果需要表面硬度高，又希望发挥 45 钢优越的力学性能，常将 45 钢表面淬火(高频淬火或者直接淬火)，这样就能得到需要的表面硬度

续表

渗碳处理	用于表面耐磨、芯部耐冲击的重载零件。其表面碳的质量分数为 0.8%～1.2%,芯部碳的质量分数一般为 0.1%～0.25%,特殊情况下采用 0.35%。经高频淬火后,表面可以获得很高硬度(58 HRC),芯部硬度低,耐冲击。渗碳淬火后,芯部会出现硬脆的马氏体,失去渗碳处理的优点,所以不要采用渗碳淬火的热处理工艺。采用渗碳工艺的材料,含碳量都不高。可以采用调质+高频表面淬火的工艺,耐磨性较渗碳略差,比调质+表面淬火高
用途	可用于制造注塑模固定推杆的推板、导轨和侧滑块等,以及形状简单模具的型芯和型腔,在能够保证注塑件精度情况下的寿命只有 5 万～8 万次。抛光性不良,不能抛到 $Ra0.4\ \mu m$,调质后硬度不足而且硬化层浅

4.4.5　45Mn 钢

45Mn 是中碳调质钢,强度、韧性及淬透性均比 45 钢高,一般在调质状态下使用,也可在淬火和回火或正火状态下使用。45Mn 钢化学成分、性能和用途见表 4 - 9。

表 4 - 9　45Mn 钢化学成分、性能和用途　(GB/T 699—2015)

牌号	化学成分(质量分数,%)							
	C	Si	Mn	P	S	Ni	Cr	Cu
				≤				
45Mn	0.42～0.50	0.17～0.37	0.70～1.00	0.035	0.035	0.30	0.25	0.25
力学性能	抗拉强度/MPa	屈服强度/MPa	伸长率(%)	冲击功/J		断面收缩率(%)	冲击韧性/(J/cm²)	硬度(未热处理)
	≥620(63)	≥375(38)	≥15	≥39		≥40	≥49(5)	≤241 HBW
热处理工艺	正火:850 ℃	淬火:840 ℃		回火:600 ℃			退火钢	≤217 HBW
性能	调质处理后可获得较好的综合力学性能,切削加工性能尚好,但焊接性能差,冷变形塑性低,有回火脆性倾向。是取代 40Cr 钢比较成功的新钢种,具有较高的强度、硬度、耐磨性及良好的韧性,其淬透性较 40Cr 稍高,在油中临界淬透直径达 18～33 mm;正火后切削性良好,冷拔、滚螺纹、攻螺纹和锻造、热处理工艺性能也都较好,高温下晶粒长大、氧化、脱碳倾向及淬火变形倾向均较小;但有回火脆性,回火稳定性比 40Cr 钢稍差							
用途	在调质状态下使用,使用温度范围为 -20～425 ℃,代替 40Cr 钢制作中、小截面的调质零件,如汽车半轴、转向轴、蜗杆、花键轴和机床主轴、齿轮等,代替 40Cr 钢制作 $\phi250～\phi320$ mm 卷扬机中间轴等较大截面的零件。制作尺寸较小零件时可代替 40CrNi 钢使用。用于制造受磨损的零件,如转轴、心轴、曲轴、花键轴、连杆、万向节轴、啮合杆、齿轮、离合器盘、螺栓、螺母等							

复合材料成型工艺不同,成型条件就不同,造成的模具工作状态也不同。因此,所使用的模具材料和热处理自然也会不同。虽然普通碳素结构钢和优质碳素结构钢在性能上低于合金结构钢、特殊用途结构钢和新型模具钢,但在价格上低廉。用于制作模具的一些结构件,如模架和非工作件还是十分普遍的。对于性能要求不高、生产批量不大的复合材料

成型模的成型件，也可以采用 30 钢和 45 钢。我们常说好钢要用在刀刃上，既要能够满足模具使用的性能，又要降低模具的成本，还要便于模具的制造加工，采用普通碳素结构钢和优质碳素结构钢是十分自然的事情。不能说一副模具所有的钢材都要采用新型的高性能模具钢，这是对资源的一种浪费。

4.5　传统碳素工具钢的性能和用途

常用于模具的碳素工具钢有 T7A、T8A、T10A、T12A 等。各种优质碳素工具钢在钢号后面加 A，代表高级优质碳素工具钢，其碳的质量分数在 0.65%～1.35% 范围内。常用碳素工具钢的力学性能，受钢中含碳量的影响很大。常用碳素工具钢的硬度，主要取决于模具尺寸和钢中的含碳量，含碳量越高，硬度越高。直径为 $\phi1～\phi5$ mm 的工作件在水中淬火后，当碳的质量分数为 0.6%～0.7% 时，硬度可达到 62～63 HRC，但直径较大的工件要获得同样的表面硬度，则必须使碳的质量分数增加到 1.00% 以上。钢的耐磨性也取决于硬度，当碳素工具钢硬度在 62 HRC 以下时，耐磨性急剧降低。耐磨性也与钢中残留奥氏体数量、形态及分布有关。一般情况下，含碳量越高，耐磨性越好，如 T12 钢比 T10 钢的耐磨性稍高。钢的韧性随含碳量的增加而逐渐下降，钢的强度随含碳量的增加而增加。当碳的质量分数为 1.35% 达最大值，随后再降低接近共析成分时，强度最低。含碳量继续增加，强度两次提高，但当碳的质量分数等于或超过 1.2% 时，因渗碳体分布不均，强度又会下降。

提高淬火温度会使碳素工具钢强韧性下降，但适当提高淬火温度可增加硬化层厚度，从而提高模具承载能力。因此，对于容易淬透的小型模具，可采用较低淬火温度（760～780 ℃），而对于大、中型模具，应适当提高淬火温度（800～850 ℃）或采用高温快速加热工艺。碳素工具钢硬度随回火温度的升高而下降，在 150～300 ℃ 回火后，抗弯强度及冲击韧度随回火温度升高而明显增大，而最高值出现是与温度和含碳量有关的，因此，应根据不同钢号选择最佳回火温度。对于碳素钢而言，成型模结构件都可以采用，还可以制造形状复杂、中等批量成型模工作件。经过热处理后可用于大批量生产，而用于耐腐蚀和镜面制品的模具则需要镀铬。

4.5.1　工具钢分类

工具钢分为碳素工具钢、合金工具钢和高速工具钢 3 类。

4.5.1.1　碳素工具钢

碳素工具钢以 T8A 和 T10A 为代表，可以用于制造切削刀具、量具、模具和耐磨工具。碳素工具钢具有较高的硬度，较高的耐磨性和适当的韧性。碳素工具钢的优点为加工性能好，价格便宜，与合金工具钢相比，淬透性和热硬性差，工作温度高于 250 ℃ 时钢的硬度和耐磨性急剧下降，热处理变形大，承载能力较低。

（1）碳素工具钢牌号

碳素工具钢牌号采用标准化学元素符号和阿拉伯数字表示，阿拉伯数字表示平均含碳量（以千分之几计）。

1）普通含锰量的碳素工具钢：在工具钢符号"T"后为阿拉伯数字。例如，平均碳的质量分数为 0.80％的碳素工具钢，其牌号表示为"T8"。

2）较高含锰量的碳素工具钢：在工具钢符号"T"和阿拉伯数字后加锰元素符号，如 T8Mn。

3）高级优质碳素工具钢：在牌号尾部加"A"，如 T8MnA。

（2）合金工具钢和高速工具钢牌号

合金工具钢、高速工具钢牌号表示方法与合金结构钢牌号表示方法相同，采用标准规定的合金元素符号和阿拉伯数字表示，但一般不标明平均含碳量数字，例如，平均碳的质量分数为 1.60％，铬、钼、钒的质量分数分别为 11.75％、0.50％、0.22％的合金工具钢，其牌号表示为"Cr12MoV"；平均碳的质量分数为 0.85％，钨、钼、铬、钒的质量分数分别为 6.00％、5.00％、4.00％、2.00％ 的高速工具钢，其牌号表示为"W6Mo5Cr4V2"。若平均碳的质量分数小于 1.00％，可采用 1 位阿拉伯数字表示含碳量（以千分之几计）。例如，平均碳的质量分数为 0.80％、锰的质量分数为 0.95％、硅的质量分数为 0.45％的合金工具钢，其牌号表示为"8MnSi"。低铬（平均铬的质量分数＜1.00％）合金工具钢，在含铬量（以千分之几计）后加数字"0"。例如，平均铬的质量分数为 0.60％的合金工具钢，其牌号表示为"Cr06"。

4.5.1.2 共析钢

共析钢具有共析成分，质量分数为 0.77％的碳素钢，它的组织是珠光体。

（1）T8、T8A 共析钢

淬火加热时容易过热，变形也大，塑性和强度比较低，不宜制造承受较大冲击的工具，但经热处理后有较高的硬度和耐磨性，用于制造推杆、导柱和导套以及各类弹簧等。

（2）T10、T10A 过共析钢

晶粒细，在淬火加热时（温度达 800 ℃）不致过热，仍能保持细晶粒组织；淬火后钢中有未溶的过剩碳化物，所以具有比 T8、T8A 钢更高的耐磨性，但韧性较低，用于制造推杆、导柱和导套以及各类弹簧等。

4.5.2 T8A 工具钢

T8A 淬火回火后有较高的硬度和耐磨性，但热硬性低、淬透性差、易变形、塑性及强度较低。T8A 碳素工具钢可制作具有较高硬度和耐磨性的各种工具，如外形简单的模子和冲头、切削金属的刀具、打眼工具、木工用的刨刀、埋头钻、斧、凿、纵向手用锯，以及钳工装配工具、铆钉、冲模等次要工具。T8A 工具钢成分、性能和用途见表 4 - 10。

表 4-10　T8A 工具钢成分、性能和用途（GB/T 1299—2014）

牌号	化学成分(质量分数,%)							
	C	Si	Mn	S	P	Cr	Ni	Cu
	≤(带括号为制造铅浴淬火钢丝时的残余含量)							
T8A	0.75~0.84	0.35	0.40	0.020	0.030	0.25 (0.10)	0.20 (0.12)	0.30 (0.20)
热处理工艺	正火:800~820 ℃		淬火:770~790 ℃		回火:170~190 ℃		试样毛坯 尺寸/mm	25
特性	淬火、回火后有较高的硬度和耐磨性,但热硬性低、淬透性差、易变形、塑性及强度较低							
力学性能	硬度:退火≤187 HBW,压痕直径≥4.40 mm;淬火≥62 HRC							
热处理规范	试样淬火温度 780~820 ℃,水冷。钢材以退火状态交货,≤187 HBW							
用途	可制作整体式 M12 螺栓的冷镦模、冷镦货车车厢螺栓的凹模、铆钉模,制作冲头,制造一般拉伸模的凹凸模,尺寸小、形状简单、轻负荷的冷作模以及要求硬化层不深并保持高韧性的冷镦模等,如小冲头、剪板机的剪刀							

4.5.3　T10A 工具钢

T10A 工具钢强度及耐磨性均较 T8 和 T9 高,但热硬性低、淬透性不高且淬火变形大。适于制造切削条件差、耐磨性要求较高,且不能承受突然和剧烈振动,需要有一定韧性及锋利刃口的各种工具,如车刀、刨刀、钻头、切纸机,低精度而外形简单的量具,如卡板等,可用作不受较大冲击的耐磨工量具。T10A 工具钢成分、性能和用途见表 4-11。

表 4-11　T10A 工具钢成分、性能和用途（GB/T 1299—2014）

牌号	化学成分(质量分数,%)							
	C	Si	Mn	S	P	Cr	Ni	Cu
	≤(带括号为制造铅浴淬火钢丝时的残余含量)							
T10A	0.95~1.04	0.35	0.40	0.020	0.030	0.25 (0.10)	0.20 (0.12)	0.30 (0.20)
热处理工艺	正火:830~850 ℃		淬火:760~780 ℃		回火:160~180 ℃		试样毛坯 尺寸/mm	25
特性	是低淬透性冷作模具钢,高级高碳工具钢,可加工性能好,价格便宜,来源容易。淬透性较差,淬火变形大,钢中含有合金元素少,回火抗力低,承载能力低。有高硬度和耐磨度,小截面工件韧性不足,大截面段坯有残余网状碳化物倾向。完全球化最低加热温度为 740 ℃,最佳等温温度为 690~720 ℃,出现片状碳化物加热温度为 780 ℃,受热软化温度为 250 ℃,淬硬深度为水淬 15~18 mm,油淬 5~7 mm。在退火状态下进行粗加工,然后淬火低温回火至高硬度,再精加工,可获得高耐磨性和镜面抛光性。低碳马氏体低温淬火,使得芯部具有较高耐磨度的强韧性,可预防、减少变形和开裂现象							
力学性能	硬度:退火≤197 HBW,压痕直径≥4.30 mm;淬火≥62 HRC							
热处理规范	试样淬火 760~780 ℃,水冷。钢材以退火状态交货,≤187 HBW							

用途	制作低碳钢板材料厚度<1 mm 的冲模、冷拔、拉深凹模、剪切厚度为 11 mm 中厚钢板的长剪刃,制作软质硅钢片冲孔模和材料厚度<3 mm 的冲裁模、弯曲模和拉深模的凸模、凹模、镶块;制作铝件冷挤压中的凹模;制作尺寸小、形状简单、轻载荷的冷作模具和各种中小生产批量的冷冲模、冷镦模、冲剪工具等;制作轻载荷、小尺寸冷作冲头(凸模);制作六角螺母冷镦模;制作尺寸不大、受力较小、形状简单以及变形要求不高的塑料模;用于导柱、导套、底板导柱、推板导套;用于塑料模弯销、滑块、锁紧楔;用于推杆、推管;用于加料室、柱塞;用于型芯、凸模、型腔板、镶件;用于热固性塑料模具小型芯件;制作要求耐磨性较高、尺寸较小的热固性塑料成型模

4.6　传统低合金工具钢的性能与用途

合金工具钢是在碳素工具钢的基础上加入铬、钼、钨、钒等合金元素,用以提高淬透性、韧性、耐磨性和耐热性的一类钢种。合金工具钢的淬硬性、淬透性、耐磨性和韧性均比碳素工具钢高。这类钢淬火后的硬度在 60 HRC 以上,且具有足够的耐磨性。碳含量中等的钢(碳质量分数为 $0.35\% \sim 0.70\%$)多用于制造热作模具,这类钢淬火后的硬度稍低,为 $50 \sim 55$ HRC,但韧性良好。常用的合金工具钢的牌号有 Cr12、Cr12MoV、CrWMn、5CrMnMo、5CrNiMo 和 9Mn2V 等。经淬火和低温回火后具有高硬度和高耐磨性,其热处理后的硬度一般为 $58 \sim 60$ HRC。常被用于制造热固性塑料模具或要求耐磨的热塑性塑料模具,如玻璃纤维增强的热塑性塑料模具。它主要用于制造量具、刃具、耐冲击工具和冷、热模具及一些特殊用途的工具。

低合金工具钢是在碳素工具钢的基础上加入了适量的合金元素。与碳素工具钢相比,减少了淬火变形和开裂倾向,提高了钢的淬透性,耐磨性也较好。这类钢的主要特点是工艺性好,淬火温度低,热处理变形小,强韧性好,并具有适当的耐磨性。目前,我国常用的冷作模具钢仍是低合金工具钢,如 CrWMn 和 9Mn2V 钢。

4.6.1　CrWMn 钢

CrWMn 钢具有较高的淬透性,是制作模具最常用的高碳合金工具钢。CrWMn 钢成分、性能和用途见表 4-12。

表 4-12　CrWMn 钢成分、性能和用途(GB/T 1299—2014)

牌号	化学成分(质量分数,%)								
	C	Mn	W	Cr	Si	S	P	Ni	Cu
CrWMn	$0.90\sim$ 1.05	$0.80\sim$ 1.10	$1.20\sim$ 1.60	$0.90\sim$ 1.20	≤				
					0.40	0.03	0.03	0.25	0.03
热处理工艺	正火:830~850 ℃		淬火:770~790 ℃		回火:160~180 ℃		试样毛坯尺寸/mm		25
特性	具有淬透性、淬硬性、强韧性、耐磨性,热处理变形较小,但形成网状碳化物的倾向大								
力学性能	硬度:退火 241~197 HBW,压痕直径 3.9~4.3 mm;淬火≥62 HRC								

续表

锻造工艺	油淬冷作模具钢有一些裂纹敏感性,锻造加热时不宜迅速加热,最好在 650～750 ℃进行一次预热,锻造加热温度为 1 130～1 150 ℃,终锻温度应为 800～850 ℃,锻后空冷至 650 ℃再缓冷,钢锭锻造时取上限温度,坯料锻造时取下限温度
退火工艺	退火采用 750～760 ℃,保温 2～4 h,以≤30 ℃/h 冷却到 500～600 ℃出炉空冷。等温退火采用 700～800 ℃,保温 2～4 h。然后再以 670～720 ℃保温,保持 2～4 h,以≤50 ℃/h 速度冷却到 500 ℃出炉空冷,退火硬度为 241～197 HBW
供货状态	供货品种热轧材、锻材、冷拉材、冷拉钢丝、银亮钢丝、热轧钢板和冷轧钢板。供货状态:退火态,硬度为 207～255 HBW
热处理规范	对 CrWMn 钢的复合热处理分为两个步骤,一是预处理:a)常规退火;b)等温球化退火;c)循环球化退火;d)高温固溶+循环球化退火。二是淬火+低温回火:a)常规退火;b)等温球化退火;c)循环球化退火;d)高温固溶+循环球化退火
特性	由于加入了 1.60%(质量分数)的钨形成了碳化物,所以在淬火和低温回火后具有一定的硬度和耐磨性。这种钢在淬火和低温回火后具有比铬钢和 9SiCr 钢更多的过剩碳化物和更高的硬度及耐磨性。钨还有助于保存细小晶粒,使钢材获得较好的韧性。该钢对形成网状碳化物比较敏感,这种碳化物网使工具刃部有剥落的危险。具有高淬透性,由 CrWMn 钢制成的刃具,崩刃现象较少,并能较好地保持切削刃形状和尺寸。由于网状碳化物的存在,从而使工具的使用寿命缩短,必须根据其严重程度进行锻压和正火。这种钢用来制造在工作时切削口不剧烈变热的工具和淬火时要求不变形的量具和刃具,如制作刀、长丝锥、长铰刀、专用铣刀、板牙和其他类型的专用工具,以及切削软的非金属材料的刀具
用途	制造形状较复杂、要求变形较小的中小型模具,如制作轻载冲裁模(小于 2 mm 板厚)、轻载拉深模及弯曲翻边模;制作料厚度<1 mm 的冲裁模具、弯曲模、铝铜件冷挤压模,复杂形状的凸模、凹模、镶块,以及拉深模的凸凹模

4.6.2　9Mn2V 钢

　　9Mn2V 模具钢与碳素工具钢相比,具有较高的硬度和耐磨性,淬透性很好,淬火时变形较小。9Mn2V 模具钢成分、性能和用途见表 4-13。

表 4-13　9Mn2V 模具钢成分、性能和用途（GB/T 1299—2014）

牌号	化学成分(质量分数,%)								
	C	Mn	V	Si	S	P	CO	Ni	Cu
				≤					
9Mn2V	0.85～0.95	1.70～2.00	0.10～0.25	0.40	0.030	0.030	0.25	0.25	0.30
热处理工艺	等温球化退火:760～780 ℃		淬火:780～810 ℃		回火:150～200 ℃		试样毛坯尺寸/mm		25
特性	具有比碳素工具钢较好的综合力学性能,具有较高的硬度和耐磨性,淬透性也较好,淬火时变形小								
力学性能	硬度:退火≤229 HBW,压痕直径≥4.0 mm;淬火≥62 HRC								
热处理规范	淬火:780～810 ℃油冷,可在硝盐、热油等冷却能力较为缓和的淬火介质中淬火								

续表

相变点	Ac:1 730 ℃	Ac_{cm}:765 ℃	Ar:1 652 ℃	Ms:125 ℃
锻造工艺	始锻温度:1 130～1 160 ℃,终锻温度:800～850 ℃,锻造后空冷到 650～700 ℃,再缓冷			
交货状态	以退火状态交货			
深冷处理	使淬火马氏体析出高度弥散的超微细碳化物,随后进行 200 ℃ 低温回火后,这些超微细碳化物可转变为碳化物。采用低温化学热处理方法,在保持 9Mn2V 钢高硬度和高耐磨性的基础上,产生离子氮化、气体氮碳共渗、盐浴硫氰共渗等常用的低温化学热处理渗层的黏着抗力。这 3 种低温化学热处理渗层均有显著的抗冲击黏着的作用,其中尤以盐浴硫氰共渗最佳			
加硬处理	淬火时先在 500～600 ℃ 预热 2～4 h,然后在 850～880 ℃ 保温一定时间(至少 2 h),放入油中冷却至50～100 ℃ 出油空冷,淬火后硬度可达 50～52 HRC。为了防止开裂,应立即进行 200 ℃ 低温回火处理,回火后,硬度可保持 48 HRC 以上			
用途	制作材料厚度＜3 mm 的冲裁模零件、冲裁模具、弯曲模具和不锈钢器皿拉伸模;制作各种变形小、耐磨性好的精密样板、块规、量具;制作厚度小于 6 mm 的小型冲压模等;制作剪刀、丝锥、钻牙和铰刀等;制作一般要求尺寸较大的冲模、冷压模、刻模、塑料模和压铸模具;制作热固性塑料模中的型芯、凸模、型腔板、镶件和整体淬硬型塑料模具;制作尺寸较小、形状较复杂和精度较高的塑料模			

4.7　新型基体钢和高耐磨高强韧性钢的性能与热处理

基体钢是指成分与高速钢淬火后的基体组织成分大致相同,而性能有所改善的一类钢,在正常热处理后其组织与高速钢基体相同。基体钢减少了共晶碳化物,并使其均匀分布,故其工艺性能好,强韧性得到了明显提高。另外,一种定义是在高速钢的基体成分上添加少量 Ni、Si、Mo、Al 和 V 等元素,适当改变其含碳量,以改善性能适应某些要求的钢种,都叫作基体钢。一些钢中还加入少量的强化物形成的元素 (如铌或钛),以形成稳定的碳化物。基体钢具有较好相匹配的强度和韧性,最大的特点是延缓了模具裂纹的萌发和具有较小的裂纹扩展的速率。因此,可阻止淬火加热时晶粒的长大并改善钢的工艺性能。但成本较高、工艺性稍差,限制了它们在中小企业的发展。基体钢中共晶碳化物数量少且细小,呈均匀分布,韧性相对提高,其抗弯强度、疲劳抗力也有所改善,但耐磨性低于高速钢。

近年来,我国研制了一些基体钢,如 65Nb (6Cr4W3Mo2VNb) 钢、CG－2 (6Cr4Mo3Ni2WV) 钢、012Al (5Cr4Mo3SiMnVAl) 钢、LM1 (6W8Cr4VTi) 钢、LM2 (6Cr5Mo3W2VNb) 钢、RM2 (5Cr4W5Mo2V) 钢、5Cr4Mo2W2VSi 钢、LD (7Cr7Mo3V2Si) 钢和 LD1 (Cr7Mo3V2Si) 钢等。高强韧性钢:7CrSiMnMoV (CH－1) 钢、6CrNiMnSiMoV (GD) 钢和 5CrNiMnSiMoV (DSW) 钢。高耐磨钢:9Cr6W3Mo2V2 (GM) 钢和 Cr8MoWV3Si (ER5) 3555 钢。这类基体钢广泛地用于制作冷挤模、厚板冷冲模和冷镦模,其特别适合于难变形材料用的大型复杂模具,还可以用于制成黑色金属的温、热挤压模。高强度、高耐磨韧性是高耐磨、高强韧冷作模具钢应具有的性能,也是一些复杂和要求较高冷作模具钢必备的性能,否则,冷作模具就不能顺利进行冲压加工。冷作模具的高强度、高耐磨韧性取决于模具钢材强度和硬度，而模具钢材强度和硬度又取决于模具钢的化学成分和比例以及热处理工艺。

4.7.1　CG－2（6Cr4Mo3NiWV）钢

CG－2（6Cr4Mo3NiWV）钢是一种冷热兼用基体钢类型的新型模具钢，是国外基体钢的改型钢。CG－2 钢是在 6Cr4W3Mo2VNb 钢的基础上调整 C、W、Mo、Nb 元素成分，同时加入 Ni 元素而研制成的。通过增加约 0.2% 的碳、1% 的铬、2% 的镍、1% 的钨和适量的钒，来提高钢的室温和高温强韧性、耐磨性及抗热疲劳性能。该钢是一种高强度钢种，具有较高的断裂韧性和冲击韧性，热硬性好。

CG－2 钢以 Mo 代替部分 W，可以抑制碳化物不均匀分布，细化碳化物。Mo 所形成的（Mo、Fe）$_6$C 型碳化物在奥氏体化时大部分能溶于基体中，经淬火—回火能析出 Mo$_2$C 型碳化物，同时析出 V 的碳化物（VC）一起增强二次硬化效果，以提高热硬性。加入 Ni 元素是为了改善韧性，同时能增加钢材热导率，从而提高热疲劳性能。因此，CG－2 钢具有强度高、热硬性好、韧性也较好的综合性能。与 3Cr2W8V 钢相比，该钢强度较好，而与高速钢相比，该钢韧性较好。CG－2 钢具有较宽的热处理温度范围，灵活性大，基本上无淬裂现象。根据模具使用条件，可适当调整热处理工艺。如果用 CG－2 钢制造冷作模具，可以采用 520~560 ℃回火；若制造热作模具，则可以选用 600~650 ℃回火。此钢可用于制造热挤压轴承圈冲头、热挤压凹模、热冲模、精锻模，也可制作冷挤压模、冷冲模及冷镦模等。CG－2 钢热加工工艺较难掌握，锻造开裂倾向较为严重，在热加工时应注意。

CG－2 钢具有高强度和强韧性，在热处理达到高硬度时仍能维持良好的韧性，较好地解决了高硬度与韧性合理配合。但锻造塑性较差，退火后硬度偏高，也可用作中厚钢板料冲裁模具和各类冷、热作模具。CG－2 钢的化学成分、特性、热加工和用途见表 4-14。

表 4-14　CG-2 钢的化学成分、特性、热加工和用途（GB/T 1299—2014）

CG-2 钢化学成分（质量分数,%）									
C	Cr	Mo	W	V	Ni	Si	Mn	P	S
						≤			
0.55~0.64	3.80~4.40	2.8~3.3	0.9~1.3	0.9~1.3	1.8~2.2	0.04	0.04	0.03	0.03

临界点	Ac$_1$		Ac$_3$		Ar$_1$		Ms	
温度（近似值）/℃	737		822		650		180	

温度/℃	20	200	400	500	600	700
质量定压热容 c_p /[kJ/(kg·K)]	572.6	585.2	652.0	710.6	794.2	948.8

温度/℃	18~100	18~200	18~300	18~400	18~500	18~600	18~700
线（膨）胀系数/℃$^{-1}$	11.1×10	11.2×10	11.9×10	12.5×10	12.3×10	13.1×10	13.3×10
温度/℃	20	200	400	500	600	700

续表

热导率/[W/(m·K)]	34.3	33.4	32.6	32.2	31.8	31.4
温度/℃	20	200	300	600	650	
弹性模量/MPa	200 000～218 000	185 000～200 000	187 000～195 000	160 000～168 000	156 000～161 000	

项目	加热温度/℃	始锻温度/℃	终锻温度/℃	冷却方式
钢锭	1 120～1 160	1 080～1 120	≥900	坑冷或砂冷
钢坯	1 100～1 140	1 050～1 080	≥900	坑冷或砂冷

第一次预热	第二次预热	淬火温度/℃	保温时间/(s/mm)	冷却介质	硬度(HRC)
550 ℃保温	850 ℃保温	1130±10	20～25	油	62～62.5

回火温度/℃	100	200	300	400	450	500	550	600	650	700
硬度(HRC)	64.0	59.5	57.0	57.5	57.5	60.5	60.5	59.0	45.0	38.2

特性	是冷热模具兼用钢,具有高的断裂韧性和 C 型冲击韧性,热硬性好,强度性能较好,退火硬度偏高,锻造塑性较差,退火工艺和锻造工艺要严格按照推荐工艺执行。锻造塑性一般,锻制需反复镦拔 3 次以上。具有较宽的热处理温度范围,灵活性大,基本无淬裂现象。该钢热加工工艺较难掌握,锻造开裂倾向较为严重,在热加工时应注意。与 3Cr2W8V 钢相比,该钢强度较好,而与高速钢相比,则韧性较好
锻造工艺规范	始锻温度:1 050～1 080 ℃;终锻温度:900 ℃;锻造后坑中冷却或砂中冷却。不完全等温退火:加热 800～820 ℃,保温 3 h;650～670 ℃等温,保温 5 h;炉冷至 550 ℃以下出炉空冷,217～255 HBW。Ac_1:737 ℃,Ac_3:822 ℃,加热温度应在 $Ac_1～Ac_3$ 线范围内,等温温度低于 Ar_1:650 ℃,Ms:180 ℃
退火规范	加热温度(810±10)℃,时间 2～3 h,炉冷到温度(660±10)℃,时间 4～6 h,再缓冷至温度≤600 ℃,出炉空冷,钢的硬度为 241～270 HBW
预备热处理	等温退火工艺:加热温度为 800～820 ℃,保温 2～3 h;炉冷至 650～670 ℃,保温 4～6 h,炉冷至 550 ℃以下出炉空冷,硬度≤255 HBW
淬火	预热 800～850 ℃,加热 1 100～1 140 ℃,保温,油冷 61～63 HRC,加热温度高于 Ac_3 线以上。提高淬透性,改善回火稳定性,保持强韧性,同时提高了硬度与耐磨性。预热 800～850 ℃,加热 1 120～1 180 ℃,油冷 62～64 HRC;回火:加热 630 ℃,保温 2 h,空冷。二次回火加热 560 ℃,保温 2 h,空冷。二次回火,51～53 HRC,60～61 HRC 高温回火,出现二次淬火现象。高频淬火采用高温回火,低温淬火采用低温回火
热加工规范	入炉温度≤800 ℃,加热温度 1 160～1 200 ℃,始锻温度 1 140～1 160 ℃,终锻温度≥950 ℃,锻造后要求进行砂冷≤150 ℃
热处理工艺	淬火温度为 1 100～1 140 ℃,加热(20 s/mm),油冷,540 ℃ 回火 2 次,每次 2 h,空冷,硬度为 60～62 HRC
用途	制作硬度要求不同的冷作、热作模具,可用于形状复杂、韧性要求较高的冷作模具或热作模具。制造热挤压轴承圈冲头、热挤压凹模、热冲模、精锻模,可作热挤压模具、冷镦模具等;常制作受冲击力较大的热冲模和热强性或抗热磨损性能要求较高的热挤压模具等;常制作冲头和凸模等;适于冷镦、冷冲、冷挤模具;主要用于连铸、连轧、热锻、开坯等中间过程中高温状态的剪切

4.7.2　GM（9Cr6W3Mo2V2）钢

对于拉伸模和冷挤模工作件而言,它们在加工过程中会产生折断、磨损等现象,失效的根本原因是模具钢的硬度、强度和韧性较低。传统模具钢的性能已经不能满足当代大型和复杂冲压模加工过程中的要求。

9Cr6W3Mo2V2 简称 GM 钢，是高耐磨、高强韧冷作模具钢。其硬度接近于高速钢，韧性和强度优于高速钢和高铬工具钢。与 Cr12、Cr12MoV 相比，此类钢中碳和铬的含量较低，改善了碳化物的不均匀性，提高了韧性；适当增加了 W、Mo、V 等合金元素的含量，从而增强了二次硬化能力（64～66 HRC）和磨损抗力，其耐磨性与高速钢相同，而韧性优于 Cr12 类钢，提高了耐磨性。所以，此类钢在具有良好强韧性的同时，还有优良的耐磨性和较好的综合性能。GM 钢型号、成分、性能和用途见表 4 - 15。

表 4 - 15　GM 钢型号、成分、性能和用途

牌号	化学成分（质量分数，%）								
	C	Cr	V	Mo	W	P	Si	Mn	S
						≤			
GM	0.86～0.96	5.6～6.4	1.79～2.20	2.0～2.5	2.8～3.2	0.030	0.40	0.40	0.030
特性	各项工艺性能良好，耐磨性、强韧性、加工性能均优于 Cr12 类钢，是较理想的耐磨、精密冲压模具用钢；抗弯强度为 4 800 MPa；断裂韧性为 20.0 J/cm³								
热加工规范	加热温度为 1 120～1 150 ℃，始锻温度为 1 100～1 200 ℃，终锻温度为 850～900 ℃。冷却方式为锻后缓冷或及时退火处理								
淬火、回火工艺规范	淬火温度为 1 110～1 120 ℃，油冷淬火，硬度为 64～66 HRC。回火温度为 530～550 ℃，回火时间 1～2 h，回火次数 2～3 次，硬度为 65 HRC。锻造前应缓慢加热，充分烧透，该钢锻造时采取轻—重—轻法操作，反复镦拔，可进一步改善碳化物的不均匀性								
应用	能够用于高速压力机冲压下的多工位级进模等精密模具，特别适合于螺纹滚丝轮，与 Cr12MoV 钢相比，寿命可延长十多倍；可用于高耐磨、高精度的冷冲模，如切边模具、级进模、高速压力机用冷冲模等；可用于代替 Cr12、高速钢类模具，使用寿命明显延长；适用于制造冲裁、冷挤、冷锻、冷剪模具								

钢材已经进入了合金时代，利用加入一种或几种合金元素就可以获得人们所需性能的钢材是现代钢材冶炼的技术手段之一。上述各种传统的合金钢，就是采用了添加一种或几种合金元素后所得到的合金钢。

4.8　新型低变形和微变形冷作模具钢的性能和热处理

低变形冷作压铸模具钢材，是在碳素工具压铸模具钢材的基础上加入了适量的铬、钼、钨、钒、硅、锰等合金元素。可以降低淬火冷却速度，减小热应力和组织应力，减少淬火变形及开裂倾向，提高淬透性。因此，碳素工具压铸模具钢材不能胜任的模具，可以考虑用高碳低合金压铸模具钢材来制作。低变形冷作压铸模具钢材常用的钢号有 9CrWMn、CrWMn、9Mn2V、9SiCr、9Mn2、MnCrWV、SiMnMo 等。CrWMn、9Mn2V、9SiCr 具有较高的硬度和耐磨性。钨还能细化晶粒，使钢具有较好的韧性。

4.8.1　9CrWMn 钢

9CrWMn 钢为低合金冷作模具钢，9CrWMn 钢型号、成分、性能和用途见表 4 - 16。

表 4 - 16　9CrWMn 钢型号、成分、性能和用途（GB/T 1299—2014）

牌号	化学成分(质量分数,%)								
	C	Cr	Mn	W	Ni	P	Si	Cu	S
					≤				
9CrWMn	0.85~0.95	0.50~0.80	0.90~1.20	0.50~0.80	0.25	0.03	0.40	0.30	0.03

特性	具有一定的强度、硬度、耐磨性、热稳定性和耐蚀性,具有良好的工艺性,如热处理变形小、加工性能好、耐蚀性好、研磨和抛光性能好、补焊性能好、表面粗糙度值低、热导率好、工作条件尺寸和形状稳定。具有一定的淬透性和耐磨性,淬火变形较小,碳化物分布均匀并且颗粒细小。该钢的塑性、韧性较好,耐磨性比 CrWMn 钢低。模具型腔油冷淬火后趋于收缩,平面易于凸起,翘曲倾向突出。分级淬火后型腔内孔趋于胀大,而且翘曲倾向明显减小。正火可以消除网状、粗片及球状碳化物混合组织,提高钢的淬硬性
锻造工艺	用作冷作模具钢,有一些裂纹敏感性,锻造加热时不宜迅速加热,最好在 650~750 ℃进行一次预热,锻造加热温度为 1 130~1 150 ℃,终锻温度应为 800~850 ℃,钢锭锻造时取上限温度,坯料锻造时取下限温度
力学性能	硬度:退火 241~197 HBW,压痕直径为 3.9~4.3 mm;淬火≥62 HRC

临界温度	临界点	Ac_1	Ac_m	Ar_1	Ms
	温度(近似值)/℃	750	900	700	205

热加工规范	a)冷压毛坯普通软化规范:软化温度(820±10)℃,保温 3~4 h,再以 15 ℃/h 的冷却速度冷至≤650 ℃,出炉空冷 b)冷压毛坯等温球化软化规范:(820±10)℃,3~4 h,(720±10)℃,6~8 h,再缓冷至≤600 ℃,出炉空冷。处理前硬度≤241 HBW,处理后硬度≤179 HBW
热处理工艺	a)普通淬火规范:淬火温度为 800~830 ℃,油冷,硬度≤62 HRC b)返修及新模具退火规范:退火温度为 650~700 ℃,保温 1~3 h,空冷 c)淬硬深度:油淬直径为 40~50 mm,特性与 CrWMn 钢相似 d)正火规范:正火温度为 880~900 ℃,空冷,硬度为 302~338 HBW e)等温球化退火规范:790~810 ℃,2~3 h,700~720 ℃,3~4 h,硬度≤229 HBW,珠光体组织 2~5 级,网状碳化物等级≤2 级 f)退火工艺:一般退火采用 780~800 ℃,保温 4~6 h,以小于或等于50 ℃/h 的冷速,冷却到 550 ℃出炉空冷;等温退火采用 700~800 ℃保温 2~4 h,然后再采用 670~720 ℃保温,保持 2~4 h,以小于或等于 50 ℃/h 冷速冷却到 500 ℃出炉空冷,退火硬度为 241~197 HBW
应用	一般情况下,可作为热塑性注射成型或挤压成型模具选用的热作模具钢,也可作为热固性塑料成型和要求高耐磨、高强度的模具选用的冷作模具钢

4.8.2　Cr4W2MoV 钢

Cr4W2MoV 模具钢是针对 Cr12 类钢的缺点而研制的新模具钢种,Cr4W2MoV 钢是高合金工具钢和高耐磨、微变形冷作模具钢,是我国自行研制的新型合金冷作模具钢。Cr含量比 Cr12 类钢减少 2/3,属于高碳中铬模具钢,具有良好的耐磨性和二次硬化能力。与Cr12 类模具钢相比,碳化物颗粒细小,分布均匀,具有较高的淬透性和淬硬性,耐磨性相当,淬火变形小,尺寸稳定性好。但钢的热加工温度范围较窄,变形抗力较大。为获得≤255 HBW 的硬度,该钢的等温持续时间为 6~8 h。淬硬深度:$\phi150$ mm×150 mm,可内外淬火,硬度达 60 HRC,空淬深度:40~50 mm。

新的中型合金冷作模具钢性能较稳定，与高合金冷作模具钢 Cr12 和 Cr12MoV 相比，其制造的模具使用寿命明显地得到延长。经实际使用证明，Cr4W2MoV 钢是性能良好的冷作模具钢，既可用来制造各种冲模、冷镦模、落料模、冷挤压凹模及搓丝板等工模具，又可作为长期使用、大批量复合材料成型模。Cr4W2MoV 钢成分、性能和用途见表 4 - 17。

表 4 - 17　Cr4W2MoV 钢成分、性能和用途（GB/T 1299—2014）

牌号	化学成分（质量分数，%）								
	C	Mo	V	Cr	W	Si	Mn	P	S
							≤		
Cr4W2MoV	1.12～1.25	0.80～1.20	0.80～1.10	3.50～4.00	1.90～2.60	0.40～0.70	0.40	0.03	0.03

特性	性能比较稳定,其模具的使用寿命较 Cr12、Cr12MoV 钢有较大的提高。锻造温度范围窄小,易于过热、过烧、锻裂。ϕ98 mm 的淬火试样,在 980 ℃空冷淬火以后,其芯部硬度达到 58～60 HRC,表面硬度达到 63～67 HRC。在温度为 1 020 ℃时淬火、400 ℃回火时韧性最好,在 500～520 ℃回火 1～3 次以后,有较好的二次硬化性。韧性下降,抗弯强度呈现峰值,抗压屈服强度比 Cr12MoV 钢高 10% 左右。该钢的淬火变形趋势和 Cr12 类钢相似,有较好的伸缩性
供货状态	供货品种为热轧材、锻材,硬度≤269 HBW
热加工工艺	锻造:锻造温度范围较窄,在 850～1 050 ℃范围内,变形抗力比 Cr12 类模具钢小,可按 Cr12 类钢的方法锻造,锻后应缓冷 退火:采用球化退火,加热温度为 860 ℃或 920 ℃,保温 3 h,炉冷至 760 ℃,等温 4～6 h,球化效果较好,退火硬度小于 241 HBW
淬火和回火规范	淬火变形小,质量稳定,可采用空冷、油冷或分级淬火。回火温度范围窄,回火稳定性较高,具有二次硬化能力。根据模具工作条件,淬火工艺和回火工艺分别采用以下两种: 　a)要求耐磨性和热硬性高的模具,可采用 1 020～1 040 ℃淬火,500～540 ℃三次回火的工艺,热处理硬度为 58～62 HRC 　b)要求韧性好、变形小的模具,可采用 960～980 ℃加热,分级冷却,280～320 ℃回火两次,回火硬度为 60～62 HRC
应用	用来替代 Cr12 类模具钢制造各种冲模、冷锻模、落料模、冷挤凹模及搓丝板等,并能延长模具寿命。用于硅钢片冲裁模具;制作材料厚度＞3 mm 的冲裁模复杂形状的凸模、凹模、镶块;制作冲裁模中要求高耐磨、复杂形状的凸模、凹模和镶块;用于铝件、铜件、钢件冷挤压模的凹模;成批或大生产批量冷冲模、制冷镦凹模、钢板弹簧冲孔凸模

4.9　新型耐腐蚀冷作模具钢的性能和热处理

特殊用途冷作模具钢，主要包括耐腐蚀模具钢。耐腐蚀模具钢制造的模具，除了应具有冷作模具的一般使用性能外，还要求具备良好的耐蚀性。常用的材料有奥氏体不锈钢和奥氏体耐热钢。特殊用途冷作模具钢中的 9Cr18、Cr18MoV、Cr14Mo、Cr14Mo4 等为耐腐蚀模具钢。

4.9.1　9Cr18 钢

9Cr18 钢属于高碳高铬马氏体不锈钢。9Cr18 钢成分、性能和用途见表 4-18。

表 4-18　9Cr18 钢成分、性能和用途（GB 1220—2007）

牌号	化学成分（质量分数，%）								
	C	Cr	Si	Mo	Mn	Ni	P	S	
			≤						
9Cr18	0.90～1.00	17.0～19.0	0.80	0.75	0.80	0.60	0.035	0.030	

特性	淬火后具有高硬度、高耐磨性和较好的耐蚀性，具有耐高、低温的尺寸稳定性，可锻造，但焊接性能差。该钢属于莱氏钢体，容易形成不均匀的碳化物偏析而影响模具使用寿命，所以在热加工时必须严格控制热加工工艺

物理性能	密度为 7.7 t/m³；弹性模量（20 ℃）为 203 890 MPa；质量定压热容（20 ℃）为 459.8 J/(kg·K)；热导率（20 ℃）为 29.3W/(m·K)；电阻率（20 ℃）为 0.60×10⁻⁶ Ω·m

临界温度	临界点		Ac_1		Ar_1	
	温度（近似值）/℃		830		810	

线（膨）胀系数	温度/℃	20～100	20～200	20～300	20～400	20～500
	线胀系数/℃⁻¹	10.5×10⁻⁶	11.0×10⁻⁶	11.0×10⁻⁶	11.5×10⁻⁶	12.0×10⁻⁶

热处理	项目	加热温度/℃	冷却条件	硬度/HBW	组织
	淬火	1 050～1 075	油	约 580	马氏体＋碳化物
	回火	200～300	空气	—	马氏体＋碳化物
	软化退火	800～840	炉冷到 500 ℃	—	珠光体

热加工工艺	冷装炉温＜600 ℃，热装炉温不限。开始温度：1 050～1 100 ℃，终止温度：＞850 ℃，冷却：炉冷。应特别注意，热加工温度最好采用冷装加热，加热速度不宜太快，尤其是在 700 ℃ 以下时。同时，应该控制较高的停锻、轧温度，并严格注意冷却条件

热处理工艺	淬火加热温度为 1 050～1 075 ℃，组织：马氏体＋碳化物。回火温度为 200～300 ℃，组织：马氏体＋碳化物。软化退火温度为 800～840 ℃，组织：珠光体。冷却条件：油、空冷到 500 ℃，硬度：约 580 HBW

应用	该钢适宜制造承受高耐磨、高负荷以及在腐蚀介质作用下的塑料模具，用作不锈切片、机械刃具及剪切刀具、手术刀片、高耐磨设备零件等

4.9.2　9Cr18MoV 钢

9Cr18MoV 钢为不锈钢，不会产生腐蚀、点蚀、锈蚀或磨损，不锈钢是建筑用金属材料中强度最高的材料之一。9Cr18MoV 钢抗锈能力不错，是用在高档批量刀具市场上的优质不锈钢。其强度及锋利性高于 ATS-34 高级不锈钢（日本钢），含铬的质量分数高达 16%～18%，是第二最常用不锈钢（仅次于 ATS-34）。9Cr18MoV 钢也是最早被刀匠接受的不锈钢，而且一直很受欢迎。尤其是在零下温度处理流程被开发出来后，这种处理加强了钢材的坚韧度。在打磨时，它的缺点是黏性比较大，而且升温很快，但它比任何碳钢都更容易打磨，用手锯切料也容易得多。440 ℃的退火温度很低，淬火后硬度高，通常达到56～58 HRC，耐蚀性好（有磁性），韧性很高。9Cr18MoV 钢成分、性能和用途见表 4 - 19。

表 4 - 19　9Cr18MoV 钢成分、性能和用途

牌号	化学成分(质量分数,%)								
	C	Cr	V	Si	Mo	Mn	Ni	P	S
						≤			
9Cr18MoV	0.85～0.95	17.00～19.00	0.07～0.12	0.85～0.95	1.00～1.30	0.80	0.60	0.035	0.030
特性	热性能是指在高温下,有抗氧化或耐气体介质腐蚀的性能,即热稳定性。同时,在高温时具有足够的强度,即热强性。由于不锈钢具有良好的耐蚀性,所以它能使结构部件永久地保持工程设计的完整性。含铬不锈钢集机械强度和高延伸性于一身,易于部件的加工制造,表面美观以及使用可能性多样化;耐蚀性能好,比普通钢长久耐用;强度高,因而薄板使用的可能性大;耐高温氧化及强度高,因此能够抗火灾;常温加工,即容易塑性加工;不必表面处理,所以简便、维护简单;清洁,表面粗糙度值低;焊接性能好								
热处理工艺	退火温度 800～920 ℃缓冷。淬火温度 1 050～1 075 ℃油冷。回火温度 100～200 ℃空冷。金相组织特征为马氏体型。交货状态:一般以热处理状态交货								
应用	用于不锈切片、机械刃具及剪切工具、手术刀片、高耐磨设备零件等								

4.10　新型空淬和油淬类型及火焰淬火冷作模具钢

一些冷作模具钢热处理之后，需要在空气中淬火，其中有一些钢需要在油中淬火。这两种钢材淬火时的介质是不相同的，千万不能混淆。也有火焰淬硬钢，火焰淬硬钢可以在模具加工完后，采用氧乙炔喷枪或其他加热器，对模具的刃部或其他部分进行加热后空冷淬火，一般淬火后可以直接使用。众所周知，钢材的性能除了取决于钢材中化学成分和比例以及冶炼的工艺之外，更主要是决定热处理的工艺。如果将钢材淬火的介质弄错了，就不可能得到所需要模具钢材的性能。有一些钢，如 8MnSi、Cr2、9Cr2、CrW5、GCr15、9Mn2、CrWMn、MnCrWV、9CrWMn、SiMnMo、9SiCr 和 GD 等，在热处理出炉之后需要放置在油中淬火。

4.10.1　新型空淬类型冷作模具钢

需要在空气中淬火的钢号有 Cr5Mo1V、Cr6WV、Cr4W2MoV、Cr2Mn2SiWMoV、8Cr2MnWMoVS 等，这些钢在淬火出炉后应该放在空气中自然淬火。

9Cr2 钢是高碳刃具钢或低淬透性冷作模具钢。用于冷轧辊，在精加工之前，调质处理成197～229 HBW 的细球化体，既可保证淬透性，又可有效降低碱水的淬裂倾向。该钢一般可以与 Cr2 钢互代，使用硬度为 60～62 HRC。9Cr2 钢成分、性能和用途见表 4 - 20。

表 4-20　9Cr2 钢成分、性能和用途

牌号	化学成分(质量分数,%)			
	C	Cr	Si	Mn
			≤	
9Cr2	0.80~0.95	1.30~1.70	0.40	0.40
特性	淬火后硬度、耐磨性都很高,淬火变形不大。淬透、韧性、塑性及碳化物分布的均匀性均优于 Cr2 钢,油淬后的硬度及耐磨性稍低于 Cr2 钢。在空冷时,即使尺寸为 100 mm 的大锻件,其芯部也不会析出网状碳化物。采用 800~830 ℃加热淬火,可保持高韧性,但塑性差			
临界点温度(近似值)	$Ac_1=740$ ℃	$Ar_1=700$ ℃		$Ac_{cm}=850$ ℃
冷压毛坯普通软化规范	(820±10)℃,3~4 h,以≤15 ℃/h 冷却速度,随炉缓冷至≤600 ℃,出炉空冷			
正火规范	正火温度 900~920 ℃,硬度为 302~388 HBW			
冷压毛坯等温球化软化规范	(820±10)℃,3~4 h,(720±10)℃,6~8 h。以≤15 ℃/h 冷却速度随炉缓冷至≤600 ℃,出炉空冷。处理前硬度≤217 HBW,处理后硬度≤170 HBW			
成批等温球化退火规范	790~810 ℃,2~3 h,炉冷。700~720 ℃,3~4 h,硬度≤217 HBW,珠光体组织 2~5 级,网状碳化物等级≤2 级			
淬火、回火规范	a)淬火温度为 830~850 ℃,硬度为 62~65 HRC,回火温度 130~150 ℃,硬度为 62~65 HRC b)淬火温度为 840~860 ℃,硬度为 61~63 HRC,回火温度 150~170 ℃,硬度为 60~62 HRC			
应用	用于中、小型冷轧辊和辊压模,平面和成型精压模,大、中型冷镦模,冷冲模,非铁金属刻印精压模,重载冲模和各种中、小生产批量的模具和抗冲击载荷的模具及各种冲头			

4.10.2　GCr15 新型油淬类型冷作模具钢

GCr15 钢是轴承专用钢之一,常用来制造冷作模具,如落料模、冷挤模和成型模等。该钢具有过共析成分,并加入少量的铬,以提高淬透性和耐回火性。常温下轴承钢的抗拉强度比碳质量分数为 0.3% 的碳钢高出约 1 倍,且硬度高。冷加工时变形比较困难,因而在冷变形前要进行球化退火,以提高钢的塑性,降低硬度,到 1 000 ℃以上两者相差就很少了。GCr15 钢成分、性能和用途见表 4-21。

表 4-21　GCr15 钢成分、性能和用途 (GB/T 18254—2016)

牌号	化学成分(质量分数,%)									
	C	Cr	Mn	Si	S	P	Mo	Ni	Cu	Ni+Cu
					≤					
GCr15	0.95~1.05	1.40~1.65	0.25~0.45	0.15~0.35	0.025	0.025	0.10	0.30	0.25	0.50
特性	综合性能良好,球化退火后有良好的切削加工性能;淬火和回火后硬度高而且均匀,耐磨性能和接触疲劳强度高;热加工性能好;含有较多的合金元素,价格比较便宜。GCr15 钢是高碳铬轴承钢中使用量和生产量最多的牌号,被世界广泛采用。但是白点敏感性强,焊接性能较差									

续表

力学性能	供货态硬度:25.8 HRC,抗拉强度:861.3 MPa,屈服强度:518.42 MPa,断面伸长率:27.95%;抗弯强度:1 821.61 MPa
淬、回火温度的影响	1)淬火温度的影响:GCr15钢的正常淬火加热温度为830~860 ℃,多用油冷,最佳淬火加热温度为840 ℃,淬火后的硬度达到63~65 HRC。在实际生产条件下,根据模具有效截面尺寸和淬火介质的不同,所用的淬火温度可稍有差别。如尺寸较大或用硝盐分级淬火的模具,宜选用较高淬火温度(840~860 ℃),以便提高淬透性,获得足够的淬硬层深度和较高的硬度;尺寸较小或用油冷的模具一般选用较低的淬火温度(830~850 ℃)。相同规格的模具,在箱式炉中加热应比盐浴炉中加热温度稍高 2)回火温度的影响:随着回火温度升高,回火后的硬度下降。回火温度超过200 ℃后,将进入第一类回火脆性区。所以,GCr15钢的回火温度一般为160~180 ℃
热处理	其热处理制度为:钢棒退火,钢丝退火或830~840 ℃油淬
制造方法	对轴承钢的冶炼质量要求很高,需要严格控制硫、磷和非金属夹杂物的含量和分布,因为非金属夹杂物的含量和分布对轴承钢的寿命影响很大。夹杂物量越高,寿命就越短。为了改善冶炼质量,也可采用真空冶炼、真空自耗精炼等新工艺,来提高轴承钢的质量
锻造工艺	喷射成型作为一项新颖的快速凝固技术,在材料制造与加工方面显示出巨大的优势。喷射成型GCr15钢的铸态组织为等轴层状珠光体,平均片间距为85 μm;油淬处理获得的马氏体片平均宽度为0.35 μm。X射线衍射分析及TEM观察表明,硬度随回火温度升高而下降与回火中ε碳化物析出及长大有关。由CCT曲线测试获得喷射成型GCr15钢的Ms(150 ℃)比母合金的Ms(250 ℃)低100 ℃,其主要原因是前者基体中固溶的碳含量高于后者。喷射成型GCr15钢铸态试样的超塑伸长率优于常规工艺制备的同种材料,首次利用喷射成型工艺制备了Cu20%(质量分数)-Fe合金(SF)
热处理工艺参数	1)不完全退火:加热770~790 ℃,保温后随炉冷却至550 ℃以下出炉空冷,硬度要求为187~229 HBW,工艺特点:Ac_1=745 ℃,Ac_{cm}=900 ℃,加热温度应在Ac_1~Ac_{cm}范围内 2)等温球化退火:加热770~790 ℃,680~700 ℃等温后随炉冷却至550 ℃以下出炉空冷,硬度要求为187~229 HBW,工艺特点:加热温度应在Ac~Ac_{cm},等温温度应低于Ar_1=700 ℃线20 ℃,以获得粒状珠光体组织 3)去应力退火:加热600~700 ℃,保温,炉冷,模具钢硬度要求为187~229 HBW,工艺特点:消除残余应力,消除加工硬化 4)正火:加热930~950 ℃,保温,空冷,硬度要求为302~388 HBW,加热温度高于Ac_{cm},消除偏析、带状组织、网状组织,细化晶粒 5)调制:淬火加热840~860 ℃,油冷,回火加热660~680 ℃,保温后炉冷或空冷,硬度要求为197~217 HBW,特点:高温淬火可以消除碳化物组织的缺陷,高温回火得到细小的回火索氏体组织,为再淬火做组织准备,在改善韧性的同时,提高强度,再淬火,加热温度为820~840 ℃,油冷 6)下贝氏体等温淬火:加热855~875 ℃,保留50~70 min,220~240 ℃硝盐浴等温3~4 h,后70~80 ℃热水冲洗,硬度要求为58~62 HRC。对于大型轴承零件,还需进行260 ℃回火,保温2.5 h。等温淬火组织为下贝氏体+碳化物+少量马氏体+极少量残留奥氏体,淬火变形很小,强度高,韧性好 7)下贝氏体等温淬火:加热830~850 ℃,240~300 ℃硝盐浴等温,然后出浴空冷,硬度要求为58~62 HRC,Ms=202 ℃,等温淬火组织为下贝氏体+碳化物+少量马氏体+极少量残留奥氏体,淬火变形很小,强度高,韧性好 8)回火:加热150~190 ℃,保温2 h,炉冷,硬度为58~62 HRC,工艺特点:强调硬度取下限,强调韧性取上限 9)固体渗硼:渗硼加热920 ℃,保温5 h,油冷。渗剂3% B_4C+5% KBF_4+5%$(NH_2)_2$ CO+87% SiC,硬度要求为1 500~1 700 HV,表面获得高硬度的硼化物层,芯部为淬火组织,渗层厚度为0.145 mm 10)液体渗铬:加热950 ℃,保温4 h,油冷。渗剂15%Cr_2O_3+12.5%稀土硅镁+72.5%硼砂,硬度要求为1 665 HV,渗层厚度为0.010 56 mm。提高表面硬度、耐磨性与耐蚀性 11)液体渗钒:加热950 ℃,保温4 h,降温860 ℃,保温2 h;升温950 ℃,保温4 h,油冷。渗剂90% $BaCl_2$+7% V_2O_5+3% $Na_2B_4O_7$+Al粉,软氮化硬度要求为2 500 HV,工艺特点:渗层厚度0.020 mm,提高表面硬度、耐磨性

续表

用途	用于制作承受负荷较大的小截面调质件和应力较小的大型正火零件,制作各种轴承套圈和滚动体。例如,制作内燃机、电动机车、汽车、拖拉机、机床、轧钢机、钻探机、矿山机械、通用机械,以及高速旋转的载荷机械传动轴承的钢球、滚子和套圈。除了做滚珠和轴承套圈等外,有时也用来制造工具,如冲模、量具

4.10.3　SX105V 新型火焰淬火冷作模具钢

SX105V 钢是为了适用汽车制造业发展需要的火焰淬火用钢,相当于我国的低合金冷作模具钢类 7CrSiMnMoV。仅用火焰加热后再空冷就能得到硬度均匀、无显微裂纹、高韧性和深的硬化层,因而大大延长了冲模寿命,现已被汽车、电机、机械、农机等类产品广泛应用于大批量生产的冲模上。SX105V 钢成分、性能和用途见表 4－22。

表 4－22　SX105V 钢成分、性能和用途

牌号	化学成分(质量分数,%)					
	C	Cr	Mo	V	Si	Mn
SX105V	0.65～0.75	0.90～1.20	0.20～0.50	0.15～0.30	0.85～1.15	0.65～1.50
特性	主要特点是工艺性好,淬透性好,淬火温度低,热处理变形小,强韧性好,价格低,并具有适当的耐磨性;淬火温度范围宽,过热敏感性小,空冷后硬度一般可达 60 HRC 以上。常用于制作汽车生产线上用的模具零件,火焰淬火时加热模具刃口切削面,硬化层下有高韧性的基体做衬垫,使模具获得较长的使用寿命					
火焰淬火优点	热处理费用低,使用焊接或切割用的氧乙炔焊枪能在短时间内加热淬火,通常不需回火。设备费、工时费及原材料消耗费都少,只需整体淬火费用的 1/100 左右。处理时间短:整体淬火是为了防止变形、开裂等,但必须进行消除应力退火、淬火、回火(二次)几道工序,通常要 2～3 天。火焰淬火即使处理大型模具也只需短时间就能淬完,大大缩短了处理时间;热处理后不必研磨:火焰淬火的模具,因加热时间非常短,几乎不产生变形,所以不需要研磨					
淬火、回火规范	淬火温度为 840～1 000 ℃,油冷或空冷淬火,回火温度为 160～200 ℃,硬度为 62 HRC					
应用	制造精密复杂汽车模具;可代替 TiOA、9Mn2V、CrWMn、GCr15、Cr12、Cr12MoV 等制造对强韧性要求较高的冷作模具,如冲孔凹模、中薄钢板冲裁模;制造大型镶块模具;冲压小于 7 mm 厚钢板冲压模具、剪切下料模、切纸刀;制造模具型芯、凸模、型腔板、镶件;用于热固性塑料模中的小型芯、镶件等热固性成型模,制造要求高耐磨、高强度模具					

目前,我国广泛使用的冷作模具钢有 CrWMn 和 Cr12 类钢等。前者的缺点是易形成网状碳化物,而后者共晶碳化物带状偏析严重,结果都使钢的强韧性降低,导致模具易崩刃、断裂而早期失效。一方面,为了改善强韧性,生产上采用了多种强韧化工艺,如低温淬火工艺等;另一方面,人们通过合金化方法,在努力寻求性能更为优越的冷作模具钢。汽车、摩托车用大型模具切边刃口通常采用 Cr12 或 Cr12MoV 钢材料。由于模具尺寸较大,又多为三维异型曲面,所以不论采用整体结构或镶拼结构,加工都十分困难。整体结构浪费材料,工艺的可行性要受到热处理炉口尺寸的限制。镶拼结构热处理以后变形大,消除变形困难,且容易降低模具的精度。20 世纪 80 年代,火焰淬火钢的出现首先是在汽

车行业得到了应用和推广，继而在模具制造中也得到越来越多的应用。对上述各种类型的模具钢进行热处理时，都必须严格地按每种模具钢热处理的形式进行，同时必须按照各种模具钢热处理规范才能确保钢材热处理的质量要求。

4.11　专用模具钢

随着塑料产量的提高和应用领域的扩大，人们对塑料模具提出了越来越高的要求，并促进了塑料模具的不断发展。目前，塑料模具正朝着高效率、高精度、高寿命方向发展。同时，推动了塑料模具材料迅速发展。近年来所研制的预硬化钢、镜面钢和耐腐蚀钢等钢材，为模具用钢性能的提高、模具使用可靠性、模具加工性和模具寿命的提高，起到了十分重要的作用。复合材料制品成型模没有专用模具材料，可归属于塑料模具材料范围。

目前，塑料模具工作部分的材料，一般采用经调质处理后的 45 钢、40Cr 钢，调质硬度大部分为 22～25 HRC，这类材料制造的模具表面粗糙度值大，制件光亮度差，外观质量不好，模具寿命也短。如果将调质硬度提高，则模具型腔和型面机械加工就十分困难，对于复杂型腔和型面更是无法加工。对于要求较高的模具，可选用预硬化的 P20 系列塑料模具钢（P20 国内牌号为 3Cr2Mo），其预硬化硬度为 28～35 HRC。这种材料镜面抛光性能好、表面粗糙度值小、制件光亮度好，制造的模具使用寿命也有较大的提高。上述两类材料如果在退火状态下机械加工，型腔加工完成后再淬火，则将产生较大变形，影响制件质量。因此，需要预硬化硬度高、机械加工比较容易的塑料模具钢。我国近年研制的预硬化型塑料模具钢，大多数是以中碳钢为基础，加入适量的铬、锰、镍、钼、钒等合金元素制成。为了解决在较高硬度下切削加工难度大的问题，通过向钢中加入硫、钙、铅、硒等元素，以改善切削加工性能，从而制得易切削预硬化钢。有些预硬化钢可以在模具加工成型后进行氮化处理，在不降低基体使用硬度的前提下使模具的表面硬度和耐磨性显著提高。

这类钢碳的质量分数为 0.3%～0.55%，常用的合金元素有 Cr、Ni、Mn、V 等。在这种类型钢中加入了 S、Ca、Pb、Se 等元素，以改善预硬钢的加工性能，如 5NiSCa 钢预硬度为 39 HRC 时，磨削力比 25 HRC40Cr 钢的还要小。预硬钢不仅适用于制造大、中型精密注塑模，还可以制作精密冷作模具，并已获得较大量应用，如电视机、洗衣机壳体等塑料模具。另外，也可用于制造锌合金压铸模具。预硬化型塑料模具钢 3Cr2Mo 是国内较早开发的塑料模具钢。在使用时，一般先进行预硬处理，然后再进行切削加工。

预硬化型塑料模具钢除了 40Cr、42CrMo 和 3Cr2Mo 钢之外，国内还先后研制开发了 5CrNiMnMoVSCa（5NiSCa）、8Cr2MnMoVS（8Cr2）、3Cr2NiMo（P4410）、40CrMnVBSCa（P20BSCa）、Cr5MoSiV1（H13）、30CrMnSiNi2A、40CrMnVBSCa（P20BSCa）和 Y55CrNiMnMoV（SM1）等易切削预硬塑料模具钢。

4.11.1　P20（3Cr2Mo）钢

P20（3Cr2Mo）铬镍合金钢为国产热作模具钢，最早的是 P20，紧接着 P20H、P20Ni

相继问世。此钢具有良好的可切削性及镜面研磨性能，P20 钢已预先硬化处理至 285～330 HBW（30～36 HRC），并具有尺寸稳定性好的特点。预硬的钢材可满足一般用途需求，模具寿命可达 50 万模次。由于时效温度低，时效过后模具变形很小，所以适用于制造高精度、复杂的热塑性塑料模具。其综合力学性能好，可以使较大截面的钢材获得较均匀的硬度。用该钢制造模具时，一般要先进行调质处理，硬度为 28～35 HRC（即预硬化），再经冷加工制造成模具。预硬状态供货，无须热处理就可直接用于模具的加工，缩短了工期。这样，既保证了模具的使用性能，又避免热处理引起模具的变形。该钢具有较好的淬透性及韧性，还可以进行渗碳处理，渗碳淬火后表面硬度可达 65 HRC，并具有较高的热硬性及耐磨性。该钢经渗碳、氮化、氮碳共渗或离子氮化后再抛光，表面粗糙度值可以降到 0.03 μm 左右，模具表面光亮度可进一步提高，而且模具使用寿命大大延长。真空脱气精炼处理后钢质纯净，适合要求抛光或蚀纹加工塑料模。经锻轧制加工，组织致密，100% 超声波检验，无气孔、针眼缺陷。

　　生产的 3 种 P20 料为 718S、718H、618。P20 料硬度高、韧性好，抗拉性强，但是不耐腐蚀，耐磨性差。其中，718H 为 718S 料出厂前通过材料热处理获得，618 料是这 3 种料级别最低的，相当于 GS2311 料，抛光性能差，生产寿命在 10 万次以下。718S 和 718H 料抛光性能好，可用于透明热抛光模，其中 718H 的抛光性能高于 718S，这两种料的生产寿命为 30 万次。热处理要求：整个 P20 料在钢材出厂前均经过预硬处理，都不再适于淬火处理。P20 料淬火容易爆裂，只能进行表面氮化处理，氮化的要求为表面 0.1 mm，硬度为 65～68 HRC。加工要求：P20 料切削加工性能一般，当 P20 料最小尺寸大于300 mm 时，如果在加工过程中存在大量线切割或电火花放电加工工序时，在线切割或电火花放电加工完成后，必须做一次回火处理。P20 钢化学成分、特性和用途见表 4 - 23。

表 4 - 23　P20 钢化学成分、特性和用途（GB/T 1299—2014）

牌号	化学成分(质量分数,%)								
	C	Si	Mn	Cr	Mo	S	Ni	Cu	P
						≤			
P20	0.28～0.40	0.20～0.80	0.60～1.00	1.40～2.00	0.30～0.55	0.030	0.25	0.30	0.030
特性	综合力学性能好,具有很好的抛光性能。一般先进行调质处理,硬度为 28～35 HRC(即预硬化),再经冷加工制造成模具。具有均匀的硬度,有良好的抛光性能及光蚀刻花性能,较佳的加工性能,并具有较好的淬透性及一定的韧性,可以进行渗碳,渗碳淬火后表面硬度可达 65 HRC,具有较高的热硬度及耐磨性,因供货状态已进行了预硬化处理,可直接加工成型后抛光、装配								
交货状态	钢材以退火、热轧状态交货。P20 出厂硬度:预硬 29～33 HRC								
加工工艺过程	改锻成坯料后再加工成型的 P20 钢工艺路线为:下料→改锻→球化退火→刨或铣六面→预硬处理(34～42 HRC)→机械粗加工→去应力退火→机械精加工→抛光→装配								
热加工规范	钢锭:加热温度为 1 180～1 200 ℃,始锻温度为 1 130～1 150 ℃,终锻温度≥850 ℃,坑冷								
	钢坯:加热温度为 1 120～1 160 ℃,始锻温度为 1 070～1 110 ℃,终锻温度≥850 ℃,砂冷或缓冷								

续表

热处理规范	淬火时先以 500～600 ℃预热 2～4 h,然后在 85～880 ℃保温一定时间(至少 2 h),再放入油中冷却至 50～100 ℃出油空冷,淬火后硬度可达 50～52 HRC,为防止开裂,应立即进行 200 ℃低温回火处理,回火后,硬度可保持 48 HRC 以上
高温回火规范	回火温度(730±10)℃,保温 2 h,炉冷至温度≤500 ℃,出炉空冷
等温退火规范	退火温度(850±10)℃,保温时间 2 h,随炉降温至温度(720±10)℃,保温 4 h,炉冷至 500 ℃以下,出炉空冷,硬度≤229 HBW
淬火、回火规范	淬火温度为 850～880 ℃,油冷或空冷,硬度 50～52 HRC;回火温度为 580～640 ℃,出炉空冷,硬度为 28～36 HRC
调质处理规范	淬火温度为 840～860 ℃,保温,淬油,淬火硬度为 50～54 HRC,回火温度为 600～650 ℃,空气冷却,回火硬度为 28～36 HRC
预硬化处理规范	温度为 860～900 ℃,保温,油冷,回火温度为 570～700 ℃,空气冷却,回火硬度为 28～35 HRC
交货状态	钢材以退火、热轧状态交货,预硬化硬度为 27～34 HRC,硬度均匀、耐磨性好
加硬处理	为提高模具寿命达到 80 万模次以上,可对预硬钢实施淬火加低温回火的加硬方式来实现。淬火时先在 500～600 ℃预热 2～4 h,然后在 850～880 ℃保温一定时间(至少 2 h),放入油中冷却至 50～100 ℃出油空冷,淬火后硬度可达 50～52 HRC,为防止开裂,应立即进行 200 ℃低温回火处理,回火后,硬度可保持 48 HRC 以上
氮化处理	氮化处理可得到高硬度表层组织,氮化后的表层硬度达到 650～700HV(57～60 HRC),模具寿命可达到 100 万次以上,氮化层具有组织致密、光滑的特点,模具的脱模性及抗湿空气及碱液腐蚀性能提高

850 ℃淬火,550 ℃回火的 P20 模具钢室温力学性能

硬度(HRC)	抗拉强度/MPa	屈服强度/MPa	伸长率(%)	断面收缩率(%)	冲击韧度/(J/cm²)
30	1 250	1 140	14	58	11.5

物理性能	加硬处理可提高模具寿命达到 80 万模次以上,可对预硬钢实施淬火加低温回火的加硬方式来实现		
	密度为 7.81g/cm³	弹性模量:20 ℃时为 212 000 MPa,切变模量(室温)为 825 000 MPa,泊松比为 0.288	

加热温度/℃	18～100	18～200	18～300	18～400	18～500	18～600	18～700
线胀系数/℃⁻¹	$11.9×10^{-6}$	$12.2×10^{-6}$	$12.5×10^{-6}$	$12.81×10^{-6}$	$13.11×10^{-6}$	$13.41×10^{-6}$	$13.71×10^{-6}$

加热温度/℃	20	100	200	300	400
热导率/[W/(m·K)]	36.0	33.4	31.4	30.1	29.3

应用	可代替传统的 45 钢,用于制作大型注塑模具或挤压成型模、热塑性塑料注塑模具、热塑性塑料吹塑模具、重载模具主要部件、冷作模结构件;不仅适用于制造大、中型精密注塑模具,还可用于制造精密冷作模具,还适用于压塑模具、耐蚀性和高精度模具;热塑性塑料注塑模具、挤压模具常用于制造电视机壳、大型收录机的外壳、洗衣机面板盖、冰箱内壳、水桶等。电视机前壳、电话机、吸尘器壳体、饮水机等塑料成型模具的切削加工性能及抛光性能均显著优于 45 钢,在相同抛光条件下,表面粗糙度比 45 钢低 1～3 级。如制造 14 in (1 in=0.025 4 m)黑白电视机外壳塑料模具,成型 24 万模次,模具仍完好无损。还制造过 18 in 彩色电视机外壳塑料模具、大型收录机模具、电唱机盘罩模具,以及洗衣机面板盖模具等

4.11.2　PCR（0Cr16Ni4Cu3Nb）钢

当大批量地生产聚氯乙烯、氟化塑料、阻燃塑料等塑料制品时，模具需要具有耐氟、耐氯等卤族元素气体腐蚀的性能，需要在模具表面上镀铬或直接采用耐腐蚀钢。耐腐蚀塑料模具钢有 2Cr13、4Cr13、9Cr18、9Cr18Mo、Cr14Mo4V、1Cr17Ni2 等，耐腐蚀塑料模具钢 PCR（0Cr16Ni4Cu3Nb）钢，属于马氏体沉淀硬化不锈钢。在 1 050 ℃固溶（空冷）后得到单一的板条马氏体组织，硬度为 32～35 HRC。经 480 ℃左右时效后，硬度为 42～44 HRC，有较好的综合力学性能和耐蚀性，在析出弥散的硬化相 CuNi 后，硬度上升到 39～44 HRC。该钢在含有氟、氯离子腐蚀性介质中的耐蚀性明显优于 17 - 4PH（0Cr17Ni4Cu4），适用于制造含氟、氯或混入阻燃剂热性塑料的注塑模。该钢具有优良的焊接性能、力学性能和高强度，在含氟、氯等离子的腐蚀性介质中耐蚀性明显优于不锈钢。该钢淬透性高，热处理变形小，表面抛光性、强化性好，具有良好的焊接性以及力学性能。

PCR 钢合金元素是在 Cr17 型不锈钢的基础上，通过加入铜、铌等合金元素实现沉淀强化的一种马氏体不锈钢。它既具有高的强度、硬度，又具有良好的塑韧性、耐蚀性和加工性。钢中含有元素铜，其压力加工性能和含铜量有很大的关系。锻造时应充分热透，锻打时要轻捶快打，变形量小；然后可重捶，加大变形量。

PCR 钢的主要性能特点是易于调整强度级别，即可通过变动热处理工艺予以调整。马氏体相变和时效处理形成沉淀硬化相是其主要强化手段，较 SUS630（17 - 4PH）钢衰减性能好，耐腐蚀疲劳及抗水滴性能强。由于 PCR 钢含碳量低，该钢的耐蚀性和焊接性都优于马氏体不锈钢，接近奥氏体不锈钢。

PCR 钢的热处理工艺简单，机加工成型后进行 460～480 ℃时效处理，由于马氏体组织析出富铜相，使强度和硬度进一步提高，可同时获得较好的综合力学性能。PCR 钢经过时效处理后，工件仅有微量变形，抛光性能好。抛光后可在 400 ℃以下进行 PVC 表面等离子处理，处理后可获得 1 600 HV 以上的表面硬度。因此，PCR 钢适于制造高耐磨、高精度和耐腐蚀的塑料模具和精密零件，普遍地应用于航天航空、电力、石油、化学、船舶、机械、电子和环保等各个行业。PCR 钢的化学成分、特点和用途见表 4 - 24。

表 4 - 24　PCR 钢的化学成分（质量分数，%）、特点和用途

牌号	Cr	Ni	Cu	Nb	Mn	Si	C	S	P	其他
PCR	15.0～17.0	3.00～5.00	2.50～3.50	0.20～0.40	<		≤			特殊元素
					1.00	1.00	0.07	0.03	0.03	
特性	为耐腐蚀塑料模具钢和析出硬化不锈钢，具有优良的耐蚀性，在质量分数为 5%的沸腾液和质量分数为 10%的 40 ℃介质中，其耐蚀性可比 17-7PH 钢提高 3 倍左右。添加铜的沉淀硬化型钢种，具有优良的耐蚀性，该钢淬透性高，热处理变形小。表面抛光性、表面强化性好，具有良好的焊接性以及力学性能，可用于制造轴类、汽轮机部件									
临界点温度(近似值)	$Ac_1 \approx 670$ ℃		$Ac_3 \approx 740$ ℃		$Ms=140$ ℃			$Mf \approx 32$ ℃		

续表

锻造工艺规范	可锻性与铜元素含量有关,当铜元素的质量分数小于3.5%时,可锻性良好;当铜元素的质量分数大于4.5%时,锻造易开裂。该钢的锻造温度较窄,锻造要充分			
加热温度/℃	始锻温度/℃		终锻温度/℃	冷却方式
1 180～1 200	1 150～1 160		≥1 000	空冷或砂冷
交货状态	一般以热处理状态交货,其热处理种类在合同中注明,未注明者,按不热处理状态交货			
热处理与金相组织	固溶1 020～1 060 ℃快冷			
	480 ℃时效,经固溶处理后,470～490 ℃空冷			
	550 ℃时效,经固熔处理后,540～560 ℃空冷			
	580 ℃时效,经固溶处理后,570～590 ℃空冷			
	620 ℃时效,经固溶处理后,610～630 ℃空冷			

时效后的力学性能

热处理工艺		抗拉强度/MPa	屈服强度/MPa	σ_{sc}/MPa	伸长率(%)	断面收缩率(%)	冲击韧度/(J/cm²)	硬度(HRC)
50 ℃固溶	460 ℃时效	1 324	1 211	—	13	55	50	42
1 000 ℃固溶	460 ℃时效	1 334	1 261	—	13	55	50	43
1 050 ℃固溶	460 ℃时效	1 355	1 273	1 424	13	56	47	43
1 100 ℃固溶	460 ℃时效	1 391	1 298	—	15	45	41	45
1 150 ℃固溶	460 ℃时效	1 428	1 324	—	14	38	28	46

不同时效温度下的力学性能	时效温度/℃	480	550	580	620
	抗拉强度/MPa	1 310	1 060	1 000	930
	屈服强度/MPa	≥1 180	≥1 000	≥865	≥725
	伸长率(%)	≥10	≥12	≥13	≥16
	断面收缩率(%)	≥40	≥45	≥45	≥50
	硬度(固溶):≤363 HBW 和38 HRC	≥375 HBW 和40 HRC	≥315 HBW 和35 HRC	≥302 HBW 和31 HRC	277 HBW 和28 HRC

工艺性能	锻造工艺:加热温度为1 180～1 200 ℃,始锻温度为1 100～1 150 ℃,终锻温度≥1 000 ℃,锻后空冷或砂冷。钢中含有元素铜,其压力加工性能与含铜量有很大的关系。当铜质量分数>4.5%时,锻造易出现开裂;当铜质量分数≤3.5%时,其压力加工性能有很大改善,锻造时应充分热透,锻打时要轻捶快打,变形量小,然后可重捶,加大变形量
	固溶处理:固溶温度为1 050 ℃,空冷,硬度为32～35 HRC,在此硬度下可以进行切削加工
	时效处理:在420～480 ℃时效,其强度和硬度可以达到最高峰值,但在440 ℃时冲击韧度最低。因此,推荐时效处理温度为460 ℃,时效后硬度为42～44 HRC
	淬透性及淬火变形:淬透性好,在直径100 mm的断面上硬度均匀分布,回火时效后总变形率径向为−0.04%～−0.05%,轴向为−0.037%～−0.04%

续表

应用	制作含有氟、氯的塑料成型模具,如用于氟塑料或聚氯乙烯塑料成型模具、氟塑料微波板、塑料门窗、各种车辆把套、氟氯塑料挤出机螺杆、料筒及添加阻燃剂的塑料成型模;聚三氟乙烯阀门盖模具,原用 45 钢或镀铬处理,使用寿命为 1 000～4 000 件,用 PCR 模具钢加工 6 000 件后仍与新模一样,未发现任何锈蚀或磨损,模具寿命达 10 000～12 000 件。四氟塑料微波板,原用 45 钢或表面镀铬模具,使用寿命仅 2～3 次,改用 PCR 模具钢,模具使用 300 次后,未发现任何锈蚀或磨损,表面光亮如镜

4.11.3　S136 高寿命耐腐蚀镜面模具钢

经炉外精炼(VD)＋电渣重熔精炼(ESR),组织更纯洁细微,使钢具有优良的耐蚀性、高的抛光性,良好的耐磨性、机械加工性,淬硬时有优良的尺寸稳定性和很好的综合力学性能。具有较低的维护费用,模具经过长期使用后,型腔表面仍然维持原先的光滑状态。具有较低的生产成本,模具不因冷却水的影响而腐蚀。由于有一定的冷却循环,可延长模具的使用寿命。由于 S136 钢具有高的耐蚀性,所以提供了低维护费用和高寿命的模具,达到了最佳的经济效益。S136 钢的化学成分、特性和用途见表 4-25。

表 4-25　S136 钢的化学成分、特性和用途

化学成分	C	Si	Mn	Cr	P	S
(质量分数,%)	0.38	0.8	0.5	13.6	<0.03	<0.03

特性	具有耐蚀性和耐应变性:对于有腐蚀性的 PVC 醋酸盐类(ACETATES)等注塑原料或模具必须在潮湿的环境下工作及贮存时,S136 钢能抵抗水蒸气、弱有机酸、硝酸盐、碳酸盐等的腐蚀。若回火到 250 ℃而且抛光成镜面状态时,特别能显示优良的耐蚀性;耐磨性:使用摩擦系数较大的注塑材料(包含压注成型模)或要求具有较长工作寿命的模具,如电子零件、舍弃式餐刀具、器皿等;具有低表面粗糙度值的表面:生产光学产品,如照相机、大凸镜、化学仪器、注射器、分析仪器及塑料制品等			

物理性质	材料在淬硬后,硬度回火至 50 HRC,S136 钢在室温及高温下的物理性能	温度/℃	20	200	400
		密度/(kg/m³)	7 850	7 800	7 700
		弹性系数/(N/mm²)	216×10³	211×10³	191×10³
		线胀系数(自 20 ℃起)/℃⁻¹	—	11.0×10⁻⁶	11.4×10⁻⁶
		热导率/[W/(m·℃)]	16.5	21.5	23.5
		比热容/[J/(kg·℃)]	461	—	—

供货状态	退火至 235 HBW			
试验材料为直径 25 mm 的圆棒,经过 1 025 ℃淬火及二次回火,S136 钢不同硬度下的力学性能	硬度(HRC)	55	50	45
	抗拉强度/(N/mm²)	2 051	1 782	1 430
	0.2%硬度(HRC)	1 610	1 460	1 280
	断面收缩率(%)	26	29	40
	伸长率(%)	8	10	12

续表

	温度/℃	保持时间/min	回火前硬度(HRC)
预热温度为600～850 ℃,淬火温度为980～1 050 ℃,S136钢淬火规范	980	40	52±2
	1 025	30	56±2
	1 050	20	57±2
	预热时间,以钢材中心达到淬硬温度开始计算,淬硬时必须保护,以避免脱碳及氧化		

焊接	通常,工具钢应尽可能避免焊接,因为容易开裂。若做好焊接前的准备工作,如在焊接部位预热,则较容易成功,焊接后必须立即采取下列步骤: a)消除应力:材料在软性退火状态下焊接时,必须消除应力 b)回火:材料在淬火/回火状态下焊接时,必须做回火处理
热处理退火	在保护状态下,加热至780 ℃后在炉中以10 ℃/h的速度冷却至650 ℃,然后再于空气中冷却
应力消除	经过粗加工后,必须加热至650 ℃,预热2 h,缓慢冷却至500 ℃,然后于空气中冷却
等温淬火	淬火介质油在200～550 ℃的盐浴炉中等温淬火,然后在空气(压缩空气、循环空气或大气)中冷却
研磨	正确的研磨技术能避免产生裂缝,且能延长工具的使用寿命。如果材料在低温回火状态下研磨,则在研磨期间变得很敏感,只能使用柔软且开放晶粒式的砂轮,同时必须有良好的冷却剂
抛光	S136钢在淬硬及回火后的状态下,具有非常优良的抛光性 a)使用粒度为180～320的砂轮或磨石做初步研磨 b)使用粒度为400～800的砂纸或粉末研磨 c)使用粒度为12.6 μm及3 μm的钻石膏和抛光用的纤维垫
光蚀刻花	S136钢有非常均匀的组织,所含的杂质非常少,很适合光蚀刻花
用途	高抛光度及高要求的成型件,生产医疗、食品工业等产品,高耐蚀的塑料模具

目前,虽然没有专用的复合材料模具用材,但可以根据成型复合材料的性质和成型工艺方法及成型制品的批量,在上述所介绍的模具材料中选择所需要的用材,这些模具材料完全能够满足制品生产的需要。由于模具成型面十分复杂,还需要考虑模具加工的性能和热表处理的性能。就复合材料模具而言,虽然没有冷作模、热作模和塑料模那样极端苛刻的工作条件,但复合材料模具工作条件的范围很广,包含了冷作模、热作模和塑料模的工作条件。所以,设计复合材料模具选取模具材料时,可以根据上述所提供各种材料的特性、力学性能、物理性能、热处理工艺和规范及参考材料的用途进行比较选择。

4.12　模具用钢的热处理

模具热处理和表面处理技术,是能否充分发挥模具钢材性能的关键。本节除了介绍常用的热处理技术——调质、淬火、退火、回火和正火之外,还要介绍热处理新技术——火焰淬火处理、深冷处理、加硬热处理、盐浴渗钒处理、氮化热处理和物理蒸镀技术。各种钢的强度水平很难满足现代工业发展的要求,在保证材料质量前提下钢的力学性能还取决于热处理工艺,反过来热处理工艺也应该根据所用材料来决定。钢材高强度化的一个重要途径是充分发挥合金元素的作用,以期达到最佳合金化效果。只有在优质钢材的基础上,采取符合钢材的相应热处理工艺才能最大限度地发挥钢材的性能。

4.12.1　常用热处理的工艺

常用热处理的工艺包括淬火、调质处理、回火、退火和正火等。钢的热处理种类分为整体热处理和表面热处理两大类。表面热处理又可分为表面淬火与化学热处理两类。

4.12.1.1　淬火

淬火是将钢件加热到奥氏体温度并保持一定时间，然后以大于临界冷却速度冷却，以获得非扩散型转变组织，如马氏体、贝氏体和奥氏体等的热处理工艺方法。

淬火的目的是使钢中过冷奥氏体进行马氏体或贝氏体转变，以得到马氏体或贝氏体组织。然后配合以不同温度的回火，以大幅提高钢的强度、硬度、耐磨性、疲劳强度以及韧性等，从而满足各种机械零件和工具的不同使用要求。也可以通过淬火来满足某些特种钢材的铁磁性和耐蚀性等特殊的物理与化学性能。为了满足各种零件不同的技术要求，发展了各种淬火工艺，如按接受热处理的部位可分为整体淬火、局部淬火和表面淬火；按加热时相变是否完全可分为完全淬火和不完全淬火（对于亚共析钢，该法又称为亚临界淬火）；按冷却时相变的内容可分为分级淬火、等温淬火和欠速淬火等。但是，马氏体的脆性很大，加之淬火后钢件内部有较大的淬火内应力，因而不宜直接应用，必须进行回火。

（1）淬火分类

淬火是利用电磁感应的原理，把坯料放在交变磁场中，使其内部产生感应电流，从而产生焦耳热来加热坯料的方法。

1）真空淬火：真空淬火有气淬和液淬两种。如果需要有较高的表面质量，钢件真空淬火和固溶热处理后的回火和沉淀硬化，仍应在真空炉中进行。真空热处理可用于退火、脱气、固溶热处理、淬火、回火和沉淀硬化等工艺。在通入适当介质后，也可用于化学热处理。

a）气淬：将钢件真空加热后，再向冷却室中充以高纯度中性气体（如氮）进行冷却的方法。适用于气淬的有高速钢和高碳高铬钢等马氏体临界冷却速度较低的钢材。

b）液淬：将钢件在加热室中加热后，再移至冷却室中充入高纯氮气并立即送入淬火油槽中快速冷却的方法。

2）真空氮化：是使用真空炉对钢铁零件进行整体加热、充入少量气体，在低压状态下产生活性氮原子渗入并向钢中扩散而实现硬化的方法。

3）离子氮化：是靠辉光放电产生的活性氮离子轰击，并仅加热钢铁零件的表面，使之发生化学反应生成核化物而实现硬化的方法。

模具材料越来越多地使用真空炉、半真空炉和无氧化保护气氛炉，对模具用钢采用真空炉热处理可以保持表面无氧化和脱碳的变质层，可省略或缩短热处理后的电加工、线切割和研磨工序的时间。

（2）感应淬火

感应淬火包括感应加热表面淬火（包括高频、中频、工频）、火焰加热表面淬火、电接触加热表面淬火、电解液加热表面淬火、激光加热表面淬火、电子束加热表面淬火。

4.12.1.2　调质处理

调质处理是钢件淬火及高温回火的复合热处理工艺。调质方法：通常指淬火＋高温回火，以获得回火索氏体的热处理工艺。调质的主要目的，是得到高的强度和较好的综合力学性能。在机械零件中的调质件，因其受力条件不同，对其所要求的性能也就不完全一样。一般说来，各种调质件都应具有优良的综合力学性能，即高强度和高韧性的适当配合，以保证机械零件长期顺利地工作。

4.12.1.3　回火

回火是将已经淬火的钢材零件重新加热到一定温度，再用一定方法进行冷却。其目的是消除淬火所产生的内应力，降低硬度和脆性，以取得预期的力学性能。方法：就是先淬火，淬火的温度：亚共析钢为 $Ac_3+30\sim50\ ℃$，过共析钢为 $Ac_1+30\sim50\ ℃$；合金钢可以比碳钢稍稍提高一点。淬火之后在 $500\sim650\ ℃$ 进行回火即可。

4.12.1.4　退火

退火是将金属缓慢加热到一定温度，保持足够时间，然后以适宜速度冷却（通常是缓慢冷却，有时是控制冷却速度）的一种金属热处理工艺。退火的目的：降低硬度、改善切削加工性、消除残余应力、稳定尺寸、减少变形与裂纹倾向、细化晶粒、调整组织和消除组织缺陷。

退火种类：退火工艺随着目的不同而有多种，如等温退火、均匀化退火、球化退火、去除应力退火和再结晶退火，以及稳定化退火和磁场退火等。

4.12.1.5　正火

正火是将工件加热至 Ac_3、Ac_1 或 Ac_{cm} 以上 $30\sim50\ ℃$，保温一段时间后，从炉中取出在空气中或喷水、喷雾或吹风冷却的金属热处理工艺。其目的是在于使晶粒细化和碳化物分布均匀化，改善钢的性能，以获得接近平衡状态的组织。正火与退火的不同点是，正火冷却速度比退火冷却速度稍快，因而正火组织要比退火组织更细一些，其力学性能也会有所提高。另外，正火炉外冷却不占用设备，生产率较高，因此生产中尽可能采用正火来代替退火。大部分中、低碳钢的坯料一般都采用正火热处理。合金钢坯料常采用退火，若用正火，由于冷却速度较快，使其正火后硬度较高，不利于切削加工。

注：1）Ac（Ac_3 亚共析钢或 Ac_1 过共析钢）是指加热时自由铁素体全部转变为奥氏体的终了温度。

2）Ac_{cm} 是在实际加热中过共析钢完全奥氏体化的临界温度线。

4.12.2　模具的制造工艺路线

1）低碳钢及低碳合金钢制造模具零部件工艺路线，例如 20、20Cr 和 20CrMnTi 等钢零部件的工艺路线为：下料→锻造模坯→退火→机械粗加工→冷挤压成型→再结晶退火→机械精加工→渗碳→淬火、回火→研磨抛光→装配。

2）高合金渗碳钢制造模具零部件工艺路线，例如 12CrNi3A 和 12CrNi4A 钢零部件的工艺路线为：下料→锻造模坯→正火并高温回火→机械粗加工→高温回火→精加工→渗碳→淬火、回火→研磨抛光→装配。

3）调质钢制造模具零部件工艺路线，例如 45 和 40Cr 等钢零部件的工艺路线为：下料→锻造模坯→退火→机械粗加工→调质→机械精加工→修整、抛光→装配。

4）碳素工具钢及合金工具钢制造模具零部件工艺路线，例如 T7A～T10A、CrWMn 和 9SiCr 等钢零部件的工艺路线为：下料→锻成模坯→球化退火→机械粗加工→去应力退火→机械半精加工→机械精加工→淬火、回火→研磨抛光→装配。

4.12.3　模具钢材热处理技术的发展

模具的工作零件要承受拉压、弯曲、冲击、疲劳和摩擦等多种机械力的作用，冷作模具材料的失效形式主要是磨损、脆断、弯曲、咬合、塌陷、啃伤和软化等。因此，要求冷作模具钢材应在热处理后具备高的变形抗力、断裂抗力、耐磨损、抗疲劳和咬合的能力。这些模具钢材的性能除了取决于钢材的化学成分之外，还取决于钢材的金相组织、晶粒的大小和分布均匀性。而钢材的金相组织、晶粒的大小和分布均匀性，则取决于热处理的形式和表面处理的方式。热处理的作用就是要提高模具钢材的力学性能，消除钢材内部的残余应力和改善金属的切削加工性。热处理分成预备热处理和最终热处理两大类。

（1）预备热处理的目的

预备热处理的目的是改善钢材的加工性能，消除钢材内部的残余应力和为最终热处理准备良好的金相组织，其热处理工艺有退火、正火、时效和调质等。

（2）最终热处理的目的

最终热处理的目的是提高钢材硬度、耐磨性和强度等力学性能。冷作模具热处理时应注意以下事项：

1）冷作模具钢：含合金元素量多且品种多，合金化较复杂。冷作模具零件形状复杂、加工周期长。钢的导热性差，而奥氏体化温度又高。因此，在加热、冷却过程中要注意热应力和组织应力的产生，多采用预热或阶梯式升温及等温淬火、分级淬火、高压气淬、空冷淬火等方法。

2）保护钢的表面质量：对于加热介质应予以重视，所以普遍采用控制气氛炉、真空炉等先进加热设备和方法，盐浴加热应充分脱氧、净化。

3）强化处理：为了进一步强化，常采用冷处理或氮化等表面强化处理方法。

4.12.4　火焰淬火处理

火焰淬火是一种用乙炔-氧火焰（最高温度达 3 100 ℃）或煤气-氧火焰（最高温度达 2 000 ℃）将工件表面快速加热，随后喷液（水或有机冷却液）冷却的一种表面淬火方法。一般常用乙炔-氧火焰表面淬火。火焰淬火冷作模具钢，如 CH（7CrSiMnMoV）、GD（60MnNiMoVSi）等，可以采用火焰加热空冷淬硬，硬度达到 62～64 HRC。

火焰淬火处理的工艺特点是：淬火温度范围很宽（860～1 150 ℃），在温度相差290 ℃ 的范围内淬火都能获得满意的效果，热敏感性低；淬透性很高，空冷后表面硬度高，不但强度好、韧性高，还有较高的耐磨性；淬火变形倾向小，淬硬性高；具有操作简单、成本低和节约能源的优点。火焰淬火温度宜偏高，随着淬火温度的提高，碳化物和合金元素能够较充分地溶入奥氏体。淬火后使得钢材的强韧性、硬度和耐磨性都能够得到提高。但残留奥氏体也略有增加，所以应在保证晶粒不粗大的情况下，尽可能提高淬火的温度，而回火温度一般取 150～200 ℃。简单小型的冷冲模可以不回火直接使用。火焰加热淬火之前，必须经过 180～200 ℃ 的预热 2 h，这对减小应力、防止变形和开裂至关重要。

CH 钢特别适宜制造尺寸大、截面厚和变形小的冷作模具，也可以制造冲孔凹模、中薄钢板（2～5 mm 厚）的修边落料模等。GD 钢的淬火温度范围较宽，淬透性好，也可火焰加热空冷淬火，具有良好的强韧性。当用于制造易崩及断裂的冷冲模具时，模具寿命较长。

4.12.5　深冷处理

所谓的冷处理一般有两种，为深冷处理及超深冷处理。深冷处理就是在 0 ℃ 以下的温度来处理，也称为零下处理。深冷处理依据深冷处理温度的高低，分为普遍深冷处理（-60～-100 ℃）及超深冷处理（-160～-300 ℃）两种。超深冷处理是指物料需要在-190～-230 ℃ 的环境下处理。深冷处理适用于所有金属或非金属物料，如合金、碳化物、塑料（尼龙与聚四氟乙烯）、铝、陶瓷等。

深冷处理主要是采用液态氮气为冷却剂（77 K），利用汽化热的快速冷却方式将淬火后的模具冷至 153 K 以下并保持一段时间。深冷处理可使参与的奥氏体几乎全部转化为马氏体，材料组织细化并可析出细微颗粒状呈弥散分布的碳化物，耐磨性比深冷处理前的模具高出 2～7 倍，比普通冷处理模具高 1～8 倍，使模具的表面获得较高的硬度、较好的回火稳定性和良好的耐磨性、耐疲劳和抗咬性。对于 D2 钢，传统热处理方法的磨损率比深冷处理高出许多，而冷处理的磨损率介于两者之间。深冷处理前必须在 100 ℃ 热水中进行一次回火，并且深冷处理前后再用 50～60 ℃ 的热水快速升温，这是由于表面膨胀而受到减小应力的效果。深冷处理还可以作为稳定模具尺寸的一种热处理方法。

4.13　模具钢材表面热处理技术

表面处理的技术已在模具制造中得到广泛应用，并呈现了良好的发展前景。表面处理技术有 PVD 和 CVD 涂层方法、PACVD 技术的气相沉积（TiN、TiC）、可控离子渗入技术（PIP）、等离子喷涂及 TRD 表面处理技术、类钻石薄膜覆盖技术、高耐磨高精度处理技术、不粘表面处理的技术，以及模具表面激光热处理、焊接、强化和修复等技术。模具钢材表面改性技术是由多种学科发展而来的技术组合，如表面淬火已由火焰加热改变成高频加热，应用激光束、电子束的淬火技术、化学镀技术、热喷涂技术、浸渗金属技术、渗非金属技术、气相沉积技术、激光技术、离子注入技术、电弧喷涂技术、等离子喷涂技术、电刷镀技术、粉末涂料技术和粘接技术等。加硬热处理有渗硼处理和模具钢实施淬火加低温回火后渗碳或氮化处理加硬方式。

4.13.1　盐浴渗钒处理

渗金属的方法主要有固体法（如粉末包装法、膏剂涂渗法等）、液体法（如溶盐浸渍法、溶盐电解法、热浸法等）和气体法。金属元素既可单独渗入，也可几种共渗，还可与其他工艺（如电镀、喷涂等）配合进行复合渗。生产上应用较多的渗金属工艺有渗铝、渗铬、渗锌、铬铝共渗、铬铝硅共渗、钴（镍、铁）铬铝钒共渗、镀钽后的铬铝共渗、镀铂（钴）渗铝、渗层夹嵌陶瓷、铝-稀土共渗等。

1）渗硼：是一种在高温 $800 \sim 1\,000$ ℃时使硼元素渗入金属表面而获得硼化合物硬质层的化学热处理技术。渗硼方法有固体粉末渗硼、气体渗硼、电解盐浴和盐浴的液体渗硼。渗硼层有优异的耐磨性、较好的耐蚀性和抗高温氧化性。例如钻井设备的泥浆泵零件，冲压、拉丝等模具经渗硼后可延长使用寿命。渗硼处理可用于钢铁材料、钴基和铁基合金，以及钛、钽等有色金属材料。渗层厚度为 $20 \sim 150\ \mu m$，可获得相当于硬质合金硬度的表层，以改善材料耐磨性和耐蚀性。模具钢材经渗硼处理后，表面硬度可达 70 HRC 以上，可以划玻璃。它不仅有优良的耐磨性，还具有很高的耐热性（$\geqslant 650$ ℃）和优良的耐蚀性。特别适应于各种冷、热作模具；各种砖瓦、水泥、泥浆泵等在磨料磨损下工作的模具零部件及配件；各种石油化工机械在泥沙、氯化氢或其他腐蚀性气体工作条件下工作的不锈钢、耐热钢阀杆、分离器壳体和喷头；更适应于纺织机械中的导板等在高速摩擦、磨损下工作的配件等。经渗硼后，其使用寿命可延长 $1 \sim 10$ 倍，该工艺逐渐成为广泛应用的表面扩散强化处理项目，在石油化工机械、汽车摩托车制造、纺织机械、工模具等方面应用较多。

2）加硬热处理：对模具钢实施淬火加低温回火的加硬方式来实现，可以使模具达到 80 万次以上的使用寿命。淬火时先在 $500 \sim 600$ ℃预热 $2 \sim 4$ h，然后在 $850 \sim 880$ ℃保温至少 2 h，放入油中冷却至 $50 \sim 100$ ℃出油空冷，淬火后的硬度可达 $50 \sim 52$ HRC。为了防止开裂，应立即进行 200 ℃低温回火处理，回火后硬度可保持在 48 HRC 以上。最后表面进行渗碳或氮化处理，硬度可达到 70 HRC 以上。

3）渗钒：是使一种或多种金属原子渗入金属工件表层内的化学热处理工艺。将金属工件放在含有渗入钒金属元素的渗剂中，加热到一定温度，保持适当时间后，渗剂热分解所产生的渗入金属元素的活性原子便被吸附到工件表面，并扩散进入工件表层，从而改变工件表层的化学成分、组织和性能。与渗非金属相比，金属元素的原子半径大，不易渗入，渗层浅，一般须在较高温度下进行扩散。金属元素渗入以后形成的化合物或钝化膜，具有较高的抗高温氧化能力和耐腐蚀能力，能分别适应不同的环境介质。

4）TD 盐浴处理技术：在于利用含渗钒剂的硼砂等溶盐和热扩散作用，使浸渍于其中的模具零件表面形成一层超硬化金属碳化物渗层。渗钒是 TD 法盐浴渗金属技术的一种，具有理论成熟、工艺稳定、处理效果好和价格低廉的特点。该工艺所形成的覆层在常温下具有良好的稳定性，具有优异的抗磨损能力，在冷作模具零件的表面强化中应用效果良好。TD法盐浴渗钒获得的覆层与基体结合力强于PVD、CVD等方法获得的结合力，覆层耐磨性能优异。

冷作模具钢（如Cr12MoV）所制成的凸、凹模，在工作受到很大冲击力和摩擦力会出现表面拉伤、剥落和严重磨损，导致模具失效的情况时常发生。因此，通过表面强化技术提高模具的耐磨性、延长模具的寿命具有十分重要的意义。冷作模具钢经中性盐浴渗钒可获得碳化物的渗层，碳钒化合物渗层的组织均匀，具有良好的连续性和结构致密性，具有很高的显微硬度和较高的耐磨性，即模具表面硬度、耐磨性和抗黏着性等性能均得到大幅度提高。碳钒化合物在奥氏体中的溶解度比它在铁素体中的溶解度高，随着温度的降低碳钒化合物从铁素体中析出，使合金强化及晶粒细化，化合物层表现出较高的硬度。该技术可用在冲裁模、拉伸模、冷镦模和成型模等模具表面上。TD处理可以获得比渗硼更高的超硬碳化物，故可得到胜过硬质合金的耐磨性，并且耐蚀性和抗咬合性也非常优越。TD技术具有设备简单、操作方便、环境污染小、成本较低、渗层材料广泛、渗层均匀和硬度高等优点。

注：1）PVD是英文物理气相沉积的缩写，是指在真空条件下，采用低电压、大电流的电弧放电技术，利用气体放电使靶材蒸发并使蒸发物质与气体都发生电离，利用电场的加速作用，使被蒸发物质及其产物沉积到工件上，实现物质从原物质到薄膜可控的原子转移过程。

2）CVD技术被称为化学气相沉积，是利用气态的先驱反应物，通过原子、分子间化学反应的途径生成固态薄膜的技术。

4.13.2　氮化热处理

氮化热处理是钢的表面硬化热处理方法之一。氮化热处理是使氮渗透和扩散在钢的表面，与钢中的Al、Cr、Mo和Ti等元素形成硬氮化物所进行的硬化表面技术。氮化热处理的硬度可以超过淬火硬度（540 HV）和渗碳硬度（720 HV），以SKD61氮化为例，维氏硬度约为1 000 HV，氮化热处理后的硬度非常高。但是，不及CVD处理技术和CVD涂层技术的2 500 HV；由于氮化的热处理是在400～580 ℃低温下进行的，而CVD是在1 000 ℃进行的，两者相比较氮化的热处理变形和内部强度不会降低；氮化的热处理后钢材即使加热到400 ℃也不会软化，而耐热性、疲劳强度、耐蚀性、耐磨性和脱模性等均得到显著的提高。氮化热处理有气体氮化法、液态氮化法、气体软氮化法、离子氮化法和氧氮化法（又可分成NN法、加压法、软氮化QPQ法和氮化法）。可得到高硬度表层组织，氮化后的表层硬度达到650～700 HV（相当于57～60 HRC），模具寿命可达到100万次以上，氮化层具有组织致密和光滑的特点，使模具的脱模性及抗湿空气及碱液腐蚀性能提高。

4.13.2.1　气体氮化（又称为硬氮化或氮分解氮化）法

气体氮化法是指一种在一定温度下和一定介质中使氮原子渗入机械零件表层的化学热

处理工艺。其外表因具有硫化铁层而形成一固态润滑薄膜，可降低零件之间的摩擦系数、磨耗黏着性，对不锈钢还可还原其钝化膜，以利于氮化的进行。

（1）氮化处理的目的

为了使机械零件具有优异的耐磨性、耐疲劳性、耐蚀性及耐高温的特性，也为了解决模具零件因摩擦所产生的磨损问题，一般情况下，应采用渗碳和渗碳氮化的表面改性技术。由于渗碳零件变形大，而氮化零件的变形不足渗碳的 10%，氮化能在短时间内使硬度达到一定的深度。另外，氮化比渗碳处理的温度低，并且无须回火。因此，氮化是一种低变形的热处理工艺方法，是作为高精度机械零件和为改善其耐久性处理的有效工艺。由于氮化是在机械零件表面生成一层非金属的化合物，配对的摩擦材料之间不会产生粘合、熔敷和残余压缩应力，故提高了疲劳强度。另外，由于表面致密化合物层的存在阻碍了钢材与空气的接触，故改善了耐蚀性。气体氮化层深、硬度梯度缓，比软氮化承受的载荷高，外观漂亮，缺点是周期长、表面有脆性。氮化通常选用含 Cr、Mo、Ti、Al 等合金元素的专用钢种，也有的在其他钢种上进行，如不锈钢和模具钢。

（2）氮化处理的用途

氮化处理的用途包括钻头、螺纹丝攻、挤压模、压铸模、锻造模、螺杆、连杆、曲轴、吸气门与排气门及齿轮、凸轮等。

（3）氮化处理过程

1）用酒精清理零件；

2）排除炉中空气：清理零件放置炉中之后封好炉盖并加热，加热至 150 ℃ 之前排除炉中空气。通入无水氮气达 90% 以上的 NH_3，再升高炉温至 520 ℃ 左右。

3）氨的分解：一般采用 15%～30% 氨气的分解率进行氮化，氮化按渗层厚度至少保持 4～10 h，处理温度保持在 520 ℃ 左右。

4）冷却：完成氮化处理，关闭加热电源使炉温降低约 50 ℃ 以下。增加 1 倍氨的流量开启热交换机，炉温下降至 150 ℃ 以下时，排除炉中空气方可开启炉盖取出氮化零件。

4.13.2.2　液体氮化（又称为盐浴氮化或 QPQ 盐浴复合处理技术）

液体氮化是将模具零件置于软氮化盐浴中进行处理，在零件表面上形成一层耐磨损的扩散氮化层后，再将零件迅速放置于氧化盐中进行氧化处理，使零件外表面再形成一层耐腐蚀的氧化层。这种技术实现了氮化工序和氧化工序的复合、氮化物和氧化物的复合、耐磨性和耐蚀性的复合、热处理技术和防腐技术的复合。经处理后的零件变形小，耐磨损、耐疲劳、耐腐蚀和力学性能均有提高，具有操作简单等特点，可用于刀具、汽车零部件、缝纫机、照相机、气缸套、气门阀、活塞筒及不易变形的模具的处理。

液态软氮化处理过程：是将被处理的模具零件除锈、脱脂和预热后放置于氮化坩埚内。坩埚内以 TF-1 为主盐剂被加热到 560～600 ℃ 处理数分钟至数小时。依模具零件所受外力负荷的大小而决定氮化层的深度。在处理中，必须在坩埚底部通入一支空气管输入一定的空气。氮化盐剂分解为 CN 或 CNO 渗透扩散到零件表面，保证零件表面最外层化合物 8%～9%（质量分数）的 N 与少量的 C 及扩散层，氮原子扩散进 α-Fe 基体中，使钢材更具有耐疲劳性。氮化期间由于 CNO 分解的消耗，所以在 6~8 h 处理中要不断化验盐剂的成分，以便调整空气量和加入新的盐剂。液态软氮化处理的材料是铁金属，氮化后的表面含有 Al、Cr、Mo 和 Ti 元素的硬度较高。钢材含合金量越多，氮化深度越浅，如碳素钢 350~650 HV、不锈钢 1 000~1 200 HV、氮化钢 800~1 100 HV。

4.13.2.3　软氮化（又称为碳氮共渗）法

软氮化法是以氮化为主的低温碳氮共渗的方法，即渗入钢材表面的元素以氮为主，同时添加了少量的碳。由于碳的加入，表面形成较薄的化合物层（可获得几微米至几十微米的白亮层），使性能得到明显的改善。气体渗碳氮化时，渗碳和氮化作用是同时进行的。渗碳的气体用来产生渗碳作用，而氨气用来产生氮化作用。软氮化又可分成气体软氮化、液体软氮化和固体软氮化 3 大类，国内应用最广泛的是气体软氮化。气体软氮化是在含有活性氮和碳原子的气氛中进行低温氮、碳共渗，常用的共渗介质有尿素、甲酰胺、氨气和三乙醇胺，它们在软氮化温度下发生热分解反应而产生活性氮和碳原子。活性氮和碳原子被金属零件表面吸收并通过扩散渗入零件表层，从而获得以氮为主的氮碳共渗层。

1）气体软氮化的原理：是在 530~580 ℃ 的气氛中产生 $2CO \rightarrow [C] + CO_2$（渗碳）及 $2NH_3 \rightarrow 2[N] + 3H_2$（氮化）反应，使钢铁表面形成氮化物或碳氮化物。它主要由 ε 相、γ' 相和含氮的渗碳体 $Fe_3(C、N)$ 组成，次层为扩散层，主要由 γ' 相和 ε 相组成。其处理结果与气体氮化相比，氮化层硬度低、脆性小，故称为软氮化。软氮化渗速快（2~4 h）、渗层薄（在 0.4 mm 以下），渗层梯度低，但硬度并不低。

2）软氮化的特点：处理温度低、时间短，工件变形小，质量稳定；渗碳氮化和淬火适当配合时，碳钢或低合金钢可以得到十分稳定的高硬化层。不受钢种限制，碳钢、低合金钢、工模具钢、不锈钢、铸铁及铁基粉冶金材料均可进行氮化处理，能显著提高零件的耐磨性、疲劳强度、耐蚀性、抗咬合、抗擦伤等性能。由于软氮化层不存在脆性的 ε 相，故氮化层硬而具有一定的韧性，不易剥落。同时，还能解决液体软氮化中的毒性问题，避免了公害，因而劳动条件好。此外，设备和操作都简单，容易推广。离子氮化具有气体氮化的优点，在 0.4 mm 渗层以下渗速比气体氮化快得多，并且表面不会产生脆性相。可以局部氮化，离子氮化处理对零件的变形最小。缺点是成本略高，对形状复杂和带深孔的零件处理效果不好。软氮化已广泛用于量具、刀具（高速钢刀具）、曲轴、齿轮、气缸套和机械结构件等耐磨零件的处理。

4.13.2.4　离子氮化（又称为辉光氮化）

离子氮化是一种强化金属零件表面的热处理新工艺。其作用原理：是在真空炉内通入少量氨气或氮、氢混合气。以真空炉体为阳极，被处理模具零件为阴极，通电介质中的氮氨原子在高压直流电场下被电离，在阴阳极之间形成等离子区。在等离子区强电场的作用下，氮和氢的正离子以高速向模具零件表面轰击。离子的高动能转变为热能，模具零件表面加热至所需要的温度。由于离子的轰击，模具零件表面产生原子溅射而得到净化，同时由于吸附和扩散作用氮渗入模具零件的表面。氮离子渗入模具零件形成硬度高、耐磨、耐疲劳、耐腐蚀的氮化层。在整个处理过程中，模具零件被一层稳定的辉光所包围，故又称为辉光离子氮化。由于单热源的离子氮化设备无法满足氮化处理炉温的均匀性和稳定性，需要采用双单热源的离子氮化设备才能满足炉温±5 ℃和可以随意控温的要求。

离子氮化的特点：与气体氮化相比，离子氮化可适当缩短氮化周期；氮化层脆性小；可节约电能和氨的消耗量；对不需要氮化的模具零件部位可以屏蔽起来，以实现局部氮化；离子轰击有净化表面的作用，能去除零件表面的钝化膜；可在不锈钢、耐热钢模具零件直接氮化；渗层厚度和组织可以控制，工作温度在 560～600 ℃。离子氮化广泛应用于各种钢材零件和非铁金属零件的氮化处理，也可用于机床丝杠、齿轮和模具。

4.13.3　物理蒸镀技术

物理气相沉积（PVD）是指在真空条件下，用物理的方法使材料沉积在被镀零件上的薄膜制备技术。镀层常为金属薄膜，也可称为真空金属化处理。广义的真空镀膜，还包括在金属或非金属材料表面真空蒸镀聚合物等非金属功能性的薄膜。镀膜按 PVD 技术主要分成真空蒸发镀膜、真空溅射镀膜和真空离子镀膜 3 类，按功能可分为装饰性镀膜和功能性镀膜。方法是在高真空中模具零件基体材料的表面上覆盖一层陶瓷薄膜，这层薄膜比碳化钨合金还要硬，并具有高耐蚀性、耐磨性、附着力和低摩擦系数的特点。真空镀膜技术是利用物理和化学手段在固体表面上涂覆一层特殊性能的镀膜，从而使固体表面具有耐磨损、耐高温、耐腐蚀、抗氧化、防辐射、导电、导磁、绝缘和装饰等的性能，以达到提高产品质量、延长产品寿命、节约能源、获得显著技术和经济效益的作用。这种新兴的真空镀膜技术已在国民经济各个领域中得到广泛的应用，如航空、航天、电子、信息、机械、石油、化工、环保和军事等。薄膜的性能取决于薄膜的结构、化学成分比、杂质和制备的工艺参数等。

目前，有阴极电弧及非平衡磁控溅射两种物理的蒸镀系统，已开发应用的有 TiN、TiCN、CrN、CrCN、TiAlN 及非晶形碳膜等。物理蒸镀温度大概在 100～500 ℃，比高速钢、模具钢回火温度还低，因此模具零件不会发生软化和变形。蒸镀可应用于超硬合金、高速钢、模具钢、不锈钢、钛合金及铝合金等零件上，刀具上蒸镀陶瓷薄膜后可减少刃口被切屑粘着的现象，减缓刀口磨损率，延长刀具使用寿命 2～7 倍。模具经由蒸镀陶瓷薄膜可增加产品的脱模性、耐磨耗性，降低黏着磨损和烧着的现象，有效地延长数倍的模具寿命，降低生产成本，提高产品的竞争力。

4.13.3.1　真空蒸发镀膜

在真空室内材料的原子从加热源离析出来打到被镀物体的表面上形成一层薄膜，这种用物理方法所产生的薄膜称为真空蒸发镀膜，或者可以理解为通过加热蒸发某种物质使其沉积在固体表面上的方法。也可以说是采用一定的方法使处于某种状态的一种或几种物质（原材料）的基因以物理或化学方式附着基片（指模具零部件）材料的表面，在基片材料表面形成一层新的物质，这层新的物质就是薄膜。简而言之，薄膜就是由离子、原子或分子的沉积过程形成的二维材料。

（1）真空蒸发镀膜的原理

真空蒸发镀膜是指在真空条件下，用蒸发器加热蒸发物质使之汽化，蒸发粒子流直接射向基片，并在基片上沉积形成固态薄膜的一种技术。具体是利用高压电使钨丝线圈产生电子后加速电极将电子引出，再透过偏向磁铁将电子束弯曲270°，引导打到坩埚内的金属源上使其熔融。这是因为在高真空下金属源的熔点与沸点接近，容易使其蒸发而产生金属的蒸气流，当遇到基片时即沉积在其表面上。

（2）真空蒸发镀膜的方法

真空蒸发镀膜是先将金属零件（基片）置于真空容器中，再通入氮气，将容器本身当作阳极，金属零件当作阴极，然后通以高压直流电强迫将氮气解离成正电的氮离子，并以极高的速度冲向阴极金属零件，使金属零件表面得以瞬间氮化的一种热处理技术。

（3）真空蒸发镀膜的特点

1）真空蒸发镀膜的优点：适用范围广（能在金属、半导体、绝缘材料、塑料、纸张和织物表面上沉积金属、半导体、绝缘材料、不同成分比的合金、化合物及部分有机聚合物的薄膜），可以不同的沉积速率、不同基片温度和不同蒸气分子入射角蒸发成膜，得到不同显微结构和结晶形态（单晶、多晶或非晶等）的薄膜；设备简单、操作容易；制成的薄膜纯度高，质量好，厚度较准确控制；成膜速率快、效率高，用薄膜可获得清晰图形；无污染、薄膜生长机理比较简单。设备与工艺相对比较简单，既可沉积非常纯净的膜层，又可制备具有特定结构和性质的膜层等。

2）真空蒸发镀膜的缺点：不容易获得结晶结构的薄膜，附着力较小，工艺重复性差。

（4）真空蒸发镀膜装置的结构

蒸发物质（如金属、化合物等）置于坩埚内或挂在热丝上作为蒸发源，待镀零件作为基片（如金属、陶瓷、塑料等）置于坩埚的前方，如图4-2（a）所示。待真空室抽至高度真空后，加热坩埚使其中的物质蒸发，蒸发物质的原子或分子以冷凝方式沉积在基片表面上。蒸发源有以下3种类型：

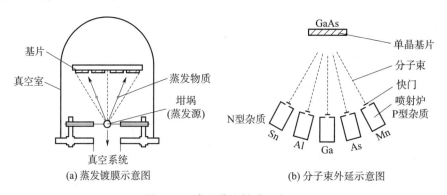

(a) 蒸发镀膜示意图　　　(b) 分子束外延示意图

图4-2　真空蒸发镀膜示意图

1）电阻加热源：用难熔金属（如钨、钽制成舟箔或丝状，通以电流，加热在它上方或置于坩埚中的蒸发物质。电阻加热源主要用于蒸发 Cd、Pb、Ag、Al、Cu、Cr、Au、

Ni 等材料。

2）高频感应加热源：用于高频感应电流坩埚蒸发物质。

3）电子束加热源：适用于蒸发温度较高的材料，就是用电子束轰击材料，使其蒸发。蒸发镀膜具有较高的沉积速率，可镀制单质和不易热分解的化合物膜。薄膜厚度可以数百埃至数微米，膜厚取决于蒸发源的蒸发速率和时间及装料量，并与蒸发源和基片的距离有关。对于大面积镀膜，常采用旋转基片或多蒸发源的方式，以确保膜层厚度的均匀性。从蒸发源到基片的距离小于蒸气分子在残余气体中平均自由程，以免蒸气分子与残余分子碰撞引起化学作用。

（5）真空蒸发镀膜的分类

1）按物态分类，有气态、液态和固态，其中又可进行以下分类：

a）按结晶分类，有晶体和非晶体；按原子排列，有短程有序和长程无序。

b）按晶体结构分类，有单晶和多晶。单晶为外延生长，在单晶基片上有同质外延和异质外延。多晶在一个基片上生长，由许多取向相异单晶集合组成。

2）按制备方法分类，有物理成膜和化学成膜。

3）按化学角度分类，存在有机薄膜和无机薄膜。

4）按组成分类，有金属薄膜和非金属薄膜。

5）按物性分类，有硬质薄膜、声学薄膜、热学薄膜、金属导电薄膜、半导体薄膜、超导体薄膜、介电薄膜、磁阻薄膜和光学薄膜等。

（6）物理成膜和化学成膜方法和工艺

1）物理成膜（PVD）：是利用蒸发、溅射沉积或复合技术（不涉及化学反应），以一个物理过程完成薄膜生长过程的技术。成膜方法和工艺：真空蒸发镀膜（含脉冲激光沉积、分子束外延镀膜）、真空溅射镀膜和真空离子镀膜。

2）化学成膜（CVD）：有化学反应的使用和参与，是利用物质间的化学反应，实现薄膜生长的方法。成膜方法和工艺：化学气相沉积和液相反应沉积（液相外延）。

（7）真空蒸发镀膜装置

真空蒸发镀膜主要由真空室、蒸发源或蒸发加热器、基板、基板加热器及测温器组成。蒸发的基本过程如下：

1）固相或液相加热转化为气相；

2）气相原子或分子在蒸发源与基片之间的运输；

3）蒸发原子或分子在基片表面上的沉积过程。

（8）蒸发源的发展过程

1）为了抑制或避免薄膜原材料与蒸发加热器发生化学反应，可改用耐热陶瓷坩埚；

2）为了蒸发低蒸气压物质，可采用电子束蒸发或激光加热；

3）为了制造成分复杂或多层复合膜，发展了多源共蒸发或顺序蒸发法；

4）为了制造化合物薄膜或抑制薄膜成分对原材料的偏离，出现了反应蒸发法。

真空蒸发镀膜的物理过程：将膜材置于真空室内的蒸发源中，在高真空条件下，通过蒸发源加热使其蒸发，膜材蒸气的原子和分子从蒸发源表面逸出后，且当蒸气分子的平均自由程大于真空室的线性尺寸以后，很少受到其他分子或原子的冲击与阻碍，可直接到达被镀的基片表面上。由于基片温度较低，便凝结其上而成膜。为了提高蒸发分子与基片的附着力，对基片进行适当的加热或者清洗，使其活化还是十分必要的。

（9）对蒸发源材料的要求

1）熔点要高；

2）饱和蒸气压低；

3）化学稳定性好；

4）耐热性良好；

5）原料丰富：常用 W、Mo、Ta 耐高温的金属氧化物、陶瓷和石墨坩埚。其中，W 的熔点为 3 380 ℃，相对密度为 19.3；Mo 的熔点为 2 630 ℃，相对密度为 10.2；Ta 的熔点为 2 980 ℃，相对密度为 16.6。

（10）蒸发过程中的真空条件

为了使蒸发镀膜顺利进行，应具备蒸发过程中的真空条件和镀膜过程中的蒸发两个条件。在蒸发镀膜过程中，从膜材表面蒸发的粒子以一定的速度在空间沿直线运动，直到与其他粒子碰撞为止。在真空室内，当气相中的粒子浓度和残余气体的压力足够低时，这些粒子从蒸发源到基片之间可以保持直线飞行。否则，就会产生碰撞而改变运动方向。为此，增加残余气体的平均自由程，借以减少其与蒸气分子的碰撞概率，故把真空室内抽成高真空是十分必要的。当真空容器内蒸气分子的平均自由程大于蒸发源与基片的距离时，就会获得充分的真空条件。

（11）形成薄膜经历 4 个过程

1）采用各种能源方式转换成热能，加热膜材使之蒸发或升华，成为具有一定能量的气态粒子；

2）离子膜材表面，具有相当运动速度的气态粒子，以基本上无碰撞的直线运输到基片表面；

3）遇到晶片时即沉积在表面上形成薄膜。

4）组成薄膜的原子重组排列或产生化学键合。

（12）单质材料（蒸发源）常见加热方式

1）电阻加热：以材料 Al、W、Mo、Nb、Ta 及石墨等为电阻作为蒸发源。

2）电子束加热：用电子枪（热阴极）产生电子束轰击，要蒸发的材料（阳极）使之受热蒸发，经电子加速之后沉积到基片材料表面上。

3）高频感应加热：高频线圈通入高频电流之后产生涡流电流，致内置材料升温熔化成膜。

4）电弧加热：在高真空下被蒸发材料作为阴极，内接铜杆作为阳极。通电压移动阳极尖端与阴极接触，阴极局部熔化发射电子。再分开电极产生弧光放电，使阴极材料蒸发成膜。

5) 激光加热：为非接触加热，以激光作为热源使被蒸发材料气化成膜。激光蒸发镀膜可蒸发任何高熔点材料，能获得很高的蒸发速率（$10^4 \sim 10^5$ mm/s），适合在超高真空下制备高纯度薄膜，容易实现闪蒸和保证薄膜成分的化学比。但系统价格较贵、温度高、蒸发粒子易离化。常用的材料为 CO_2、Ar、YAG 钕玻璃、红宝石等大功率激光器。

（13）真空条件下物质的蒸发特点

膜材加热到一定温度时就会发生气体现象，即由固相或液相进入气相。在真空条件下，物质的蒸发比在常压下容易得多，所需的蒸发温度也大幅下降。因此，熔化蒸发过程缩短，蒸发效率明显地提高。液相或固相的膜材原子或分子要从其表面逃逸出来，必须获得足够的热能，有足够大的热运动。当其垂直表面的速度分量的动能足以克服原子或分子间吸引的能量时，才可能逸出表面，完成蒸发或升华。在蒸发过程中，膜材气化的量与膜材受热有密切关系。加热温度越高，分子动能越大，蒸发或升华的粒子量就越多。蒸发过程中不断地消耗膜材的内能，要维持蒸发，就要不断地补给膜材热能。蒸发过程中膜材的蒸发速率及其影响因素与其饱和蒸气压密切相关。在一定温度下，真空室中蒸发材料的蒸发在固相或液相分子平衡状态下，所呈现的压力为饱和蒸气压。在饱和平衡状态下，分子不断地从冷凝液相或固相表面蒸发，同时有相同数量的分子与冷凝液相或固相表面相碰撞而返回到冷凝液相或固相中。

（14）输运到基片的方法

1) 瞬间蒸发（或闪蒸蒸发）：呈细小颗粒或粉末的薄膜材料以极小流量逐渐进入高温蒸发源，使每个颗粒在瞬间都蒸发成膜，以保证膜的组成比例与合金相同。

2) 多源蒸发：组成合金薄膜的各元素，各自在单独的蒸发源中加热和蒸发，并按薄膜材料组分比例成膜。双源或多源蒸发的各蒸发源速率可以独立控制，以保证合金成分。

3) 反应蒸发：真空室通入活性气体之后，其原子、分子与来自蒸发源的原子、分子在基片表面反应生成所需化合物，一般用金属或低价化合物反应生成高价化合物。

4) 三温度蒸发：实际上是双源蒸发。对于不同的蒸气压元素，应分别控制蒸发温度、蒸发速率和衬底温度，在基片表面沉积成膜。

5) 热壁法：利用加热的石英管（热壁）将蒸发源蒸发的原子或分子输向基片成膜，是外延薄膜的发展。热壁蒸发系统处于高真空中，并在热平衡状态下成膜。可形成超晶格结构的薄膜，方法简单、价格便宜。与分子束外延镀膜相比，可控性和重复性差。

6) 分子束外延（MBE）：外延是指在单晶基体上成长出位向相同的同类单晶体（同质外延），或者成长出具有共格或半共格联系的异类单晶体（异质外延）。外延的方法有气相外延法、液相外延法、真空蒸发外延法和溅射外延法等。

7) 电弧蒸发：可蒸发包括高熔点金属在内的导电材料，镀膜制作简单、快速和无污染，无基片升温问题。但是难以控制蒸发速率，放电飞溅时会损伤膜层。

8) 连续蒸发：主要用来生产柔性材料为基体的薄膜，如电容器、磁带、包装材料和隔热窗帘。

（15）应用

开始用于光学镜片，如航海望远镜片、纸张镀膜和塑料镀膜等。之后用于唱片镀铝、装饰镀膜和材料表面改性等，如手表外壳仿金镀、机械刀具镀膜，以改善切削热硬性。计算机按键和按钮的金属化镀膜、计算机零件装饰性镀膜和手机按钮装饰性镀膜，真空镀膜可赋予被镀件表面高度金属光泽和镜面效果。加大被镀金属件表面的硬度和热硬性，而不改变材料芯部的韧性，增加其耐磨性和延长寿命。有的薄膜层具有很好的阻隔性能，可提供优异的电磁屏蔽和导电效果。坩埚有电阻式、感应式和电子束式，在坩埚四周需要有良好的冷却系统将电子束产生的热量带走，以避免坩埚过热熔化形成污染源。

4.13.3.2　分子束外延镀膜的原理

在超真空条件下，将各组成元素的分子束流，以一个个分子的形式喷射到基片表面，再在适当的温度下外延沉积成膜。生长出的掺杂 Ga、Al、As 单晶层的分子束外延镀膜方法示意图，如图 4-2（b）所示。为了得到沉积高纯单晶膜层，可以采用分子束外延方法镀膜。喷射炉中装有分子束源，在超高真空下被加热到一定温度时，炉中元素以束状分子流射向基片。基片被加热到一定温度，沉积在基片上的分子可以迁移，按基片晶格次序生长的结晶以分子束外延法可获得所需化学计量比的高纯化合物单晶膜。薄膜最慢生长速度可控制在每秒 1 单层，通过控制板可以精确地做出所需成分和结构的单晶薄膜。分子束外延镀膜法，已广泛用于制造各种光集成超晶结构的薄膜。

4.13.3.3　真空溅射镀膜

在利用高能粒子轰击固体表面时，能使固体表面上的粒子获得能量逸出而沉积在基片（零件）上。通常将要沉积的材料制成板材——靶，并固定在阴极上。基片置于正对靶面的阳极上，基片距靶只有几厘米。真空系统抽至高真空后充入 $1\sim10$ Pa 的氩气，在阴、阳极之间加几千伏的电压，两极之间即产生辉光放电。放电所产生的正离子在电场作用下飞向阴极与靶表面的原子碰撞，受到碰撞从靶面逸出的靶原子称为溅射原子。其能量在一至几十电子伏的范围内，溅射原子在基片表面沉积成薄膜，如图 4-3（a）所示。

1）溅射镀膜与蒸发镀膜的区别：两者不同，溅射镀膜不受膜材熔点的限制，可溅射 W、Ta、C、Mo、WC 和 TiC 等难熔物质。溅射化合物膜可用反应溅射法，即将反应气体（O、N、Hs 和 CH 等）加入氩（Ar）气中，反应气体及其离子与靶原子或溅射原子发生反应生成化合物（如氧化物、氮化物等）而沉积在基片上，沉积绝缘膜也可以采用高频溅射法。而真空蒸发镀膜主要用于在经处理后的塑料、陶瓷等制品表面蒸镀金属薄膜（镀铝、铬、锡和不锈钢等金属）、七彩薄仿金膜等，从而可获得光亮和美观、价廉的塑料和陶瓷表面金属化的制品。真空蒸发镀膜还广泛应用于汽车、摩托车灯具、工艺美术、装潢装饰、灯具、家具、玩具、酒瓶盖、化妆品、手机、闹钟和女式鞋后跟等领域。

2）反应溅射法：基片装在接地的电极上，绝缘靶装在对面的电极上。高频电源一端接地，另一端通过匹配网络和隔直流电容接到装有绝缘靶的电极上。接通高频电源后，高频电压不断改变极性，等离子中的电子和正离子在电压的正半周和负半周分别打到绝缘靶上。由于电子迁移率高于正离子，使绝缘靶表面带负电。在达到动态平衡时，靶处于负的偏置电位，从而使正离子对靶的溅射持续进行。采用磁控溅射可使沉积速率比非磁控溅射提高近一个数量级。蒸镀所打出的靶材颗粒较小，飞散出来的角度较大，故镀膜面积较大而致密，但膜厚均匀性较差。故适用于氮化物 LED 反射层及电极的蒸镀，不适合用于较高等级的光学多层膜（如镭射及多层膜的）的蒸镀。

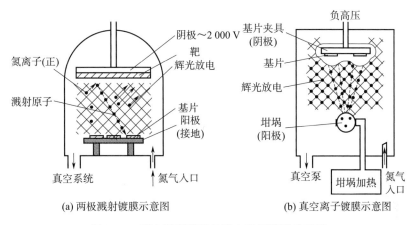

图 4 - 3　真空溅射镀膜与真空离子镀膜示意图

4.13.3.4　真空离子镀膜

蒸发物质的分子被电子碰撞电离后，以离子沉积在固体表面称为离子镀。离子镀是真空蒸发与阴极溅射技术的结合，是先将基片（零件）置于真空容器的基片夹具上，充入氮气。以基片作为阴极、外壳作为阳极，通入高压直流电，强迫氮气解离成正电氮离子并以极高的速度冲向阴极基片，使基片表面得以瞬间氮化的一种表面热处理技术，如图 4 - 3 (b) 所示。离子镀膜工艺综合蒸发镀膜与溅射镀膜工艺的特点，并具有很好的绕射性，高沉积速率，良好的膜层附着力，可为形状复杂的零件镀膜，可以有效提高金属材料的耐磨耗、耐疲劳和耐腐蚀等性质。具有变形量小，可应用多种金属源，蒸镀不同材料，无公害和节约能源的特点。在晶粒制作上使用较多，所引起的辐射对镀膜破坏较小，广泛应用于各种钢铁零件和非铁金属零件的氮化处理。

4.13.4　低压氮化技术

低压氮化是在约 300 mPa 的压力作用下，通入 NH_3、N_2O 和 N_2 等进行气体氮化，也可加入 CH_4 进行气体氮化及碳化，处理温度约为 400～600 ℃。低压氮化及氮化碳化可使零件表面得到较高硬度的氮化层，增加零件表面压缩应力，提高其耐磨损性和耐疲劳性。氮化速度快，氮化层组织可选择为纯扩散层，深孔和狭缝可以氮化，零件表面洁净，质量良好，节省人工和气源，工作环境优良，应用越来越广泛。由于低压氮化对形状复杂、深孔和狭缝零件都可得到均匀的硬化层，所以适用于压铸模、锻造模、铝挤压模、滚轮、板牙、喷嘴、发动机、气缸等耐磨耗和耐疲劳零件。

经离子软氮化和一般盐浴软氮化及气体软氮化处理后，对钢氮化层的冶金特性做了比较。离子软氮化所形成的化合物层厚度大于其他两种软氮化处理形成的化合物层厚度，化合物层的结构受软氮化方法和钢种的影响。离子软氮化和气体软氮化所形成的化合物层较致密，而盐浴软氮化所形成的化合物层疏松。经离子软氮化的钢与其他两种软氮化的钢具有相同的耐磨性，这 3 种软氮化处理都显著地改善了钢的耐磨性。

4.14　模具钢材表面处理技术

表面处理是利用现代物理、化学、金属学和热处理等的边缘性新技术，来改变模具表面的状况和性质，在基体材料表面上人工形成一层与基体的机械、物理和化学性能不同的表层，使之与芯部材料做成优化的组合，以达到预定性能（如耐蚀性、耐磨性）和装饰或其他特种功能要求的工艺方法。表面处理技术有机械打磨处理、表面强化处理、表面洁化处理、表面装饰处理、表面防蚀处理和表面修复处理等。

4.14.1　PVD 和 CVD 涂层方法

常用的涂层方法有 PVD 法和 CVD 法。PVD 法的沉积温度为 500 ℃，涂层厚度为 2～5 μm。CVD 法的沉积温度为 900～1 100 ℃，涂层厚度为 5～10 μm，并且设备简单、涂层均匀。高速钢刀具一般采用 PVD 法，硬质合金大多数采用 CVD 法。由于硬质合金采用 CVD 法时的沉积温度高，从而使涂层与基体之间形成脱碳层（η 相）会导致刀片脆性破裂。目前，硬质合金也可采用 PVD 法，还可以采用 PVD/CVD 相结合的技术进行复合涂层工艺，这种方法称为 PACVD 法（即等离子体化学气相沉积法）。该法是利用等离子体来促进化学反应，将涂层温度降至 180～200 ℃，使硬质合金基体与涂层材料之间不会产生扩散、相变或交换反应，使刀片保持原有的韧性。该法对涂覆金刚石和立方氮化硼（CBN）超硬涂层特别有效。涂层可涂覆在切削刀片上，也可涂覆在整体刀具上，还可涂覆在钻头上，使得有涂层的钻头比高速钢钻头寿命长 10 倍，效率提高 5 倍。通常，使用的涂层有 TiC、TiN、Ti（C，N）、Cr_7O_3 和 Al_2O_3 等，以上几种 CVD 硬质涂层具备低的滑动摩擦系数、高的抗磨能力、高的抗接触疲劳能力、高的表面强度、足够的尺寸稳定性和高的与基体之间的黏附强度。

4.14.2　可控离子渗入技术

可控离子渗入技术是一种复合表面技术，其可运用多种工艺方法将非金属元素和微量金属元素渗入模具钢材中。在模具表面形成由金属元素的氧化物、溶入氧化合物的晶格、金属元素的氮碳化合物，以及氮在铁中的固溶体组成的可控多层复合渗层，从而使得模具整体内、外同时形成防腐耐磨层。冷作模在使用过程中因受到气、水和化学介质的腐蚀，或因相互之间的相对运动所产生的磨损，或因温度过高而发生的氧化等都会使模具表面首先产生破坏或失效。对于模具材料而言，金属镀层防腐法有镀锌和镀铬等，非金属材料包敷防腐法有涂焦油沥青、溶剂性涂料和粉末涂料等，金属和非金属元素的渗入法有渗入铝、铬、硫、氮和硼等元素，电化学防腐法和防止微生物腐蚀法。目前，模具在更加恶劣的环境下工作，对模具有更为严格的条件和更高的寿命要求的情况下，表面改性技术要求模具钢材应延缓腐蚀、减少磨损、延长疲劳失效和寿命。

4.14.3　等离子喷涂

等离子喷涂是一种材料表面强化和表面改性的技术，可以使基体表面具有耐磨、耐蚀、耐高温氧化、电绝缘、隔热、防辐射、减摩和密封等性能。等离子喷涂技术采用由直流电驱动的等离子电弧作为热源，将陶瓷、合金、金属等材料加热到熔融或半熔融状态，并以高速喷向经过预处理的工件表面而形成附着牢固的表面层的方法。等离子喷涂也可用于医疗方面，在人造骨骼表面喷涂一层数十微米的涂层，作为强化人造骨骼及加强其亲和力的方法。等离子喷涂技术是继火焰喷涂之后大力发展起来的一种新型多用途的精密喷涂方法，它具有超高温特性，便于进行高熔点材料的喷涂；喷射粒子的速度高，涂层致密，黏结强度高。由于使用惰性气体作为工作气体，所以喷涂材料不易氧化。等离子喷涂是利用等离子弧进行的，离子弧是压缩电弧。与自由电弧相比较，其弧柱细，电流密度大，气体电离度高。因此，具有温度高、能量集中、弧稳定性好等特点。

对于复合材料成型模和切割模用料而言，一般来讲，固体材料大都可作为它们的制作材料。但在选取材料时，需要考虑模具用材是采用什么形式的成型工艺加工方法、复合材料的性质、模具结构的形式和复合材料制品的批量。根据模具在工作过程中的状态，考虑是采用耐磨形式的钢材、微变形形式的钢材，还是采用耐腐蚀形式的钢材、耐热形式的钢材。虽然，模具材料中没有专用的复合材料模具用钢，但上面所介绍的模具钢材可以适用各种复合材料制品成型工艺加工方法和各种结构形式及批量的模具。复合材料模具用材使用范围十分广泛，非金属和有色金属也是复合材料模具常用材料。只要能够满足复合材料模具使用性能，非金属、有色金属、铸铁、铸钢、通用模具钢材和新型模具钢材都可以选用。有时所选用的模具钢材达不到模具使用要求时，还可以采用相应热处理和表面处理，来提高模具钢材的使用性能，有时能达到事半功倍的效果。

第 5 章　复合材料接触低压成型模的设计

复合材料制品成型模是赋予制品最终形状和大小的工艺装备，复合材料制品的成型凹凸模包括复合材料制品的手工裱糊模具和复合材料制品喷射成型模具。手工裱糊和喷射成型加工的复合材料制品，是以复合材料纤维布在模具的型面上进行铺敷，并以树脂浸渍或树脂喷射之后，用刮刀、毛刷或胶皮辊、浸胶辊、滚压轮和金属或塑料制板等压辊工具和手握工具挤压浸透复合材料纤维布中的树脂，迫使树脂胶液能较均匀地浸入织物中，同时能将多余的树脂挤出制品，并排除气泡后固化成型。制品固化成型后一般树脂在制品中的含量是不均匀的，所得制品无重量和壁厚要求。这类成型加工工艺方法一般是在室温无压力条件下进行的，复合材料制品完全依靠模具成型，模具是手工裱糊和喷射成型工艺中最重要的工艺装备。

5.1　复合材料制品成型模设计分类和原理及要求

成型模是用来成型复合材料制品的模具，是复合材料制品加工中最主要的工艺技术装备。复合材料制品的质量主要取决于成型模的结构形式、尺寸和质量。

5.1.1　复合材料模具的分类

复合材料制品成型模可以根据模具工作构件的用材、制品材料、模具结构、成型工艺和模具功能进行分类。

（1）按模具用材分类

复合材料制品成型模按模具用材可分为非金属成型模、有色金属成型模和黑色金属成型模。

1）非金属成型模：石膏、石蜡、木材、夹布胶木、水泥、石头、树脂、玻璃钢、硅胶和塑料成型模。

2）有色金属成型模：铝、铝合金、铸铝、锻铝、铜、铜合金、铸铜和各种有色合金成型模。

3）黑色金属成型模：各种铸铁、铸钢、锻钢、钢材、合金钢和新型模具钢成型模。

（2）按制品材料分类

复合材料制品成型模按制品材料可分为玻璃钢成型模、芳纶成型模和碳纤维成型模等。

（3）按模具结构分类

复合材料制品成型模按模具结构可分为单模的凹模成型模或凸模成型模、组合模成型模、对合模成型模和拼装模与加热成型模。

（4）按成型工艺分类

复合材料制品成型模按成型工艺可分为手工裱糊成型模、喷射成型模、压力成型模、袋压成型模、热压罐成型模、RTM 成型模、缠绕成型模和拉挤成型模。

（5）按模具功能分类

复合材料制品成型模按模具功能可分为简易低效成型模、高效成型模与自动化成型模。

5.1.2　复合材料成型模设计原理

根据复合材料制品形体分析要素，再采取相对应的化解措施，制定出成型模结构可行性方案、最佳优化可行性方案和缺陷预期分析的最终模具方案，进行模具结构的设计，以确保复合材料制品正确成型、抽芯和脱模，以及复合材料制品无任何的成型加工缺陷。

5.1.3　复合材料制品成型模设计的要求

复合材料制品成型工艺方法众多，成型模的种类也相应很多，但对成型模设计的要求相同，只是成型模结构因成型工艺方法的不同而不同。

1）质量要求不高的复合材料制品成型模：一般采用玻璃钢作为制品材料，成型工艺方法可以采用手工裱糊或喷射成型。成型模一般为单模，成型的复合材料制品壁厚均匀性无法保证，无法完全克服制品中的富脂、贫胶、气泡和分层等缺陷。

2）质量要求无缺陷的复合材料制品成型模：制品质量中如要求无富脂、贫胶、气泡和分层等缺陷，则无缺陷复合材料制品的成型需要借助一定的压力成型，相应模具需要采用对合模成型、袋压成型、真空袋成型、热压罐成型和 RTM 成型技术成型工艺方法。

3）质量要求很高的复合材料制品成型模：复合材料制品中要求无缺陷。可以采用与复合材料制品相似编织物的套件，在成型凸模或凹模中以低压树脂浸渍后固化成型。同样，无缺陷复合材料制品的成型，也需要借助一定的压力成型，即可采用对合模成型、袋压成型、热压罐成型和 RTM 成型技术成型工艺方法。相应的模具则应采用对合模成型模、袋压成型模、热压罐成型模和 RTM 成型模。

4）高效与自动成型模：当复合材料制品批量特别大时，应该采用机械结构形式进行抽芯和脱模的高效成型模，或者采用自动铺放复合材料和自动进行抽芯和脱模的自动成型模。

复合材料制品成型质量和批量不同，所采用的成型工艺方法就不同，随之模具的类型也就不同。复合材料制品形体要素不同，成型模的结构就不同。复合材料制品成型模的设计必须紧紧扣住制品形体要素、成型质量和批量，以设计出符合生产要求的成型模。

5.2　复合材料制品非金属材料成型模的设计

复合材料制品中的手糊成型、喷射成型和模压成型，是在室温中无压力或低压力条件下固化成型的。特别是在制品批量较少的情况下，模具用材可以采用许多非金属材料制造，如石膏、石蜡、树脂、玻璃钢、硅胶、石头、混凝土、橡胶和木材等。这就使模具的制造周期缩短，制造成本低廉。

5.2.1　石膏玻璃钢成型模具的设计

石膏材料的凹、凸模具，一般可用于试制性和复杂的复合材料制品成型。这主要是因为石膏的强度、刚度和硬度都很低，寿命也短。如果用于批量生产，必须制有母模，以母模不断地加工出石膏模具，再以石膏模成型复合材料制品。具体选用哪种类型，要看制品的结构、成型工艺方法和质量要求等。不管选用哪种类型成型模，设计模具之前要先分析制品结构，考虑模具怎样分型，如何抽芯，怎样便于脱模。石膏模对于成型难以脱模的制品特别有利，因为只需要将石膏模捣碎就可以很方便取出制品。

在制造石膏模时，要用支架、麻布和钢丝网等进行增强。以石膏模成型的复合材料制品尺寸和几何误差较大，且不能确保制品壁厚和重量要求。一般情况下，制品要在刮腻子后用砂纸打平再喷油漆。石膏模一是可以在其上翻制玻璃钢成型模，然后在玻璃钢成型模上进行手裱或喷射成型玻璃钢制品，二是可以在石膏模上直接进行手裱或喷射成型玻璃钢制品。

5.2.1.1　石膏凸模与石膏母模的设计

少量和脱模困难玻璃制品的加工，一般采用石膏模。由于石膏模易损坏，要加工有一定数量的玻璃制品时，就需要制造石膏模的母模。

（1）石膏凸模设计

玻璃钢格栅板如图 5-1（a）所示。当格栅板为试制件或加工数量很少，同时制品要求 A 面平整时，可以采用图 5-1（b）所示的石膏制成的凸模进行手工裱糊或喷射成型。特别是球形、筒形或其他异形容器类制品，可用石膏模做凸模。制品加工完毕后，可将其中的石膏模打破去除其碎渣后获得制品。

1）分型面：如图 5-1（a）所示，Ⅰ—Ⅰ为格栅板分型面。

2）脱模斜度：玻璃钢格栅板所有脱模方向的型面均应该制有脱模斜度 2°。

3）连接半径：玻璃钢格栅板所有型面交接处都应该制有连接半径，$R=3$ mm。

4）石膏模厚度：模具型面的高度除了需要确保格栅板的高度 26 mm 之外，还必须要有适当的模具底厚 40 mm。

5）刻线：石膏模分型面上制有宽 0.3 mm×深 0.3 mm 的刻线，刻线尺寸为 324 mm ×252 mm。

6）石膏模长度和宽度：在刻线尺寸的基础上，石膏模长度和宽度都必须加上大于 2×

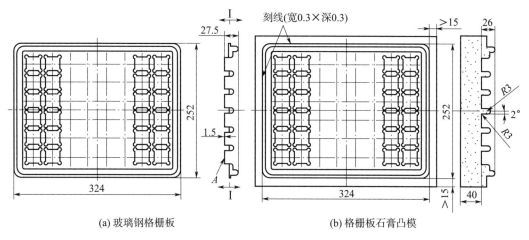

(a) 玻璃钢格栅板　　　　　　　　(b) 格栅板石膏凸模

图 5-1　石膏凸模设计

15 mm 的尺寸。

制作石膏模时需要注意模具的平面度、平行度和垂直度及尺寸与表面粗糙度值。

（2）石膏母模设计

石膏具有硬度、强度和刚性低，性脆的特点。石膏模使用 5 次以后就不能再用，主要是模具会出现掉块、磨损等而不能使用。这时便需要有一副能够制造石膏凸模的母模，通过母模可以不断地制造出石膏凸模。石膏凸模的母模如图 5-2 所示。

1）母模的用材：一般采用钢材，如 45 钢，能调质处理硬度达 30～34 HRC 更为理想。

2）母模的型面：按格栅板 A 面的型面，制造出母模板 1 的型面。型面的尺寸要能确保格栅板脱模，为此母模板 1 型面需要加工出脱模斜度和连接半径。

3）母模的结构：需要用两块宽隔板 2 和两块长隔板 4，将母模板 1 用内六角螺钉 3 连接在一起。石膏凸模的加工，可在形成的模框中制作。卸下两块宽隔板 2 和两块长隔板 4，就可以取出固化了的石膏凸模。由于模具较重，为了搬动方便，需要在长隔板 4 上制作两个焊接手柄 5。

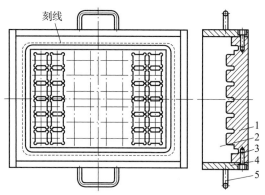

图 5-2　格栅板石膏凸模的母模

1—母模板；2—宽隔板；3—内六角螺钉；4—长隔板；5—焊接手柄

母模使用之后需要在模具型面上加点机油，以防锈蚀，还需防止模具型面的损伤。

5.2.1.2　石膏凹模的设计

玻璃钢隔框如图 5-3（a）所示。其宽×长×厚为 480 mm×520 mm×50 mm，壁厚为 2 mm，Ⅰ—Ⅰ为分型面。

隔框石膏凹模如图 5-3（b）所示。其宽×长×深为（480+40）mm×（520+40）mm×48 mm，尺寸（480+40）mm 和（520+40）mm 是为了确保隔框尺寸 480 mm×520 mm 需要单边延伸 20 mm。凹模成型制品的型面为距离分型面 2 mm 的平面上，因此，隔框型腔深度为（50-2）mm=48 mm。为了使隔框脱模顺利，所有与脱模方向一致的型面都需要制作有脱模斜度，所有型面交接处都需要制有连接半径 7 mm。

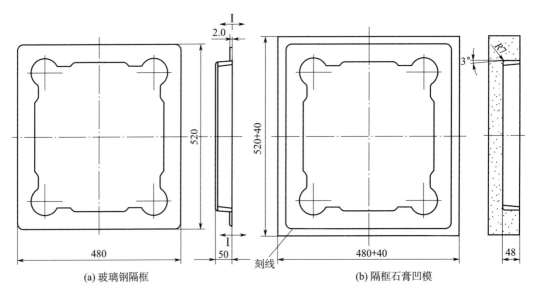

图 5-3　隔框与隔框石膏凹模

(a) 玻璃钢隔框　　　(b) 隔框石膏凹模

5.2.1.3　石膏对合模的设计

为了使玻璃钢制品两个成型面都比较平整，无富脂、贫胶、气泡和分层等缺陷，并保证制品的等壁厚和重量要求，需要采用凹、凸双模同时成型玻璃钢制品，这种同时存在凸模和凹模的模具称为对合模。即可先在凹模或凸模的型面上，用手工裱糊或喷射裱糊，在达到了制品的厚度后，再将凸模或凹模放在制品之上，还可在凸模或凹模上加一些重物或机械机构进行夹紧。制品固化后就能得到既能保证具有较均匀壁厚和重量要求，又没有富脂、贫胶、气泡和分层等缺陷的玻璃钢产品。如小船艇的壳体，就是采用凹、凸双模进行成型的。

1）船艇壳体：如图 5-4（a）所示。船艇壳体尺寸较大，但壳体壁厚为 1.5 mm，两侧和后侧面有较大的脱模斜度和加强筋。

2）石蜡凸模的制作：以石蜡+凡士林+滑石粉按比例 1:1:3 混合加热制成油泥，用这种油泥制成船艇壳体的凸模，凸模型面要打 3～4 遍地板蜡。

3）石膏凹模的制作：以 1 : 1 比例的医用石膏与水混合后在石蜡凸模上制作石膏凹模。

4）船艇壳体成型加工：如图 5 - 4（b）所示。船艇壳体在石膏凹模 2 中，以玻璃钢布用树脂裱糊。采用工具将玻璃钢布层中的树脂涂敷均匀并去除布层中的气体后，放入石蜡凸模后在阳光中暴晒 4～6 h 固化成型。船艇壳体成型加工，由于采用了石膏凹模和石蜡凸模对合成型，制品质量较单模进行手工裱糊的质量要好得多。

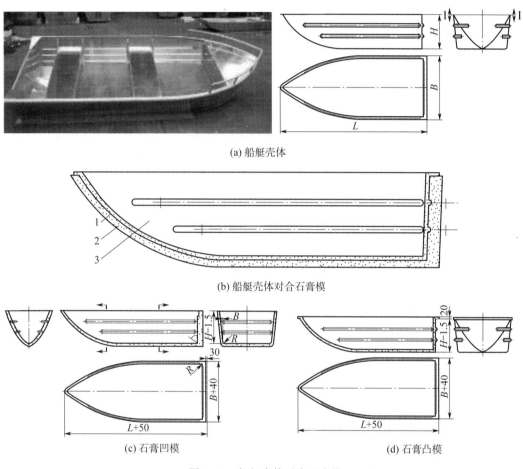

(a) 船艇壳体

(b) 船艇壳体对合石膏模

(c) 石膏凹模

(d) 石膏凸模

图 5 - 4　船艇壳体对合石膏模

1—船艇壳体；2—石膏凹模；3—石膏凸模

5）石膏的特点：总的来说，因石膏较软，石膏模的型面一般以手工刀具进行加工，所加工的型面不论是尺寸和几何精度，还是表面粗糙度值都很小。加工出来的玻璃钢制品的质量都很差，但石膏模加工简单，精度低，模具寿命短，成型加工成本很低，多用于形状简单、精度低和使用要求不高的玻璃钢制品。

6）石膏制作：一般先用木料做好模型支架并使其有足够的强度和刚度，不致在加工模具或制品时发生扭曲变形。再将钢丝网固定在支架上，成为石膏模的衬托。然后铺以麻布增强的石膏，成为模型的主石膏层。最后用粗石膏覆盖、细石膏抹面，精心处理使表面达到准确尺寸。表面最好用细膨胀型石膏并磨光。模型完成后，先放置 24 h 以上，使之干燥，再在 60～80 ℃时硬化 1～2 h，然后检查尺寸精确度，并进行修整。由于石膏模表面孔隙率大，故需用虫胶、醋酸纤维素、硝化纤维或聚乙烯醇溶液等密封，然后再上蜡并磨光。当孔隙率较大时，密封层数要增多。这一阶段表面处理是确保产品质量十分重要的一环，必须做好。

5.2.2　木材、玻璃钢成型模具的设计

玻璃钢试制品或小批量制品，经常采用木材制成的模具进行手糊或喷射成型。木模一是可以在其上翻制玻璃钢成型模，然后在玻璃钢成型模上进行手糊或喷射成型玻璃钢制品，木模为玻璃钢成型模的母模。二是可在木模上直接进行手糊或喷射成型玻璃钢制品。由于木材的硬度和刚度比石膏高，还可进行车、钻、铣和刨等机械加工，木模尺寸精度、几何精度和表面粗糙度都较石膏模好，模具的寿命也长。这样，所成型加工的玻璃钢制品的质量，较石膏模加工的也要好。但是，如果所用木料即使充分干燥了，加工后放置时间长也会发生变形。根据笔者几十年的经验，只有使用夹布胶木制作的模具不会发生变形。木模使用次数可多些，应视制品数量与生产操作情况而定，木模很少有使用次数能超过百次的。木模的结构形式有凸模、凹模、对合模具和拼装模具。

5.2.2.1　木材组合成型模的设计

（1）玻璃钢外壳

如图 5-5 所示，玻璃钢外壳长×宽×高为 1 004 mm×604 mm×180 mm，形状周边呈圆弧形的长方形体，壁厚为 2 mm，顶部有 5 条加强筋。

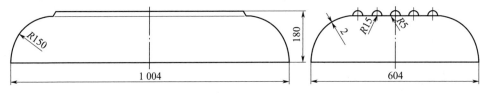

图 5-5　玻璃钢外壳

（2）木材成型模的设计

玻璃钢外壳可以采用单凸模或单凹模进行裱糊成型，也可以采用对合模进行裱糊成型。

1）单凸模（单凹模）裱糊成型：如图 5-6 所示，不管是采用单凸模裱糊成型，还是采用单凹模裱糊成型，都不可避免产生图 5-6 的Ⅰ放大图所示不能使裱糊的玻璃钢外壳贴模的现象，造成制品扁塌以及富脂、贫胶、气泡和分层等缺陷。为了解决制品贴模的问题，只能采用真空袋或热压罐法成型。但制成真空袋所用的脱模布、带孔隔离膜、透气毡（吸胶麻布）、真空袋膜、密封胶带和压敏胶带只能使用一次，造成加工成本大幅度增加。热压罐法成型除了需要真空袋抽真空，还需要在真空袋外施加压缩空气，并且要在热压罐内加入均匀热量的条件下固化成型，其加工成本更高。在制品生产数量很少的情况下，采

用单凸模（单凹模）裱糊成型还是可行的。

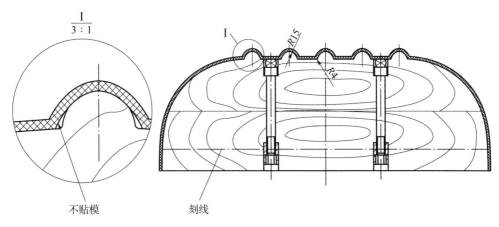

图 5-6　玻璃钢外壳单凸模裱糊成型

2）外壳组合对合木模：当玻璃钢外壳批量增大后，就需要采用对合模进行裱糊成型，如图 5-7 所示。凸模由夹布胶木制成，由于凸模高度要超过最厚的夹布胶木厚度，需要采用两块夹布胶木连接在一起。上凸模 1 和下凸模 2 通过内六角螺钉 4 和圆螺母 5 连接后，以机械加工而成。凸模型面上所加工的内六角螺钉孔，要用木塞 3 蘸胶堵住，并要与凸模型面保持一致。为了防止玻璃钢外壳裱糊成型出现缺陷，特别是 R13 mm 处容易出现扁塌缺陷，需要采用对合模结构。同样，凹模也是由上凹模 6 和下凹模 7 用内六角螺钉 4 和圆螺母 5 连接在一起的。安装的焊接手柄 8 是为了搬动模具用的。

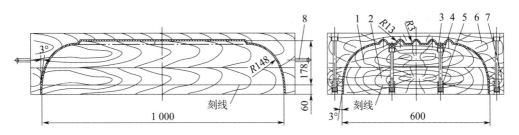

图 5-7　玻璃钢外壳与成型对合模

1—上凸模；2—下凸模；3—木塞；4—内六角螺钉；5—圆螺母；6—上凹模；7—下凹模；8—焊接手柄

用树脂和玻璃布在以夹布胶木制成的上、下凸模的型面上进行手糊或喷射裱糊。上、下凸模的长度×宽度的尺寸应比外壳相应的尺寸减去 2 倍的外壳厚度，即长度为 1 004 mm−2×2 mm＝1 000 mm，宽度为 604 mm−2×2 mm＝600 mm。上、下凸模高度只减去外壳厚度，另加型面的延伸长度 20 mm 及型面高出余量 40 mm，即上、下凸模的高度尺寸为（180−2＋20＋40）mm＝238 mm。上、下凸模圆角均为玻璃钢外壳尺寸减去制品壁厚，得 R148 mm、加强筋 R13 mm 和连接半径 R3 mm。模具脱模的型面需要制有脱模角 3°，刻线宽 0.3 mm×深 0.3 mm，刻线为制品切割线。

5.2.2.2　木材凹模的设计

玻璃钢雨水箅子如图 5-8（a）所示。玻璃钢雨水箅子长×宽×高为 130 mm×130 mm×22 mm，雨水箅子分型面为 I—I，12 个腰字槽和边缘余料可用铣刀在铣床上加工。

雨水箅子玻璃钢成型模如图 5-8（b）所示。成型雨水箅子的模具可以采用夹布胶木板制成的凹模进行玻璃钢裱糊或喷射成型。模具的尺寸为：（130＋40）mm×（130＋40）mm×（22-3）mm，沿脱模方向型面均应制有脱模角 3°。在雨水箅子 12 个腰字槽两端半圆孔的中心处，模具上需埋入 24×φ3H7/r6×120°锥形钉 3，锥形头外露模具型面 0.3 mm×120°。目的是要在雨水箅子相应型面成型出 0.3 mm×120°锥形标识孔，以指示 12 个腰字槽的加工中心。因为制品的边缘全是毛边，成型后的雨水箅子很难找到加工基准。模具刻线处应加工出 0.3 mm×0.3 mm 的槽，以作为雨水箅子边缘的加工基准，有利于边缘加工时控制尺寸。

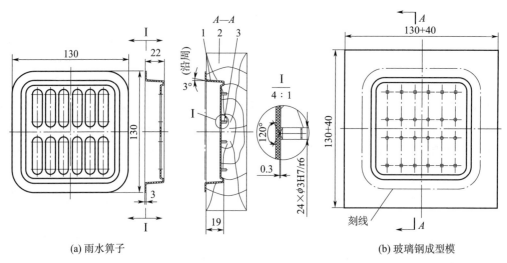

(a) 雨水箅子　　　　　　　　　　　　　　　　　(b) 玻璃钢成型模

图 5-8　雨水箅子与玻璃钢成型模

1—雨水箅子；2—成型模；3—锥形钉

5.2.2.3　夹布胶木板的连接

小的木模可以在整块木板上加工；中等大小或形状复杂的木模可以分别做成几块，再粘合起来，粘接的木板时间长了会出现脱胶；也可在将几块木板以内六角螺钉和圆螺母连接起来后再加工型面。

1）在非模具型面木板的机械连接方法：由于模具型腔较深，用一块夹布胶木板很难加工出全部的型腔，在这种情况下需要用两块或三块夹布胶木板用机械方法连接起来。机械连接木板方法如图 5-9 所示。夹布胶木板 1 和夹布胶木板 2 在没有制品的型腔处，用圆螺母 4 和内六角螺钉 3 连接，这种连接十分可靠，连接后再进行模具型腔的加工。

2）在模具型面木板的机械连接方法：如图 5-9 所示，由于木模厚度有限，需要用两块夹布胶木板 1、2 采用机械方法连接。夹布胶木板 1 与夹布胶木板 2 采用六处内六角螺钉 3 和圆螺母 4 进行连接，这些连接处都不能处在模具的型面上。若内六角螺钉 3 和圆螺母 4 一定要位于型面处，为了不影响模具的型面，在模具毛坯加工时，可将内六角螺钉 3 大端圆孔加工得深一些，之后以过盈配合塞入一木塞。然后加工模具型面，此时木塞处的型面与模具型面保持一致。

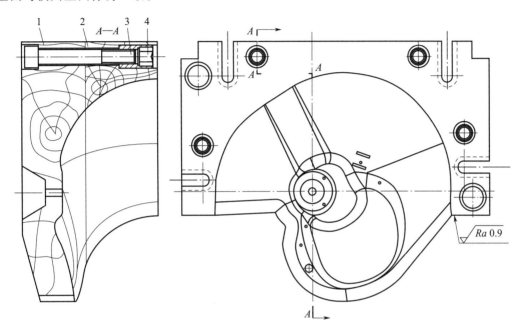

图 5-9　机械连接木板方法

1、2—夹布胶木板；3—内六角螺钉；4—圆螺母

5.2.3　树脂、硅胶、玻璃钢和塑料成型模具的设计

试制的玻璃钢制品在很多情况下常采用树脂或玻璃钢制作为成型模材料，可以直接在它们的型面上进行玻璃钢制品的裱糊或喷射成型。

5.2.3.1　树脂、硅胶和玻璃钢的成型模

环氧树脂、硅胶和塑料均可作为模具材料，用来制作玻璃钢制品的成型模。

1）环氧树脂玻璃钢制品的成型模：分子结构中含有环氧基团的高分子化合物统称为环氧树脂。由于分子结构中含有活泼的环氧基团，使它们可与多种类型的固化剂发生交联反应而形成不溶的具有三向网状结构的高聚物。环氧树脂模具具有制造周期短、成本低，适合制作形状复杂产品和产品更新换代快的特点。金属模加工需要几个月甚至更长的时间，环氧树脂模只要 3～5 天，其成本仅为钢模的 15％～20％。环氧树脂模具磨损后可以快速修补，使用寿命长。对于形状复杂难以加工的钢模，采用环氧树脂浇铸法或低压成型法能一次成型，无须大型精密切削机床的加工和高级钳工的装配。

2）硅胶玻璃钢制品的成型模：硅胶（Silicon Dioxide）是一种高活性吸附材料，属非

晶态物质。主要成分是二氧化硅，化学式为 $x\,SiO_2 \cdot y\,H_2O$。硅胶为透明或乳白色粒状固体，化学性质稳定，不燃烧。具有开放的多孔结构，吸附性强，能吸附多种物质。在水玻璃的水溶液中加入稀硫酸（或盐酸）并静置，便成为含水硅酸凝胶而固态化。以水洗清除溶解在其中的电解质 Na^+ 和 SO_4^{2-}（Cl^-）离子，干燥后就可得到硅胶。如吸收水分部分硅胶吸湿量约达 40%，甚至 300%。可用于气体干燥、气体吸收、液体脱水、色层分析等，也可用作催化剂。如加入氯化钴，干燥时呈蓝色，吸水后呈红色。硅胶的吸附作用主要是物理吸附，可再生和反复使用。用硅胶制成的玻璃钢成型模可直接在其型面进行玻璃钢手工裱糊或喷射成型，硅胶也能制成石膏模或木模的胶衣，用于在胶衣型面进行玻璃钢手工裱糊或喷射成型。

3）玻璃钢的玻璃钢制品成型模：开始时是利用石膏、树脂或木材，制成凹模或凸模作为母模，然后在母模的型面进行手工裱糊或喷射成型玻璃钢制品。利用成型后的玻璃钢作为成型模，可以直接进行玻璃钢制品的手工裱糊或喷射成型。如果玻璃钢成型模损坏，随便取一个已成型的玻璃钢制品就可以作为成型模使用，玻璃钢成型模可以说是取之不尽，用之不完。只是在制作母模形体尺寸时，必须在制品形体尺寸基础上减小一个制品的厚度。由于制品的厚度较薄，刚性较差，作为成型模的玻璃钢制品应该放置在母模上，以起到支撑的作用。

5.2.3.2 塑料玻璃钢成型模

塑料（Plastic）是指以高分子量的合成树脂为主要组分，加入适当添加剂，如增塑剂、稳定剂、阻燃剂、润滑剂和着色剂等，经加工成型的塑性（柔韧性）材料，或固化交联形成的刚性材料。利用各种类型的塑料板、棒和管，采用机械连接后加工为成型模，在成型面上进行玻璃钢制品的手工裱糊或喷射成型。由于塑料的切削性能优良，容易加工，故制造周期短，加工成本较低。大多数塑料质轻，化学性质稳定，不会锈蚀；耐冲击性好；具有较好的透明性和耐磨耗性；绝缘性好，导热性低；一般成型性、着色性好；但大部分塑料耐热性差，热膨胀率大，易燃烧；尺寸稳定性差，容易变形；多数塑料耐低温差，低温下变脆；容易老化；某些塑料易溶于溶剂。塑料作为制作在室温下无压力手工裱糊或喷射成型的玻璃钢制品的模具材料，特别要求能在短时间内制出玻璃钢制品的成型模，采用塑料作为模具材料是最佳的选择。

作为在室温下无压力手工裱糊或喷射成型的玻璃钢制品的模具材料，选用非金属材料作为模具材料是十分普遍的事情。并且非金属材料作为模具材料，制造周期短、成本低，又特别适合于试制件和小批量玻璃钢制品的生产。除了玻璃钢制品，有时芳纶纤维和碳纤维制品也可以采用塑料和木材作为成型模的材料。

5.3 金属材料成型模具的设计

试制件和小批量手工裱糊或喷射成型的复合材料制品，一般采用非金属材料制作成型模。当批量较大时，应该采用金属材料制作成型模。特别是在具有压力、温度、耐腐蚀和镜面要求情况条件下的成型，以及碳纤维制品，更应该采用钢材制作成型模。

5.3.1　玻璃钢制品有色金属材料成型模具的设计

　　金、银和铜属于贵重和稀有金属，不可能用于制作模具，只有铝合金和低熔点合金才可以用于制作模具材料。用于制作模具的有铸铝和铝合金，铸铝一般用于制作形状复杂、中等批量的复合材料制品。铸铝所用的铝称为铸造铝合金，铸铝（ZL）的型号较多，如ZL101、ZL108 等。铸铝（ZL）是以熔融状态的铝，浇铸进制造成型模的模具内，经冷却形成所需要形状铝件模具工作件的一种工艺方法。

　　玻璃钢浴缸长×宽×高为 1 500 mm×700 mm×470 mm，壁厚为 3 mm，如图 5-10（a）所示。铸铝成型模，如图 5-10（b）所示。由于浴缸批量较大，加之形状尺寸大、型腔深度深，模具材料用铸铝，采用砂型铸造工艺加工的成型模，既可靠又经济。铸造后的成型模仅需要用砂纸打光模具型面即可，不需要机械加工，型面出现砂眼和气孔处，可用树脂填补。成型模因浴缸高度尺寸较大，脱模方向型面应取较大的脱模角值。成型模的长度×宽度×高度为（1 500+40）mm×（700+40）mm×（470-3）mm，型面转接处制有圆角，半径分别为 10 mm 和 5 mm，刻线为制品切割线，刻线处制宽×深为 0.3 mm×0.3 mm 的槽，脱模方向型面制 3°脱模角。

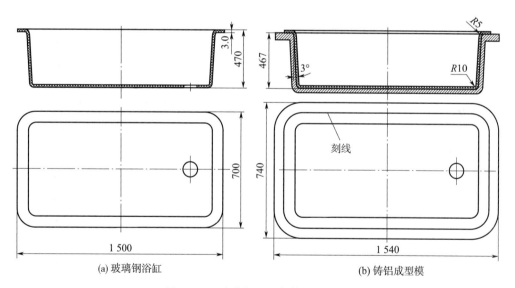

|(a) 玻璃钢浴缸　　　　　　　　　　　(b) 铸铝成型模|

图 5-10　玻璃钢浴缸与铸铝成型模

5.3.2　玻璃钢制品铸铁材料成型模具的设计

　　铸铁是碳的质量分数大于 2.1% 的铁碳合金，它是将铸造生铁（部分炼钢生铁）在炉中重新熔化，并加入铁合金、废钢、回炉铁调整成分而得到。铸铁是二次加工，大都加工成铸铁件。铸铁件具有优良的铸造性，可制成复杂零件，一般有良好的切削加工性。另外，具有耐磨性和消振性良好、价格低等特点。铸铁代号由表示该铸铁特征的汉语拼音字

母的第一个大写正体字母组成。当两种铸铁名称的代号字母相同时，可在该大写正体字母
后加小写正体字母来区别。同一名称铸铁需要细分时，取其细分特点的汉语拼音第一个大
写正体字母，排列在后面。牌号中代号后面的一组数字表示抗拉强度值；有两组数字时，
第一组表示抗拉强度值，第二组表示伸长率值。两组数字中间用"-"隔开。铸铁类型多，
使用较多的有灰铸铁 HT100 和球墨铸铁 QT400-17。

　　玻璃钢水池盆长×宽×高为 480 mm×520 mm×122 mm，壁厚为 2 mm，池中条筋凸
出 1 mm，如图 5-11 （a）所示。铸铁成型模如图 5-11 （b）所示。模具材料为球墨铸铁
QT400-17，采用砂型铸造成型和数铣加工型面。铸造后的模具毛坯需要通过时效处理消
除内应力，以保证模具不变形。模具壁厚为 20 mm，模具外形尺寸为（480＋40）mm×
（520＋40）mm×（122－2）mm，模具脱模方向型面上制脱模角 9°和 2°，模具由铸铁成型
模 2 和焊接手柄 3 组成。

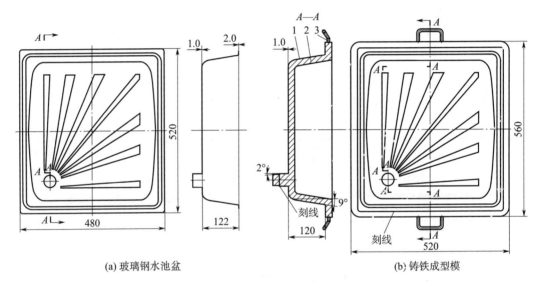

(a) 玻璃钢水池盆　　　　　　　　　　(b) 铸铁成型模

图 5-11　玻璃钢水池盆与铸铁成型模

1—水池盆；2—铸铁成型模；3—焊接手柄

5.3.3　铸钢、锻钢与钢制玻璃钢制品成型模的设计

　　当复合材料制品要求具有镜面且批量大，成型过程中又具有压力和温度，使用的树脂
具有腐蚀性时，成型模的材料就需要采用钢材。具体是采用热压罐成型、模压成型和机械
对合模成型，需要根据上述成型要求来确定成型工艺方法。其他成型工艺方法，也可以视
制品质量、批量、缺陷和表面粗糙度等情况来决定。在要求复合材料制品具有等壁厚、对
重量要求高、批量大、无缺陷和表面粗糙度值低时，成型模的材料也需要采用钢材。采用
哪一种类型的钢材，则需要根据模具的耐磨性、耐蚀性、变形、耐温性和镜面性要求来决
定。在制品形状复杂并且批量大时，可以选用铸钢、锻钢制造成型模，铸钢牌号 ZG 后面
为屈服强度－抗拉强度，如 ZG200－400 等。

玻璃钢星形块组件由 6 件彼此独立的星形块在多用途对合成型模中裱糊而成，并与已经裱糊成型的 6 件隔板在对合成型模内经裱糊粘接组装而成。多用途对合成型模的工作件采用铸钢 ZG200 - 400，经铸造退火，以消除内应力。为了延长模具的寿命，还要经调质（30～34 HRC）处理后再经机械加工而成。

（1）玻璃钢星形块组件形体分析

如图 5 - 12 所示，组合后的星形块 1 外形尺寸为（3×230）mm×（2×160×2×195）mm×（6×42×27）mm，壁厚为 2 mm，隔板 2 的壁厚为 2 mm。6 件隔板 2 分别与 6 件星形块 1 以树脂在对合成型模内进行裱糊连接在一起，星形块 1 上所具有的折弯边和凹坑"障碍体"对其脱模起到阻挡作用。考虑到隔板 2 要能够放进星形块 1 的槽中，隔板 2 的宽度尺寸应比星形块 1 对应槽的宽度尺寸小 0.6 mm。为了防止玻璃钢星形块 1 和隔板 2 边缘处会出现气泡、富脂、贫胶和分层等缺陷，星形块 1 和隔板 2 高度方向和边缘处的尺寸均需要延长 10 mm。组件采用对合模裱糊成型经切割延长 10 mm 的毛边后，便不会再存在上述的各种缺陷。

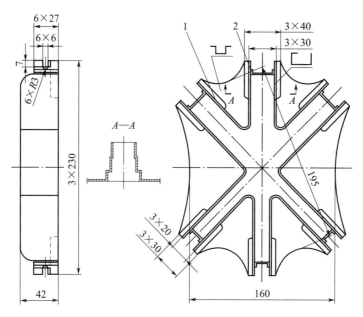

图 5 - 12　玻璃钢星形块组件

1—星形块；2—隔板

⌐‾⌐ 表示折弯边"障碍体"，⌐‾⌐ 表示凹坑"障碍体"

（2）玻璃钢星形块组件多用途对合成型模结构方案可行性分析

玻璃钢星形块组件多用途对合成型模结构方案主要是根据制品形体要素、质量要求和批量来制定。

1）多用途成型单凸模结构方案：如图 5 - 13（a）所示，该方案仅有一个多用途成型凸模，是在对星形块组件缺陷要求不高、批量较大时采用的方案，成型加工后组件还会存在加工缺陷。

　　2）真空袋或热压罐多用途成型凸模结构方案：仅有一个多用途成型凸模的方案，不可避免在成型加工过程中组件上仍然会存在着气泡、针孔、贫胶、富脂和分层等缺陷。该方案是在只有一个多用途成型凸模的基础上，再采用真空袋或热压罐成型工艺方法进行成型加工，这样就可以消除上述的成型加工缺陷。由于所用的真空袋材料只能使用一次，故会增加加工成本。热压罐成型工艺的加工成本更加高。

　　3）多用途对合成型模结构方案：如图 5 - 13（b）所示，为了消除成型加工过程中组件上的气泡、针孔、贫胶、富脂和分层等缺陷，还可以采用对合多用途成型模方案。该方案同时采用凸、凹模进行成型加工，即在凸模上进行玻璃钢裱糊成型，再利用凹模重量施加压力，一方面将玻璃纤维布层之间树脂挤压达到流动平衡，另一方面将树脂中气体排出玻璃纤维布层。

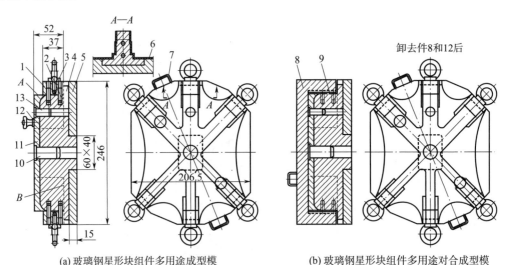

(a) 玻璃钢星形块组件多用途成型模　　　　　(b) 玻璃钢星形块组件多用途对合成型模

图 5 - 13　玻璃钢星形块组件多用途成型模

1—镶块；2—圆柱销；3—吊环；4—凸模；5—垫板；6—星形块；7—焊接手柄；8—凹模；
9—隔板；10—大导柱；11—延伸模块；12—手柄；13—小导柱

　　比较 3 种方案之后，采用单凸模裱糊成型容易使制品产生各种加工缺陷，废品率多，该方案不宜采纳。真空袋或热压罐成型，因制造成本增加和成型加工效率低，也不能采纳。只有多用途对合成型模结构方案，既能保证制品的质量，又不增加制造成本，也不会降低成型加工效率，故该方案为最佳方案。

　　（3）玻璃钢星形块组件多用途对合成型模的设计

　　玻璃钢星形块组件多用途成型模是由凸模、凹模和镶块等组成的，玻璃钢组件在凸模上进行裱糊，裱糊后组件要放置在凹模中。由于成型星形块组件的凸模 4、凹模 8 和延伸模块 11 形状复杂，尺寸也较大，采用铸钢 ZG200 - 400 制造。玻璃钢星形块组件多用途成型单凸模如图 5 - 13（a）所示。玻璃钢星形块组件多用途对合成型模如图 5 - 13（b）所示。

1) 玻璃钢星形块单凸模高度外延处理措施：由于制品边缘玻璃纤维布铺敷时厚薄不均，裱糊时又会存在富脂、针孔、贫胶、气泡和分层等缺陷，制品边缘需要向外延伸 10 mm。组件高度的尺寸分别是 42 mm×27 mm，因此，模具外延型面的高度应该分别是 52 mm×37 mm。同时，考虑到组件高度在模具型面裱糊后，需要采用激光切割至 42 mm×27 mm。考虑到需要借助延伸模块 11 为星形块组件在高度方向裱糊时延伸 10 mm，而激光切割时为了能避开凸模 4 的实体，凸模 4 外形实体尺寸又应小于制品外形尺寸 2 mm。延伸模块 11 应该做成可以装卸的结构，延伸模块 11 需要采用大导柱 10 和小导柱 13 与凸模 4 进行定位和安装。

2) 玻璃钢隔板的裱糊措施：镶块 1 可以通过两个圆柱销 2 插入凸模 4 的圆柱销孔中，用以完成星形块 6 尺寸 (40×30) mm× (52×37) mm 与 (30×20) mm× (52×37) mm 的裱糊。6 件星形块 6 裱糊固化之后，需要用吊环 3 将镶块 1 和圆柱销 2 从凸模 4 中拔出。再将裱糊加工好的 6 件隔板 9 贴紧凸模 4 的 A 面和 B 面，并以树脂与 6 件星形块 6 裱糊后连接在一起。

3) 成型模的安装与其他结构：为了使星形块 6 在激光切割时，凸模 4 实体不会接触到切割的激光，凸模 4 的外形和高度尺寸应小于星形块 6 尺寸 2 mm，并能使凸模 4 外形能够放进与垫板 5 相配合的 60 mm×40 mm×15 mm 槽中。凸模 4 的 60 mm×40 mm×15 mm 凸台，一方面供激光切割设备进行装夹用，另一方面可以放进垫板 5 相应的槽中，使凸模 4 在裱糊加工时处于平衡状态位置。凸模 4 和垫板 5 均安装了两个焊接手柄 7，以便于模具搬移。

凹模 8 与凸模 4 之间的单边间隙只能比组件的厚度大 0.1 mm，这样可以利用凹模 8 的重量对裱糊的组件施加压力，使组件玻璃纤维布层间的树脂流动保持均匀，并可排除组件玻璃布层间的气体而获得高质量的制品。

(4) 玻璃钢星形块成型工艺过程

多用途单凸模、对合模裱糊成型与真空袋成型区别：真空袋成型是利用脱模布、带孔隔离膜、透气毡（吸胶麻布）、真空袋膜、密封胶带和压敏胶带制成真空袋，再用真空泵抽取真空袋中的空气，使真空袋对裱糊的组件型面施加均匀压力至固化成型。单凸模成型则不存在压力成型，组件成型后存在诸多的成型加工缺陷。

1) 星形块外延裱糊成型及单凸模具：如图 5-14（a）所示，裱糊成型前分别以两个圆柱销 3 和吊环 4 将 6 件镶块 5 安装在凸模 6 上。同时，以大导柱 10 和小导柱 13 将延伸模块 11 安装在凸模 6 上。再用裁剪好的玻璃钢纤维布，在凸模 6 的型面上用树脂铺敷达到制品要求的厚度自然固化。由于玻璃纤维布在凸模 6 和延伸模块 11 上裱糊，使星形块高度方向可延长 10 mm。由于玻璃纤维布又是在垫板 7 上裱糊，使星形块外形尺寸也可延长 10 mm。这种裱糊成型只能解决 6 件彼此独立的星形块 1 的成型加工。

2) 隔板与星形块裱糊连接及模具：将 6 件星形块 1 与已经成型加工好的 6 件隔板 2 连接成整体，如图 5-14（b）所示。用吊环 4 从凸模 6 圆柱销孔中拔出 6 件镶块 5，同时卸下延伸模块 11 和焊接手柄 8，再将已成型加工好的 6 件隔板 2 分别贴紧凸模 6 的 A 面

和 B 面，与 6 件星形块 1 用树脂裱糊连接。

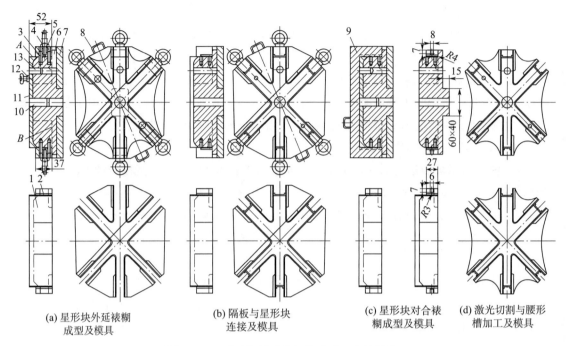

(a) 星形块外延裱糊 成型及模具 (b) 隔板与星形块 连接及模具 (c) 星形块对合裱 糊成型及模具 (d) 激光切割与腰形 槽加工及模具

图 5 - 14 玻璃钢星形块组件成型工艺及模具

1—星形块；2—隔板；3—圆柱销；4—吊环；5—镶块；6—凸模；7—垫板；8—焊接手柄；9—凹模；

10—大导柱；11—延伸模块；12—手柄；13—小导柱

3）星形块对合裱糊成型及模具：星形块 1 的单凸模裱糊成型，只能采用胶皮辊和浸胶辊在星形块 1 型面上滚挤液体树脂和空气。这种滚挤树脂不能达到均匀分布程度，不能将空气从玻璃布层间全部挤出，从而会造成星形块 1 产生很多的缺陷。如图 5 - 14 （c）所示，为了解决星形块成型加工缺陷的问题，用焊接手柄 8 将凹模 9 放置在星形块 1 上。利用凹模 9 与凸模 6 之间的间隙和重量，使树脂流动均匀，并可排除玻璃布层间的空气而消除缺陷。

4）激光切割与腰形槽加工及模具：卸下垫板 7，将凸模 6 上的 60 mm×40 mm×15 mm 凸台安装在激光切割设备中，用以切割组件外形、高度和腰形槽的尺寸，至如图 5 - 14 （d）所示的形状。为了不使激光切割到凸模 6 腰形槽实体，凸模 6 腰形槽尺寸应比组件腰形槽的相应尺寸单边大 1 mm。

玻璃钢星形块组件成型模，既是 6 块星形块的成型模，又是星形块和隔板组装的安装模，还是星形块组件激光切割夹具。在设计这种多用途模具时，既要顾虑玻璃钢成型模的结构，还要兼顾到安装模和激光切割夹具的结构。为了确保星形块无缺陷，还要采用对合模成型。

在玻璃钢星形块组件多用途成型模的 3 种结构方案中，最佳方案为多用途对合成型模结构方案。该方案中采用了延长星形块高度和外形尺寸及凸凹模成型的结构，使 6 件星形块与 6 件隔板能在模具内裱糊连接成组件，还可能达到消除组件缺陷的目的，并且该模具能起到激光切割夹具的作用。玻璃钢星形块组件可以在该模具中完成多件玻璃钢星形块裱糊成型、多件星形块与隔板裱糊连接和组件激光切割加工的作用，以达到一模多用的目的。

玻璃钢星形块组件多用途对合成型模的设计：通过对玻璃钢星形块组件折弯边、凹坑"障碍体"、批量和缺陷要素的形体分析，确定了组件多用途对合成型模的结构方案。组件裱糊成型可以采用单凸模、对合模、真空袋和热压罐成型的加工工艺方法。采用多用途单凸模结构方案，不能消除组件成型加工的缺陷，造成废品率高。采取真空袋或热压罐成型工艺方法，所用脱模布、带孔隔离膜、透气毡（吸胶麻布）、真空袋膜、密封胶带和压敏胶带制成的真空袋只能使用一次，废弃的真空袋增加了组件加工成本，而热压罐成型工艺加工的成本更高。在比较了成型工艺方法之后，采用了多用途对合成型模方案。该方案既能成型无缺陷的制品，又不会增加制造成本，并使星形块与隔板能在模具内进行组合裱糊连接，还能使用该模具进行组件毛边的激光切割，达到一模多用的目的。

5.4　玻璃钢制品组合式成型模具的设计

由于玻璃钢制品形状复杂，导致制品不容易分型和脱模，同时也会导致模具型面不好加工。这样就必须将相关的凹模或凸模分割成几个部分，然后通过镶嵌结构将分割部分组合连接起来，形成一个整体，这种凹模或凸模称为组合凹模或组合凸模。通过拆卸分割模块实现制品的脱模，通过组装分割模块实现制品的裱糊成型。

5.4.1　木制组合式成型模的设计

由于木制凹模存在各种形式的"障碍体"，使复合材料制品很难从整体式凹模中脱模。为此，需要将整体式凹模分割成几个部分。然后，用导柱和导套分割凹模进行定位，又通过螺钉和螺母连接在一起进行制品裱糊成型加工。只要将连接的螺钉和螺母卸下，分开被分割的凹模，复合材料制品就很容易实现脱模。木制复合材料成型模只适合小批量生产。由于木材容易加工，故制造效率快，制造成本低。

（1）玻璃钢外罩形体分析

外罩为半圆形玻璃钢件，壁厚为 1.5 mm。为了增加外罩的强度和刚度，在外罩中间设置了两条弧形加强筋。玻璃钢外罩上存在着凸台、弓形高和折弯边"障碍体"，如图 5 - 15 所示。

（2）木材成型模的设计

玻璃钢外罩可以采用单凹模裱糊成型，也可以采用单凸模裱糊成型，还可以采用对合模裱糊成型。

1）单凹模（单凸模）裱糊成型：如图 5 - 16 所示，不管是采用单凹模裱糊成型，还是采用单凸模裱糊成型，都不可避免产生图 5 - 16 的 Ⅰ 与 Ⅱ 放大图所示不能使裱糊的玻璃

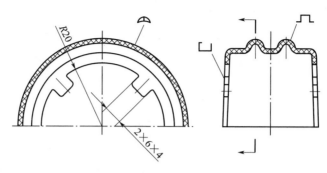

图 5-15　玻璃钢外罩形体分析

表示凸台"障碍体"；表示弓形高"障碍体"；表示折弯边"障碍体"

钢外罩贴模的现象，从而造成制品扁塌，以及富脂、贫胶、气泡和分层等缺陷。为了解决制品贴模的问题，只能采用真空袋或热压罐法成型。但制成真空袋所用的脱模布、带孔隔离膜、透气毡（吸胶麻布）、真空袋膜、密封胶带和压敏胶带只能使用一次，造成加工成本大幅度增加。热压罐法成型除了需要真空袋抽真空，还需要在真空袋外加入压缩空气，并且要在热压罐内加均匀热量的环境下固化成型，其加工成本更高。在制品生产批量很小的情况下，采用单凹模（单凸模）裱糊成型还是可行的。

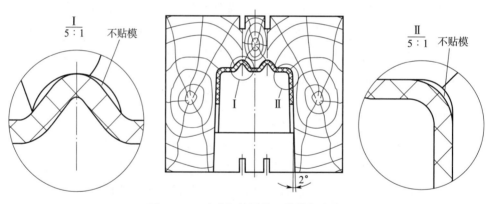

图 5-16　玻璃钢外罩单凹模裱糊成型

2）外罩组合式对合成型模：如图 5-17 所示，由于外罩形体上存在 3 种"障碍体"对脱模的阻挡作用，以分型面Ⅰ—Ⅰ和Ⅱ—Ⅱ可将成型凹模分割成 3 部分，左凹模 4、中凹模 5 和右凹模 7 通过台阶导套 1、导柱 3、导套 6、长导套 8 和圆螺母 2 连接成一个整体凹模。外罩在整体凹模裱糊固化后，松开圆螺母 2 分别取下左凹模 4、中凹模 5 和右凹模 7，便很容易避开"障碍体"对脱模的阻挡作用，使外罩能够顺利地脱模。2 mm×5 mm 槽是为了因树脂固化左凹模 4、中凹模 5 和右凹模 7 粘在一起后，可用 4.5 mm 的钢片插入槽中扳开它们。如图 5-16 所示，为了使外罩不产生贫胶、气泡和分层等缺陷，尺寸 R20 mm 处需要外延 10 mm，外罩脱模后，需要用激光切割掉外延边。为了便于激光切割，需要在左凹模 4 和右凹模 7 制刻线，刻线宽 0.3 mm×深 0.3 mm。如果对外罩质量要求不高，可用手工裱糊成型；如果要求高，可以采用内真空袋成型。

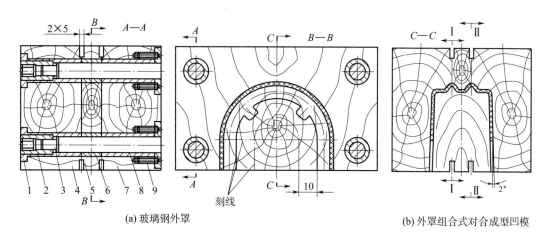

(a) 玻璃钢外罩　　　　　　　　　　　　　　　　　(b) 外罩组合式对合成型凹模

图 5-17　玻璃钢外罩与组合式对合成型模

1—台阶导套；2—圆螺母；3—导柱；4—左凹模；5—中凹模；6—导套；7—右凹模；8—长导套；9—沉头螺钉

玻璃钢外罩成型模，还可以制成整体凸凹对合模成型。采用模具上制脱模斜度及在模具型面涂脱模剂，手动方式脱模。还可以半圆柱面的中心线为分型面，采用导柱和导套进行定位和分型运动的导向，以导柱端头螺纹和螺母进行连接。

5.4.2　木材组合对合模的设计

木材对合形式组合模是指在木模中同时存在着凸模和凹模，并且凸模或凹模是由多块模块组合而成的模具。

飞机脊背雷达天线外罩的长×宽×高为 1 000 mm×210 mm×64 mm，如图 5-18（a）所示。飞机脊背雷达天线外罩具有等壁厚和重量要求，制品中不允许有气泡、富脂、贫胶和分层等缺陷存在，因而需要采用凹模和凸模组成的对合模进行成型。天线外罩既可以在凸模上进行裱糊成型，也可在凹模上进行裱糊成型，但裱糊后需要将凹模或凸模放在裱糊的模具之上。甚至还可放置一些重物施加压力，放置重物需要注意平衡，主要通过施加压力使树脂流动均匀，并排除玻璃布层间的空气。

如图 5-18（a）所示，天线外罩形体上存在着弓形高"障碍体"，为了使制品在凹模内顺利分型，分型面为Ⅰ—Ⅰ。对合式组合模如图 5-18（b）所示。左凹模 3 和右凹模 4 可以通过导套 5、台阶导套 6、圆柱螺母 7、导柱 8 和沉头螺钉 9 进行导向和连接，松开导柱 8 螺柱上的圆柱螺母 7，可分开左凹模 3 和右凹模 4，这样便很容易使雷达天线外罩脱模。沉头螺钉 9 固定导柱 8，以防松开圆柱螺母 7 时导柱 8 产生转动，焊接手柄 12 用以搬移凹模和凸模。木模型面的长为（1 000+40）mm，宽为（210+40）mm。刻线宽 0.3 mm×深 0.3 mm，刻线为制品切割线。天线外罩脱模后，应按刻线位置采用激光进行切割，确保天线外罩图示尺寸。

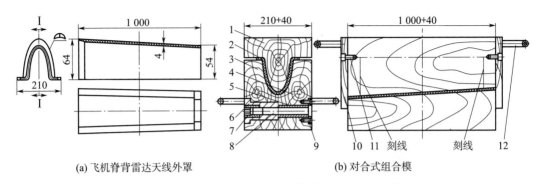

(a) 飞机脊背雷达天线外罩　　(b) 对合式组合模

图 5-18　飞机脊背雷达天线外罩与对合式组合模

1—凸模；2—雷达天线；3—左凹模；4—右凹模；5—导套；6—台阶导套；7—圆柱螺母；8—导柱；
9—沉头螺钉；10—定位板；11—内六角螺母；12—焊接手柄

⌒ 表示弓形高"障碍体"

5.4.3　铝制组合对合模的设计

当复合材料制品批量较大，制品又存在很多拐角的型面不容易成型时，模具只能采用铝材，并且还需要采用对合式组合成型模进行制品加工。

吹风机外壳过去都采用薄钢板冲压成型后焊接，由于空气中含有水分，吹风机使用时间长了外壳上的油漆掉后会产生锈蚀影响其使用寿命。现在改用玻璃钢成型，便不会产生锈蚀的现象。玻璃钢吹风机外壳裱糊成型加工，相对于钢板成型的吹风机外壳，具有结构紧凑、外形美观、加工工序简单、制造成本低、使用寿命长的特点。

5.4.3.1　吹风机玻璃钢外壳形体分析

吹风机玻璃钢外壳（简称为外壳）壁厚 1.5 mm，外形如蜗牛壳，如图 5-19 所示。外壳两端的孔为 $2 \times \phi 127$ mm，中间型腔为 ϕ（$300-2 \times 1.5$）mm 半球冠形，下端有 $\phi 110$ mm$\times 200$ mm 锥形圆筒。采用钢板制造的外壳要以分型面 I—I 分成左、右两个部分，并要在凸起的折弯边上钻若干孔，再用螺钉和螺母连接在一起。玻璃钢制造的外壳则是一个整体，由于其形体上具有 $2 \times \phi 127$ mm$\times$[（$100-74$）/2] mm、$\phi 110$ mm$\times 8°$凸台"障碍体"、$R 40$ mm 弓形高"障碍体"和[（$80-74$）/2] mm$=3$ mm 的凹坑"障碍体"影响着外壳的脱模，并且要求外壳中不允许有气泡、富脂、贫胶和分层等缺陷存在，还需要确保其等壁厚，因而需要采用组合凹模和凸模所组成的对合模进行裱糊成型。由于外壳的形状复杂，凹模的分型面为 I—I。

5.4.3.2　外壳对合成型模结构方案的可行性分析

如图 5-19 所示，外壳是一个封闭的整体壳体，仅存在着两端 $2 \times \phi 127$ mm 通孔和 $\phi 110$ mm$\times 200$ mm$\times 8°$锥形圆筒孔，ϕ（$300-2 \times 1.5$）mm$\times R 40$ mm 半球冠形的型腔。玻璃布不可能以凹模进行裱糊操作，裱糊时也不能贴模，只能采用凸模进行外壳裱糊成型。

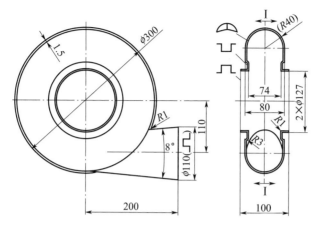

图 5 - 19 吹风机玻璃钢外壳形体分析

⌐¬ 表示凸台 "障碍体"；⌒ 表示弓形高 "障碍体"；⌐¬ 表示凹坑 "障碍体"

1) 外壳单凸模裱糊成型方案：当外壳成型批量很小时，可以采用石膏制成的凸模裱糊成型。为了能够实现外壳脱出凸模，可以将石膏凸模敲碎，再将外壳型腔中的石膏碎片取出即可获得外壳。为了使外壳能实现等壁厚，无富脂、贫胶、分层和气泡等缺陷，可以采用真空袋凸模和热压罐凸模工艺成型。

2) 铸铝组合凹模和石膏凸模对合成型模结构方案：由于采用真空袋成型，所用的材料［如脱模布、带孔隔离膜、透气毡（吸胶麻布）、真空袋膜、密封胶带和压敏胶带］只能使用一次，真空袋成型会造成加工成本大幅度增加。而外壳生产达到一定批量时，又要求外壳无缺陷，可以采用铸铝组合凹模和石膏凸模对合模结构。由于石膏凸模也只能使用一次，为了解决外壳批量生产中石膏凸模供应问题，可以采用钢材制作的母模来加工石膏凸模，以不断地供应石膏凸模。

3) 钢材组合凹凸模对合模结构方案：当成型外壳批量很大，又要求无缺陷时，采用钢制组合凹模和石膏凸模的对合成型模。每裱糊成型一件外壳，就要敲碎一件石膏凸模，增加了石膏凸模的加工费用，浪费石膏材料。所以可以用钢制组合凸模来代替石膏凸模，只是钢制组合凸模必须经过多次分型后，达到既能够拆卸又能够组合在一起的目的。这样，通过外壳两端型孔按顺序拆卸钢制多块凸模后就能实现外壳的脱模，组合钢制多块凸模后就可实现外壳的裱糊成型。

5.4.3.3 铸铝凹模和石膏凸模对合成型模结构设计

成型模的组合凹模是采用铸铝制成毛坯后再经机械加工而成，而凸模是采用石膏制造的，如图 5 - 20 所示。用玻璃钢裱糊外壳时，仅在石膏凸模 4 上进行裱糊，会造成外壳的凹凸型面及转接半径处的成型不能加工到位，并且外壳上还会产生各种缺陷。因此，必须增加一件与石膏凸模 4 型面大于 1.5 mm 的组合凹模。以这种对合模结构可使树脂能够均匀填充玻璃布层的空间，并能排除玻璃布层间的空气，用以达到消除玻璃钢裱糊外壳各种缺陷的目的。为了解决两端 $\phi127$ mm 孔和 $\phi110$ mm×200 mm 锥形圆筒孔口处出现的玻璃布层短缺、虚边、富脂和贫胶现象，孔端面均需要向外延伸 20 mm，固化成型后再用激光割除刻线以外的形体。

（1）对合成型模的结构原理

对合成型模的结构，一是要使组合凸、凹模能够规避外壳上多种"障碍体"对其抽芯和脱模的阻挡作用，二是要实现对外壳无缺陷的裱糊成型。

（2）对合成型模结构与外壳的脱模

外壳的裱糊成型，主要是要通过模具结构来解决裱糊成型和质量的问题。

1）对合成型模的结构：如图 5 - 20 所示，分型面Ⅰ—Ⅰ将凹模分成左凹模 1 和右凹模 2，可通过导柱 9 和导套 10 对模具开闭模进行定位和导向，并通过带手柄 5 的圆螺母 6 与活节螺钉 7 和圆柱销 8 进行左凹模 1 和右凹模 2 的连接和分离。

2）外壳裱糊成型：用树脂和玻璃钢布在石膏凸模 4 上进行手工裱糊达到要求厚度之后，通过带手柄 5 的圆螺母 6、活节螺钉 7 和圆柱销 8，将左凹模 1 和右凹模 2 连接后并固定在裱糊成型的外壳 3 上。经固化后卸下左凹模 1 和右凹模 2，再捣碎取出外壳 3 型腔中的石膏凸模 4 碎片，即可实现外壳 3 的脱模。由于是采用对合模裱糊成型外壳 3，外壳 3 可实现等壁厚，无富脂、贫胶、分层和气泡等缺陷。左凹模 1 和右凹模 2 可以通过铸铝获得毛坯，之后再通过数铣加工制成。

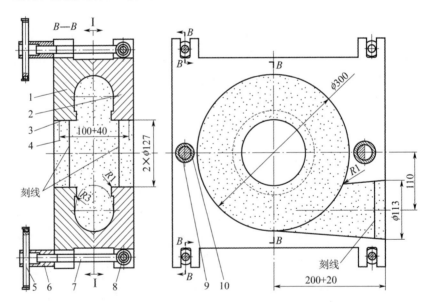

图 5 - 20　铸铝凹模和石膏凸模对合成型模的结构

1—左凹模；2—右凹模；3—外壳；4—石膏凸模；5—手柄；6—圆螺母；7—活节螺钉；8—圆柱销；9—导柱；10—导套

5.4.3.4　铸钢或钢制组合凸凹模的对合成型模结构设计

当外壳批量很大，且存在很多拐角的型面不容易成型时，模具只能采用铸钢和钢材。由于外壳不允许有气泡、富脂、贫胶和分层等缺陷存在，那就只能采用对合形式组合成型模进行外壳的裱糊成型加工。

（1）凹模结构

由于外壳形状复杂，形体上存在多种"障碍体"。为了能使外壳顺利地脱模，凹模应以Ⅰ—Ⅰ为分型面，将凹模分成右凹模 1 和左凹模 2，如图 5-21 所示。用带手柄 30 的圆螺母 29 和活节螺钉 28 及圆柱销 27，将右凹模 1 和左凹模 2 固定连接和分离。

（2）凸模结构

由于外壳形状像蜗牛壳，若制成整体凸模显然是无法使其从外壳的型腔中抽芯。只有将凸模分割成 3 个层次的若干块凸模，再进行若干块凸模分层次的抽芯，才能实现外壳的脱模。

1）中心凸模结构：如图 5-21 所示，以Ⅰ—Ⅰ为分型面，将中心凸模分成左中心凸模 6 和右中心凸模 7。在左右中心凸模 6、7 之间，安装有圆柱销 8、花键轴 9、开口垫圈 10 和六角螺母 11，可以用带手柄销 17 的内六角螺母手柄 16 将左、右中心凸模 6、7 进行闭合和分离。左、右中心凸模 6、7 闭合时，可利用中间凸模 5 的燕尾凸台与左中心凸模 6 和右中心凸模 7 上燕尾槽的配合（50H7/f6 及 75H7/f6）进行连接和固定。左、右中心凸模 6、7 分离时，可实现与中间凸模 5 的分离。左中心凸模 6 和右中心凸模 7 上安装有捏手 14，可用于左中心凸模 6 和右中心凸模 7 的手动抽芯。左中心凸模 6 和右中心凸模 7 的复位，是依靠花键轴 9、开口垫圈 10 和六角螺母 11 进行的。

2）中间凸模结构：如图 5-21 所示，中间弧冠凸模 3 和中间凸模 5，是通过内六角螺钉 12 和圆柱销连接在一起的。中间凸模 5 的燕尾槽放置在由左中心凸模 6 和右中心凸模 7 组成的燕尾槽中进行定位和闭合及分离的移动。如图 5-21 的 A—A 展开局部放大图所示，中间弧冠凸模 3 是以燕尾槽与 4 件左右扇形弧冠凸模 24 燕尾凸台相连接，组成的中间凸模，并以导向螺塞 15 中的弹簧和限位销进行限位。

3）左、右弧冠凸模结构：如图 5-21 的 A—A 展开局部放大图所示，中间弧冠凸模 3 与左右弧冠凸模 4 之间，是以弹簧 18、螺塞 19 和限位销 20 组成的机构限位。中间扇形弧冠凸模 23 与左右扇形弧冠凸模 24，是以燕尾凸台与燕尾槽相连接，以弹簧 18、螺塞 19 和限位销 20 组成的机构限位。

5.4.3.5　铸钢或钢制组合凸凹对合成型模的抽芯与脱模

外壳中间是 $2 \times \phi 127$ mm 的通孔，若将成型该通孔的左、右中心凸模 6、7 完成抽芯后，腾出的空间就可以实现其他凸模的抽芯。

1）外壳凸、凹对合成型模：是由组合凹模和组合凸模组成的，如图 5-22（a）所示。组合凹模的连接和分离是通过右凹模 1 上安装的圆柱销 17、活节螺钉 18 和带手柄 20 的圆螺母 19 与左凹模 2 进行连接和分离。

组合凸模是由安装在左中心凸模 6 中的花键轴 9 与右中心凸模 7 中的花键孔进行定位和导向，花键轴 9 左端安装有防转圆柱销 8，并由花键轴 9 上的螺杆、开口垫圈 10、六角螺母 11 组成的机构进行夹紧，由限位销、弹簧和螺塞组成的机构进行限位及以各种凸模上燕尾凸台与燕尾槽、燕尾凸台与燕尾槽之间配合进行连接和分离。

2）拆卸凹模后的组合凸模：用带手柄销的内六角螺母手柄松开花键轴 9 螺杆上的六

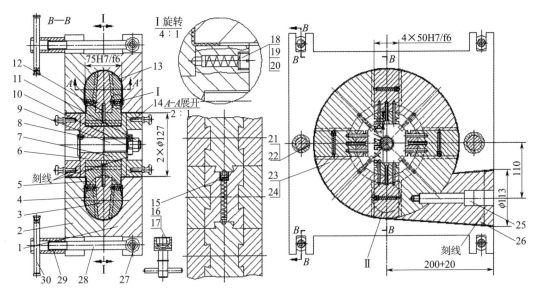

图 5-21　钢制凸凹模的对合成型模结构设计

1—右凹模；2—左凹模；3—中间弧冠凸模；4—左右弧冠凸模；5—中间凸模；6—左中心凸模；7—右中心凸模；
8—圆柱销；9—花键轴；10—开口垫圈；11—六角螺母；12—内六角螺钉；13—外壳；14—捏手；15—导向螺塞；
16—内六角螺母手柄；17—手柄销；18—弹簧；19—螺塞；20—限位销；21—导柱；22—导套；
23—中间扇形弧冠凸模；24—左右扇形弧冠凸模；25—阶形螺钉；26—锥形凸模；27—圆柱销；
28—活节螺钉；29—圆螺母；30—手柄

角螺母 11，卸下开口垫圈 10，可以实现左中心凸模 6 和右中心凸模 7 抽芯，如图 5-22 (b) 所示。反之，可以实现左中心凸模 6 和右中心凸模 7 的复合。所用凸模复合后可以在组合凸模上进行玻璃钢外壳的裱糊，闭合左右凹模 1、2 可以形成压力成型无缺陷的外壳。

3）左右中心凸模的抽芯：如图 5-22 (c) 所示，用双手握住捏手 14，可分别拔出以中间凸模 5 的燕尾槽与燕尾凸台相配合的左中心凸模 6 和右中心凸模 7，以实现 $2 \times \phi 127$ mm 孔中间凸模 5 的抽芯。

4）上中间凸模的抽芯：如图 5-22 (d) 所示，拔动上中间凸模 5 的燕尾槽时，可将上中间弧冠凸模 3 和上中间凸模 5 完成抽芯。

5）锥形凸模与上左右弧冠凸模的抽芯：如图 5-22 (e) 所示，由于上中间弧冠凸模 3 是通过具有斜度的燕尾凸台与上左右弧冠凸模 4 的燕尾槽相连接，上中间弧冠凸模 3 的移动带动了上左右弧冠凸模 4 向下和向分型面 I—I 移动，从而可避开外壳 2×3 mm 凹坑形式"障碍体"对抽芯的阻挡作用，使上左右弧冠凸模 4 自行掉落。可以通过卸下阶形螺钉 25 抽取锥形凸模 26，如图 5-21 所示。

6）下中间凸模的抽芯：如图 5-22 (f) 所示，拔动下中间凸模 5 的燕尾槽时，可将下中间弧冠凸模 3 和下中间凸模 5 完成抽芯。

7）下左右弧冠凸模的抽芯：如图 5-22 (g) 所示，下中间凸模 5 抽芯后，使得下左右弧冠凸模 4 的抽芯向上和向分型面 I—I 移动，可以避开外壳 2×3 mm 凹坑"障碍体"

对抽芯的阻挡作用，使下左右弧冠凸模 4 自行掉落。

8）左右中间凸模与前后弧冠凸模的抽芯：如图 5 - 22（h）所示，同理，左右中间凸模抽芯后，前后弧冠凸模也可自行掉落。

9）扇形凸模与左右扇形凸模的抽芯：如图 5 - 22（i）所示，外壳型腔内的所有凸模块完成抽芯和掉落后，才能实现外壳的脱模。

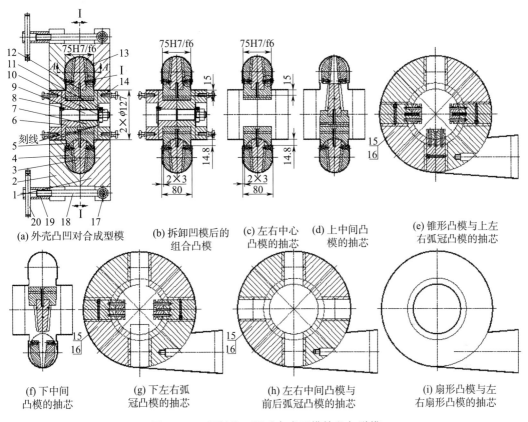

(a) 外壳凸凹对合成型模　　(b) 拆卸凹模后的　(c) 左右中心　(d) 上中间凸　(e) 锥形凸模与上左
　　　　　　　　　　　　　　　　组合凸模　　　凸模的抽芯　模的抽芯　　右弧冠凸模的抽芯

(f) 下中间　　　　(g) 下左右弧　　　(h) 左右中间凸模与　　(i) 扇形凸模与左
凸模的抽芯　　　　冠凸模的抽芯　　　前后弧冠凸模的抽芯　　右扇形凸模的抽芯

图 5 - 22　钢制凸、凹对合成型模抽芯与脱模

1—右凹模；2—左凹模；3—中间弧冠凸模；4—左右弧冠凸模；5—中间凸模；6—左中心凸模；7—右中心凸模；
8—圆柱销；9—花键轴；10—开口垫圈；11—六角螺母；12—内六角螺钉；13—外壳；14—捏手；
15—中间扇形弧冠凸模；16—左右扇形弧冠凸模；17—圆柱销；18—活节螺钉；19—圆螺母；20—手柄

5.4.3.6　外壳成型凸凹模组装与裱糊成型

只有当外壳成型模的结构能进行组合凹模的拆卸和组合凸模的抽芯，才能实现外壳的脱模。那么，多块凸模组合后才能实现外壳的手工裱糊，左、右凹模合模后才能确保外壳的无缺陷质量。

1）多块凸模的组合：如图 5 - 21 所示，先要将左中心凸模 6 和右中心凸模 7，以左中心凸模 6 中的花键轴 9 上的螺杆与右中心凸模 7 旁的开口垫圈 10 和六角螺母 11，在左中心凸模 6 和右中心凸模 7 上进行定位导向与连接。以中间凸模 5 的燕尾槽与左中心凸模 6 和右中心凸模 7 的燕尾凸台的配合进行连接与分离。以左中心凸模 6 和右中心凸模 7 孔中的限位销 20、弹簧 18 和螺塞 19 限位。最后，将它们（包括左右弧冠凸模 4 和左右扇形弧冠凸模 24），彼此以燕尾凸台与燕尾槽的配合连接在一起，以限位销 20、弹簧 18 和螺塞 19 进行限位。

　　2）外壳的裱糊成型：在组装好的凸模上先涂脱模剂，再将裁剪好的玻璃布用树脂进行手工裱糊，铺一层玻璃布后要涂刷适量的树脂，直至达到外壳要求的厚度。

　　3）安装凹模：如图 5-21 所示，以导柱 21 和导套 22 为导向，以装有手柄 30 的圆螺母 29 拧紧活节螺钉 28，将右凹模 1 和左凹模 2 固定在裱糊的组合凸模的外壳上直至固化成型。

　　外壳裱糊成型不能采用凹模裱糊成型，只能采用凸模裱糊成型。由于外壳形状特征的原因，外壳需要避开其形体上多种"障碍体"的阻挡作用才能顺利地脱模。外壳要从凸模上顺利地脱模的条件，就是要捣碎石膏凸模或者实现分型多块组合凸模的抽芯，捣碎凸模的材料只能采用石膏。分成多块组合凸模，必须分成中心、中间和外层 3 种层次的钢制凸模，而每个层次的凸模又必须分成多块凸模。只有通过分层分批进行手动抽芯与燕尾滑块斜向抽芯及弧冠凸模自行脱落，才能实现外壳的脱模。多块凸模的组合，除了需要考虑它们的连接方式外，还需要设置好它们的定限位形式。单凸模、钢制凹模与石膏凸模对合模以钢制组合凸凹对合模 3 种形式方案，均能够裱糊成型外壳，但必须根据外壳的批量和成型质量进行选择。由于外壳生产批量逐渐加大，经过试生产、小批量和大批量 3 个阶段生产，最后落实为钢制组合凹凸模对合成型模的结构。

5.4.4　吹风机玻璃钢外壳凸、凹对合成型模工作件加工工艺

　　玻璃钢吹风机外壳必须具有外观性和无缺陷的要求。成型模内外型面出现了凸凹不平，成型后的外壳内外型面必定是凸凹不平。为了使凸模能够进行抽芯，凸模必须由多个分型面分成若干块凸模。多块凸模若是单块进行加工，那么，组合后必然会因加工的偏差产生凸凹不平。这样就使裱糊成型的外壳型面随之也产生凸凹不平而影响外观，还会因凸凹不平形成"障碍体"阻碍凸模的抽芯。

5.4.4.1　外壳对合成型模结构的介绍

　　当外壳批量很大时，模具只能采用钢材。外壳上存在着多处拐角型面不容易成型，加之不允许有气泡、富脂、贫胶和分层等缺陷存在，只能采用对合形式组合成型模进行外壳的裱糊成型加工。由于外壳形状像蜗牛壳，若制成整体凸模显然无法使其从外壳的型腔中脱模。只有将凸模分割成中心、中间和外层 3 种层次的凸模，而每层次的凸模又必须分成多块凸模，再通过分层分批进行手动抽芯与燕尾滑块斜向抽芯及弧冠凸模自行的脱落，才能实现外壳的脱模。多块凸模的组合，除了需要考虑它们的连接方式外，还需要设置好它们的定限位形式。

　　外壳裱糊成型模凸、凹模工作件有右凹模 1、左凹模 2、中间弧冠凸模 3、左右弧冠凸模 4、中间凸模 5、左中心凸模 6、右中心凸模 7、中间扇形弧冠凸模 23、左右扇形弧冠凸模 24 和锥形凸模 26，如图 5-21 所示。

5.4.4.2　外壳裱糊成型凹模工作件加工工艺

1）成型凹模工作件有右凹模 2 和左凹模 1，它们以分型面Ⅰ—Ⅰ分型，如图 5 - 23 所示。

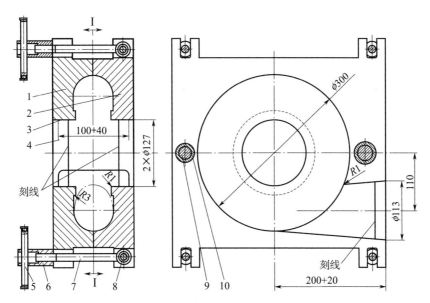

图 5 - 23　外壳裱糊凹模的结构

1—左凹模；2—右凹模；3—外壳；4—石膏凸模；5—手柄；6—圆螺母；7—活节螺钉；8—圆柱销；9—导柱；10—导套

2）成型凹模工作件加工工艺：右凹模 2 和左凹模 1 加工工艺，见表 5 - 1。

表 5 - 1　右凹模和左凹模加工工艺

件号	工作件简图	工序	加工工艺过程
1 左 凹 模	型腔：$\sqrt{Ra\,0.8}$；$\sqrt{Ra\,3.2}$ $(\sqrt{\ })$ （工作件简图） 材料：45钢	0	下料：45 钢，425 mm×425 mm×85 mm
		5	刨：420.6 mm×420.3 mm×80.6 mm，⊥∥
		10	热处理：调质 30～35 HRC
		15	磨：五面，420 mm×420 mm×80 mm，⊥∥，$Ra\,0.8$ μm，达图
		20	铣：4 mm×50 mm×36 mm 和 2 mm×20 mm×36 mm 槽，达图
		25	镗：2×ϕ42H7 孔，$Ra\,0.8$ μm，达图
		30	数铣：型腔 $\phi130^{+0.1}_{0}$ mm、ϕ113 mm×8° 及 $\phi300^{+0.2}_{0}$ mm，$Ra\,1.6$ μm，达图
		35	钳：去毛刺

续表

件号	工作件简图	工序	加工工艺过程
2 右凹模	型腔：$\sqrt{Ra1.6}$；$\sqrt{Ra3.2}$ $(\sqrt{\ })$ （图示） 材料：45钢	0	下料：45钢，425 mm×425 mm×85 mm
		5	刨：420.6 mm×420.3 mm×80.6 mm，⊥ //
		10	热处理：调质30～35 HRC
		15	磨：五面，420 mm×420 mm×80 mm，⊥ //，$Ra0.8\ \mu m$，达图
		20	铣：4 mm×50 mm×36 mm 和 2 mm×20 mm×36 mm 槽，达图
		25	镗：$2\times\phi42H7$ 孔，$Ra0.8\ \mu m$，达图
		30	数铣：型腔$\phi130^{+0.1}_{0}$ mm、$\phi113$ mm×8°及$\phi300^{+0.2}_{0}$ mm，$Ra1.6\ \mu m$，达图
		35	钳：制 $4\times\phi12H7$，$Ra0.8\ \mu m$，达图，去毛刺

5.4.4.3　外壳裱糊成型凸模工作件加工工艺

1) 外壳裱糊成型凸模工作件有中间弧冠凸模1，左右弧冠凸模2，中间凸模3，左中心凸模4，右中心凸模5，中间扇形弧冠凸模17，左右扇形弧冠凸模18和锥形凸模20，如图5-24所示。

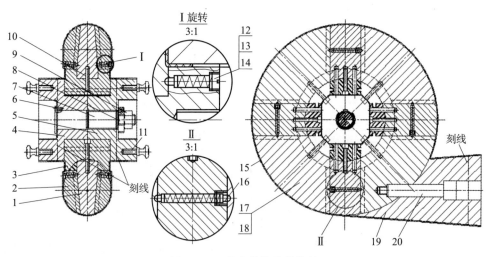

图5-24　外壳裱糊凸模结构

1—中间弧冠凸模；2—左右弧冠凸模；3—中间凸模；4—左中心凸模；5—右中心凸模；6—圆柱销；7—花键轴；8—开口垫圈；9—六角螺母；10—内六角螺钉；11—捏手；12—螺塞；13—弹簧；14—限位销；15—外壳；16—导向螺塞；17—中间扇形弧冠凸模；18—左右扇形弧冠凸模；19—阶形螺钉；20—锥形凸模

2) 外壳裱糊成型凸模加工工艺：先要进行组合凸模单件加工工艺，见表5-2。

表 5 - 2　组合凸模单件加工工艺

件号	凸模单件简图	工序	单件加工工艺过程
1 中间弧冠凸模	注:带*尺寸为组合加工尺寸。材料:CrWMn,数量:4	0	下料:CrWMn,98 mm×67 mm×58 mm
		5	刨:92.8 mm×62.6 mm×54 mm,⊥//
		10	热处理:调质 30~35HRC
		15	铣:$R63.5^{+0.02}$,34m6 留单边磨量 0.3,铣 $R78.5$ mm 及 Ra3.2 μm,达图
		20	磨:$R63.5^{+0.02}$,62f6,34m6 及 Ra0.8 μm,达图
		25	线切割:割 4 个燕尾槽,达图
		30	钳:制 2×φ6H7,φ4H8,φ7,M6-6H,4×M5-6H,M10-6H 及 Ra0.8 μm,达图。带*尺寸为组合加工
2 左右弧冠凸模	注:带*尺寸为组合加工尺寸。材料:CrWMn,数量:8	0	下料:CrWMn,78 mm×55 mm×32 mm
		5	刨:74 mm×50.6 mm×27 mm,⊥//
		10	热处理:调质 30~35 HRC
		15	铣:(95°♯)两斜面,Ra3.2 μm,达图
		20	磨:(95°♯)两斜面,保证 10°±15′,$50^{-0.01}_{-0.03}$ mm 及 Ra0.8 μm,达图
		25	线切割:割燕尾凸台与件 1 燕尾槽配合同隙 0.01 mm,达图
		30	钳:制 4×φ6 mm,4×φ9 mm,2×φ4H8,2×M8-6H 及 Ra0.8 μm,达图,去毛刺。带*尺寸为组合加工后加工

续表

件号	凸模单件简图	工序	单件加工工艺过程
3 中间凸模	注:带*尺寸为组合加工尺寸　材料:CrWMn,数量:4	0	下料:80 mm×55 mm×50 mm
		5	刨:75.6 mm×50.6 mm×45 mm,⊥,//,$Ra3.2$ μm
		10	热处理:调质 30~35 HRC
		15	磨:$75^{+0.03}_{-0.01}$ mm,50f6 两端面及底面,$Ra0.8$ μm,达图
		20	线切割:2×5H7×39 mm 槽及 Ra 0.8 μm,达图
		25	钳:2×φ6H7,φ10 mm×8 mm,φ7 mm,达图,带*尺寸组装后加工
4 左中心凸模	材料:CrWMn,数量:1	0	下料:φ130 mm×95 mm
		5	车:$\phi127^{\ 0}_{-0.02}$ mm 外圆与两端面,留单边磨量 0.3 mm,//,⊥
		10	镗:$\phi62^{+0.02}_{\ 0}$ ×30 mm,φ30H7 孔留单边磨量0.3 mm,φ91.5 mm×62 mm×36.8 mm 槽,达图
		15	热处理:调质 30~35 HRC
		20	磨:两大端面,$\phi127^{\ 0}_{-0.02}$ mm,$\phi62^{+0.02}_{\ 0}$ mm,φ30H7,达图
		25	电火花:制:8×5f6×$37.5^{-0.01}_{-0.03}$ mm,8×5f6×$37.5^{-0.01}_{-0.03}$ mm 及 $Ra0.8$ μm,达图
		30	钳:加工 φ4H8,φ8H7 深 20 mm,8×φ7 mm,4×M6-6H,达图

续表

件号	凸模单件简图	工序	单件加工工艺过程
5 右中心凸模	材料:CrWMn,数量:1	0	下料:φ130 mm×95 mm
		5	车:外圆与两端面,留单边磨量 0.3 mm,1.5 mm×30°倒角,∥⊥
		10	镗:φ62 $^{+0.02}_{0}$ mm×30 mm,φ30H7 孔留单边磨量 0.3 mm,φ91.5 mm×φ62 mm×36.8 mm 槽,达图
		15	热处理:调质 30～35 HRC
		20	磨:两大端面,φ127 $^{0}_{-0.02}$ mm,φ62 $^{+0.02}_{0}$ mm,φ30H7,达图
		25	电火花:制 4×50H7×10 mm×40 mm×37.5 $^{-0.01}_{-0.03}$ mm×8×5f6×37.5 $^{-0.01}_{-0.03}$ mm 键槽,达图及 Ra0.8 μm,达图
		30	线切割:6×φ30H7×φ26H7×6H11 花键孔,达图
		35	钳:加工φ4H8.8,8×φ7 mm,螺孔:2×M6-6H 达图
17 中间嘶形弧冠凸模	注:带*尺寸为组合加工尺寸,括号尺寸制 1 件,其余制 3 件材料:CrWMn,数量:4	0	下料:182 mm×54 mm×95 mm×80 mm
		5	热处理:调质 30～35 HRC
		10	铣:176.4 mm×49.4 mm×95 mm×75.6 mm,⊥∥ 制(φ20H7)和(M12-6H)底孔
		15	数铣:R63.5 $^{+0.02}_{0}$,留磨量 0.3 mm,R148.5 mm*,留磨量 2 mm,4×7 mm*,R78.5 mm 槽,33.5 mm×10°±15′,达图
		20	磨:R63.5 $^{+0.02}_{0}$ mm,75 $^{+0.03}_{+0.01}$ mm 及 Ra0.8 μm,达图
		30	电火花:制四燕尾槽凸台与件 1 燕尾槽配合间隙 0.01 mm,达图
		35	线切割:2×6.5 mm×6.5 mm 槽
		40	钳:制 8×M6-6H,(M12-6H)一件,SR 2 mm 达图,去毛刺,带*尺寸组合后加工,达图

续表

件号	凸模单件简图	工序	单件加工工艺过程
20 锥形凸模	注:带 * 尺寸为组合加工尺寸; 材料:CrWMn,数量:8	0	下料:CrWMn,φ120 mm×200 mm
		5	车:φ116 mm×200 mm,φ30 mm×60 mm,φ20 mm 及 Ra3.2 μm
		10	热处理:调质 30~35 HRC
		15	线切割:R(148.5±0.03) mm 与 195 mm 及 Ra1.6 μm,达图
		20	钳:与其他凸模组装后,数铣整体加工凸模,带 * 尺寸组合后加工,达图
18 左右扇形弧冠凸模	注:带 * 尺寸为组合加工尺寸; 材料:CrWMn,数量:8	0	下料:CrWMn,176 mm×66 mm×82 mm×32 mm
		5	刨:170 mm×62 mm×76 mm×30 mm,⊥ //
		10	热处理:调质 30~35 HRC
		15	铣:(95°#)两斜面及 Ra3.2 μm,达图
		20	磨:(95°#)两斜面,保证 10°±15′,50$^{-0.01}_{-0.03}$ mm 及 Ra0.8 μm,达图
		25	线切割:4个燕尾凸台与件1燕尾槽配合同隙 0.01 μm,达图
		30	钳:制 4×φ6 mm,4×φ9 mm,2×φ44H8,2×M8-6H,达图,去毛刺,带 * 尺寸组合后加工,达图

5.4.4.4　多块凸模组合整体加工

成型模组合凸模的加工，在制定加工工艺方案时，除了需要保证零件图样的要求之外，还要根据外壳生产批量、技术要求和模具抽芯、脱模等条件综合进行考虑。

（1）组装

需要将所有的凸模相互利用燕尾斜滑槽和燕尾槽之间的配合，以螺钉连接和限位机构限位形成一个可靠整体组合凸模，如图 5 - 25 （a）所示。再用二类夹具体 15 以内六角螺钉 16 和圆柱销 17 连接，二类夹具体 15 可安装在数铣的台虎钳上进行整体凸模的加工。

1）先用内六角螺钉 19 将中间扇形弧冠凸模 20 与左中心凸模 4 或右中心凸模 5 连接好，组合加工时采用，玻璃钢裱糊成型加工时可以不采用。

2）将中间凸模 3 的燕尾槽与左中心凸模 4、右中心凸模 5 通过燕尾凸台安装在一起，并通过花键轴 7、开口垫圈 8 和六角螺母 9 紧固。

3）分别通过燕尾斜滑槽将 4 件左右弧冠凸模 2 安装在中间弧冠凸模 1 上，以限位销、弹簧和螺塞组成的限位机构限位。

4）同理，将 8 块左右扇形弧冠凸模 21 安装在 4 块中间扇形弧冠凸模 20 上。

（2）基准及凸模右端的加工

将二类夹具体 15 以内六角螺钉 16 和圆柱销 17 安装在左中心凸模 4 上，如图 5 - 25 （b）所示。二类夹具体的对边为组合凸模安装和夹紧基准，左中心凸模 4 的端面为定位基准，以右中心凸模 5 的 $\phi 62^{+0.02}_{0}$ mm 孔为加工校对基准。加工右端整体凸模时加工的型面为粗实线，尺寸为 $R38.5$ mm、$\phi 297^{-0.02}_{-0.10}$ mm、（77±0.02）mm 等。

（3）基准及凸模左端的加工

如图 5 - 25 （c）所示，以同样的方法将二类夹具体 15 安装在右中心凸模 5 上。加工左端整体凸模时加工型面为粗实线，尺寸为 $R38.5$ mm、$\phi 297^{-0.02}_{-0.10}$ mm、（77±0.02）mm 等。

（4）组合凸模的抽芯

卸下二类夹具体 15 后，先松开六角螺母 9，卸下开口垫圈 8，分别抽取左右中心凸模 4、5。再卸下左中心凸模 4 或右中心凸模 5 与中间凸模 3 之间的连接内六角螺钉 19，并取下锥形凸模 18。然后分别拔出 4 块中间凸模 3，由于中间凸模 3 与其连接的中间弧冠凸模 1 燕尾斜滑槽带动 8 块左右弧冠凸模 2 分别向中心移动。最后取出 4 块中间凸模 3 与中间弧冠凸模 1，造成 8 块左右弧冠凸模 2 可以脱落。以同样的方法抽取中间扇形弧冠凸模 20 和左右扇形弧冠凸模 21。

（5）堵塞螺钉头孔

为了使组合凸模整体加工时能够承受较大的切削力，中间弧冠凸模 1 与左右弧冠凸模 2 以及中间扇形弧冠凸模 20 与左右扇形弧冠凸模 21 之间用沉头螺钉 11 连接。沉头螺钉 11 的螺钉头孔的存在会影响外壳的裱糊质量，组合凸模整体加工后需要将这些螺钉头的孔用钢塞堵住，并使钢塞的型面与组合凸模型面一致，不得出现缝隙和凸凹不平。

多块组合凸模若是单件进行加工，组合起来的成型面就会出现凸凹不平。在凸凹不平的型面上裱糊玻璃钢外壳，所得到的外壳型面也凸凹不平。这样，一是要影响外壳的外

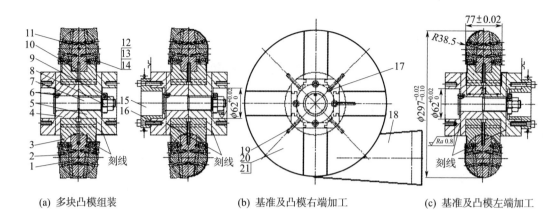

图 5 - 25　多块凸模组合整体加工

1—中间弧冠凸模；2—左右弧冠凸模；3—中间凸模；4—左中心凸模；5—右中心凸模；6、17—圆柱销；7—花键轴；
8—开口垫圈；9—六角螺母；10、16、19—内六角螺钉；11—沉头螺钉；12—螺塞；13—弹簧；14—限位销；
15—二类夹具体；18—锥形凸模；20—中间扇形弧冠凸模；21—左右扇形弧冠凸模

∇表示定位基准；↓表示夹紧基准

观，但可以采用刮腻子，待固化后再用砂纸打磨进行弥补；二是凸凹不平的型面所形成的
"障碍体"必定会影响各个凸模的抽芯，造成外壳无法脱模。如果通过多块凸模组装后，
利用二类夹具体安装在数铣上加工组合凸模，所获得的加工型面是十分平整的，则可确保
外壳的外观性，并不会影响多块凸模的抽芯，更可省去刮腻子打磨工序。

第6章　复合材料制品对合钻模的设计与制造

在复合材料制品裱糊成型加工中，为了确保制品成型的质量而需要采用凹凸对模成型。当制品内外形体上存在着"障碍体"要素阻挡对合模脱模时，为了避免"障碍体"的影响，则需要将凹模和凸模分割成多块模块，将这种分割的凹凸模称为组合凹凸对模。当复合材料制品上存在一些孔和槽时，则需要在凹凸对模上设置钻套，用于加工复合材料制品上的孔和槽。这种能够成型复合材料制品形状和加工制品上孔和槽的模具，称为对合钻模。

6.1　玻璃钢盒体对合钻模的设计和制造

盒体是用玻璃钢织物以树脂粘接剂在成型模中进行裱糊后固化而成，要求盒体为等壁厚，并且盒体中不得存在富脂、贫胶、气孔、针眼和分层等缺陷。成型（裱糊）模的结构必须采用盒体的内、外形为刚性成型工艺方法，同时要将盒体中多余的胶液从钻套孔中排出。由于盒体的顶部存在着封闭边"障碍体"，阻挡了凹模或凸模的拆卸和盒体的脱模，于是，凹、凸模都需要制造成组合的形式。只有如此，组合凹、凸模才能顺利地进行拆卸，实现盒体的脱模，盒体方能确保等壁厚和不存在上述缺陷，实践也已经证明了这种模具结构能确保盒体的成型质量。

6.1.1　玻璃钢盒体材料和技术要求

用玻璃钢裱糊的盒体如图6-1所示。盒体是为了防止长期浸泡在淡水或海水中的电池遭受到损坏而采用玻璃钢材料。玻璃钢布是一种用纬编双轴向多层衬纱织物FK12—01、无碱无捻玻璃布 EW（R）200JC/T281—941和芳纶绸 Q/KTB107—2002组成的织物。胶液由乙烯基酯树脂 R80GEX、过氧化苯甲酰糊（BPO）、二甲基苯胺（DMA）和邻苯二甲酸二丁酯等配制成，作为粘接剂。盒体的成型就是用这种玻璃钢布，以树脂为粘接剂在成型模中进行裱糊，待固化后取出而制成的产品。

盒体技术要求：壁厚为（1.5±0.3）mm，盒体中不得存在富脂、贫胶、气孔、针眼和分层等缺陷，裱糊后需要在组合凹模中加工出 $48 \times \phi 1.8$ mm、$6 \times \phi 3.1$ mm、$\phi 14.5$ mm 和 $\phi 18$ mm 共56个孔。需要注意的是，盒体左边具有 102 mm×14 mm×（7−4）mm 的封闭边，这个封闭边会影响盒体从组合凹模和凸模中脱模，故将这个封闭边称为"障碍体"。

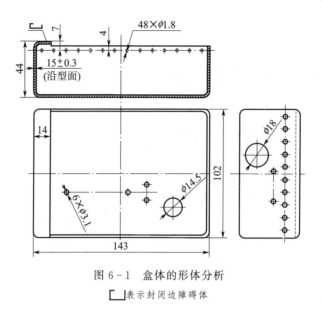

图 6-1　盒体的形体分析

└─┘表示封闭边障碍体

6.1.2　玻璃钢盒体的裱糊成型分析

为了确保盒体壁厚为（1.5±0.3）mm，以及不得存在富脂、贫胶、气孔、针眼和分层等缺陷，盒体应在成型模凹模中进行裱糊后，以与凹模相差间隙为（1.5±0.1）mm 的凸模挤压含有树脂粘接剂玻璃纤维布盒体的壁，并将布层中多余的胶液通过凹模中钻套孔排出型腔。由于盒体左边存在着 102 mm×14 mm×（7-4）mm 的封闭边"障碍体"，为了使盒体能从凹模中脱模和从凸模上取出盒体，模具的凹模和凸模都必须采用分体组合的结构形式。由于盒体存在着 48×ϕ1.8 mm、6×ϕ3.1 mm、ϕ14.5 mm 和 ϕ18 mm 共 56 个孔，因此，需要在成型模上制作钻头引导孔。这样，成型模存在着自身带有能加工 56 个钻头导向孔的模具结构和镶有 56 个钻套结构的两种模具。该对合钻模采用了模具自身制有钻头导向孔的组合模具结构。由于盒体取出困难，需要借助外力脱模，加上树脂粘接剂固化后黏牢在成型面上需要用刀具加以铲除，这样都很容易损伤模具的成型面。因此，分体组合凹模和组合凸模的硬度，必须为 58～62 HRC 才不会被钻头和铲刀损坏。

6.1.3　玻璃钢盒体成型（裱糊）钻模结构的原理

分离的左、右凹模如图 6-2（a）所示。将分离的左、右凹模以两侧的圆柱销定位合模后，以碟形螺母和回转螺钉固定。在型腔内用玻璃钢织物以树脂胶进行裱糊，如图 6-2（b）所示。为了确保盒体等壁厚以及存在富脂、贫胶、气孔、针眼和分层缺陷，需要装入组合凸模。其顺序是先放入左凸模 3 和圆柱销 4、扳手 5，如图 6-2（c）所示。然后放入右凸模 6 和圆柱销 4，如图 6-2（d）所示。再放入中凸模 7，如图 6-2（e）所示。最后在中凸模 7 槽中安装定位板 9 和手柄 8，如图 6-2（f）所示。此时，在装入楔形的中凸模

7 的作用下，由于组合凸模的安装使盒体玻璃布层中的多余胶液只能从钻头导向孔中排出型腔，使盒体能够保持（1.5 ± 0.3）mm 的壁厚。由于中凸模 7 槽中定位板 9 对左凸模 3 和右凸模 6 的定位作用，使组合凸模不会产生错位现象，成型的盒体也不会出现错位现象。

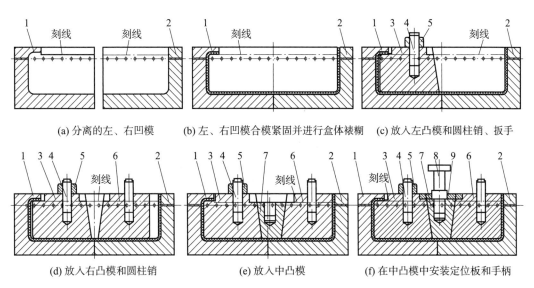

(a) 分离的左、右凹模　　　　(b) 左、右凹模合模紧固并进行盒体裱糊　　　　(c) 放入左凸模和圆柱销、扳手

(d) 放入右凸模和圆柱销　　　　(e) 放入中凸模　　　　(f) 在中凸模中安装定位板和手柄

图 6 - 2　盒体成型（裱糊）钻模结构的原理

1—左凹模；2—右凹模；3—左凸模；4—圆柱销；5—扳手；6—右凸模；7—中凸模；8—手柄；9—定位板

3 处刻线宽度×深度为 0.3 mm×0.1 mm

6.1.4　盒体成型（裱糊）钻模结构设计

盒体成型（裱糊）钻模结构如图 6 - 3 所示。组合凹模是通过左凹模 1、右凹模 2 结合面上的两端圆柱销 13 进行定位和移动导向，用两个回转螺钉 11 和碟形螺母 12 进行固定。裱糊后盒体的成型如图 6 - 3 所示。固化后盒体的 $48 \times \phi 1.8$ mm、$6 \times \phi 3.1$ mm、$\phi 14.5$ mm 和 $\phi 18$ mm 共 56 个孔，可以用钻头通过凹模上钻头导向孔加工这些孔。

1）组合凸模从成型盒体中取出：如图 6 - 3 所示，用手握住手柄 8 将中凸模 7 拔出，然后，分别以扳手 5 一端的圆柱销 10 为支点的杠杆，用手扳动扳手 5 的另一端，使中间圆柱销 4 带动左凸模 3 向右移动，右凸模 6 向左移动后，再分别拔出左凸模 3 和右凸模 6。因此，盒体型腔中的组合凸模便可以全部取出。

2）组合凹模从成型的盒中脱模：如图 6 - 3 所示，分别松开两个碟形螺母 12，回转螺钉 11 分别朝外转动 90° 后，便可以分离左凹模 1 和右凹模 2，方能取出盒体。

凹凸模拆卸的顺序，只能先拆卸凸模后再拆卸凹模，这样便能使盒体从凹凸模中脱模。否则，盒体无法从凸模中脱模。

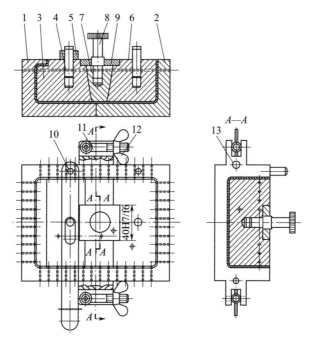

图 6-3　盒体成型（裱糊）钻模结构

1—左凹模；2—右凹模；3—左凸模；4—圆柱销；5—扳手；6—右凸模；7—中凸模；

8—手柄；9—定位板；10、13—圆柱销；11—回转螺钉；12—碟形螺母

6.1.5　左、右凹模热处理与加工

该模具同时具有复合材料裱糊成型及 56 个型孔加工的双重功能。如果该模具只是结构设计到位而模具制造和材料及热处理工序不到位，模具最终还是会以失败告终。由于左、右凹模需要用钻头加工盒体上的 56 个孔，因此左、右凹模必须要有较高的硬度。左、右凹模的加工，除了热处理前需要采用数铣加工之外，热处理后还需要用电极来加工型腔和用线切割加工钻头的引导孔。

（1）加工的工序过程

加工的工序过程包括组合凹模和组合凸模的加工工序。

1）组合凹模加工的工序过程：下料→粗铣→磨 3 个基准面→数铣粗铣左、右凹模型腔（留单边 0.5 mm 的余量）→热处理（离子氮化处理应严防组合凹模变形）→研修 3 个基准面和结合面→线切割所有钻头引导孔→以电极加工组合凹模型腔→研磨组合凹模型腔表面粗糙度值不高于 $Ra1.6\ \mu m$ 值。

2）组合凸模加工的工序过程：分别加工好左、中、右凸模结合面和外形面→磨基准面和组合凸模结合面→按图加工螺孔和圆柱销孔→用安装板连接好组合凸模→数铣粗铣组合凸模型面（留单边 0.5 mm 的余量）→卸下安装板→热处理（离子氮化处理严防左、中、右凸模变形）→研修基准面和组合凸模结合面→安装板连接好组合凸模→电极加工组合凸模型面→研磨组合凸模型面表面粗糙度值不高于 $Ra1.6\ \mu m$ 值。

(2) 热处理

左、右凹模除了需要用钻头加工盒体的 56 个孔，还要用铲刀刮削左、右凹模型腔中玻璃纤维布固化的胶，故组合凹模和组合凸模的热处理硬度为 58～62 HRC。

(3) 左、右凹模的加工

为了使盒体容易从组合凹模中取出，组合凹模型腔必须有较低的表面粗糙度值和一定的脱模斜度。

1) 粗加工：如图 6-4 所示，外形粗加工，磨削加工出基准面和组合凹模结合面后，可以用数铣粗加工左、右凹模型腔，留单边 0.5 mm 的精加工余量。粗加工后热处理，以圆柱销 4 定位回转螺钉 3 和碟形螺母 2 进行连接紧固。

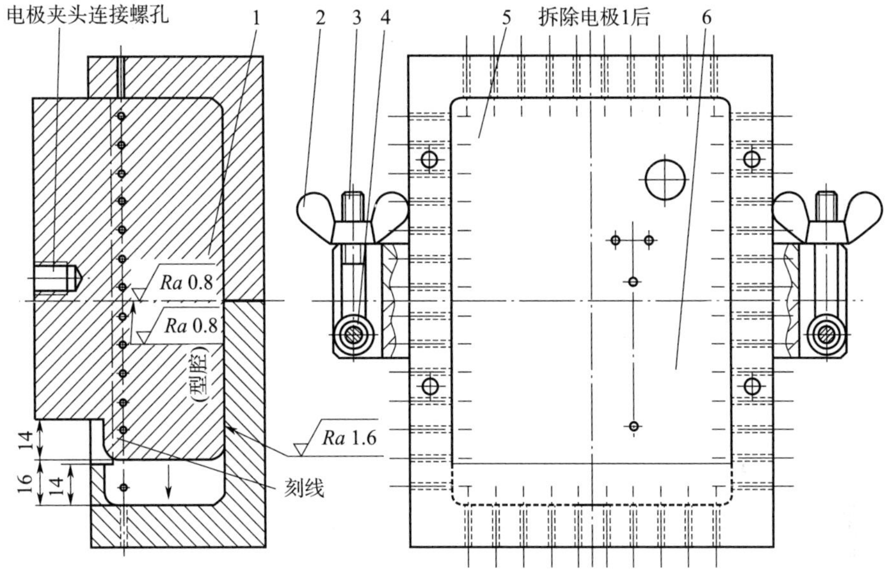

图 6-4　组合凹模电火花加工

1—电极；2—碟形螺母；3—回转螺钉；4—圆柱销；5—右凹模；6—左凹模

2) 精加工：组合凹模安装好，电极 1 以螺孔与电火花设备的夹头进行连接，按图 6-4 所示的位置加工型腔。由于封闭边长度为 14 mm，电极加工组合凹模型腔时需要移动 16 mm 才能将整个型腔加工好，故电极 1 的长度应比组合凹模型腔的长度短 16 mm。型腔需要研磨表面粗糙度值不高于 $Ra1.6\ \mu m$，还需要在型腔三刻线处加工出宽×深为 0.3 mm×0.1 mm 的刻线。

(4) 组合凸模的加工

为了使盒体容易从组合凸模中取出，组合凸模的型面也必须有较低的表面粗糙度值。

1) 粗加工：如图 6-5 所示，数铣粗加工外形，型面留加工余量 0.5 mm，制出各件上的圆柱销孔和螺孔。加工出下凸模 4、中凸模 5 和上凸模 6 的 40H7/f6 槽，该槽应与定位板 3 之间为过盈配合 40H7/r6，与下凸模 4、上凸模 6 为间隙配合 40H7/f6，粗加工后热处理。

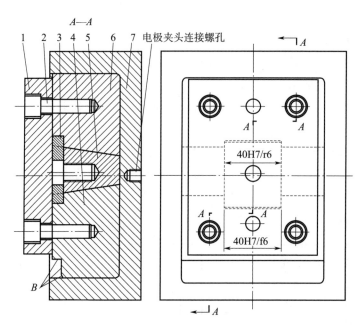

图 6-5　组合凸模电火花加工

1—连接板；2—内六角螺钉；3—定位板；4—下凸模；5—中凸模；6—上凸模；7—电极

2）精加工：用连接板 1 以 4 个内六角螺钉 2 连接定位板 3、下凸模 4、中凸模 5 和上凸模 6，电极 7 以螺孔与电火花设备的夹头连接加工组合凸模的型面，如图 6-5 所示。B 处型面需要用另一个电极（图未画出）进行加工，型面需要研磨，使表面粗糙度值不大于 $Ra1.6\ \mu m$。

（5）盒体 56 个孔的加工

取出组合凸模之后，小孔可用手电钻加工，大孔可用相应的钻头在钻床上加工。

6.1.6　激光切割加工

盒体裱糊的高度尺寸必须大于刻线的距离，多余部分可以用带锯切割掉。但是带锯切割碎屑中玻璃短纤维和树脂产生的气体对人体健康危害很大，所以不提倡采用带锯进行切割的加工方法。可以采用激光切割的加工方法，这种方法是将盒体安装在 3D 或 5D 激光切割设备中，激光会根据编程的路径将多余部分切割掉。由于切割是在封闭的设备中进行，产生的废气由抽气机排出，激光切割加工不会产生含玻璃短纤维的碎屑，具有优良加工质量和高的加工效率、无有害加工人员健康毒烟的特点。盒体可利用其中两个孔进行定位和夹紧的夹具，安装在激光切割设备中进行激光切割加工。

由于盒体内安装电池并长期浸泡在淡水或海水中，其不能出现漏进水的现象。所以安装的电池尺寸精密，要求盒体壁厚均匀且不能存在贫胶和富脂的现象。盒体只有采用刚性组合凹、凸模成型才能达到盒体的技术要求，而采用 3D 或 5D 激光切割，一是可确保盒体切割质量，二是可保证工作人员身体健康。这种玻璃钢产品的加工方法，只有对技术要求特别高的玻璃钢产品的加工可以采用。对于要求较低的玻璃钢产品的加工，就没有必要如此严谨，但为了保证加工人员的身体健康，采用激光切割还是十分必要的。

6.2　三通接头油缸内抽芯及内外组合对合成型模的设计

对于玻璃钢材料制品而言，既可以采用内外组合对合成型模进行裱糊成型加工，也可以采用真空袋成型和热压罐成型工艺方法。但采用真空袋成型和热压罐成型法所用的真空袋材料是一次性使用，成型成本较高。而采用内外组合对合成型模裱糊成型的模具则可以长期使用，对于技术要求不是十分高的玻璃钢材料制品来说不外乎是一种较好的选择。

6.2.1　玻璃钢三通管接头形体分析及对其裱糊成型的要求

现在许多建筑中都安装有中央空调，这样冷热空气就要通过管道进行输送，三通管接头就是其管道中的一个零件，所以三通管接头的应用也就很多。玻璃钢三通管接头如图 6 - 6 所示。三通管接头中两处接头为对接贯通，第三接头与两处接头是垂直贯通连接，两侧的 48 mm×45°三角形腰分别与两处接头相连接。

1) 三通管接头形体分析：如图 6 - 6 所示，三通管接头是一个封闭的长方形截面管道，其形体上存在 3 处相贯通的型孔要素，两处 48 mm×45°三角形腰凸台“障碍体”和 4×R10 mm 弧形“障碍体”。

2) 对三通管接头裱糊成型的要求：从三通管接头经济上考虑，在能确保质量的前提下，采用对合模裱糊成型既能适用于批量生产，又具有加工经济的特点。外模块必须在分型面Ⅰ—Ⅰ处分型，制成能左右分型的外模块。三通管接头内形长方形型孔尺寸为 (100−4) mm×（80−4）mm×180 mm，由于孔的深度较深，需要采用油缸进行 3 处长方形型孔的抽芯。对合成型模最为关键之处是如何处理两处 48 mm×45°三角形腰的凸台“障碍体”和 4×R10 mm 弧形“障碍体”对模具内芯抽芯阻挡的作用。也就是在模具第三处抽芯时，需要将两处 48 mm×45°三角形腰凸台和 4×R10 mm 弧形的形体从 1 的位置上旋转到 2 的位置，这样便可消除它们对下垂直方向型孔抽芯阻挡的作用。

6.2.2　三通管接头对合成型模的结构方案分析

三通管接头对合成型模要采用内外组合对合模结构形式，如图 6 - 7 所示。

(1) 三通管接头内外形成型与分型

如图 6 - 7 (a) 所示，三通管接头外形以Ⅰ—Ⅰ为分型面，可采用左外模块 6 和右外模块 7 成型三通管接头 1 的外形。内形则是采用左内型芯 2、右内型芯 5、下内型芯 8 和左下侧向内型芯 3 及右下侧向内型芯 4 成型。

(2) 三通管接头内型芯的连接

内型芯的连接分成左右内型芯的连接，以及左右内型芯和下内型芯的连接，如图 6 - 7 (a) 所示。

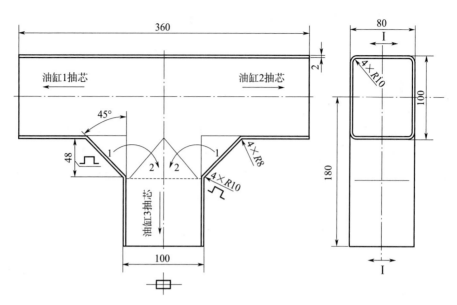

图 6-6　玻璃钢三通管接头形体分析及对其裱糊成型的要求

┌┐表示凸台"障碍体"；▭表示型槽；←表示油缸 1~3 抽芯

1) 左右内型芯的连接：左内型芯 2 和右内型芯 5 的连接以导柱 14 和导套 13 进行定位与导向。为了防止导柱 14 出现移动，用带螺纹圆柱销 17 进行径向定位。带螺纹圆柱销 17 安装在左内型芯 2、右内型芯 5 和下内型芯 8 的径向位置之后，需要用树脂将起子槽填满，以免三通管接头裱糊成型时会在内壁上出现凸起的起子槽凸台，阻碍三通管接头脱模。导柱 14 和导套 13 的限位：当导柱 14 的半球形槽到达钢球 16 位置时，钢球 16 依靠导套 13 中的弹簧 15 推动钢球 16 进入导柱 14 的半球形槽内进行限位。左内型芯 2、右内型芯 5 抽芯力会迫使钢球 16 压缩弹簧 15，使钢球 16 进入导套 13 中而脱离限位。

2) 左右内型芯与下内型芯的连接：是依靠弹性导柱 9 的弹性，迫使两个弹性导柱 9 端头产生弹性收缩而分别进入左内型芯 2 和右内型芯 5 的槽中后恢复原来形状，起到定位和限位锁紧的作用。由于左内型芯 2 和右内型芯 5 开的是直通槽，因此，弹性导柱 9 不会影响左内型芯 2 和右内型芯 5 的抽芯。

（3）左、右、下内型芯的抽芯运动

内型芯可分成左内型芯、右内型芯的抽芯运动和下内型芯的抽芯运动。

1) 左右内型芯的抽芯运动：如图 6-7（b）所示，由于左内型芯 2、右内型芯 5 的抽芯距离要大于 180 mm，因此必须采用 ROB-ROD50×191 油缸进行抽芯。

2) 下内型芯的抽芯运动：如图 6-7（c）所示，下内型芯 8 抽芯距离从开始大于 171 mm。由于左、右、下侧向内型芯在三通管接头 1 内壁的作用下向中心线所产生的回转运动，最终需要抽芯距离应大于 186.6 mm，故下内型芯也只能采用 ROB-ROD50×191 油缸进行抽芯。

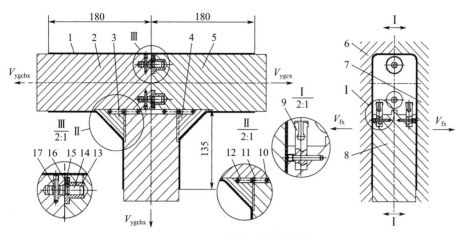

(a) 对合成型模结构方案

1—三通管接头；2—左内型芯；3—左下侧向内型芯；4—右下侧向内型芯；5—右内型芯；
6—左外模块；7—右外模块；8—下内型芯；9—弹性导柱；10—圆柱销；11、12—链条；
13—导套；14—导柱；15—弹簧；16—钢球；17—带螺纹圆柱销

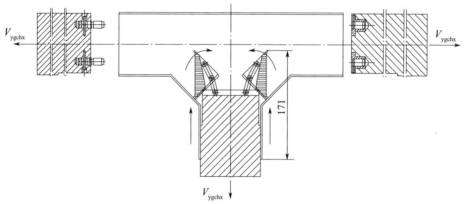

(b) 对合成型模左、右型芯的抽芯

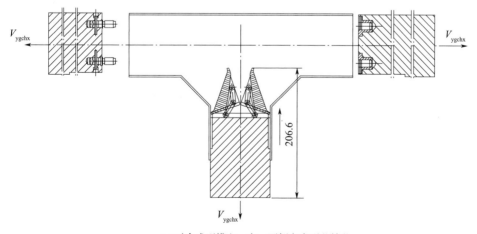

(c) 对合成型模左、右、下侧向内型芯抽芯

图 6-7　三通管接头对合成型模的结构方案可行性分析

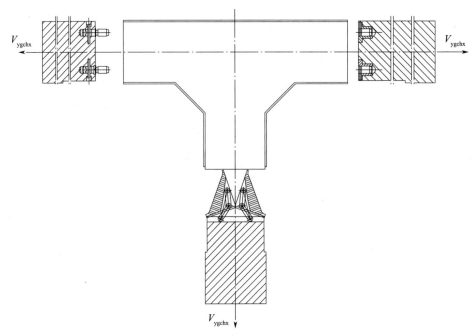

V_{ygchx}　　　　　　　　　　　　　　　　　V_{ygchx}

V_{ygchx}

(d) 对合成型模下内型芯和左、右、下侧向内型芯的抽芯

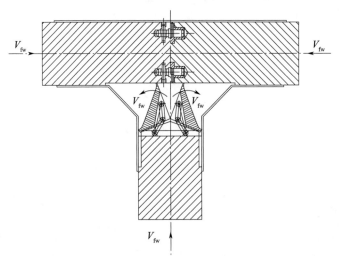

V_{fw}　　　　　　　　　　　　　　　　　V_{fw}

V_{fw}　　V_{fw}

V_{fw}

(e) 左右内型芯、下内型芯与左、右、下侧向内型芯的复位

图 6-7　三通管接头对合成型模的结构方案可行性分析（续）

（4）左、右侧向型芯的抽芯运动

如图 6-7（d）所示，为了使右下侧向内型芯 4 和左下侧向内型芯 3 这两个"障碍物"不会阻碍下内型芯 8 的抽芯运动，左、右下侧向内型芯都必须向中心线产生转动的内收缩运动。左、右内型芯抽芯之后，腾出的空间才能让左、右下侧向内型芯产生转动内收缩运动，否则则会产生运动干涉。

1）右下侧向内型芯、左下侧向内型芯和下内型芯的连接：如图 6-7（b）、（c）、（d）

所示，是依靠链条 11、链条 12 和圆柱销 10 的连接形成一种能够进行缩放的链节。

2）右下侧向内型芯、左下侧向内型芯转动内收缩和复位运动：如图 6-7（b）、（c）、（d）所示，由于链条 11、链条 12 和圆柱销 10 组成了链节，将右下侧向内型芯 4、左下侧向内型芯 3 与下内型芯 8 连接在一起并起到了牵制的作用。下内型芯 8 的油缸抽芯机构的抽芯运动，使右、左下侧向内型芯与三通管接头三角斜边一端及下内型芯 8，产生了向中心线的回转内收缩转动。最后收缩至图 6-7（d）所示的位置，才能完成下内型芯 8 的抽芯。

（5）右下侧向内型芯、左下侧向内型芯和下内型芯及左、右内型芯的复位运动

如图 6-7（e）所示，需要先完成右内型芯 5、左内型芯 2 的复位运动，然后才能完成下内型芯 8 的复位运动。右下侧向内型芯 4、左下侧向内型芯 3 在接触到右内型芯 5 和左内型芯 2 之后，在链条 11、链条 12 和圆柱销 10 组成链节的带动下及下内型芯 8 的限制下，右下侧向内型芯 4、左下侧向内型芯 3 和下内型芯 8 才可恢复到图 6-7（a）的位置。

6.2.3　三通管接头对合成型模的结构

如图 6-8 所示，三通管接头对合成型模由左外模块 9 和右外模块 12 所组成的型腔，用以支撑内模芯结构和油缸 1。内模型芯由左内型芯 3、右内型芯 6、下内型芯 11 和左下侧向内型芯 4 及右下侧向内型芯 5 组成，在内模型芯上可以进行玻璃钢的裱糊。依靠外模块的重量所施加的压力，可以压实三通管接头并固化成型。之后要先将 3 处内型芯完成抽芯，再卸下外模块即可获得成型的三通接头。为了使 3 个端头不会出现各种缺陷，对合成型模 3 个端头的长度均要加长 15 mm，三通管接头加长的长度在脱模后需要切割掉。

1）油缸与模具的连接：ROB-ROD50×191 油缸是通过油缸上自备的大六角螺母固定在内型芯支撑块 10 的孔中，用油缸柱塞上小六角螺母固定在左内型芯 3、右内型芯 6 和下内型芯 11 的螺孔上。左内型芯 3、右内型芯 6 和下内型芯 11 三处内型芯的抽芯和复位运动，是依靠安装在内型芯支撑块 10 上的 3 套 ROB-ROD50×191 油缸进行的。左内型芯 3 与右内型芯 6 之间的定位是依靠图 6-8 的Ⅲ放大图中导套 18 和导柱 19，左内型芯 3、右内型芯 6 和下内型芯 11 的定位是依靠图 6-8 的Ⅰ放大图中弹性导柱 13，左下侧向内型芯 4 和右下侧向内型芯 5 与左内型芯 3 和右内型芯 6 的回转运动是依靠图 6-8 的Ⅱ放大图中圆柱销 14、链条 15 和链条 16 所组成的链节。取出三通管接头后需要立即使 3 处抽芯复位，因为如果 3 处抽芯不及时复位，在内型芯支撑块 10 上没有左右外模块导向槽的导向是无法进行复位的。

2）外模结构：左外模块 9 和右外模块 12 上加工有成型三通管接头外形的型腔，为了使左外模块 9 和右外模块 12 与内型芯支撑块 10 不出现错位的现象，这三者间通过导套 18 和导柱 19 进行定位。6 套焊接手柄 17 分别安装在左外模块 9 和右外模块 12 与内型芯支撑块 10 上，是为了在加工过程中搬动模具所用。

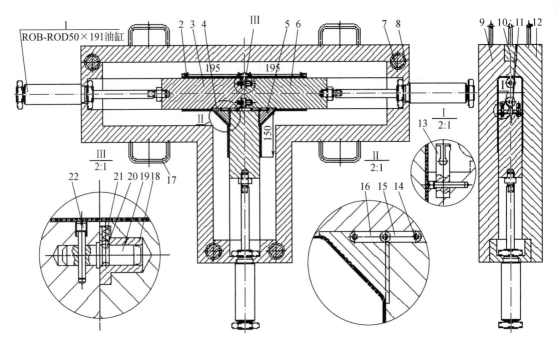

图 6-8　三通管接头成型模的设计

1—ROB-ROD50×191 油缸；2—三通管接头；3—左内型芯；4—左下侧向内型芯；5—右下侧向内型芯；6—右内型芯；
7、19—导柱；8、18—导套；9—左外模块；10—内型芯支撑块；11—下内型芯；12—右外模块；13—弹性导柱；
14—圆柱销；15、16—链条；17—焊接手柄；20—钢球；21—弹簧；22—带螺纹圆柱销

6.2.4　三通管接头的裱糊

　　玻璃钢三通管接头的裱糊如图 6-9 所示。需要将内型芯支撑块 10 连同在其上的左内型芯 3、右内型芯 6、下内型芯 11 和左下侧向内型芯 4 及右下侧向内型芯 5，一起搬到用连接板 8 和立柱 9 焊接成的模架上，再以内型芯支撑块 10 的四个导柱放在模架的立柱 9 的四个导套 7 中。

　　由于三通管接头抽芯的长度较大，为了使左右模块不容易变形，其厚度尺寸相应要大一些，这将会导致模具较重。工人需要反复搬动左右外模块和带内型芯的整体内型芯支撑块 10，劳动强度很大，当批量较大时，可以将三通管接头对合成型模改成机械移动形式的结构。

6.2.5　机械形式三通管接头对合成型模的结构

　　三通管接头对合成型模虽然能够成型制品，但是劳动强度较大，效率较低。为了解决这两个问题，可以采用图 6-10 所示的机械形式对合成型模，这种结构的对合成型模要建立在大批量生产的基础上。

　　1）模具在模架上的安装：其主要特点是用内六角螺钉 34 和六角螺母 33 将内型芯支撑块 3 以前夹紧块 31 和后夹紧块 32 夹紧在立柱 24 上。保持与下底板 25 的距离为

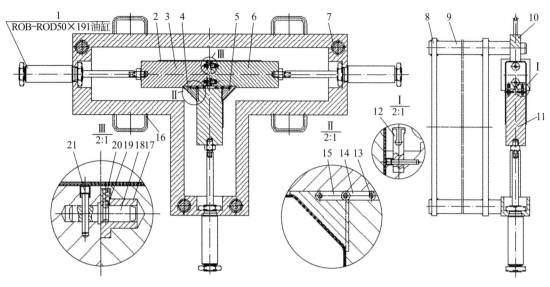

图 6 - 9　三通接头的裱糊

1—ROB - ROD50×191 油缸；2—三通管接头；3—左内型芯；4—左下侧向内型芯；5—右下侧向内型芯；6—右内型芯；

7、17—导套；8—连接板；9—立柱；10—内型芯支撑块；11—下内型芯；12—弹性导柱；13—圆柱销；

14、15—链条；16—焊接手柄；18—导柱；19—钢球；20—弹簧；21—带螺纹圆柱销

1 000 mm，与上底板 21 的距离为 400 mm。

2）上下外模块的分型和内型芯支撑块的旋转：用手分别转动支撑螺钉 26 和下调节螺钉 28 之间的调节螺母 27，以及两上调节螺钉 30 之间的调节螺母 27，使上外模块 22 和下外模块 23 分型。如图 6 - 10 的 Ⅴ 放大图所示，内型芯支撑块 3 中安装了两个圆锥滚子轴承 36，可以很轻松地沿着立柱 24 旋转。

3）内型芯支撑块的限位与玻璃钢三通管接头裱糊及成型：如图 6 - 10 的 Ⅳ 放大图所示，在后夹紧块 32 孔中安装了螺塞 18、弹簧 19 和限位销 20 所组成的限位机构。当内型芯支撑块 3 转到图示位置时，限位销 20 在弹簧 19 的作用下进入半球形窝时对内型芯支撑块 3 限位。工人便可在安装内型芯支撑块 3 的内型芯上进行玻璃钢布的裱糊。裱糊好之后再将内型芯支撑块 3 转动 180°，以限位销 20 限位，分别以调节螺母 27 移动上外模块 22 和下外模块 23 合模成型三通管接头。为了加快浸胶三通管接头的固化，可以接通电热器 29 的电源加热。

这种机械形式的三通管接头成型模结构，由于采用了立柱将上外模块、下外模块内型芯支撑块串联在一起，上外模块、下外模块采用了调节螺母，实现分型与闭模，内型芯支撑块安装了圆锥滚子轴承能轻松地转动，采用了前夹紧块和后夹紧块限制高度的位置，还采用了限位销限制圆周方向的位置，从而使模具的分型和闭模变得轻松。在上外模块 22、下外模块 23 中安装了电热器 29 加热，缩短了三通管接头固化的时间，提高了成型加工效率。

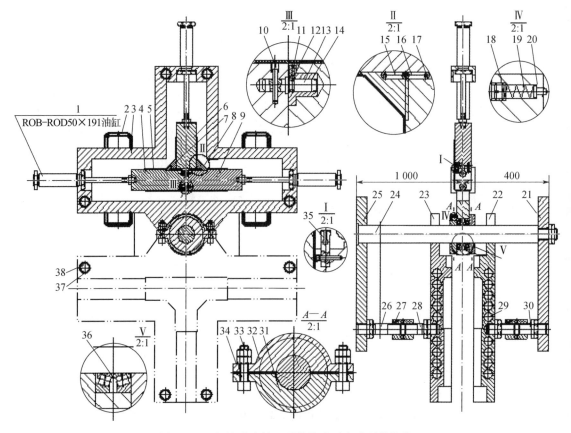

图 6 - 10   机械形式的三通管接头对合成型模结构

1—ROB‑ROD50×191 油缸；2—焊接手柄；3—内型芯支撑块；4—左内型芯；5—三通管接头；6—下内型芯；

7—左下侧向内型芯；8—右下侧向内型芯；9—右内型芯；10—带螺纹圆柱销；11、19—弹簧；12—钢球；

13、38—导柱；14、37—导套；15、16—链条；17—圆柱销；18—螺塞；20—限位销；21—上底板；

22—上外模块；23—下外模块；24—立柱；25—下底板；26—支撑螺钉；27—调节螺母；

28—下调节螺钉；29—电热器；30—上调节螺钉；31—前夹紧块；32—后夹紧块；

33—六角螺母；34—内六角螺钉；35—弹性导柱；36—圆锥滚子轴承

6.3   玻璃钢罩壳油缸内抽芯内、外组合对合模的设计

操纵杆罩壳是一种壁厚为 2 mm 的玻璃钢制品，具有较大的批量。罩壳试制时采用石膏模具，批量生产采用机械与手动操作模具结构，大批量生产采用全机械操作的模具结构，并在模具中增添了电热器，以加快罩壳的固化速度，提高成型加工效率。

6.3.1   罩壳形体分析

如图 6 - 11 所示，罩壳形体上存在 130 mm×108 mm×2 mm 和两处 R30 mm 凸台"障碍体"要素、96 mm×84 mm×（130°−50°）斜孔要素和 60 mm×38 mm 型槽要素，罩壳异形孔的深度为 198 mm。60 mm×38 mm 孔可在成型后采用线切割加工。

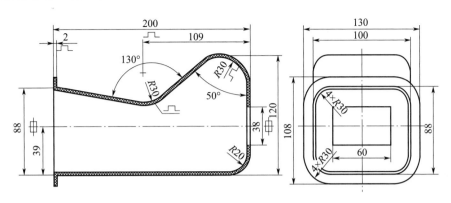

图 6 - 11　玻璃钢罩壳

⌐⌐ 表示凸台"障碍体"；⊟ 表示型槽

6.3.2　罩壳对合成型模结构方案分析

为了确保罩壳壁厚的均匀性和无各种缺陷，裱糊成型采用的是内外组合对合成型模结构。异形孔的深度为 198 mm，抽芯机构只能采用油缸进行。两处 R30 mm 凸台"障碍体"要素对成型模抽芯的影响较大，如何避让凸台"障碍体"要素对抽芯机构的运动形式，是罩壳对合成型模结构设计最核心的考验。罩壳对合成型模结构方案除了要根据罩壳的形体要求进行可行性分析之外，还需要根据罩壳的批量进行可行性分析。小批量制品抽芯和脱模方法可以采用机械与手工相结合的方案，大批量则应该采用全机械抽芯和脱模的方法。

6.3.2.1　罩壳对合成型模结构方案之一

当罩壳 3 批量较小时，可以采用方案一。如图 6 - 12（a）所示，以燕尾滑块配合的上内型芯 4 和下内型芯 5 安装在内型芯支撑块 1 的孔中。用玻璃纤维布和树脂，在组合内型芯上进行裱糊至罩壳 3 所要求的厚度。再将上外模块 2 与下外模块 6 闭模，让罩壳 3 固化成型。

如图 6 - 12（b）所示，先使上外模块 2 与下外模块 6 产生分型运动 V_{FX}。由于下内型芯 5 需要抽芯距离为 198 mm，故只能采用油缸进行抽芯 V_{YGChX}，这样罩壳 3 型腔下部便出现了空间。

如图 6 - 12（c）所示，下内型芯 5 抽芯后造成了罩壳 3 下面部分出现了空间，便可以用手工向上移动罩壳 3，使罩壳 3 下面型腔接触到上内型芯 4 后，便可避开了罩壳 3 中部 R30 mm 凸台"障碍体"阻挡的作用。

如图 6 - 12（d）所示，用手工移动罩壳 3，使罩壳 3 避开下内型芯中部 R30 mm 凸台"障碍体"阻挡的作用，就可以用手移开罩壳 3，实现罩壳 3 的脱模。

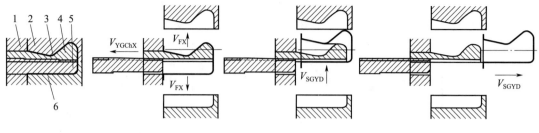

(a) 罩壳成型状态   (b) 外模块分型后下内   (c) 手工纵向移动罩壳   (d) 手工横向移动罩壳
                        型芯油缸抽芯

图 6-12　罩壳对合成型模结构方案之一

1—内型芯支撑块；2—上外模块；3—罩壳；4—上内型芯；5—下内型芯；6—下外模块

V_{FX}—分型运动；V_{YGChX}—油缸抽芯运动；V_{SGYD}—手工移动运动

6.3.2.2　罩壳对合成型模结构方案之二

当罩壳 3 批量较大时，可以采用方案二。如图 6-13（a）所示，以燕尾滑块配合的上内型芯 4 和下内型芯 5 安装在内型芯支撑块 1 的孔中。用玻璃纤维布和树脂在组合内型芯上进行裱糊至罩壳 3 所要求的厚度。再将上外模块 2 与下外模块 6 闭模，使罩壳 3 固化成型。

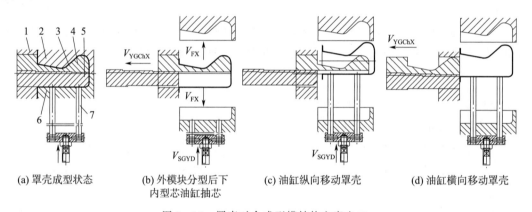

(a) 罩壳成型状态   (b) 外模块分型后下   (c) 油缸纵向移动罩壳   (d) 油缸横向移动罩壳
                        内型芯油缸抽芯

图 6-13　罩壳对合成型模结构方案之二

1—内型芯支撑块；2—上外模块；3—罩壳；4—上内型芯；5—下内型芯；6—下外模块；7—推杆

V_{FX}—分型运动；V_{YGChX}—油缸抽芯运动；V_{SGYD}—油缸移动运动

如图 6-13（b）所示，先使上外模块 2 与下外模块 6 产生分型运动 V_{FX}。由于下内型芯 5 需要抽芯距离为 198 mm，也只能采用油缸进行抽芯 V_{YGChX}，这样罩壳 3 型腔下面便出现了空间。

如图 6-13（c）所示，下内型芯 5 抽芯造成罩壳 3 下面出现了空间，可以用油缸向上推动推杆 7 后再推动罩壳 3，使罩壳 3 下型腔接触到上内型芯 4 后，便可避开了罩壳 3 中部 $R30$ mm 凸台 "障碍体" 阻挡的作用。

如图 6-13（d）所示，用油缸移动罩壳 3 后，使罩壳 3 避开了下内型芯中部 $R30$ mm

凸台"障碍体"阻挡的作用，再用油缸抽芯运动 V_{YGChX} 抽取上内型芯 4，从而可实现罩壳 3 的脱模。

6.3.3　罩壳对合成型模结构设计

根据罩壳对合成型模结构方案的可行性分析，模具结构存在着两种方案。方案一的成型模不仅需要用手帮助制品脱模，还要不停地搬移上下外模块，劳动强度大。方案二全部动作都是采用机械机构完成，并且上下外模块中都安装了电热器，加热后可以缩短罩壳固化成型的时间，提高罩壳成型加工的效率。

6.3.3.1　罩壳对合成型模结构设计之一

1）罩壳对合成型模的组装：如图 6 - 14 所示，ROB - ROD63×215 油缸 1 通过自备六角螺母分别固定在油缸固定板 2 和下内型芯 11 上，油缸固定板 2 通过内六角螺钉 3 和圆柱销 4 固定在滑块 17 的左端。滑块 17 右端凸台用内六角螺钉 15 和六角螺母 16 与支撑板 7 凸耳连接，用圆柱销 4 与支撑板 7 固定后定位。上内型芯 10 用内六角螺钉 13 固定在支撑板 7 上，上内型芯 10 和下内型芯 11 之间以 40H7/f6 配合的燕尾滑块及槽连接。上外模块 9 和下外模块 12 以其中的导套 5 分别与支撑板 7 上的导柱 6 连接。

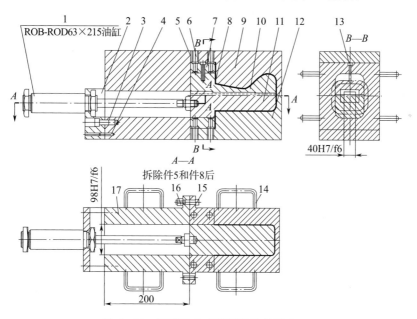

图 6 - 14　罩壳对合成型模结构设计之一

1—ROB - ROD63×215 油缸；2—油缸固定板；3、13、15—内六角螺钉；4—圆柱销；5—导套；6—导柱；7—支撑板；8—罩壳；9—上外模块；10—上内型芯；11—下内型芯；12—下外模块；14—焊接手柄；16—六角螺母；17—滑块

2）罩壳的裱糊与抽芯及脱模：从支撑板 7 的导柱 6 上取下上外模块 9 和下外模块 12，在外露的上内型芯 10 和下内型芯 11 上进行玻璃纤维布的裱糊。达到罩壳 8 所要求的厚度之后，在支撑板 7 的导柱 6 上再放入上外模块 9 和下外模块 12，依靠上外模块 9 和下外模块 12 的重量将罩壳 8 压实。固化成型后卸下上外模块 9 和下外模块 12，启动 ROB -

ROD63×215油缸抽取下内型芯11。然后按对合成型模结构方案之一所述手工抽取罩壳8。

由上述可知，每次罩壳8裱糊的加工都需要搬动上外模块9和下外模块12，还要搬动支撑板7和上内型芯10、下内型芯11等的整体结构件，劳动强度大，所以该模具只能适应于小批量制品的生产。

6.3.3.2　罩壳成型模结构设计之二

当罩壳批量大时，罩壳对合成型模之一的结构，成型加工制品的劳动强度大，制品成型效率低是不可回避的问题。为了解决上述两大问题，可以采用罩壳对合成型模之二的结构。

（1）罩壳对合成型模的组装

如图6-15所示，罩壳对合成型模之二的结构可分成4部分：一是成型罩壳外形的组合上下模块部分，二是成型罩壳内形的组合型芯及抽芯部分，三是外形组合模块和组合型芯部分的连接部分，四是加热装置部分。

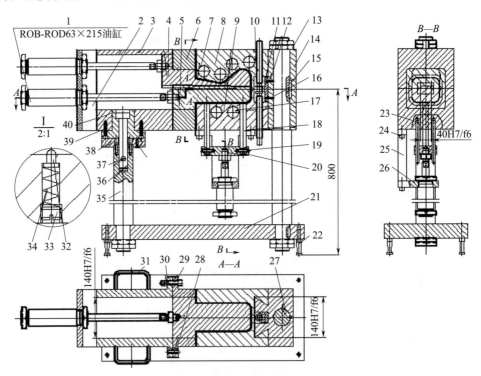

图6-15　罩壳对合成型模结构设计之二

1—ROB-ROD63×215油缸；2—油缸固定板；3—滑块；4—上内型芯；5—下内型芯；6—支撑板；7—罩壳；
8—上外模块；9—下外模块；10—左右螺杆；11—制动块；12、24、29、39—内六角螺钉；13—圆螺母；
14—支撑块；15—平键；16、19、28、37—圆柱销；17—电热器；18—顶杆；20—支撑板；21—底板；
22—支脚；23—导销；25—连接板；26—联板；27—连接柱；30—六角螺母；31—焊接手柄；
32—限位销；33—螺塞；34—弹簧；35—立柱；36—连杆；38—托盘；40—转盘

1) 成型罩壳外形的组合上下模块和加热装置部分：上外模块 8 和下外模块 9 通过制动块 11 来限制左右螺杆 10 的移动位置，使用四方头的扳手（图中未表示）转动左右螺杆 10，可使分别制有左右螺孔的上外模块 8 和下外模块 9 同时进行等距离相向或相离的移动。上外模块 8 和下外模块 9 上的燕尾凸台，可沿着支撑块 14 燕尾槽进行上下移动。连接柱 27 分别以平键 15 与支撑块 14 和底板 21 相连接及定向，其两端以圆螺母 13 固定。上外模块 8 和下外模块 9 中装有若干个电热器 17。底板 21 两端分别用圆螺母 13 与连接柱 27 和立柱 35 固定，底板 21 下端用 4 个支脚 22 连接。

2) 成型罩壳内形的组合型芯部分：两个 ROB - ROD63×215 油缸 1 通过自备六角螺母分别固定在油缸固定板 2 和上内型芯 4 及下内型芯 5 上，油缸固定板 2 通过内六角螺钉 24、圆柱销和连接板 25、联板 26 与滑块 3 相连接，油缸 1 活塞杆上的螺纹通过自备螺母分别与上内型芯 4 和下内型芯 5 相连接。转盘 40 通过内六角螺钉 39 与滑块 3 连接，转盘 40 又通过连杆 36 和内六角螺钉 39 固定在立柱 35 上的托盘 38 上。托盘 38 上装有限位销 32、螺塞 33 和弹簧 34 组成的限位机构，转盘 40 上制有 3 个互成 90°与限位销 32 球头一致的半球形窝。当开启了上外模块 8 和下外模块 9 后，扳动焊接手柄 31，由滑块 3、支撑板 6 连同上内型芯 4 和下内型芯 5 组成整体的型芯就能够旋转 90°并能进行限位，因此便可在整体型芯上进行罩壳 7 的裱糊操作。

3) 外形组合模块和组合型芯部分的连接：第 3 个 ROB - ROD63×215 油缸 1 一端以自备六角螺母固定在联板 26 的孔中，另一端活塞杆螺纹以自备六角螺母固定在支撑板 20 上。支撑板 20 用两个导销 23 导向，可使两个顶杆 18 进行罩壳 7 向上偏移运动，以实现罩壳 7 避开上内型芯 4 凸台"障碍体"对脱模的阻挡作用。

（2）罩壳的裱糊与抽芯及脱模

罩壳对合成型模结构之二，除了具备油缸抽芯和脱模运动之外，还具有上外模块和下外模块等距离开启和闭合运动，上内型芯和下内型芯整体型芯 90°转向运动。

1) 上外模块和下外模块的等距离开启和闭合运动：用四方形孔扳手（图中未表示）转动左右螺杆 10，使上外模块 8 和下外模块 9 实现等距离相向和相离移动。主视图下方向的 ROB - ROD63×215 油缸 1 可沿着两导销 23 完成罩壳 7 横向移动和复位运动。

2) 上内型芯和下内型芯的抽芯与复位运动：水平位置下面的 ROB - ROD63×215 油缸 1 需要先完成下内型芯 5 的抽芯，水平位置上面的 ROB - ROD63×215 油缸 1 再完成上内型芯 4 的抽芯。上内型芯 4 和下内型芯 5 复位运动可同时进行，也可分别进行。

3) 上内型芯和下内型芯整体型芯 90°转向运动：上内型芯 4 和下内型芯 5 组成的整体型芯如一直处于上外模块 8 和下外模块 9 所组成的型腔中，是无法进行罩壳 7 的裱糊操作的，该对合成型模必须要将上内型芯 4 和下内型芯 5 所组成的整体型芯转向 90°才能进行裱糊。在上外模块 8 和下外模块 9 开启后，拉动焊接手柄 31 使上内型芯 4 和下内型芯 5 组成的整体型芯顺时针或逆时针旋转 90°，并利用限位销 32、螺塞 33 和弹簧 34 组成的限位机构进行限位，即可实现整体型芯的转向。

罩壳对合成型模之二的结构，只需要采用机械的形式完成罩壳的抽芯和脱模，无须反复搬移上、下外模块和整体型芯，大幅度降低了操作者的劳动强度。由于对合成型模安装在连接柱和立柱上，高度可以根据操作人员坐姿时两手操作的高度设计，这比蹲或站着操作要舒适得多。上下外模块中装有电热器可以加快罩壳固化成型的速度，提高成型加工的效率。该结构具有失重翻倒的可能，底板 21 可用地脚螺钉与地面固定或在底板 21 上压放重物。

罩壳对合成型模成功应用了油缸抽芯，实现了内型芯两次长距离自动抽芯和罩壳横向移动与脱模，左右螺杆使上、下外模块的燕尾槽沿着支撑块燕尾凸台进行等距离的开启和闭合，整体内型芯可绕着立柱 35 转向 90°后的限位，更有利于罩壳的裱糊加工。这些措施的采用，除实现了罩壳裱糊加工之外，还实现了机械化操作，减轻了操纵者的劳动强度。上下外模块中加装了电热器，加快了罩壳固化速度，提高了生产率。该对合成型模压实了罩壳壁厚，消除了罩壳各种缺陷，是一种全新的玻璃钢裱糊工艺装备。

6.4　供氧面罩外壳对合模的设计与制造

复合材料制品的裱糊成型加工，除了采用真空袋和热压罐法进行成型加工之外，还可以利用机械压力进行成型加工。为了提高成型加工的效率，可以在阴、阳模中安装电热器加热，以加速复合材料制品成型固化的速度。

供氧面罩外壳是一种由玻璃钢织物和树脂胶为材料，在成型模上进行裱糊后固化的制品。通过对单模的成型工艺分析，发现这种成型方法会使供氧面罩外壳产生形状扁塌的现象，还会有起皱、富脂、贫胶、针孔、分层和气泡等缺陷。由于供氧面罩外壳批量较小，采用喷射接触成型工艺方法，因投资过大的原因而放弃。通过对供氧面罩外壳成型工艺过程的详细分析，确定采用对合模成型的工艺方法进行裱糊成型加工。实践充分证明了采用对合模成型工艺方法来制造供氧面罩外壳，不仅能够确保供氧面罩外壳的质量要求，而且具有操作简单、加工便利和投资少的特点。

6.4.1　供氧面罩外壳

供氧面罩是为人类提供氧气的一种设备，如登山运动员、病人和飞行员及航天员太空出舱时都需要供氧。供氧面罩主体是用橡胶制成的，它将人的嘴、鼻和脸颊密封后形成供氧环境。外壳一方面可以防止外力作用影响供氧面罩主体变形或位移，另一方面是可以防止呼气与吸气时影响密封性能的一种保护性的硬壳。供氧面罩外壳的要求：轻而具有一定的刚性，采用玻璃钢制造为宜。

玻璃钢布由粘接剂将玻璃钢织物粘接而成，最常用的粘接剂一般为氨酯胶和硅胶。玻璃钢简称为"FRP"，F 代表纤维，R 代表增强，P 代表塑料。或者写成"GRP"，G 代表玻璃纤维，有人把 GRP 译成"玻璃增强塑料"，意思是玻璃钢。它是一种玻璃纤维增强塑料，由玻璃纤维毡或玻璃纤维织物与合成树脂（如聚酯树脂、环氧树脂）复合而成的非金属材料。

6.4.2　供氧面罩外壳成型工艺分析

只有详细地根据供氧面罩外壳的形状、大小、批量和技术要求及可能产生的缺陷进行分析，才能找到合理的供氧面罩外壳成型工艺加工方法。

6.4.2.1　玻璃钢供氧面罩外壳的形状和技术要求

供氧面罩外壳如图 6-16 所示。其形状十分复杂，凸出的型面众多而且高低不一，凸出的面积较小并且相互交联，供氧面罩外壳上具有多个形状的通孔和槽。同时，这种供氧面罩外壳的批量不大。

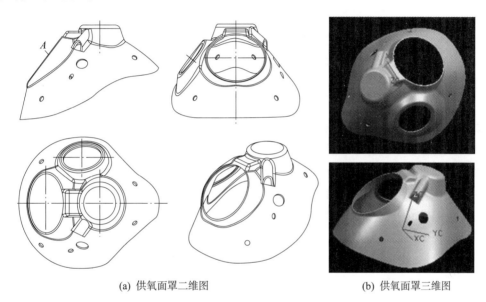

　　(a) 供氧面罩二维图　　　　　　　　　　　　　　(b) 供氧面罩三维图

图 6-16　供氧面罩外壳

供氧面罩外壳技术要求：壁厚为（1.0±0.2）mm，壳体中不得存在贫胶、富脂、针孔、分层、气泡和起皱的现象，裱糊后需要在凹模上加工出供氧面罩外壳 A 面 ϕ10 mm 的孔，以作为供氧面罩外壳激光切割时能安装在夹具上夹紧机构的过孔。

6.4.2.2　玻璃钢供氧面罩外壳制作工艺流程

玻璃钢供氧面罩外壳制作工艺流程：无论是在何种形式的成型模上进行供氧面罩外壳的裱糊，都需要进行以下工艺流程：在模具上刷涂脱模剂→在模具上铺敷 0.5 mm 厚的树脂层胶衣→胶衣层变硬后在模具上铺敷第一层玻璃钢布→涂刷树脂→铺敷玻璃钢布→涂刷树脂→树脂在玻璃钢成型后开始固化→固化后取出玻璃钢供氧面罩外壳。

6.4.2.3　玻璃钢供氧面罩外壳制作可能产生的缺陷

供氧面罩外壳成型容易产生的缺陷：起皱是指裱糊的多层玻璃布不能相互贴合，出现了溶胀（鼓起）的现象；贫胶是指裱糊的多层玻璃布之间没有粘接剂的现象，造成这种松散纤维织物的制品毫无刚性而言；富脂是指裱糊的多层玻璃布之间存在多余的粘接剂，使玻璃钢制品变厚、重量超重；气泡是指裱糊的多层玻璃布之间存在着气体，存在气泡处即是贫胶；皱褶：玻璃布为平面结构，而供氧面罩外壳是具有多个凸台弧形面的结构，以平面的玻璃布裱糊成凸台弧形面必定会产生皱褶现象。

玻璃钢制品的起皱经常发生在胶衣层中，第一次涂刷的胶衣还未等完全凝胶就上第二层胶衣，会使第二层胶衣中的苯乙烯部分溶解第一层胶衣，引起溶胀而产生起皱。另外，当玻璃钢制品的凸凹型面较深或面积较小或凸凹面间转接半径较小时，而不论成型模为凸模，还是凹模都会产生起皱、贫胶、富脂和气泡的现象。

6.4.2.4　玻璃钢供氧面罩外壳制作工艺方法的确定

玻璃钢产品裱糊成型工艺方法具有多种形式，裱糊成型工艺方法应根据玻璃钢产品的技术要求、形状、尺寸和批量的分析来确定。

1) 玻璃钢产品裱糊成型工艺方法：玻璃钢产品的制造工艺方法有单模成型、对合模成型、喷射接触成型、注射成型、湿浆预成型、连续拉挤成型、旋转成型、真空袋成型、热压罐成型、袋压成型、模压成型、缠绕成型和RTM传递成型等。

2) 供氧面罩外壳裱糊成型工艺分析：由于供氧面罩外壳的尺寸小、形状复杂和批量小等原因，喷射接触成型、注射成型、湿浆预成型、连续拉挤成型、旋转成型、缠绕成型和RTM传递成型等工艺方法只适用于大批量的玻璃钢产品制作工艺。袋压成型工艺方法只适用于小批量、大尺寸、形状简单的玻璃钢产品制作工艺。凸、凹单模成型工艺方法则会产生扁塌（呈现为形状不完整），还会产生起皱、贫胶、富脂和气泡等缺陷不能采用，如图6-17 (a) 的Ⅰ、Ⅱ放大图所示。

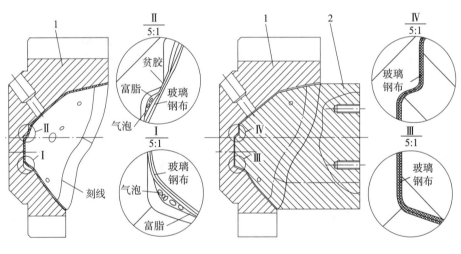

(a) 单模裱糊成型工艺分析　　　　　　(b) 对合模裱糊成型工艺分析

图6-17　供氧面罩外壳裱糊成型工艺分析

1—凹模；2—凸模

3) 对合模成型工艺方法的确定：前面所介绍的成型工艺方法都不能适用于供氧面罩外壳的裱糊成型，剩下的只有对合模裱糊成型工艺方法了。凸、凹模对合模成型之间的型腔应保持均匀间隙，能够使浸有液态树脂软态下供氧面罩外壳无死角地贴紧模具型面。对合模成型就是利用闭模后凸模导柱的台阶尺寸，使凸、凹模型面之间具有均匀的间隙，便可成型无富脂、无贫胶、无起皱、无气泡、形状饱满和等壁厚的玻璃钢供氧面罩外壳，如图 6-17（b）的Ⅲ、Ⅳ放大图所示。

6.4.3　供氧面罩外壳对合成型模的设计

　　供氧面罩外壳对合成型模如图 6-18 所示。凹模 1 和凸模 2 由导柱 12 和导套 13 进行定位和移动导向，同时，还可以通过导套 13 的端面与凹模 1 的接触限制和调整凹模 1 和凸模 2 之间型面的间隙。凸模 2 通过安装板 9、垫板 11 和活节螺钉 6、圆柱销 10 以及活动手柄 4、圆柱形螺母 5 和开口垫圈 7，将凹模 1 连接在一起，并通过活动手柄 4 和圆柱形螺母 5 拧紧给裱糊的供氧面罩外壳施加压力。施加的压力和凹模 1 的重量，使液体胶液流动呈均匀分布，并可排除玻璃布层间的气体，使裱糊成型的供氧面罩外壳消除缺陷。

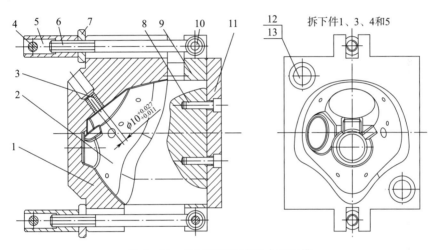

图 6-18　供氧面罩外壳对合成型模

1—凹模；2—凸模；3—钻套；4—活动手柄；5—圆柱形螺母；6—活节螺钉；7—开口垫圈；8—内六角螺钉；
9—安装板；10—圆柱销；11—垫板；12—导柱；13—导套

　　供氧面罩外壳的裱糊成型：需要先在凹模 1 的型腔内涂脱模剂，再铺以一层剪有若干开口的玻璃钢布后并涂以粘接剂。这是因为玻璃钢布是平面织物，而凹模 1 的型腔是凸凹错落复杂的弧形状。以平面的玻璃钢布成型凸凹错落复杂弧形状的供氧面罩外壳，必然会产生皱褶现象。将玻璃钢布剪有若干开口后，只会出现开口部位折叠的现象，而不会出现皱褶的现象。一般玻璃钢产品出现折叠的现象是允许的，而出现皱褶的现象是不允许的。当然，如以编织成与供氧面罩外壳相似的预制件进行铺糊会更好，这样连折叠的现象都会不存在，但预制件则需要专门用玻璃纤维进行编织。需要注意的是，第二层玻璃布折叠位置应与第一层折叠位置错开，否则重复折叠位置的厚度会超过图样规定的要求。所铺的玻璃钢布和涂的粘接剂在达到了供氧面罩外壳厚度尺寸的要求为止，然后，将凸模 2 合模后并连接紧固，多余的胶液和空气可以从钻套 3 的孔中和凹模 1、凸模 2 结合面间流出。待供氧面罩外壳固化后，打开凹模 1 和凸模 2 即可取出供氧面罩外壳。

6.4.4　凹、凸模和安装板的加工

供氧面罩外壳对合成型模的主要工作件包括凹模 1、凸模 2 和安装板 9，如图 6-18 所示，它们的加工决定着供氧面罩外壳成型尺寸和质量，同时它们加工的工序多，制造成本高。凹模 1、凸模 2 型面之间的间隙如不是均匀的，就成型不出合格的供氧面罩外壳，所以凹模 1、凸模 2 的加工尤其重要。在进行凹模 1、凸模 2 的三维造型时，先要补好供氧面罩外壳三维造型中的孔和槽。然后，需要延伸供氧面罩外壳下摆型面 10~15 mm。再分别提起供氧面罩外壳内、外型面片体进行凹模、凸模的三维造型。

1）凹模的加工，如图 6-19（a）所示。铣毛坯的底面、长侧面和长方形体，磨底面和长侧面作为基准面，镗两导套孔。编制型腔加工中心的程序，加工中心粗铣型腔，留 0.5 mm 加工余量。切割线处相隔 10 mm 需要制出 90°×0.3 mm 的浅锥形窝，90°×0.3 mm 的浅锥形窝用来埋定位钉。用纯铜电极加工型腔，或用精雕机加工型腔。最后，用手电钻按粗铣型面时产生的浅锥形窝位置，以钻头轴线为型腔的法线方向制 $\phi2$ mm × 8 mm 的孔。所埋定位钉在外壳裱糊成型时能显示浅锥形窝位置，是用以提醒切割加工时的位置。抛光后镀铬，镀层厚度为 8~12 μm。

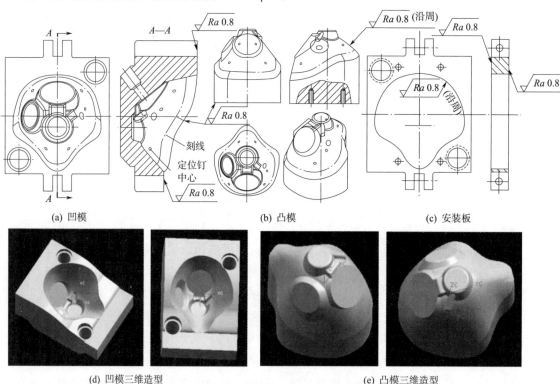

(a) 凹模　　　　　　　　　(b) 凸模　　　　　　　　　(c) 安装板

(d) 凹模三维造型　　　　　　　　　　(e) 凸模三维造型

图 6-19　供氧面罩外壳对合成型模主要零件

注：1）刻线为 0.3 mm×0.3 mm；

2）供氧面罩外壳上定位钉印痕，是激光切割供氧面罩外壳上孔和槽的校对基准。

定位钉为 $\phi2$ mm×8 mm×90°，90°锥体外露凹模型腔 0.3 mm，供氧面罩外壳所有孔的中心上都埋有定位钉。

2）凸模的加工，如图 6 - 19（b）所示。车毛坯两端面、磨一端面和制四螺孔，按编程外弧形柱面采用线切割加工。如图 6 - 18 所示，用内六角螺钉 8 将凸模 2 与安装板 9、垫板 11 组装在一起，安装板 9 的底面、长侧面和导柱孔作为凸模 2 的加工和安装基准。编制型面加工中心的程序，加工中心粗铣型面，留 0.5 mm 的加工余量，精雕机加工型面，抛光后镀铬，镀层厚度为 8～12 μm。

3）安装板的加工，如图 6 - 19（c）所示。铣毛坯两底面、长侧面和外形，磨一底面和长侧面为基准面，镗两导套孔。编制型腔线切割程序，线切割加工型腔，修理研磨型腔。

加工供氧面罩外壳对合模的凸、凹模，是这种模具的加工关键所在。要求对合模的凸、凹模之间的间隙只能相差制品的壁厚，否则成型的制品壁厚就不均匀，会出现富脂、贫胶、起皱、气泡等缺陷。

对于型面复杂、尺寸较小、技术要求极高、批量较小的玻璃钢制品，肯定不能采用凸模或凹模这种单模成型，这是因为单模成型玻璃钢制品会产生起皱、富脂、贫胶和气泡等缺陷而不合格。当然，可以采用喷射成型工艺方法，但因投资大不合算，而只能采用对合模裱糊成型的工艺方法。实践也充分证明了，采用对合模裱糊成型工艺方法制造供氧面罩外壳，不仅能确保供氧面罩外壳的质量要求，而且具有操作简单、加工便利、投资很少的特点。

6.5　通风管手动与半自动及全自动对合模的设计

当复合材料制品批量很大，制品又存在很多拐角型面不容易成型时，模具只能采用钢材，且需要采用组合式对合成型模进行裱糊加工。为了改善工作和居住的环境，现在的写字楼、住宅和工房都需要安装中央空调。在中央空调中输送冷暖气的管道是必不可少的组件，方形通风管就是中央空调设备中输送冷暖气的管道。由于输送管道要求在水和酸碱的环境中不能被腐蚀或锈蚀，管道之间连接后要求密封不能漏气，采用玻璃钢制成的输送管道应该是最佳的选择。现在的高楼房很多，所需要的输送管道也很长，可见输送管道需求的批量是很大的。

6.5.1　通风管形体分析

通风管材料：玻璃钢，厚度为 3 mm，长×宽×高为 400 mm×206 mm×306 mm，折弯边宽×高为 260 mm×360 mm，如图 6 - 20 所示。通风管上折弯边用于通风管之间的连接，折弯边上螺钉和螺母连接用的是 28×ϕ11 mm 过孔，通风管还存在 300 mm×200 mm 型孔要素和折弯边"障碍体"要素。为了使通风管具有美观性，要求其具有"外观"要素，还要求通风管应该为等壁厚和不存在富脂、贫胶、分层和气泡等缺陷。

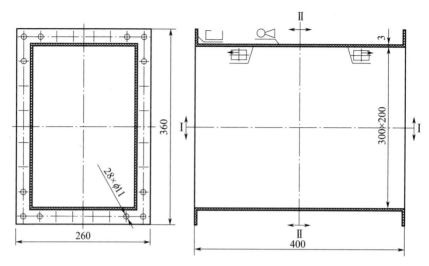

图 6 - 20　玻璃钢通风管形体分析

↓表示折弯边"障碍体"；▯表示型孔要素；◁▷表示注塑件的型面应有"外观"要求；

长方形线框表示为型孔或型槽，箭头指向抽芯的方向，该符号表示模具的水平抽芯

6.5.2　玻璃钢通风管成型钻模结构方案分析

如图 6 - 20 所示，根据通风管的形体分析，制品的 300 mm×200 mm 方形孔需要用玻璃钢与树脂裱糊后，再用上、下凹模闭合固化成型。凹模需要以Ⅰ-Ⅰ为分型面，可分别进行上下凹模开启和闭合运动。左、右凸模需要以Ⅱ-Ⅱ为分型面，可分别进行左、右凸模的抽芯和复位运动。由于裱糊的树脂与模具型面黏接及固化后玻璃钢的收缩特性，使方孔凸模和凹模开启时需要很大的抽芯力。模具结构同时存在手动形式和机械形式凸模抽芯复位和凹模开启闭合方法，而要实现通风管全自动加工，要采用 RTM 成型模结构，对合成型模结构和 RTM 成型模结构是两种不同的模具方案。因此，存在着 2 种凸模抽芯和凹模脱模的方法。

方案一：机动和手动相结合的凸模抽芯和凹模脱模方案，左、右方孔凸模初始抽芯时需要采用机械形式的抽芯，一旦型芯抽动后便可以手动抽芯。为了避免折弯边"障碍体"对方形通风管分型与脱模的阻挡作用，凹模需要分成上、下凹模。为了消除方形通风管裱糊成型加工时所产生的缺陷，需要采用凸、凹对合模成型。同理，由于凹模与方形通风管之间所需的脱模力较大，上、下凹模需要在分型面Ⅰ-Ⅰ处进行分型脱模。在初始分型脱模阶段，也需要采用机械脱模机构，一旦松动后便可以手动进行分型脱模。

方案二：为半自动抽芯和凹模脱模方案，方形通风管仍为手工裱糊，左、右凸模抽芯和上、下凹模开启的动作全部采用液压油缸并以单板机进行程序自动控制的方法。

方案三：为 RTM 成型模结构方案，左、右凸模抽芯和上、下凹模脱模的动作全部采用液压油缸以单板机进行程序自动控制的方法。通风管采用预成型编织物套件，以 RTM

成型工艺法。

6.5.3　方形通风管组合式手动对合成型钻模设计

成型模工作件材料采用 ZG20CrMo 铸钢，模具工作件可先退火，以消除内应力，再调质（30～34 HRC）处理后机械加工，使模具工作件具有较长的寿命。模具宽×高尺寸为折弯边（宽度＋40 mm）×（高度＋40 mm），即（260＋40）mm×（360＋40）mm。折弯边外形尺寸向双边方向各延伸了 20 mm，目的是要将裱糊成型具有气泡、贫胶、分层和虚边的延伸段毛边切割掉。凸、凹模之间的间隙为（3.1±0.1）mm，凸模侧壁上刻有刻线，刻线宽×深为 0.3 mm×0.3 mm，如图 6-21 所示。

（1）机械抽芯和分型脱模工具

如图 6-21 所示，套筒扳手 29 是转动左右螺杆 17 的工具，可以带动左凸模 4 和右凸模 5 完成抽芯和复位运动。钩子扳手 28 可分别通过转动滚花手柄 20 使螺杆 19 带动上凹模 1 和下凹模 2 进行开启与闭合。

（2）方形通风管的方孔抽芯与复位

方形通风管方孔的裱糊成型是分别通过左凸模 4 和右凸模 5 复位进行连接后用玻璃纤维布和树脂在其上进行裱糊固化后成型，再通过左右螺杆 17 抽芯机构完成方孔的抽芯和复位运动。

1）左凸模和右凸模的复位：如图 6-21 的 I 放大图所示，左凸模 4 和右凸模 5 是用于成型制品的 300 mm×200 mm 方孔。它们之间的定位和导向，则是依靠两个大小导套 6 和导柱 7 进行的，其目的是避免左凸模 4 和右凸模 5 在定位方向出现错位。导套 6 孔中加工有环形半球形槽，在导柱 7 的径向孔中装有限位销 8、弹簧 9 和镶嵌件 10，目的是确保左凸模 4 和右凸模 5 的定位和连接。当将左凸模 4 中导柱 7 插入右凸模 5 导套 6 孔时，限位销 8 接触到导套 6 孔壁时便会压缩弹簧 9 而退入导柱 7 径向孔中。当导柱 7 中的限位销 8 移动到导套 6 环形半球形槽处时，便失去导套 6 孔壁对限位销 8 的作用。限位销 8 在压缩弹簧 9 的作用下进入导套 6 环形半球形槽中，从而卡住了导柱 7，而实现左凸模 4 和右凸模 5 的连接。

2）左凸模和右凸模的抽芯：如图 6-21 的 II 放大图所示，衬套 14 用沉头螺钉 13 分别固定在左凸模 4 和右凸模 5 上，衬套 14 内装有左螺孔和右螺孔的滑套 15、止动销 16、左右螺杆 17 和挡圈 12。可以用专用的套筒扳手 29 插入左右螺杆 17 端头的六方头中并逆时针转动，在装入滑套 15 的止动销 16 作用下，滑套 15 只能沿着左右螺杆 17 的键槽分别向左、右方向做直线滑动。由于滑套 15 左、右端存在着安装在左凸模 4 和右凸模 5 中的台阶，滑套 15 能迫使左凸模 4 和右凸模 5 分别向左、右进行抽芯运动。左凸模 4 和右凸模 5 的复位，是用套筒扳手 29 使左右螺杆 17 顺时针转动，由于止动销 16 带动滑套 15 分别进行相向的移动，从而带动挡圈滑套 15 的左、右端挡圈 12，使左凸模 4 和右凸模 5 进行复位。左右螺杆 17 抽芯机构的机动抽芯距离可以很短，最后的抽芯可以依靠安装在左凸模 4 和右凸模 5 的焊接手柄 11 完成手动抽芯。因为初始的抽芯力较大，需要用机械进行抽芯，只要初始的抽芯松动了，之后的抽芯就会较为轻松，可采用手动抽芯。

　　左凸模 4 和右凸模 5 复位和抽芯是依靠左右螺杆 17 抽芯机构来实现的，这样左凸模 4 和右凸模 5 的抽芯型面，可以采用较小脱模角或者不需要脱模角。但是在方形通风管抽芯型腔与模具相应的型面间，还需要涂有脱模剂。

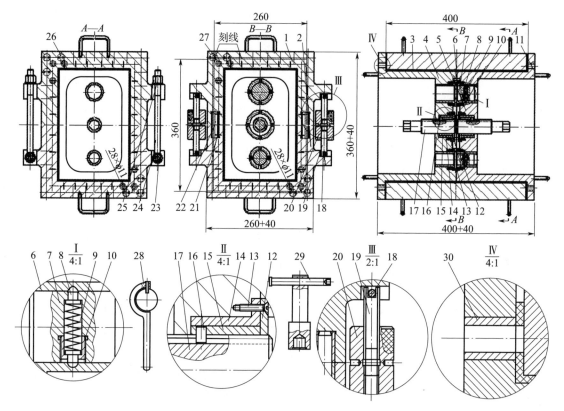

图 6-21　玻璃钢方形通风管与铸钢成型组合式对合成型钻模

1—上凹模；2—下凹模；3—方形通风管；4—左凸模；5—右凸模；6—导套；7—导柱；8—限位销；9—弹簧；
10—镶嵌件；11—焊接手柄；12—挡圈；13—沉头螺钉；14—衬套；15—滑套；16—止动销；17—左右螺杆；
18、23—圆柱销；19—螺杆；20—滚花手柄；21—导套；22—导柱；24—活节螺钉；25—带肩六角螺母；
26—电热器；27—钻套；28—钩子扳手；29—套筒扳手；30—钻套

（3）上凹模和下凹模的开闭模

　　由于玻璃钢方形通风管的形状为长方形，要使方形通风管的直角面能成型，需要采用与凸模型面保持方形通风管厚度（3±0.1）mm 距离的上、下凹模进行成型。由于方形通风管两端存在台阶折弯边"障碍体"，这样外模就必须在Ⅰ—Ⅰ分型面处进行分型。因方形通风管外形的面积较大，方形通风管开始脱模时也需要先采用机械脱模机构，后采用手动脱模，如图 6-21 的Ⅲ放大图所示。

　　1）上凹模和下凹模闭模：如图 6-21 的Ⅲ放大图所示，分型面Ⅰ—Ⅰ将凹模分成了上凹模 1 和下凹模 2，并在它们中部的两侧制有两个凸台，凸台中间安装有圆柱销 18。上凹模 1 和下凹模 2 两侧以导套 21 和导柱 22 进行定位，用活节螺钉 24、圆柱销 23 和带肩六角螺母 25 连接在一起，从而实现上凹模 1 和下凹模 2 的闭模。

　　2）上凹模和下凹模开模：如图 6 - 21 的Ⅲ放大图所示，当方形通风管需要脱模时，先松开带肩六角螺母 25 并卸下活节螺钉 24。再将装有左、右螺纹的螺杆 19 用手拧动滚花手柄 20，使螺杆 19 的开口槽嵌入圆柱销 18。拧动滚花手柄 20 可使两螺杆 19 只产生上下移动而不能转动，这时可用钩子扳手 28 的圆柱销插入滚花手柄 20 的孔中，扳动两边的钩子扳手可以使上凹模 1 和下凹模 2 分型并脱模。最后用手握住焊接手柄 11，可取下上凹模 1 和下凹模 2 而实现方形通风管外形脱模。

　　（4）提高方形通风管裱糊成型加工效率的措施

　　裱糊的树脂是液体，其固化速率与成型温度有关，模具成型温度高时树脂固化速率就快。如图 6 - 21 所示，在上、下凹模中安装有 28 根电热器 26 对上、下凹模加温，可以减少玻璃钢方形通风管固化的时间，从而提高成型加工效率。

　　（5）28 个 $\phi 11$ mm 孔和外延毛边的加工

　　如图 6 - 21 的Ⅳ放大图所示，在玻璃钢方形通风管上下凹模分型与脱模之前，可以用手电钻上的钻头加工 $28 \times \phi 11$ mm 孔。方形通风管脱模之后，要根据方形通风管刻线的位置，用激光切割掉外延毛边。

　　这种依靠机械机构先进行初始方孔抽芯及外形分型脱模，后用手动抽取方孔凸模及上下凹模构件的方法，只适用于制品尺寸较大的情况。该玻璃钢方形通风管成型工艺，若采用真空袋成型可以省去上、下凹模。但制作真空袋的材料只能使用一次，成本较高。若方形通风管允许有较大的脱模斜度，可以省去机械抽芯结构。

　　铸钢的玻璃钢方形通风管成型钻模，采用了机械及手动相结合的方孔抽芯机构；上、下凹模采用了机械及手动相结合的分型脱模机构的组合式对合成型钻模结构；并在上、下凹模中加装了电热器，提高了成型加工效率。上述措施的实施实现了方形通风管裱糊成型加工的方孔抽芯，分型面的分型避开了折弯边"障碍体"对方形通风管分型与脱模的阻挡作用，使方形通风管能够顺利地成型和脱模。如果还需要进一步提高裱糊成型加工的效率和降低工人成型加工时的劳动强度，还可采用油缸进行自动抽芯和机械自动机构进行上、下凹模的分型与脱模的半自动化对合成型模。这是因为通风管的方形形状只能实现玻璃钢纤维布手工裱糊，很难实现机械自动裱糊，喷涂裱糊能实现自动裱糊。

6.5.4　方形通风管组合式半自动对合成型钻模设计

　　方形通风管仍采用手工裱糊，这是因为方形通风管对合成型模很难以机械进行玻璃钢铺放与裱糊。左、右方孔凸模抽芯和上、下凹模脱模的动作全部采用液压油缸进行，并以单板机进行程序自动控制，可实现通风管半自动成型加工。

6.5.4.1　方形通风管组合式半自动对合成型钻模的结构

　　如图 6 - 20 所示，以Ⅱ—Ⅱ为分型面，将成型玻璃钢方形通风管的凸模分成左、右凸模。以Ⅰ—Ⅰ为分型面，将成型玻璃钢方形通风管的凹模分成上、下凹模。左、右凸模抽芯与复位以及上、下凹模开闭模的动作，均由液压油缸带动完成。

（1）电热器和锥形销

如图 6-22 所示，接通上、下凹模和左、右凸模中安装的电热器 4 的电路，电热器 4 加热能够减少通风管固化的时间，提高成型的效率。28 个锥形销 31 可以在通风管折弯边上成型 120°×0.3 mm 的锥形窝，通风管脱模后用手电钻可加工出通风管折弯边上 28×ϕ11 mm 螺钉过孔。

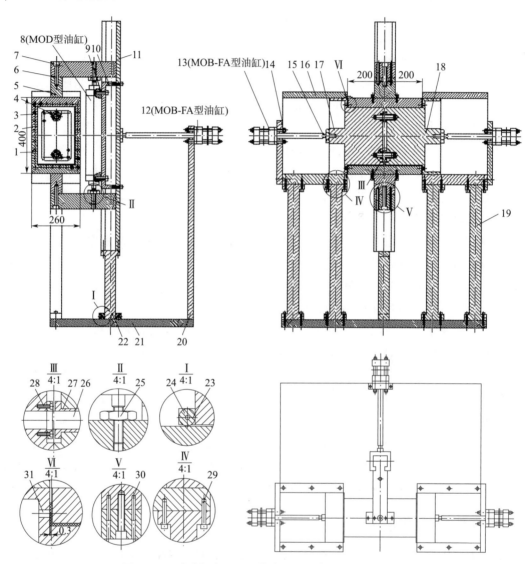

图 6-22　玻璃钢方形通风管半自动组合形式对合成型模

1—下凹模；2—上凹模；3—通风管；4—电热器；5—凹模联板；6、9、29—内六角螺钉；7—T 形滑板；
8—MOD 双轴液压油缸（S＝420 mm）；10、20、22—支架；11—T 形槽条；12—MOB-FA 液压油缸（S＝260 mm＋50 mm）；
13—MOB-FA 液压油缸（S＝200 mm）；14—支撑板；15、25—六角螺母；16—滑槽盖板；17—左凸模；18—右凸模；
19—支脚；21—底板；23—滚轮；24—轴；26—导柱；27—导套；28—沉头螺钉；30—圆柱销；31—锥形销

（2）左、右凸模结构

如图 6-22 所示，左凸模 17 和右凸模 18 的复位才能在其上进行玻璃钢的裱糊，左、右凸模 17、18 抽芯才能实现通风管方孔的脱模。为了防止左凸模 17 和右凸模 18 复位时发生错位，需要用沉头螺钉 28 固定在左凸模 17 中的两导柱 26 和导套 27 进行定位和导向。左凸模 17 和右凸模 18 的抽芯和复位运动，是依靠左、右两台 MOB-FA 液压油缸（S=200 mm）13 进行的。

（3）上下凹模结构

如图 6-22 所示，上凹模 2、下凹模 1 的开启能实现通风管的脱模，其闭合后才能实现通风管等壁厚和无缺陷成型。上凹模 2 和下凹模 1 的退出能实现通风管的裱糊操作，它们的复位才能实现与左、右凸模 17、18 的对合成型。下凹模 1 和上凹模 2 由两件凹模联板 5 分别通过内六角螺钉 6 和圆柱销 30 与 T 形滑板 7 相连。两件 T 形滑板 7 由一台 MOD 双轴液压油缸（S=420 mm）8 推动，可沿着 T 形槽条 11 的槽中滑动，以完成下凹模 1 和上凹模 2 的开启和闭合运动。T 形槽条 11 通过六角螺母与 MOB-FA 液压油缸（S=260 mm+50 mm）12 连接，以完成整个下凹模 1 和上凹模 2 结构前后方向的移动。支架 22 一方面支撑着下凹模 1 和上凹模 2 结构，另一方面通过安装在支架 22 轴 24 上的滚轮 23 进行滚动的移动。

上、下凹模抽芯及左、右凸模开闭与前后移动，除了可以采用液压油缸进行，还可以采用电动缸或电动推杆进行。

6.5.4.2　方形通风管组合式半自动对合成型钻模移动的动作分解

如图 6-23 所示，下凹模 1 和上凹模 2 必须能够进行上、下方向的开启与闭合运动，还必须能够进行前、后让开与复位运动，其目的是方便玻璃钢布的裱糊操作。

（1）左、右凸模抽芯和上、下凹模脱模过程

上凹模 2 和下凹模 1 开启 [图 6-23（a）] →上凹模 2 和下凹模 1 退出 [图 6-23（b）] →左、右凸模 17、18 抽芯 [图 6-23（c）] →通风管手工裱糊 [图 6-23（d）]。

（2）上、下凹模运动的分解

上凹模 2 和下凹模 1 的运动可分成开、闭模和前、后移动。

1）上、下凹模开闭运动的分解：如图 6-23（a）所示，上凹模 2 和下凹模 1 的开启和闭合，是依靠 MOD 双轴液压油缸（S=420 mm）8 进行的。两件 T 形滑板 7 连接的上凹模 2 和下凹模由 MOD 双轴液压油缸（S=420 mm）8 推动，可在 T 形槽条 11 槽中滑动，以完成下凹模 1 和上凹模 2 的开启和闭合运动。

2）上、下凹模前后移动的分解：如图 6-23（b）所示，上凹模 2 和下凹模 1 开启后，依靠一台 MOB-FA 液压油缸（S=260 mm+50 mm）12 上六角螺母与 T 形槽条 11 的连接，带动支撑上凹模 2 和下凹模 1 和 T 形槽条 11 的支架 22 上滚轮进行前后移动。

（3）左、右凸模抽芯运动的分解

左、右凸模抽芯运动包括左、右凸模 17、18 的抽芯和复位运动。

1）左、右凸模的抽芯：如图 6-23（c）所示，在上凹模 2 和下凹模 1 退出成型位置

之后，才能在两台 MOB-FA 液压油缸（$S=200$ mm）13 的作用下进行左、右凸模 17、18 的抽芯，以实现通风管的脱模。

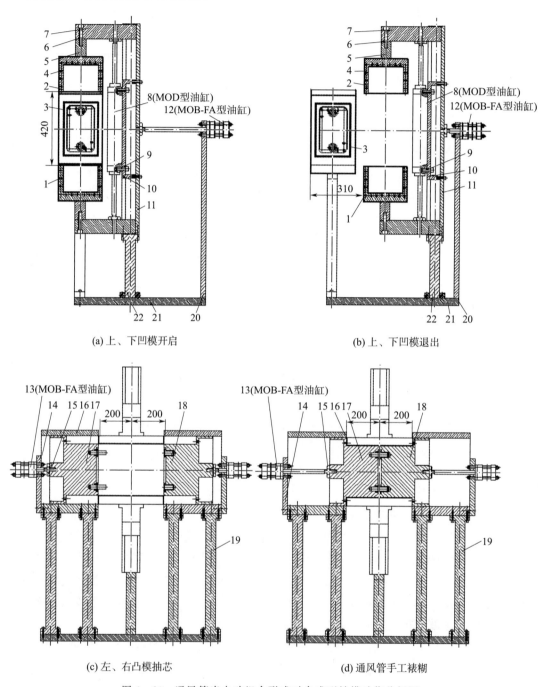

(a) 上、下凹模开启　　　　　　　　　(b) 上、下凹模退出

(c) 左、右凸模抽芯　　　　　　　　　(d) 通风管手工裱糊

图 6-23　通风管半自动组合形式对合成型钻模动作分析图

1—下凹模；2—上凹模；3—通风管；4—电热器；5—凹模联板；6、9—内六角螺钉；7—T形滑板；

8—MOD 双轴液压油缸（$S=420$ mm）；10、20、22—支架；11—T形槽条；

12—MOB-FA 液压油缸（$S=260$ mm+50 mm）；13—MOB-FA 液压油缸（$S=200$ mm）；

14—支撑板；15—六角螺母；16—滑槽盖板；17—左凸模；18—右凸模；19—支脚；21—底板

2）左、右凸模的复位：如图 6-23（d）所示，通风管脱模后，左、右凸模 17、18 必须复位，才能在两台 MOB-FA 液压油缸（S＝200 mm）13 的作用下进行左、右凸模 17、18 的复位后通风管的裱糊。

通风管经过左、右凸模抽芯和上、下凹模脱模，并且上述过程不断循环，可以不断地加工成型通风管。如果制品复合材料的裱糊能采用机械对合成型模便能实现全自动裱糊成型。

6.5.5　方形通风管全自动组合式对合成型模设计方案

要实现玻璃钢通风管全自动成型模结构，需要先编织好预成型组件。因为通风管壁厚为 3 mm，而玻璃布厚度只有 0.23 mm，预成型编织物需要 12 层。为了不使预成型套件在铺垫时错铺，套件编织后应盖有 1、2、…、12 的序号。预成型编织物先要按层序号编织好，并按层序号套装好。方形通风管 RTM 成型钻模全自动成型过程如下：

1）预成型编织物套件待进入凸模状态：如图 6-24（a）所示，上、下凹模 2、3 需要开启，右凸模 5 右移让开位置，待预成型编织物套件 4 上移进入待套入左凸模 1 的状态。

2）预成型编织物套件进入凸模状态：如图 6-24（b）所示，预成型编织物套件 4 左移套入左凸模 1 上。

3）预成型编织物套件加工状态：如图 6-24（c）所示，右凸模 5 左移，上、下凹模 2、3 闭合，将树脂压注机注射枪口的螺纹与上凹模 2 浇口上螺孔连接，并注入树脂待固化成型。

4）通风管抽芯和脱模：上、下凹模 2、3 开启，右凸模 5 右移，左凸模 1 左移抽芯，可实现通风管抽芯和脱模。

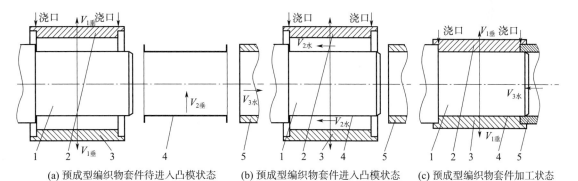

(a) 预成型编织物套件待进入凸模状态　　(b) 预成型编织物套件进入凸模状态　　(c) 预成型编织物套件加工状态

图 6-24　通风管全自动 RTM 成型模结构方案

1—左凸模；2—上凹模；3—下凹模；4—预成型编织物套件；5—右凸模

↓$V_{1\text{垂}}$表示上、下凹模进行垂直开启运动；↑$V_{1\text{垂}}$表示上、下凹模进行垂直闭合运动；

↑$V_{2\text{垂}}$表示预成型编织物组件进行上移；←$V_{2\text{水}}$表示预成型编织物组件进行左移；

→$V_{3\text{水}}$表示右凸模进行右移；←$V_{3\text{水}}$表示右凸模进行左移

在通风管全自动 RTM 成型钻模结构的方案中，所有的动作都由液压油缸进行自动操作，计算机程序控制，完成全自动化动作过程。为了应付通风管大批量的成型加工，显然采用手动左、右凸模抽芯和上、下凹模开闭的成型模已不能满足生产的需要。而通风管半自动组合形式对合成型钻模的采用，不仅缓解了大批量生产的压力，还极大地减轻了操作工人的劳动强度，并且确保了通风管成型质量。如要进一步提高通风管生产率，就只能采用全自动 RTM 成型模结构。可见，复合材料制品的裱糊成型加工，不只是能手工进行操作，还能采用半自动甚至全自动的成型。

第7章 复合材料真空袋和热压罐及模压成型模结构设计

真空袋成型法是使用一种柔性很好的袋子或薄膜,这种袋子具有很好的气密性,它能将预浸料的预成型件压贴在凸模或凹模上,压力是利用对袋子抽取真空获得的。热压罐成型法是在真空袋法的基础上,把模具与手糊或喷射的制品放进真空袋里形成一个密封系统,再将制品和模具放置在模具平台上并推进热压罐中。接通抽真空和加入压缩空气系统以及加温系统,边抽真空边导入压缩空气,使制品在密封的热压罐内受热压制成型固化。模压成型法是利用一种类似冲压模或注塑模的成型模,以模柄安装在油压机工作台的孔中,上模用压板安装在上工作台上。下模用压板安装在下工作台的滑槽中,这样下模可以移动出油压机外部,以便于复合材料制品的裱糊或喷糊及制品的脱模。复合材料制品的预成型件放入模具型腔中后,开动油压机使下工作台缓慢上升给制品施加一定的压力至制品固化成型。模压成型法还可以利用一般机械在凹凸模之间所产生的作用力,使复合材料制品在上下模间成型。

真空袋成型法是利用真空袋抽取真空对制品施加一定的均匀压力;热压罐成型法是用真空袋中抽取真空和真空袋外通入压缩空气施加一定的双重均匀压力;模压成型法是利用油压机施加一定的压力,使复合材料制品固化成型。这3种成型方法都是利用压力使制品成型,这种压力成型可以达到消除制品缺陷的目的,以确保制品的加工质量。

无论是使用玻璃钢、芳纶纤维和碳纤维等类型复合材料,还是采用手糊或喷射或非溢流式成型工艺方法,均可采用整体凸、凹模和组合凸、凹模,来进行真空袋成型加工复合材料制品。在一般情况下,手糊或喷射复合材料制品会产生富脂、贫胶、气泡和分层等缺陷,而采用真空袋成型和热压罐成型,特别是热压罐成型不会产生这些缺陷,这两种成型方法都适用于玻璃钢、芳纶纤维和碳纤维等各种复合材料制品的成型。采用手糊或喷射复合材料制品的成型,如果不想产生这些缺陷,就只能采用对合成型模。所谓对合成型模,就是复合材料制品在成型过程中,需要有凸模和凹模同时进行。而采用真空袋成型法或热压罐成型法进行手糊或喷射制品的成型,仅需要凸模或者凹模就可以了,这样就可减少另一个凹模或凸模。

7.1 复合材料制品真空袋成型法成型凸模的设计

真空袋成型法是通过透气毡(吸胶麻布)和真空袋膜等材料将复合材料制品和模具包裹起来,再用密封胶带和压敏胶带将真空袋膜封闭。开动真空泵从真空阀中抽取真空袋膜内空气而产生压力,压力使复合材料制品紧贴模具的型面直至树脂固化后成型。产生压力的大小取决于真空泵抽取的真空度,由于真空袋膜内的真空度是均匀的,所以制品的厚度能够获得等壁厚。压力也可以通过透气毡将真空袋膜内的空气排出，同时也可以将多余的液体树脂排出。复合材料制品的真空袋成型法是由于抽取真空压力的存在，使得用于手糊或喷射成型复合材料制品的各种缺陷不会产生。真空袋凸模成型法包括整体凸模和组合凸模两种。

7.1.1　碳纤维椅靠及其真空袋成型整体凸模的设计

复合材料制品形体上若不存在各种"障碍体"要素，在采用凸模成型时就不会影响制品脱模的情况。在这种情形下，一般可以采用整体凸模进行制品的裱糊、喷射与非溢流式成型工艺方法进行加工。

1）碳纤维椅靠形体分析：制品尺寸长×宽×高为 965 mm×430 mm×470 mm，厚度为 3 mm，如图 7-1（a）所示。制品在模具型面粘贴的尺寸长×宽×高为（965+20）mm×430 mm×（470+20）mm，这是考虑到制品要使用刮刀脱模时口部会有所损坏及口部易出现各种缺陷的原因，就要将这些损坏部位切割掉而需要将相关尺寸延伸。

2）碳纤维椅靠成型整体凸模的设计：如图 7-1（b）所示，该制品是利用碳纤维背面的胶粘贴在模具的型面上，然后通过透气毡（吸胶麻布）、真空袋膜、密封胶带和压敏胶带将包含有制品与部分模具的型面密封起来，再通过真空泵用真空阀抽取真空袋膜内空气，直至固化成型。虽然需要在模具型面上涂脱模剂，但在整体模具设计上，尤为关键的是在模具脱模方向的型面需要设置一定大小的脱模角 α。另外，要使模具成型面表面粗糙度值较小，模具材料耐用度要高。

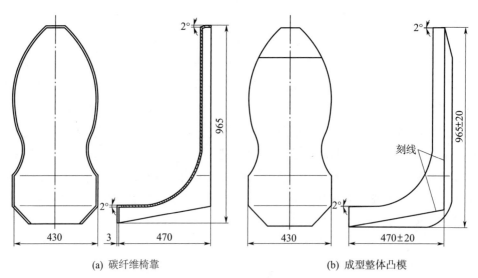

(a) 碳纤维椅靠　　　　　　　　　　(b) 成型整体凸模

图 7-1　碳纤维椅靠与成型整体凸模

7.1.2　碳纤维椅靠真空袋压成型

如图 7-2 所示，首先要在整体椅靠 3 的椅靠凸模 1 型面上涂刷脱模剂 2，再铺粘碳纤维达到椅靠 3 的壁厚 3 mm，之后铺放脱模布 4、带孔隔离膜 5、透气毡（吸胶麻布）6、真空袋膜 7 和密封胶带 8，最后用压敏胶带 9 将真空袋膜 7 的接缝粘接好。脱模布 4 是为了保护碳纤维椅靠 3 型面而铺放的；带孔隔离膜 5 是为了能将碳纤维椅靠 3 的型面之间的空气抽成真空；透气毡（吸胶麻布）6 是为了吸进多余的树脂；真空袋膜 7 和密封胶带 8 是为了起到密封的作用。

　　通过上述的操作，将铺粘好碳纤维椅靠 3 与椅靠凸模 1 形成一个密封体，以皮管连接真空泵和真空阀 10。开启真空泵抽真空给碳纤维椅靠 3 壁厚施加均匀的压力直至固化，拆除脱模布 4、带孔隔离膜 5、透气毡（吸胶麻布）6、真空袋膜 7、密封胶带 8 和压敏胶带 9，即可从椅靠凸模 1 上取下碳纤维椅靠 3。

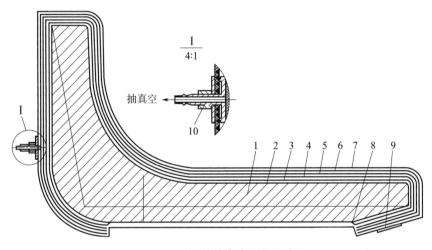

图 7 - 2　碳纤维椅靠真空袋压成型

1—椅靠凸模；2—脱模剂；3—椅靠；4—脱模布；5—带孔隔离膜；6—透气毡（吸胶麻布）；7—真空袋膜；

8—密封胶带；9—压敏胶带；10—真空阀

　　这种整体成型凸模，是为了便于复合材料制品的脱模，在制品脱模方向的型面都得制有 1°～3° 的拔模角，另外在成型模的型面上还需要涂抹脱模剂。

7.2　玻璃钢抽油烟机罩壳真空袋成型组合凸模的设计

　　真空袋成型法是成型加工复合材料制品常用的方法，真空袋成型组合凸模又是这种成型法中应用较多的模具形式。通过对玻璃钢抽油烟机罩壳的形体分析，得出这种封闭罩壳需要采用组合凸模成型。为了使加工制品无缺陷和等壁厚，确定采用真空袋成型，由于罩壳形体上存在多种"障碍体"要素对制品脱模的阻挡作用。根据模具结构方案分析，提出了对影响制品脱模要素采用了切割方法，即按分型面将整体凸模切割成 6 个模块，使之成为既能各自分离又能组合在一起的模具。再通过设计适当连接和抽芯机构，可以达到组合后能顺利成型合格制品，固化后又可分别进行机械和手动抽芯，还能实现模具长期使用。

对于一些具有各种"障碍体"要素复合材料的制品,应采用整体凸模手糊或喷射或非溢流式成型工艺方法加工。当制品无法脱模时,就只能采用对整体凸模进行分割的方法而分成若干模块,组合后又不失为整体的凸模,还要使被分割成各个凸模的模块都能够顺利地脱模,以获取制品。模具分割主要考虑的因素是如何避开各种"障碍体"对制品脱模阻挡的作用,各个凸模分块的脱模可以采用机械方式、手动方式、机械与手动相结合方式及液压的方式。

7.2.1 玻璃钢抽油烟机罩壳的形体分析

玻璃钢抽油烟机罩壳的尺寸,长×宽×高为 670 mm×500 mm×(400+370/2) mm,厚度为 2 mm,如图 7-3 所示。抽油烟机罩壳左边存在 ϕ120 mm 圆筒形凸台"障碍体",右边存在 ϕ370 mm 圆筒形凸台"障碍体",另在左、右圆筒凸台与主体交接处存在 R30 mm、R3 mm 和 R10 mm 等 3 处凹坑"障碍体"。由于这些"障碍体"的存在,会阻碍抽油烟机罩壳无法从凸模上脱模。抽油烟机是家电产品,故抽油烟机罩壳在形体上有外观要素的要求,即外观上不能有搭接和对接的痕迹。

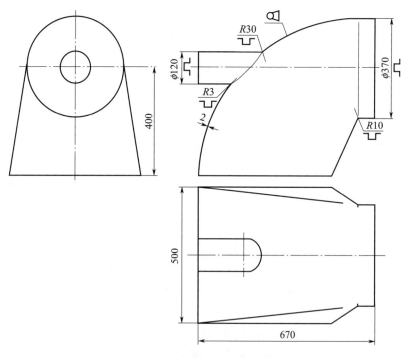

图 7-3 玻璃钢抽油烟机罩壳

⌐_⌐ 表示凸台"障碍体"; ⌐_⌐ 表示凹坑"障碍体"; ▷ 表示"外观"

7.2.2 玻璃钢抽油烟机罩壳成型方案分析

由于玻璃钢抽油烟机罩壳存在凸台和凹坑"障碍体",它们阻碍着制品的脱模。如采用整体裱糊成型,就必须要考虑如何去除影响制品脱模的因素。制品可采用裱糊搭接和铆钉对接方案，虽然可有效地避免"障碍体"对脱模的阻碍作用，使模具结构简单，但外观又不符合要求。

1）裱糊搭接方案：如图7-4（a）所示，先是要用石膏制作3个在形体上小于抽油烟机罩壳厚度2 mm的小圆筒、大圆筒与主体为模胎，用玻璃布和树脂分别在3个模胎上裱糊成小圆筒1、大圆筒6与主体4。对接面经切割加工后，将小圆筒1、大圆筒6与主体4安装在定位模具3上，用玻璃布和树脂在定位模具3上分别裱糊小圆筒搭接件2和大圆筒裱糊搭接件5。然后，卸下定位模具3，就可以将小圆筒1、大圆筒6与主体4连接起来形成一个整体。裱糊的小圆筒、大圆筒与主体搭接件的定位模具3相对简单，但在裱糊连接处存在着凸起的裱糊搭接件，影响外观和罩壳的清洗。另外，裱糊搭接处容易出现错位的现象。同时，主体4裱糊成形后脱模还存在着困难。

2）铆钉对接方案：如图7-4（b）所示，以Ⅰ—Ⅰ为分型面，分别在左、右模胎3上用玻璃钢和树脂裱糊左、右抽油烟机罩壳2后，再用铆钉1将两半的左右抽油烟机罩壳2连接。如图7-4（b）的Ⅱ放大图所示，这种产品在分型面上存在着凸出的部分，不仅影响外观，还影响安全和清洗的问题。

玻璃钢抽油烟机罩壳成型方案的第三种形式是采用整体裱糊方案，抽油烟机属于家电产品，外形美观是家电产品的重要因素。外观影响着消费者的购买，外观差的制品影响着市场需求和产品的价格。

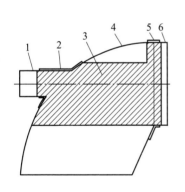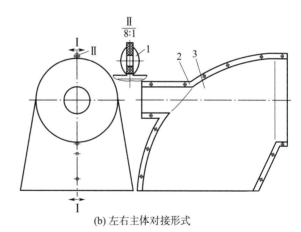

(a) 小圆筒与主体搭接形式　　　　　　　　　　(b) 左右主体对接形式

1—小圆筒；2—小圆筒裱糊搭接件；3—定位模具；　　　　1—铆钉；2—左、右抽油烟机罩壳；3—左、右模胎
4—主体；5—大圆筒裱糊搭接件；6—大圆筒

图7-4　玻璃钢抽油烟机罩壳模具结构方案分析

3）整体裱糊方案：玻璃钢抽油烟机罩壳成型方案为整体裱糊形式，如图7-3所示。采用整体裱糊形式的凸模结构要避开各种"障碍体"对制品脱模的影响，整体凸模就必须采用分割的方法，只有用这种分割的方法才能够确保制品的外观性。由于抽油烟机罩壳为大批量，不能采用石膏模以捣碎模具来获取制品。

7.2.3　玻璃钢抽油烟机罩壳组合成型模结构的分析

玻璃钢抽油烟机罩壳是厨房抽油烟机的罩壳，是通过抽油烟机的抽风将罩壳内的油烟抽至室外的一种用玻璃钢布和树脂制作的制品。该制品是在组合凸模上使用树脂和玻璃钢布进行裱糊后，再采用真空袋成型法加工出制品。要使玻璃钢抽油烟机罩壳能从凸模上脱模，就必须使制品能有效地避开多种"障碍体"对其脱模的阻碍作用。具体措施是将阻碍制品脱模的形体进行分割，使成型的凸模分割成若干块既能分离又能组合在一起的模块。只要按顺序将模具分离，便可获取制品。如图 7 - 4（a）所示，由于抽油烟机罩壳不能采用裱糊搭接的形式，也不能采用图 7 - 4（b）所示以中心线为分型线所呈现的对开凸模进行裱糊的对接形式，因此只能采用组合整体凸模进行裱糊成型。

（1）左端凸台和凹坑"障碍体"要素与模具结构

如图 7 - 5 所示，制品左端 $\phi120$ mm 圆筒的凸台"障碍体"，对成型模抽芯的阻挡作用是显而易见的。同时，$R30$ mm 的凹坑"障碍体"和 $R3$ mm 的凹坑"障碍体"也会起到阻挡成型模抽芯的作用。

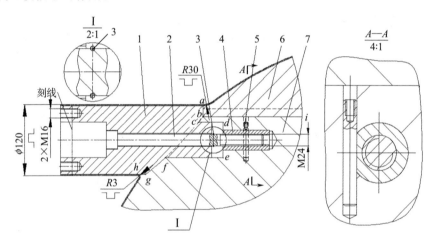

图 7 - 5　左端凸台和凹坑"障碍体"对成型模结构影响的分析

1—左圆孔模块；2—M24 内六角螺钉；3—弹簧挡圈；4—长螺纹衬套；5—内螺纹圆柱销；6—上模块；7—下左模块

1）左端凸台和凹坑"障碍体"对成型模结构影响的分析：如图 7 - 5 所示，既然左端 $\phi120$ mm 圆筒凸台"障碍体"的存在会阻碍成型凸模的脱模，那就必然要将这部分凸模进行切割成既能活动抽取又能连接在一起的模块。

a）模块的分割，如图 7 - 5 所示。考虑到 $R30$ mm 的凹坑"障碍体"和 $R3$ mm 的凹坑"障碍体"都会起到阻碍模块的抽芯，分割面就必须沿着 $\phi120$ mm 圆筒的凸台"障碍体"与主体的相贯线处进行，还需要避开 $R30$ mm 的凹坑"障碍体"和 $R3$ mm 的凹坑"障碍体"进行分割。左圆孔模块 1、上模块 6 和下左模块 7 是从整体凸模上分割的 3 个模块，左圆孔模块 1 与上模块 6 和下左模块 7 的分割线为 $a - b - c - d - e - f - g - h$，上模块 6 和下左模块 7 的分割线为 $a - b - i$。

b) 模块的连接，如图 7-5 的 A—A 剖视图所示。通过 M24 内六角螺钉 2 及以内螺纹圆柱销 5 切向固定的长螺纹衬套 4 与下左模块 7 连接，以达到防止长螺纹衬套 4 转动和轴向移动的目的。上模块 6 通过燕尾滑块与下左模块 7 燕尾槽连接在一起，于是上模块 6 与下左模块 7 便可实现分离与组合。

c) 左圆孔模块的抽芯，如图 7-5 的 I 放大图所示。在左圆孔模块 1 右端孔中的 M24 内六角螺钉 2 的外圆柱面上制有半球形槽中装有弹簧挡圈 3，在退出 M24 内六角螺钉 2 时，由于弹簧挡圈 3 的带动可使得左圆孔模块 1 能从制品孔中进行抽芯。如图 7-5 所示，因 M24 内六角螺钉 2 的退出距离有限，但只要左圆孔模块 1 初始的抽芯能够移动，后面就可在 2×M16 螺孔中装入内六角螺钉采用手动进行抽芯。

2) 右端凸台和凹坑 "障碍体" 对成型模结构影响的分析：如图 7-6 所示，制品右端 $\phi370$ mm 圆筒的凸台 "障碍体"，对成型模抽芯的阻挡作用也是显而易见的。同时，$R10$ mm 的凹坑 "障碍体" 也会起到阻挡成型模抽芯的作用。

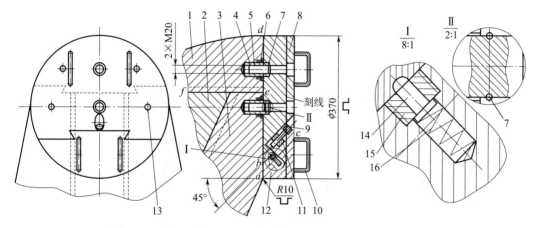

图 7-6　右边凸台和凹坑 "障碍体" 对成型模结构影响的分析

1—上模块；2—下左模块；3—下右模块；4—螺纹衬套；5—M20 内六角螺钉；6—沉头螺钉；7—弹簧挡圈；

8—右上圆孔模块；9—六角螺钉；10—焊接手柄；11—螺纹衬套；12—右下圆孔模块；13—圆柱销；

14—限位销；15—螺塞；16—弹簧

a) 模块的分割，成型整体凸模分割成上模块 1、下左模块 2 和下右模块 3 三部分，如图 7-6 所示。由于制品右端 $\phi370$ mm 圆筒的凸台 "障碍体" 对成型模抽芯的阻挡作用，模具从 $a-b-e-d$ 分割线进行分型，可分成上模块 1、下右模块 3 和右上圆孔模块 8 三部分。由于 $R10$ mm 圆筒的凹坑 "障碍体" 对成型模抽芯的阻挡作用，模具从 $a-b-c$ 分割线进行分型，在 b 点处进行 45° 的分型，又可分成右上圆孔模块 8 和右下圆孔模块 12。如此分型，才能达到抽脱模块的目的。

b) 模块的连接，如图 7-6 所示。上模块 1 与下左模块 2 之间通过燕尾滑块相连，下左模块 2 和下右模块 3 之间也可通过燕尾滑块相连。右上圆孔模块 8 与上模块 1 和下右模块 3 的连接，是以圆柱销 13 进行定位的。再分别以螺纹衬套 4 和 M20 内六角螺钉 5 进行连接，螺纹衬套 4 是通过沉头螺钉 6 与上模块 1、下右模块 3 连接。右上圆孔模块 8 与右下圆孔模块 12 的连接，是依靠六角螺钉 9 和固定在右下圆孔模块 12 中的螺纹衬套 11 进行连接的。

　　c) 右圆孔模块抽芯，如图 7-6 所示。先要完成右下圆孔模块 12 的抽芯，才能进行右上圆孔模块 8 的抽芯。抽芯时要用专用内六角扳手拧进六角螺钉 9 六方孔中，拧动六角螺钉 9 螺纹，其端面作用于右上圆孔模块 8 的凸台面，使右下圆孔模块 12 抽芯。再抽取右上圆孔模块 8，也是用六角专用扳手分别退出上、下 M20 内六角螺钉 5，使 M20 内六角螺钉 5 上的弹簧挡圈 7 带动右上圆孔模块 8 抽芯，如图 7-6 的 II 放大图所示。只要稍微抽动右上圆孔模块 8，就可用手握两焊接手柄 10 将右上圆孔模块 8 抽芯。复位时是右上圆孔模块 8 在先，右下圆孔模块 12 复位在后。

　　d) 下右模块的限位，如图 7-6 的 I 放大图所示。当下右模块 3 复位时，要依靠两个安装在螺塞 15 中的限位销 14 在弹簧 16 的作用下，进入下左模块 2 的半圆球形凹坑中限位。当拧动六角螺钉 9 时，右下圆孔模块 12 的移动会迫使限位销 14 半球头压缩弹簧 16 而退出下左模块 2 的半圆球形凹坑，以实现下右模块 3 的抽芯。

　　3) 下右模块与下左模块的分型与复位：如图 7-7 所示，在完成了左圆孔模块、上模块、下右模块和下左模块的抽芯之后，剩下的是下右模块 1 和下左模块 5 的抽芯。拧动以沉头螺钉 3 固定的内螺纹挡块 2 中的六角螺钉 4，使其抵着下左模块 5 的凸台面，直至下右模块 1 退出下左模块 5 一段距离后，再用专用内螺纹扳手抽取下右模块 1。最后制品中只剩下下左模块 5，再以专用内螺纹扳手拧入 4×M6 螺孔中拔出下左模块 5。

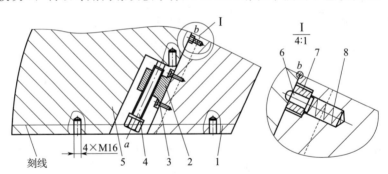

图 7-7　下右模块与下左模块的分型与复位

1—下右模块；2—内螺纹挡块；3—沉头螺钉；4—六角螺钉；5—下左模块；6—限位销；7—螺塞；8—弹簧

（2）模块的复位

　　如图 7-6 所示，先通过燕尾滑块安装下右模块 3 和下左模块 2，再安装上模块 1。然后，安装左圆孔模块，再安装右下圆孔模块 12，最后安装右上圆孔模块 8。下右模块 3 与下左模块 2 的限位，依靠的是安装在螺塞 15 中的限位销 14 和弹簧 16 的作用。

7.2.4　玻璃钢抽油烟机罩壳成型模的设计

　　如图 7-8 所示，根据玻璃钢抽油烟机罩壳成型模结构的分析，成型模分割成左圆孔模块 2、上模块 7、下左模块 8、下右模块 9、右上圆孔模块 14 和右下圆孔模块 18 共 6 个模块。

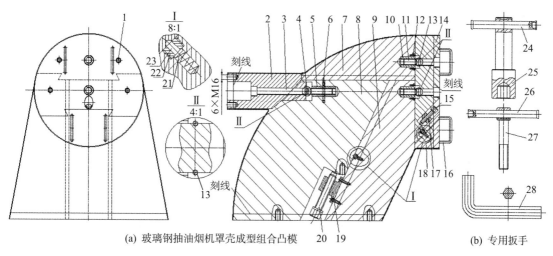

(a) 玻璃钢抽油烟机罩壳成型组合凸模　　　　　　　　(b) 专用扳手

图 7-8　玻璃钢抽油烟机罩壳成型组合凸模及专用扳手

1—圆柱销；2—左圆孔模块；3—M24 内六角螺钉；4—弹簧挡圈；5—长螺纹衬套；6—内螺纹圆柱销；7—上模块；
8—下左模块；9—下右模块；10—螺纹衬套；11—M20 内六角螺钉；12—沉头螺钉；13—弹簧挡圈；
14—右上圆孔模块；15、20—六角螺钉；16—焊接手柄；17、19—内螺纹挡块；18—右下圆孔模块；
21—弹簧；22—螺塞；23—限位销；24、26—活动手柄；25—外六角螺钉扳手；27—内六角螺钉扳手；28—内六角螺钉扳手

（1）燕尾滑块的定位与连接

上模块 7 与下左模块 8、下左模块 8 与下右模块 9 及右上圆孔模块 14 与右下圆孔模块 18 之间的连接均采用燕尾滑块进行定位与连接。

（2）下左模块与下右模块及右上圆孔模块与右下圆孔模块的限位

下左模块与下右模块及右上圆孔模块与右下圆孔模块的限位是依靠安装在螺塞 22 中的限位销 23 在弹簧 21 的作用下实现的。

（3）圆柱销定位

右上圆孔模块 14 与上模块 7 及右上圆孔模块 14 与下右模块 9 之间的连接采用圆柱销定位。

（4）模块间的连接与抽芯

6 个模块之间必须有可靠的连接和抽芯机构，以解决模块之间的组合与抽取的问题。

（5）工具

模块的组合与抽取需要使用专用扳手：由活动手柄 24 与外六角螺钉扳手 25 组成的专用六角螺钉扳手能够拧动六角螺钉 15 和 20。由活动手柄 26 与内六角螺钉扳手 27 组成的专用扳手用于拧动 M24 内六角螺钉 3 和 M20 内六角螺钉 11。内六角螺钉扳手 28 用于拧动 6×M6 螺孔中的内六角螺钉。

7.2.5　玻璃钢抽油烟机罩壳真空袋成型

如图 7-9 所示，首先在模具 2 的 A、B、C 面贴上压敏胶带 1 进行模块的密封，再在模具 2 的成型面涂上脱模剂 4，在模具 2 的 A、B、C 面两端粘贴密封胶带 3。然后，在模

具2的成型面上，用裁剪好的玻璃布和树脂裱糊抽油烟机罩壳5至刻线处，并依次在裱糊好的抽油烟机罩壳5上铺敷脱模布6、带孔或无孔隔离膜（聚四氟乙烯或改性氟塑料）7和透气毡（吸胶麻布）8。最后，用真空袋膜（改性尼龙薄膜或聚酰胺薄膜）9将整个模具2包裹起来，真空袋膜9接口处用压敏胶带11粘接好，并在真空袋膜合适位置上安装真空阀10。再仔细检查接缝处，有无未粘接好之处。

将真空阀10的接头通过管道与真空泵连接，开启真空泵，直至真空计所指示的读数达到真空袋膜9内工艺的要求，关闭真空泵并保持真空度直至抽油烟机罩壳5固化为止。再按模块抽取的顺序进行抽芯，即可获取完整的抽油烟机罩壳5。

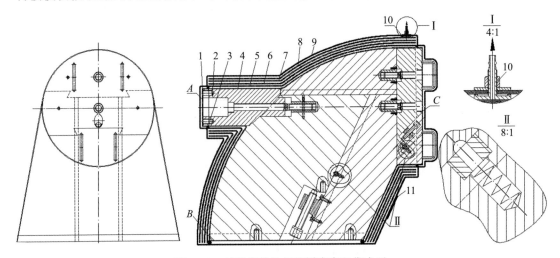

图7-9　玻璃钢抽油烟机罩壳真空袋成型

1、11—压敏胶带；2—模具；3—密封胶带；4—脱模剂；5—抽油烟机罩壳；6—脱模布；7—带孔隔离膜；
8—透气毡（吸胶麻布）；9—真空袋膜；10—真空阀

由于采用了真空袋膜这种组合凸模的压力裱糊成型，这种真空袋膜施加到抽油烟机罩壳的压力是各个方向的均匀正压力，故能使制品中的树脂含量保持均匀，并能够排除制品中的空气，使制品保持等壁厚，制品重量也能得到有效的控制，以确保制品的各项质量达标。

7.2.6　玻璃钢抽油烟机罩壳激光切割加工

对于玻璃钢抽油烟机罩壳刻线之外多余毛边和一些孔槽余料的加工，既可以采用激光切割，也可以采用机械切削加工，但需要设计和制造相应切割的夹具。

对于组合形式的整体成型凸模的设计，必须根据复合材料制品形体的分析，找出阻碍制品模块抽芯的"障碍体"要素后，再采取适当解决"障碍体"影响的措施和选取相应模具结构。模具的结构需要从多模块的分型和抽取及组合方面进行考虑，妥善地解决组合与抽芯中的问题，使多模块既能拆得开，又能组合得好，还要能顺利地进行模块初始的机械抽芯。这种组合形式凸模的脱模型面，可以选取较小的脱模角，甚至无脱模角，模具型面的表面粗糙度值也可取稍小的值。当模块抽芯距离较长时，可以考虑初始用机械抽芯，之后用手动抽芯。因此，组合成型凸模能长期进行制品的加工，制品不仅质量能符合图样要求，还具有美观的外观。

7.3　复合材料制品真空袋成型法成型凹模的设计

复合材料制品真空袋成型法成型，根据制品的形状和结构除了可以采用成型凸模的模具结构，还可以采用成型凹模的模具结构。根据制品形体要素的分析，在不存在"障碍体"要素阻挡成型凹模脱模时，可以采用整体形式的凹模进行成型加工。但在制品形体存在阻挡模具脱模的情况下，就必须采用组合形式的凹模进行成型加工。这样由多模块组成的凹模，只要将多模块按顺序拆除，就能够获得合格的制品。模块的组合也有利于制品的裱糊或喷射或非溢流式成型工艺方法加工。

7.3.1　玻璃钢洗手池真空袋成型整体凹模的设计

复合材料制品因形状因素的需要而采用凹模才能够成型，在不存在阻碍制品脱模和机械加工的"障碍体"要素时，便可以采用整体凹模进行手工裱糊或喷射成型。

玻璃钢洗手池如图 7-10（a）所示。厚度为 3 mm，制品的长×宽×高为 550 mm×520 mm×100 mm。制品存在一个型孔 ϕ74 mm，型孔 ϕ74 mm 脱模方向与制品脱模方向相同，其余脱模方向上型面的斜角均大于脱模斜度。

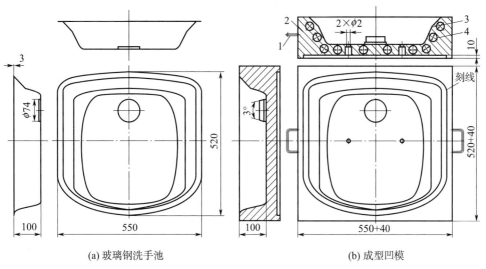

(a) 玻璃钢洗手池　　　　　　　　　　(b) 成型凹模

图 7-10　玻璃钢洗手池与成型凹模

1—焊接手柄；2—成型凹模；3—玻璃钢洗手池；4—电热器

洗手池成型整体凹模如图 7-10（b）所示。由于玻璃钢洗手池 3 形体上不存在影响脱模的要素，玻璃钢洗手池 3 的成型凹模可以采用整体成型凹模 2。整体成型凹模 2 的长×宽×高为（550＋40）mm×（520＋40）mm×100 mm。为了便于成型型孔 ϕ74 mm 的型芯脱模，型芯需要制有脱模斜度 1.5°。为了能够将玻璃布层中多余的树脂和空气排出，模具型腔底面制有排出树脂孔 $2×\phi2$ mm。在涂脱模剂之前需要用压敏胶带将排出树脂孔口粘贴住，以防过多的树脂泄漏。因钢制整体成型凹模 2 较重，应该在其侧面上安装两个焊接手柄 1，以便于搬动。为了保证制品无缺陷、等壁厚和正面的平整度，还必须采用真空袋成型法。即先在模具型面上涂脱模剂，再用裁剪好的玻璃布以树脂进行裱糊。然后，铺敷带孔隔离膜、透气毡（吸胶麻布）和真空袋膜，用密封胶带将真空袋膜与模具型面包裹后，安装好真空阀。开动真空泵抽取真空袋膜内的空气形成真空，使真空袋膜保持对制品一定的压力固化成型。

为了减少玻璃钢洗手池固化成型的时间，可在裱糊洗手池成型凹模 2 型面下方的适当位置上设置一些电热器 4，以提高制品的固化效率。

7.3.2　玻璃钢弧形壳体真空袋成型组合凹模的设计

复合材料制品因形状因素的需要而采用凹模才能够成型，当存在着阻碍制品脱模和机械加工的"障碍体"要素时，便可以采用组合凹模进行手糊或喷射或非溢流式成型加工。

玻璃钢弧形壳体厚度为 3 mm，制品长×宽×高为 565 mm×480 mm×100 mm，如图 7-11（a）所示。弧形壳体形体分析：沿制品三边处存在着 20 mm 的封闭边形式障碍体和 R2 mm 形式的凹坑"障碍体"，影响着制品的脱模，为此需要以 I—I 为分型面将成型模分成两部分。

玻璃钢弧形壳体成型模的设计如图 7-11（b）所示。成型模以 I—I 为分型面，将模具分成凹模 1 和前后型板 2、右型板 3 三部分，并通过圆柱销 4 将前后型板 2 和右型板 3 与凹模 1 进行定位，以内六角螺钉 5 将前后型板 2 和右型板 3 与凹模 1 进行固定。这样，玻璃钢弧形壳体在成型加工时，要先在模具型面涂上脱模剂，并铺敷好压敏胶带和密封胶带，再在成型模中进行玻璃钢的裱糊。然后，铺敷脱模布、带孔隔离膜、透气毡（吸胶麻布）、真空袋膜、压敏胶带和真空阀形成真空袋，再开启真空泵抽取真空。通过真空袋膜对制品形成压力，并保存压力至固化成型。通过真空袋膜对制品进行压力成型，不仅能使制品的型面能够全部贴模，以保证型面符合图样的要求，并且制品成型后可消除各种缺陷。分别取下固定前后型板 2 和右型板 3 上的内六角螺钉 5，就可将前后型板 2 和右型板 3 取下，然后再将玻璃弧形壳体脱模。

为了使玻璃弧形壳体容易脱模，在脱模方向的型面上应制作脱模角 3°。除了制有脱模角和涂有脱模剂之外，最为关键的是要消除封闭边"障碍体"和凹坑"障碍体"对制品脱模的阻挡作用。因此，成型模分型是这类模具最为重要的结构。为了提高制品加工的效率，也可在模具中装入电热器。

对于复合材料成型凹模的结构设计，其要点是在对制品形体分析时，能够找出影响制品脱模和模具型面加工过程中的各种"障碍体"。在模具结构分析时，要能够确定规避各种"障碍体"的措施。当然，还要能确定模具是否采用凹模的结构形式。有了制品形体分析和模具结构方案的分析，才能进一步进行复合材料成型模的设计。真空袋成型法可以用

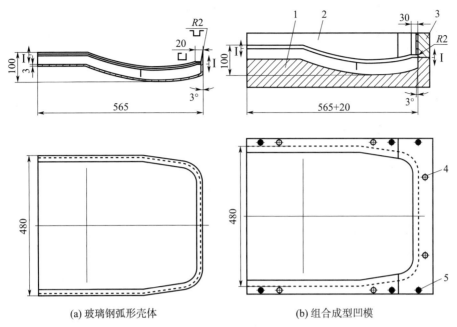

(a) 玻璃钢弧形壳体　　　　　(b) 组合成型凹模

图 7-11　玻璃钢弧形壳体与组合成型凹模

1—凹模；2—前后型板；3—右型板；4—圆柱销；5—内六角螺钉

⊓⊔ 表示凸台"障碍体"；⌐¬ 表示封闭边"障碍体"

于各种复合材料制品的成型，但主要是用于玻璃钢制品的成型。

7.4　复合材料制品热压灌法成型凸模的设计

热压罐（Atitoelave）是一种针对聚合物基复合材料成型的工艺设备，使用这种设备进行成型工艺的方法称为热压罐成型法。该成型法是制造连续纤维增强热固性复合材料制件的主要方法，广泛应用于先进复合材料结构、蜂窝夹层结构及金属与复合材料胶接的结构。

复合材料制品热压罐成型过程：是将复合材料纤维预浸料按铺层的要求铺放于模具上，将毛坯密封在真空袋后放置于复合材料纤维热压罐中。在真空状态下，经过热压罐设备升温、加压、保温、降温和卸压等程序，利用热压罐内同时提供的均匀温度和均布压力实现固化，从而可以获得表面与内部质量高、形状复杂、面积巨大的复合材料制品。

1) 热压罐系统：热压罐系统是根据复合材料成型工艺条件设计的，通常由压力容器、加热及气体循环系统、气体加压系统、真空系统、控制系统、冷却系统和装卸系统组成。

2) 成型模具的性能与用钢：热压罐成型模具要求模具材料在制品成型温度和压力下能保持适当性能，同时还要考虑到模具成本、寿命、变形、强度、质量、机械加工性、线胀系数、尺寸稳定性、表面处理及热导率等。模具可选择铝和优质碳素结构钢制造，同时要考虑模具反复进出热压罐中，造成模具反复加热和冷却所产生的变形。模具用钢最好选用热新型低变形热作模具钢、新型微变形热作模具钢、新型火焰淬火冷作模具钢、预硬型塑料模具钢，耐磨、长寿命和超过强度塑料模具用钢等。

复合材料热压罐成型法可采用凸模或凹模进行成型加工，凸模或凹模成型又可分成热压罐整体成型凸模或凹模和组合凸模或凹模 4 种。

7.4.1　碳纤维椅框形体分析

热压罐整体成型凸模的设计，是在对复合材料制品形体分析中没有发现脱模和模具型面加工"障碍体"要素的情况下，并且在制品成型加工过程中采用凸模进行成型时较为方便才采用的。采用热压罐成型的复合材料，以碳纤维为主。

碳纤维民航飞机座椅的椅框，长×宽×高为 970 mm×490 mm×560 mm，壁厚为 3 mm，如图 7-12（a）所示。通过碳纤维布后面的胶面将裁剪好的碳纤维贴片粘贴到涂了脱模剂的模具型面上，碳纤维贴片粘贴达到 3 mm 厚度后，可按真空袋成型法铺设脱模布、带孔隔离膜、透气毡（吸胶麻布）、真空袋膜和压敏胶带，安装好真空阀等。再将包裹模具的真空袋放在模具平台上，并接通真空系统通路后放入热压罐中。经过热压罐的气体加压系统和抽真空系统，并控制着加热、气体循环及冷却系统、装卸系统，以达到固化成型椅框。

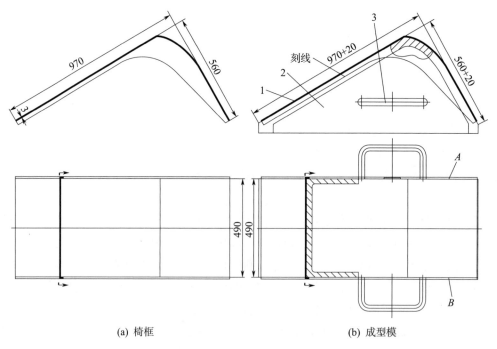

(a) 椅框　　　　　　　　　　　　　(b) 成型模

图 7-12　椅框与成型模

1—椅框；2—成型模；3—焊接手柄

7.4.2　碳纤维椅框热压罐组合成型凸模的设计

椅框成型模设计，如图 7-12 (b) 所示。由于椅框 1 不存在阻碍制品脱模和型面加工的"障碍体"要素，椅框 1 截面呈"U"字形，椅框 1 尺寸较大，采用整体凸模成型较为方便。为了便于裁剪，成型模 2 尺寸应为 (970+20) mm×490 mm× (560+20) mm，A 型面与 B 型面可制成 1°~2° 的脱模角。模具采用空心的铸钢或锻钢件，以减轻模具的重量。为了便于搬动，在 A 型面与 B 型面上可安装焊接手柄 3。由于模具在热压罐中成型要经受时热时冷和压力的状态，因此模具材料需要采用微变形和耐磨性较好的钢材。

7.4.3　碳纤维椅框热压罐成型

碳纤维椅框热压罐成型如图 7-13 所示。将模具平台 13 拉出热压罐 11，成型模 1 放在模具平台 13 上面进行真空密封操作。先在成型模 1 上涂抹脱模剂 7，然后粘贴碳纤维至图样的厚度。再铺放脱模布 5、带孔隔离膜 4、透气毡（吸胶麻布）3 和真空袋膜 2，用压敏胶带 12 封好真空袋膜 2，最后安装好真空阀 9。再将模具平台 13 推入热压罐 11 中，关闭热压罐 11 的盖后，开启热压罐 11 的真空机抽真空 14 和压缩空气机输入压缩空气 8 以及加热器。待碳纤维椅框固化后，打开热压罐 11 盖推出模具平台 13，取下真空袋，从成型模 1 上卸下椅框。

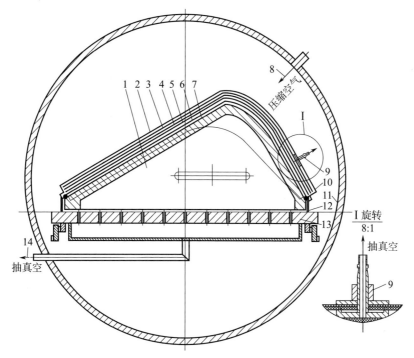

图 7-13　椅框热压罐成型

1—成型模；2—真空袋膜；3—透气毡（吸胶麻布）；4—带孔隔离膜；5—脱模布；6—椅框；7—脱模剂；
8—压缩空气；9—真空阀；10—密封胶带；11—热压罐；12—压敏胶带；13—模具平台；14—抽真空

热压罐成型除了需要成型模之外，还需要对裱糊或粘贴的复合材料制品进行真空袋封装后放进热压罐中，在抽真空和压缩空气双重压力的作用以及热压罐内均匀温度作用下成型质量十分理想。但是，成型的成本很高，不是十分重要的产品不能采用这种成型加工的方法。

7.5　碳纤维弯形外壳热压罐成型模的设计

热压罐成型法是复合材料制品中的一种高级别加工方法。在对弯形外壳成型工艺进行分析之后，确定要采用热压罐成型法。通过对弯形外壳成型模结构方案的分析，因为弯形外壳为壳体状零件，需要采用阳模进行裱糊成型。又通过对碳纤维弯形外壳形体的分析，弯形外壳形体是一种具有多重与多种综合"障碍体"要素的复合材料制品，成型凸模需要分割成三模块才能避开"障碍体"后进行抽芯。在采用了机械机构作用于中模块燕尾滑块的初始抽芯后，使三模块与弯形外壳内型面产生松动，再用手动完成三模块的抽芯。这种以热压罐成型法的组合阳模结构，实现了弯形外壳顺利高质量的成型加工。

7.5.1　弯形外壳形体分析

弯形外壳形状和尺寸如图 7-14 所示。材料为碳纤维，壁厚为 3 mm，弯形外壳不允许通过搭接裱糊或机械对接连接形成制品。在用带有粘接剂面的碳纤维布粘贴后达到制品厚度，再采用真空袋压结构的形式放置在模具平台上并推进热压罐内成型。

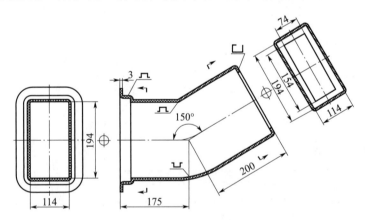

图 7-14　弯形外壳形状和尺寸

⌐⌐ 表示凸台"障碍体"；⌐_⌐ 表示凹坑"障碍体"；⊕ 表示"型孔"；⌐| 表示封闭边形式"障碍体"

如图 7-14 所示，弯形外壳是一种具有相交轴线为 150°，以圆弧相连的两连体长方形壳体。具体形体是左端为水平台阶形状的长方形壳体，右端为带封闭边的倾斜式长方形壳体，中间是以圆弧形状的长方形壳体与左、右端长方形状的壳体相连。因此，弯形外壳具有两端的"型孔"、两处凸台"障碍体"和一处凹坑"障碍体"及一处封闭边形式"障碍体"。这样，成型弯形外壳内型的型芯如要从左端脱模，右端的型芯受到中部凸台和凹坑

"障碍体"的阻挡。如果要从右端脱模，又会受到左、右端凸台和封闭边形式"障碍体"的阻挡。当然，成型模可以采用石膏制成凸模进行成型加工，只要将石膏凸模砸碎就可以获取弯形外壳。但这种成型方法所得到的制品精度低，且效率低，不适合弯形外壳批量成型加工。

7.5.2　弯形外壳成型模结构方案分析与设计

既然整体凸模无法从成型的弯形外壳内脱模，那就只能采用上、中、下 3 块组合性的凸模，先抽取中间的一块模块，以腾出适当的空间，以便上、下模块能够移动位置进行抽芯，从而实现模块的脱模。

如图 7-15 所示，将成型弯形外壳内形的凸模分成上模块 5、中模块 6 和下模块 7 三个模块。中模块 6 分别与上模块 5、下模块 7 以燕尾滑块与滑槽相连，中模块 6 左端安装在固定板 2 孔中，用内六角螺钉 10 与垫板 1 相连。由于弯形外壳右下端拐角处圆弧凹坑"障碍体"的限制，中模块 6 大端的距离为 72.4 mm，小端的距离为 29 mm。取中模块 6 上、下型面与水平面为 1°斜角，可利用方头紧定螺钉专用扳手 15 拧动紧定螺钉 9，使中模块 6 能与上模块 5 和下模块 7 沿燕尾滑块与滑槽相对挡板 3 向左移动 10 mm，使大部分型面与弯形外壳内型面脱离。中模块 6 的右端分别以限位销 12、弹簧 11 和螺塞 13 对上模块 5、下模块 7 进行限位。

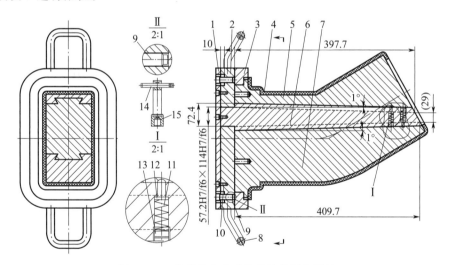

图 7-15　弯形外壳成型模结构分析与设计

1—垫板；2—固定板；3—挡板；4—弯形外壳；5—上模块；6—中模块；7—下模块；8—焊接手柄；9—紧定螺钉；
10—内六角螺钉；11—弹簧；12—限位销；13—螺塞；14—手柄；15—方头紧定螺钉专用扳手

7.5.3　弯形外壳成型模三模块抽芯动作的分解

成型弯形外壳三模块的抽芯，由于受到了众多"障碍体"的阻挡，造成了弯形外壳无法脱模。在采用了三模块组合结构之后，三模块的抽芯动作就变得极为重要，掌握不好仍无法进行制品的脱模。三模块抽芯动作分解，如图 7-16 所示。

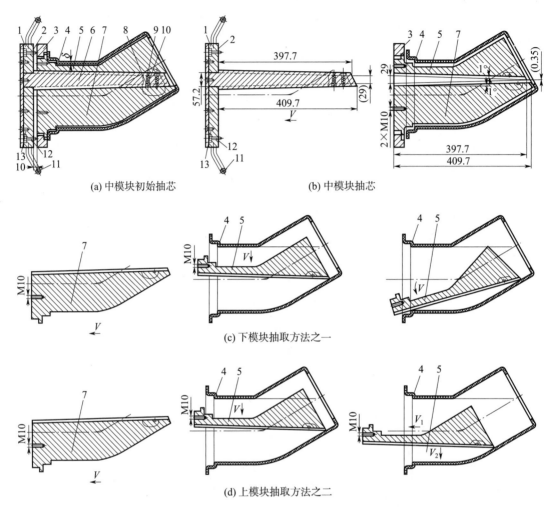

图 7 - 16　弯形外壳成型模三模块抽芯动作分解

1—垫板；2—固定板；3—挡板；4—弯形外壳；5—上模块；6—中模块；7—下模块；8—螺塞；

9—限位销；10—弹簧；11—焊接手柄；12—紧定螺钉；13—内六角螺钉

（1）中模块初始抽芯

如图 7 - 16（a）所示，由于树脂将模块型面与制品的粘接，使得弯形外壳 4 的脱模十分困难，初始三模块的抽芯必须采用机械抽芯。均匀地拧动几个紧定螺钉 12 分别作用于挡板 3，使中模块 6 可沿着上模块 5、下模块 7 中的燕尾滑块与滑槽抽芯 10 mm。从而使上模块 5、下模块 7 分别与弯形外壳 4 产生脱模距离为 $\delta = 10$ mm $\times \tan 1° = 10 \times 0.034\ 92$ mm≈0.35 mm。紧定螺钉 12 安装在固定板 2 的螺孔中，用方头紧定螺钉专用扳手 15 可以使紧定螺钉 12 移动 10 mm。中模块 6 的移动是在弹簧 10 的作用下，可迫使限位销 9 进入或退出上模块 5、下模块 7 的半圆形窝坑，而进行限位和退出限位。焊接手柄 11 是为了方便模具的搬动，挡板 3 是为了使上模块 5、中模块 6 和下模块 7 的限位，以及使紧定螺钉 12 的弧形端头能够抵紧挡板 3 产生反作用力而使得中模块 6 能够克服脱模力进行抽芯。

（2）中模块抽芯

如图 7－16（b）所示，在经过中模块 6 的初始抽芯后，三模块的型面与弯形外壳内型面产生了松动与脱离，后面的抽芯只要用手握住焊接手柄 8 抽出中模块 6 就可以了。如图 7－16 所示，在抽出中模块 6 之后的上模块 5、下模块 7 右端最小间隔距离是 0.8 mm。

1）上模块脱模距离计算：抽出中模块 6 后，由于燕尾滑块 1°斜角的作用，根据移动距离＝tan 1°×409.7 mm＝0.034 92×409.7 mm≈14.3 mm，可得上模块 5 向中心移动了14.3 mm。

2）下模块脱模距离计算：抽出中模块 6 后，由于燕尾滑块 1°斜角的作用，根据移动距离＝tan 1°×409.7 mm＝0.034 92×409.7 mm≈14.3 mm，可得下模块 7 向中心移动14.3 mm。

3）上、下模块移动距离合计为：14.3 mm＋14.3 mm＝28.6 mm，上模块 5、下模块7 的距离 29 mm 减去上模块 5 和下模块 7 移动距离 28.2 mm，剩下只有 0.8 mm 的距离，这便是燕尾滑块斜角不可以太大的原因。如图 7－16 所示，由于下模块 7 右端实体部位几乎超出弯形外壳的弯钩边，中模块 6 左端的开口距离 57.2 mm 也不能太大，这就是弯形外壳成型模分型设计的关键所在。

（3）抽取下模块

下模块 7 的抽芯有以下两种方法：

1）抽取下模块方法之一：如图 7－16（c）所示，抽取下模块 7 之后，可用 M10 螺钉拧入 M10 的螺孔中，先将上模块 5 下移。由于弯形外壳中上部圆弧凸台"障碍体"的阻断作用，可将上模块 5 左端下摆后再抽出。

2）抽取下模块方法之二：如图 7－16（d）所示，抽取下模块 7 之后，可用 M10 螺钉拧入 M10 的螺孔中，先将上模块 5 下移。由于弯形外壳中上部圆弧凸台"障碍体"的阻断作用，再将上模块 5 左端左移再下移后抽出。

对于这种具有多处影响制品脱模且需要采用凸模成型的模具，需要在凸模适当的位置上分割成多块凸模。分割的凸模需要采用斜楔结构，目的是使凸模初始抽芯时，便能实现所有模块在机械力的作用下与粘接较紧的制品型面松开，以便后面用手工脱模。

7.5.4　弯形外壳热压罐成型

如图 7－17 所示，用带有胶面的碳纤维贴片，粘贴在涂有脱模剂 3 的成型模 13 型面上达到要求的厚度。将透气毡（吸胶麻布）1 铺设在弯形外壳 4 附近，以便能够吸收多余的胶。然后，按顺序铺设密封胶带 2、脱模布 5、带孔隔离膜 6、透气毡（吸胶麻布）7 和真空袋膜 8，在真空袋膜 8 对接处用压敏胶带 11 粘接形成真空袋。在真空袋膜 8 适当位置上安装好真空阀 12 及管道，再将包裹在真空袋的模具放到模具平台 14 上后推进热压罐 10中关闭罐盖。按设定的温度、压缩空气 9 和抽真空 15 等参数，由热压罐 10 的控制台开启工作至弯形外壳 4 固化成型后，打开热压罐 10 的盖推出模具平台 14，卸去真空袋即可获得弯形外壳 4。

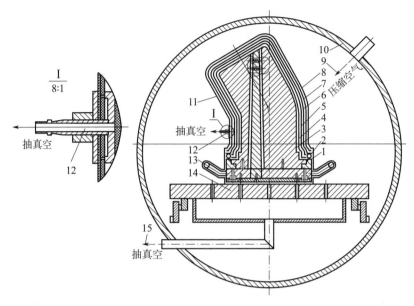

图 7-17 弯形外壳热压罐成型示意图

1、7—透气毡（吸胶麻布）；2—密封胶带；3—脱模剂；4—弯形外壳；5—脱模布；6—带孔隔离膜；8—真空袋膜；
9—压缩空气；10—热压罐；11—压敏胶带；12—真空阀；13—成型模；14—模具平台；15—抽真空

7.5.5 弯形外壳的激光切割加工

对于弯形外壳多余边角料和一些孔槽的加工，可以采用激光切割或机械切削加工，但需要设计和制造相应的夹具。

根据弯形外壳组合凸模成型案例，可以看出热压罐成型方法，对于制品一方面采用了真空袋成型，另一方面又采用了压缩空气加压成型。这两种压力都是利用空气均匀的正压力作用在制品的型面上，使制品型面能够紧贴模具的型面，可确保制品的质量。另一方面热压罐中所产生的均匀温度，能促使复合材料制品均匀快速固化成型。其不足之处是设备昂贵，操作复杂，能耗大，只要真空袋稍有泄漏，制品就要报废。由于热压罐空间有限，一次成型的制品数量不多，加之制造真空袋的材料只能使用一次，成型的制品价格不菲。所以热压罐成型法一般只适用于航空、航天和军工碳纤维制品。随着碳纤维加工和成型工艺不断的改进，碳纤维制品在民用的品种也会越来越多，如现在广泛应用的自行车赛车、高尔夫球杆和钓鱼竿等。

采用热压罐凸模成型的制品，一般适用于壳类和盘类复合材料制品。当这类制品不存在影响凸模脱模时，采用整体凸模成型。当制品存在影响凸模脱模时，采用组合凸模成型，具体如何应用组合结构要根据具体情况而定。

7.6　复合材料制品热压罐法成型凹模的设计

复合材料制品热压罐成型法除了可采用凸模进行成型之外，还可以采用凹模进行成型，凹模成型又可分成整体凹模成型和组合凹模成型两种。

7.6.1　椅盆热压罐整体成型凹模的设计

采用热压罐凹模进行成型时，当复合材料制品的形体要素上不存在阻碍凹模脱模的情况下，可以采用整体凹模。当复合材料制品的形体要素上存在着阻碍凹模脱模时，则要采用组合凹模。

椅盆长×宽×高为 870 mm×430 mm×100 mm，壁厚为 3 mm，如图 7 - 18（a）所示。材料为碳纤维，椅盆主要存在着水平方向和斜角为 15° 两个方向的型面，椅盆脱模过程是依靠手工脱模。脱模方向形体的型面均与脱模方向保持着 2° 脱模斜度，加上制品与模具型面铺涂的脱模剂，手工脱模还是比较顺利的。由于椅盆的形体与脱模方向 V 不存在着阻碍脱模的"障碍体"，特别是斜角为 15° 方向的形体与脱模方向也存在着脱模斜度，所以不会影响制品的脱模，成型模可以采用整体凹模。否则会导致模具需要采用组合模块的结构，增加模具的复杂性，又会影响模具的刚度和强度。

椅盆成型模设计如图 7 - 18（b）所示。考虑到制品脱模时用刮刀脱模会损伤型腔口部的制品，故型腔的深度要加 20 mm 的去除余量，型腔尺寸为 870 mm×430 mm×（100＋20）mm。在型腔最深处制有 3×ϕ2 mm 的排胶孔，可将多余的胶液和型腔中的空气排出型腔。在碳纤维粘贴前需要用压敏胶带将 3×ϕ2 mm 的排胶孔封住，在抽真空过程中，防止空气进入型腔而无法形成真空。成型模 1 的左、右两端安装了焊接手柄 2，以便于模具搬移。

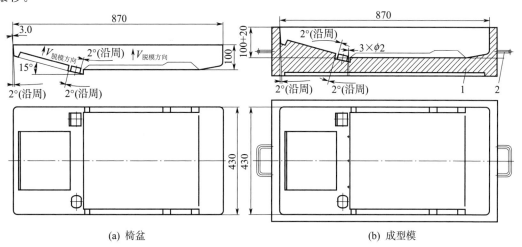

(a) 椅盆　　　　　　　　　　　　　　　(b) 成型模

图 7 - 18　椅盆与成型模

1—成型模；2—焊接手柄

在对型腔铺涂脱模剂，铺糊好碳纤维后，按顺序铺设密封胶带、脱模布、带孔隔离膜、透气毡（吸胶麻布）和真空袋膜，在真空袋膜对接处用压敏胶带粘接形成真空袋。在真空袋膜适当位置上安装好真空阀及管道，再将包裹在真空袋的模具放到模具平台上后推进热压罐中关闭罐盖。按设定的温度、压缩空气和抽真空等参数，由热压罐的控制台开启工作至弯形外壳固化成型后，打开罐盖推出模具平台，卸去真空袋即可获得椅盆。

对于整体成型凹模的设计，主要是通过对制品的形体分析，只要是制品脱模时不存在阻碍作用的"障碍体"，就可以采用整体凸模或整体凹模进行成型。然后，无论是采用整体凸模还是整体凹模，要在进行模具结构方案的分析中确定这两种模具的脱模方式和抽芯方式，应该选用模具最佳优化的模具结构。

7.6.2　弧形盒热压罐组合成型凹模的设计

在对复合材料制品进行形体分析时，要能够找出影响制品抽芯、脱模和模具型面加工时存在的各种形式"障碍体"。找出后就必须要考虑如何采取措施来避开这些"障碍体"对制品的阻挡作用，其主要的方法就是应用模具分型的方法，将整体凸模或凹模分割成多块组合的凸模或凹模的结构。

7.6.2.1　弧形盒形体分析

弧形盒长×宽×高为 560 mm×450 mm×150 mm，壁厚为 2 mm，材料为碳纤维，如图 7-19 所示。弧形盒的形状是左上端是 5°斜边，右下底呈弧形斜边，底侧面上具有 3 个凸台和 1 个凹坑结构的长方形盒体。其左端侧面存在着 205 mm×78 mm×10 mm 的凹坑

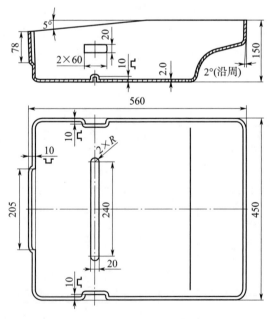

图 7-19　弧形盒及其形体分析

∏ 表示凸台"障碍体"；⊔ 表示凹坑"障碍体"

"障碍体"；左中部存在着（240+2R）mm×20 mm×10 mm 的凸台"障碍体"；前后两侧面存在着 2×60 mm×20 mm×10 mm 凸台"障碍体"，这些"障碍体"都会阻碍弧形盒的脱模。

7.6.2.2　弧形盒成型模最佳优化方案的可行性分析

既然弧形盒四处的"障碍体"影响其脱模，因此，成型模就不能采用整体模具来成型，需要对模具进行分型，以避免"障碍体"对制品脱模的阻挡作用。由于对模具的分型存在多种方法，这样就产生了多种模具结构方案。将这些模具结构方案进行分析后罗列出来进行比较，从中找出可行方案。

（1）弧形盒成型凸模结构方案可行性分析

由于凸模分型的模块位置和数量不同，所造成模具的结构也不同。对弧形盒成型凸模进行一处或两处或不同位置的分型，可以得到以下 3 种不同的模具结构方案：

1）弧形盒成型凸模横向一次分型：分型面 I—I 在弧形盒成型凸模横向分型。如图 7-20（a）俯视图所示，在分型面 I—I 处将整体凸模分成左、右两块的凸模，两块凸模的脱模方向为 $V_{脱模方向}$。两块凸模由于受到了 2×60 mm×20 mm×10 mm 凸台"障碍体"的阻挡无法从弧形盒中脱模，可见该分型方法是一种错误的方案。

2）弧形盒成型凸模纵向一次分型：如图 7-20（b）俯视图所示，分型面 I—I 在弧形盒成型凸模纵向分型。如图 7-20（b）左视图所示，在分型面 I—I 处将整体凸模分成前后两块的凸模，两块凸模的脱模方向为 $V_{脱模方向}$。两块凸模由于受到了 2×60 mm×20 mm×10 mm 凸台"障碍体"的阻挡也是无法从弧形盒中脱模，可见该分型方法也是错误的方案。

3）弧形盒成型凸模纵向两处分型：如图 7-20（c）俯视图所示，分型面 I—I 和 II—II 在弧形盒成型凸模纵向两处分型。如图 7-20（c）左视图所示，在分型面 I—I 和 II—II 处将整体凸模分成 3 块，3 块凸模的脱模方向为 $V_{脱模方向}$。3 块凸模需要做成斜楔的形式，且需要做成燕尾滑块和滑槽。在中间凸模向右 $V_{脱模方向}$ 脱模的同时，由于斜楔形式的燕尾滑块与滑槽的作用，使上下两块凸模向中心移动，故 3 块凸模不会受到凸台和凹坑"障碍体"的阻挡，是可以从弧形盒中脱模的。3 块凸模之间为了防止出现错位现象，还要有限位机构。可见，该模具结构和制造复杂，但该分型方法是可行的方案。

（2）弧形盒成型凹模结构方案可行性分析

对弧形盒成型凹模分型也有横向、纵向和两处分型的形式。

1）弧形盒成型凹模纵向一次分型：如图 7-21（a）俯视图所示，分型面 I—I 在弧形盒成型凹模纵向分型。如图 7-21（a）左视图所示，在分型面 I—I 处将整体凹模分成两块，两块凹模的脱模方向为 $V_{脱模方向}$（前、后方向）。两块凹模受到 205 mm×78 mm×10 mm 和（240+2R）mm×20 mm×10 mm 的凸台"障碍体"的阻挡无法从弧形盒中脱模，可见该分型方法也是错误的方案。

2）弧形盒成型凹模横向一次分型：如图 7-21（b）俯视图所示，分型面 I—I 在弧形盒成型凹模横向分型。如图 7-21（c）主视图所示，在分型面 I—I 处将整体凹模分成

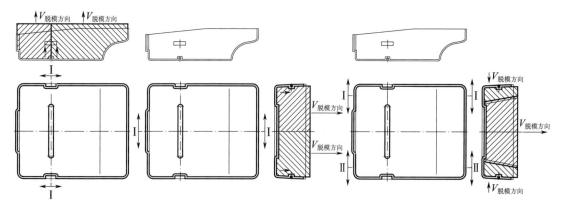

(a) 弧形盒成型凸模横向分型　　　(b) 弧形盒成型凸模纵向分型　　　(c) 弧形盒成型凸模两处分型

图 7 - 20　弧形盒成型凸模结构方案可行性分析示意图

Ⅰ—Ⅰ 表示分型面；Ⅱ—Ⅱ 表示分型面；✷ 表示无法脱模

左、右两块，两块凹模的脱模方向为 $V_{脱模方向}$。两块凹模向下脱模，两块凹模受到 $2 \times$ 60 mm×20 mm×10 mm 和凸台"障碍体"的阻挡无法脱模。两块凹模向左、右方向脱模，受到（240＋2R）mm×20 mm×10 mm 和 2×60 mm×20 mm×10 mm 凸台"障碍体"的阻挡无法脱模，可见该分型方法也是错误的方案。

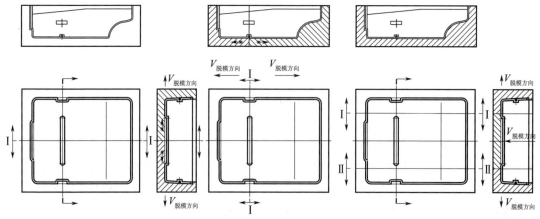

(a) 弧形盒成型凹模纵向一次分型　　(b) 弧形盒成型凹模横向一次分型　　(c) 弧形盒成型凹模纵向两处分型

图 7 - 21　弧形盒成型凹模结构方案可行性分析示意图

Ⅰ—Ⅰ 表示分型面；Ⅱ—Ⅱ 表示分型面；✷ 表示无法脱模

3）弧形盒成型凹模纵向两处分型：如图 7 - 21（c）俯视图所示，分型面Ⅰ—Ⅰ和Ⅱ—Ⅱ在弧形盒成型凹模纵向两处分型。如图 7 - 21（c）左视图所示，分型面Ⅰ—Ⅰ和Ⅱ—Ⅱ将整体凹模分成 3 块，3 块凹模的脱模方向为 $V_{脱模方向}$。3 块凹模中的两侧凹模向前、后脱模，中间凹模朝左脱，故 3 块凹模不会受到凸台和凹坑"障碍体"的阻挡，可以从弧形盒中脱模，该分型方法是可行的方案。

对于模具结构方案，只有通过多种结构方案的可行性进行比较分析之后，在找到了最佳优化结构方案才能进行模具结构的三维造型或二维设计。否则，容易设计出错误或复杂的结构，错误的方案会导致模具结构失败，复杂结构的方案会使模具复杂、成本增加和制造周期延长。

7.6.2.3　弧形盒成型凹模的设计

凸模纵向两处分型和凹模纵向两处分型方案都是可行的，但凸模纵向两处分型需要采用斜楔燕尾槽块结构抽芯，制造比凹模纵向两处分型方案复杂，故应选用凹模纵向两处分型方案。根据弧形盒成型凹模两处分型面Ⅰ—Ⅰ和Ⅱ—Ⅱ的分型分析，成型凹模可分成后凹模1、中凹模2和前凹模3，如图7-22所示。为了搬动成型凹模，在前凹模3和后凹模1各安装了一副焊接手柄4，在中凹模2的两端各安装了一副焊接手柄4。前凹模3、中凹模2、后凹模1的对接和定位，则依靠4组导柱8和导套6、9。为了防止3块凹模移动，圆柱销7在导套6、9径向的切线位置，可防止导套6、9的径轴向移动。当限位销10、13处在导套6、9半圆形槽时，限位销10、13在弹簧12的作用下进入半圆形槽锁紧导套6、9，可防止前凹模3、中凹模2、后凹模1之间的移动。模具型腔尺寸为560 mm×450 mm×(150+20) mm，脱模方向型面脱模斜度为2°，刻线宽×深为0.3 mm×0.3 mm。4×φ2 mm孔装敷有压敏胶带，可以让多余的树脂和型腔中空气排出。

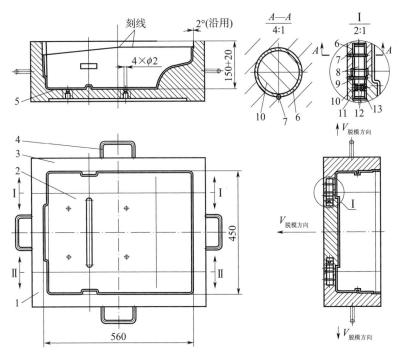

图 7-22　弧形盒组合成型凹模的设计

1—后凹模；2—中凹模；3—前凹模；4—焊接手柄；5—弧形盒；6、9—导套；

7—圆柱销；8—导柱；10、13—限位销；11—螺母；12—弹簧

7.6.2.4　弧形盒热压罐成型

如图 7-23 所示，用带有胶面的碳纤维贴片，粘贴在涂有脱模剂 5 成型模 2 的型面上，达到要求厚度。然后，按顺序铺敷脱模布 7、带孔隔离膜 8、透气毡（吸胶麻布）9 和真空袋膜 10，真空袋膜 10 在成型模 2 外侧面适当位置处用压敏胶带 1 粘接形成真空袋。在 $4 \times \phi 2$ mm 孔上粘贴压敏胶带 1，多余的树脂和型腔中空气可以从这些孔中排出。在真空袋膜 10 适当位置上安装好真空阀 4 及管道，再将包裹在真空袋的模具放到模具平台 11 上后推进热压罐 13 中并关闭罐盖。按设定的温度、压缩空气 12 和抽真空 14 等参数，由热压罐 13 的控制台开启工作至弧形盒 6 固化成型。打开热压罐 13 的盖推出模具平台 11，卸去真空袋即可获得弧形盒 6。

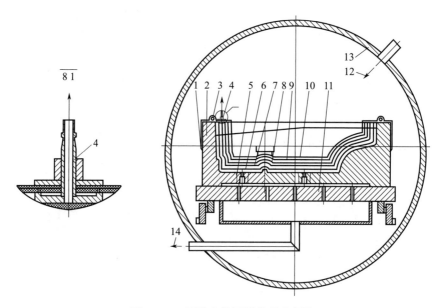

图 7-23　弧形盒热压罐成型示意图

1—压敏胶带；2—成型模；3—密封胶带；4—真空阀；5—脱模剂；6—弧形盒；7—脱模布；8—带孔隔离膜；
9—透气毡（吸胶麻布）；10—真空袋膜；11—模具平台；12—压缩空气；13—热压罐；14—抽真空

弧形盒在热压罐控制台设定的均匀温度和压缩空气及抽真空双重压力作用下，可以无缺陷地进行复合材料的成型，并且复合材料层间具有很大的结合力。

热压罐成型法是复合材料制品成型工艺中的高端工艺，热压罐成型法适用于碳纤维、芳纶纤维、硼纤维和晶须等材料制品的加工，对于玻璃制品，由于这种材料价格低，不适宜采用热压罐成型法。

7.7　碳纤维复杂头盔外壳热压罐成型模的设计

头盔外壳，无论是在产品结构上，还是在造型上迄今为止都是复合材料制品中最为复杂的一种，其模具更具独创性。这是因为头盔外壳的型面上布满着凸台、凹坑、内扣和弓形高等形式的"障碍体"，这样，便使产品的成型和脱模变得极其困难。为了确保头盔外壳的壁厚和重量不超出图样的要求，还必须确保头盔外壳不能产生气泡、聚胶、缺胶和分层等缺陷；同时，为了确保产品能够顺利地脱模，成型模必须采用多个分型面，来避开"障碍体"对产品脱模的阻挡。在采用了多处分型后所组成的整体成型模，在真空袋抽真空和热压罐内压缩空气和均匀温度的作用下，带胶多层碳纤维布铺敷在型腔壁上，头盔外壳壁厚经压实固化为制品。实践充分证明，采用热压罐成型模成型的碳纤维头盔外壳的质量远优于其他成型方法加工的复合材料制品。

　　头盔外壳的型面上布满了凸台、凹坑、内扣和弓形高等形式的"障碍体"，妨碍了头盔外壳的脱模和型面加工。同时，头盔外壳铺敷的材料是碳纤维，材料十分昂贵，决不允许轻易出现废次品，故只能采用热压罐成型。采用了四个分型面将成型模分成五个既独立又能通过导柱螺钉组合的模板，组合后能裱糊成型头盔外壳，拆除后能实现头盔外壳脱模。又通过应用多根带螺杆的导柱分别将 5 个模板连接起来，同时模板的拆除也十分方便。成型模还采用了真空袋进行密封的措施，在热压罐中由于真空袋内均匀真空和真空袋外均匀压缩空气双重压力的作用下，压实了头盔外壳壁厚，并在热压罐内均匀的温度作用下固化粘接胶面，从而确保了制品刚度和无缺陷。

7.7.1　头盔外壳形体分析

　　头盔外壳二维图如图 7 - 24（a）所示；UG 三维图如图 7 - 24（b）所示。

　　（1）头盔外壳成型工艺

　　头盔外壳的材料为碳纤维，壁厚为 2 mm。成型工艺方法是用带胶面的碳纤维布粘贴在成型模型腔壁上，在达到图样厚度后，再按顺序铺敷脱模布、带孔隔离膜、透气毡（吸胶麻布）和真空袋膜。真空袋膜在成型模外侧面适当位置处，用密封胶带粘接形成真空袋。压敏胶带是粘贴在模具孔槽和存在的间隙处，以防止漏进空气。然后，将成型模放到模具平台上，推进热压罐中并关闭罐盖。按设定的温度、压缩空气和抽真空等参数，由热压罐的控制台开启工作至头盔外壳固化成型为止，才能打开热压罐的盖并推出模具平台，卸去真空袋，获得合格的头盔外壳。

　　（2）头盔外壳的形体分析

　　头盔外壳如图 7 - 24（a）所示，其内、外形十分复杂，复杂程度远远超过以前所有的各类型头盔外壳。头盔外壳轮廓为椭圆形的壳体，外壳顶部的两侧有着类似绵羊的"犄角"型面，而外壳的整个型面就像"癞蛤蟆皮"一样，布满了"凸台"和"凹坑"，外壳的底部制成"Z"形的空腔。这样，便形成了许多的凸台、凹坑、内扣和弓形高等形式的"障碍体"，这些各种形式的"障碍体"除了会影响头盔外壳的脱模外，还会严重影响头盔外壳的成型质量。

　　1）头盔外壳的质量要求：头盔外壳的成型面需要符合产品三维造型的要求，型面不可存在空缺和扁塌；既要确保头盔外壳的壁厚和重量不能超标以及有足够的刚性，又要确保头盔外壳不能产生气泡、聚胶和缺胶等缺陷。为确保头盔外壳的质量，头盔外壳切割边

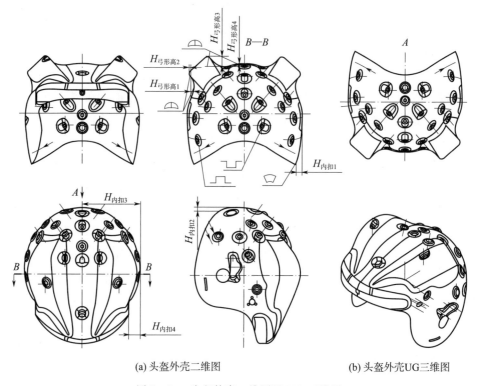

(a) 头盔外壳二维图　　　　　　　(b) 头盔外壳UG三维图

图 7-24　头盔外壳二维图及 UG 三维图

⌒ 表示弓形高"障碍体"；⊓ 表示凸台"障碍体"；⊔ 表示凹坑"障碍体"；⌒ 表示内扣式"障碍体"

的型面需要延长 10~15 mm，切割边处需要制宽 0.5 mm、深 0.3 mm 的刻线。为了能使激光切割出所有的孔，应制出激光切割夹具的 4 个定位孔，而其他的孔中心都应制有锥形窝，以便于激光切割孔时找正孔位。

2）分型面的选取：成型模分型面的选取原则是：要完全避开头盔外壳上的凸台、凹坑、内扣和弓形高等形式的"障碍体"，分型面尽量不从模具凸台和凹坑的型面通过，分型后的模块拆装应方便。

7.7.2　头盔外壳热压罐成型模结构方案的分析

玻璃钢、芳纶纤维及碳素纤维制品的成型模结构的分析和设计，应该从两个方面考虑：一是解决头盔外壳如何从模具中脱模的问题；二是应确保头盔外壳壁厚和重量及无成型缺陷的问题。这两个问题既是相互矛盾的，在适当的条件下又是彼此可以统一的。只有解决了这两个问题，才能有效地解决模具结构设计的问题。

7.7.2.1　头盔外壳成型模凹模结构的分析

头盔外壳上的凸台、凹坑、内扣和弓形高等形式的"障碍体"，将会严重地妨碍头盔外壳的脱模，如图 7-25 所示。而要解决此问题，就需要在适当位置上采用分型面的方法，来避开这些"障碍体"的阻挡作用，使头盔外壳能够顺利地脱模，具体分析方法如下：

1) 未采用分型面的整体式成型模脱模的分析：如图 7 - 25（a）所示，显而易见，未采用分型面的整体式成型模，在头盔外壳上的凸台、凹坑、内扣和弓形高等形式"障碍体"的阻挡作用下，根本无法进行头盔外壳的正常脱模。

2) 分型面 Ⅰ－Ⅰ 为中间对开成型脱模的分析：如图 7 - 25（b）所示，中间对开分型的成型模，在头盔外壳上的凸台、凹坑和弓形高等形式的"障碍体"的阻挡作用下，也根本无法进行头盔外壳正常脱模。

3) 分型面 Ⅰ－Ⅰ 及分型面 Ⅱ－Ⅱ 为四开成型模脱模的分析：如图 7 - 25（c）所示，四开成型的成型模只能解决下左模板 2 和下右模板 6 脱模的问题，无法解决分型面 Ⅱ－Ⅱ 之上两块存在着类似绵羊"鹿角"处弓形高形式"障碍体"对头盔外壳的阻挡作用。这样，对头盔外壳来说，还是有部分的模板不能够正常脱模。

4) 两处分型面 Ⅰ－Ⅰ 及分型面 Ⅱ－Ⅱ、分型面 Ⅲ－Ⅲ 为五开成型模脱模的分析：如图 7 - 25（d）所示，在四开凹模的基础上，将分型面 Ⅱ－Ⅱ 之上存在着类似绵羊"犄角"处的上左右模板再用两处分型面 Ⅰ－Ⅰ 分成 3 块，这样便解决上左右模板中因弓形高形式的"障碍体"对头盔外壳的阻挡作用，头盔外壳顶部便会因两处分型面 Ⅰ－Ⅰ 及分型面 Ⅱ－Ⅱ 的分型而能顺利地脱模。头盔外壳下部也会因分型面 Ⅲ－Ⅲ 的分型，可以顺利地脱模。这样，只要先取出上中模板 4，继而取出上左模板 3 和上右模板 5，再取出下左模板 2 和下右模板 6，成形头盔外壳的 5 块成型模板便可全部拆卸。5 块成型模板的连接和

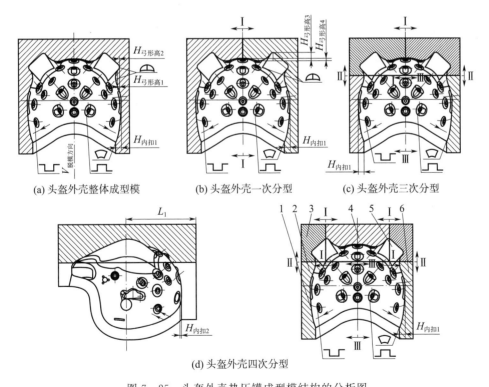

(a) 头盔外壳整体成型模　　　(b) 头盔外壳一次分型　　　(c) 头盔外壳三次分型

(d) 头盔外壳四次分型

图 7 - 25　头盔外壳热压罐成型模结构的分析图

1—头盔外壳；2—下左模板；3—上左模板；4—上中模板；5—上右模板；6—下右模板

定位，需要采用导柱和导套等导向定位构件进行定位，还需要采用紧固件进行连接组成整体成型模，拆卸导向定位构件和紧固件后，再按顺序分型即可取出头盔外壳。

7.7.2.2　成型模凹模型腔的加工

如图 7-25（d）所示，成型模型腔由 5 块模板组成，上左模板 3、上中模板 4 和上右模板 5 是用两长导柱定位后连接加工的，但下左模板 2 和下右模板 6 是分别加工的。为防止组合后 5 块模板的型腔产生错位，应在先加工出各模板的型腔后，再将模板组合加工长导柱与导套的孔。

7.7.3　头盔外壳热压罐成型模的设计

如图 7-26 所示，头盔外壳热压罐成型模采用两处Ⅰ-Ⅰ、一处Ⅱ-Ⅱ、一处Ⅲ-Ⅲ共四处分型面，将模具分割成上左模板 1、上右模板 2、下右模板 4、下中模板 5 和下左模板 6 五部分。下右模板 4、下中模板 5 和下左模板 6 是通过用沉头螺钉 9 固定在下右模板 4 的横导柱螺杆 3 和内六角螺母 7 进行导向定位和紧固的，松开内六角螺母 7 便可将下右模板 4、下中模板 5 和下左模板 6 拆除。上左模板 1 和上右模板 2 是通过圆柱销 10 与台阶面固定在下右模板 4 和下左模板 6 的 4 根竖导柱螺杆 11 和内六角螺母 7 进行导向定位和紧固的，松开内六角螺母 7 便可将上左模板 1 和上右模板 2 拆除。拆除了上左模板 1、上右模板 2、下右模板 4、下中模板 5 和下左模板 6 五部分，便可实现头盔外壳的脱模。钻套 12 用于加工 4×φ6H7 孔，两个焊接手柄 8 是为了搬动成型模而设置的。

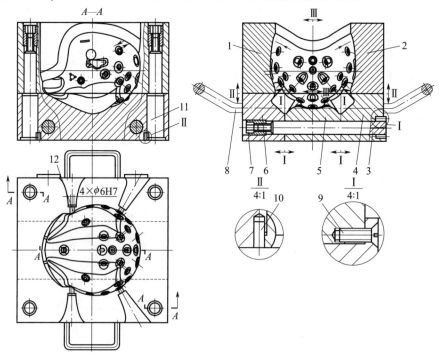

图 7-26　头盔外壳热压罐成型模结构的设计

1—上左模板；2—上右模板；3—横导柱螺杆；4—下右模板；5—下中模板；6—下左模板；7—内六角螺母；
8—焊接手柄；9—沉头螺钉；10—圆柱销；11—竖导柱螺杆；12—钻套

7.7.4　头盔外壳热压罐成型

热压罐成型模制造好之后，在放进热压罐之前还需要进行真空膜的安装，使整个成型面能形成真空袋。其目的是通过抽真空产生的均匀压力，对用带有胶面的碳纤维布所铺敷达到 2 mm 厚度的制品压实固化。

如图 7 - 27 所示，清洗成型模型面后，均匀涂抹脱模剂 9，铺敷碳纤维布带到头盔外壳 8 的图样要求厚度。接着在模具存在孔、槽和有间隙处铺敷压敏胶带 3，以防热压罐中气体进入抽取真空的真空袋内。再铺敷脱模布 7、带孔隔离膜 6、透气毡（吸胶麻布）5、真空袋膜 4 和透气毡（吸胶麻布）2，最后要用密封胶带 1 将整个真空袋膜 4 边缘与模具粘牢。检查真空袋有无没有密封的地方，将整台装入真空袋的模具放在模具平台 11 上。注意，模具必须放在模具平台 11 有排气孔的位置上，推入热压罐 14 中。关闭热压罐 14 阀门，按成型工艺参数开启控制柜中真空泵、空气压缩机和电热器。

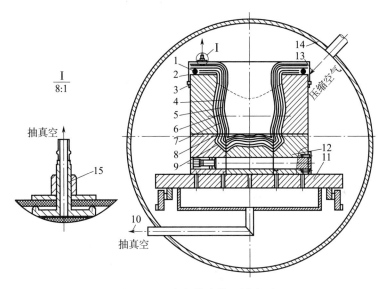

图 7 - 27　头盔外壳热压罐成型

1—密封胶带；2—透气毡（吸胶麻布）；3—压敏胶带；4—真空袋膜；5—透气毡（吸胶麻布）；6—带孔隔离膜；
7—脱模布；8—头盔外壳；9—脱模剂；10—抽真空；11—模具平台；
12—成型模；13—压缩空气；14—热压罐；15—真空阀

热压罐成型模结构主要考虑具有多种"障碍体"的头盔外壳，如何采用模具多处分型的方法使头盔外壳能够顺利地脱模，同时还应该考虑能够顺利地进行加工。头盔外壳铺敷的材料是碳纤维，只有采用热压罐成型才能确保其被压实和无成型缺陷。另外碳纤维十分昂贵，不允许出现报废的现象。在热压罐中真空袋内均匀真空压力和真空袋外均匀压缩空气双重压力的作用下压实头盔外壳壁厚，并在热压罐内均匀的温度作用下固化粘接胶面，可以确保制品无缺陷和刚度。

7.8　玻璃钢外壳油压机模压成型模的设计

　　复合材料制品成型模结构在同一种成型加工方法中具有多种方案，应用不同的成型加工方法具有不同的模具结构方案。为了确保制品能够消除各种成型加工的缺陷，玻璃钢外壳采用了油压机成型法进行加工。

　　油压机是一种通过专用液压油作为工作介质，通过液压泵作为动力源，靠泵的作用力使液压油通过液压管路进入油缸/活塞。然后油缸/活塞里有几组互相配合的密封件，不同位置的密封件是不相同的，但都可以起到密封的作用，使液压油不能泄漏。最后通过单向阀使液压油在油箱循环，使油缸/活塞循环做功，从而完成一定机械动作来作为生产力的一种机械。

　　1) 利用机械压力成型加工复合材料制品：常采用油压机进行，成型模的上模用模柄安装在上工作台孔中，下模安装在下工作台的两滑槽上。当复合材料制品固化成型，油压机上工作台开启之后，下模中的卸料器就会通过顶出机构将复合材料制品顶出。之后松开压板将下模沿两滑槽推出油压机下工作台范围之外，以便铺放复合材料制品的毛坯。在完成这些工作后，将下模推至两滑槽的定位件处再用压板紧固下模，以便下一次复合材料制品的成型加工。需要特别注意的是，模具在滑槽方向的尺寸，不能超出油压机两导柱间的距离。

　　2) 油压机复合材料压模正装形式结构的设计：所谓油压机复合材料压模正装形式，就是一种以上模为凸模，以下模为凹模的压模结构。在这种常规结构的压模中，为了使复合材料制品能够滞留在凹模中，可在凹模沿周刻线处制出宽×深为 0.3 mm×0.3 mm 的刻线。其目的一方面是迫使制品能够滞留在凹模中；另一方面是刻线可作为边角余料的切割标志。这样，便于制品在油压机卸料器的作用下，将制品顶脱模。

7.8.1　玻璃钢外壳形体与模具结构方案分析

　　玻璃钢外壳如图 7-28 所示。其长×宽×高为 400 mm×300 mm×20 mm，壁厚为3 mm。外壳横、纵向呈弯边弧形，其上具有 3×ϕ50 mm×13 mm 圆筒；（70+2×15）mm ×30 mm×13 mm 腰字槽；两个不同形状的异形槽，所有脱模方向的型面都具有2°脱模角。外壳所有形体方向均与脱模方向一致，故不存在影响外壳的脱模"障碍体"，成型模可以制成整体形式。

　　外壳玻璃钢材料可以采用裱糊的方法，由于外壳的凸台和凹槽形体很难做到裱糊后壁厚的均匀性，裱糊方法不是理想的工艺方法。而喷涂方法因在脱模方向上的型面树脂容易滑移，也容易造成外壳壁厚的不均匀性，因此也不是理想的工艺方法。最理想的是采用编织成与外壳形体相似的编织件，通过多层编织件浸胶后成为预浸件放入凹模中，再通过油压机压制成型。由于油压机运行平稳和缓慢及可以长时间合模，这是冲床做不到的，这也就是采用油压机而不采用冲床的原因。由于预浸件是多层整张近似制品的编织件，图 7-

28 所示的 $3 \times \phi 50$ mm 和 $5 \times \phi 4$ mm 孔都是完整实体，这些孔和外周余边料都可以采用激光或冲裁或铣削加工切割掉。

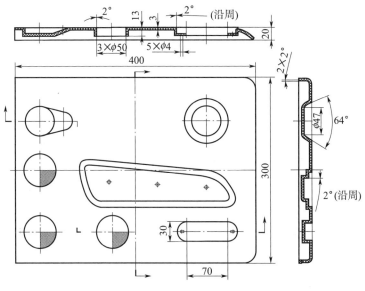

图 7 - 28　玻璃钢外壳

7.8.2　外壳压模结构设计

如图 7 - 29（a）所示，外壳 4 裱糊在压模的凸模 5 上，以凹模 3 作为对合模加压。凸模 5 与凹模 3 之间，以导柱 11 和导套 10 进行定位和导向。

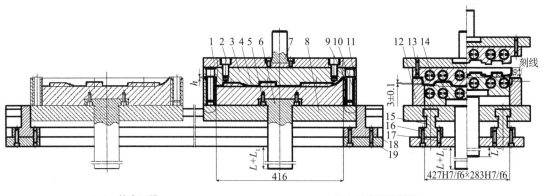

（a）外壳压模　　　　　　　　（b）外壳压模脱模

图 7 - 29　玻璃钢外壳压模结构的设计

1—上垫板；2、16—内六角螺钉；3—凹模；4—外壳；5—凸模；6—顶杆；7—模柄；8—下垫板；9—垫圈；
10—导套；11—导柱；12—下模板；13、17—圆柱销；14—电热器；15—滑轨；18—限位块；19—底板
L—滑槽高度；$L+L_1$—滑槽高度＋脱模距离；h—凹、凸模间隙

凸模 5 与凹模 3 之间需要保持外壳壁厚（3±0.1）mm 的间隙，这个间隙是以调整垫

圈 9 的厚度来达到的。凸模 5 是通过内六角螺钉 2 与下垫板 8 连接，顶杆 6 通过下垫板 8 的孔以内六角螺钉 2 与凸模 5 连在一起，上垫板 1 中的模柄 7 安装在油压机上工作台孔中。凹模 3 是通过内六角螺钉 2 与上垫板 1 连接，顶杆 6 放置在油压机下工作台孔中卸料器上。如图 7 - 29（b）所示，当油压机上工作台带动凹模 3 向下移动压制外壳 4 的编织件，并推动凸模 5 和顶杆 6 使卸料器的橡皮被压缩。当凹模 3 中导柱 11 的大端圆柱端面接触到导套 10 的端面时便停止向下移动，凸模 5 与凹模 3 需要压制到外壳 4 成型固化，才能开动油压机上工作台向上移动，卸料器的橡皮在压力消除后可依靠其弹性复原，使顶杆 6 带动凸模 5 将外壳 4 顶出，凹模 3 型腔多余的树脂和模腔中的空气可从凹、凸模间隙 h 处排出，也可在凸模 5 的适当位置加工树脂和空气的排出孔。顶杆 6 下端需要高出底板 19 达 $L + L_1$ 的距离。凸模 5 与凹模 3 中均安装有若干电热器 14，通电后电热器 14 发热可加快外壳 4 固化速度。凸模 5 通过滑轨 15 可移出油压机工作台之外，以方便外壳 4 的裱糊，凸模 5 的移出与移进依靠限位块 18 限位，位置的固定则依靠机床压板和 T 形螺钉及六角螺母。

7.9　玻璃钢罩壳压模倒装形式结构的设计

油压机复合材料压模倒装形式结构的设计，所谓油压机复合材料压模倒装形式，就是一种上模为凹模、下模为凸模的压模结构。在这种倒装结构的压模中，为了使复合材料制品能够滞留在凸模中，可在凸模刻线处沿周制 0.3 mm×0.3 mm 的刻线。其目的是迫使制品能够滞留在凸模中，这样便于制品在油压机卸料器的作用下将制品顶脱模。

7.9.1　玻璃钢罩壳形体与模具结构方案分析

玻璃钢罩壳如图 7 - 30 所示。其长×宽×高为（100＋250＋50）mm×200 mm×180 mm，壁厚为 3 mm，脱模方向的型面均有 2°的脱模角。

由于玻璃钢罩壳脱模方向的型面均有 2°的脱模角，该压模可以采用上凹模与下凸模的倒置结构。为了使罩壳能够滞留在凸模上，以便于顶杆将制品顶脱，可在凸模刻线处制宽×深为 0.3 mm×0.3 mm 的刻线。

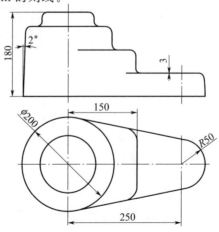

图 7 - 30　玻璃钢罩壳

7.9.2　罩壳压模结构设计

如图 7-31 所示，罩壳 20 在凸模 4 中裱糊，处在压模的凸模 4 与凹模 3 之间，是以导柱 8 和导套 7 进行定位和导向。凸模 4 与凹模 3 之间需要保持罩壳 20 壁厚（3 ± 0.1）mm 的间隙，这个间隙是以调整垫圈 9 的厚度来达到的。凹模 3 是通过内六角螺钉 6 与上垫板 2、模柄 1 相连接，模柄 1 可安装在油压机上工作台的孔中。凸模 4 是通过内六角螺钉 6 与下垫板 11 相连接，而下垫板 11 安装在油压机下工作台两滑槽上。安装在两滑槽上的目的是使凸模 4 移出下工作台便于裱糊操作。顶杆 13、顶杆 18 与推板 16 和推杆 17 连接，推杆 17 放置在油压机下工作台孔中的卸料器上。由于滑槽高度为 L，推杆 17 凸出下垫板 11 的高度应该是滑槽高度 L + 脱模距离 L_1。当油压机上工作台带动凹模 3 向下移动压制罩壳的编织件，并推动凸模 4 和顶杆 13、顶杆 18、推板 16 和推杆 17，使得卸料器的橡皮被压缩。当凹模 3 中导柱 8 的大端圆柱端面接触到导套 7 的端面时便停止向下移动，凹模 3 与凸模 4 压制到罩壳 20 至成型固化。油压机上工作台向上移动，卸料器的橡皮在压力消除后依靠其弹性复原，使得推杆 17、推板 16、顶杆 13 和顶杆 18 将罩壳 20 顶出凸模 4。推杆 17、推板 16、顶杆 13 和顶杆 18 的回位，是依靠顶杆 13 和顶杆 18 上的弹簧 19。顶杆 13 和顶杆 18 上端制成 $10°$ 倒锥体与凸模 4 锥孔的配合，是防止液体树脂的流失。而多余的树脂和型腔中的空气可从凹凸模间隙 h 处排出，也可在凸模 4 的适当位置加工树脂和空气的排出孔。凹模 3 与凸模 4 中均安装有若干电热器 12，通电后电热器 12 发热可加快罩壳 20 的固化速度。

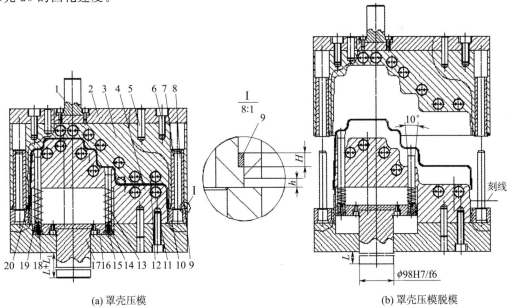

(a) 罩壳压模　　　　(b) 罩壳压模脱模

图 7-31　玻璃钢罩壳压模结构设计

1—模柄；2—上垫板；3—凹模；4—凸模；5—圆柱销；6—内六角螺钉；7—导套；8—导柱；9—垫圈；10—下模板；11—下垫板；12—电热器；13、18—顶杆；14—垫圈；15—沉头螺钉；16—推板；17—推杆；19—弹簧；20—罩壳

注：L— 滑槽高度；$L+L_1$— 滑槽高度 + 脱模距离；H— 垫圈厚度；h— 凹凸模间隙

油压机压模成型复合材料制品的优点是，能够利用卸料器进行脱模，甚至可以利用设置在上下工作台的卸料器进行制品凹凸模的双向脱模，这是其他成型方法所不能实现的。

7.9.3　罩壳压模与油压机滑轨的安装

罩壳的成型是由安装在油压机上、下工作台之间的压模闭模时进行成型的，开模时由脱模机构将制品顶脱，这些工作是压模在上、下工作台之间完成的。那么，若罩壳的裱糊还要在上、下工作台之间进行，工作人员便要钻进工作台中进行操作。这样的操作一方面不安全，另一方面操作时要下蹲弯腰弓背，操作极不方便。这就需要将罩壳裱糊的模具，移至油压机上、下工作台外面进行。

压模位置如图 7-32 所示。压模 1 的模柄安装在油压机上工作台的模柄孔中，上模部分用压板安装在上工作台上。下模部分的 T 形槽放置在两条工字形滑轨 3 上，工字形滑轨 3 用圆柱销 4 和内六角螺钉 5 安装在垫板 6 上，垫板 6 的左右两端用圆柱销 4 和内六角螺钉 5 安装滑轨挡块 2，其目的是限制压模 1 位置（Ⅰ）和位置（Ⅱ）的位置。一是确定压模 1 成型时的定位，二是防止压模 1 裱糊的脱落。推杆需要抵住油压机的下工作台孔中的卸料器。上工作台开启罩壳脱模后，可松开压模 1 的压板，将压模 1 推至压模 1 位置（Ⅱ）进行罩壳的裱糊，裱糊好之后又要将压模 1 推回位置（Ⅰ）进行罩壳的成型。

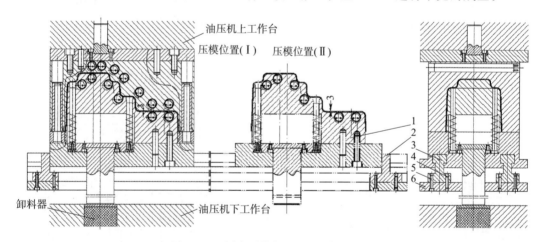

图 7-32　罩壳压模与油压机滑轨的安装

1—压模；2—滑轨挡块；3—工字形滑轨；4—圆柱销；5—内六角螺钉；6—垫板

压模 1 能施加到作用力的型面存在作用力，而垂直作用力的型面就不存在作用力，对于具有脱模角的型面只有很小的作用力。这种变化的作用力会使未固化的玻璃布和树脂向作用力较小的型腔移动，造成复合材料制品产生缺陷。但相比真空袋成型和热压罐成型，设备简单，成本低。

本章所介绍的真空袋、热压罐和油压机压模成型方法，都是利用压力进行复合材料制品的成型。真空袋成型法是利用对真空袋进行抽真空，在复合材料制品施加均匀的压力进行成型。热压罐成型法，是利用对真空袋进行抽真空和压缩空气双重的均匀压力进行成型。油压机压模成型法，是通过单向阀使液压油在油箱循环使油缸/活塞循环做功，从而完成一定机械动作进行成型方法。由于工作介质的不同，所施加作用力的方向和大小也不同。真空袋和热压罐成型法是以真空和气体为介质，作用力从各个方向均匀地施加，通过设备压力大小可控。油压机压模成型法施加力的方向仅局限于上工作台的运动方向，垂直工作台的运动方向不存在作用力。真空袋和油压机压模成型法的热量是依靠在模具中加装电热器来实现的，产生的温度不均匀，温度控制差。热压罐成型法是通过热压罐对空气加热，温度均匀。油压机压模成型法能够较容易实现复合材料制品机械脱模，真空袋、热压罐成型法要专门设置脱模机构。

从成型复合材料制品的质量上考虑，主要是从制品所产生的缺陷、壁厚和重量上进行衡量。热压罐成型法由于有双重均匀压力和温度成型，制品的质量最佳，但成型加工的成本最高，故适用于高质量、高价格的芳纶纤维、碳纤维制品的加工。真空袋成型法由于作用的压力均匀，温度不均匀，适用于加工玻璃钢、芳纶纤维、碳纤维制品。油压机压模成型法由于作用的压力和温度都不均匀，仅用于玻璃钢制品的加工。

第8章　各种类型头盔外壳复合材料袋压成型模结构设计

袋压成型工艺是球形复合材料制品成型的一种比较完善的工艺方法，这种复合材料成型的工艺方法只能成型类似圆球形的复合材料制品。其优点是：复合材料制品具有强度高、质量小的特点，能够成型无富胶、缺胶、气泡和等壁厚的复合材料制品。缺点是：由于玻璃钢是平面的复合材料，用平面的复合材料铺糊成型球状形复合材料制品时，复合材料的玻璃钢需要剪开多个切口，使切口之间布能够实现相互搭接，来封闭切口。因此，一是搭接处的强度变差，特别是不能适应防弹型头盔的成型；二是搭接处的复合材料的壁会出现增厚现象。

先前各种防碰撞类型的复合材料头盔外壳都是光滑的简易橄榄球形状，采用袋压成型工艺方法制造这种类型复合材料的头盔外壳是最佳的选择。由于现在这种防碰撞形式的复合材料头盔需要有通信和传递各种信息等数字功能，因此头盔外壳上需要安装很多的电子元器件。所以，头盔外壳再不是简单的橄榄球形，而是要增添许多的凸台和凹坑，成为形状十分复杂的橄榄球形。这样，原始的袋压成型就不能成型合格的复合材料头盔外壳。笔者通过对袋压成型模结构的改进，已经完全能够成功地解决这些难题。

8.1　各种类型头盔外壳玻璃钢产品袋压成型原理

由于头盔外壳如同橄榄球的形状，加之批量不大，可用袋压成型的工艺方法来进行制造。成型头盔外壳的左、右模板，可采用夹布胶木板或铸铝制造。而头盔外壳则是依靠充入的压缩气体并通过橡胶袋所施加均匀压力，将玻璃钢织物中含有多余的树脂胶液和气体由钻套孔中挤出模外。为确保头盔外壳成型的质量，固化后才能取出成型的头盔外壳。实践已经充分地证明了这种头盔外壳成型工艺方法，不仅能确保产品质量，也能满足客户供应的要求。

8.1.1　玻璃钢产品的成型质量要求

袋压成型是一种技术要求高，以复合材料和树脂制成的制品技术。这种制品一般要求制品为等壁厚，不存在富胶、缺胶、气泡和分层现象等缺陷，还要求制品重量不能超差，制品内、外表面光洁，无划痕等。

（1）多个凸台形体头盔外壳

具有多个凸台形体头盔外壳的技术要求：壁厚为（1.5±0.3）mm；壳体中不得存在缺胶、富胶和气泡的现象，允许存在搭接的现象；裱糊后需要在组合凹模中加工出 $10 \times \phi 3.1^{+0.028}_{+0.010}$ mm孔。其中下端两侧的 $2 \times \phi 3.1^{+0.028}_{+0.010}$ mm孔，可作为头盔外壳激光切割时安装在夹具上的定位基准和夹紧要素,以头盔外壳上端两侧的 $8 \times \phi 3.1^{+0.028}_{+0.010}$ mm 孔作为夹具上的定位基准。多个凸台形体头盔外壳如图 8-1 所示。

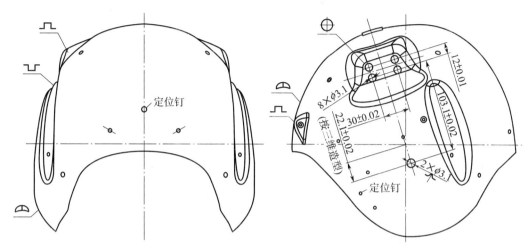

图 8-1　多个凸台形体头盔外壳

1) ⊓ 表示凸台形式“障碍体”, ⊔ 表示凹坑形式“障碍体”, ⌒ 表示弓形高形式“障碍体”; ⊕ 表示型孔;

2) 定位钉是在头盔外壳上所有需要用激光切割孔中心位置处,埋入 8 mm×ϕ2 mm×90°的定位钉,90°锥体应外露模具型腔 0.3 mm,定位钉是激光切割其他孔的校对基准。

（2）头盔外壳壁上出现富胶、缺胶、气泡和分层现象的分析及应采取的措施

在头盔外壳成型模设计之前,必须对成型模结构会产生的缺陷进行预期的分析,再针对分析的原因制定出必要的措施。

1）富胶、缺胶、气泡和分层缺陷分析：在模具型腔具有曲率较小凹槽的状况下,头盔外壳壁上会出现富胶、缺胶和气泡的现象,这样的头盔外壳是不合格的,如图 8-2（a）所示。如图 8-2（a）的Ⅰ放大图所示,因模具凹坑结构的影响,使得橡胶袋压力施加不到头盔外壳的壁上。于是在凹坑中滞留着富余的黏结剂不能排出型腔,同时黏结剂中还留存的气体也无法排出。滞留的富余黏结剂称为富胶,富胶会使头盔外壳重量增加,加重颈椎的负担,更使头颅的转动困难。玻璃钢布间和黏结剂中残存的气体会在固化壁中形成气泡,气泡的存在使玻璃钢壁的刚性降低,进而降低头盔外壳使用性能。如图 8-2（a）的Ⅱ放大图所示,在模具的凸台处会因型腔凸起结构,使玻璃钢壁出现缺胶的现象。缺胶是多层玻璃钢布间存在极少或不存在黏结剂,这会使玻璃钢壁毫无刚性而出现分层的现象。像这种存在多个凸台或凹坑形体玻璃钢的头盔外壳,特别是曲率较小、深度较深或较浅的小面积凸台与凹坑形体更容易出现富胶、缺胶、气泡和分层的现象。

2）针对富胶、缺胶、气泡和分层缺陷应采取的措施：如图 8-2（b）所示,对于头盔外壳外形来说,应采用刚性的左、右模板 1 结构,内形应采用刚性的左、右压块 4 的结构。利用橡胶袋 5 中压缩空气传递到左、右压块 4 的均匀压力,使左、右模板 1 与左、右压块 4 之间保持着均匀的间隙,以实现图 8-2（b）的Ⅲ和Ⅳ放大图所示的头盔外壳壁厚的结构。这样左、右压块 4 可以将头盔外壳壁中富余黏结剂和壁厚中的气体通过钻套孔排

出型腔之外，而具有的凸台处也保持着均匀间隙而保留着黏结剂，这样就不可能出现富
胶、缺胶、气泡和分层的缺陷。

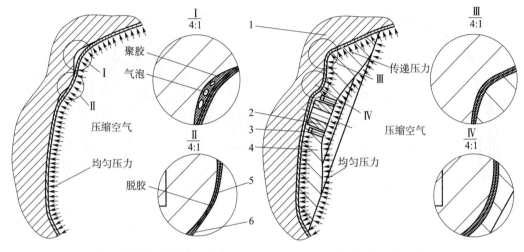

(a) 凹坑处未放置压块的成型状况　　　　　　(b) 凹坑处放置了压块的成型状况

图 8-2　头盔外壳成型工艺分析

1—左、右模板；2—镶件；3—沉头螺钉；4—左、右压块；5—橡胶袋；6—黏结剂

（3）头盔外壳上产生起皱缺陷与预防措施

根据对头盔外壳成型缺陷的分析，得出产生起皱缺陷是因为模具型腔里具有凸台和凹
坑。头盔外壳形状是因其功能的需要而设计的，这种缺陷的问题，就不可能用改变头盔外
壳的形状加以解决，而只能在模具结构设计上设法加以解决。

（4）头盔外壳壁厚皱褶缺陷分析

由于头盔外壳呈橄榄球形状，玻璃布是平面形状，以平面形状的玻璃布裱糊成橄榄球
形状，布面积的变化必定会使布产生许多的皱褶，如图 8-3（a）所示。多层皱褶叠加会
使局部壁显著增厚，甚至无法形成橄榄球形状。

（5）针对皱褶缺陷采取的措施

要使平面形状的玻璃布能够裱糊成橄榄球形状，只能将玻璃布在皱褶严重处先剪开一
条缝，再将两边多余料剪去，利用两边玻璃布的搭接形成橄榄球形状，如图 8-3（b）所
示。这种玻璃布相互搭接便称为起皱，起皱是玻璃钢制品制作所允许的。但是，如果多层
玻璃布同在一处折叠所积累的厚度也会超过壁厚（1.5±0.3）mm，那么，折叠处需要错
位才能避免厚度超差。

8.1.2　玻璃钢产品袋压成型原理

袋压成型是通过使用树脂作为黏结剂，将复合材料（如玻璃钢、芳纶纤维或碳纤维）
铺在成型模的凹模中进行裱糊。然后，用模具盖上所固定的橡胶袋放入裱糊有复合材料的
型腔中。再通过橡胶袋固定端的进气嘴通入压缩空气，并保持一定的压力，待裱糊的复合

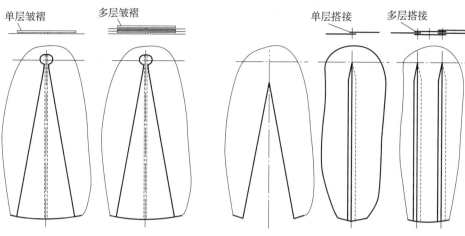

注：粗实线表示玻璃布的厚度

(a) 未剪缝玻璃布裱糊橄榄球形状产生的皱褶　　　　(b) 剪缝后玻璃布裱糊成橄榄球形状产生的起皱

图 8-3　玻璃布裱糊成橄榄球形状产生皱褶与起皱

材料固化后，使固化的复合材料产品脱模即可得到复合材料制品。

如图 8-4 所示，袋压成型的原理和过程是：成型头盔外壳外形的左、右模板 1 型腔是用夹布胶木、铸铝或钢材做成的，而橡胶袋 2 是以厚度为 1 mm 的薄橡皮制成的。在对橡胶袋 2 充入一定压力的压缩空气后，橡胶袋 2 先是产生膨胀，后是受到裱糊在左、右模板 1 型腔的限制。压缩空气的均匀压力迫使处在软态的头盔外壳贴模、成型和固化后脱模，在这个过程中压力可以将裱糊制品中的气体和多余的树脂通过钻套孔排出，将这种成型工艺方法称为袋压成型。

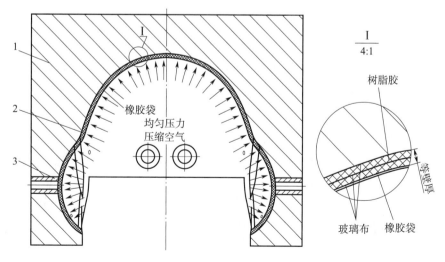

图 8-4　头盔外壳成型工艺分析

1—左、右模板；2—橡胶袋；3—钻套

袋压成型的目的：一方面是将裱糊层中的气体挤出，另一方面是将多余的粘接剂从钻套 3 的孔中排出，以达到头盔外壳图样所规定的厚度和重量。待头盔外壳固化后方可从左、右模板中取出，用这种成型工艺方法便可以达到玻璃钢制品成型质量的要求。

在黏结剂中添加适量的促进剂，或在裱糊后处在软态的制品中通入一定温度的蒸气，这样可使引发剂分解加快，使树脂凝胶、固化时间缩短。但促进剂不可过多，如果过多，不但不能起到促进固化的作用，还会使产品的质量降低。另外，用于头盔外壳裱糊的玻璃钢织物必须超过模具型腔内的刻线位置，否则会造成头盔外壳边缘缺料或存在其他缺陷。

8.2　简易的袋压成型模设计

头盔外壳是为了保护人的头颅，在与物体发生碰撞、被锐器撞击或被子弹射击时不受损伤，以及具有通信等功能而设置的器件之一。由于玻璃钢材料具有密度小和刚度大的特点而被广泛地采用，复合材料制品的成型就是采用玻璃钢布，用树脂黏结剂在成型模中进行裱糊后，待固化后取出制成的产品。

8.2.1　简易的袋压成型工艺

玻璃钢布一般厚度为 $0.2\sim0.3$ mm，将玻璃钢布剪成若干个切口后，切口两边的布可以相互搭接。铺好一层玻璃钢布后用毛刷蘸有树脂胶涂敷在玻璃钢布上，再铺第二层玻璃钢布。铺第二层玻璃钢布时切口搭接的位置需要与第一层玻璃钢布切口位置错开，然后再涂敷树脂胶。如此反复进行，直至所铺玻璃钢布的厚度达到头盔外壳的 (1.5 ± 0.3) mm壁厚为止。

头盔外壳的技术要求：壁厚为 (1.5 ± 0.3) mm，头盔壳体中不得存在缺胶、富胶和气泡的现象。裱糊后固化的头盔外壳需要在组合凹模中加工出 $2\times\phi4^{+0.028}_{+0.010}$ mm、$2\times\phi3.1^{+0.028}_{+0.010}$ mm 共 4 个孔，以作为头盔外壳激光切割时安装在夹具上的基准孔。简易玻璃钢头盔外壳如图 8-5 所示。

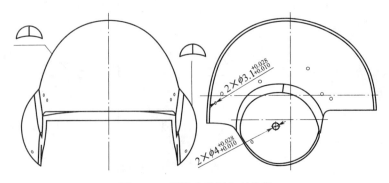

图 8-5　简易玻璃钢头盔外壳

⌒ 表示弓形高形式"障碍体"

8.2.2　具有左右凸台头盔外壳的简易袋压成型模设计

简易玻璃钢头盔外壳成型模如图 8-6 所示。左、右模板 6 合模时是由导柱 7 和导套 8 进行定位和导向的，并由 4 个 T 形螺钉 4 和圆柱形螺母 13、手柄 14 固定。玻璃钢织物是以树脂为黏结剂，可以在左、右模板 6 合模所形成的型腔内进行裱糊。裱糊的过程就像过去农村中制作的布鞋鞋底那样。铺好一层玻璃钢织物涂一遍黏结剂，黏结剂要涂足，直至头盔外壳达到图样规定的厚度。由于头盔外壳为橄榄球的形状，而玻璃钢织物是平面的形式，要使平面形式的玻璃钢织物成型为橄榄球形式的型面就会出现很多的皱折，为了不起皱折，可以将玻璃钢布剪开缺口，在缺口处允许织物搭接。在盖板 11 上用六角螺母 16 固定好喷嘴 15、垫片 17 和橡胶袋 18，并将橡胶袋 18 放进裱糊好的头盔外壳型腔内。然后，用 4 组活节螺钉 1 和圆柱形螺母 13、手柄 14 紧固盖板 11 及垫座 20。活节螺钉 1 是通过内六角螺钉 9 固定安装在左、右模板 6 底部的底框 19 上。在喷嘴 15 上接上输入的压缩气体软管接头，通入一定量的压缩气体，并等头盔外壳固化后方可关闭压缩气体，拆卸模具取出头盔外壳。

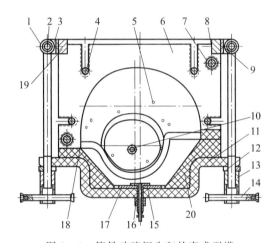

图 8-6　简易玻璃钢头盔外壳成型模

1—活节螺钉；2—圆柱销；3—支架；4—T 形螺钉；5—定位钉；6—左、右模板；7—导柱；8—导套；
9—内六角螺钉；10—钻套；11—盖板；12—开口垫圈；13—圆柱形螺母；14—手柄；15—喷嘴；
16—六角螺母；17—垫片；18—橡胶袋；19—底框；20—垫座

8.2.3　简易的袋压成型模制造工艺

左模板 1 如图 8-7 所示，右模板对称。由于这种头盔外壳的批量较少，用于制造左、右模板的材料可以是夹布胶木板。夹布胶木板的厚度较薄，需要用多块夹布胶木板以沉孔中的螺钉和螺母连接。螺钉和螺母连接的位置，不能影响导柱孔、导套孔、T 形螺栓槽和头盔外壳成型的型腔加工。也可以采用铸铝铸造，但在头盔外壳成型模型腔中不允许存在夹渣和气孔的情况。

左模板 1 加工：先加工出外形和导柱孔或导套孔，在加工中心以大面和导柱孔或导套孔为基准找正，铣出头盔外壳成型的型腔，加工出 $\phi8H7$ 和 $\phi10H7$ 钻套孔。同理，加工右模板。注意需要加工出左、右模板的刻线，刻线是表示复合材料制品的轮廓线，刻线宽×深为 0.5 mm×0.3 mm。左、右模板型腔的加工都需要在三维造型后在加工中心上进行。

左模板 1 型腔内根据需要激光切割孔数量埋有相应数量的定位钉 2，定位钉 2 是一端为 90°锥体、直径为 2 mm 的圆柱体。锥尖外露左模板 1 型腔面 0.3 mm，目的是在头盔外壳对应的外型面上成型出深 0.3 mm×90°的锥形孔，用以头盔外壳在激光切割这些孔时的比对或校对作用。定位钉孔的位置需加工中心刀具制出一浅窝，后由钳工以手电钻加工出 $\phi2$ mm×10 mm 的孔即可。

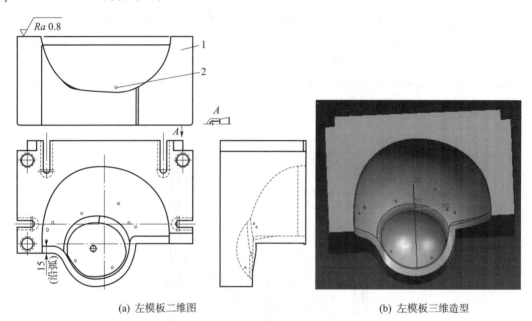

(a) 左模板二维图　　　　　　　　(b) 左模板三维造型

图 8-7　左模板（右模板对称）

1—左模板；2—定位钉

8.3　局部凸模袋压成型

复合材料是以一种树脂材料为基体，另一种复合材料为增强体组合而成的材料。由于复合材料具有重量轻，强度高，耐蚀性、耐水性、隔热性、热稳定性、耐候性、电绝缘性和透微波性好，加工方便和成本低等特点，因此具有十分广泛的应用。复合材料更是以其无可替代的性能，从开发至今的 70 年（纳米复合材料开发只有 10 年）过程中成为现有材料中的第三大材料。聚酯增强纤维作为新型高科技材料，使当前人类已经从合成材料（如合金）的时代进入复合材料的时代，复合材料必定会成为今后材料研制的重点和热点。复合材料甚至会代替很多传统材料，但传统材料绝不可能代替复合材料。复合材料以无可比拟的特性，为增强复合材料产品提供了很大的发展空间。其制品已从军事工业迅速发展到各行各业，并以势不可挡的速度成为材料之星。不饱和聚酯树脂作为一种复合材料，由于复合材料特殊的性能，使其在石油化工、交通运输、建筑、机械、电气、环保、农业、航空航天以及国防工业等领域得到了越来越广泛的应用。

（1）数字头盔外壳

公元前 800 年左右制造的青铜头盔，是我国安阳殷墟出土的商朝铜盔。正面铸有兽面纹，左右和后面可遮住人的耳朵和颈部，距今大约有 3 000 多年的历史。第一次世界大战时期，法德交战中弹片横飞，一名士兵为了保护头部情急之中把一口锅扣在头上，结果铁锅救了士兵的命，事后研制了能防弹片的金属头盔。之后美军和英军也都装备了这种重约0.5～1.8 kg 的头盔。尽管当时的头盔只有一个金属外壳和衬垫，但它却是现代头盔的雏形。在第二次世界大战中，美国又研制出 M1 等锰钢头盔，防护能力又有较大提高。20 世纪 70 年代，美国研制出高强度凯芙拉纤维，并用于单兵防护领域后，头盔的发展才有了新的突破，用凯芙拉制作防弹头盔。

（2）头盔的分类

由于人们对生命安全的日益重视，头盔在使用方面也越来越广泛，大致可分为军事、工作、运动和艺术 4 类。

1）军事分类：步兵头盔、飞行员头盔、空降兵头盔和坦克员头盔。

2）运动分类：马术头盔、赛车头盔、摩托头盔、自行车头盔、滑板头盔、登山攀岩头盔、轮滑头盔（速降盔、特技头盔）、冰球头盔、棒球头盔、速滑头盔、滑冰头盔、溜冰头盔、曲棍球头盔、橄榄球头盔、旱冰头盔、街舞头盔、极限运动头盔、橄榄球头盔和滑雪头盔。

3）工作分类：焊接用头盔、喷砂头盔、防热辐射头盔、防紫外线头盔、消防头盔、防弹头盔、防暴头盔、警用头盔、普通飞行头盔、建筑用头盔（安全帽）、矿山用头盔（安全帽）和货物装卸头盔等。

4）艺术分类：表演头盔、儿童头盔和阅兵头盔。

（3）头盔的构成

现代头盔主要由外壳、衬里和悬挂系统等构成。头盔的功能是防止人脑在工作和运动中的碰撞，子弹和锐器的穿刺，同时也是安装通信、摄像和照明的平台。由于头盔在从事各种活动时的要求不同，头盔的结构和式样有很多。两侧带凸台的头盔外壳如图 8 - 8所示。

（4）头盔外壳的材料

头盔外壳一般由金属、塑料、玻璃钢和芳纶纤维 4 种材料制成，现在已经很少用金属材料做头盔外壳了，重要的头盔外壳一般用芳纶纤维和玻璃钢制成。玻璃钢和芳纶纤维是增强复合材料之一，此外，增强复合材料还有硼纤维、碳纤维、陶瓷纤维、金属晶须、纳米复合材料和木塑材料等。

1）玻璃纤维增强复合材料：玻璃纤维比有机纤维耐高温、不燃、抗腐，隔热、隔声性好（特别是玻璃棉），抗拉强度高，电绝缘性好（如无碱玻璃纤维）。但性脆，耐磨性较

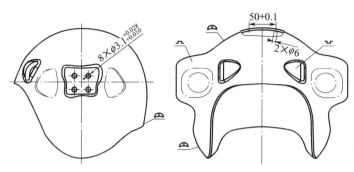
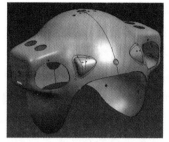

(a) 两侧带凸台的头盔外壳形体分析   (b) 两侧带凸台的头盔外壳三维造型

图 8 - 8   两侧带凸台的头盔外壳

1）⊓ 表示凸台形式 "障碍体"；⊔ 表示凹坑形式 "障碍体"；⌒ 表示弓形高形式 "障碍体"；

2）点画线为凹面和通孔的形状。

差。成型时的温湿度要求：施工温度不低于 16 ℃，相对湿度不大于 80%。为了使树脂充分固化，固化成型后进行高温后固化处理。

2）芳纶纤维：由于这种新型材料的密度低、强度高、韧性好、耐高温、易于加工和成型，其强度为同等质量钢铁的 5 倍，但密度仅为钢铁的 1/5（芳纶纤维密度为 1.44 g/cm^3，钢铁密度为 7.859 g/cm^3），受到人们的重视。由于芳纶纤维产品材料坚韧耐磨、刚柔相济，具有刀枪不入的特殊本领，在军事上被称为 "装甲卫士"。其最典型的应用是制作防弹服与防弹头盔。

由于复合材料具有的一些无可取代的特性，使其在军工和民品上发挥很大的作用。复合材料的性能好，但是复合材料的制备和复合材料产品的加工，需要有相应的制造工艺和设备才能获得。要使复合材料制成产品零件必须有成型模来进行加工。这便是材料、工艺、设备和模具之间的关系，四者缺一不可。

8.3.1   局部凸模袋压成型原理

一般为了达到玻璃钢制品成型质量的要求，对于这种头盔，外壳玻璃钢制品的成型工艺过程是：用玻璃钢织物以树脂黏结剂在对开的凹模中进行裱糊，再在制品内型面以橡胶袋充入一定压力的气体将织物中多余黏结剂从钻套孔中排出，待固化后取出。头盔外壳裱糊玻璃钢布料必须超过头盔外壳下摆刻线位置的 15～20 mm，否则会造成头盔外壳边缘缺料、缺陷和出现虚边。

1）凸台和凹坑形式 "障碍体" 形体处成型分析，如图 8 - 9（a）所示。由于头盔外壳两侧存在着凸台形式 "障碍体" 形体，正面存在着凹坑形式 "障碍体" 形体。橡胶袋中通入的压缩空气，使橡胶袋施加于裱糊的头盔外壳的压力均匀而适当。这种均匀而适当的压力一方面使头盔外壳保持均匀的壁厚，另一方面排除头盔外壳织物中的空气，并使多余黏结剂从钻套孔流出。

如果仅以橡胶袋充入气体依靠压力成型头盔外壳，在凹坑Ⅰ处会存在橡胶袋接触不到的地方。因此就会出现富胶的现象，富胶处就是滞留的黏结剂过多，使头盔外壳超重，并会存在众多的气泡，如图 8-9（a）的Ⅰ放大图所示。如图 8-9（a）的Ⅱ放大图所示，在凸台Ⅱ处会出现缺胶的现象，缺胶是在该处玻璃织物之间没有黏结剂的存在而毫无刚性，这样的头盔外壳也是不合格的产品。

　　2）凸台和凹坑形式"障碍体"形体处成型解决的措施。头盔外壳中的这种富胶、气泡和缺胶现象，主要存在于制品狭小的凹槽中。要解决这种缺陷，应以图 8-9（b）所示，在凹槽中另加一个刚性压板。刚性压板在橡胶袋中均匀而适当压力的作用之下，无死角地对裱糊的头盔外壳传递着均匀而适当的压力，这样便可以使裱糊的头盔外壳保持着等壁厚而无缺陷。

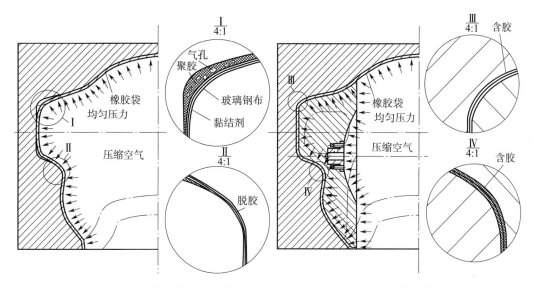

(a) 凸台和凹坑形式"障碍体"形体处成型分析　　(b) 凸台和凹坑形式"障碍体"形体处成型解决措施

图 8-9　凸台和凹坑形式"障碍体"形体成型分析及应对措施

8.3.2　局部凸模袋压成型模结构的设计

　　局部带凸台头盔外壳成型模结构如图 8-10 所示。这种成型模采用夹布胶木或铸铝制成，属于简易的模具。其结构简单、劳动强度大、生产率低、模具寿命短、制造成本低，但它能够成型无富胶、无缺胶、无气泡、无分层和无皱褶的头盔外壳，故只适用于生产批量较少的头盔外壳加工。成型模外形尺寸为 560 mm×360 mm×330 mm，模具合模时，需要将左、右模板 7 对准导柱 5 和导套 4。合模后，在左、右模板 7 的 4 个开口槽中放入 T 形螺钉 8，用圆柱螺母 14 和开口垫圈 13、手柄 15 紧固。然后，盖上盖板 16、垫座 24、垫板 17、六角螺母 18 和进气嘴 19 等，并用底框 10 上的 4 个活节螺钉 1 和圆柱螺母 14 和开口垫圈 13、手柄 15 紧固。完成这些动作需要两个人才能翻动模具体和松开或拧紧这些紧固件，劳动强度非常大。浸涂了液体黏结剂的玻璃钢头盔外壳在模具内部自然固化需要 0.5～1 h，裱糊需要 15 min，开合模和准备时间需要 15 min，基本上 2.5 h 最多只能生产一顶头盔，生产率低。

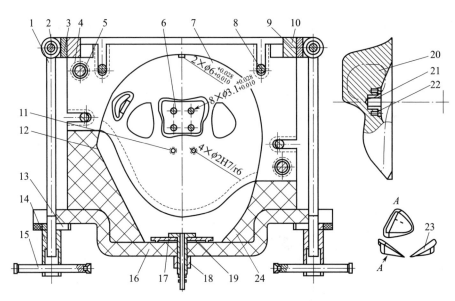

图 8-10　局部带凸台头盔外壳简易成型模

1—活节螺钉；2—圆柱销；3—支架；4—导套；5—导柱；6—钻套；7—左、右模板；8—T形螺钉；9—内六角螺钉；
10—底框；11—定位钉；12—橡胶袋；13—开口垫圈；14—圆柱螺母；15—手柄；16—盖板；17—垫板；
18—六角螺母；19—进气嘴；20—左、右压板；21—镶件；22—沉头螺钉；23—左、右压块；24—垫座

8.3.3　局部凸模袋压成型模的设计

根据对头盔外壳成型工艺的分析，头盔外壳应该是外形依靠左、右模板成型，内形是依靠左、右压块在充入橡胶袋内的压缩空气作用下成型。

头盔外壳成型模的结构和工作过程：如图 8-11 所示，左、右模板 7 在导套 4 和导柱 5 的定位和导向之下，在用手柄 15 拧动 4 个 T 形螺钉 8 上圆柱形螺母 14 的紧固下闭模。然后，先涂一层脱模胶，铺一层玻璃钢布后涂透树脂黏结剂，再铺一层玻璃钢布后涂透树脂黏结剂，直至壁厚达到（1.5±0.3）mm 为止。用布条或钢丝钩，将左、右压块 20，顶压块 23 和前、后压块 24 挂在左、右模板 7 壁的对应位置处。放入盖板 16 及其上的垫板 17、进气嘴 19 和垫座 25 等，用底框 10 上 4 根活节螺钉 1 与开口垫圈 13、圆柱形螺母 14 和手柄 15 紧固，并在进气嘴 19 上接入压缩空气软管的接头。调整好压缩空气的压力，输入一定压力的压缩空气至头盔外壳固化后切断压缩空气。卸下盖板 16，左、右压块 20，顶压块 23 和前、后压块 24，可以用螺栓拧进粘在固化在头盔外壳内形里的镶件 21 螺孔中，拔出左、右压块 20，因顶压块 23 和前、后压块 24 挤压面积较小而且较浅，很容易脱落。打开左、右模板 7 即可取出成型的头盔外壳，成型的这个头盔外壳能够确保其符合图样的全部要求。

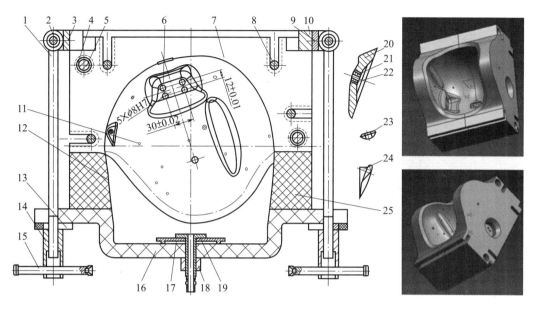

(a) 局部头盔外壳成型模二维图　　　　　　　　(b) 左、右模板三维造型

图 8 – 11　局部头盔外壳成型模设计

1—活节螺钉；2—圆柱销；3—支架；4—导套；5—导柱；6—钻套；7—左、右模板；8—T 形螺钉；

9—内六角螺钉；10—底框；11—定位钉；12—橡胶袋；13—开口垫圈；14—圆柱形螺母；

15—手柄；16—盖板；17—垫板；18—六角螺母；19—进气嘴；20—左、右压块；

21—镶件；22—沉头螺钉；23—顶压块；24—前、后压块；25—垫座

8.3.4　局部凸模袋压成型模制造工艺

　　头盔外壳成型模主要零部件的加工如图 8 – 12 和图 8 – 13 所示。主要零部件是左、右模板，左、右压块，前、后压块和顶压块，它们都是成型模成型头盔外壳的成型件，它们的加工决定着头盔外壳的质量。

　　1) 左、右模板的加工：左件如图 8 – 12 所示，右件对称。由于头盔外壳批量较少，左、右模板可以采用夹布胶木板或铸铝制造。先铣 6 个平面，注意保证平面之间的垂直度和平行度。铣台阶处和 T 形槽，镗导柱孔或导套孔。以一大面和两导柱孔或导套孔为基准进行校正，在五轴加工中心上根据加工程序铣型腔和 $4 \times \phi 8H7$ 与 $\phi 8H7$ 的钻套孔。

　　定位钉为 $\phi 2 \text{ mm} \times 8 \text{ mm} \times 90°$，定位钉安装在孔中后，90° 锥体应突出模具型腔 0.3 mm，切割线的宽 × 深为 0.5 mm × 0.3 mm。这是为了便于激光切割头盔外壳型孔时，根据头盔外壳上定位钉的痕迹和刻线进行切割加工的校正。

　　2) 左、右压块的加工：左压块如图 8 – 13（a）所示，右压块对称。左、右压块的材料为铸铝，可以夹持着毛坯，铣 $Ra0.8 \ \mu\text{m}$ 平面与 $\phi 24H7$ 孔、沉头螺钉的螺纹底孔和内六角螺钉的螺纹底孔等，制各螺孔。用内六角螺钉 2 将安装板 3 与左压块 1 连接，在三轴加工中心根据程序铣左压块 1 型面。卸去内六角螺钉 2 和安装板 3 得到左压块 1，用沉头

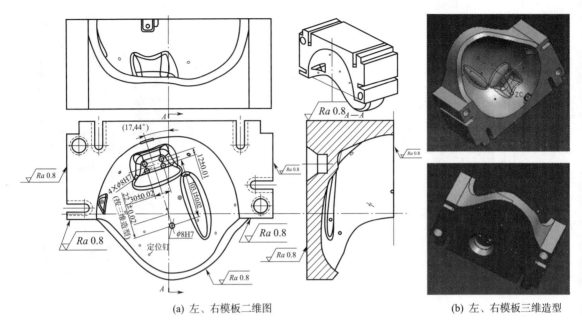

(a) 左、右模板二维图

(b) 左、右模板三维造型

图 8-12　左、右模板

螺钉将镶件安装在 $\phi24H7$ 孔中。头盔外壳成型时，由于左压块大而厚，取出有困难，可用螺杆从左、右模板型腔中拔出左压块。同理，可以加工和安装及卸下右压块。

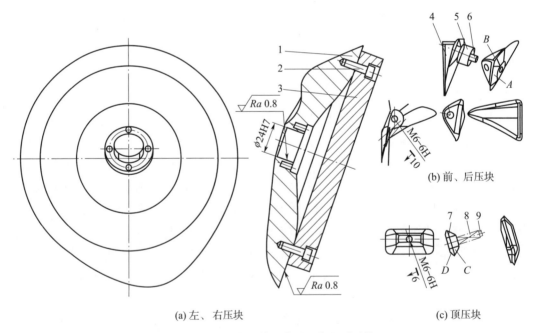

(a) 左、右压块

(b) 前、后压块

(c) 顶压块

图 8-13　左、右压块、前后压块和顶压块

1—左压块；2、6—内六角螺钉；3—安装板；4—前压块；5—安装柱；7—顶压块；8—安装块；9—圆柱头螺钉

3) 前、后压块的加工：前压块如图 8-13 (b) 所示，后压块对称。前后压块的材料

为铸铝，先在加工中心台虎钳上夹持 B 端毛坯铣 A 端型面和 M6－6H 螺纹底孔，制 M6－6H 螺孔。用 M6 内六角螺钉 6 将前压块 4 和安装柱 5 连接在一起，在加工中心自定心卡盘上夹持安装柱 5 铣 B 端型面。卸去内六角螺钉 6 和安装柱 5 得到前压块 4，M6－6H 螺孔在前压块 4 难以脱模时也可用螺杆拔出。同理，可以加工和安装及卸下后压块。

4）顶压块的加工：顶压块如图 8－13（c）所示。顶压块的材料为铸铝，先在加工中心台虎钳上夹持 D 端毛坯铣 C 端型面和 M6－6H 螺纹底孔，制 M6－6H 螺孔。用 M6 圆柱头螺钉 9 将顶压块 7 和安装块 8 连接在一起，在加工中心台虎钳盘上夹持安装块 8 铣 D 端型面。卸去圆柱头螺钉 9 和安装块 8 得到顶压块 7，M6－6H 螺孔在顶压块 7 难以脱模时也可用螺杆拔出。

8.4　可移动组合形式凸模成型模的设计

头盔外壳成型模的结构和造型本身十分复杂。为了满足头盔外壳的成型和脱模的需要，凹、凸模要采用多个分型面对存在着"障碍体"的型面进行多次分型。加上要控制凹、凸模之间（1.5±0.1）mm 的均匀间隙，使成型模的加工变得十分困难。即使采用现代的五轴数铣进行加工，也很难确保凹模型腔和凸模型面的加工不错位和吻合。但是有了计算机的三维造型和数铣的仿真加工，再加上正确的工艺方法和加工基准的使用，就能够使成型模的制造获得成功。没有上述各点，即使模具的结构方案和设计多么正确也是枉然。只有在模具的结构设计和加工方法都到位后，模具的成功制造才会成为可能。

8.4.1　对象零件的资料与形体分析及头盔外壳成型模凹模结构的分析

头盔外壳二维图如图 8－14 所示。头盔外壳的材料为凯芙拉（Kevlar），壁厚为 1.5 mm。成型工艺方法为凯芙拉布以胶液在组合凹模中裱糊后，再放入组合整体凸模并以凸模中的橡胶袋通入压缩空气后的刚性组合凸模、凹模的袋压成型法成型，简称组合内、外刚性袋压成型法成型，这是以袋压成型法为基础发展的成型法。

对象零件的形体分析：头盔外壳如图 8－14 所示。可见其内外形十分复杂，头盔外壳形体上布满了凸台、凹坑与犄角，由此形成了凸台、凹坑、内扣和"弓形高"障碍体，阻碍了头盔外壳的脱模。

8.4.2　可移动整体凸模袋压成型原理

玻璃钢、凯芙拉及碳素纤维制品的成型模结构的分析和设计，应该从两个方面去考虑。一是解决头盔外壳如何从模具中脱模的问题；二是应确保头盔外壳壁厚和重量及成型的问题。而这两个问题既是相互矛盾的，在适当的条件下又是可以彼此统一的。只有解决了这两个问题，才能有效地解决模具结构设计的问题。

8.4.2.1　头盔外壳成型模凹模结构的分析

头盔外壳上的凸台、凹坑、内扣和弓形高等形式的"障碍体"，将会严重地妨碍头盔

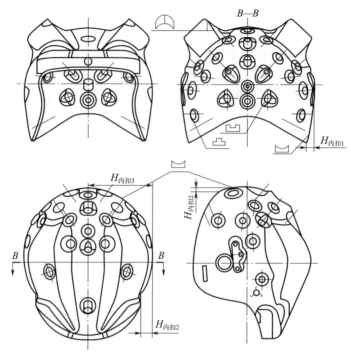

图 8-14　头盔外壳二维图及 UG 三维图

⌒ 表示弓形高"障碍体"；┌┐表示凸台"障碍体"；└┘表示为凹坑"障碍体"；⌒ 表示内扣式"障碍体"

外壳的脱模，如图 8-15 所示。

　　头盔外壳成型模凹模结构的分析：主要是利用分型面 Ⅰ-Ⅰ（2 处），Ⅱ-Ⅱ 和 Ⅲ-Ⅲ，将成型模凹模分成 5 块模块。组合是利用导套和导柱进行定位和导向，利用台阶螺钉和六角连接成整体。撤除台阶螺钉和六角，取出导套和导柱便可分别抽取 5 块凹模块，再抽取头盔外壳内部的 7 块凸模便可实现头盔外壳的脱模。

　　1) 头盔外壳整体凹模：如图 8-15（a）所示，由于凹模存在多种凸台、凹坑、内扣和"弓形高"障碍体，裱糊成型的头盔外壳 1 根本无法脱模。

　　2) 头盔外壳凹模一次分型：如图 8-15（b）所示，Ⅰ-Ⅰ 分型面将整体凹模分成两半后，对半分成两半的凹模仍存在多种凸台、凹坑、内扣和"弓形高"障碍体，裱糊成型的头盔外壳 1 根本无法脱模。

　　3) 头盔外壳凹模三次分型：如图 8-15（c）所示，Ⅱ-Ⅱ 分型面将整体凹模分成四部分后，对半分成两半的凹模，除了 Ⅱ-Ⅱ 与 Ⅲ-Ⅲ 分型面下面的两部分凹模能够抽取之外，上面部分由于存在犄角，故仍然存在凸台、凹坑、内扣和"弓形高"障碍体，裱糊成型的头盔外壳 1 上部仍无法脱模。

　　4) 头盔外壳凹模四次分型：如图 8-15（d）所示，两处 Ⅰ-Ⅰ 与一处 Ⅱ-Ⅱ 及 Ⅲ-Ⅲ 分型面将整体凹模分成五部分后，在凹模两犄角处再以两处 Ⅰ-Ⅰ 分型面分型，形成了下左模板 2、上左模板 3、上中模板 4、上右模板 5 和下右模板 6 独立的五模块，这样便可全部无障碍抽取五模块，实现成型的头盔外壳全部凹模抽取。

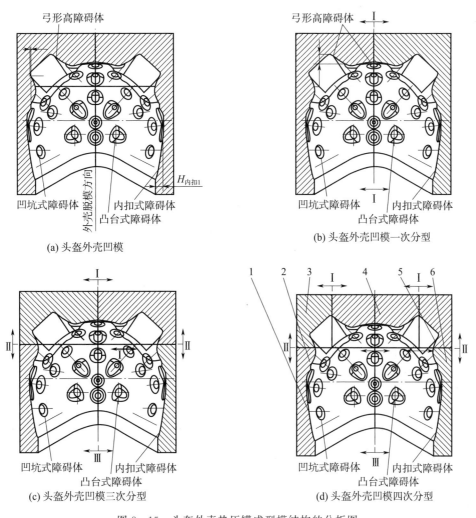

图 8-15　头盔外壳热压罐成型模结构的分析图

1—头盔外壳；2—下左模板；3—上左模板；4—上中模板；5—上右模板；6—下右模板

8.4.2.2　头盔外壳成型模凸模结构的分析

根据上述可知，头盔外壳外形的凹模可解决产品的裱糊和脱模的问题。虽然说可以用袋压成型头盔外壳，但因头盔外壳密布的"凸台""凹坑"和"犄角"型腔，使头盔外壳不能完全地贴模而形成气泡、聚胶和缺胶等缺陷，而局部使用压块又不能解决整个型面成型的难题。采用凸模成型头盔外壳的内型面，除了需要使头盔外壳的内型面能够脱模外，还需要凸模能将裱糊后头盔外壳芳纶纤维布中的胶液挤出来。分成多块的凸模在充了一定量的压缩空气所产生的均匀压力的作用下移动，使头盔外壳能成型并保持均匀的壁厚。

（1）未采用分型面的整体式凸模脱模的分析

如图 8-16（a）所示，未采用分型面的整体式凸模，在头盔外壳内型面的凸台、凹坑、内扣和弓形高等形式的"障碍体"的阻碍作用下是根本无法进行脱模的。

（2）分型面Ⅰ—Ⅰ为中间对开凸模脱模的分析

如图8-16（b）所示，中间对开分型的凸模在头盔外壳内形的凸台、凹坑和弓形高等形式的"障碍体"的阻挡作用下，头盔外壳仍然是不能脱模的。

（3）分型面Ⅰ—Ⅰ及分型面Ⅱ—Ⅱ为三开凸模脱模的分析

如图8-16（c）所示，三开型模的凸模在头盔外壳内形的凸台、凹坑和弓形高等形式的"障碍体"的阻挡作用下，头盔外壳仍然是不能脱模的。

（4）两处分型面Ⅰ—Ⅰ及分型面Ⅱ—Ⅱ、两处分型面Ⅲ—Ⅲ为七开凸模脱模的分析

如图8-16（d）所示，凸模被两处分型面Ⅰ—Ⅰ及分型面Ⅱ—Ⅱ、两处分型面Ⅲ—Ⅲ分成了七凸模块，并且七凸模块是中空的，可用以安装能充入压缩空气的橡胶袋。在橡胶袋中均匀气压对七凸模块的作用下，七凸模块的移动便可分别压紧头盔外壳的内型面，直至成型固化。

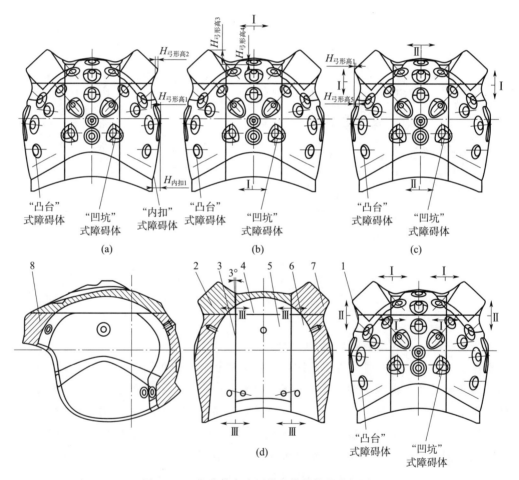

图8-16　头盔外壳成型模凸模结构的分析图

1—头盔外壳；2—上左模块；3—下左模块；4—上中模块；5—下后模块；6—下右模块；7—上右模块；8—下前模块

1) 七凸模块安放及取出的顺序: 先放置上左模块 2 和上右模块 7, 再放置上中模块 4。然后, 放置下左模块 3 和下右模块 6, 最后放置下后模块 5 和下前模块 8。反之, 是七凸模块取出的顺序。若不按此顺序进行, 模块是不能安放及取出的。

2) 七凸模块斜面的分型面: 各分型面之间的平面应制成 3° 斜角, 其特点是: 由于模块的分型面制成了斜面, 有利于各个模块的安装和拆卸; 斜面间的接触为无隙贴合, 可以防止胶液进入模块分型面间成为胶片而影响模块的拆卸。

3) 凸模的大小尺寸: 凸模的大小应比凹模小, 一般应在凹模尺寸减去产品的壁厚后, 单边还要减小 0.2 mm。小于 0.2 mm 时, 有的模块放不进去, 而大于 0.2 mm 分型面间会产生缝隙而进入胶液。

8.4.3 可移动组合凸模袋压成型模的设计

图 8-17 所示为头盔外壳成型模的总装配图。

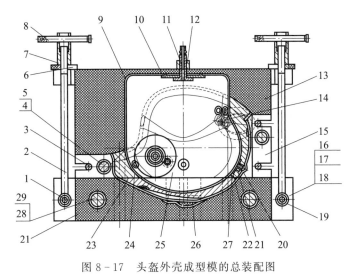

图 8-17　头盔外壳成型模的总装配图

1—圆柱销; 2—活节螺钉; 3—T 形螺钉; 4—导柱; 5—导套; 6—开口垫圈; 7—圆柱螺母; 8—手柄; 9—橡胶袋;
10—垫板; 11—进气嘴; 12—六角螺母; 13—盖板; 14—钻套; 15—左、右模板; 16—下模板; 17—下中模板;
18—下左、右模板; 19—衬套; 20—镶件; 21—沉头螺钉; 22—定位钉; 23—上中模块; 24—下前模块;
25—下左、右模块; 26—上左、右模块; 27—下后模块; 28—长导柱; 29—导套

1) 下中模板 17 与下左、右模板 18 是以两长导柱 28 和导套 29、开口垫圈 6、六角螺母 12 连接在一起的。反之, 只有将它们拆卸后才能取出头盔外壳。

2) 两左、右模板 15 是靠导柱 4 和导套 5 定位的, 连接是依靠 T 形螺钉 3、开口垫圈 6、圆柱螺母 7 和手柄 8。

3) 下模板 16 和左、右模板 15 是靠导柱 4 和导套 5 定位的, 连接是依靠盖板 13 及圆柱销 1、衬套 19、活节螺钉 2、开口垫圈 6、圆柱螺母 7 和手柄 8。

4) 橡胶袋 9 是通过垫板 10、进气嘴 11 和六角螺母 12 固定在盖板 13 中的, 压缩空气是从进气嘴 11 进入橡胶袋 9 中的, 进而挤压各个模块移动而使含有胶液的芳纶纤维布贴模固化。

5）头盔外壳的成型，要清理好各型面、型腔和钻套中的流胶。先安装好下模板 16 等，再安装好左、右模板 15 后方可进行芳纶纤维布的裱糊，达到一定厚度后按顺序装入七模块，合上盖板 13 并固定活节螺钉 2 等，再在进气嘴 11 上接入输气管嘴，通气并保持一定压力待固化方可脱模取出头盔外壳。

6）卸模时先松开活节螺钉 2 等，卸下盖板 13，再按顺序取出七凸模块。然后，抽出长导柱 28 等，先卸下中模板 17，再卸下左、右模板 18，即可实现头盔外壳的脱模。

8.4.4 可移动组合凸模袋压成型模制造工艺

头盔外壳成型工艺方法虽说切实可行，而成型模的结构方案和设计也正确无误，但若该模具成型主要的构件加工工艺方案和加工方法出现了问题，成型模仍难以制造成功。头盔外壳成型组合模的凹模和凸模的造型特别复杂，五块凹模板组合后的型腔不可以错位和不吻合，盖板与凹模板闭模时也不能错位和不吻合，七块凸模板组合后也不能错位和不吻合。再加上要控制凹、凸模之间（1.5±0.1）mm 均匀间隙的要求，怎样选择加工工艺方案和加工方法，在成型模设计的同时是应该考虑的主要问题之一。首先，加工工艺方案和加工方法要服从成型模设计的结构。同时，更需要应用现代的技术手段和加工设备，还需要采用一些特殊的工艺加工方法才能够做到成功制造模具。

8.4.4.1 七凸模块的安装、固定与定位型芯

七凸模块安装在二类夹具上，如图 8-18（a）所示。七凸模块的型腔均需要在加工中心上加工好。制好有螺纹过孔的型芯 3，先用平行夹将下左、右模块 11 固定在型芯 3 上。再在下左、右模块 11 上制螺孔位的冲子眼及螺孔，因此制作出其他模块的螺孔。再将型芯 3 与下左、右模块 11 连接后，再连接其他模块，模块的定位可以不用圆柱销。若是在模块上加工了圆柱销孔，在加工组合凸模之前，还要将圆柱孔堵住，以防漏胶。以安装板 1 的底面和一长边及基准孔轴线为基准，按三维造型在数铣上加工的型芯 3 和七凸模块的型面是一致的。通过六角螺钉 6 和弹簧垫圈 5 将七凸模块连接成一体，再在数铣上加工出凸模的外型面，加工好后再将七凸模块从型芯 3 上拆下即可使用。型芯 3 的螺钉过孔与七凸模块的螺孔可采用五轴加工中心加工，也可通过镗床先在型芯 3 上加工出螺钉过孔，再通过冲子在七凸模块的内腔上打出冲子眼后，由镗床找正冲眼并制出螺纹底孔，最后由钳工加工出螺孔。

8.4.4.2 凸模的加工基准

组合后凸模的粗加工是放在三轴加工中心上加工，而精加工则放在五轴加工中心上加工，甚至还可能出现拆模后重装再加工。为防止两次或三次加工时型面的错位，加工的基准必须一致。安装板 1 可作为七凸模块的高度和轴向旋转方向的基准，而中心方向的基准可以如图 8-18（a）所示的基准孔轴线与二类夹具中心线距离 L 作为加工基准。

8.4.4.3 七凸模块的加工

分型之后凸模成型件，如图 8-18（b）所示，先按三维造型在数铣上加工出七凸模块

的内型面，再在镗床加工出螺纹底孔，由钳工制出螺孔，七凸模块用六角螺钉 6 等与型芯 3 组装后，再在加工中心上加工出外型面。为了更好地脱模，上左、右模块 12 和上中模块 7 应该采用铝材。组合后凸模外型面粗加工的余量大，铣削时的深度深，走刀速度快，模块所承受的切削力也大。除了铣削时连接模块的螺钉要直接承受切削力外，其他的模块连接螺钉也起到了支撑的作用，故铣削深度大也不会使七凸模块产生松动，但要严防铣削时的扎刀。

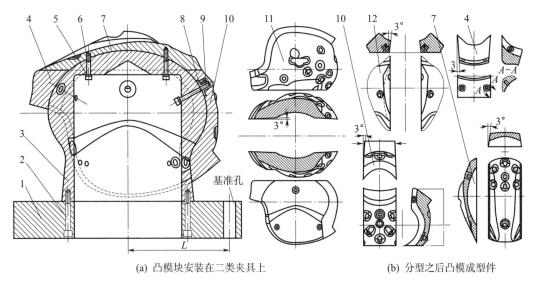

(a) 凸模块安装在二类夹具上　　　　　　(b) 分型之后凸模成型件

图 8 - 18　七凸模块的工艺加工分析图

1—安装板；2—内六角螺钉；3—型芯；4—下前模块；5—弹簧垫圈；6—六角螺钉；7—上中模块；
8—沉头螺钉；9—镶件；10—下后模块；11—下左、右模块；12—上左、右模块

（1）头盔外壳成型模七块凸模的工艺加工分析

分成七块的凸模组合后是一个比组合凹模型腔单边尺寸小 1.9 mm 的凸模，其中 1.5 mm 是头盔外壳的壁厚，0.2 mm 是凸模单边允许的间隙。其目的是防止平面的芳纶纤维布成型橄榄球形的头盔时会产生起皱或布被剪开缝的搭接。而组合成七块凸模的内腔是椭圆孔与锥孔组成的空腔。如何加工这七块凸模的内型腔与外型面就成为凸模制造的关键问题了。

（2）七块凸模的安装、定位与加工

七块凸模的材料均为铝合金。七块凸模安装在型芯 3 上，如图 8 - 18（a）所示。在制好螺纹过孔的型芯 3 上，先用平行夹将两块下左、右模块 11 固定在型芯 3 上。再通过型芯 3 的螺纹过孔，用样冲在下左、右模块 11 上制出样冲眼。拆卸下左、右模块 11，在五轴数铣或坐标镗床上按样冲眼位置的法线方向制螺纹底孔。值得注意的是，螺纹底孔不可贯通凸模。同理，制其他凸模上的螺纹孔。然后，由钳工制成螺孔。最后用螺钉将型芯 3 与下左、右模块 11 连接后，再用螺钉连接其他凸模，凸模的定位可以不用圆柱销。由于按三维造型在数铣上加工的型芯 3 型面和七块凸模的型腔是一致的，通过六角螺钉 6 和弹

簧垫圈 5 将七块凸模连接成一体，再在数铣上加工出凸模的外型面。值得注意的是，凸模外型面应比头盔外壳的内型面小 0.2 mm，加工好后再将七块凸模从型芯 3 上拆下即可使用。

例如下后凸模 10 的加工，如图 8－18（b）所示。加工的材料须留出足够的夹位长度，先在五轴数铣上将内型面和 3°的两侧面加工出来，再将内型面中的三个螺纹孔加工出来，最后和其他六凸模一同用螺钉装在型芯 3 上加工外型面。

（3）七块凸模分型面的脱模斜度与凸、凹模的计量

为了使七块凸模便于安装和卸取，凸模的分型面应该制有 3°的脱模斜度。为了对凸模和凹模的尺寸进行有效的控制，应该控制的凸模 L 尺寸，如图 8－18（a）所示。

按图 8－15 所示头盔外壳成型模凹模的结构，将凹模组装好后，裁剪好的芳纶纤维布用乙烯基酯树脂 R80GEX、过氧化苯甲酰糊（BPO）、二甲基苯胺（DMA）和邻苯二甲酸二丁酯配制的胶液在成型模中裱糊至图样要求的厚度。再根据图 8－17 所示头盔外壳成型模凸模的结构，将七块凸模按先后顺序放入头盔外壳的内型面中。然后，将装有橡胶袋 9 的盖板 13 合上，并用圆柱螺母 7 上的手柄 8、开口垫圈 6 与活节螺钉 2 相连接并固定好盖板 13。在进气嘴 11 上连接通有 3 个大气压的压缩空气的橡胶管套，保压至树脂固化后。最后卸下盖板 13，按顺序取出七块凸模，再按顺序卸下五块凹模，方可取出头盔外壳。在橡胶袋 9 中的压缩空气作用下，能够移动的七块凸模便能够抵紧裱糊的头盔外壳，并将多余的胶液从钻模孔中挤出。

8.4.4.4　凹模的加工工艺方案和加工方法

头盔外壳的壁厚为（1.5±0.1）mm。外壳顶部的两侧有着类似绵羊"犄角"的型面，而外壳的整个型面上又像是"癞蛤蟆皮"一样，布满了诸多的"凸台"、"凹坑"、内扣和弓形高等形式的"障碍体"，这些各种形式的"障碍体"除了会影响头盔外壳的脱模外，还会影响头盔外壳的成型质量。根据"头盔外壳成型（裱糊）模的结构方案分析与设计"的介绍，为了避开头盔外壳上各种形式的"障碍体"对成型模分型的影响，采用多个分型面将成型模的凹模分成了五块。分型后的凹模如何加工才能使得五块凹模组合后不会产生错位和不吻合的现象。否则，成型后的头盔外壳壁厚为（1.5±0.1）mm 的要求是得不到保证的。

（1）凹模的加工工艺方案

如图 8－19（a）所示，五块凹模的材料均为夹布胶木。夹布胶木材质轻，易机械加工，但经切削加工的面不平，孔不圆，这就使得基准很难重复地使用。下凹模 3、4、5 是将三块下凹模板组合后在五轴数铣上铣出型腔，左、右凹模则是分别加工出左凹模 6 和右凹模 2 的型腔后再进行组合。然后，组合的下凹模 3、4、5 和左、右凹模通过用六角螺母 11 连接的 4 个带螺纹竖导柱 9 进行定位和连接。头盔外壳成型模凹模如图 8－19 所示。

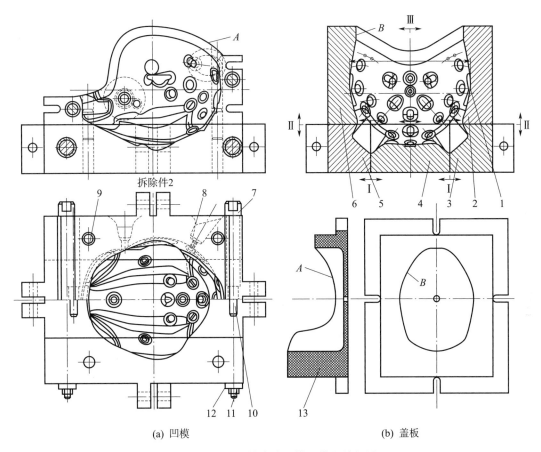

(a) 凹模　　　　　　　　　　(b) 盖板

图 8-19　头盔外壳成型模凹模和盖板图

1—头盔外壳；2—右凹模；3—下右凹模；4—下中凹模；5—下左凹模；6—左凹模；7—长导柱；8—钻套；
9—竖导柱；10—短导柱；11—六角螺母；12—开口垫圈；13—盖板

（2）凹模的加工方法

为确保五块凹模组合后的不错位和吻合，凹模分成两步进行加工。一是三块下凹模 3、4、5 的组合加工，二是左、右凹模各自单独加工。

1）三块下凹模 3、4、5 的加工：如图 8-19（a）所示，下凹模 3、4、5 被分成三块，目的是避让头盔外壳的"犄角""凸台"和"凹坑"等形式的"障碍体"。为了使三块组成下凹模 3、4、5 的型腔不产生错位并且吻合，三块下凹模 3、4、5 应组合后一起加工型腔。即先组合制出两长导柱孔，安装好两长导柱 7 并用开口垫圈 12 和六角螺母 11 紧固连接成一体。再按尺寸加工好三块下凹模 3、4、5 的外形，组合后的下凹模 3、4、5 在五轴数铣上加工型腔。三块下凹模 3、4、5 的加工工艺路线见表 8-1。

表 8 - 1　三块下凹模的加工工艺路线

工序号	工序名称	工序加工的内容
0	铣	分别下三块下凹模 3、4、5 的料
5	铣	组合铣两长导柱 7 的孔
10	钳	用两长导柱 7、开口垫圈 12 和六角螺母 11 连接三块下凹模 3、4、5
15	铣	铣三块下凹模 3、4、5 的外形与四个竖导柱 9 的孔及腰形槽
20	钳	钻四个凸台中孔
25	五轴数铣	组合铣型腔

　　2）左、右凹模的加工：如图 8 - 19（a）所示，由于左、右凹模型腔的空间过小，加之型面复杂，不利于五轴数铣刀具的加工。左、右凹模的各两个短导柱 10 孔和左、右凹模的型腔应分别在同工序和同工位的五轴数铣上加工。再用短导柱 10 和导套进行组合，左、右凹模的型腔便不会产生错位和不吻合。然后，由钳工将下凹模和左、右凹模的型腔对好后紧固，可在镗床上以下凹模上四个竖导柱 9 孔为基准孔引钻左、右凹模上的四个竖直导柱 9 孔。通过上述的加工，可以确保三块下凹模和两块左、右凹模的型腔组合后不错位和吻合，同时五块凹模的装拆都十分便利。

　　3）盖板的加工：盖板如图 8 - 19（b）所示。由于采用了橡胶袋通入 3 个大气压的压缩空气，使得七块独立移动的凸模能对裱糊的头盔外壳 1 进行挤压成型。为防止橡胶袋被凹模的凸、凹台阶和盖板 13 与凹模连接处的间隙等原因被割破，盖板 13 与凹模的结合形式也就显得格外重要。要求盖板 13 的 A 面应与凹模的 A 面相吻合，盖板 13 的 B 面应与凹模的 B 面一致。这就需要盖板 13 和凹模的型面应先进行三维造型，再根据盖板 13 的造型在三轴数铣上加工盖板 13 的 A 型面与 B 型面。

　　4）凸模的加工：如图 8 - 19 所示。由于凸模既具有刚性挤压头盔外壳 1 成型的功能，又有能让头盔外壳脱模的功能，还有能够传递挤压头盔外壳 1 挤压力的功能，所以，凸模的加工尤其重要，凸模的外形与头盔外壳 1 的内形只能相差 0.2 mm 的厚度。凸模为了避开"犄角"、内扣、弓形高、"凸台"和"凹坑"等形式的"障碍体"的阻碍作用，被多个分型面分成了七块，而凸模的型腔又需要装入橡胶袋。七块可彼此独立移动的凸模的制造便是一个大问题。七块具有内、外型面的凸模如不能预期地加工出来，那么，整个头盔外壳的成型将会遭遇失败。

　　从上述五块凹模、盖板和七块凸模的加工的论述，可以得出没有现代的计算机和加工中心的仿真加工技术，要加工出如此复杂的模具是不可能的。同时，没有正确的工艺加工方法。如七块凸模的加工就借用了一个二类辅助夹具——型芯，便可将七块凸模外型面加工出来，同时拆卸后还可再安装进行修理加工。可见，模具结构方案的制定和模具的设计是十分重要的。同时，模具的加工工艺方案和加工方法也是决定模具成败的因素。只有将模具的设计和模具的加工规划好后，才能制造出合格的模具。

8.5　高效袋压成型模

带凸台的头盔外壳简易成型模的操作需要两个人合作进行，并且劳动强度大。同时，头盔外壳的固化是在自然环境的室温下进行的，特别是施工温度不低于 16 ℃时产品固化时间长会影响生产率。机械形式的头盔外壳成型钻模的结构形式，就是一种减轻工人劳动强度和提高生产率的很好方法，这对玻璃钢产品生产具有很大的实用价值。虽然机械形式玻璃钢产品成型钻模的结构形式可以减轻工人的劳动强度和提高生产率，但仍然不能实现玻璃钢产品的自动生产，也不能解决头盔外壳裱糊时出现起皱的问题。要解决上述问题，需要采用其他形式的头盔外壳成型工艺和模具结构形式。

8.5.1　高效袋压成型工艺分析

简易袋压成型模虽然能够成型高质量的复合材料制品，但是由于基本上是手工操作，其工作过程犹如农村粘布鞋鞋底一样，生产率极低。一般一个复合材料制品从准备工作到裱糊，再到制品固化和脱模，最少需要 2 h。简易袋压成型模的卸模和左、右凹模的分型都需要两个人合作进行，劳动强度很大。如何提高复合材料制品的生产率和减轻工人劳动强度，就成为亟须解决的课题。

高效成型体现在如何缩短复合材料制品的生产周期，主要是要缩短制品脱模和模具卸模及分型的辅助时间，同时要减轻工人的劳动强度；另外，还要减少制品固化的时间。采用增加固化剂的剂量可以加速复合材料制品的固化速度，但是增加固化剂的剂量会使复合材料制品的性能变脆，这是不可取的方法。因此，可以在凹模加设一些电热器，通过提高模具的温度加快复合材料制品的固化速度；再在橡胶袋中通入蒸汽，使复合材料制品的内壁温度提高。这两项措施均能提高复合材料制品固化的速度。

对于减少辅助操作的时间，可以通过以机械机构的操作来代替手工操作。一方面可减轻工人的劳动强度，另一方面可以减少工人操作的辅助时间。

8.5.2　高效袋压成型模的设计

为了改变简易模具操作的高劳动强度，在简易模具结构的基础上改进为机械形式的成型模。机械结构形式是从模具的开闭模和盖板等的开启与闭合动作入手，以机械机构结构形式代替手工操作形式。

（1）减轻劳动强度的措施

如图 8-20 所示，带凸台的头盔外壳的成型仍是采用左模板 1 和右模板 2 组成的型腔进行头盔外壳的裱糊，裱糊后关闭盖板 15 并在橡胶袋 19 内充入具有一定压力的蒸汽，在蒸汽的作用下，左、右压块 8 和前、后压块 30 可以压紧头盔外壳的内壁固化后成型。因此，能够消除头盔外壳成型过程中出现的聚胶、缺胶、气泡和分层的缺陷，并能确保头盔外壳的等壁厚，皱褶是依靠玻璃钢布的剪裁和铺设来消除的。

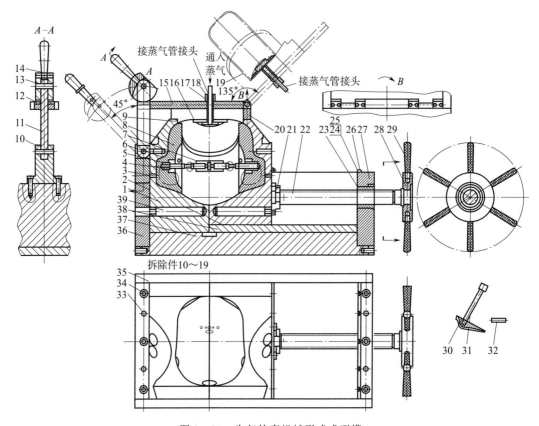

图 8 - 20　头盔外壳机械形式成型模

1—左模板；2—右模板；3—钻套；4—左、右镶件；5—左、右拉杆；6—沉头螺钉；7—长六角螺母；8—左、右压块；
9—封垫；10—支撑座；11—连接板；12—垫块；13—偏心轮；14—手柄；15—盖板；16—胶袋垫板；17—六角螺母；
18—进气嘴；19—橡胶袋；20—联板；21—轴套；22—螺杆；23—螺母衬套；24—压条；25—帘布；26—圆柱头螺钉；
27—右护板；28—手轮；29—滚花手柄；30—前、后压块；31—台阶螺钉；32—定位钉；33—圆柱销；
34—内六角螺钉；35—前、后护板；36—左护板；37—下模板；38—导轨；39—电热器

1）开闭模运动的机械操作：如图 8 - 20 所示，左模板 1 为固定的形式，右模板 2 是移动的形式。扳动手轮 28 上面的滚花手柄 29，可使螺杆 22 推动轴套 21 和右模板 2 沿着导轨 38 移动，从而可以进行模具的左模板 1 和右模板 2 开闭模运动。这样就不需要像简易成型模那样翻动模具拆卸多个 T 形螺钉和圆柱螺母了，从而可以减轻工人很大的劳动强度，并且只需要一个人操作即可，故可节省一个劳动力。同时，减少开闭模的时间。

2）盖板和橡胶袋等开启与闭合运动的机械操作：如图 8 - 20 主视图上右方点画线所示，盖板 15 和橡胶袋 19 等只能开启 135°，这个开启角度是为了防止盖板 15 回位时，伤及玻璃钢布裱糊操作者的身体。盖板 15 等开启 135°角度的限位，依靠的是盖板 15 右端的凸台。如图 8 - 20 主视图上左方点画线所示，为了使盖板 15 能开启，先要将手柄 14 和连接板 11 沿着圆柱销逆时针转动 45°至点画线处，再顺时针翻转盖板 15、胶袋 16 等 135°至点画线的位置。盖板 15 等的闭合，用手握手柄 14 做顺时针运动，使支撑座 10 中的连接

板 11、偏心轮 13 等沿着支撑座 10 的圆柱销转动至实线的位置。再按下手柄 14 使偏心轮 13 压紧盖板 15，由于偏心轮 13 沿着圆柱销转动时，偏心轮 13 半径的变化所产生的作用力压紧盖板 15，并具有自锁作用。自锁作用只能是偏心轮 13 压紧并自锁盖板 15，而不可能是盖板 15 移动，使偏心轮 13 解锁。这种通过偏心轮 13 压紧并自锁盖板 15 的机械操作，取代了工人需要翻动模具拆卸多个活节螺钉和圆柱螺母的操作，又进一步减轻了操作人员的劳动强度，也节省了时间。

（2）左、右模板固定与连接

如图 8-20 所示，左模板 1 和右模板 2 是依靠右护板 27，前、后护板 35 和左护板 36，以圆柱销 33 和内六角螺钉 34 连接成整体。为了保护螺杆 22 的螺纹齿中不进入尘埃、油和胶等物质，可用左、右压条 24 压紧并可用伸缩的帘布 25 遮盖住螺杆 22。

（3）左、右压块和前、后压块的卸取

如图 8-20 所示，头盔外壳成型之后，由于树脂黏结剂具有一定黏度，加之在橡胶袋的压力之下这些压块陷入头盔外壳壁内，要取出左、右压块 8 和前、后压块 30 较困难。为了能取出左、右压块 8 和前、后压块 30，可以左、右拉杆 5 的螺纹旋进左、右镶件 4 的螺孔中，在拧动长六角螺母 7 的作用下，将左、右镶件 4 拉动后取出左、右压块 8。而以台阶螺钉 31 的螺纹旋入前、后压块 30 的螺孔中，便可以直接取出前、后压块 30。

（4）橡胶袋的固定

如图 8-20 所示，通过固定在盖板 15 上的进气嘴 18 中六角螺母 17 和胶袋垫板 16 可以将橡胶袋 19 固定。

（5）左、右模板与盖板之间的间隙封闭

如图 8-20 所示，由于头盔外壳的下摆是一种空间曲线型面，而形成型腔的左模板 1 和右模板 2 也是一种空间曲线型面，而盖板是一个平面，所以它们之间必定存在着很大的空间。如果这种空间不能封闭，橡胶袋 19 充气膨胀时一定会从这种空间中凸出至破裂。封垫 9 的上端用平面与盖板 15 连接，下端是用曲线型面与左、右模板曲线型面吻合形成封闭的型腔。

8.5.3　提高生产率的措施

为了提高头盔外壳的固化速度，加入固化剂或促进剂虽然可以加速玻璃钢的固化速度，但过量固化剂或促进剂会使玻璃钢产品性质变脆。另一种方法就是提高玻璃钢产品成型的温度，当成型头盔外壳内、外的温度提高时，树脂固化的速度也就加快了。

1）加速头盔外壳固化措施之一：如图 8-20 所示，在左模板 1 和右模板 2 的适当位置上加装电热器 39，用以提高模具型腔的温度，加速头盔外壳的固化速度，特别是对低于 16 ℃温度的工作环境更应该加装电热器 39。

2）加速头盔外壳固化措施之二：一般的情形是在橡胶袋中通入具有适当压力的压缩空气，为了提高成型头盔外壳内表面的温度，可以通入具有适当压力的蒸汽。

玻璃钢裱糊的工作条件本身就很恶劣，除了树脂的刺鼻味道，细微玻璃纤维碎屑对身体的侵害，裱糊手工劳动的辛苦都会损害工人的身体健康。由于玻璃钢裱糊的工作是手工操作，所以要尽可能减轻玻璃钢加工操作人员的劳动强度。

　　对于要求具有等壁厚，无富胶、无缺胶、无气泡和无分层的头盔外壳，应该采用成型头盔外壳外形为刚性型腔的左、右模板，内形凸台形体处为刚性压块结构的成型模。压块在橡胶袋中压缩气体的作用下，将头盔外壳壁中残余气体和富余胶液通过钻套孔排出模腔的外面。为了使平面玻璃布能够成型橄榄球形状的头盔外壳，将玻璃布剪有若干条缝，使玻璃布搭接而完成头盔外壳的成型。实践充分证明，这种模具结构和成型工艺方法是行之有效的。不足之处是模具开合模的劳动强度较大，另外，头盔外壳的固化时间较长。减小劳动强度的办法是采用开合模和开启关闭盖板的机械结构。缩短头盔外壳的固化时间，以提高生产率的办法是在左、右模板处安装电热器，或在橡胶袋中通入一定压力的蒸汽。

第9章 复合材料RTM成型模结构设计

前面介绍了复合材料凸模、凹模、组合凸模、组合凹模和对模，这些成型模只能用胶皮辊和滚压轮作为工具碾压裱糊制品。这种碾压方法不均匀，固化后的复合材料制品仍会存在许多缺陷，这种碾压方法只适用于要求不高的复合材料制品。热压罐具有抽真空和压缩空气双重压力的均匀温度成型，可以成型高质量的复合材料制品，成型加工的质量最佳，但加工费用昂贵。袋压成型和真空袋成型，可利用抽真空压力成型，成型加工质量较为可靠。真空袋或双真空袋成型加工费用较高，袋压成型加工费用较低。对模和压模成型是在垂直压力的型面上存在着压力，而在平行压力的型面上则不存在着压力，成型加工质量较为可靠，加工费用也较低。RTM成型要先将复合纤维增强材料的三维预成型坯，铺放到闭模的型腔内或模具型面上，以树脂压注机用低压力（小于0.69 MPa）将树脂胶液注入型腔，浸透增强材料，然后在室温固化或加热固化，脱模成型制品。该成型方法对人体和环境不存在毒害和污染，预成型坯需要先编织好，所以成型加工质量可靠，加工费用较高。该项技术近年来发展很快，在航空、航天工业、汽车工业和舰船工业等领域应用很广。

9.1 警用防弹头盔外壳RTM技术成型钻模设计

防暴警和特警经常要面对穷凶极恶的犯罪分子和恐怖分子，防弹衣和防弹头盔是保护警察生命最重要的防护装备之一。

9.1.1 防弹头盔简介

国产第一代军用头盔——GK80型防弹头盔，GK80型防弹头盔以232防弹钢为主要材料。第二代具有代表性的是QGF-02芳纶头盔、武警UG-75基纶头盔和盾之王FDK02-11基纶头盔等。第三代是集通信、观察、瞄准于一体的新型数字化头盔，在20世纪90年代末期研制成功，我国的防弹头盔在各项指标上均达到或超过外国和外军头盔。

国产军用头盔——QGF-02芳纶头盔以我国自行研制开发的高强度合成纤维为主要材料，性能优于美国的"凯芙拉"纤维头盔。头盔外壳材料为芳纶纤维，子弹或锐器刺向头盔时，子弹与复合材料发生侵彻后表现出多种不同的破坏形式，如纤维拉伸断裂、界面的分层、纤维和树脂的脱粘及材料产生凹陷等。因此，弹体动能在这些破坏中被逐渐地消耗，从而达到了防弹的效果。芳纶纤维具有优良的比强度、比模量值，抗冲击、抗蠕变，耐疲劳，耐有机溶剂、耐酸、耐碱的侵蚀，以及良好的振动阻尼与介电性能，具有不燃烧、自熄的特点，而且发烟低，耐热性好，在180 ℃温度下仍可继续使用。

9.1.2　防弹头盔外壳与成型的要求

警用防弹头盔除了可防止官兵头颅发生碰撞外，还应具有防穿刺和阻燃的作用，甚至具有防枪击的作用。这种防弹头盔不仅可以应用于武警和军队，还广泛应用于金融、税收、海关缉私以及其他需要防爆的工作人员。

9.1.2.1　警用防弹头盔外壳的要求
警用防弹头盔外壳如图 9-1 (a) 所示。

（1）警用防弹头盔外壳用材和壁厚

我国警用防弹头盔目前主要使用的材料是芳纶、基纶复合材料和钢基纶复合结构，头盔外壳壁厚为 3 mm。

（2）技术要求

等壁厚，壁厚中具有无富胶、无贫胶、无气泡、无分层、无皱褶和无起皱等缺陷。

（3）批量

对于全国的警察而言，警用防弹头盔的用量极大，还能够应用于武警和军人。

9.1.2.2　警用防弹头盔外壳成型方法分析
警用防弹头盔外壳在防护子弹击穿或锐器穿刺的过程中，起到了最主要的作用，可以说没有外壳的阻挡作用，头盔无法实现防弹的功能。

头盔外壳起皱的解决方法：用芳纶纤维布或经剪叠的芳纶纤维布，裱糊成橄榄球形状警用防弹头盔外壳，必然会产生起皱或皱褶。起皱或皱褶处，一是因布的叠贴会增加叠层壁的厚度，二是起皱处由于布的纤维是断裂的，其刚性和强度值均有所下降。如果此处正好是子弹和锐器穿刺的地方，那么该处就不能很好地起到防护的作用。为了解决这个问题，需要用芳纶纤维编织成与头盔外壳相似的预成型套件的形状，如图 9-1 (b) 所示，就像是用棉纱线织成袜子那样。只是头盔外壳壁厚为 3 mm，而芳纶纤维布只有0.23 mm，因此，头盔外壳预成型的形状应该最好是 12 层，每层的尺寸比相对应层的尺寸小0.25 mm 的厚度。为了不使预成型套件在铺垫时出现错铺，套件编织后应盖有 1、2、…、12 的序号。这样在套件铺垫时，可由小号往大号逐渐铺垫。如果觉得12层套件数量较多，最少可以由 6 套件组成，但每铺垫一层就需要同时铺垫两个同一序号的成型套件。

9.1.2.3　警用防弹头盔外壳的成型要求
警用防弹头盔外壳的成型必须是无缺陷，并且能从凹、凸模中顺利地脱模。

1）必须确保头盔外壳能够成型，即头盔外壳必须与裱糊成型模的型面贴模，并要保证头盔外壳为等壁厚，这是确保头盔外壳不产生富胶、贫胶和分层现象的前提。

2）必须确保头盔外壳能够顺利地脱模，否则头盔外壳滞留在裱糊成型模里不能脱模，这个头盔外壳也不能为我们所使用。

3）纤维布中所挤压出的富余胶液和模具里或纤维层间的空气都必须排出裱糊成型模型腔之外，这是确保头盔外壳能够成型和不产生气泡和分层的前提。

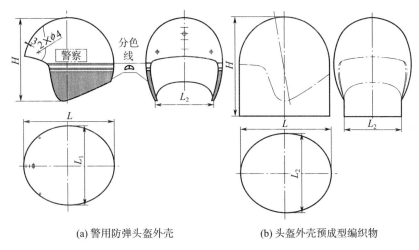

(a) 警用防弹头盔外壳　　　　　　(b) 头盔外壳预成型编织物

图 9-1　警用防弹头盔外壳与头盔外壳预成型编织物

9.1.3　警用防弹头盔外壳成型工艺分析

为了能够确保警用防弹头盔外壳的成型质量，实现大批量的生产，必须要有成熟的加工工艺方法。

（1）成型工艺方法分析

目前，能够成型防弹头盔外壳的工艺方法有多块浮动凸模袋压成型法、真空成型法、热压罐成型法和 RTM 成型技术等。

1）真空成型法和热压罐成型法：由于不能采用对模成型，所以无法使用编织的预成型套件成型。用芳纶纤维布铺垫的头盔外壳，会产生起皱，失去防弹的性能而不能采用。

2）多块浮动凸模袋压成型法：能采用编织的预成型套件成型，但成型固化所需时间过长，不适宜大批量生产。

3）RTM 成型技术：RTM 的基本原理是将复合纤维增强材料编织成三维预成型坯铺放在凸模上，再置放到闭合的模具凹模型腔内。以树脂压注机用低压力（小于 0.69 MPa）将树脂胶液注入型腔，浸透复合材料预成型坯件，然后固化成型，脱模成为制品。RTM 成型产品两面光洁、无各种缺陷，能进行流水作业操作。该项技术可不用预浸料、热压罐，可有效地降低设备成本、成型加工成本。

由于树脂注入方式可以很大程度减少树脂有毒气体对人体和环境的侵害，有利于操作人员的健康，不会污染工作环境。RTM 成型法采用的是低压注射（小于 0.69 MPa），有利于制备大型外形复杂和两面光洁，以及不需后处理的整体制品。因此，防弹头盔外壳的成型可选取 RTM 技术成型。

（2）警用防弹头盔外壳形体分析

形体分析的内容，主要是应该找出影响 RTM 技术成型时，头盔外壳成型和脱模的形体要素，以及头盔外壳在模具中最佳的摆放位置。

1）头盔外壳形体分析：由于头盔外壳像橄榄球壳的形状，头盔外壳按照障碍体判断线方向脱模，这样在成型它的模具型腔上，就存在着多处的弓形高障碍体阻挡头盔外壳的脱模。如图 9-2 (a) 所示，头盔外壳主视图的右侧存在着 6.2 mm 的弓形高障碍体，头盔外壳左视图的两侧存在着 3.24 mm 的弓形高障碍体。

2) 减少头盔外壳主视图右侧 6.2 mm 的弓形高障碍体的方法：如图 9-2 (b) 所示，以 O 点为圆心逆时针旋转 8°后，该处的弓形高障碍体高度仅为 1.1 mm，这样有利于凸模实现小距离的抽芯。如果逆时针旋转超过 8°之后，头盔外壳主视图左侧也将出现与 1.1 mm 弓形高障碍体反向的弓形高障碍体。因此，凸模的左、右方向都需要抽芯，得不偿失。

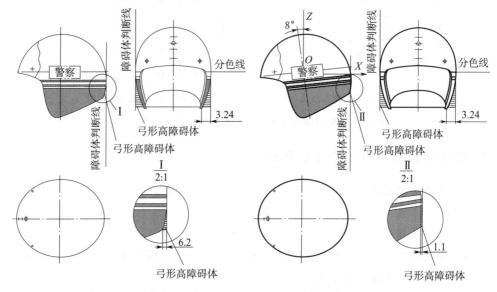

(a) 警用防弹头盔外壳形体分析　　　　(b) 旋转后警用防弹头盔外壳形体分析

图 9-2　警用防弹头盔外壳及旋转后警用防弹头盔外壳形体分析

9.1.4　警用防弹头盔外壳手动脱模成型模结构方案分析

根据 RTM 技术的工作原理，警用防弹头盔外壳需要用凹模和凸模进行成型。又根据警用防弹头盔外壳形体分析的结果，防弹头盔外壳在凹、凸模中手动脱模时，受到了 3 处弓形高障碍体的影响，凹凸模结构必须采取一定的方法才能使头盔外壳顺利地脱模。

(1) 成型模的组成

如图 9-3 (a) 所示，成型模主要由能够进行抽芯和复位的凹模和凸模组件所构成。

1) 组合凹模结构：成型模由右模板 1、左模板 2 组成可拆合的凹模组件，合模后可裱糊成型光洁的头盔外壳外形，拆开后可以脱离头盔外壳外形。右模板 1 和左模板 2 的拆合，是用圆柱销 27 固定在左模板 2 中导柱 28，并用通过右模板 1 中导套 26 孔的导柱 28 上开口垫圈 29 和六角螺母 30 进行固定。松开六角螺母 30 并取下开口垫圈 29 后，即可实现右模板 1 和左模板 2 的分离。

2) 组合凸模结构：用制有燕尾槽的左模块 3、右模块 4 和制有燕尾凸台的中模块 5 组成凸模组件，它们之间用拉力弹簧 17 和螺栓 18 连接在一起。左模块 3、右模块 4 的滑动，是以中模块 5 上限位套 21 中的限位销 19 和弹簧 22 与左模块 3、右模块 4 上半球形窝进行限位，紧定螺钉 20 用以固定限位套 21。滑块 15 的抽芯是依靠弯销 14 的拨动，使其在两压块 25 所形成的 T 形槽中进行抽芯与复位运动的滑动。中模块 5 是以内六角螺钉 6 固定在下模板 7 的下面，上模板 8 可以通过导套 11 在下模板 7 的导柱 10 上移动，圆螺母 9 可限制上模板 8 的移动距离。

3）附属构件：钻套 23 是为了加工头盔外壳上的 $2 \times \phi 4$ mm 孔而设置的，为了防止树脂的泄漏，成型前可在钻套 23 孔贴上能耐 300 ℃的压敏胶带。焊接手柄 24 是为了提起和安放组合凸模，以实现左模块 3、右模块 4 和滑块 15 的抽芯和复位运动。

（2）组合凸模和滑块的抽芯和复位运动

由于头盔外壳上存在着 3 处弓形高障碍体的影响，组合凸模中的左模块 3、右模块 4 和滑块 15 必须实现抽芯后，才能使组合凸模从头盔外壳型腔中脱出。左模块 3、右模块 4 和滑块 15 进入头盔外壳型腔复位后，才能进行 RTM 技术成型头盔外壳。因此，滑块 15 必须实现一次抽芯后，左模块 3、右模块 4 再实现二次抽芯，组合凸模才能脱出头盔外壳型腔。

1）凸模的滑块一次抽芯：如图 9-3（b）所示，手握焊接手柄 24 提起上模板 8 向上进行 V_1 方向移动，可使得弯销 14 拨动滑块 15，在两压块 25 形成的 T 形槽中完成抽芯的运动，从而使滑块 15 避开头盔外壳 1.1 mm 的弓形高障碍体的阻挡。当上模板 8 向下进行 V_1 方向移动时，弯销 14 拨动滑块 15 回位，可用于 RTM 技术成型头盔外壳的成型。

2）凸模的左、右模块二次抽芯：如图 9-3（c）所示，上模板 8 向上继续移动，由于圆螺母 9 限制了上模板 8 的上移距离，使下模板 7 也跟着沿 V_2 向上移动。中模块 5 是用内六角螺钉 6 固定在下模板 7 上，于是中模块 5 随着下模板 7 一起向上移动。而左模块 3、右模块 4 由于头盔外壳左、右两侧存在的 3.24 mm 弓形高障碍体的阻挡，不可能随中模块 5 一起移动，于是中模块 5 燕尾凸台只能沿左模块 3、右模块 4 燕尾槽水平方向滑动。由于中模块 5 燕尾凸台是倒锥形状，左模块 3、右模块 4 在滑动的过程中可同时向内收缩而避开两侧 3.24 mm 弓形高障碍体的阻挡。这样，由左模块 3、右模块 4 和中模块 5 所组成的整个凸模，便可以从头盔外壳的内形中脱模。由于左模块 3、右模块 4 和中模块 5 之间存在由限位销 19、紧定螺钉 20、限位套 21 和弹簧 22 组成的限位机构的限制，左模块 3、右模块 4 不可能脱落中模块 5。一旦整个凸模从头盔外壳的内形中脱离，在左模块 3、右模块 4 和中模块 5 之间拉力弹簧 17 的作用下，只要左模块 3、右模块 4 轻轻接触到裱糊的头盔外壳和凹模，左模块 3、右模块 4 就可与中模块 5 复位。

3）凹模的开闭模：右模板 1 和左模板 2 的开启，可以便于头盔外壳的取出。右模板 1 和左模板 2 闭模所形成的型腔，可用于成型头盔外壳。右模板 1 和左模板 2 开闭模，是以圆柱销 27 固定在左模板 2 中的导柱 28，并通过右模板 1 中导套 26 孔的导柱 28 上开口垫圈 29 和六角螺母 30 进行固定。松开六角螺母 30 并取下开口垫圈 29 后，即可实现右模板 1 和左模板 2 分离。

4）凹模和凸模的定位：为了确保凹模和凸模不发生错位，可利用导柱 10 与右模板 1 和左模板 2 中的导套 11 及下模板 7、上模板 8 进行定位和导向。

5）促进头盔外壳的固化：凹凸模上的电热器 16 通电之后会产生热量，可促进头盔外壳的固化速度。

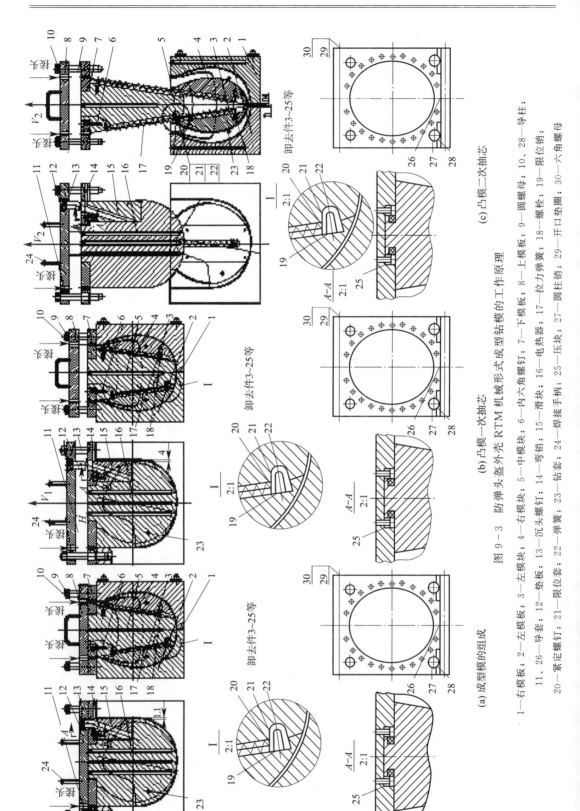

(a) 成型模的组成

(b) 凸模一次抽芯

(c) 凸模二次抽芯

图 9-3 防弹头盔外壳 RTM 机械形式成型钻模的工作原理

1—右模板；2—左模板；3—左模块；4—右模块；5—中模块；6—内六角螺钉；7—上模板；8—下模板；9—圆螺母；10、28—导柱；11、26—导套；12—垫板；13—沉头螺钉；14—弯销；15—滑块；16—电热器；17—拉力弹簧；18—螺栓；19—限位销；20—紧定螺钉；21—限位套；22—弹簧；23—钻套；24—焊接手柄；25—压块；27—圆柱销；29—开口垫圈；30—六角螺母

9.1.5　警用防弹头盔外壳成型模的设计

如图 9 - 4 所示，警用防弹头盔外壳成型模的结构与图 9 - 3 工作原理相同，在右模板 7 上安装两个焊接手柄 9，以方便操纵者用手提放组合凸模，完成图 9 - 4 所示的 V_1 和 V_2 动作，以实现组合凸模的脱模和复位。后模板 1 和前模板 2 用导柱 11 与导套 12 进行定位和导向，由 T 形螺钉 13、带肩六角螺母 14 连接闭模，拆开 T 形螺钉 13、带肩六角螺母 14 的连接即可实现凹模的分离。

（1）头盔外壳成型模的操作顺序

先将头盔外壳预成型编织物数量按序号套放在凸模上，在凹模开口尺寸 L_1 大于凸模 L_2 时，将凸模连同预成型编织物放进开启的凹模中，再闭合凹模，并使后模块 3、前模块 4 与中模块 5 复位。然后，在 3 处有快换接头螺孔的位置上，与 RTM 成型机的树脂与催化剂的注入快换接头螺纹连接。凹模与凸模之间的空间虽然只有 3 mm，但由于空间中铺放了 12 层预成型编织物，使有效的空间很小。单一注入口所注入的树脂不足以充满模具的型腔，会造成头盔外壳大面积的贫胶和分层，所以需要有多个注入口才能使头盔外壳浸透树脂。头盔外壳的脱模是要先完成凸模组件的脱模，再分开凹模组件的后模板 1、前模板 2，以实现头盔外壳脱模。

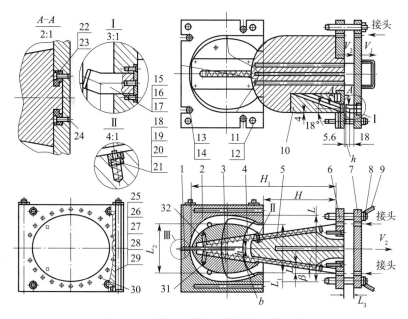

图 9 - 4　警用防弹头盔外壳成型模设计

1—后模板；2—前模板；3—后模块；4—前模块；5—中模块；6—左模板；7—右模板；8—圆螺母；9—焊接手柄；
10—滑块；11、26—导柱；12、27—导套；13—T 形螺钉；14—带肩六角螺母；15—弯销；16—垫块；17—沉头螺钉；
18—限位套；19—限位销；20—紧定螺钉；21—弹簧；22—压块；23—内六角螺钉；24、25—圆柱销；
28—开口垫圈；29—六角螺母；30—电热器；31—拉力弹簧；32—螺栓

（2）型腔的排气和富胶的排泄

由于型腔中存在空气，如不将这些空气排出型腔，就会造成头盔外壳壁中出现气泡和空隙。如图 9-4 所示，在后模板 1、前模板 2 上制有多个 $D_1 = \phi 2$ mm 的排气孔和 $D = \phi 4$ mm 的排泄多余树脂的孔。

（3）成型模凸模抽芯计算

如图 9-2 所示，由于头盔外壳存在一处 1.1 mm 和两处 3.24 mm 的弓形高障碍体，成型模需要设计 3 处抽芯才能实现头盔外壳型腔的脱模。因此，抽芯距离的计算十分重要，否则抽芯不到位会让头盔外壳的凸模无法脱模。

1）弯销滑块抽芯的计算：如图 9-4 所示，该处存在 1.1 mm 的弓形高障碍体，设抽芯距离为 4 mm，弯销 15 的斜角为 18°，左模板 6 与右模板 7 之间的距离为：$L_3 \geqslant 5.6$ mm $+ h + 18$ mm，求弯销抽芯时需要移动 L_3 的距离。

解：$h = 4/\tan 18°$ mm $\approx 4/0.324\ 92$ mm $= 12.3$ mm，取 h 为 12.4 mm，$L_3 \geqslant (5.6 + 12.4 + 18)$ mm $= 36$ mm。

答：滑块 10 需要完成 1.1 mm 的抽芯距离，右模板 7 必须右移 36 mm 以上。

2）后模块和前模块抽芯计算：设 $L = 245.7$ mm，$L_1 = L_2 = 182.6$ mm，设 β 为 8°，求左模板移动距离 H 为多少？

解：$l = (L - L_1)/2 = (245.7 - 182.6)/2$ mm $= 31.55$ mm，$H \geqslant l\ /\tan 8° = 31.55/0.140\ 54$ mm ≈ 224.49 mm。

答：左模板移动距离 H 应该大于 224.49 mm。

9.2　警用防弹头盔外壳 RTM 技术机械形式成型钻模设计

据公安部统计，自 1949 年新中国成立至 2017 年上半年，牺牲的警察有 10 768 人，负伤共有 151 468 人，1996—2001 年是超高发期，最高年牺牲人数超过 500 人，年均达到 484 人。可以说，每天全国就有 1～2 名公安民警因公牺牲。因此，防弹衣和防弹头盔是保护警察生命的最重要防护装备。

9.2.1　防弹头盔简介

警用防弹头盔外壳是用芳纶或基纶纤维布加工而成的，只有采用 RTM 成型工艺才能实现大批量优质生产。采用手动简易 RTM 成型模无法实现大批量生产，并且 RTM 成型加工时需要不断提放凸模、拆卸凹模和翻动模具，劳动强度非常大。因此，通过对 RTM 成型模结构和操作过程，以及左、右凹模开、闭模过程中，左、右凸模和滑块二次抽芯动作进行分析后，均采用了机械结构形式来完成。结果表明，这种机械形式 RTM 成型钻模具有操作简单、运行自如、省力省时的功效。又由于在左、右凹模，左、右、中凸模中安装了电热器，提高了模具的温度，加快了头盔外壳的固化速度，从而提高了产品生产率。

1）防弹头盔材料：凯芙拉纤维属于芳族聚酰胺类有机纤维，这是继玻璃纤维之后被用作增强复合材料纤维。凯芙拉纤维抗拉强度是一般有机纤维的 4 倍，其模量为涤纶的 9 倍。由于凯芙拉纤维的密度小，所以它的比强度高于玻璃纤维、碳纤维和硼纤维。但压缩强度、剪切强度都较低，吸水性较高，具有热稳定性、低侵蚀性和耐磨性。

2）防弹头盔性能要求：该型头盔在 54 式手枪以 51 式标准子弹、5 m 射距、420～450 m/s 弹速垂直入射条件下，抗弹率为 100%，其 V50 值为 630 m/s。警用防弹头盔能防国产 64 式或 77 式手枪发射的 7.62 mm 子弹（铅芯）的穿透。

注：所谓 V50 值，就是用质量为 1.1 g 的斜边圆柱体弹丸，在规定距离内以不同的速度射击头盔，其中 50% 的弹丸击穿头盔，50% 不击穿，即达到 50% 的击穿概率，所发射子弹速度的平均值为这顶头盔的 V50 值。V50 值越高，头盔防弹性能越好。

3）防弹原理：子弹或锐器刺向头盔时，子弹与复合材料在产生侵彻后表现出多种破坏形式，如纤维拉伸断裂、界面分层、纤维和树脂的脱粘及材料产生凹陷等。因此，弹体动能在这些破坏中被逐渐地消耗，从而达到了防弹的效果。

警用防弹头盔外壳在防护子弹击穿或锐器穿刺的过程中，是起到最主要作用的零件，其次是头盔泡沫衬垫。可以说没有外壳的阻挡作用，头盔无法实现防弹的功能。

9.2.2　警用防弹头盔外壳成型方法

头盔外壳起皱的解决方法：与本章第 9.1.2.2 所述方法相同。

9.2.3　警用防弹头盔外壳 RTM 机械成型模设计

如图 9-5 所示，警用防弹头盔外壳 RTM 机械形式成型钻模的结构与图 9-3 工作原理相同。机械形式的 RTM 成型钻模，只是将凹模的开、闭模运动，组合凸模 3 处抽芯和回位运动，以机械形式代替了人工的形式，从而减轻了操作人员的劳动强度。

1）凹模开、闭模运动：是利用转动滚花手柄 45 使手轮 44 和螺杆 38 在螺母套筒 43 中带动插座 37、安装板 36 和右模板 2、左模板 3 沿着前、后模板 53 燕尾凸台进行开启与闭合的移动。模具闭模后中心位置的限位是通过限位块 48 进行的，这样能确保闭模后模具型腔位置的正确性和一致性。为了防止树脂胶、灰尘和油污进入螺杆 38 的螺纹齿上，在右模板 2、左模板 3 与左、右模板 39 上以圆柱头螺钉 42 压紧能进行伸缩的帘布 41 并始终盖住螺杆 38。

2）凸模的左、右模块与滑块二次抽芯运动：二次抽芯运动需要将组合凸模向上提起，并且能先发生弯销 59 的向上移动，使滑块 57 能进行抽芯运动。之后凸模继续向上提，右模块 6 和左模块 7 产生抽芯运动，具体二次抽芯运动在本书第 9.1.5 节（3）已经详细地阐述了。凸模向上提起的运动依靠连接板 19 上的齿条 18 和齿轮 30 的传递来实现。当摇动手柄 35 时，安装在齿轮座 32 上的配重手柄 34、轴 33 及以圆柱销 31 与轴 33 连接的齿轮 30 转动，从而使齿轮 30 可沿着齿条 18 上下移动。由于下模板 14 与上模板 63 之间是依靠台阶螺钉 64 连接的，依靠导柱 15 和圆螺母 16 进行定位和导向，上模板 63 与下模板 14 存在着 36 mm 的移动距离，这时可在弯销 59 的作用下完成滑块 57 的一次抽芯运动。

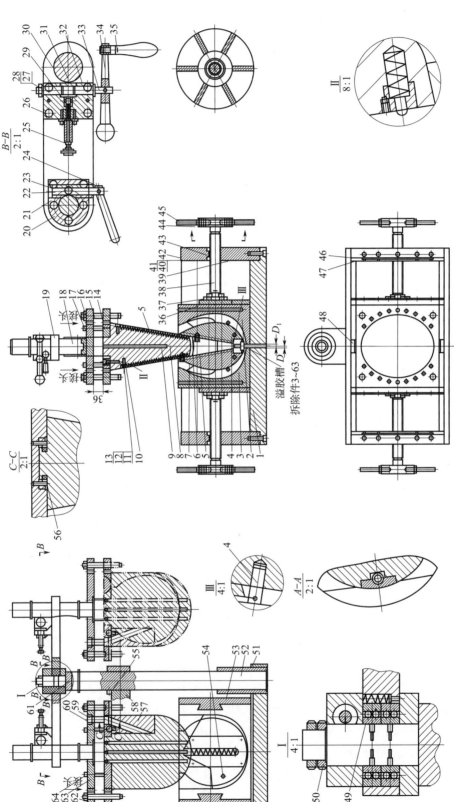

图 9 - 5　防弹头盔外壳 RTM 机械形式成型钻模

1, 14—下模板；2—右模板；3—左模板；4—螺钉；5—拉力弹簧；6—右模块；7—左模块；8—中模块；9—电热器；10—限位套；11—限位销；12—弹簧；13—紧定螺钉；
15—导柱；16—圆螺母；17—垫板；18—齿条；19—连接板；20—环箍；21—固定夹紧套；22—螺杆；23—活动夹紧套；24—滚花手柄；25—球头手柄；26—插销座；
27—六角螺母；28—弹簧垫圈；29—齿轮垫圈；30—齿轮插销；31,47—圆柱销；32—齿轮座；33—轴；34—配重手柄；35—安装板；36—安装板；37—插座；38—螺杆；39—左、右模块；
40—双列向心球面球轴承；41—齐布；42—圆柱垫筒；43—螺母套；44—内六角螺钉；45—滚花手柄；46—内六角螺钉；48—限位块；49—双列向心球面球轴承；50—套筒；51—套筒；
52—支撑柱；53—前、后模柱；54—钻套；55—钻套；56—导向条；57—滑块；58—导销；59—弯销；60—压板；61—垫块；62—导套；63—上模板；64—台阶螺钉；

　　继续转动齿轮 30 使上模板 63 上移并带动下模板 14 和中模块 8 上移，两侧的右模块 6 和左模块 7 可完成二次抽芯。凸模上升至凹模上端后，在拉力弹簧 5 的作用下，右模块 6 和左模块 7 回位。为了防止凸模下降，可以将滚花捏手 25 转动 90° 后，以其上的圆柱销进入插销座 26 的槽中。在拉力弹簧 5 的弹力作用下，依靠齿轮插销 29 与齿轮座 32 之间方孔的滑动配合，插入齿轮 30 的齿槽中可限制齿轮 30 的转动。当滚花捏手 25 再转动 90°，圆柱销退回插销座 26 端面后，压缩拉力弹簧 5 使齿轮插销 29 脱离齿轮 30 的齿槽，又可转动齿轮 30 使凸模能够上下移动。

　　3）连接板的支撑作用：连接板 19 是通过两个双列向心球面球轴承 49 安装在支撑柱 52 的台阶上。同时，连接板 19 安置在环箍 20 与垫块 61 之间，用环箍 20 以内六角螺钉和圆柱销与连接板 19 连接成一体。为了使环箍 20 能固定在支撑柱 52 上，可扳动球头手柄 24 使螺杆 22 拉动固定夹紧套 21 和活动夹紧套 23 将支撑柱 52 箍紧。连接板 19 上安装了两个双列向心球面球轴承 49，是为了轻松转动连接板 19 而设置的。为了使连接板 19 的工作位置与右模板 2、左模板 3 所组成型腔的中心线保持一致，也为了使组合凸模抽芯之后能够顺利安置 12 层头盔外壳预成型编织物套件，组合凸模应转至 180° 的位置。为了使这两个位置能够固定不变，可采用弹簧 12 和限位销 11 进行限位。

　　4）支撑柱的安装：支撑柱 52 是通过套筒 51 安装在下模板 1 的孔中，为了增加支撑柱 52 安装的稳定性，采用了 2.5 倍长径比的套筒 51 用来导向。

　　5）组合凸模的支托作用：整个组合凸模重量很重，如一直依靠齿轮插销 29 和齿轮 30 来承受这个重量，会造成齿轮插销 29 和齿轮 30 的变形。托板 58 依靠环箍 20 和限位环 55 及紧定螺钉 13 支撑，固定依靠环箍 20 上的固定夹紧套 21 和活动夹紧套 23 夹紧。托板 58 在其上的弹簧 12 和限位销 11 可以进行 4 个位置的限位。

　　6）内、外模的加热：为了加快防弹头盔外壳固化速度，在左模板 1、右模板 2、右模块 6、左模块 7 和中模块 8 分别加装了若干电热器 9。接通电源电热器 9 产生热量使内外模加温，可加速头盔外壳固化。

　　7）头盔外壳 RTM 自动化成型设备：是在头盔外壳 RTM 机械形式成型钻模的基础上，将凹模开闭模和组合凸模上、下移动的机构改成活塞机构的形式，而活塞的运动程序和时间用计算机进行控制。这样的改造可以实现自动化操作，进一步实现加工的自动化程度。

　　警用防弹头盔外壳的成型，通过采用芳纶纤维编织成与头盔外壳相似的预成型套件，解决了头盔外壳不会起皱的问题。通过模具安装电热器，可以加速头盔外壳的固化速度，提高头盔外壳的生产率。通过 RTM 成型解决了头盔外壳无缺陷、等壁厚和内外型面光洁的质量问题以及无污染的问题。采用二次抽芯结构又解决了头盔外壳 3 处弓形高障碍体阻挡脱模的问题，模具的机械形式结构极大地减轻了操作人员劳动强度的问题。RTM 技术机械形式成型钻模是一种能够成功解决类似复合材料产品的理想模具。

9.3　复杂头盔外壳 RTM 技术成型钻模设计

　　复杂头盔外壳的材料是芳纶纤维，不允许复杂头盔外壳存在搭接的形式和皱褶的缺陷，也不允许壁厚存在厚薄的变化。因此，只能采用芳纶纤维编织成整体坯件后，再采用 RTM 技术进行成型。

9.3.1　复杂头盔外壳形体分析

　　复杂头盔外壳如图 9-6（a）和（b）所示，其壁厚为（2.0±0.1）mm。头盔外壳的型面上布满了凸台和凹坑"障碍体"、4 处弓形高障碍体、4 处内扣障碍体和 2 处"犄角"障碍体。这些障碍体对成型模内、外模块的卸模起到了很大的阻碍作用，会造成复杂头盔外壳无法脱模。故成型模内、外模块的卸模，要避让凸台障碍体、凹坑障碍体、弓形高障碍体、4 处内扣障碍体和 2 处"犄角"障碍体的高度。

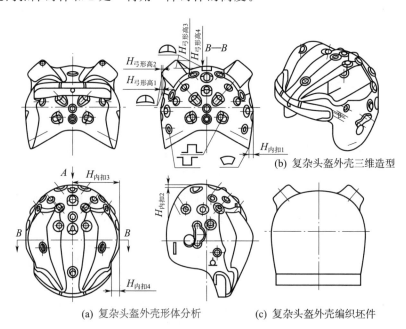

(a) 复杂头盔外壳形体分析　　　　(c) 复杂头盔外壳编织坯件

(b) 复杂头盔外壳三维造型

图 9-6　复杂头盔外壳形体分析

　　1）⌒表示弓形高障碍体；⊓表示凸台障碍体；⊔表示凹坑障碍体；⌓表示内扣式障碍体。
　2）$H_{弓形高1}$ 表示弓形高障碍体 1 的高度；$H_{弓形高2}$ 表示弓形高障碍体 2 的高度；$H_{弓形高3}$ 表示弓形高障碍体 3 的高度；$H_{弓形高4}$ 表示弓形高障碍体 4 的高度；$H_{内扣1}$ 表示内扣障碍体 1 的高度；$H_{内扣2}$ 表示内扣障碍体 2 的高度；$H_{内扣3}$ 表示内扣障碍体 3 的高度；$H_{内扣4}$ 表示内扣障碍体 4 的高度。

9.3.2　复杂头盔外壳的成型分析

　　由于复杂头盔外壳不能存在搭接形式和皱褶缺陷，也不允许壁厚存在厚薄的变化，所以在复合材料成型工艺中，只能采用 RTM 技术进行成型。采用 RTM 技术成型是先要将芳纶纤维编织成整体坯件，芳纶纤维编织坯件的厚度仅为 0.23 mm，编织坯件层之间需要有一定厚度的树脂作为黏结剂。设编织坯件＋树脂黏结剂为 0.25 mm，2 mm 壁厚的复杂头盔外壳需要用 8 层编织坯件叠加在一起。在铺敷编织坯件之前，需要清洗模具型面，晾干后还要涂刷脱模剂。然后，将 8 层编织坯件逐层放入组合成型模的型腔中，再在编织坯件型腔中放入组合凸模。为了防止液体树脂的泄漏，还需要用压敏胶带将钻套孔封住。最后将树脂压注机的注射枪与模具的接头螺孔连接并低压注射（小于 0.69 MPa）树脂，待树脂固化后再卸除内外模块，即可获得复杂头盔外壳。

9.3.3 复杂头盔外壳成型模结构方案可行性分析

复杂头盔外壳在芳纶纤维编织坯件浸透树脂固化后应该脱模，复杂头盔外壳的脱模是要卸下成型模的内、外模块。因复杂头盔外壳上具有众多的"障碍体"阻碍着模具内、外模块的抽取，因此需要将模具内、外模块采用分型面进行分割，将模具内、外模块各分割成若干块能抽取的小块。只要将模具内、外模块抽取后，剩余的便是复杂头盔外壳，这种制品脱模的方法与注塑模和压塑模等型腔模不同。

（1）成型模内模块的抽取

如图 9-7（a）所示，内型芯共分成了 5 块，即左内模块 2、右内模块 4、前内模块 9、后内模块 10 和中内模块 3。每一内型芯模块都用燕尾槽与中内模块 3 燕尾凸台相配，以螺塞 14 中受到弹簧 16 作用下的限位销 15 限位。抽取内型芯模块时先要用双手握住焊接手柄 7 将上模板 6 连同中内模块 3 一起提起来。由于左内模块 2、右内模块 4、前内模块 9 和后内模块 10 受到复杂头盔外壳上众多"障碍体"的阻挡，使得它们能克服安装在螺塞 14 中受到弹簧 16 作用的限位销 15 的作用，沿中内模块 3 燕尾凸台滞留在复杂头盔外壳型腔内。然后，分别用手扳动左内模块 2、右内模块 4 ［图 9-7（b）］、前内模块 9 和后内模块 10 ［图 9-7（c）］。最后抽取 4 个内模块，这样复杂头盔外壳内型腔的内模块便全部实现了抽取。

（2）成型模外模块的抽取

如图 9-8（a）所示，成型模的外模型芯由两处Ⅰ-Ⅰ和一处Ⅱ-Ⅱ及Ⅲ-Ⅲ分型面分割成左上外模块 1、右上外模块 2、右下外模块 4、中下外模块 5 和左下外模块 6 五块。如图 9-8（b）所示，这 5 块外模块的抽取步骤是，先卸下竖导柱 9 上的圆柱螺母 7，抽取左上外模块 1 和右上外模块 2。如图 9-8（c）所示，卸下横导柱 3 上的圆柱螺母 7。用双手握住弯焊接手柄 8，分别抽取右下外模块 4 和左下外模块 6，就可以将复杂头盔外壳从中下外模块 5 上面取下。

因此，分别将外模型芯的 5 块模块和内模型芯的 5 块模块都抽取了，复杂头盔外壳自然实现了脱模。

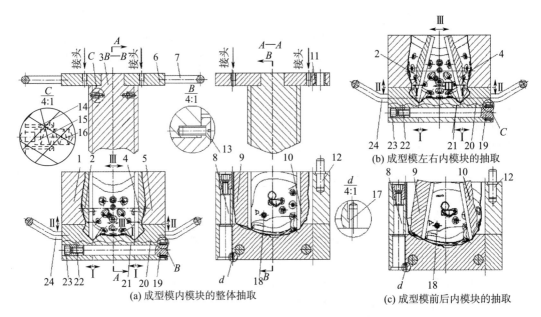

图 9-7　复杂头盔外壳成型模内模块的抽取

1—左上外模块；2—左内模块；3—中内模块；4—右内模块；5—右上外模块；6—上模板；7—焊接手柄；

8—竖导柱；9—前内模块；10—后内模块；11—导套；12—导柱；13—沉头螺钉；14—螺塞；

15—限位销；16—弹簧；17—圆柱销；18—钻套；19—横导柱；20—右下外模块；

21—中下外模块；22—左下外模块；23—圆柱螺母；24—弯焊接手柄

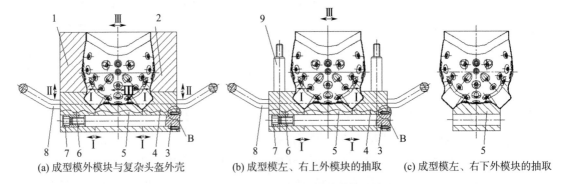

(a) 成型模外模块与复杂头盔外壳　　　(b) 成型模左、右上外模块的抽取　　　(c) 成型模左、右下外模块的抽取

图 9-8　复杂头盔外壳成型模外模块的抽取

1—左上外模块；2—右上外模块；3—横导柱；4—左下外模块；5—中下外模块；6—右下外模块；

7—圆柱螺母；8—弯焊接手柄；9—竖导柱

9.3.4　复杂头盔外壳成型模结构的设计

　　复杂头盔外壳的成型是使用 8 层编织坯件，放置在 5 块组合外模块和 5 块组合内模块之间，依靠树脂压注机注射枪与模具的接头螺孔连接并低压注射（小于 0.69 MPa）树脂成型。

　　抽取组合外模块和组合内模块后，即可获取复杂头盔外壳。由于 RTM 技术存在低压注射树脂，组合外模块和组合内模块之间除了需要定位机构之外，还需要有压紧机构。组合外模块和组合内模块的抽取，如上述的成型模各种内模块和各种外模块的抽取。

1）组合外模块的组成与定位及连接：如图 9 - 9 所示，组合外模块由左上外模块 1、右上外模块 5、右下外模块 27、中下外模块 28 和左下外模块 29 组成。右下外模块 27、中下外模块 28 和左下外模块 29 是通过两根横导柱 26 与圆柱螺母 30 进行定位和连接组成下外模块。左上外模块 1 和右上外模块 5 通过 4 根竖导柱 8 与圆柱螺母 30 进行定位和连接组成外模块。弯焊接手柄 31 通过螺纹分别与右下外模块 27 和左下外模块 29 连接后进行手柄的焊接，用以搬移成型模。4 根竖导柱 8 以 4 个沉头螺钉 25 固定在右下外模块 27 上；活节螺钉 16 通过圆柱销 18 安装在支撑块 17 上，2 件支撑块 17 通过内六角螺钉 19 分别安装在右下外模块 27 和左下外模块 29 的侧面。活节螺钉 16 可沿着圆柱销 18 摆动。

2）组合内模块的组成与定位及连接：如图 9 - 9 所示，左内模块 2、右内模块 4、前内模块 9、后内模块 10 以燕尾凸台与中内模块 3 的燕尾槽配合组成内模块，左内模块 2、右内模块 4、前内模块 9、后内模块 10 以燕尾凸台与中内模块 3 通过弹簧 22、限位销 23

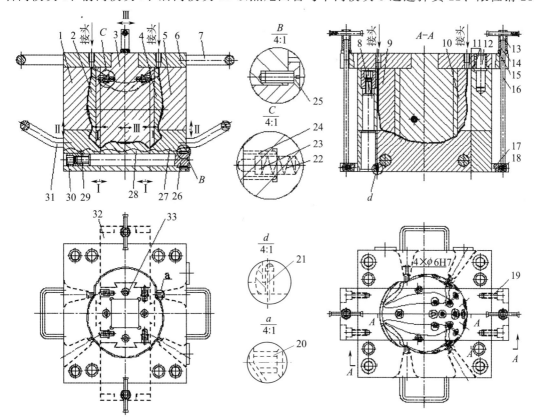

图 9 - 9　复杂头盔外壳成型模设计

1—左上外模块；2—左内模块；3—中内模块；4—右内模块；5—右上外模块；6—上模板；7—焊接手柄；8—竖导柱；
9—前内模块；10—后内模块；11—导套；12—导柱；13—手柄；14、30—圆柱螺母；15—开口垫圈；16—活节螺钉；
17、32—支撑块；18、21—圆柱销；19、33—内六角螺钉；20—钻套；22—弹簧；23—限位销；24—螺塞；
25—沉头螺钉；26—横导柱；27—右下外模块；28—中下外模块；29—左下外模块；31—弯焊接手柄

和螺塞 24 所组成的限位机构限位和抽芯。中内模块 3 通过与上模板 6 方孔的配合和内六角螺钉的连接成一体，焊接手柄 7 通过螺纹分别与上模板 6 左、右两侧连接后再进行手柄的焊接，用以搬移上模块。

　　3）组合内、外模块的导向与连接：如图 9-9 所示，内、外模块之间的间隙只有 2 mm，中间还存在 1.84 mm 的 8 层芳纶纤维编织坯件。这样便不允许内、外模块出现超过 0.02 mm 的位移，内、外模块之间必须要定位元件，外模块上的 4 个导柱 12 与 4 个导套 11 便能保证这种定位。由于压注机注射枪与模具的接头螺孔连接处存在着低压（小于 0.69 MPa）树脂成型注射，内、外模块之间必须有连接固定机构。手柄 13、圆柱螺母 14、开口垫圈 15、活节螺钉 16、支撑块 17、圆柱销 18 和内六角螺钉 19 组成了连接固定装置。当分别以手柄 13 松开圆柱螺母 14 后，抽取开口垫圈 15 便可使活节螺钉 16 沿着圆柱销 18 旋转脱离上模板 6。反之，该连接固定机构可以固定内、外模块。

　　4）复杂头盔外壳孔的加工：如图 9-9 所示，复杂头盔外壳上 4 个孔需要加工，在外模块上加工和安装了 4 个钻套 20。拆卸了内模块后，需要用手电钻的钻头加工出这 4 个 ϕ6H7 孔，这 4 个孔是为了后面激光切割复杂头盔外壳边缘余料工序定位用的。

　　复杂头盔外壳成型模的设计，不仅要考虑复杂头盔外壳的脱模问题，还需要考虑模具各组构件的定位和连接问题。只有将模具主次各方面的问题都考虑到了，并妥善地做了安排，模具才能做到得心应手。

9.4　复杂头盔外壳成型模内、外模块的加工

　　模具的加工对于模具制造来说，也是十分重要的内容，它直接影响模具的形状、尺寸、精度和几何精度。复杂头盔外壳成型模的结构分成外模和内模两部分，复杂头盔外壳成型模的型面是如此的复杂，复杂的模具内、外模块的型面又要各分成五个模块。这些模块组合后如有错位，除了会在对接处反映出复杂头盔外壳出现错位的痕迹之外，还很难保证内、外模块之间的（2.0±0.1）mm 均匀间隙，所以模具内、外模块型面的加工是很重要的。

9.4.1　成型模外模块的加工

　　为了避开复杂头盔外壳上各种形式的障碍体对成型模分型的影响，采用多个分型面将成型模的外模分成了 5 块。分型后的外模如何才能使得 5 块外模组合后不会产生错位和不吻合的现象。否则，成型后的复杂头盔外壳壁厚为（2.0±0.1）mm 的要求是得不到保证的。

　　（1）复杂头盔外壳成型组合外模

　　如图 9-10 所示，复杂头盔外壳成型组合外模由 2 处Ⅰ—Ⅰ、1 处Ⅱ—Ⅱ及 1 处Ⅲ—Ⅲ分型面将成型外模分割成 5 块，即左上外模块 1、右上外模块 2、右下外模块 4、中下外模块 5 和左下外模块 6。右下外模块 4、中下外模块 5 和左下外模块 6 是用 2 根横导柱 3 和圆柱螺母 7 定位与连接的，组成下外模块。下外模块与左上外模块 1 和右上外模块 2 与下

外模块是依靠 4 根竖导柱 11 和圆柱螺母 7 定位与连接的，组成外模块。如图 9 - 10 的 A 放大图所示，横导柱 3 是依靠沉头螺钉 9 固定在右下外模块 4 上。如图 9 - 10 的 B 放大图所示，竖导柱 11 是依靠圆柱销 10 分别固定在右下外模块 4 和左下外模块 6 上。卸下竖导柱 11 和横导柱 3 上的圆柱螺母 7，就可以分别抽取 5 块外模块。

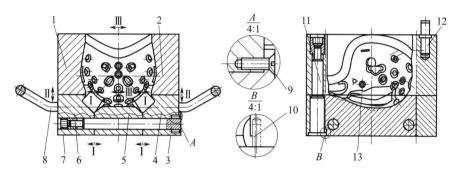

图 9 - 10 复杂头盔外壳成型外模

1—左上外模块；2—右上外模块；3—横导柱；4—右下外模块；5—中下外模块；6—左下外模块；

7—圆柱螺母；8—弯焊接手柄；9—沉头螺钉；10—圆柱销；11—竖导柱；12—导柱；13—钻套

（2）5 块外模块的加工

5 块外模块的材料为 45 钢，图 9 - 11 所示为 5 块外模块的形状。由于 5 块外模块是组装

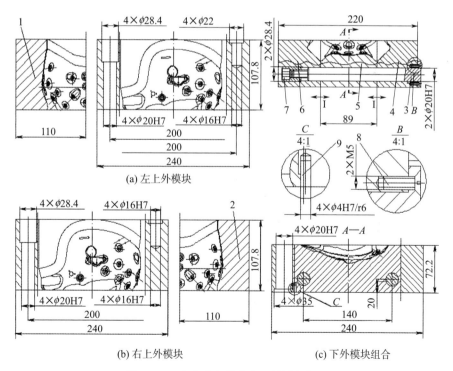

(a) 左上外模块

(b) 右上外模块　　(c) 下外模块组合

图 9 - 11 复杂头盔外壳成型外模的加工

1—左上外模块；2—右上外模块；3—横导柱；4—右下外模块；5—中下外模块；6—左下外模块；

7—圆柱螺母；8—沉头螺钉；9—圆柱销

在一起的，各模块型面的加工如果是单独的加工后组装，会出现错位的现象。出现错位后反映在复杂头盔外壳上就会在型面上出现凹凸痕，复杂头盔外壳的厚度为（2.0±0.1）mm，本来就很薄，只要有少许凹凸痕看上去就十分明显，还会影响厚度尺寸。为了防止出现错位的现象，5 块模块的型面先在三轴数铣加工时，留有加工余量 0.5 mm，组装后用四轴或五轴数铣进行精加工。

1）左上外模块 1 与右上外模块 2 的主要加工工艺路线：见表 9-1，图 9-11（a）所示为左上外模块 1，图 9-11（b）所示为右上外模块 2。由于左上外模块 1 与右上外模块 2 的形状对称，两者加工工序一致。

表 9-1　A、B 外模块的主要加工工艺路线

工序号	工序名称		尺寸与设备	工序加工的内容
0	下料	A	245 mm×115 mm×112.8 mm	保证表 9-1 所示尺寸，保证长、宽、高垂直度不大于 0.5 mm
		B	245 mm×115 mm×112.8 mm	
5	铣	A	241 mm×111 mm×108.8 mm	保证表 9-1 所示尺寸，保证长、宽、高垂直度不大于 0.2 mm，表面粗糙度值为 $Ra3.2\ \mu m$
		B	241 mm×111 mm×108.8 mm	
10	磨	A	240 mm×110 mm×107.8 mm	保证尺寸达到图 9-11 所示要求，保证长、宽、高垂直度不大于 0.01 mm，表面粗糙度值为 $Ra0.8\ \mu m$
		B	240 mm×110 mm×107.8 mm	
15	镗	A	$2×\phi20H7$、$2×\phi28.4$ mm $4×\phi20H7$、$4×\phi28.4$ mm	孔径与孔距达到图 9-11 所示要求，保证长、宽、高垂直度不大于 0.01 mm，表面粗糙度值为 $Ra0.8\ \mu m$
		B	$4×\phi16H7$、$4×\phi22$ mm	
20	钳	A	$4×\phi4H7/r6$ 圆柱销、 $4×M5$ 沉头螺钉	如图 9-11 所示，在 A 右端安装横导柱 3 处制 $16×M5$ 螺孔，在 A 和 C 处竖导柱 11 制 $4×\phi4H7$ 圆柱销孔。用横导柱 3、竖导柱 11 和圆柱螺母 7 将 5 块外模块组装在一起
		B		
25	数铣		三轴数铣	分别粗铣左上外模块 1 与右上外模块 2 的型面，留有加工余量 0.5 mm，表面粗糙度值为 $Ra1.6\ \mu m$
30	数铣		四轴或五轴数铣	5 块外模块组装后，铣左上外模块 1 与右上外模块 2 的型面，达图，表面粗糙度值为 $Ra0.8\ \mu m$

注：设 A 为左上外模块 1，B 为右上外模块 2。

2）下外模块组件的加工工艺路线：见表 9-2。设 A 为右下外模块 4，B 为中下外模块 5；C 为左下外模块 6。3 块下外模块通过下料、铣、磨、镗和钳工序的加工，与横导柱 3 和圆柱螺母 7 组装在一起。组合后尺寸为 240 mm×220 mm×72.2 mm，保证长、宽、高垂直度不大于 0.01 mm，表面粗糙度值为 $Ra0.8\ \mu m$。

表 9 - 2　下外模块组件的加工工艺路线

工序号	零件和工序名称		尺寸与设备	工序加工的内容
0	下料	A	245 mm×135 mm×77.2 mm	保证表 9-2 所示 A、B、C 尺寸，保证长、宽、高垂直度不大于 0.5 mm
		B	245 mm×94 mm×82.2 mm	
		C	245 mm×135 mm×77.2 mm	
5	铣	A	241 mm×132 mm×73.2 mm	保证表 9-2 所示 A、B、C 尺寸，保证长、宽、高垂直度不大于 0.2 mm，表面粗糙度值为 $Ra3.2\ \mu m$
		B	241 mm×90 mm×73.2 mm	
		C	241 mm×132 mm×73.2 mm	
10	磨	A	240 mm×131 mm×72.2 mm	保证表 9-2 所示尺寸，保证长、宽、高垂直度不大于 0.01 mm，表面粗糙度值为 $Ra0.8\ \mu m$
		B	240 mm×89 mm×72.2 mm	
		C	240 mm×131 mm×72.2 mm	
15	镗	A	$2×\phi20H7$、$4×\phi20H7$、$4×\phi28.4$ mm	镗 A、B、C 孔径与孔距达到表 9-2 所示要求，保证长、宽、高垂直度不大于 0.01 mm，表面粗糙度值为 $Ra0.8\ \mu m$
		B	$2×\phi20H7$	
		C	$2×\phi20H7$、$2×\phi28.4$ mm、$4×\phi20H7$、$4×\phi28.4$ mm	
20	钳	A	$4×\phi4H7$、$4×M5$	在 A 右端横导柱 3 处制 $16×M5$ 螺孔，用横导柱 3 和圆柱螺母 7 将 5 块外模块组装在一起
		B		
		C	$4×\phi4H7$、$4×M5$	
25	数铣		三轴数铣	下外模块组合后，铣型面，留有加工余量 0.5 mm，表面粗糙度值为 $Ra1.6\ \mu m$
30	数铣		四轴或五轴数铣	组装成外模块铣型面，达图，表面粗糙度值为 $Ra0.8\ \mu m$

9.4.2　成型模内模块的加工

　　如图 9-12 所示，成型模的内模由四周带有 60°燕尾槽的 4 块左、右、前、后内模块与中间四周带有 60°燕尾凸台的中内模块 2 配合后组成。由于 4 块内模块都是以螺塞 11 中弹簧 9 与限位销 10 所组成的限位机构进行限位。并且 5 块内模块用 60°燕尾槽与燕尾凸台组合易产生错位，加之限位机构也无法承受组合后的数铣加工。沿四周 4 块内模块都应该用 M8 的内六角螺钉 13、14 与中内模块 2 连接，组合内模块外型面加工好之后，还需要将螺钉头的孔以过盈配合的堵头堵上，以防螺钉头孔中缺失型面的支撑芳纶纤维编织坯件而产生成型缺陷。组合内模块需要安装在上模板 4 上，以便型面加工时可以上模板 4 在数铣设备上进行安装与定位。

　　1) 四周 4 块内模块的加工：A、B、C、D 的 4 块内模块加工工艺路线见表 9-3。设 A 为左内模块 1，B 为右内模块 3；C 为前内模块 6，D 为后内模块 7，E 为上模板 4。

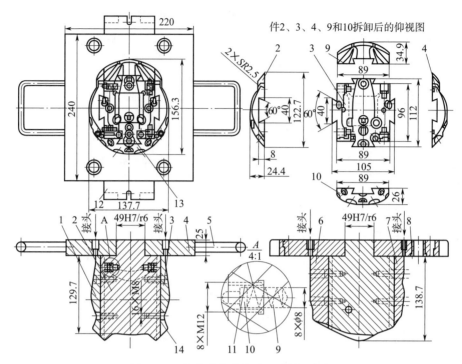

图 9-12　复杂头盔外壳成型内模的加工

1—左内模块；2—中内模块；3—右内模块；4—上模板；5—焊接手柄；6—前内模块；7—后内模块；

8—导套；9—弹簧；10—限位销；11—螺塞；12—支撑块；13、14—内六角螺钉

表 9-3　A、B、C、D 四块内模块的加工工艺路线

工序号	零件和工序名称		尺寸与设备	工序加工的内容
0	下料	A	127.7 mm×29.4 mm×168.7 mm	保证 A、B、C、D 表 9-3 所示尺寸，保证长、宽、高垂直度不大于 0.5 mm
		B	127.7 mm×29.4 mm×168.7 mm	
		C	94 mm×39.9 mm×168.7 mm	
		D	94 mm×31 mm168.7 mm	
5	铣	A	123.7 mm×25.4 mm164.7 mm	保证 A、B、C、D 表 9-3 所示尺寸，保证长、宽、高垂直度不大于 0.2 mm，表面粗糙度值为 $Ra3.2\ \mu m$
		B	123.7 mm×25.4 mm164.7 mm	
		C	90 mm×35.9 mm×164.7 mm	
		D	90 mm×27 mm×164.7 mm 50 mm×50 mm×26 mm	
10	磨	A	122.7 mm×24.4 mm×163.7 mm	保证 A、B、C、D 表 9-3 所示尺寸，保证长、宽、高垂直度不大于 0.01 mm，表面粗糙度值为 $Ra0.8\ \mu m$
		B	122.7 mm×24.4 mm×163.7 mm	
		C	89 mm×34.9 mm×163.7 mm	
		D	89 mm×26 mm×163.7 mm 49H7/r6×49H7/r6 mm	

续表

工序号	零件和工序名称		尺寸与设备	工序加工的内容
15	线切割	A	40 mm×60°×8 mm	保证 A、B、C、D 表 9-3 所示尺寸，表面粗糙度值为 Ra0.8 μm
		B		
		C		
		D		
20	钳	A	2×M8 孔、2×SR 2.5 mm 窝	保证 A、B、C、D 表 9-3 所示尺寸
		B		
		C		
		D		

2）中内模块 2 与上模板 4 的加工：E 中内模块 2 和 F 上模板 4 加工工艺路线见表 9-4，设 E 为中内模块 2，F 为上模板 4。

表 9-4　E 内模块和 F 上模板加工工艺路线

工序号	工序名称		尺寸与设备	工序加工的内容
0	下料	E	117 mm×110 mm×168.7 mm	保证 E、F 表 9-4 所示尺寸，保证长、宽、高垂直度不大于 0.5 mm
		F	245 mm×225 mm×31 mm	
5	铣	E	113 mm×106 mm×143.7 mm	保证 E、F 表 9-4 所示尺寸，保证长、宽、高垂直度不大于 0.2 mm，表面粗糙度值为 Ra3.2 μm
		F	241 mm×221 mm×26 mm	
10	磨	E	112 mm×105 mm×163.7 mm 49H7/r6×49H7/r6×25 mm	保证 E、F 表 9-4 所示尺寸，保证长、宽、高垂直度不大于 0.01 mm，表面粗糙度值为 Ra0.8 μm
		F	240 mm×220 mm×25 mm	
15	线切割	E	4×40 mm×60°×8 mm	保证 E、F 表 9-4 所示尺寸，保证图注 *，保证 E 孔尺寸 49H7×49H7
		F	49H7×49H7	
20	钳	E	4×M10 螺孔（件 13）、16×M8 螺孔（件 14）	保证 E、F 表 9-4 所示尺寸，将限位机构 A、B、C、D 用内六角螺钉 14 和限位机构安装在 E 上，A、B、C、D、E 用内六角螺钉 13 安装在 F 上
		F	导柱孔、接头孔、焊接手柄螺孔	
25	数铣		粗铣外型面	以 F 在数铣上安装和定位，粗铣 A、B、C、D、E 的型面
30	数铣		精铣外型面	以 F 在数铣上安装和定位，精铣 A、B、C、D、E 的型面

注：1）中内模块 2 上的 40 mm×60°燕尾凸台与左内模块 1、右内模块 3、前内模块 6 和后内模块 7 的 40 mm×60°燕尾槽配单边间隙 0.01 mm。

2）左内模块 1、右内模块 3、前内模块 6 和后内模块 7 的 4×40 mm×60°尺寸与中内模块 2 的 4×40 mm×60°保持一致。

复杂头盔外壳成型模的结构设计十分重要，应摆在第一位。虽然模具结构是可行的，模具各种运动的动作都能准确完成，但是模具加工不到位，制品还是不合格，再正确的模具结构，加工的制品不合格，说明模具还是不合格。要想确保加工过程中模具型面的形状、尺寸和精度能满足模具图样的要求，如何确定模具组构件的各项基准，以及加工工艺方法都是至关重要的。

复合材料成型还有缠绕成型模，缠绕成型模主要用于制作天然气、原油和石油等各种管道和接头，以及各种罐、球和桶等制品。拉挤成型模主要用于制造各种断面形状的复合材料型材，如棒、管、实心型材（如工字形、槽形、方形型材）和空腹型材（如门窗型材、叶片）等。

9.5　头盔内壳成型（裱糊）钻模结构方案的分析与设计

头盔内壳的内、外型面上布满了凸台、凹坑、内扣和弓形高等多种形式的障碍体，使头盔内壳的成型和脱模变得极其困难。为了确保头盔内壳壁厚和重量能符合图样的要求，确保头盔内壳不会产生气泡、富胶、贫胶、分层、空隙、扁塌和皱褶等缺陷，确保头盔内壳能够顺利地成型和脱模，成型钻模采用了多个分型面来避开障碍体对头盔内壳成型、缺陷和脱模的影响。多处分型将成型件分成了多个部件所组成的组合性凹、凸模，在充气橡胶袋的压力作用下，多块彼此能够独立移动的凸模成型头盔内壳的模具设计思路，是一种独创的成型增强复合材料产品模具结构的方案。

这是一种具有内、外壳的头盔，头盔内壳的形状是一个截去的顶部橄榄球状，其上面还布满了多个凸、凹型面。这些凸、凹型面均为凸台、凹坑、内扣和弓形高等形式的障碍体，它们使头盔内壳的成型和脱模变得极其困难。如何确保头盔内壳壁厚和重量符合图样的要求，头盔内壳不产生气泡、富胶、贫胶、扁塌和皱褶等缺陷，产品能够顺利地成型和脱模，这些都是模具设计时必须要考虑的问题，如何化解这些难题考验了模具设计者的智慧。采用多处分型后的模板和模块所组装成的组合凹模和凸模，在充气橡胶袋的均匀压力作用下，多个凸模块能够自由地移动挤压壁厚中含有的富余树脂和空气而成型合格的头盔内壳。头盔内壳的内、外型面用这种刚性模块袋压成型的模具设计思路，完全可以成功地成型头盔内壳。

9.5.1　袋压成型的原理

在涂有脱模剂的凹模中，铺上一层玻璃钢布后便刷上或喷涂一层树脂胶液，使玻璃钢布被树脂浸透。之后再铺上一层玻璃钢布和刷上或喷涂一层树脂胶液，如此反复操作，直至达到产品设计的厚度为止。然后用装有橡胶袋的盖板进行封闭，并在橡胶袋中注入压缩空气。压缩空气的均匀压力使橡胶袋膨胀，从而将制品中富余的胶液和气体从钻套孔中被排出。待制品中的胶液固化后再取出玻璃钢制品的方法称为袋压成型。

制作头盔内壳的材料为玻璃纤维增强聚酯，壁厚为 1.5 mm。成型工艺方法：玻璃钢布用胶液在组合凹模中裱糊后，再放进可以彼此自由移动的组合形式 8 块凸模块，并在凸模型腔内放置的橡胶袋中通入压缩空气的组合刚性凸、凹模的袋压成型法成型，简称为内、外刚性袋压成型法成型。

9.5.1.1　头盔内壳对象零件的质量要求

头盔内壳成型的型面需要符合产品三维造型的要求,型面不可存在空缺和扁塌;既要能确保头盔内壳的壁厚和重量不能超标以及有足够的刚性与强度,还要能确保头盔内壳不产生气泡、富胶、贫胶、分层、空隙和皱褶等缺陷。为了确保头盔内壳质量,头盔内壳下摆切割边处的型面需要延长 10~15 mm,切割边处还需要制宽 0.5 mm、深 0.3 mm 的刻线。为了使激光能切割出头盔内壳所有的孔,应在成型钻模中制出激光切割夹具的 4 个定位孔。而其他的孔中心应制有锥形窝,以便于激光切割孔时找正孔位用。

9.5.1.2　头盔内壳的形体分析

头盔内壳二维图如图 9 - 13 (a) 所示。头盔内壳 UG 三维造型如图 9 - 13 (b) 所示。可见,其内、外形十分复杂,其复杂程度远远超过以前的各类型头盔外壳。头盔内壳的轮廓是截顶的橄榄球形,内壳顶部两侧有着类似绵羊犄角的型面,而内壳的整个型面上布满了凸、凹型面,外壳顶部为通孔。这样便形成了许多的凸台、凹坑、内扣和弓形高等形式的障碍体,这些形式的障碍体除了会影响头盔内壳的脱模外,还会影响头盔内壳的成型质量。

障碍体既是妨碍模具中各种机构运动和型腔与型芯加工的产品上的形体要素,又是影响模具分型面选取、模具抽芯和脱模机构设计和型腔与型芯加工的主要因素。

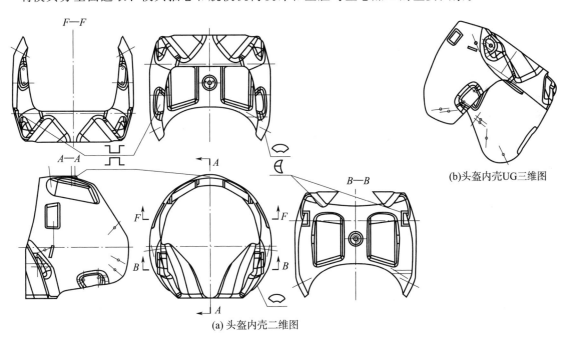

(a) 头盔内壳二维图

(b) 头盔内壳 UG 三维图

图 9 - 13　头盔内壳形体分析二维图及 UG 三维图

⊓ 表示凸台障碍体;⊔ 表示凹坑障碍体;⌒ 表示内扣障碍体;⊥ 表示弓形高障碍体

9.5.2　头盔内壳组合成型（裱糊）钻模结构方案的可行性分析

头盔内壳组合成型（裱糊）钻模结构方案可行性分析主要是确保头盔内壳成型的质量和能够顺利地进行头盔内壳的脱模。

9.5.2.1　分型面的选取

组合成型钻模的凸、凹模分型面的选取原则是：要完全避开头盔内壳和模具上的凸台、凹坑、内扣和弓形高等形式的障碍体，分型面尽量不要从模具凸台和凹坑的型面通过，分型后的模板和模块拆装应方便。凸模分型面应制成具有脱模斜度的斜面，有利于模块装卸及合缝。

9.5.2.2　头盔内壳组合成型钻模结构方案的分析

玻璃钢制品的成型钻模结构方案的分析和设计，应该从两个方面考虑：一是要解决头盔内壳如何从模具中脱模的问题；二是要确保头盔内壳壁厚和重量及成型的问题。这两个问题既是相互矛盾的，在适当的条件下又是彼此可以统一的。只有解决了这两个问题，才能有效地解决模具结构设计的问题。

9.5.2.3　头盔内壳组合成型钻模凹模结构的分析

头盔内壳上的凸台、凹坑、内扣和弓形高等形式的障碍体，会严重地妨碍头盔内壳的脱模和成型，如图 9-13 所示。要解决这些问题，就需要在适当位置上采用分型面的方法来避开这些障碍体的阻挡作用，使组合成型钻模除了能够迅速地进行拼装外，还能使头盔内壳能够顺利地脱模和成型。

组合成型钻模凹模的分型与组成：组合后成型钻模的凹模装配图如图 9-14（a）所示。组合成型钻模的凹模拆装三维图如图 9-14（b）所示。组合成型钻模三维图如图 9-14（c）所示。分型面Ⅰ—Ⅰ、Ⅱ—Ⅱ及Ⅲ—Ⅲ将组合式凹模分成了 3 部分，即左模板 2、中模板 3 和右模板 4。它们可以通过导柱 17、导套 18 及六角螺母 13 连接成一个整体，也可以同时进行拆卸。这样就有效地避开了组合成型后头盔内壳上各种障碍体的阻挡，使头盔内壳外形也能够顺利地脱模和成型。

9.5.2.4　头盔内壳组合成型钻模凸模结构的分析

根据上述可知，成型头盔内壳的外形是用能够进行拆装的三模板组成的凹模，这样可以解决头盔内壳的裱糊成型和外形脱模的问题。虽然说可以用袋压成型头盔内壳，但因头盔内壳密布的凸台和凹坑障碍体，使头盔内壳不能完全地贴模而形成气泡、富胶、贫胶、分层、扁塌和空隙等缺陷。而局部使用压块又不能够解决整个内型面成型的难题。

（1）凸模的分型

经过对头盔内壳形体的分析，也可以利用分型面对凸模进行分型，以避开凸模型面上的各种形式障碍体。于是采用了可独自移动的多块凸模块所组合的刚性凸模成型头盔内壳的内型面，这样除了能够将头盔内壳的内型面脱模之外，还需要用分成多块的组合刚性凸模块将裱糊的头盔内壳玻璃钢布中多余的胶液和气体挤出来。在分成多块凸模块的型腔中

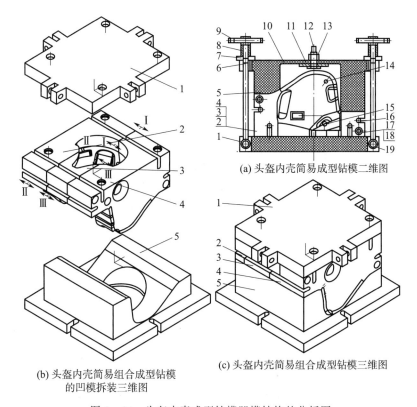

(a) 头盔内壳简易成型钻模二维图

(b) 头盔内壳简易组合成型钻模
的凹模拆装三维图

(c) 头盔内壳简易组合成型钻模三维图

图 9 - 14　头盔内壳成型钻模凹模结构的分析图

1—底板；2—左模板；3—中模板；4—右模板；5—盖板；6—活节螺钉；7—开口垫圈；8—圆柱螺母；9—手柄；
10—橡胶袋；11—胶袋垫板；12—进气嘴；13—六角螺母；14—定位钉；15—钻套；16—T 形螺钉；
17—导柱；18—导套；19—圆柱销

往橡胶袋里充了一定量的压缩空气之后，在均匀压力的作用下各凸模块能够各自独立地移动，使头盔内壳的内型面能够成型并保持均匀的壁厚。头盔内壳组合成型钻模凸模结构的分析如图 9 - 15 (a)、(b) 所示。

1) 一次分型：如图 9 - 15 (a) 三维图所示，分型面Ⅰ—Ⅰ应该将整个凸模分成上、下两个凸模块。同时，分型面Ⅰ—Ⅰ必须有 6°的倾斜角，并要避开凸模上的凹、凸型面。

2) 四次分型：如图 9 - 15 (a) 三维图所示，分型面Ⅱ—Ⅱ和分型面Ⅱ′—Ⅱ′以及分型面Ⅲ—Ⅲ和分型面Ⅲ′—Ⅲ′分别将下凸模块分成下后模块 1、下前模块 2、下左模块 3 和下右模块 4 四块凸模块。同时，分型面Ⅱ—Ⅱ和分型面Ⅱ′—Ⅱ′以及分型面Ⅲ—Ⅲ和分型面Ⅲ′—Ⅲ′，也必须有 6°的倾斜角。

3) 一次分型：如图 9 - 15 (a) 三维图所示，分型面Ⅳ—Ⅳ将上凸模块分成上前模块和上后模块。同时，分型面Ⅳ—Ⅳ也必须有 6°的倾斜角。

4) 二次分型：如图 9 - 15 (a) 三维图所示，分型面Ⅴ—Ⅴ和分型面Ⅴ′—Ⅴ′将上前凸模块分成了上前左模块 6、上前中模块 7 和上前右模块 8。同时，分型面Ⅴ—Ⅴ和分型面Ⅴ′—Ⅴ′也必须有 6°的倾斜角。

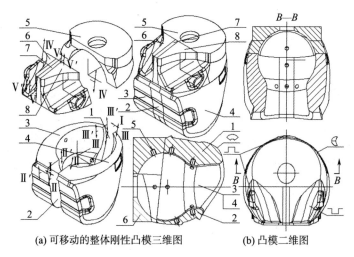

(a) 可移动的整体刚性凸模三维图　　(b) 凸模二维图

图 9-15　头盔内壳成型钻模凸模结构的分析图

1—下后模块；2—下前模块；3—下左模块；4—下右模块；5—上后模块；6—上前左模块；

7—上前中模块；8—上前右模块

注： ⊓ 表示凸台障碍体； ⊔ 表示凹坑障碍体； ⌒ 表示内扣障碍体； ⊐ 表示弓形高障碍体

　　分型面Ⅰ—Ⅰ、分型面Ⅱ—Ⅱ和分型面Ⅱ′—Ⅱ′、分型面Ⅲ—Ⅲ和分型面Ⅲ′—Ⅲ′、分型面Ⅳ—Ⅳ及分型面Ⅴ—Ⅴ和分型面Ⅴ′—Ⅴ′为凸模八开分型拆卸的分析：如图 9-15 (a) 三维图所示，用 8 个分型面将凸模分成了 8 块凸模块，并且凸模是中空的，中空型腔可用以安装能充入压缩空气的橡胶袋。在橡胶袋中均匀气压对 8 块凸模块的作用下，8 块凸模块各自的移动可分别压紧头盔内壳的内型面至成型固化。

　　(2) 8 块凸模块的取放方法

　　8 块凸模块必须按一定的顺序规律进行安放和取卸，否则无法取放。

　　1) 8 块凸模块安放的顺序是：应按下述顺序进行，先放置上前左模块 6、上前右模块 8 和上前中模块 7，再放置上后模块 5。然后，放置下左模块 3 和下右模块 4，最后放置下后模块 1 和下前模块 2。若不按此顺序进行，模块无法安放。

　　2) 8 块凸模块取出的顺序是：应按下述顺序进行，先取出下后模块 1 和下前模块 2，再取出下左模块 3 和下右模块 4。然后，取出上后模块 5、上前中模块 7，再取出上前左模块 6 和上前右模块 8。若不按此顺序进行，模块是不可能取出来的。

　　(3) 8 块凸模块分型面的脱模斜度

　　各分型面之间的平面应制成 6° 脱模斜度，其特点是：一是凸模块的分型面制成了斜面后，有利于各个凸模块的安装和拆卸；二是斜面间的接触为无隙贴合，可以防止胶液进入凸模块分型面间固化后成为胶片，而影响凸模块的拆卸。

　　(4) 凸模大小尺寸的制定

　　凸模的大小应比对应凹模的尺寸要小，一般是在凹模尺寸减去产品的壁厚后，在单边还要减小 0.2 mm。小于 0.2 mm 时，有的模块放不进去，而大于 0.2 mm 分型面间会产生缝隙而进入胶液。

9.5.3　头盔内壳组合成型钻模的整体结构设计

头盔内壳组合成型钻模的整体结构设计如图 9 - 16（a）、（b）所示。

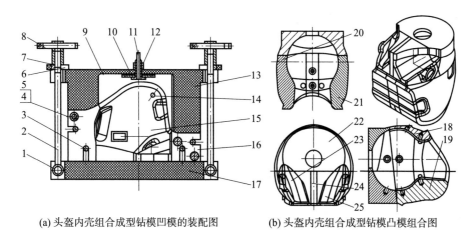

(a) 头盔内壳组合成型钻模凹模的装配图　　　(b) 头盔内壳组合成型钻模凸模组合图

图 9 - 16　头盔内壳组合成型钻模的总装配图

1—圆柱销；2—活节螺钉；3—T 形螺钉；4—长导柱；5—导套；6—开口垫圈；7—圆柱螺母；8—手柄；9—橡胶袋；
10—垫板；11—进气嘴；12—六角螺母；13—盖板；14—钻套；15—左、右模板；16—中模板；17—底板；
18—下后模块；19—下前模块；20—下左模块；21—下右模块；22—上后模块；23—上前左模块；
24—上前中模块；25—上前右模块

1）左、右模板 15 和中模板 16 是以 3 根长导柱 4 和导套 5 进行定位和导向的，连接靠 T 形螺钉 3、开口垫圈 6、圆柱螺母 7 和手柄 8。只有将它们拆卸后，才能拆除成型头盔内壳外形的模板。

2）橡胶袋 9 通过垫板 10、进气嘴 11 和六角螺母 12 固定在盖板 13 上，压缩空气从进气嘴 11 进入橡胶袋 9 中，进而挤压各个凸模块的移动并使含有胶液的玻璃钢布贴模固化，同时从钻套 14 孔中排出多余的黏结剂和空气。

3）头盔内壳成型后，要清理好各型面、型腔和钻套 14 孔中凝固的流胶。安装好左、右模板 15 和中模板 16，方可进行玻璃钢布的裱糊。在达到一定厚度后按顺序装入 8 块凸模块，合上盖板 13 并用开口垫圈 6、圆柱螺母 7 和手柄 8 固定活节螺钉 2。然后，在进气嘴 11 上接入输气管嘴，通气并保持一定压力固化后方可分别卸取各外模板和各内模块，以取出头盔内壳。

4）卸模时是先用手柄 8 松开圆柱螺母 7，取出开口垫圈 6，放下活节螺钉 2，卸下盖板 13。按顺序取出 8 块凸模块。然后，抽出长导柱 4，先卸掉中模板 16 和两左、右模板 15，即可实现头盔内壳外形的模板卸模。头盔内壳的脱模过程，其实就是从头盔内壳外形上拆卸 3 块外模板，从头盔内壳内形中取出 8 块凸模块。

5）按可移动的多块凸模块组成的刚性凸模装卸的顺序，拆卸或安装 8 块可移动的组合刚性凸模，顺利地进行头盔内壳成型和脱模。成型头盔内壳时，在凸模块中心的橡胶袋中压缩空气的作用下，8 块可移动的刚性凸模会贴紧头盔内壳的内壁，并将玻璃纤维布中的胶液和空气挤出。固化并分别拆卸 3 块外模板和 8 块凸内模块后，方可取出头盔内壳。

实践已充分证明，组合成型（裱糊）钻模所加工出来的头盔内壳，采用头盔内壳内、外组合刚性袋压成型的质量，远优于袋压成型和局部压块的袋压成型，并且不会产生局部压块不好固定和压块周边出现富胶和贫胶的现象。这种形式的头盔内壳在产品结构和造型上，都是玻璃钢和芳纶纤维制品中最为复杂的。其成型形式也是迄今为止最具创新的方法，组合成型钻模的结构更具有独创性。因此，不仅可以确保头盔内壳的质量要求，还为该类型产品模具的结构开辟了一条新的途径和新的成型方法，但更重要的是为该类型产品的设计预留了空间和自由度，从而减少了对产品结构设计的限制。在产品结构设计上可以更多地考虑其功能，较少去考虑产品如何成型和脱模的问题。

9.6　头盔内壳组合成型钻模结构方案的分析与论证

各种模具的设计和论文的撰写，人们都是习惯只进行模具结构方案的可行性分析，很少进行模具结构方案论证。其实模具结构方案可行性分析和论证是事物的两个方面，缺一不可。通过对模具结构方案的可行性分析，可以制定模具结构方案与最佳优化方案，而模具结构方案论证可以验证方案的完整性和正确性。产品零件是否符合图样要求，可以通过量具和仪器测量进行判断。而模具设计图样是否符合使用要求，需要通过模具方案论证和图样校对来进行判断。只有通过模具结构方案论证，才能找出模具结构方案的不足和错误，再加上对模具的校对，就可以确保模具设计的质量。

在模具图样的验证中首要的是对模具结构方案的论证，只有模具结构方案是正确的，模具的设计和制造才能获得成功。即使某个零件的形状、尺寸和公差出现了加工错误，也不会造成整副模具的报废。模具结构方案若出现了错误，即使模具所有的零件都是正确的，整副模具也是废品。对于结构复杂和造价高的模具，必须进行模具结构方案的论证，这种论证甚至要在模具设计之前就进行。只有模具结构方案确定下来了，才可进行模具设计。

头盔内壳的形体分析和成型模的模具结构方案可行性分析的目的，是找到正确的模具结构方案。而模具结构方案的论证，则是要验证方案的正确性和完整性。只有通过了对模具结构方案可行性分析和论证的工作之后，模具的 CAD 图样设计和三维造型才能够进行，才不会造成模具报废的经济损失和模具制造进度上的损失。

9.6.1　型腔模结构方案的可行性分析

型腔模结构方案的可行性分析具有共同的特点，是指用模具零部件所形成的型腔来成型产品零件的模具，如注塑模、塑压模、压铸模、成型（裱糊）模、锻模和铸模等。

1）型腔模对象零件形体分析：即对象零件形体的七要素分析，形体七要素是影响模具结构要素，通过解决形体要素的措施所制定的模具结构方案，就是将形体要素与模具结构方案有机联系在一起。七要素为"形状与障碍体""型孔与型槽""变形与错位""运动与干涉""外观与缺陷"和"材料与批量"以及污染与疲劳等要素。障碍体要素是妨碍模具中各种机构运动和型腔与型芯加工的产品零件上的形体要素，它是影响模具分型面选取、模具抽芯和脱模机构设计和型腔与型芯加工的主要因素。形体分析就是要找出对象零件形体上的这些要素，这些要素在对象零件形体上不一定都会存在，但只要将对象零件形体上有的要素找对、找全就可以了。

2) 模具结构方案可行性分析（3 种方法）：即常规（要素）分析方法、痕迹分析方法和综合分析方法。综合分析方法又可分为多重要素、多种要素、混合要素综合分析方法和要素痕迹综合分析方法，以及模具最佳优化和最终结构方案可行性分析方法。在对制品零件进行了形体分析之后，就要根据这些找出的要素选择对应的措施，再确定出具体模具结构的机构，并注意各种机构的相互协调。至此，模具结构方案的可行性分析就算是完成了。

9.6.2　模具图样校对和论证内容

模具图样的验证包括两个部分，即模具图样的校对和模具结构方案的论证。模具设计好之后，一般需要由另外一个人来进行模具图样的验证，这就是把好模具图样的质量关。

（1）模具图样校对

所谓校对就是对图样上模具结构、图形、尺寸、配合、表面粗糙度、材料、热处理和技术要求，以及模具的强度和刚性等内容进行检查。找出图样中存在的错误，以避免在模具制造和装配中出现返修和废品的情况，甚至出现整副模具报废的现象。模具图样校对是避免这些状况产生的有效方法之一，但是随着科技水平的发展，现在可以通过模具的三维图和仿真模拟来进行验证。

（2）模具结构方案论证

模具校对的内容大致是相同的，不同的是模具结构方案的论证。论证最好是在模具图样绘制之前就进行，甚至是在对象零件设计之时，就应该对模具结构方案进行论证。模具结构方案的验证是涉及整副模具能否成功的问题，模具图样的校对主要是针对模具零件的投影和尺寸等是否正确的检查。只有解决了整体模具方案的问题之后，才能解决模具零件正确与否的问题，从这种关系来看，模具结构方案的论证要比模具图样的校对更为重要。不同类型的模具结构方案论证的要点不同，即同类型模具结构方案的论证也是有所区别的。

（3）复合材料成型（裱糊）钻模结构方案的论证要点

一是通过模具结构方案的论证去除产生缺陷的隐患；二是通过论证铲除影响对象零件成型和脱模的因素。为了能获得成型加工的合格对象零件，要彻底消除模具结构方案中错误的方案分析，以及正确选定模具结构方案中的机构，并将这些错误及时地纠正过来。

9.6.3　头盔内壳组合成型钻模结构方案的论证

头盔内壳组合成型钻模结构方案论证，可以现有成熟的模具结构方案为依据，阐述现有模具结构方案的可行性。

9.6.3.1　现有复合材料成型（裱糊）模结构方案

复合材料组合成型（裱糊）模成熟的结构方案有手工裱糊单模成型、手工裱糊对模成型、手工裱糊袋压成型和手工裱糊型腔内壁悬挂式凸模块袋压成型。

1）手工裱糊单模成型：裱糊时只能用平刷和滚压轮，将浸湿的玻璃钢产品中富余的树脂和空气挤出，但这种挤出是不彻底的，产品中还会滞留富余的树脂和空气。于是产品会存在聚胶、缺胶、分层、空隙和气泡等缺陷。这种裱糊方法只适用于要求不高的产品。

2）手工裱糊对模成型：是利用凸、凹双模之间的均匀间隙，在外力作用下将玻璃钢产品中富余的树脂和空气挤出。这种挤出是彻底的，能够生产出壁厚均匀和双面光洁的无缺陷产品。这种裱糊方法适用于要求较高的外形敞开的产品，模具为对模成型。

3）手工裱糊袋压成型：是在刚性凹模中进行裱糊，利用产品内腔中的橡胶袋充入压缩空气膨胀的均匀压力，将玻璃钢产品中富余的树脂和空气挤出。这种挤出是彻底的，能够生产出壁厚均匀和双面光洁的无缺陷产品。这种裱糊的方法，适用于产品形状无凸台和凹坑光滑的简单圆弧形零件的成型加工。

4）手工裱糊型腔内壁悬挂式凸模块袋压成型：是在刚性凹模中进行裱糊后，在型腔中具有凹坑或凸台的位置上悬挂凸模块，利用产品内腔中的橡胶袋充入压缩空气膨胀的均匀压力，用凸模块与橡胶袋作用力将玻璃钢产品中富余的树脂和空气挤出。这种裱糊的方法，只适用于产品形状局部存在凸台和凹坑光滑的简单圆弧形零件的成型加工。

5）手工裱糊组合袋压成型模：这是一种针对具有多种形式障碍体的复合材料产品，障碍体影响模具的分型、产品脱模的成型模，成型模采用的是组合凹模和凸模。组合凸模内装有橡胶袋，利用橡胶袋充入压缩空气膨胀的均匀压力，推动具有斜面配合可移动的凸模块，使之保持与凹模型腔为均匀间隙。能将玻璃钢产品中富余的树脂和空气挤出，生产出壁厚均匀和双面光洁的无缺陷产品。

9.6.3.2　布满障碍体头盔内壳的组合成型（裱糊）钻模结构方案论证

如图9-13所示，布满了凸台和凹坑障碍体以及存在内扣、弓形高障碍体的头盔内壳，显然无法采用上述4种成型方法。采用袋压成型那些具有凸台和凹坑障碍体的形体无法使橡胶袋贴合产品内壁并施加均匀压力。采用型腔内壁悬挂模块袋压成型，只能解决产品上部分的凸台和凹坑形体无缺陷的成型。

（1）头盔内壳组合成型钻模结构方案论证要点

主要是从头盔内壳成型质量和顺利脱模上来论证模具的结构方案。

1）布满障碍体头盔内壳的形体分析：头盔内壳二维图如图9-13（a）所示。头盔内壳UG三维图如图9-13（b）所示。头盔内壳轮廓是截了顶的橄榄球形，内壳顶部两侧有着类似绵羊犄角的型面，而内壳的整个型面上布满了凸、凹型面。这样便形成了许多凸台、凹坑、内扣和弓形高等形式的障碍体，这些障碍体除了会影响头盔内壳脱模外，还会影响头盔内壳的成型质量。

　　障碍体既是妨碍模具中各种机构运动和型腔与型芯加工的对象零件形体上的要素，又是影响模具分型面选取、模具抽芯和脱模机构设计和型腔与型芯加工的主要因素。

　　2) 布满障碍体头盔内壳成型（裱糊）钻模结构方案论证：这是一种以内、外对模袋压成型的结构方案，问题的关键是要在组合内模型腔中安装橡胶袋，橡胶袋充进压缩空气后能够推动 8 块凸模块移动，将头盔内壳中富余的树脂和空气挤出。另一方面由于头盔内壳上布满了障碍体，要从组合凹模和凸模上取出成型固化的头盔内壳，模具的组合凹模和凸模就必须避开头盔内壳上布满的障碍体，因此，在必要的位置需要将组合凹模和凸模分型成多件凹模板和凸模块。组合外凹模分型后可以通过导柱和导套用螺栓和螺母连接成整体，拆卸组合外凹模板后便可以露出头盔内壳外形。组合内凸模分型后可以彼此独立移动，在内凸模型腔中的橡胶袋充进压缩空气后能够推动 8 块内凸模的各自移动，取出内模块后头盔内壳便可实现脱模。这里所指的头盔内壳脱模，不是指头盔内壳从组合凹模和凸模中脱模，而是指组合凹模和凸模分别从头盔内壳上剥离。

　　(2) 头盔内壳成型（裱糊）钻模分型的论证

　　如图 9 - 17 所示，模具成型件分为凹模和凸模，它们的分型决定了凹模能否拆卸，凸模能否彼此独立移动和分别取出。如果分型的位置和数量选择得不合适，将不会产生有避开障碍体的功能。

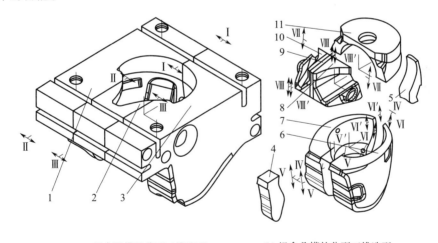

(a) 组合凹模的分型三维造型　　　　(b) 组合凸模的分型三维造型

图 9 - 17　组合凹、凸模的分型三维造型

1—左模板；2—中模板；3—右模板；4—下前模块；5—下后模块；6—下右模块；7—下左模块；
8—上前右模块；9—上前中模块；10—上前左模块；11—上前后模块

　　1) 组合凹模分型论证：如图 9 - 17（a）所示，由于头盔内壳具有弓形高障碍体和上前两侧具有凹坑障碍体对组合凹模拆卸的影响，需要应用分型面Ⅰ—Ⅰ、Ⅱ—Ⅱ和Ⅲ—Ⅲ将凹模分成左模板 1、中模板 2 和右模板 3 三部分，并用 3 根长导柱和导套以及 4 根 T 形螺钉和螺母进行连接，这样凹模装拆就十分方便。

2）组合凸模分型论证：如图 9 - 17（b）所示，由于头盔内壳具有弓形高、内扣和凹坑障碍体对凸模取出的影响，并且由于头盔内壳型腔空间的限制，组合凸模块只能一块一块地取出。分型面 Ⅳ—Ⅳ、Ⅴ—Ⅴ、Ⅴ′—Ⅴ′、Ⅵ—Ⅵ、Ⅵ′—Ⅵ′、Ⅶ—Ⅶ、Ⅷ—Ⅷ 和 Ⅷ′—Ⅷ′ 将凸模分成 8 块。因此，组合凸模块取出时可以避免障碍体和空间的影响，并且组合凸模块的取出和放进都要按顺序进行。

9.6.4　组合凹模拆卸和组合凸模取出的论证

头盔内壳裱糊固化成型之后，要能从模具的组合凹模和组合凸模中取出才行，否则，得不到成型的头盔内壳。

（1）检查头盔内壳能否从凹模中脱模

头盔内壳组合成型钻模的凹模被分成了 3 块，如图 9 - 17（a）所示。在组合成型钻模的凹模中存在着固化头盔内壳的情况下，检查是否可以取下 3 块模板。左模板 1、右模板 3 和中模板 2 是用 3 根长导柱和导套进行定位的，并用 T 形螺钉与螺母连接。它们与盖板、底板也是用导柱导套进行定位的，用活节螺钉、开口垫圈、圆柱螺母和手柄进行连接的。因此，拆除盖板、底板和左模板 1、右模板 3 及中模板 2 后，便可消除头盔内壳上各种障碍体对拆卸模板阻挡的作用。

（2）检查凸模能否从头盔内壳中取出

如图 9 - 17（b）所示，固化的头盔内壳型腔内还装有 8 块彼此分离的凸模块，能否将这 8 块凸模块逐块地取出，就成为头盔内壳组合成型钻模结构方案成败的关键。因为这些模块是彼此分离的，堆积起来便是一个整体头盔内壳的内型体。可以先将下后模块 5 和下前模块 4 取出，留出了空间再将下左模块 7 和下右模块 6 取出，这样便避开了分型面 Ⅵ - Ⅵ 以下的各种障碍体阻挡的作用。

分型面 Ⅵ - Ⅵ 以下的 4 块模块取出后，腾出了空间，便可以先取出上前后模块 11，再取出上前中模块 9，最后取出上前右模块 8 和上前左模块 10。这样所有在头盔内壳内腔中的凸模块便可以全部取出，此时只剩下了头盔内壳。由于 8 块凸模块都制成有 6°脱模斜度的分型面，这样便于模块的装卸。因为头盔内壳组合成型钻模的凸模块厚度大，没有脱模斜度的凸模块装卸会十分困难。

（3）模具结构能确保头盔内壳的质量

如图 9 - 17 所示，由于头盔内壳具有许多的凸台和凹坑形式的障碍体，若仅靠组合凹模和橡胶袋中压缩空气的均匀压力，是不可能将头盔内壳上的凸台和凹坑的型面成型后达到质量要求的。对于凹坑型面来说会产生聚胶，而对于凸台型面来说会产生缺胶。对于如此复杂的型面，只能采用外形为刚性可装拆的固定组合凹模和内形可以移动的彼此分离的组合凸模块来成型。内形可以移动的组合凸模块型面可与组合凹模的型腔之间的间隙仅为头盔内壳壁厚＋单边距离 0.1 mm，成型后能保证制品的壁厚。多余的胶液和空气，可从钻套的孔中排出。

根据对头盔内壳组合成型钻模的论证，可以得出 8 块凸模块是彼此可以分离与独立移动的，在充入了一定压力的压缩空气之后，在所产生均匀压力的作用下移动，使头盔内壳能够成型并保持均匀的壁厚。成型固化后的头盔内壳能够从组合凹模脱模，也能将头盔内壳内腔凸模块取出，模具结构方案是成功的。

头盔内壳组合成型钻模结构方案的论证，实质上就是对头盔内壳组合成型钻模结构方案的检验。头盔内壳组合成型钻模结构方案是在头盔内壳形体分析的基础上，根据所找到的形体要素所采取的避让措施后制定组合成型钻模结构方案。那么，对其进行验证时，就必须反过来根据制定的模具结构，检查是否有避让形体要素的效果。对头盔内壳组合成型钻模结构方案的论证，主要落实在成型的头盔内壳能否从组合凹模及组合凸模上脱模，成型的头盔内壳能否确保不聚胶、不脱胶、不分层、无空隙及不产生气泡等缺陷。

许多人在模具设计完之后，还不能自行判断模具设计是对还是错。需要依靠他人的判断，或需要实物制造出来及试模后才能知道。因此，会造成模具报废，这是一种很悲哀的后果，为什么不能在模具设计时就判断出对错？究其原因是这些人不会进行模具结构方案的论证。通过本节内容的叙述，可以让读者知道如何和怎样进行模具结构方案的论证，从而避免整副模具设计和制造的失败。同时，也可以提高个人进行模具结构方案论证的水平，这样即使没有他人的验证也可以确保模具设计和制造的成功。

9.7　头盔内壳组合成型钻模组合凹、凸模的加工

为了能避开产品和模具形体上各种障碍体阻挡的作用，模具采用了多个分型面将组合凹、凸模分成 3 块模板和 8 块模块。特别是彼此能够独自移动 8 块凸模块的加工，其组成的凸模外形可以成型头盔内壳复杂的内形，组成的内形是一个可以放置充气橡胶袋的椭圆球形。这种 8 块凸模块，如果没有一种切实可行的加工方法，即使是模具结构方案和设计再正确也无法制造出 8 块凸模块从头盔内壳型腔中取出，组合成型钻模的制造仍然是一句空话。通过加工一个二类夹具，将内型面加工好的 8 块凸模块固定在二类夹具上，再加工组合凸模的外形。用这种加工方法，可以成功地解决组合凸模的加工。

头盔内壳的造型是迄今为止最为复杂的，头盔内壳组合成型钻模的结构更为复杂。模具制造成功的前提是所制定的模具结构方案正确，模具结构设计正确，以及模具加工正确。三者中只要有一个方面出现了错误，模具就只能以失败告终。头盔内壳组合成型钻模的结构方案和设计即使正确无误，如不能够解决模具组合凹模和凸模的加工工艺方法，也制造不出合格模具。特别是对于 8 块凸模块而言，8 块彼此能够独自移动的凸模块所组成的凸模外形十分复杂，组成的内形是一个能放置充气后可以膨胀橡胶袋的椭圆球形。8 块凸模块的移动，就是依靠膨胀橡胶袋压力的推动。8 块凸模块之间的分型面，还需要具有 6° 的脱模斜度。这样的 8 块凸模块，很难在它们上面找到定位和安装的基准。如果没有一种切实可行的加工方法，即使模具结构方案和模具设计再正确，也制造不出 8 块凸模块，那头盔内壳组合成型钻模的制造仍然是一句空话。因此，如何制定出模具组合凹模和

凸模的加工工艺方法，也是头盔内壳组合成型钻模制造能否成功的关键。

9.7.1 成型钻模凹模型腔的加工

如图 9-18 (a) 所示，组合凹模型腔是由左模板 2、中模板 3 和右模板 4 三块模板组成的。它们在三轴加工中心进行加工时，以各自的上平面为安装平面，以侧面和后面为定向基准。先加工出 3 个导柱孔或导套孔后，再以 3 个导柱孔或导套孔为基准，分别用三轴加工中心加工出左模板 2、中模板 3 和右模板 4 的型腔。这是由于导柱孔和导套孔不容易出现磕碰现象而变形，因此，基准面能保持不变。如图 9-18 所示，为了防止底板 5 与组合凹模产生错位，在组合凹模和底板 5 上面也应该制有导柱孔与导套孔，并以导柱与导套进行定位和导向。组合凹模板与盖板 1 之间的安装是靠 V 型面来进行定位的。

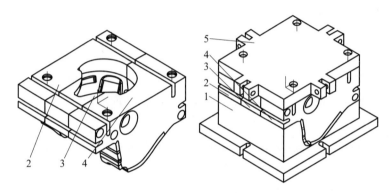

(a) 组合成型钻模组合凹模拆卸后三维造型　　　(b) 组合成型钻模组合凹模三维造型

图 9-18　成型钻模凹凸模三维造型

1—盖板；2—左模板；3—中模板；4—右模板；5—底板

9.7.2 头盔内壳组合成型钻模 8 块凸模块的加工工艺分析

8 块凸模块的加工具有很大难度，这是因为 8 块凸模块的组合外形可以成型头盔内壳整体的内型腔，而 8 块凸模块内型面又能组合成能放置橡胶袋的椭圆球体形状。8 块凸模块之间的结合面，还必须具有 6° 的脱模斜度。

9.7.2.1 安装板和型芯的加工

如图 9-19 (a) 所示，安装板 1 和型芯 4 是 8 块凸模块外形加工二类夹具。二类夹具是要将 8 块凸模块安装在其上的工具，二类夹具只是在凸模块外形加工或修理时才使用的一种工具。

（1）安装板的加工

安装板 1 是 8 块凸模块加工的二类夹具的安装基准和安装部件，安装板 1 上孔 D 是加工时的对刀基准，而长、短侧面是二类夹具安装在加工中心的校正基准。安装板 1 加工的平行度和垂直度需要严格控制，型芯 4 安装孔与孔 D 的中心距及两孔的精度也需要严格控

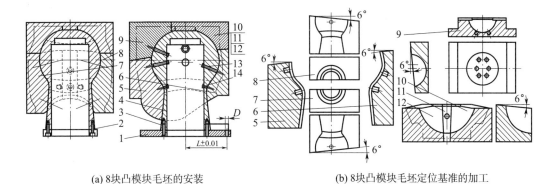

(a) 8块凸模块毛坯的安装　　　　　　　(b) 8块凸模块毛坯定位基准的加工

图 9 - 19　8 块凸模块毛坯定位与安装

1—安装板；2—内六角螺钉；3—圆柱销；4—型芯；5—下前模块；6—下后模块；7—下左模块；8—下右模块；
9—上后模块；10—上前左模块；11—上前中模块；12—上右模块；13—六角螺钉；14—弹簧垫圈
图（a）中粗实线形状为凸模块毛坯形状，点画线形状为凸模块形状

制。二类夹具与 8 块凸模块安装在加工中心平台时，应以安装板 1 的基准进行找正。同时，对型芯 4 要进行垂直度的找正。

（2）型芯的加工

8 块凸模块的毛坯，要全部用六角螺钉 13 与 8 块凸模块上的螺孔连接成整体，才能加工出 8 块凸模块的外形。型芯 4 的毛坯为圆柱体，先要在数控车床上加工好型芯 4 的内孔和按造型加工出倒锥体。由钳工制出型芯 4 底面的螺孔和圆柱销孔，再与安装板 1 连接。最后在五轴加工中心上按造型加工球体，并按造型在五轴加工中心上加工所有六角螺钉 13 的过孔。

9.7.2.2　8 块凸模块毛坯的加工

组合后凸模的 8 块凸模块内腔，是由椭圆球形与锥形组成的空腔。如何加工这 8 块凸模块的内型腔与外复杂型面，是成为组合凸模制造的关键问题。如图 9 - 19（b）所示，8 块凸模块毛坯的长、宽、高应该按照 8 块凸模块的实际尺寸单边放大 5 mm。

1）凸模块内型面的加工：先按 8 块凸模块三维造型的实际尺寸加工出具有 6°脱模斜度的分型面和凸模块的结合面，再按 8 块凸模块三维造型在三轴加工中心上加工出与型芯 4 对应的球形面型腔。

2）凸模块内型面上螺孔的加工：先用平行夹将下左模块 7 和下右模块 8 固定在型芯 4 上，用与六角螺钉过孔直径相同的冲子，通过型芯 4 上螺纹过孔在下左模块 7 和下右模块 8 的内型面制出冲窝点。卸取下左模块 7 和下右模块 8，在坐标镗床上根据冲窝点的位置制出下左模块 7 和下右模块 8 上内型面法线方向上的螺纹底孔，由钳工根据螺纹底孔制作螺孔。

3）8 块凸模块的毛坯安装：用六角螺钉 13 和弹簧垫圈 14 与下左模块 7 和下右模块 8 内型面中的螺孔连接，依上法分别用平行夹在型芯 4 上固定其他凸模块。加工出其他凸模块内型面法线方向的螺纹底孔，用六角螺钉 13 和弹簧垫圈 14 与凸模块螺孔连接。8 块凸

模块毛坯的安装如图 9-19（a）所示。

9.7.3　8 块凸模块外形的加工

如图 9-20（a）所示，分成的 8 块凸模块毛坯在二类夹具组合后，整个凸模块与二类夹具便形成了整体。因此分成了 8 块凸模块的毛坯，不仅有了安装和加工基准，还可以用压板将安装板 1 安装在加工中心的工作台上。由于凸模块形状复杂，因此需要在五轴加工中心上进行加工。

9.7.3.1　凸模的加工基准

组合后凸模的粗加工是放在三轴加工中心上进行的，单边加工余量为 3 mm，精加工则要放在五轴加工中心上进行。由于凸模实体与凹模型腔之间有间隙的要求，这种间隙的测量存在着不确定性，因此可能会出现拆模后还需要重新安装再加工的状况。为防止第二次或第三次修模加工时型面出现错位，加工的基准必须一致。安装板 1 可作为 8 块凸模块定位和定向的基准，而中心方向可以用图 9-20（b）所示的基准孔 D 和尺寸 $L\pm0.01$ mm 作为基准。

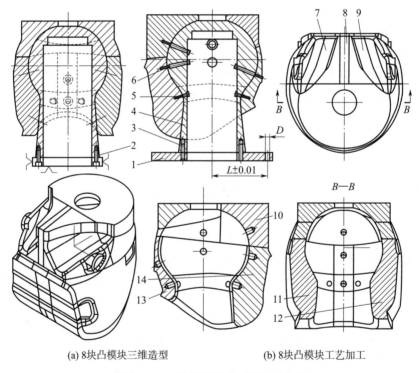

(a) 8 块凸模块三维造型　　(b) 8 块凸模块工艺加工

图 9-20　8 块凸模块的工艺加工分析

1—安装板；2—内六角螺钉；3—圆柱销；4—型芯；5—弹簧垫圈；6—六角螺钉；7—上前左模块；8—上前中模块；9—上前右模块；10—上后模块；11—下左模块；12—下右模块；13—下后模块；14—下前模块

⋀表示定位基准；孔 D 为加工中心对刀基准孔

9.7.3.2　8 块凸模块的材料与加工

为了更好地脱模，所有凸模块的材料都应该采用铝合金。组合后凸模外型面粗加工的余量大，铣削时的吃刀量大，走刀速度快，凸模块所承受的切削力大。除了铣削时正在切削凸模块的连接螺钉要直接承受切削力之外，其他相邻的凸模块也起到了支撑的作用，这些支撑作用的凸模块所连接螺钉也间接起到了承受切削力的作用。故铣削深度大也不会使 8 块凸模块产生松动，但要严防铣削时的扎刀现象。

加工出来的整体凸模要求是一个比整体凹模单边小 1.7 mm 的凸模。其中，1.5 mm 是头盔外壳壁的厚度，0.2 mm 是凸模所允许的间隙（考虑到裱糊的头盔内壳的玻璃钢布是允许有搭接的）。如果凹、凸模之间的间隙小于 1.7 mm，8 块凸模块可能有的放不进头盔内壳的内型面。如果凹、凸模之间的间隙大于 1.7 mm，8 块凸模块之间便存在着间隙进胶固化成为胶片。

成型头盔内壳外形的凹模分成 3 块模板，成型头盔内壳内形的凸模分成 8 块凸模块，这是头盔内壳组合成型钻模结构方案所要求的。8 块凸模块外形的加工需要用五轴加工中心进行，但这并不是最难加工的。该模具的加工难在如何将 8 块彼此独立移动，组合后又是一个成型头盔内壳内形的整体性凸模，组成可以装进充入压缩空气能膨胀橡胶袋的凸模。8 块凸模块的移动，就是依靠凸模球体型腔中橡胶袋充入的压缩空气膨胀压力的推动。通过用六角螺钉和弹簧垫圈将 8 块凸模块组合地连接在二类工具上，以达到 8 块凸模块能够整体安放在加工中心工作台上，8 块凸模块能整体加工外形的目的，从二类工具上拆卸的 8 块凸模块，就是需要加工的能够独立移动的 8 块凸模块。这种采用二类工具加工模具成型件的方法，是唯一能够成功加工 8 块凸模块的工艺方法。

第10章 复合材料制品其他类型模具的结构设计

复合材料制品经过各种形式成型模的成型之后，只能称为毛坯，制品上毛边和孔槽中多余料需要切除后才能成为半成品，半成品需要经过刮腻子和喷油漆等后处理之后才成为制品。因此，复合材料制品上毛边和孔槽中多余料切除的模具，也是复合材料制品的重要模具。这类切割的方法有多种，最常见的有带锯切割法、铣削法、钻孔法、冲压剪切法和激光切割法，那么，相应的模具便有铣工夹具、钻模、冲裁模、复合模和激光切割夹具。使用的刀具有带锯、立铣刀、单角度铣刀、锯片铣刀、钻头、铰刀和锪刀等。

10.1 带锯与铣削切割法

带锯切割法和铣削法，是复合材料制品切除毛边和孔槽中多余料的最常用方法。带锯切割只能切除复合材料制品外沿的毛边。

10.1.1 带锯切割法

设备可以采用木工用带锯机，如图 10-1 所示。若复合材料制品毛边是直边，则可以采用宽边的带锯；制品形状复杂，特别是存在弯曲边时，则应采用窄边的带锯。操作者必须根据复合材料制品成型时的刻线或者划线来控制制品的进刀轨迹。

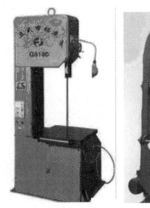

图 10-1 各种带锯机

10.1.1.1 带锯切割法的特点

带锯切割是一种最常用的复合材料制品清除毛边的方法，但因其具有许多缺点，一般不提倡使用带锯切割法进行加工。

（1）优点

带锯切割具有加工和操作简单易行、经济，以及无须模夹具的特点。

（2）缺点

一般不提倡使用带锯切割复合材料制品，主要是安全性差，容易伤及操作人员的手。

1）带锯只适用于制品毛边的切割，而不能切割孔槽中多余料。

2）采用带锯切割毛边只适用于试制产品和临时性的切割，这主要是因为带锯切割时是操作者用手拿着制品进行加工，容易出现带锯切断手指的安全事故。

3）经切割的边表面粗糙度值很大，之后需要用锉刀修整切割的边。

4）切割时，切屑中飞扬的玻璃短纤维和锯切的热会熔化树脂，所产生的气体对操作者的呼吸系统、皮肤和眼睛都有损害。

5）操作难度大，加工精度低。

10.1.1.2　注意事项

带锯的松紧度需要调整适当，过紧会造成带锯断裂，过松带锯在运行过程中摆幅过大，造成摆动作用力大、锯缝大而使切割误差大。

10.1.2　浴缸带锯切割夹具的设计

对于具有能够移动工作台的带锯机，如果只是切割直线毛边并有一定批量的复合材料制品，也可以设计锯床夹具，使用锯床夹具切割比手工切割更安全、质量更好。

10.1.2.1　浴缸形体分析及其模具方案可行性分析

浴缸形体分析：如图 10 - 2 所示，浴缸是一种长方形大尺寸的玻璃钢制品，长×宽×高为 1 500 mm×700 mm×470 mm。浴缸裱糊时尺寸 1 500 mm×700 mm×470 mm 均应增加 10～15 mm，增加的尺寸是防止制品边缘出现分层和贫胶等缺陷。增加的 10～15 mm 毛边，可采用能够移动的工作台用带锯进行切割。浴缸毛边的加工，是先加工两长侧边，再加工两短侧边。

浴缸带锯夹具方案可行性分析：如图 10 - 2 所示，浴缸以底面和型腔作为定位基准，以两侧边的背面为夹紧面。夹具需要用两个长方形定位键，将夹具安装在工作台 T 形槽中，以确保所锯边的直线度。这样 4 条长和宽的边均可以带锯切割，四角 R40 mm 毛边则可用手工窄边锯或钢丝锯根据划线的痕迹进行切割。这种切割的方法比手工切割边的平直度要好得多，并且安全性也要强得多。

10.1.2.2　浴缸带锯夹具的设计

如图 10 - 3 所示，浴缸 1 安装在夹具体 2 上，夹具体 2 的外缘应小于浴缸 1 图示外缘尺寸 5 mm。夹具体 2 上以两个圆柱头螺钉 5 将两个长方形定位键 4 安装在带锯工作台 3 的 T 形槽中，以保证浴缸 1 中心线与带锯工作台 3 移动方向一致，从而确保所锯边与浴缸 1 中心线相平行。浴缸 1 是通过压环 6 用压板 7、T 形螺钉和垫块压紧，压环 6 的作用是防止带锯切割时将浴缸底边带起来，压环 6 与夹具体 2 外缘尺寸应比浴缸外缘尺寸小 5 mm。

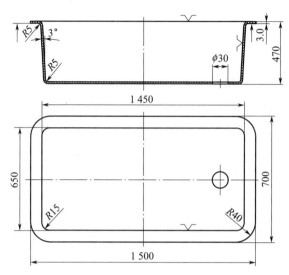

图 10-2　浴缸及其带锯模具结构方案分析

▽表示定位基准；→表示夹紧方向

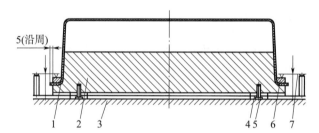

图 10-3　浴缸带锯模具的设计

1—浴缸；2—夹具体；3—带锯工作台；4—定位键；5—圆柱头螺钉；6—压环；7—压板

　　手工握持复合材料制品进行切割毛边，是不需要夹具的。只有能移动的工作台切割复合材料制品毛边才需要夹具，这种切割只适用于切割直线型毛边，不适用于切割孔和槽中余料。

10.2　冲裁切割复合材料制品的冲模设计

　　冲裁切割可以将复合材料制品毛坯安装在冲模中，采用凸模具或凹模具进行制品毛边和孔槽中多余料的切除。冲裁切割既可以是冲裁模，也可以是复合模。

10.2.1　冲裁切割的特点

　　采用冲裁切割复合材料制品的毛边和孔槽中多余料，是复合材料制品加工中一种常用的方法，这种切割方法是在没有激光切割设备情况下的一种比较好的方法。

（1）优点

冲裁切割复合材料制品既可以利用压力机，也可以利用油压机进行加工。

1）冲裁切割的模具结构简单，经济，冲切在瞬间完成，快速。

2）可部分或整体冲切毛边和孔槽中多余料，无须对制品进行划线或在成型模中设置钻套，以手工钻孔效率高。

3）冲切过程中很少会产生纤维细屑，对操作者的健康、环境的污染和设备的磨损影响很小。

4）冲切只适用于加工中小型复合材料制品，不适用于加工大的尺寸制品。若一定要冲裁大的尺寸制品，在压力机中可分段进行加工。

（2）缺点

冲裁切割时安装件需要手工进行，存在安全隐患。在冲裁过程中，还会产生纤维细屑，影响操作者的身体健康。

10.2.2　玻璃钢盘形件冲裁模的设计

冲裁模是利用凸模和凹模进行复合材料制品毛边冲切的模具，可以切除复合材料制品毛边和孔槽中的余料。

10.2.2.1　玻璃钢盘形件的形体分析

玻璃钢盘形件形如盘碗状，外形尺寸为 178.7 mm×φ136.6 mm×25 mm，如图 10-4 所示。裱糊时玻璃钢盘形件外缘尺寸需要放大 15 mm，所产生的毛边需要采用冲模切除。切除的材料仅为外缘毛边，因此，只要采用冲裁模切除就可以了。

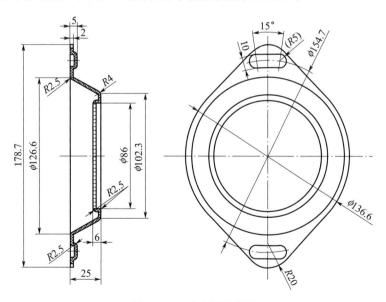

图 10-4　玻璃钢盘形件

10.2.2.2　玻璃钢盘形件冲裁模结构方案可行性分析

如图 10-5 所示，玻璃钢盘形件毛坯的外缘尺寸为 210 mm×ϕ168 mm（为图示单边放大 15 mm 的尺寸），切除的毛边仅是毛坯外缘单边所增加 15 mm 的尺寸。因此，冲裁模只需要用凸模 11 和凹模 10 进行切除毛坯外缘就可以了，模具要采用打杆 1、打板 3、打销 4 和打块 5 所组成打脱制品的机构，还需要由卸料板 12、卸料器 13 和卸料螺钉 20 组成从凸模 11 上脱毛坯外缘的机构。但从模具结构只需要凸模 11 和凹模 10 的本质上看，该模具仍然属于冲裁模。

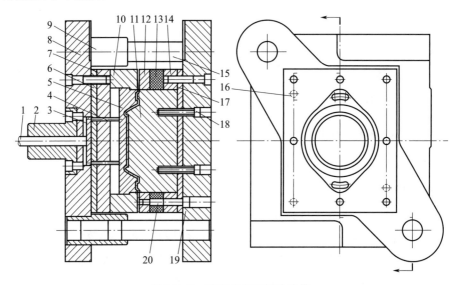

图 10-5　玻璃钢盘形件冲裁模

1—打杆；2—模柄；3—打板；4—打销；5—打块；6—上垫板；7—上安装板；8—上模座；

9—导套；10—凹模；11—凸模；12—卸料板；13—卸料器；14—下安装板；15—导柱；

16—圆柱销；17—下垫板；18—内六角螺钉；19—下模座；20—卸料螺钉

10.2.2.3　玻璃钢盘形件冲裁模结构设计

如图 10-5 所示，由于玻璃钢盘形件毛坯的尺寸为 210 mm×ϕ168 mm，需要选用 250 mm×200 mm 尺寸的模板，这样便需要采用对角导柱的模架或中间导柱的模架。

1）玻璃钢盘形件毛坯外缘的切除和玻璃钢盘形件从凹模型腔的推出：在压力机滑块向下移的作用下，上模部分的导套 9 沿着导柱 15 向下移动，通过凹模 10 推动卸料板 12 压缩卸料器（橡胶）13 切割玻璃钢盘形件毛坯外缘。

2）玻璃钢盘形件毛坯外缘从凸模的退出：在压力机向滑块上升的作用下，上模部分的导套 9 沿着导柱 15 向上移动，卸料器（橡胶）13 在消除外力的作用后恢复原来的厚度，使卸料板 12 复位将套在凸模 11 上的毛坯外缘推出模具工作型面。

3）玻璃钢盘形件从凹模型腔的脱落：毛坯外缘与玻璃钢盘形件主体分离之后，玻璃钢盘形件主体便卡在凹模 10 的型腔中。如不能及时退出凹模 10 型腔，当积累到一定数量之后便不能连续加工。此时，需要拆卸上模部分，清理被卡住的玻璃钢盘形件。当冲裁模上模部分回位时，模柄 2 中打杆 1 碰到压力机的横梁，使打板 3 推动打销 4，打销 4 推动打块 5，将玻璃钢盘形件推出凹模 10 的型腔。

　　4）玻璃钢盘形件的安装：玻璃钢盘形件安放在凸模 11 上，基本上是依靠玻璃钢盘形件型腔进行全形定位。

　　玻璃钢盘形件只需要冲切掉毛坯的外缘，冲裁模的结构只需要用凸模和凹模进行冲切。还需要采用打落玻璃钢盘形件的推出机构，以及玻璃钢盘形件毛坯外缘需要卸料机构，这些机构虽与复合模结构相同，但本质上该模具只有凸模和凹模，故只能称为冲裁模。

10.2.3　复合模的结构

　　复合模的结构主要分成模架（属于结构部分）和模具（属于工作部分）。模架包括模柄、上模部分和下模部分，模架是安装模具工作部分的平台，又可以通过模柄安装在压力机滑块孔中进行定位，并用压板、T 形螺钉和六角螺母将下模座固定在压力机下工作台上。上模部分包括上垫板、上安装板、凹模、导套、圆柱销、内六角螺钉和打脱制品机构，打脱制品机构由打杆、打板、打销和打块组成。下模部分包括凸模、卸料板、卸料器、导柱、下安装板、下垫板、卸料螺钉、圆柱销、内六角螺钉和挡料销，卸料机构由卸料板、卸料器和卸料螺钉组成。

10.2.4　雨水算子复合模的设计

　　复合模是利用凹模和凸凹模中的凸模来冲切雨水算子毛坯外缘的毛边，利用凸模和凸凹模中的凹模冲切雨水算子腰形槽中多余料的冲切模具。

10.2.4.1　雨水算子形体分析

　　如图 10 - 6 所示，雨水算子材料为玻璃钢，其厚度为 1.5 mm，外形尺寸为 130 mm×130 mm×22 mm。为了不使雨水算子外缘壁厚出现贫胶、气泡和分层等缺陷，外缘尺寸均要单边增大 15 mm，雨水算子毛坯的尺寸为 160 mm×160 mm×22 mm。

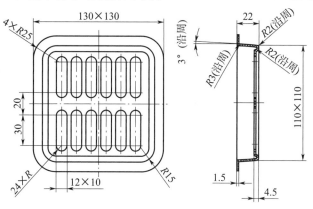

图 10 - 6　雨水算子的形体

10.2.4.2　雨水箅子复合模结构方案的分析

如图 10-7 所示，为了将裱糊固化后雨水箅子毛坯外缘单边增大的 15 mm 尺寸切除掉，需要采用凸凹模 13 中的凸模与凹模 11 将毛坯外缘切除。另外，还需要在雨水箅子毛坯底面上冲切 12×30 mm×10 mm×2R 的腰形槽，必须采用凸凹模 13 中的凹模 11 与凸模 4 将腰形槽中的余料切除，这样就需要采用复合模来加工雨水箅子的毛坯外缘和腰形槽的余料。

10.2.4.3　雨水箅子复合模结构设计

如图 10-7 所示，由于雨水箅子毛坯的尺寸为 160 mm×160 mm×22 mm，需要选用 250 mm×200 mm 尺寸的模板，这样就需要采用对角导柱模架或中间导柱模架。

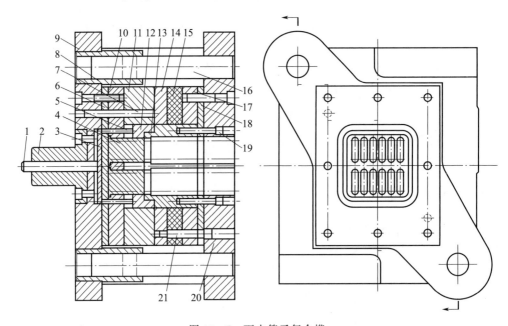

图 10-7　雨水箅子复合模

1—打杆；2—模柄；3—打板；4—凸模；5—打销；6—上垫板；7—圆柱销；8—导套；9—上模座；
10—上安装板；11—凹模；12—打块；13—凸凹模；14—卸料板；15—卸料器；16—导柱；
17—下安装板；18—下垫板；19—内六角螺钉；20—下模座；21—卸料螺钉

（1）雨水箅子毛坯外缘的切除和雨水箅子从凹模型腔中的落料

雨水箅子是依靠凹模 11 和凸凹模 13 的凸模刃口，将雨水箅子毛坯外缘切断。同时，在压力机滑块下移的作用下，凹模 11 下移时由雨水箅子毛坯外缘作用于卸料板 14，卸料板 14 压缩卸料器（橡胶）15，切断后的雨水箅子进入凹模 11 的型腔中。在压力机滑块上升的作用下，复合模上模部分回位时打杆 1 碰到压力机的横梁，使打板 3 推动打销 5，打销 5 推动打块 12 将雨水箅子落入凹模 11 的型腔。

（2）雨水箅子毛坯外缘从凸凹模中的卸料

雨水箅子毛坯外缘与主体切割分离之后，便卡在凸凹模 13 的凸模上。如不能及时从凸凹模 13 的凸模上卸料，当积累到一定数量之后便不能继续进行加工，需要拆卸下模部分清理毛坯外缘。毛坯外缘的卸料，由凸凹模 13 的凸模是依靠卸料器（橡胶）15 的回弹使卸料板 14 复位，从而将毛坯外缘退出凸凹模 13 的凸模。

（3）雨水箅子腰形槽的切断与多余料的落料

随着压力机滑块的下移 12 个腰形凸模 4 与凸凹模 13 的凹模腰形型腔的刃口，将雨水箅子底面的 12 个腰形槽中的余料切断。腰形槽中余料进入凸凹模 13 的凹模腰形型腔中，当余料积累到一定数量进入凸凹模 13 的凹模腰形型腔大端后，再通过下垫板 18 和下模座 20 的腰形型腔从模具中脱落。

（4）雨水箅子的安装

雨水箅子要安放在凸凹模 13 上，基本上是依靠雨水箅子型腔进行全形定位。

由于该模需要同时冲切毛坯外缘和底面上 12 个腰形孔，这样就需要采用凸凹模 13 中的凸模与凹模 11 完成毛坯外缘的冲切，同时需要采用凸凹模 13 中的凹模与凸模 4 完成 12 个腰形孔的冲切。因此，可以被称为复合模。

复合材料制品在需要切除毛坯边缘和孔槽中多余料时，可以采用复合模进行。而只需要切除毛坯边缘的模具，一般采用冲裁模。这种切除加工方法切除效率高、加工质量好、纤维尘埃少、模具简单、价格低，是一种复合材料制品切除余料不错的切割方法。

10.3 复合材料制品铣工夹具的设计

复合材料制品毛坯边缘常采用铣削加工方法切除，制品上的孔槽多余料也可以采用铣刀加工。铣工夹具的设计除了要符合夹具对制品定位和夹紧的原则之外，还需要有在铣床工作台上定向和对刀的结构。定向是在铣工夹具上安装两个腰形键，以保证铣工夹具在铣床工作台上移动的方向。对刀的结构是刀具以对刀块为切削尺寸来进行铣削，以确保制品图样要求的尺寸。

10.3.1 复合材料制品铣刀类型与铣削特点

复合材料制品毛坯边缘和孔槽中余料，可在铣床上采用铣刀进行加工，这也是一种常用的加工方法。

（1）铣刀类型

如图 10-8 所示，铣刀的类型有立铣刀、单角度铣刀和锯片铣刀等。

1）立铣刀：如图 10-8（a）所示，用于铣削加工复合材料制品毛坯边缘和孔槽余料。

2）单角度铣刀：如图 10-8（b）所示，用于铣削加工复合材料制品毛坯边缘。

3）锯片铣刀：如图 10-8（c）所示，用于铣削加工复合材料制品毛坯边缘。

（2）铣削工艺的优点

铣削主要适用于在普通立式铣床的加工，模具结构需要符合夹具设计六点定位基本原理和夹紧原则。

(a) 立铣刀　　　　　　　　(b) 单角度铣刀　　　　　　　　(c) 锯片铣刀

图 10-8　铣刀类型

1）铣削适宜的制品尺寸范围：适用于加工大中小型的复合材料制品，一般用于小于工作台移动范围内的制品切割加工。大于工作台移动范围内的制品切割加工，可以采用对接分段的加工。

2）铣削工艺：在普通立式铣床或数铣上都可以进行加工，普通立式铣床应用广泛，铣削加工简单易行。在数铣上加工时所产生的玻璃纤维切屑对设备产生磨损，应尽量避免使用。如一定要使用，必须要彻底打扫干净。

3）铣工夹具：结构简单，成本低廉。

4）铣刀：采购方便。

（3）铣削工艺的缺点

铣削加工所产生的纤维细屑和树脂粉尘及切削热产生熔化树脂的气体，如被人吸入，其危害性比 PM2.5 更大，纤维细屑粘在皮肤上有刺痛感，粘在机床轨道上加速轨道磨损。因此，操作者必须戴口罩和护镜，衣袖口需要扎紧。

10.3.2　碳纤维靠背及其铣工夹具的设计

靠背是用碳纤维在成型模型腔中裱糊后，以热压罐成型工艺成型，主要是要加工掉大于 50 mm 尺寸的毛边。

10.3.2.1　靠背及铣工夹具原理分析

靠背如图 10-9 所示。靠背是在成型模型腔中进行裱糊，在热压罐内由真空压力和压缩空气双重压力及均匀温度热压成型，成型面能够符合图样的质量要求。采用普通立式铣床用立铣刀将在高度方向大于 50 mm 的余料切割掉。

靠背铣工夹具定位与夹紧分析：如图 10-9 所示，靠背应采用底面和沿周侧面全形进行定位，定位基准符号为：▽。夹紧位置和方向为两侧面，夹紧方向符号为：→。为了防止靠背在切削过程中单边夹紧出现因切削力造成的让刀现象，可在靠背型腔中放入型芯。铣工夹具前后模板型腔与靠背型腔中型芯的高度应低于 A 面 5 mm。为了能够控制尺寸 50 mm，在前后模板相对 A 面的适当位置上设置 5 mm 厚的对刀块，对刀块的硬度在 60HRC 以上。采用对刀块的目的，是以旋转的立铣刀接触对刀块的平面进行靠背毛坯余料的铣削。为了保证铣工夹具在铣床工作台上的位置，夹具中固定的一半底面需要安装两个导向键。

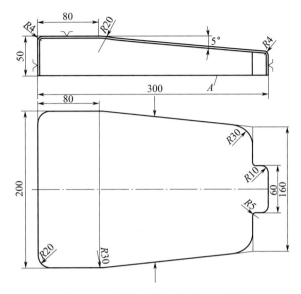

图 10-9　靠背及铣工夹具原理分析

10.3.2.2　靠背及铣工夹具的设计

靠背及铣工夹具结构设计时，需要正确地考虑靠背的定位、夹紧和因切削力所产生的变形等问题。

1）靠背在铣工夹具的定位：如图 10-10 所示，因为靠背是在热压罐中成型固化的，加工的靠背形体尺寸相对一致。因此，可以采用靠背全形进行定位。全形定位属于过定位，要求模具的型腔必须与靠背外型面完全一致。由于靠背成型模和铣工夹具型腔都是采用三维造型后用数铣进行加工，因此可以确保两者的型腔形状和尺寸一致。前模板 1 依靠两个导向键 11 定位在铣床工作台上，前模板 1 可依靠压板、T 形螺钉和六角螺母固定在铣床工作台上。

2）靠背在铣工夹具中的夹紧与装卸：如图 10-10 所示，用沉头螺钉 2 安装在前模板 1 两端导柱 3 上的开口垫圈 5 和六角螺母 6，可以将安装有导套 4 的后模板 7 进行定位和紧固。松开两个六角螺母 6 和开口垫圈 5 就可以卸下后模板 7，再取出模芯 8 便能取出靠背。

3）解决靠背在铣工夹具中因切削力产生变形的措施：如图 10-10 所示，由于靠背仅有 2 mm 的厚度，其长×宽×高为 300 mm×200 mm×50 mm。用立铣刀铣削高出 50 mm 的余料时，靠背受到铣削力作用后会发生弹性变形而影响铣削加工。为此，在靠背型腔内可放置一个与靠背型腔一致的模芯 8，这样前模板 1 与后模板 7 对靠背壁厚的夹紧就不会使靠背壁产生变形。

4）模芯和后模板抽取：取放模芯 8 时，可用双手抓住两焊接手柄 9 进行。前模板 1 是固定不动的，只有后模板 7 可以抽取。松开六角螺母 6 并取出开口垫圈 5 后，用手抓住后模板 7 上的焊接手柄 9 就可以取放。

5）靠背的铣削加工：如图 10-10 所示，靠背图样要求 50 mm 的尺寸，露出前模板 1 与后模板 7 及模芯 8 组成的模具端面为 5 mm。铣削加工时先用旋转的立铣刀碰靠对刀块 10 的上端面后，即可用立铣刀铣削靠背。因为对刀块 10 的上端面至前模板 1 与后模板 7 组成型腔端面的尺寸正好是 50 mm。

6）铣工夹具结构：如图 10-10 所示，前模板 1 与后模板 7 组成模具型腔，既是靠背的定位基准面，又是靠背的夹紧面。靠背定位和夹紧是依靠导柱 3 上开口垫圈 5 和六角螺母 6 来实现的。

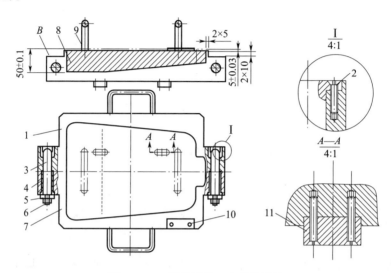

图 10-10　靠背及铣工夹具的设计

1—前模板；2—沉头螺钉；3—导柱；4—导套；5—开口垫圈；6—六角螺母；7—后模板；8—模芯；
9—焊接手柄；10—对刀块；11—导向键

靠背及铣工夹具以前模板 1 上的两个导向键在铣床工作台上定位，以保证铣工夹具走刀方向始终与工作台运动方向一致。铣工夹具是一半固定在铣床工作台上，另一半可以装卸，使靠背装卸和定位简单易行，靠背型腔中装有模芯 8，可防止靠背加工的变形。靠背及铣工夹具虽然结构简单，但定位、夹紧与控制靠背变形和高度尺寸的结构一应俱全。

10.3.3　玻璃钢鼓风机外壳及其铣工夹具的设计

玻璃钢鼓风机外壳是由两个外壳用 14 个螺钉和螺母连接起来形成一个整体，如图 10-11 所示。

10.3.3.1　鼓风机外壳及铣工夹具原理分析

鼓风机外壳如图 10-11 所示。用树脂和玻璃钢布在成型钻模上进行裱糊，鼓风机壁厚为 3 mm。成型模为对模的形式，$\phi260$ mm 外缘边和 $\phi120$ mm 孔裱糊时需要单边外放 15 mm。鼓风机外壳固化后，需要采用三轴数铣切除单边外放 15 mm 的毛边。

鼓风机外壳及铣工夹具定位与夹紧原理分析：如图 10-11 所示，鼓风机外壳以底端面、型腔面和抽风口 58 mm×57 mm 孔为定位基准，以上端面为夹紧面。由于采用了一

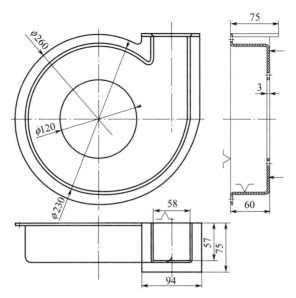

图 10 - 11　鼓风机外壳及铣工夹具原理分析

⋁表示定位基准；→表示夹紧方向

次性夹紧会挡住切削毛边的位置，需要在两处上端面位置上分别设置夹紧机构。这样铣削外壳外缘毛边时，采用 $\phi120$ mm 孔处的夹紧机构。铣削 $\phi120$ mm 孔处毛边时，采用外缘毛边处的夹紧机构。不管是铣削外缘毛边，还是铣削 $\phi120$ mm 孔处毛边，夹具体都要离开外缘和 $\phi120$ mm 孔单边 5 mm 的距离。

10.3.3.2　鼓风机外壳及铣工夹具的设计

以鼓风机外壳底平面和型腔为定位基准，由于鼓风机外壳型腔为 P 字形曲面，铣削这种 P 字形曲面的型面，只能采用三轴数铣进行加工。

（1）鼓风机外壳的定位

如图 10 - 12 所示，以底座 1 的平面定位鼓风机外壳底面，以定位型芯 2 定位鼓风机外壳的型腔。因此，确保了鼓风机外壳的 6 个自由度，为全形过定位。

（2）鼓风机外壳的夹紧

如图 10 - 12 所示，铣削鼓风机外壳外缘的毛边，应松开钩形压板 16。采用压板 6、螺钉 7、六角螺母 9 和开口垫圈 10 组成的压板夹紧机构，将鼓风机 $\phi120$ mm 处的壁厚夹紧，螺钉 7 是通过定位销 8 与定位轴 4 连接在一起的，以防紧固六角螺母 9 时螺钉 7 的转动。铣削鼓风机 $\phi120$ mm 毛边时，应卸下压板 6，而采用钩形压板 16、圆螺母 17、螺杆 18、压板套筒 19、圆柱销 20 和紧定螺钉 21 组成的钩形压板机构夹紧。紧定螺钉 21 将螺杆 18 与底座 1 固定在一起，是为了在拧动圆螺母 17 时不能使螺杆 18 随之一起转动。为了节省底座 1 的长度，钩形压板机构的位置设置在右下端 25°的斜向。为了保证钩形压板机构的斜向位置，用圆柱销 20 固定压板套筒 19 在底座 1 的斜向位置中。

（3）底座与数铣及底座定位型芯之间的定位

如图 10 - 12 所示，只有定位型芯 2、底座 1 与数铣三者之间定位正确，才能保证抽风机外壳的正确定位和加工。

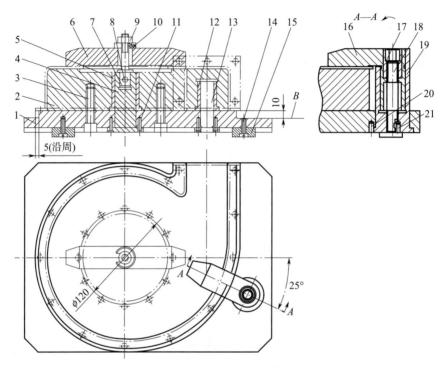

图 10 - 12　抽风机外壳及铣工夹具的设计

1—底座；2—定位型芯；3—内六角螺钉；4—定位轴；5—导套；6—压板；7—螺钉；8—定位销；9—六角螺母；
10—开口垫圈；11—沉头螺钉；12—导套；13—定位销；14—圆柱头螺钉；15—导向键；16—钩形压板；
17—圆螺母；18—螺杆；19—压板套筒；20—圆柱销；21—紧定螺钉

1）底座和定位型芯之间的定位：如图 10 - 12 所示，用沉头螺钉 11 固定在底座 1 的定位轴 4 与定位型芯 2 中的导套 5 的配合，用沉头螺钉 11 固定在底座 1 的定位销 13 与定位型芯 2 中的导套 12 的配合，可以确保定位型芯 2 在底座 1 中正确的位置。

2）底座与数铣之间的定位：如图 10 - 12 所示，以两个圆柱头螺钉 14 和导向键 15 与数铣工作台 T 形槽的定位为导向，可以确保铣工夹具与数铣的正确位置。

（4）底座与定位型芯的连接

如图 10 - 12 所示，主要依靠内六角螺钉 3 将底座 1 与定位型芯 2 连接在一起。底座 1 外缘尺寸应小于抽风机外壳外缘单边尺寸 5 mm，是为了便于抽风机外壳外缘的加工，同时，底座 1 的 B 平面应低于上平面 10 mm，以方便立铣刀的切削加工。

鼓风机外壳外缘和 ϕ120 mm 孔毛边的铣削，除了需要正确地设计鼓风机外壳的定位和夹紧之外，还需要考虑铣工夹具在数铣定位的准确性，在两处铣削时，夹紧机构和铣削抽风机外壳时需要让开立铣刀的位置。

10.3.4　Y 形件及其铣工夹具的设计

碳纤维 Y 形件在成型模型腔中裱糊后，以热压罐成型工艺成型，之后工序主要是铣去大于折弯边尺寸 18 mm 的毛边。

10.3.4.1　Y 形件形体及铣工夹具原理的分析

在 Y 形件及铣工夹具设计之前，需要先对 Y 形件进行形体分析，再对 Y 形件铣工夹具结构方案进行分析，之后才能进行铣工夹具的结构设计。

（1）Y 形件形体分析

如图 10-13 所示，该零件右端为呈平底斜边框的折弯边，左边为呈双弧形底折弯边的 Y 字形框。需要进行铣削加工的是 Y 形件内大于双折弯边尺寸 18 mm 的毛边，以及尺寸 1 070 mm 左端双弧形端面的毛边。

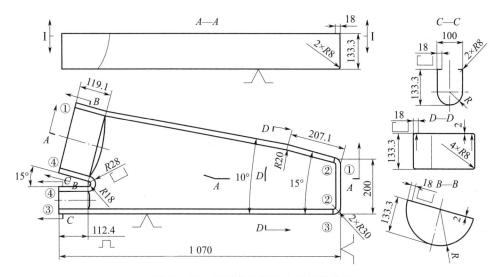

图 10-13　Y 形件及铣工夹具原理分析

∨表示定位基准；→表示夹紧方向；⊓表示凸台障碍体；⊔表示折弯边障碍体

（2）Y 形件铣工夹具结构方案分析

Y 形件铣工夹具结构方案主要是从 Y 形件在铣工夹具中定位与夹紧以及放取形式上进行分析，然后，根据分析中提出的问题来制定措施。

1）Y 形件定位基准与夹紧方式分析：如图 10-13 所示，Y 形件在铣工夹具中以底面、后侧面和右侧面为定位基准。如图 10-13 的 D—D 剖视图所示，由于 Y 形件壁厚仅为 2 mm，为了铣削大于折弯边 18 mm 上的毛边时不出现弹性变形现象，在折弯边 18 mm 的下底面位置上需要有支撑装置。为了使立铣刀能够进行毛边切削，铣工夹具支撑折弯边型面的尺寸只能为 13 mm。由于 Y 形件形状复杂，特别是要加工 10°和 15°双角度斜边及 R28 mm×15°折弯边大于尺寸 18 mm 毛边时，需要采用三轴数铣进行加工。

2）Y 形件放取分析：如图 10-13 的 A—A、B—B、C—C 和 D—D 剖视图所示，由于 Y 形件存在 18 mm 折弯边障碍体的影响，故 Y 形件不能进行上下的放取。由于存在折弯边障碍体和右端壁的阻挡，Y 形件不能进行前后和左右方向的放取。

3）铣工夹具结构方案：如图 10-13 的 A—A 剖视图所示，用分型面 I—I 将 Y 形件及铣工夹具分成上下两部分，卸下或移开上面部分就可避开毛边折弯边障碍体对 Y 形件放取的阻挡。考虑到如果将夹具体上面部分卸下动作较慢，如将夹具体上面部分分成①-①、②-②、③-③和④-④段，前三段模块可分别以向前、向右和向后移动的形式，避让 18 mm 上毛边折弯边障碍体的影响。④-④段则采用卸取的形式，避让 18 mm 上毛边折弯边障碍体的影响。为了防止铣削毛边时产生让刀现象，在四段 Y 形件 18 mm 壁厚的下底面可采取可调支撑装置。

10.3.4.2　Y 形件及铣工夹具的设计

有了 Y 形件形体及其铣工夹具结构方案的分析，便可着手进行 Y 形件及铣工夹具设计。

1）Y 形件的定位与安装：如图 10-13 所示，由于 Y 形件形体上存在折弯边障碍体和左端 R18 mm×15°折弯边障碍体对 Y 形件安放的阻挡作用，对于①-①、②-②和③-③段而言。如图 10-14 的 I 放大图所示，在上右模块 8 中用六角螺母 17 紧固的情况下，垫圈 20 的厚度 b 可以保证上右模块 8 距离 Y 形件折弯边（3±0.1）mm。松开六角螺母 17，并卸下开口垫圈 24。上右模块 8 在导向轴 12 上弹簧 21 的作用下能向右移 18 mm，就消除了上右模块 8 对 Y 形件取放的阻挡作用。当分别在导向轴 12 上放入开口垫圈 24 并拧紧六角螺母 17 时，可使上右模块 8 面贴紧垫圈 20 并保持尺寸 6×（80±0.1）mm 的要求，即可实现对 Y 形件在高度方向上的定位。同理，上前模块 7 和上后模块 13 也可在其位置上的导向轴、弹簧、六角螺母和开口垫圈等组成抽芯机构的作用下完成上前模块 7 和上后模块 13 的抽芯和复位。

如图 10-14 所示，对于④-④段的上左模块 4，是通过两个圆柱销 23 定位和两个内六角螺钉 3 紧固。上左模块 4 取放，则要通过松开或拧紧两个内六角螺钉 3 来实现。

如图 10-14 的 I 放大图所示，只要能够控制上前模块 7、上右模块 8 和上后模块 13 安装距离 6×（80±0.1）mm 要求，即可实现 4 块模块与 Y 形件 18 mm 折边保持距离（3±0.1）mm 的要求。

2）Y 形件折弯边支架的夹紧与卸取：Y 形件外形的定位与安装问题解决后，在铣削 Y 形件毛边时，还会因折弯边毛边产生弹性变形影响铣削加工。需要从 Y 形件 18 mm 折弯边下底面，对折弯边壁厚进行夹紧。如图 10-14 的 I 放大图所示，压杆 11 的上端支撑着上右压板 9，下端以具有螺纹杆的压杆 11 拧入下右压块 18 螺孔中，拧动压杆 11 下端的六角螺母 17 即可实现对 Y 形件 18 mm 折弯边的下方壁厚的夹紧。同理，上前压块 10 与下前压板 16、上后压块 14 与下后压块 15 以及上左压块 5 与下左压块 6，也可通过拧动它们压杆上的六角螺母而夹紧折弯边的壁厚。松开压杆上的六角螺母，即可对 Y 形件 18 mm 折弯边进行卸取。

3）Y 形件及铣工夹具的搬动和导向：搬动是依靠两个焊接手柄 25，铣工夹具导向是通过两个导向键 26。

　　铣工夹具由下模板、上左模块、上前模块、上右模块和上后模块组成定位构件；由导向轴、弹簧、六角螺母和开口垫圈等组成抽芯机构，完成上左模块、上前模块、上右模块和上后模块抽芯与复位；由上压块、下压块、压杆和六角螺母组成夹紧机构。Y 形件热压罐成型后采用铣工铣削折弯边毛边时，为了防止毛边弹性变形采用的夹紧机构夹紧动作费时，并还不能保证上压块折弯边距离（3±0.1）mm 的要求。为此，Y 形件改用了对模成型。

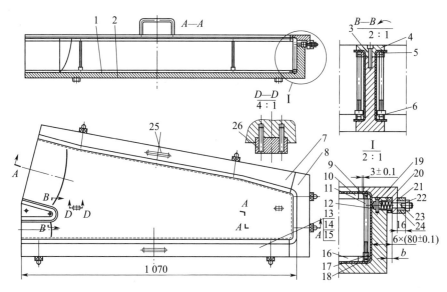

图 10-14　Y 形件及铣工夹具设计之一

1—Y 形件；2—下模板；3—内六角螺钉；4—上左模块；5—上左压块；6—下左压块；7—上前模块；8—上右模块；
9—上右压板；10—上前压块；11—压杆；12—导向轴；13—上后模块；14—上后压块；15—下后压块；
16—下前压板；17—六角螺母；18—下右压块；19、23—圆柱销；20—垫圈；21—弹簧；22—轴；
24—开口垫圈；25—焊接手柄；26—导向键

10.3.5　Y 形件与成型铣工模的设计

　　碳纤维 Y 形件在成型对模中裱糊，固化后需要用立铣刀铣去图样上所规定尺寸之外多余的毛边。该模具除了具有碳纤维裱糊成型功能外，还需要具有铣去毛边的功能。

10.3.5.1　Y 形件成型方法与成型模的设计

　　碳纤维 Y 形件可以在凹模型腔中进行裱糊，也可以在凸模型面上进行裱糊。

　　1）凹模型腔中裱糊：碳纤维 Y 形件可以在凹模型腔中进行裱糊，再在 Y 形件内形中装入前、中、后 3 块凸模所组成的整体凸模成型并固化，之后的工序主要是铣去大于折弯边尺寸 18 mm 的毛边。

　　2）凸模型面上裱糊：最好是先在前、中、后 3 块凸模所组成的整体凸模上进行裱糊，再将裱糊的 Y 形件和整体凸模一起放进凹模型腔中固化成型，这种在凸模上进行碳纤维裱糊较凹模型腔中裱糊更加方便。

10.3.5.2　Y 形件及成型铣工夹具结构的设计

如图 10‑15 所示，由于 Y 形件裱糊时需要向外延长 15 mm，在凸模上裱糊时，要将后内延模板 17 和前内延模板 20 分别用内六角螺钉 19 和圆柱销 21 固定在前内模板 12、前中内模板 13 和后内模板 14 的左侧端面上。铣削 Y 形件左侧毛边时，需要卸下后内延模板 17 和前内延模板 20。为了能用立铣刀铣削 Y 形件折弯边多余的毛边，在凸模 18 mm 折弯边处的表面，应向下铣出让刀的深度 10 mm。

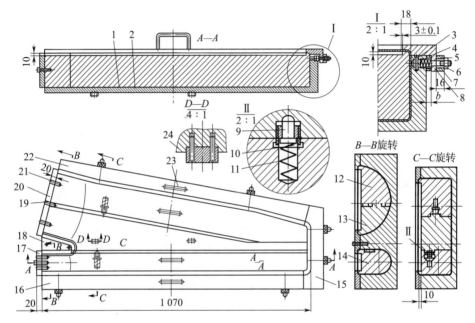

图 10‑15　Y 形件及铣工夹具设计之二

1—Y 形件；2—下模板；3、21—圆柱销；4—垫圈；5、11—弹簧；6—六角螺母；7—开口垫圈；8—轴；9—限位销；

10—螺纹套；12—前内模板；13—前中内模板；14—后内模板；15—上右压块；

16—上后压块；17—后内延模板；18—中内压块；19—内六角螺钉；20—前内延模板；

22—上前压块；23—焊接手柄；24—导向键

1) 凹模结构：由于 Y 形件存在 18 mm 折弯边，做成整体成型面需要采用四轴或五轴加工中心进行加工，并且 Y 形件放置困难。为了简化加工和方便 Y 形件放取，自折弯边 R 下切点处分成两部分，即由下模板 2 和上右压块 15、上后压块 16、上前压块 22 组成。抽取 Y 形件 1 时，先要卸下中内压块 18，再分别松开 6 处轴 8 上的六角螺母 6，取出开口垫圈 7。在弹簧 5 的作用下，上右压块 15、上后压块 16、上前压块 22 均可后退 16 mm，加上上述压块端面均与 Y 形件折弯边端面相差 3 mm，因此不会影响 Y 形件的脱模。

2) 凸模结构：Y 形件凸模由前内模板 12、前中内模板 13 和后内模板 14 通过燕尾形滑块和滑槽组合成一个整体。前内模板 12、后内模板 14 与前中内模板 13 可通过限位销 9、螺纹套 10 和弹簧 11 进行限位。限位销 9 在弹簧 11 的作用下，可以进入前中内模板 13

的半圆形槽中对前内模板 12 和后内模板 14 进行限位。抽取前内模板 12 和后内模板 14 时，前中内模板 13 的半圆形槽可通过限位销 9 压缩弹簧 11。

3）毛边的铣削加工：分别铣削折弯边和左侧端面多余的毛边，再将组合凸模和 Y 形件从凹模中取出，之后再将 Y 形件从组合凸模上脱模。

4）凸模放取与 Y 形件脱模：首先要将中内压块 18 卸下，再将上右压块 15、上后压块 16 和上前压块 22 上退出下模板 2 的型腔，才能放取凸模和 Y 形件。Y 形件脱模，分别从前中内模板 13 两侧抽取前内模板 12 和后内模板 14 后，前中内模板 13 在 Y 形件内需要顺时针转动一定的角度才能取出。

5）模具的搬动和导向：模具的搬动可以依靠凹凸模上焊接手柄 23，模具的导向则依靠两个导向键 24。

Y 形件以热压罐成型工艺成型，可以不用凸模。但铣削 18 mm 折弯边毛边时会出现弹性变形现象，需要有支架支撑。但调节压板费时，还不能保证压块端面均与 Y 形件折弯边端面相差 3 mm 的要求。Y 形件采用了对模结构成型，由于存在组合式凸模，不仅方便 Y 形件成型，还有利于 Y 形件铣削毛边。

10.4　复合材料制品钻模的设计

从严格意义上说，复合材料制品钻模只能加工复合材料制品孔槽中的余料。但在复合材料制品加工过程中，绝大多数情况是由成型模、钻模组成的成型钻模。成型钻模是先要完成复合材料制品的成型加工，再通过成型钻模上的钻套加工出复合材料制品的孔和槽，以便利用孔进行制品的定位来加工制品内外形毛边和其他孔。只有将复合材料制品内、外形毛边和其他孔槽分成两道工序加工，才会采用钻模。

复合材料制品钻模设计与金属材料钻模设计的原理相同，复合材料制品在钻模中定位必须符合六点定位原则，并完全消除复合材料制品在夹具中的 6 个自由度。对于复合材料制品的夹紧，只要不出现复合材料制品的变形和位移就可以了。

10.4.1　鼓风机壳体钻模的设计

鼓风机外壳是由两个同样的壳体用 32 个六角螺钉和六角螺母连接而成的。两壳体外形和 ϕ120 mm 孔中毛边已经用铣工夹具在铣床上用立铣刀加工好了。剩下 31×ϕ7 mm 孔中余料，只能以钻模的钻套用手电钻来进行加工。

1）鼓风机外壳钻模定位和装夹分析：如图 10 - 16 所示，以鼓风机壳体 B 面定位可限制制品的 3 个自由度，以壳体外圆柱面定位限制了制品 2 个自由度，以 58 mm×57 mm 孔定位限制了制品 1 个自由度。共限制了 6 个自由度，为完全定位，符合制品定位原则，以鼓风机壳体 A 面为夹紧面。

以 A 面定位，由于 B 面上 14×ϕ7 mm 孔距离壳体壁较近，外壳壁的高度为 60 mm－3 mm＝57 mm。用钻模 B 面方向钻孔时，钻头长度有限无法钻通 14×ϕ7 mm 孔，钻头柄部夹在钻夹头的长度较短易产生摆动，加上钻夹头又会碰到外壳圆柱形壁而不可采用。C 面上有 $5 \times \phi 7$ mm 孔，D 面上有 $12 \times \phi 7$ mm 孔。以 B 面定位、A 面夹紧的方案，可以避免这些不足，定位钻模板上钻套孔位置不能出现错位。鼓风机壳体 B 面 $14 \times \phi 7$ mm 孔、C 面上 $5 \times \phi 7$ mm 孔和 D 面上 $12 \times \phi 7$ mm 孔，必须与钻孔时支撑面保持垂直度为 $\phi 0.02$ mm。

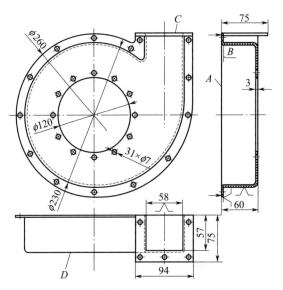

图 10-16　鼓风机壳体钻模原理分析

$\bigvee$ 表示定位基准；$\rightarrow$ 表示夹紧方向

2）鼓风机壳体钻模设计：如图 10-17 所示，钻套 3 分别安装在定位钻模板 1、钻模托板 2 和侧钻模板 14 上，在定位钻模板 1 上要有钻头的（14＋5）$\times \phi 8$ mm 过孔和（14＋5）$\times \phi 11$ mm 排屑孔，在钻模托板 2 上也要有钻头的 $12 \times \phi 8$ mm 过孔和 $12 \times \phi 11$ mm 排屑孔。鼓风机壳体 B 面定位是依靠定位钻模板 1 的下底面，壳体外形定位是依靠定位钻模板 1 的型腔，型腔的深度约为 60 mm-3 mm$=57$ mm。钻模托板 2 与定位钻模板 1 相对位置的定位，是依靠安装在定位钻模板 1 上小导柱 4 和大导柱 6 与钻模托板 2 中导套 5 和大导套 8 之间 H7/f6 的配合。壳体的夹紧，依靠大导柱 6 螺杆上的开口垫圈 9 和带肩六角螺母 10。壳体 C 面上 $5 \times \phi 7$ mm 孔的钻套 3 是用侧钻模板 14 以内六角螺钉 12 和圆柱销 13 安装在定位钻模板 1 上。加工壳体 D 面上 $12 \times \phi 7$ mm 孔时，受到凸起的大导柱 6 和开口垫圈 9 及带肩六角螺母 10 的影响，所以要用 6 个夹具支脚 11 托起钻模托板 2。

如果想要减轻钻模的重量，可以在钻模托板 2 的大导柱 6 位置处，加工出一个较大的孔，将开口垫圈 9 及带肩六角螺母 10 设置在大孔内，同时还可以取消 6 个夹具支脚 11。

鼓风机壳体共有 $31 \times \phi 7$ mm 孔，钻孔时需要确保钻头中心线与钻模支撑面的垂直度为 $\phi 0.02$ mm。由于壳体为玻璃钢，容易出现变形，钻模设计时一定要考虑到玻璃钢钻孔处要有支撑装置的支撑。

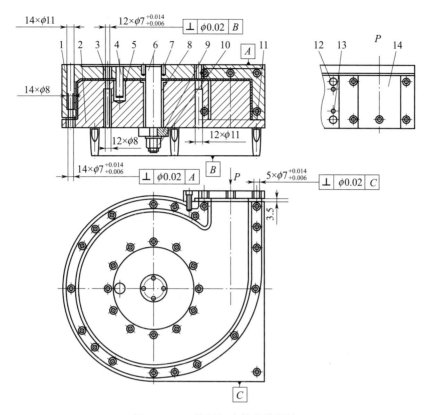

图 10 - 17　鼓风机壳体钻模设计

1—定位钻模板；2—钻模托板；3—钻套；4—小导柱；5—导套；6—大导柱；7—沉头螺钉；8—大导套；
9—开口垫圈；10—带肩六角螺母；11—夹具支脚；12—内六角螺钉；13—圆柱销；14—侧钻模板

10.4.2　碳纤维弧形壳体成型铣工钻模的设计

弧形壳体是用碳纤维铺粘成 3 mm 厚的壳体形状，弧形壳体不允许存在各种成型缺陷。该模具除了需要进行弧形壳体的裱糊之外，还要铣去大于折弯边 20 mm 的毛边，并要加工出折弯边上 22×φ7 mm 孔，故模具必须是由成型模＋铣工夹具＋钻模所组成的成型铣工钻模。

（1）碳纤维弧形壳体工艺加工分析

弧形壳体的成型加工是用碳纤维铺粘成 3 mm 厚的壳体，去除飞边后，要在沿三周折弯边上钻出 22×φ7 mm 孔。

1）弧形壳体成型加工分析：首先必须要有碳纤维弧形壳体成型裱糊的模具，才能在成型模中进行弧形壳体的裱糊。

2）弧形壳体毛边铣削加工分析：弧形壳体裱糊固化后，需要在成型模上进行弧形壳体大于折弯边 20 mm 毛边的铣削加工。

3）弧形壳体 22×φ7 mm 孔钻孔加工分析：弧形壳体毛边铣削后，需要在成型模上用手电钻进行 22×φ7 mm 孔的钻孔。

由此看来，在该模具上需要能进行弧形壳体裱糊成型加工、毛边铣削加工和 $22\times$ $\phi 7$ mm孔的加工，可以说该模具是一种多用处的模具。为了提高加工效率，这种模具可制 2 副。其中一副用于成型，另一副用于铣削和钻孔。

（2）碳纤维弧形壳体形体分析

如图 10-18 所示，弧形壳体的形体像是一种具有 3 处折弯边的瓢，沿三处折弯边 20 mm 的中心线上有 $22\times\phi 7$ mm 孔。

1）弧形壳体成型的形体分析：由于弧形壳体形体上具有弓形高障碍体，弧形壳体在模具中不可能进行左、右方向的移动。又因弧形壳体形体上具有沿三边的折弯边障碍体，弧形壳体在模具中也不可能进行上、下和前、后方向的移动。弧形壳体在以其内形为凸模上面进行裱糊，以中心线为对开的凹模成型，故成型后的弧形壳体形体上不会产生各种成型的缺陷。

2）弧形壳体铣削和钻孔的形体分析：弧形壳体是以内形全形为定位基准，应该属于过定位。但是，以内形全形定位的是以弧形壳体成型的组合凸模。3 种加工工序的定位是同时采用成型组合凸模，这种全形定位仍然为完全定位。以对开凹模两侧为夹紧部位，可以确保铣削和钻孔加工过程中不会产生移动。

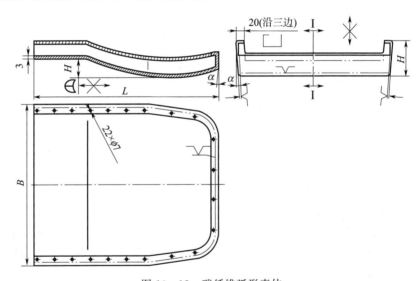

图 10-18　碳纤维弧形壳体

⊟表示弓形高障碍体；⊔表示折弯边障碍体；∨表示定位基准；

←表示夹紧部位；⊗表示制品不能移动

（3）碳纤维弧形壳体成型铣工夹具与钻模设计

如图 10-19 所示，成型铣工夹具与钻模由凸模、凹模和附件组成。

1）凸模：由前半凸模 4、后半凸模 8 和中模 6 组成，中模 6 两侧制成 8°的燕尾凸台。考虑到弧形壳体脱模是要先卸取前半凹模 3 和后半凹模 9，中模 6 向上抽取时，会受到弧形壳体折弯边的限制，故中模 6 长度只能做成（20-17）mm。中模 6 上安装有两个吊环螺钉 5，用于提放中模 6。提取中模 6 时，依靠与前半凸模 4、后半凸模 8 的 8°燕尾凸台与槽的配合，使前半凸模 4 和后半凸模 8 能同时向中心移动。在取出前半凸模 4 和后半凸模 8 后，即可实现弧形壳体内形脱模。放下中模 6，则可实现前半凸模 4 和后半凸模 8 同时向外移动至弧形壳体宽度尺寸 $B-2\times3$ mm，如图 10-19 所示。这样就可在前半凸模 4、中模 6 和后半凸模 8 组成的凸模上，进行弧形壳体的裱糊。凸模的移动，要靠提起焊接手柄 7。放下前半凸模 4 和后半凸模 8 前先放下右小模板 19，而提取件 4、8 后手工取出件 19。

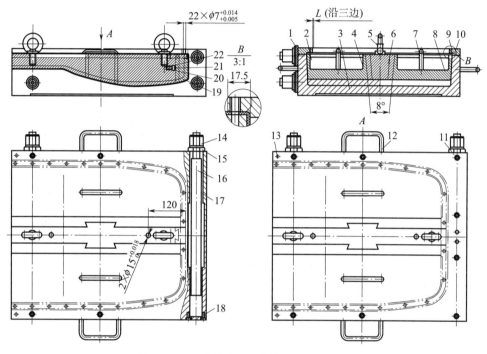

图 10-19　碳纤维弧形壳体成型铣工钻模

1—前上半模板；2—钻套；3—前半凹模；4—前半凸模；5—吊环螺钉；6—中模；7、12—焊接手柄；
8—后半凸模；9—后半凹模；10—后上半模板；11—内六角螺钉；13—圆柱销；14—带肩六角螺母；
15—开口垫圈；16—导柱螺杆；17—导套；18—沉头螺钉；19—右小模板；20—弹簧；21—销钉；22—螺塞

2）凹模：由前上半模板 1、后上半模板 10、前半凹模 3、后半凹模 9 组成。如图 10-19B 放大图所示，由于凹模存在 17.5 mm 的折弯边，为了使凹模型腔方便加工，前凹模由前上半模板 1 和前半凹模 3 用圆柱销 13 和内六角螺钉 11 连接在一起。同理，后凹模由后半凹模 9 和后上半模板 10 用圆柱销 13 和内六角螺钉 11 连接在一起。通过沉头螺钉 18 固定在后半凹模 9 上并穿过导套 17 的导柱螺杆 16，用开口垫圈 15 和带肩六角螺母 14 将前凹模和后凹模连接成整体凹模。前、后凹模的移动，要靠提起焊接手柄 12。

3）铣工钻模结构设计：为了便于铣毛边，整体凹模、整体凸模支撑折弯边实体端面与弧形壳体沿三边折弯边的距离都应相差 2.5 mm。由于弧形壳体折弯边为 U 字形，铣毛边工序可以在三轴加工中心上加工，模具在加工中心上安装，以 $2\times\phi15^{+0.018}_{0}$ mm 孔为基准。

钻套孔为 $22 \times \phi 7^{+0.014}_{+0.005}$ mm，由于钻 $22 \times \phi 7$ mm 孔时，钻头会在穿出 $22 \times \phi 7$ mm 孔处产生毛刺而阻碍前半凸模 4、后半凸模 8 向中心线移动。因此只能先卸取前、后凹模后，再抽取中模 6 使前半凸模 4、后半凸模 8 向中心线移动，使弧形壳体实现脱模。

在组合凸模上裱糊好弧形壳体，再放进组合凹模中，依靠导柱螺杆上开口垫圈和带肩六角螺母的紧固，可确保弧形壳体不会存在气泡、贫胶和富胶等缺陷。对于复合材料复合模来说，裱糊成型、铣削和钻孔加工共用一副模具。定位一般采用全形定位。为了保证制品定位的准确性，多种加工工序的定位基准必须共用以制品外形或内形制成的凹模或凸模。否则，会造成定位不准确。

10.5　复合材料制品激光切割夹具的设计

目前，激光切割机有三轴、四轴、五轴和六轴的形式，激光切割加工是利用激光器发出的激光，由计算机控制激光切割头的移动，将安装在激光切割机固定夹具上复合材料制品毛坯，切除图样要求几何形状之外材料的加工。

10.5.1　复合材料制品激光切割原理与特点

激光切割主要是利用激光机和激光机器人，对复合材料制品需要切除的毛边和孔槽中多余料进行的切割。

（1）复合材料制品激光切割原理

激光通过激光器产生后，由反射镜传递并通过聚集镜照射到加工制品上，使加工制品（表面）受到强大的热能而温度急剧升高，使该点因高温而迅速地熔化或者汽化，配合激光头的运行轨迹达到加工的目的。激光切割技术由于其加工的非接触性，适用于各类复合材料的切割，尤其是形状特殊或截面复杂的切割等情况。

（2）激光切割的特点

传统的切割工艺有火焰切割、等离子切割、水刀切割、线切割和压力机加工等，激光切割作为近年新兴的工艺手段，是把能量密度很高的激光束照射到待加工工件上，使局部受热熔化，然后利用高压气体吹去熔渣形成切缝，激光切割具有以下优点：

1）割缝窄，精度高，割缝表面粗糙度值小，切割后无须再处理。

2）激光加工系统本身是一套计算机系统，可以方便地编排、修改，适合个性化加工，特别是对于一些轮廓形状复杂的钣金件，批次较多、批量不大和产品周期不长的加工。

3）激光加工的能量密度很大，作用时间短，热影响区小，热变形小，热应力小，加上激光为非机械接触加工，对工件没有机械应力作用，适合于精密加工。

4）激光的高能量密度足以熔化任何金属，特别适合加工一些高硬度、高脆性、高熔点的其他工艺手段难以加工的材料。

5）加工成本低廉，设备的一次性投资较贵，但连续的、大量的加工最终使每个零件的加工成本降下来。

6）激光为非接触加工，意味着无刀具磨损。惯性小、加工速度快、配合数控系统的 CAD/CAM 的软件编程，省时方便，整体效率很高。

7）激光的自动化程度高，可以全封闭加工，无污染，噪声小，极大地改善了操作人员的工作环境。

与机械式切割和铣削相比，激光的小光点产生了更干净的边缘，热损伤的程度也最小。激光可以有效地切割碳纤维复合材料，而不会损害材料的完整性。机械式的铣削和钻孔会造成热损伤、碎屑、分层和刀具磨损。

（3）复合材料制品激光切割夹具设计要点

激光切割复合材料制品需要激光切割夹具。激光切割夹具既应该具有夹具结构的特点，又应该具有激光切割的特点。

1）具有夹具结构的特点：即要满足激光切割夹具的定位和夹紧的原则，确保激光切割夹具能够限制复合材料制品的 6 个自由度，实现复合材料制品完成定位，对复合材料制品夹紧要可靠。

2）夹具结构应避免激光头的运动干涉：夹具结构不能影响激光头连续切割复合材料制品上几何形体的运动轨迹，夹具结构应避免激光头的运动干涉。

3）激光束应避免夹具体：在激光束切割复合材料制品上的几何形体时，应避免激光束切割到夹具实体。具体是在激光切割外缘毛边时，夹具实体的尺寸应小于复合材料制品相对应的几何体尺寸 2～3 mm。而激光切割孔槽的尺寸时，夹具实体的尺寸应大于复合材料制品对应的几何体尺寸 2～3 mm。

4）激光夹具体上应有排烟通道：激光在切割复合材料制品时产生高温，使得固化的树脂熔化产生烟雾，这样的烟雾是有毒的气体。有毒的气体对环境有污染，人长期吸入这种气体会致癌。所以，在激光切割复合材料制品时，一定要有排气装置，每个复合材料制品切割部位的激光夹具体上都必须设计有排烟通道。

5）简化切割编程措施：复杂的复合材料制品上几何体的连续五轴联动切割的编程十分复杂，如果定位基准稍有偏差，还会影响所切割几何体的位置精度。为了简化切割编程，需要进行切割的几何体部位，在成型模上加工出复合材料的制品上对其能形成烙印。如在圆孔的中心以凹进型面 0.3 mm 锥形窝提示切割圆孔的中心，只要以激光找正孔中心的位置来进行切割，就相对简单。如是腰形槽，就要给出两端中心位置的锥形窝。如是切割异形孔或毛边，则需要在这些几何形状上烙印有凸出 0.3 mm 的线，用以提示激光切割的位置和方向。

激光切割可以加工出其他切割方法不能加工的几何形体，并且切割缝隙很小，激光烧灼的面仅是与激光对应的型面。通过切割的密封装置和排气装置，可以极大减少对人体的损害。复合材料制品上毛边和孔槽余料的加工，提倡采用激光进行切割。

10. 5. 2　供氧面罩外壳激光切割夹具的设计与制造

玻璃钢制品上的边角余料和孔槽中的废料，最好选择激光切割方法。激光切割夹具是玻璃钢制品与设备对接的最重要的工艺装备。供氧面罩激光切割夹具,是制品下摆尺寸大于夹具体尺寸典型结构的案例。这种类型的激光切割夹具,除了要具有普通夹具的特点之外,还需要在切割处能避开激光对夹具体材料的切割,且在切割时具有排出毒气的功能。供氧面罩激光切割夹具在设计和加工中已充分地注意到这两个关键点,所制造的激光切割夹具除了能顺利地进行激光切割和确保产品质量外,还具有排出毒气和防止纤维尘埃飞扬的优点。因此,可以防止损害加工人员的身体健康。

10.5.2.1　玻璃钢制品切割方法的比较

玻璃钢制品在裱糊成型时,为了使玻璃钢制品不出现虚边和确保壁厚的要求,一般裱糊成型的长度都要向外或向内延伸 $10\sim15$ mm。因此,制品下摆的边角余料和制品上孔与槽中的废料被切割掉后,才能进行下道工序。制品上边角废料的切割可以采用 3 种工艺方法,即使用带锯切割、铣削加工和激光切割的方法。由于带锯切割是人用手握着制品进入运动带锯的齿中,以手的移动使制品进行切割,这样切割面会呈锯齿状,尺寸加工的误差大,还容易伤及手指。而激光切割则是将玻璃钢制品安装在激光切割夹具上,并处于封闭、透明的有抽风设备的环境中,激光头所发射的激光以五轴联动按编制的程序完成切割的运动。显然,激光切割的质量高,也不会出现切断手指的情况。制品由玻璃钢布和树脂粘接而成,这两种材料都是化学材料,切割时都会因所产生的切削热而出现有毒的气体,人长期吸入有毒的气体会致癌和出现帕金森综合征。玻璃纤维的直径为 $3\sim10$ μm,切割时还会产生含有玻璃纤维的细屑,其危害程度远比 PM2.5 对人身体的影响严重得多。这些玻璃纤维的细屑粘在皮肤上奇痒难忍,若扎进皮肤里是很难取出的。带锯切割和铣削加工只能依靠佩戴的眼镜、口罩和用衣服、手套包裹起来进行防护,这种防护效果是极其有限的。而激光切割是将操作人员与切割环境完全隔开,人丝毫不会受到恶劣工作环境的影响。带锯设备和操作简单,工艺加工成本低廉,带锯切割和铣削加工后的头盔外壳需要放在水中用水砂纸去除飞边和毛刺。

10.5.2.2　供氧面罩激光切割夹具的形体分析

由于供氧面罩外壳很复杂,其边角废料只能采用激光切割加工工艺进行。但临时性的切割加工还是可以采用带锯或铣削的切割加工。而采用激光切割加工工艺方法,则离不开激光切割夹具的使用,因为激光切割夹具是供氧面罩外壳与激光切割设备连接的最重要装备。

(1) 供氧面罩外壳激光切割夹具的定位和夹紧

供氧面罩外壳和外形尺寸如图 10 - 20 所示。其形状十分复杂,凸出的型面众多而高低和方向不一,凸出的型面面积较小并且相互交联,而且供氧面罩外壳上具有多个形式的通孔和通槽。对于这种玻璃钢制品切割夹具的设计,只能以供氧面罩外壳内形的型腔进行定位。为了防止供氧面罩外壳切割时的位移和脱落,可以在图 10 - 20 所示的位置上设置 M5 螺钉、开口垫圈和 M5 螺母的夹紧装置,即在成型供氧面罩外壳模具中夹紧孔的位置上设置一钻套,用手电钻加工出一个 M5 螺杆过孔 ϕ10 mm,再采用 M5 螺母和开口垫圈夹紧供氧面罩外壳。然后通过激光切割该孔后,供氧面罩外壳即可脱模。之后取下 M5 螺母和开口垫圈后，再取出该夹紧孔中的废料，以便于后面供氧面罩外壳的安装和夹紧。

（2）供氧面罩外壳激光切割夹具结构设计的分析

如图 10 - 20 所示，供氧面罩外壳激光切割夹具的设计，除了具有一般夹具设计的定位和夹紧要求之外，还必须具有其独特的一些要求。

1）激光切割夹具上安装了供氧面罩外壳之后，不能影响激光头沿着供氧面罩外壳外围的切割运动，并且激光束应在所有切割线的法线位置上。

2）激光只能切割玻璃钢材料，而不能切割夹具体，任何夹具体的材料都必须避开激光的切割。因为如果激光可以同时切割玻璃钢和夹具体中的材料，切割夹具体中材料所产生的热量反过来会烤焦供氧面罩外壳，使供氧面罩外壳产生碳化而丧失其性能。

3）供氧面罩外壳上凡是需要进行激光切割的位置，都需要有抽风的通道。这些抽风通道应与中心通道相连通，以有利于排除有毒的气体。

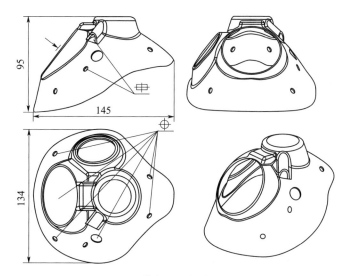

图 10 - 20　供氧面罩外壳和外形尺寸

供氧面罩是以内形进行全形定位；↓表示夹紧符号；⊕表示型孔；⊟表示型槽

（3）供氧面罩外壳激光切割夹具设计时应采用的对策

根据对供氧面罩外壳激光切割夹具设计的分析，得出夹具设计时必须采用相应的对策才能达到夹具设计的要求。

1）切割供氧面罩外壳下摆时，夹具体轮廓必须小于供氧面罩外壳下摆边的1～2 mm。由于夹具体小于供氧面罩外壳，这样切割时的激光便可以避开夹具体的材料，不会影响激光切割的进行。

2）所有需要切割的供氧面罩外壳上的孔和槽，所对应的夹具体上都须制有孔和槽，孔和槽的尺寸都应大于对于供氧面罩外壳孔和槽的单边距离1～2 mm。不能制作孔和槽的位置，可以将夹具体材料相应位置铣去5～8 mm 的深度，以避开激光的切割。

3）为了能排除切割时的有毒气体，可以延伸夹具体上这些避让的孔和槽，使之与夹具体上的中心通道孔贯通，以达到排出毒气的作用。当这些延伸孔和槽的轴线不能与夹具体上的中心通道孔贯通时，可以先制作中心通道孔与分通道的连接通道，再将夹具体外缘部分的连接通道用螺塞或塞柱封堵。

10.5.2.3　供氧面罩外壳激光切割夹具的设计

供氧面罩外壳激光切割夹具的设计如图 10-21 所示。

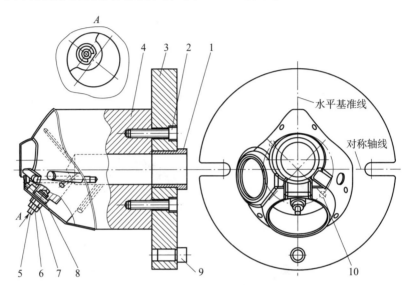

图 10-21　供氧面罩外壳激光切割夹具的设计

1—定位销；2—内六角螺钉；3—底盘；4—夹具体；5—M5 螺栓；6—M5 六角螺母；

7—开口垫圈；8、10—圆柱销；9—限位销

1）供氧面罩外壳激光切割夹具的组成：如图 10-21 所示，定位销 1 和限位销 9 可确保激光切割夹具在激光切割设备中的正确位置。底盘 3 两端的腰形槽，可以通过两个 T 形螺钉与激光切割机的工作平台进行连接。夹具体 4 与底盘 3 的定位依靠的是两个圆柱销 10，连接依靠的是内六角螺钉 2。供氧面罩外壳内型面与夹具体 4 的型面为全形定位，供氧面罩外壳的夹紧，是通过 M5 螺栓 5 上的 M5 六角螺母和开口垫圈 7 将供氧面罩外壳夹紧。M5 螺栓 5 通过圆柱销 8 与夹具体 4 连接。

2）供氧面罩外壳激光切割的过程：如图 10-21 所示，通过夹具体 4 的型面对供氧面罩外壳进行全形定位，用 M5 六角螺母 6 和开口垫圈 7 将供氧面罩外壳夹紧。先将供氧面罩外壳下摆的边角余料切割掉，再将供氧面罩外壳上孔和槽中的废料切割掉，最后将装有 M5 六角螺母 6 和开口垫圈 7 处的孔中废料切割掉。当此孔切割结束时，供氧面罩外壳就可以立即取下。但是，此孔中的废料仍被 M5 六角螺母 6 和开口垫圈 7 夹紧着。需要松动 M5 六角螺母 6，再卸下开口垫圈 7，即可以从 M5 螺栓 5 上取出废料。此废料孔为 $\phi 10$ mm，可通过成型模的钻套加工出来，而 M5 六角螺母 6 内接外径是 $\phi 9.2$ mm，故废料可以从 $\phi 10$ mm 孔卸除。如果不是如此，那么要将 M5 六角螺母 6 完全从 M5 螺栓 5 旋出后再取下废料，这样旋进和旋出 M5 六角螺母 6 会影响装卸的效率。

10.5.2.4　供氧面罩外壳夹具体的制造

夹具体是供氧面罩外壳激光切割夹具最为关键性的零件，激光切割夹具的多处功能都集中在它之上，它的加工最为复杂。夹具体主要工序的加工是在五轴加工中心上进行的，由于夹具体外沿弧面不是规则弧面，所以无法在激光切割设备上安装。如图 10 - 22 所示，加工好的外沿弧面夹具体必须是以内六角螺钉 2 和圆柱销 4 将夹具体 1 与底盘 3 连接在一起才能安装在激光切割设备上。由于夹具体 1 外圆柱面为异形面，不便于在五轴加工中心上安装，故可利用激光切割夹具的底盘 3 安装在激光切割设备的工作台上。

（1）夹具体外沿弧面的加工

在圆柱形坯料上车两端面、磨一端面，并在磨过的端面上制中心通道孔、四螺孔和两圆柱销孔，根据线切割编程，割制夹具体外沿弧面。

（2）夹具体工作面的加工

根据夹具体工作面的加工中心三维编程，先粗铣型面之后，再由五轴加工中心精铣工作型面。

（3）夹具体吸气孔槽的加工

夹具体吸气孔槽的加工可分成 A 类圆形吸气孔的加工、B 类腰形槽吸气孔的加工、C 类异形吸气孔的加工和 D 类月牙形吸气槽的加工。

1）A 类圆形吸气孔的加工：可分成五轴加工中心加工和手电钻或普通铣削加工两种方法，这些孔的尺寸应比产品上对应孔的单边尺寸大 1～2 mm。

a）五轴加工中心加工方法，在制作夹具体三维图时要将这些孔的轴线画出来，如这些孔的轴线能与实体中心孔 D 相交。在五轴加工中心上可以根据这些孔的编程，将 A 类圆形吸气孔加工出来，并且一定要将 A 类圆形吸气孔与中心孔 D 贯通才能起到排出毒气的作用。

b）手电钻或普通铣削加工方法，在这些孔三维造型和工作型面铣削时，要在孔的中心位置上制出浅锥形窝，然后用手电钻或在普通铣床上调整好立铣刀轴线为该孔的法线方向，对准浅锥形窝将这些吸气孔加工到与中心通道孔贯通。由于排气孔的位置和尺寸要求不高，这种加工方法完全能满足使用要求，并具有简单和易操作的特点。

2）B 类腰形槽吸气孔的加工：可以按腰形槽尺寸 b 做成圆孔的直径加工出排气孔，孔也需要与中心通道孔贯通。

3）C 类异形吸气孔的加工：先将 C 类凸台切去 5 mm，再在切去 5 mm 的平面上制距离轮廓面 1～2 mm 的内接圆形吸气孔，圆形吸气孔 D_1 轴线无法与中心通道实体孔相贯通。如图 10 - 22 的 B —B 局部剖视图所示，可在夹具体外弧面上加工出一排气孔与中心通道孔相贯穿，并应制有螺孔用螺塞 5 封住排气孔，以防泄漏毒气。

4）D 类月牙形吸气槽的加工：如图 10 - 22 的 A 向视图所示，此孔中废料需要切割掉，但此废料需要有夹紧供氧面罩外壳的功能。为此可在夹具体中间留有一凸台，以安装 M5 螺栓，凸台外围需要将大于月牙形吸气槽单边 1～2 mm 的槽铣深 8 mm。为了实现排气功能，铣出的月牙形吸气槽与中心通道孔至少是部分贯通。

　　5）M5 螺栓安装孔和圆柱销孔的加工：如图 10-21 所示，M5 螺栓 5 安装孔可在加工中心粗铣时就加工出来，圆柱销 8 孔是固定 M5 螺栓 5 的，可以通过夹具体上部的型面加工一个过孔，以实现圆柱销 8 孔的加工。

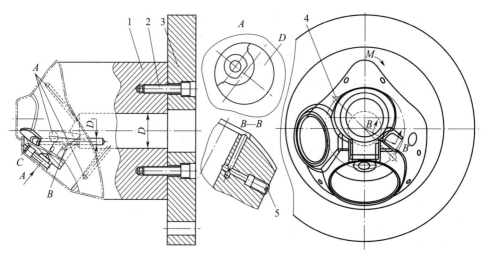

图 10-22　激光切割夹具体的加工

1—夹具体；2—内六角螺钉；3—底盘；4—圆柱销；5—螺塞

10.5.2.5　激光切割与工艺

　　激光切割是利用经聚焦的高功率密度激光束照射工件，使被照射的材料迅速熔化、汽化、烧蚀或达到燃点，同时借助与光束同轴的高速气流吹除熔融物质，从而将工件割开。激光切割属于热切割方法之一，激光汽化切割是多种激光切割方法中的一种。

　　（1）激光汽化切割

　　利用高能量密度的激光束加热工件，使温度迅速上升，在非常短的时间内达到材料的沸点，材料开始汽化，形成蒸气。这些蒸气的喷出速度很大，在蒸气喷出的同时，在材料上形成切口。材料的汽化热一般很大，所以激光汽化切割时需要很大的功率和功率密度。激光汽化切割多用于极薄金属材料和非金属材料（如纸、布、木材、塑料和橡皮等）的切割。

　　（2）汽化切割工艺

　　在高功率密度激光束的加热下，材料表面温度升至沸点温度的速度是极快的，足以避免热传导造成的熔化，于是部分材料汽化成蒸气消失，部分材料作为喷出物从切缝底部被辅助气体流吹走。一些不能熔化的材料（如玻璃钢）就是通过这种汽化切割方法切割成型的。在汽化切割过程中，蒸气随身带走熔化质点和冲刷碎屑，形成孔洞。在汽化过程中，大约 40% 的材料化作蒸气消失，而 60% 的材料是以熔滴的形式被气流驱除的。

　　（3）切割路径

　　如图 10-22 左视图所示，激光束应垂直切割路线的切割面，从 M 点开始沿着箭头方向进行切割，并回到 M 点完成供氧面罩下摆毛边的切割。供氧面罩上孔和槽的切割，可按供氧面罩上定位钉的 90°×0.3 mm 锥形窝的痕迹进行激光束位置的校对来切割，这种操作方法比较简单。

（4）特点

切割质量好、激光切割切口细窄，切缝两边平行并且与表面垂直，切割零件的尺寸精度可达±0.05 mm。切割表面光洁、美观，表面粗糙度值只有几十微米，甚至激光切割可以作为最后一道工序，无须再加工，复合材料零部件可直接使用。材料经过激光切割后，热影响区宽度很小，切缝附近材料的性能几乎不受影响，并且工件变形小，切割精度高，切缝的几何形状好，切缝横截面形状呈现较为规则的长方形。另外，激光切割效率高、切割速度快、非接触式切割和可切割材料的种类多。

国内很多玻璃钢产品生产企业，特别是一些小微企业很不注意职工的健康。因激光切割设备价格昂贵，普遍使用带锯来切割玻璃钢制品的边角余料。本节之所以介绍激光切割，就是在宣传劳动者保护权益的技术方法。使用激光切割工艺方法，可以避免操作人员吸入有毒气体和隔开玻璃纤维尘埃的环境。采用激光切割工艺方法必须有激光切割夹具，文中介绍的激光切割夹具设计和加工方法，可为同类型玻璃钢制品的切割加工提供一种切实可行的装备。

10.5.3　多个凸台凹坑形体头盔外壳激光切割夹具的设计与制造

激光切割夹具，是连接多个凸台凹坑形体头盔外壳和激光切割设备的重要工艺装备。激光切割夹具结构的设计，除了要具有常用夹具的设计原则之外；还需要考虑到夹具结构不能影响激光切割运动顺利地进行，不能让激光切割到夹具的零部件实体；还要考虑到抽风机排除有毒气体和便于操作人员在切割过程中的观察；同时，夹具的制造还需要能保证头盔外壳定位的一致性。

10.5.3.1　玻璃钢材料和黏结剂及制品的切割

头盔外壳裱糊时需要在其下摆处延伸 15～20 mm，以确保头盔外壳在图示的范围内壁厚无虚边。因此，需要将下摆处 15～20 mm 的边角料切除掉，同时，还需要将有定位钉处的型孔中废料切割掉。头盔外壳由玻璃钢布和树脂黏结剂裱糊而成，这两种物质都是化学物质。

10.5.3.2　边角料和孔槽中废料切除工艺方法的分析与选择

通过对带锯切割、铣削加工与激光切割工艺方法的分析，比较这两种工艺方法的优缺点后做出选择。

（1）带锯切割和铣削加工工艺方法

带锯切割是通过安装在锯床上的能够转动的带锯，由人工手握玻璃钢制品进行切割，切割过程是敞开进行的。而铣削加工是通过铣工夹具将玻璃钢制品安装在铣床工作台上，采用铣刀将边角料和型孔中的废料切割掉。

（2）激光切割工艺方法

先在计算机上编好切割的程序，然后将头盔外壳安装在五轴联动的激光切割机上进行切割。激光是从激光头上产生的一束高能量的光，这束激光产生的高密度能量可以穿透玻璃钢材料，并随着激光头的运动将头盔外壳边角料和孔中废料切割掉。这束激光与头盔外壳切割面应始终保持着法线的方向。切割时为了防止切割运动的偏离，可以参照头盔外壳的刻线进行比对切割。如沿着刻线进行切割，说明制品安装正确，如产生了大的偏移，则说明制品安装存在问题，需要重新安装。整个切割过程是在有抽风机抽风的透明封闭环境中进行自动切割的，切割产生的有毒气体和灰尘都被抽风机排出，留下的仅是较大的边角余料。

综合上述各点，带锯切割容易出现工伤，带锯切割和铣削会对人身体产生损害。除了临时切割的产品可以用带锯切割的方法外，所有的玻璃钢、芳纶纤维和碳纤维材料制成的产品都应该采用激光进行切割。由于激光切割制品需要有专用的夹具，激光切割夹具的设计和制造也就至关重要。激光切割夹具不仅会影响制品的质量，还会影响制品的加工效率。

10.5.3.3 多个凸台凹坑形体头盔外壳激光切割夹具的分析

根据对头盔外壳边角料和孔槽中废料切除工艺方法的分析与选择，应该采用激光切割加工方法。而激光切割加工方法需要将头盔外壳安装在激光切割夹具上，激光切割夹具再安装在激光切割设备平台上。头盔外壳在成型模中裱糊成型固化后，可用手电钻加工出 $8 \times \phi 3.1$ mm 孔，这些孔可以作为头盔外壳激光切割夹具的定位基准和夹紧要素。具有多个凸台凹坑形体头盔外壳的定位基准和夹紧要素如图 10-23 所示。

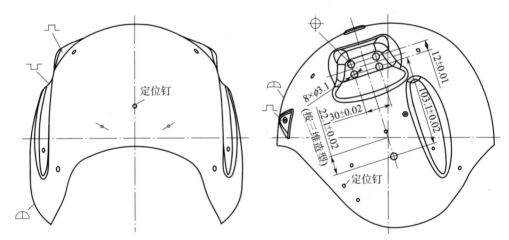

图 10-23 具有多个凸台凹坑形体头盔外壳的定位基准和夹紧要素

⊓⌐表示凸台障碍体；⌐⊔⌐表示凹坑障碍体；◠表示弓形高障碍体

10.5.3.4 多个凸台凹坑形体头盔外壳激光切割夹具的设计

头盔外壳激光切割夹具的设计如图 10-24 所示。底盘 1 上的定位销 16 与激光切割设备的孔连接，通过限位销 15 进行限位。底盘 1 上安装着支座 2，支座 2 下端安装着双面偏心轮 7、轴 8 和手柄 14。旋转轴 8 上的手柄 14 使双面偏心轮 7 顺时针转动，带动两端定位轴 5 压缩弹簧 6 向左、右两端等距离移动。双面偏心轮的特点：转动双面偏心轮 7 才能使定位轴 5 移动，反过来定位轴 5 的移动不会使双面偏心轮 7 转动，这是因为双面偏心轮 7

具有自锁的作用。定位轴 5 穿进头盔外壳下端两侧 2×ϕ3.1 mm 孔中，并用菱形螺母 4 固定头盔外壳，用插销 11 穿进头盔外壳上端及定位块 9 中两侧 8×ϕ3.1 mm 孔的两孔内。通过两个紧定螺钉 3 限制定位轴 5 腰形槽的位置，以保证两定位轴 5 端面距离为 247.7 mm。至此，头盔外壳在夹具的安装和装夹便完成了。

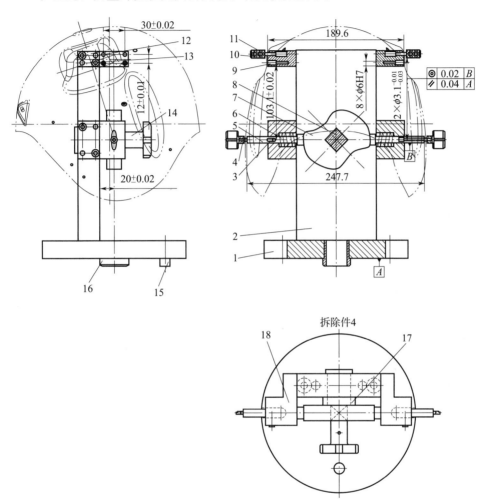

图 10 - 24　多个凸台头盔外壳激光切割夹具的设计

1—底盘；2—支座；3—紧定螺钉；4—菱形螺母；5—定位轴；6—弹簧；7—双面偏心轮；8—轴；

9—定位块；10—衬套；11—插销；12—圆柱销；13—内六角螺钉；14—手柄；15—限位销；

16—定位销；17—垫圈；18—支架

安装好定位轴 5 和双面偏心轮 7 等定位与夹紧机构，再安装好两个定位块 9 后在坐标镗床上加工 8×ϕ6H7 孔，并需要保证孔距（30±0.02）mm×（12±0.01）mm 及（103.1±0.02）mm 的尺寸。

定位销 16 必须加工出通孔，以利于抽风机从头盔外壳激光切割过程中排除有毒气体。由于夹具体大部分安装在头盔外壳之内，激光切割时不会影响激光头的切割运动，也不会使激光切割到夹具的零部件。

　　由于激光切割产生的烟雾会腐蚀金属材料，同时会熏黑模具零件的表面，故所有的模具零部件都需要进行镀铬。

　　激光切割夹具在设计与制造过程中，已经充分地注意到激光切割夹具设计的特点。实践充分证明，激光切割夹具的结构完全能确保头盔外壳的激光切割要求。就目前而言，激光切割是维护玻璃钢切割加工人员身体健康最有效的加工方法。希望引起玻璃钢产业人员的最大重视，不要让悲剧出现在玻璃钢产业人员中。

10.5.4　两侧带凸台头盔外壳激光切割夹具的设计

　　裱糊固化后头盔外壳边角余料和孔中废料是需要切割掉的，这样才能成为半成品。带锯切割和冲裁切割不可能进行橄榄球形状头盔外壳的加工，因此只能采用激光切割。而激光切割需要有激光切割夹具，通过夹具将头盔外壳定位和固定在激光切割机的工作台上。通过对头盔外壳激光切割夹具的分析，激光切割夹具应满足夹具体必须小于头盔外壳轮廓的要求，用以避免激光对夹具体的切割。再就是对头盔外壳进行激光切割时，所产生毒烟的排出进行了研究，采用了定位轴通孔抽风的模具结构排毒烟形式。结果表明，两侧带凸台头盔外壳激光切割夹具的设计在符合上述原则后，便消除了夹具避免被切割的影响，解决了切割所产生毒烟对人体的侵害问题。

10.5.4.1　两侧带凸台头盔外壳技术要求

　　用玻璃钢布以树脂黏结剂在成型模中进行裱糊后，待固化后所制成的产品裱糊成的面积通常大于制品的面积。因此，需要将多余的边角料切除掉，还需要将制品孔中的废料切除掉。这些多余料的切除有两种方法：一是采用带锯切除，二是采用激光切除。

10.5.4.2　两侧带凸台头盔外壳激光切割夹具的分析

　　头盔外壳如图 10-25 所示。两侧带凸台头盔外壳的形状，是一种镂空橄榄球形状的玻璃钢制品。由于头盔外壳在裱糊过程中要比图样要求的型面延伸 10～15 mm，加上图样上的孔中还存在着余料，这些多余的料和下摆毛边都需要用激光切除掉。如图 10-25 中 $8 \times \phi 3.1^{+0.028}_{+0.010}$ mm 和 $2 \times \phi 6$ mm 的孔，已经在成型模钻套中用钻头加工出来了，可以利用其中两边两个错开的孔进行定位。激光切割夹具的夹紧机构，可以 $2 \times \phi 6$ mm 为过孔进行头盔外壳夹紧。

10.5.4.3　两侧带凸台头盔外壳激光切割夹具的设计

　　头盔外壳激光切割夹具如图 10-26 所示。激光切割夹具通过定位轴 1 和限位销 2 与激光设备工作台进行定位和限位，用 T 形螺钉通过底盘 3 上的腰形槽与激光设备工作台进行连接，以确保激光切割夹具上的水平基准线和对称轴线与激光设备工作台一致。底盘 3 竖立两支座 4 上的两根定位轴 5 相距 $318^{0}_{-0.140}$ mm，两根定位轴 5 分别与水平基准线相距 (13.5 ± 0.0135) mm，两根定位轴 5 之间相距 (27 ± 0.016) mm。这两根定位轴 5 从头盔

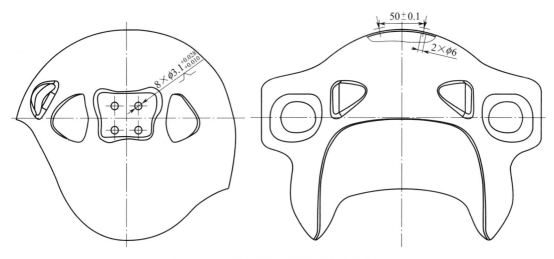

图 10-25　头盔外壳激光切割夹具的分析

∨表示定位基准符号；↓表示夹紧符号

外壳型腔内对两个相距（27 ± 0.016）mm 的 $\phi3.1^{+0.028}_{+0.010}$ mm 孔进行定位，定位轴 5 轴向的定位是依靠定位轴 5 的台阶端面，这样就可限制头盔外壳的 6 个自由度。从头盔外壳型腔内的 $2\times\phi6$ mm 孔中穿进两个支撑轴 7，并以两个六角螺母 8 固定头盔外壳。由于所有的夹具体零部件都设计在头盔外壳的型腔内，这样就不会妨碍头盔外壳在切割过程中的运动，也不会使激光切割到夹具体，更不会影响切割过程中的抽风排毒。

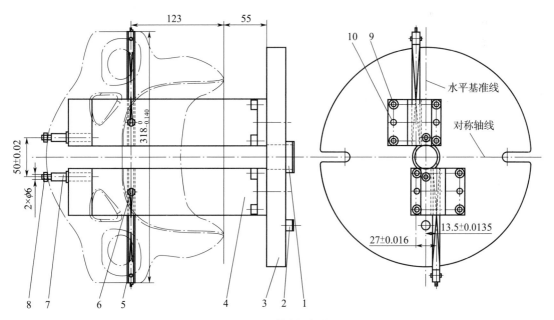

图 10-26　激光切割夹具

1、5—定位轴；2—限位销；3—底盘；4—支座；6—插销；7—支撑轴；

8—六角螺母；9—六角螺钉；10—圆柱销

　　激光切割夹具的设计，除了要确保头盔外壳的正确定位和夹紧之外，还需要将整个夹具体零部件都安装在头盔外壳型腔之内。这样既不会影响头盔外壳激光切割运动的进行，不会使激光切割到夹具体的零部件，也不会影响激光切割过程中的抽风，还便于激光切割过程的观察。如此，才能确保激光切割的顺利进行。激光切割夹具作为激光切割加工过程中重要的工艺装备，为同类型玻璃钢产品的切割加工起到示范的作用。

10.5.5　头盔外壳激光切割夹具的设计

　　头盔外壳是用袋压成型工艺进行的成型，裱糊时头盔外壳下摆需要延长 $10 \sim 15$ mm。成型固化脱模之后，要用手电钻加工出 $2 \times \phi 4^{+0.028}_{+0.010}$ mm 和 $2 \times \phi 3.1^{+0.028}_{+0.010}$ mm 这 4 个孔及其余各孔。再将头盔外壳安装在激光切割夹具上，然后用激光切割头盔外壳的毛边，才能成为半成品。激光切割夹具固定在激光切割设备的工作台上，毛边是依靠激光头的运动进行切割的。

10.5.5.1　头盔外壳激光切割形体分析

　　如图 10-27 所示，头盔外壳在袋压成型裱糊模内成型固化后，钻出的 $2 \times \phi 4^{+0.028}_{+0.010}$ mm 和 $2 \times \phi 3.1^{+0.028}_{+0.010}$ mm 这 4 个孔是头盔外壳在激光切割夹具上的 4 个定位孔。这 4 个孔采用插销进行定位，两侧 $2 \times \phi 4^{+0.028}_{+0.010}$ mm 孔和耳廓部分内壁面可限制 4 个自由度，后侧 $2 \times \phi 3.1^{+0.028}_{+0.010}$ mm 可限制两个自由度，故限制了头盔外壳 6 个自由度。为了确保头盔外壳激光切割的对称度，还需要以头盔外壳部分内型腔面进行限位。

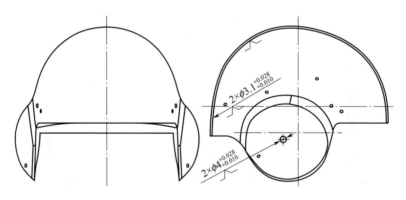

图 10-27　头盔外壳激光切割夹具的分析

▽ 表示定位基准符号

10.5.5.2　头盔外壳激光切割夹具结构分析

　　如图 10-27 所示，头盔外壳激光切割夹具以 $2 \times \phi 4^{+0.028}_{+0.010}$ mm 孔的插销和该两孔的耳廓部分内壁面进行定位，可以确保头盔外壳定位的对称性，这两个定位销要求能分别等距离向右、向左移动。$2 \times \phi 3.1^{+0.028}_{+0.010}$ mm 插销为手动，可以限制头盔外壳沿 $2 \times \phi 4^{+0.028}_{+0.010}$ mm 孔轴线的转动，并且 4 个插销不能妨碍激光切割头的切割运动。2 个两侧插销只能从头盔外壳的型腔内插入，另两个插销从头盔外壳外面插入。激光切割夹具需要有排除激光切割头盔外壳所产生毒烟的通道，还需要有安装在设备上的定位和夹紧装置。

10.5.5.3　头盔外壳激光切割夹具的设计

头盔外壳激光切割夹具如图 10 - 28 所示。

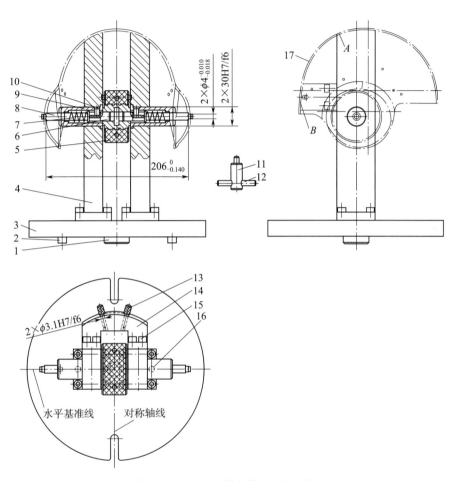

图 10 - 28　头盔外壳激光切割夹具

1—大定位销；2—小定向销；3—底板；4—竖板；5—调距滚花轮；6—左、右螺杆；7—弹簧；8—定位销；9—导向套；
10、16—圆柱销；11—扳手；12—手柄；13—插销；14—支撑板；15—内六角螺钉；17—头盔外壳

1) 头盔外壳激光切割夹具的结构：底板 3 下面装有大定位销 1 和小定向销 2，底板 3 上面用内六角螺钉 15 和圆柱销 16 安装有两块竖板 4，竖板 4 可与头盔外壳内壁保持一定的距离。两块竖板 4 中间装有调距滚花轮 5，调距滚花轮 5 左、右两边加工有同外径和同螺距的左、右螺孔。两块竖板 4 孔中以过盈配合各安装了一个导向套 9，导向套 9 中装有左、右螺杆 6，弹簧 7，定位销 8 和圆柱销 10。支撑板 14 分别用内六角螺钉 15 安装在两块竖板 4 上，插销 13 可手动插入支撑板 14 相应的孔中。

2) 头盔外壳的安装和卸取：头盔外壳 17 可先用两根插销 13 手动插入支撑板 14 相应的孔中。然后顺时针转动调距滚花轮 5，使导向套 9 内左、右螺杆 6 在圆柱销 10 的限制转

动下，沿左、右螺杆 6 分别向左、右方向移动，从而推动定位销 8 插入头盔外壳 17 的 $2\times$ $\phi4^{+0.028}_{+0.010}$ mm 孔中。为了防止头盔外壳 17 安装在夹具上不对称，还需要继续转动调距滚花轮 5，使定位销 8 的 $\phi4^{-0.010}_{-0.018}$ mm 台阶面贴紧耳廓部分内壁面，用以保证尺寸 $206^{0}_{-0.140}$ mm，头盔外壳 17 便可在夹具上进行激光切割。如果拧动调距滚花轮 5 感觉到吃力或手指疼痛，可用安装有手柄 12、扳手 11 的圆柱头插入调距滚花轮 5 的孔中，来转动调距滚花轮 5。

反之，逆时针转动调距滚花轮 5，使左、右螺杆 6 同时向夹具中心移动，在两弹簧 7 的作用下定位销 8 从头盔外壳 17 的 $2\times\phi4^{+0.028}_{+0.010}$ mm 孔中退出，再拔出两根插销 13，即可取下头盔外壳 17。

3）夹具在激光切割设备上的安装：以底板 3 的大定位销 1 插入激光切割设备中间的孔中，小定向销 2 放入激光切割设备的 T 形槽中，再用 T 形螺钉和六角螺母将底板 3 与激光切割设备工作台上的 T 形槽连接在一起。

4）夹具排毒烟：头盔外壳安装在夹具上，夹具固定在激光切割设备工作台上。夹具和工作台及激光切割头放置在密封的工作室中，室中装有抽烟机可将毒烟排出厂房，确保操作人员的身体健康。

复合材料制品的成型方法有多种形式，也有多种成型模。但成型工艺和成型模只能解决复合材料制品的成型问题，不能解决复合材料制品孔槽余料和毛边切除的问题，这就需要采用钻模、铣工夹具和激光切割夹具，这类夹具的结构形式众多，一般只要按夹具设计的原理进行设计就可以了。当然，这类夹具也存在着特殊性，如纤维尘埃和毒烟等的处理。

10.5.5.4　总结

复合材料制品的生产过程无非是利用非金属（玻璃纤维、石棉纤维、芳纶纤维、碳纤维、硼纤维、石墨烯与陶瓷基）材料纤维和金属晶须织成平布或预成型编织物，由各种性能添加剂的树脂作为黏结剂。在模具型腔中或型芯上进行手工裱糊或机械裱糊，即铺一层纤维布再涂一层树脂，直至达到制品厚度为止。然后手工使用辊轮和利用机械压力、气压、液压施力，以去除纤维布层中的气体和多余的树脂，使纤维布层中保持有树脂和纤维布涂层的均匀厚度，再依靠室温、蒸汽温度或电热温度固化成为制品的毛坯。最后，需要利用锯、铣、钻、激光切割等加工制品的型孔和型槽，并去除制品的毛刺及进行刮腻子、砂光与刷油漆等工作。

模具的结构具有型腔模的结构特点，同样存在着分型面、型腔、型芯、镶嵌件、抽芯和脱模等机构的设计，它们的设计也必须遵守型腔模的结构特点进行。复合材料制品成型模设计，仍需要遵照制品形体分析六要素、成型模结构方案、最佳优化方案及最终方案可行性分析进行，也可以运用成形痕迹技术对缺陷进行预期分析。由于型腔模复合材料成型方法的不同，有的成型工艺还需要有成型设备。

附　录

为了便于对成型件上"七要素"分析图、成型模结构方案可行性分析图以及成型件综合缺陷预期分析图进行识读、绘制和分析，需要使用简单的符号来表示相关名词的含义，就像电路图中电气符号一样，以便简化分析图的文字说明，使分析的图形变得简单明了。因此，要能够读懂上述各种分析图，就必须弄懂这些符号的含义。

附录 A　各种模具运动分析图中的符号

成型模运动基本符号见附表 A-1，主要包括成型件模具的分型、抽芯和脱模运动的符号。

附表 A-1　成型模运动基本符号

序号	名称	符号	意义
1	脱模符号		直线不带箭头线的一侧表示为定模部分，带箭头线的一侧表示为动模部分，箭头指向脱模的方向
2	型孔或型槽抽芯符号		长方形线框表示为型孔或型槽，箭头指向抽芯的方向，该符号表示为模具的水平抽芯
3	斜向抽芯符号		长方形线框表示为型孔或型槽，箭头指向抽芯的方向，该符号表示为模具的斜向抽芯
4	开模符号		直线两侧中，带"×"的一侧表示为定模部分，带箭头的一侧表示为动模部分，箭头指向动模开模方向
5	分型线符号	I⇄I	直线表示为分型线，直线两侧分别表示为定模部分和动模部分；箭头表示为开闭模的方向，阿拉伯数字表示模具分型的顺序
6	直线运动符号	→	表示模具运动机构做直线运动，箭头指向运动方向
7	弧线运动符号	↶	表示模具运动机构做弧形运动，箭头指向运动方向
8	运动干涉符号	✳	表示模具运动机构发生了碰撞，即运动的干涉

附录 B　各种成型件七要素分析图中的符号

成型件"七要素"符号包括"形状与障碍体""型孔与型槽""变形与错位""运动与干涉""复合材料与批量""外观与缺陷"和"成型工艺"要素的符号。

1)"形状与障碍体"要素的符号：见附表 B-1，"形状与障碍体"可分为显性和隐性"障碍体"，又可分为各种结构形式的"障碍体"，如凸台、凹坑、暗角、内扣和弓形高"障碍体"。

附表 B-1　"形状与障碍体"要素的符号

序号	名称	符号	意义
1	凸台形式"障碍体"符号		表示凸台"障碍体"
2	凹坑形式"障碍体"符号		表示凹坑"障碍体"
3	暗角形式"障碍体"符号		表示暗角"障碍体"
4	内扣形式"障碍体"符号		表示内扣"障碍体"
5	弓形高形式"障碍体"符号		表示弓形高"障碍体"
6	显性"障碍体"符号		表示显性"障碍体"
7	隐性"障碍体"符号		表示隐性"障碍体"
8	折弯边形式"障碍体"符号		表示折弯边"障碍体"
9	制品不能移动符号		表示制品不能移动
10	外观符号		表示注塑件的型面应有"外观"要求

2）"型孔与型槽"要素的符号：见附表 B-2，"型孔与型槽"包括型孔、型槽、螺孔、螺杆、圆柱体。

附表 B-2　"型孔与型槽"要素的符号

序号	名称	符号	意义
1	型孔符号		表示型孔
2	型槽符号		表示型槽
3	螺孔符号		表示螺孔
4	螺杆符号		表示螺杆
5	圆柱体符号		表示圆柱体

3）"变形与错位"要素的符号：见附表 B-3，"变形与错位"可分成"变形"和"错位"，注塑件的"变形"又可分成变形、翘起、弯曲和破裂。

附表 B-3　"变形与错位"要素的符号

序号	名称	符号	意义
1	变形符号		表示注塑件的变形
2	翘起符号		表示注塑件的翘起
3	弯曲符号		表示注塑件的弯曲
4	破裂符号		表示注塑件的破裂
5	错位符号		表示注塑件的"错位"

4）"运动与干涉"要素的符号：见附表 B-4，"运动与干涉"可分成"运动"和"干

涉"，模具构件的"运动"又可分成抽芯、脱模和分型。

附表 B-4　"运动与干涉"要素的符号

序号	名称	符号	意义
1	二级抽芯符号		表示二级抽芯
2	二次脱模符号		表示二次脱模
3	二次分型符号	Ⅱ Ⅱ	表示二次分型

附录 C　复合材料成型件成型时常见缺陷及解决措施

　　复合材料制品存在不同的成型工艺方法，不同的成型工艺方法会产生不同的缺陷。产生缺陷的原因很多，有复合材料、胶液配方、成型工艺、后处理，甚至是环境等因素。这些缺陷有的会影响制品的外观；有的会影响制品的刚度和强度，进而会影响制品的力学性能；有的会影响制品的使用性能；有的会影响制品的化学性能和电性能。

　　制品上哪怕只存在着一种缺陷，该制品都是废品或次品。有了缺陷的复合材料制品是不能通过修复合格的，只能报废。所以，对制品的缺陷只能进行预防。手糊是以手工操作将玻璃纤维和树脂在模具中裱糊，用小辊压实，经固化成型为制品的方法。手糊成型工艺可分成无压固化成型和低压固化成型两大类。前者有简单手糊成型和喷射成型，后者有压力袋成型、真空袋成型、热压罐成型和 RTM 成型。手糊成型工艺中常见缺陷及解决措施见附表 C-1。

附表 C-1　手糊成型工艺中常见缺陷及解决措施

缺陷	产生原因	解决措施
制品表面发黏	1)空气湿度太大,水对聚酯和环氧树脂的固化有延缓和阻聚作用 2)空气中的氧对聚酯树脂固化有阻聚作用,使用过氧化苯甲酰作为引发剂时更为明显。固化温度太低 3)制品表层树脂中交联剂挥发过多,树脂中苯乙烯挥发,使比例失调,造成不固化 4)引发剂和促进剂配比弄错或固化剂失效	1)最好把环境相对湿度控制在 75% 以下 2)在树脂中加入 0.02% 左右的石蜡;在树脂胶液中加入 5% 左右的异氰酸酯;覆盖玻璃纸、薄膜或表面涂一层冷干漆等,使之与空气隔绝,提高固化温度 3)避免树脂凝胶前温度过高,控制通风减少挥发 4)弄清配方,检验固化剂质量
气泡多	1)树脂用量过多,胶液中气泡含量多 2)树脂胶液黏度太大,黏度大的原因:树脂中交联剂太少;室温太低,混合时搅拌料中的气泡不易逸出 3)增强材料选择不当,手糊玻璃钢需要选用容易浸透树脂的无捻玻璃布,玻璃布密度过大 4)裱糊时没有压紧密,气泡未排净 5)固化制度选择不当。加热过早,加压过小或过迟	1)控制含胶量;注意搅拌方式,减少胶液中气泡含量 2)适当增加稀释剂;提高环境温度;适当增加溶剂,注意搅料方法 3)适当调整固化剂用量,宜选用易浸胶的玻璃布品种 4)增强责任心 5)选择适当固化制度、加热和加压时机

续表

缺陷	产生原因	解决措施
流胶	1)树脂黏度太低 2)配料不均匀 3)固化剂、引发剂和促进剂用量不够 4)胶液不均 5)固化制度不当：加热过早，升温太快，加压过小或过迟	1)可适当加入2%～3%活性二氧化硅粉或采用触变性树脂。应减少溶剂，适当添加触变剂，提高树脂黏度 2)配制树脂胶液时，要充分搅拌 3)适当调整固化剂用量 4)应搅拌均匀 5)选择适当固化制度
疏松	1)铺层时未充分压实 2)预浸料数量不足或加料不均 3)固化加压时机控制不到位	1)铺层时采用辅助工装使预浸料压实 2)控制预浸料数量，均匀加料 3)调整加压时机
固化不完全	1)配方设计错误，或称量错误，或胶液不均匀 2)吸水严重或操作环境湿度过大(＞80%) 3)固化温度过低，固化参数不当 4)主要原因是固化剂用量不足或者失效，另一个原因则是环境温度过低或空气湿度太大	1)重新设计配方 2)玻璃布应干燥 3)提高固化温度，调整固化参数 4)提高固化剂用量，采用优质固化剂或改变环境条件等，硬度低，刚度差
分层	1)玻璃布受潮、污染或未经脱蜡处理 2)树脂用量不够及玻璃布铺层未压紧。制品胶、铆连接时应力集中 3)配胶液时称量错误 4)裱糊时玻璃布铺放不紧密，气泡过多 5)流胶过多，树脂含量不足 6)固化制度选择不当，过早加热或加热温度过高，都会引起制品分层	1)玻璃布应预先处理：尽量选用前处理玻璃布，并在使用前进行干燥。如果所用玻璃布含蜡，一定要进行脱蜡处理 2)糊制时要控制足够的胶液，用力涂刮，使铺层压实，赶尽气泡。避免加工应力集中 3)工作应认真、细心 4)应增强责任心 5)按上述流胶太多的解决办法处理 6)树脂在凝胶前不能加热，后固化的升降制度要通过试验确定
富树脂	1)预浸料树脂含量过高 2)未采用预吸胶工艺 3)模具加工精度存在偏差 4)固化加压时机不当	1)调整预浸料制备工艺参数 2)控制预吸胶压实工艺 3)修正模具，控制加工精度 4)合理控制加压时机
贫树脂	1)树脂基体含量过低 2)加压过早，树脂基体流失过多 3)模具加工精度存在偏差	1)提高树脂基体含量，调整预浸料制备工艺 2)合理控制加压时机 3)修正模具，控制加工精度
外形尺寸超差	1)模具加工精度存在偏差 2)预浸料叠层数量控制不严 3)热压机工作平台不平行	1)修正模具，控制加工精度 2)严格控制预浸料叠层数量 3)校正工作平台
翘曲变形	1)制品结构件厚薄存在差异，加强筋不够 2)固化度偏低 3)固化成型区域温度不均 4)预浸料挥发含量偏大 5)脱模工艺不合理	1)改进制品结构设计及成型工艺 2)调整及控制固化工艺或采用后固化 3)检查和调整加热装置 4)充分晾置或采用预热处理 5)改进脱模工艺或增设脱模工装

续表

缺陷	产生原因	解决措施
裂纹	1)制品结构铺层不妥 2)脱模工艺不合理 3)模具结构不合理 4)预浸料挥发含量大	1)改进制品结构设计及铺层工艺 2)改进模具脱模结构及脱模工艺 3)改进模具结构形式,合理设置排气口及流胶槽 4)控制环境温度和湿度,对预浸料进行充分晾置及预热处理
空隙	1)纤维线密度不均,预浸料质量不稳定 2)预浸料挥发含量大 3)加压时机不当	1)控制预浸料质量 2)控制环境温度和湿度,对预浸料进行充分晾置及预热处理 3)严格控制加压时机,不能过早或过晚加压

胶衣树脂是不饱和聚酯中的一个特殊品种,其作用是给树脂或复合材料提供一个连续性的覆盖保护层,以提高制品的耐候性、耐蚀性和耐磨性等,并赋予制品光亮美丽的外观。有时为了提高性能,胶衣树脂用一层表面薄毡增强。手糊成型工艺中胶衣层常见缺陷及解决措施见附表 C-2。

附表 C-2　手糊成型工艺中胶衣层常见缺陷及解决措施

缺陷	产生原因	解决措施
褶皱	1)胶衣层固化不足 2)树脂中交联剂部分溶解胶衣	1)延长固化时间 2)调整树脂配方
针孔与气泡	1)胶衣树脂中含有气泡 2)模具表面存在尘粒	1)注意搅拌方式 2)清洗模具表面
光泽不好	1)制品过早脱模 2)石蜡脱模剂使用不当	1)延长脱模时间 2)调整石蜡脱模剂用量
胶衣剥落	1)模具表面粗糙度值过大 2)石蜡类脱模剂渗透胶衣层 3)胶衣层固化时间过长 4)强度层糊制时间过晚 5)强度层固化不良	1)减小模具表面粗糙度值 2)模具应进行脱蜡处理,控制适量石蜡脱模剂 3)减少胶衣层固化时间 4)控制胶衣凝胶后 24 h 内糊制强度层 5)强度层应压实,消除空隙和气泡
色斑	1)颜色分布不均匀 2)模具表面存在尘粒	1)颜色搅拌应均匀 2)清洗模具表面
起泡	胶衣层与强度层之间裹入空气或溶剂	压实强度层,应去尽胶衣层与强度层之间裹入的空气或溶剂
裂纹	1)胶衣层太厚 2)树脂系统选用不当 3)胶衣树脂中苯乙烯太多或填料加得太多 4)树脂固化不良 5)制品受到冲击	1)注意控制胶衣层厚度 2)应根据性能要求选择不同的胶衣树脂 3)严格按照工艺要求控制胶衣树脂中苯乙烯和填料 4)提高固化温度和压力 5)避免制品受到冲击,改变制品结构形式
泛黄	1)成型加工的湿度太大 2)胶衣树脂选择不当 3)引发剂(过氧化苯甲酰-甲胺)不当 4)固化不完全	1)控制工作环境的湿度 2)应选择对紫外光反应迟钝的树脂 3)改用引发剂 4)选择适当固化制度

喷射成型是利用喷枪将玻璃纤维及树脂同时喷到模具上而制得玻璃钢制品的工艺方法。加有促进剂和引发剂的树脂和由切割器（将连续玻璃纤维切割）切割的短切纤维各自由喷枪上的几个喷嘴同时均匀喷出在空间混合后，沉积到模具表面上用小辊压实，经固化而成制品。喷射成型工艺中常见缺陷及解决措施见附表 C-3。

附表 C-3　喷射成型工艺中常见缺陷及解决措施

缺陷	产生原因	解决措施
浸渍性差	1)树脂与玻璃纤维比例不当,树脂含量低 2)树脂黏度大 3)粗纱质量不好 4)树脂凝胶快	1)增加树脂含量或减少玻璃纤维含量 2)把黏度调至 0.800 Pa·s 以下 3)改变处理剂或更换粗纱牌号 4)改变树脂的固化性能
流挂现象(垂流)	1)树脂黏度、触变指数低 2)喷射时的玻璃纤维体积大 3)玻璃纤维含量低	1)提高树脂的黏度和触变指数(厚度大于5 mm 效果不大) 2)避免误切,提高树脂喷出压力,缩短玻璃纤维切割长度,使喷枪接近成型面进行喷涂 3)提高玻璃纤维含量
固化不足与固化不均匀	1)固化剂分布不均匀 2)喷出的树脂没有形成适当的雾状 3)树脂反应性高 4)空压机内混有冷凝水	1)调整固化剂喷嘴,使用稀释的固化剂,增加喷出量 2)调整雾化状态,使树脂呈雾状 3)降低树脂的反应性 4)定期排放空压机的冷凝水
脱落现象	1)树脂与玻璃纤维比例不当,树脂过量 2)树脂的黏度、触变指数低 3)喷枪与成型面距离小 4)粗纱的切割长度不合适	1)减少树脂喷出量,增加粗纱量 2)提高树脂黏度和触变指数 3)控制好喷射的距离和方向 4)按制品大小和形状改变纤维的切割长度
粗纱切割不良	1)切割刀片磨损 2)支持辊磨损 3)粗纱根数太多 4)切割器空气压低	1)按刀片材质,使用一定时间后需要更换 2)视磨损程度更换支持辊 3)通常以切割2~3根粗纱为宜 4)提高空气压,视情况可增大空压机容量
空洞、气泡	1)脱泡不充分 2)树脂浸渍不良 3)脱泡程度难以判断 4)玻璃纤维含量高	1)加强脱泡作业,使脱泡工序标准化 2)增加消泡剂,再次检查树脂和玻璃纤维的质量 3)成型模具做成黑色或近似黑色,以便容易观察脱泡和浸渍情况 4)降低玻璃纤维含量
厚度不均	1)未掌握好喷射操作工艺 2)脱泡操作不熟练 3)树脂的固化性能不好 4)玻璃纤维的切割性不好 5)玻璃纤维的分散性不好	1)制定成型面与喷枪间的距离、喷射方向、树脂和玻璃纤维黏结剂的一致性等操作标准,并通过训练提高熟练程度 2)购置合适的脱泡工具,并进行训练 3)根据产品的复杂程度及产品设计的积层,选择合适的树脂固化时间 4)调整及更换切割器 5)检查粗纱的质量

续表

缺陷	产生原因	解决措施
白化与龟裂	1)使用反应活性高的树脂在短时间内固化(固化时发热量最大,会引起树脂和玻璃纤维的界面剥离) 2)纤维表面有妨碍树脂浸渍的不均匀性表面处理剂、水、油和润滑脂等 3)积层时一次积层太厚 4)使用双头喷枪时,树脂喷出量不均 5)树脂中混有水 6)苯乙烯含量过大 7)树脂与玻璃纤维折射率不匹配	1)选择反应性适合的树脂,调整固化剂的种类、用量和固化条件 2)注意粗纱的保管和使用,要进行测试,以确保质量 3)采用层积法,控制固化发热量 4)调整树脂喷出量 5)改善树脂的使用和存放条件,定期排放空压机内的冷凝水;不用混有水的树脂 6)减少苯乙烯的用量,加热树脂降低黏度 7)调整选材,使用折射率接近玻璃纤维的树脂
玻璃纤维堆积	1)树脂黏度太大 2)粗纱黏结剂太软 3)喷出的玻璃纤维量不均	1)重新评估树脂的黏度、触变性、浸渍性和固化特性 2)选择更硬的黏结剂 3)应使树脂和玻璃纤维的喷射速度一致,并能进行均匀的喷射

模压成型是将一定量的预浸料放入金属模具的对模型腔中,利用带热源的空压机产生一定的温度和压力,合模后在一定的温度和压力作用下使预浸料在型腔内受热软化、受压流动充满型腔成型和固化,从而获得复合材料制品的一种工艺方法。模压制品成型时常见缺陷及解决措施见附表 C-4。

附表 C-4 模压制品成型时常见缺陷及解决措施

缺陷	产生原因	解决措施
表面无光泽	1)脱模剂涂刷不当,脱模布不平或漏洞造成粘模 2)模温过高或过低 3)模具型腔表面粗糙度值大 4)未经预吸胶	1)选用合适的脱模剂,严格按照脱模剂使用工艺,正确使用脱模布 2)控制好模温 3)减小模具型腔表面粗糙度值 4)尽量采用预吸胶
外形尺寸不合格	1)模具尺寸超差 2)加料量不准 3)材料收缩率不合格 4)空压机加热板不平行	1)修整模具 2)调整加料量 3)检验材料收缩率或更换材料 4)校正加热板
翘曲变形	1)制品结构厚薄悬殊 2)固化不完全 3)成型温度不均 4)选材不当 5)成型材料中水分、挥发物含量太大 6)脱模不正确 7)模具结构不合理	1)改进制品设计或成型工艺 2)调整或严格控制固化制度,后处理得当 3)检查并调整加热器 4)合理选材 5)充分晾置后再装模或采用预热、放气操作 6)改进脱模方法、程序或脱模工装 7)采用压模结构或夹具进行冷却
制品裂纹	1)制品结构不合理 2)脱模不正确 3)材料中水分、挥发成分含量大 4)模具结构不合理(如排气孔、流胶槽等)	1)改进制品结构设计或成型工艺 2)改进脱模方法 3)原材料应该充分晾置,采用预热或放气操作,控制环境温度、湿度,控制成型温度 4)改进模具结构,预热金属嵌件

续表

缺陷	产生原因	解决措施
孔隙	1)纤维粗细不均 2)水分、挥发物含量大 3)铺层间存在孔隙和气泡 4)真空度不足 5)加压时机不当	1)严格筛选纤维 2)原材料充分晾置,采用预热、放气操作 3)铺层时压实 4)保持固化前真空度 5)适时加压,不要过早、过迟
分层	1)铺层时未压实 2)铺层时预浸料上粘有脱模剂或油污 3)脱模不当 4)压力不够 5)胶接、铆接应力集中引起	1)铺层时各层间应压实 2)严禁将脱模剂或油污粘在预浸料上,操作人员应戴手套 3)正确脱模,不许乱撬、乱铲 4)适当加大压力 5)尽量避免胶接、铆接时的应力集中
起泡膨胀	1)原材料中水分、挥发物含量大 2)成型温度过高或过低 3)成型压力小 4)加压时间短	1)原材料充分晾置或采用预热、放气操作 2)控制环境温度、湿度及成型温度 3)选用合理的固化压力 4)延长加压时间
贫树脂	1)树脂含量过低 2)模具、加热板不平行 3)加压过早,树脂流失过多	1)提高树脂含量,调整排布机,加大纤维间距 2)调整加热板和模具平行度 3)选好加压时机
夹杂	1)纤维、树脂或溶剂中含杂质 2)排布机不清洁 3)铺层环境不清洁 4)预浸料晾置时未加保护膜 5)隔离纸质量差、掉毛 6)操作时不慎,带进杂质或忘记去除预浸料保护膜	1)严格检查原材料,去除杂质 2)操作前、后清理排布机 3)工作环境应干净整洁,操作人员应穿好工作服 4)预浸料晾置加盖保护膜防止进灰尘 5)选用合格隔离纸 6)操作人员经培训考核上岗
富树脂	1)树脂含量过高 2)模具、加热板不平行 3)未经预吸胶 4)加压时机不当	1)降低树脂含量,调整排布机,缩小纤维间距 2)调整加热板及模具平行度 3)尽量采用预吸胶 4)选好加压时机
夹层结构脱胶	1)胶黏剂性能不好 2)胶接工艺执行不当 3)胶黏剂与被胶接材料不匹配	1)选好胶黏剂 2)按技术要求进行胶接 3)选用匹配的胶黏剂与被胶接材料
疏松	1)铺层未压实 2)加料量不足或装料不均 3)加压过早或太迟	1)铺层时用压板均匀压实 2)均匀加足料 3)适时加压

吸附预成型法（也称金属对模成型法）是指在成型模压制件之前，预先将玻璃纤维仿制成与模压制件结构、形状、尺寸一样的坯料，然后将其放入金属对模内，加入液体树脂，加温、加压成型玻璃钢制件的一种工艺方法。在压前使短切原纱成型毡在预制实体模型上进行预切割和层间结合制成料坯，然后进行压制的工艺，也可属于预成型法。预成型坯制件常见缺陷及解决措施见附表 C-5。

附表 C - 5　预成型坯制件常见缺陷及解决措施

缺陷	说明	原因	解决措施
起泡	表面上有半圆形鼓起(模塑物中的离层)	固化不完全,气泡延伸范围较大	延长模压时间,增加引发剂用量
		湿气、溶剂因未排出,造成空气膨胀或蒸发	预成型坯应充分干燥,避免树脂中产生气泡
针孔	制件表面上规则或不规则的小孔	空气被固结	改进上、下模的配合部:0.05～0.10 mm 的配合间隙可限制过量树脂自模具内流出,增加型腔内的压力,使气泡压缩或溶解
		树脂混合物中存在空气	模压前,使树脂混合物静置,消除气泡在不降低性能的前提下,加入苯乙烯,以降低树脂混合物的黏度,有利于去除气泡
空穴	大量小气泡被固结在树脂中	见"针孔"一项	见"针孔"一项
纤维花纹显露	制件表面上玻璃纤维的花式过于显著或突出	模压温度不当	提高或降低温度,以获得好的表面,上、下模具取 3～10 ℃ 的温差,以减少纤维花纹显露和增加较热一侧的光泽
		树脂特性	有的树脂在很低的温度下发生畸变,纤维花式更为明显,提高模压温度有助于克服
		预成型坯粗糙	采用表面毡,以减轻制件纤维花纹显露
裂纹	树脂微开裂,可从表面伸向内部甚至贯穿整个制件	高活性树脂、高不饱和度的树脂固化速度快,放热温度高。在刚性树脂系统中固化收缩和热膨胀,即便在玻璃纤维均匀填充区域内也会引起裂纹	1)降低引发剂浓度:稍延长固化时间,以降低放热温度;降低模压温度:减缓聚合,降低放热温度;加入惰性填料:降低单位体积内活性基浓度,减缓放热 2)加入韧性树脂,降低活性,增加韧性 3)减少苯乙烯用量,减少收缩,降低放热温度
		富树脂(玻璃纤维不足)区:因树脂集中而造成应力,即使是中等活性的树脂也会出现裂纹固化不足(见"气味"一项)	1)改进预成型坯的均匀性:调整筛模和通风室,以改进预成型坯的纤维分布 2)若预成型坯均匀性得不到保证,可借用上栏(高活性树脂)解决方法 3)富树脂区因"冲刷"而造成,见"预成型坯的冲刷"一栏
气味	苯乙烯气味(不同于完全固化聚酯树脂的气味)	固化不完全	延长固化时间,增加引发剂用量或提高模压温度
		导致固化不完全的抑制作用	检查颜料的抑制作用,若有,应去除或附加引发剂,填料也是如此
	苯(甲)醛气味:类似樱桃味,注意与苯乙烯气味的区别	包括苯乙烯对产生苯(甲)醛的副反应。一般活性(不饱和度)小的树脂,苯(甲)醛气味较浓	减少引发剂用量,用活性大的树脂,降低模具温度。制件在 120 ℃ 的空气烘箱中后处理,以去除残余气味

续表

缺陷	说明	原因	解决措施
富树脂区	树脂混合物很多或没有被增强材料填充的区域	设计不当	改进设计，最有利于模压的简单设计是等壁厚、无尖角。若需厚度变化，则应是逐渐的，也可设计为在预成型坯中附加玻璃纤维
翘曲	制品变形	结构不平衡，因树脂比纤维的线胀系数约大10倍，故纤维、树脂分布不均，将会向富树脂一侧翘曲	玻璃纤维分布力求均匀。利用冷却夹具限制变形。减少苯乙烯，采用惰性填料，以减少收缩。采用较低的模压温度
		固化不均匀：若制件两面固化速度不同，则制件向首先固化的一侧翘曲	1)调节两模具表面温度 2)消除模具表面的过热点
		设计：弯曲制件有向小曲率面一侧收缩的倾向	1)采用冷却夹具，以及受热变形小的树脂 2)采用尽可能大的曲率半径，边缘局部增厚或金属加强
贫树脂区	该区增强纤维未被浸渍或含树脂很少	流动性差：空压机闭合后，树脂仅流到阻力小、压力低的区域	降低黏度：流动阻力小，容易流到纤维较多的高压力区(见"冲刷"一项"高黏度")
		早期凝胶：有时高活性或过度催化的树脂在浸透整个预成型坯之前即发生凝胶	减少引发剂用量，降低模具温度或加入阻聚剂，从而减慢反应速度，使纤维有充分时间被浸透
		玻璃纤维过量，纤维过量区域压力高，浸透慢，且纤维过量易造成纤维花纹显露	采用更均匀的预成型坯
		上、下模的配合不好：合理的模具配合间隙，可得到较高的型腔内压力，有利于树脂充满型腔各个部位	改进上、下模配合，检查树脂在预成型坯上的分布，使用过量的树脂
预成型坯的冲刷	模压中增强材料不规则位移	树脂混合物黏度高，流动阻力大，造成预成型坯中的玻璃纤维位移	减慢空压机闭合速度，加苯乙烯，减少惰性填料用量，用低吸值的填料
		早期凝胶：高活性树脂在空压机闭合或树脂充满型腔之前发生纤维冲刷	降低引发剂用量，加入阻聚剂。延缓凝胶而不影响固化
		预成型坯质量差：预成型坯中玻璃纤维松散，预成型黏结剂溶于树脂也易出现冲刷现象	调节黏结剂分布：引起松散玻璃纤维冲刷的地方，应附加黏结剂

连续纤维经过浸胶后，按照一定规律缠绕到芯模上，然后在加热或常温下固化，制

成一定形状制件的工艺方法叫做纤维缠绕工艺。根据缠绕时树脂基体所处化学物理状态的不同，生产上分为干法、湿法和半干法 3 种。缠绕玻璃钢制件的缺陷及预防和修补方法见附表 C-6。

附表 C-6　缠绕玻璃钢制件的缺陷及预防和修补方法

缺陷	产生原因	预防或修补措施
分层	1）纤维织物未做前处理或处理不够 2）织物在缠制过程中张力不够或气泡过多 3）树脂用量不够或黏度太大，纤维没有浸透 4）配方不合适，导致粘接性能差或固化速度过快、过慢 5）后固化工艺条件不合适或温度过高、过早固化	采用相应措施或彻底铲除分层部分，并用角向磨光机或抛光机打磨掉缺陷区以外周边的石蜡树脂层，宽度不小于 5 cm。然后，再按工艺重新进行铺层
气泡	1）驱赶气泡不彻底 2）树脂黏度太大，在搅拌或涂刷时，带入树脂中的气泡不能被赶出 3）增强材料选择不当 4）操作工艺不当	1）每一层铺敷、缠绕都要用辊子反复滚压，辊子应做成环向锯齿型或纵向槽型 2）加入苯乙烯稀释树脂 3）重新选择增强材料 4）选择适当的浸胶、涂刷和辊压等方法
表面发黏	1）空气中湿度太大，水分对聚酯树脂固化有延缓并阻碍固化的作用 2）聚酯树脂中石蜡加得太少或石蜡不符合要求而导致空气中氧的阻聚作用 3）固化剂、促进剂用量不符合要求 4）苯乙烯挥发太多，造成树脂中的苯乙烯单体不足	1）控制相对湿度应低于 80% 2）除增加适量石蜡外，还可以用其他方法（加玻璃纸或聚酯薄膜）将制件表面与空气隔绝 3）在配胶液时应严格控制用量 4）要求树脂凝胶前不能加热，环境温度不宜太高

拉挤成型工艺是将连续增强材料（如无捻玻璃纤维、表面毡）进行树脂浸渍，在一定拉力作用下以一定的速度经过一定截面形状的成型模具，并在模内加热固化，成型后连续出模。拉挤成型是一种连续的可高度自动化的生产工艺。拉挤成型工艺中常见的缺陷及对策见附表 C-7。

附表 C-7　拉挤成型工艺中常见的缺陷及对策

缺陷	产生原因	减少或消除的方法
鸟巢：增强纤维在模具入口处相互缠绕	1）纤维断了 2）纤维悬垂的影响 3）树脂黏度高 4）纤维黏附着的树脂太多 5）牵引速度过高 6）模具入口的设计不合理	找对原因，对症下药
固化不稳定：在模具内黏附力突然增加	1）牵引速度过高 2）预固化引起的热树脂突然回流	降低牵引速度等
粘模：部分制件与模具黏附，使制件拉伸破坏	1）纤维体积分数小 2）填料加入量少 3）内脱模剂效果不好或用量太小	1）增加纤维 2）增加填料 3）改善脱模效果
未完全固化：苯乙烯蒸气压力高或冷凝物太多，苯乙烯闪蒸时产生裂纹	1）拉挤速度太快 2）温度太低 3）模具太短	针对原因采取措施，加以解决

续表

缺陷	产生原因	减少或消除的方法
局部固化	1)型材内部固化滞后于表面而引起制品内部出现裂纹 2)制品太厚	减小制品厚度
白粉:制件出模后,表面附着白粉状物	1)模具表面粗糙度值大 2)脱模时,制品粘模,导致制件表面损伤	减小模具表面粗糙度值
表面液滴:制件出模后表层有一层黏稠液体	1)制件固化不完全,温度低或拉速过高 2)纤维含量少,收缩大,未固化树脂喷出 3)温度过高,使制件表层的树脂降解	找对原因采取措施
沟痕、不平:制件平面不平整,局部有沟状痕迹	1)纤维含量低,局部纤维纱过少 2)模具粘制件,划伤制件	1)提高纤维含量 2)改善脱模效果
白斑:含有表面毡、连续毡制件的表层,常出现局部发白或露有白纱的现象	1)纱和毡浸渍树脂不完全,粘层过厚或毡的性能差 2)有杂质混入,在粘层间形成气泡 3)制件表面留有树脂过薄	1)改善纤维浸渍性 2)避免杂质混入 3)改进成型工艺
起鳞:表面粗糙度值高	1)脱离点应力太高,产生爬行蠕动 2)脱离点太超前固化点	1)减小模具表面粗糙度值 2)延缓脱离点
裂纹:制件表面上有微小裂纹	1)树脂层过厚产生表层裂纹 2)树脂固化不均引起热应力集中,导致应力开裂(这种裂纹较深)	针对原因加以解决
表面起毛:纤维露出制件表面	1)纤维过多 2)树脂与纤维不能充分黏结,偶联剂效果不好	针对原因加以解决
表面起皮、破碎	1)树脂层过厚 2)成型内压力不够 3)纤维含量太少	针对原因加以解决
制件缺边角	1)纤维含量不足 2)上、下模之间的配合精度差或已划伤,造成在合模线上有固化物黏结和积聚,使制件缺角、少边	找对原因采取措施
制件弯曲、扭曲变形	1)制件固化不均,非同步,产生固化应力 2)制件出模后压力降低,在应力作用下变形 3)制件内材料不均匀,导致固化收缩程度不同 4)出模时制件未完全固化,在外来牵引力的作用下产生变形	找对原因采取措施

　　RTM 是在闭合型腔中预先铺敷好增强材料,然后将热固性树脂注入型腔内浸润增强材料,在室温或加热条件下固化脱模,必要时再对脱模后制件进行表面抛光、打磨等后处理,可得到两面光滑制件的一种高技术复合材料液体模塑成型技术。

　　RTM 成型缺陷除了有气泡、干斑、变形和无光泽之外,还有富树脂、贫树脂、空隙、分层等。前面缺陷见附表 C-8,后面的缺陷见附表 C-1。

附表 C-8　RTM 成型工艺中常见的缺陷及解决措施

缺陷	产生原因	解决措施
气泡	1)型腔内树脂反应放热过高,固化时间过短 2)树脂注入型腔时带入空气过多 3)树脂黏度过大 4)树脂注入型腔压力过大 5)成型工艺不当	1)适当调整树脂固化剂用量,严防固化时间过短 2)调整树脂注入点位置 3)采用低黏度树脂 4)降低树脂注入压力 5)采用真空法或振动法,树脂注入前用可溶于树脂气体或蒸发方法将型腔中空气排出
干斑:树脂没有全部接触到或只是部分填充的区域	1)浸润不充分 2)渗透率不均匀 3)模具太短 4)排气口数量不足 5)玻璃纤维污染	1)调整树脂注射口和排气口,型腔注满后保压一段时间后再打开排气口并重复这一过程 2)调整制件形状结构,使模具间隙均匀 3)模具型腔应比制品长 15～20 mm 4)增加排气口数量 5)模具应清洗,玻璃纤维应清除石蜡
变形:表现形式为皱褶,是因玻璃布起皱	1)模具合模对玻璃布层的挤压 2)树脂在型腔中流动冲挤玻璃布形成皱褶 3)树脂注入时的压力过大 4)玻璃布层过厚	1)注意合模操作方法 2)采用耐冲刷性好的玻璃纤维布 3)降低注射压力 4)减少玻璃布层数和调整制件结构
裂纹	1)纤维含量分布不均匀 2)树脂固化不完全,固化后收缩率较大,导致内应力过大 3)固化后的环境温差大,导致内应力大	1)选择纤维含量分布均匀的玻璃布 2)延长固化时间,选择收缩率接近的树脂与增强纤维 3)选择温差均匀的环境
无光泽	1)制件轻度粘模 2)模具成型表面粗糙度值大或附有污染物 3)未涂脱模剂	1)调整树脂黏度 2)减小模具表面粗糙度值,清洗模具 3)涂脱模剂

　　热压罐成型工艺是将复合材料毛坯或蜂窝夹芯结构或胶接结构用真空袋密封在热压罐中,在真空或非真空状态下,用罐体内部均匀温度场和气体对成型中的制件施加温度和压力,经过复杂的热压固化过程,使其成为所需要的形状和质量状态的成型工艺方法。热压罐成型以分层为主要缺陷,变形、疏松、气孔缺陷见附表 C-9,富树脂、贫树脂、夹层结构脱胶缺陷见附表 C-4。

附表 C-9　热压罐成型工艺中常见的缺陷及解决措施

缺陷	产生原因	解决措施
疏松	1)加压过晚 2)预浸料层间气路不通畅 3)铺糊树脂方法不合理	1)控制树脂压力 2)要在预浸料层间形成有效的气路 3)采用零吸胶(即不铺放吸胶层的条件下)工艺

续表

缺陷	产生原因	解决措施
变形:成型后制件外形曲率与图样不符	1)纤维铺层不合理 2)成型工艺不妥 3)模具结构变形、模具材料不合适 4)制件结构欠妥	1)从角度、比例和顺序等方面调整铺层设计 2)从固化温度、降温速率进行工艺优化 3)改变模具结构、厚度、模具材料和热处理 4)通过设置加强筋和改变模具结构增加模具强度
分层:层间脱胶或开裂现象,是制品热压罐成型产生的最主要缺陷	1)制件受外力冲击失效 2)界面粘接强度差,应力集中使界面产生微裂纹。纤维与树脂基体强度相差很大,易产生分层 3)夹角铺层、背部铺层、拐角曲率半径和非等厚层易产生分层,成型工艺稳定性对分层影响较大。铺层长短不同,互相搭接 4)制件结构不对称,造成纤维和温度分布不均匀,降温过程中产生内应力。存在纤维很难填充到的三角区和纤维不连续区 5)预浸料局部污染和夹杂及排气不畅 6)胶接界面脱开或胶接不良 7)固化压力不足、固化温度偏低	1)避免受大的冲击外力作用制件 2)改善树脂粘接强度,采用合适固化压力,以抑制树脂基体中空隙的形成 3)改进制件形状结构和铺层及成型工艺,建议采用胶接共固化、二次胶接。纤维增强网格压实,以保证制件纤维体积分数最大化 4)改进制件结构 5)清除预浸料污染和夹杂,改善模具排气性能 6)模具装配和人为操作失误,应加强规范操作和管理 7)采用合适的固化压力,以抑制树脂基体中空隙的形成,采用合适的固化温度,确保树脂充分固化
气孔:以单个状态出现。孔隙呈密集分布,是复合材料制品在成型过程中形成的空洞	1)纤维或纤维束没有完全浸透树脂 2)树脂中和浸渍纤维用的有机溶剂存在质量问题 3)预浸料从空气中吸收了水分 4)固化过程中未释放挥发性低分子 5)模具配合间隙大和真空袋泄漏进空气 6)铺层中分布着空囊、皱褶、铺层递减和颗粒架桥 7)树脂夹杂有空气 8)纤维吸有水分和挥发性溶剂 9)制件结构不当	1)确保纤维或纤维束完全浸透树脂 2)造成施加给气体的压力下降,胶液温度发生变化,选用高质量树脂和有机溶剂 3)预浸料铺层时需要排出空气 4)给予树脂一定压力,使挥发物溶于树脂 5)控制模具配合间隙和检查真空袋是否破损 6)改进铺层工艺 7)多搅拌树脂 8)晾置纤维,增加树脂压力 9)改进制件结构

　　袋压成型是采用一种柔性的袋(如橡胶袋),在湿铺层或预浸料的复合材料的固化过程中给以压力,使制件结构密实,性能提高。如果同时提高成型温度,又可大大加速固化,这种方法可用于不同大小尺寸、不同结构形状、产品批量不太大的复合材料制件的成型加工。真空袋成型工艺中常见的缺陷及解决措施见附表 C-10。富树脂、贫树脂、变形,见附表 C-4。

附表 C-10　真空袋成型工艺中常见的缺陷及解决措施

缺陷	产生原因	解决措施
气泡:气体通过树脂压力和表面张力的作用溶解于树脂中	1)作用于树脂的压力越高,越有利于气泡的排出 2)温度越高越有利于树脂中挥发物的析出 3)树脂中挥发物的种类与含量 4)正交铺层纤维网的气泡低于单层纤维网,垂直纤维方向的气泡低于平行纤维方向 5)大量吸胶的气泡低于小量吸胶,成型工艺对气泡的逸出有显著影响	1)提高袋压的压力 2)提高模具温度 3)增加消泡剂,纤维应晾置 4)应采用纤维正交铺层和纤维垂直铺放 5)采用吸胶低的吸泡工艺,采用双真空袋成型
夹杂	1)纤维、树脂或溶剂中含杂质 2)铺层环境不清洁 3)模具成型面有污染	1)严格检查原材料,去除杂质 2)工作环境应干净整洁,操作人员应穿好工作服 3)用丙酮清洗模具成型面上的石蜡
分层	1)纤维层与树脂层存在气泡或空隙 2)树脂中含有气泡 3)纤维层未浸透树脂	1)预浸料需用辊子压实并逸出气泡 2)树脂中增加消泡剂 3)树脂应充分浸透纤维层

　　模塑料模压成型工艺:其原理和通用热固性材料(如酚醛、氨基树脂模压塑料)的模压成型相似,热固性材料在模具型腔中受热后具有良好的流动性,充模固化成型。由于采用了聚酯树脂,固化过程中无挥发性副产物产生,可采用较低的成型压力。但模塑料中含有一定量的增强纤维,使模塑料具有与通用热固性材料不同的成型特点。模塑料常见的成型缺陷及其解决办法见附表 C-11。

附表 C-11　模塑料常见的成型缺陷及其解决办法

缺陷或障碍	性状	产生原因	解决办法
剥落	显现出鳞片状的表面	模具温度太低	提高模具温度
起泡	在塑料表面形成圆形状凸起	1)模具温度低,物料没有充分固化 2)模具温度高,单体沸腾或汽化 3)固化时间太短,物料没有充分固化	1)提高模具温度 2)降低模具温度 3)延长固化时间
焦化	部分塑料热分解——通常在空洞处	存留的空气经压缩温度升高,使该处塑料分解	延长模具闭合时间,降低模具温度,排除存留型腔的空气
裂纹	处于表面或表面以下的细裂纹,通常在内半径处	1)出现裂纹时,通常发生在 3.175～9.55 mm 的内半径处,它产生的原因是与在半径上物料的流动有关 2)模制压力太高	1)玻璃毡片产生裂纹的倾向不大,当产生裂纹时,制件的性能通常不受影响,避免有很多的物料流过 3.175～9.55 mm 的内半径处 2)降低模制压力
熔接线	两股或多股塑料流汇合处不完全融合而形成	在模具中物料流动分成两股或多股的流料,它们在模腔塑料充满时,要汇合在一起,围绕杆柱或型芯的料流而形成的	变更加料位置
模具碰伤	在滑动配合的模具中,金属表面磨损或出现压痕,通常发生在溢料间隙处	金属模具配合由于导向不当或对不准造成束缚或卡住,可能是由于溢料的磨蚀所致	模具应正确地对位和导向,凸模完全进入凹模(见"粘模"),溢料间隙有斜度

续表

缺陷或障碍	性状	产生原因	解决办法
早期固化	由于物料在模具闭合前发生部分固化而引起表面发白或粗糙	1)模具闭合前过分延缓,致使树脂过早凝胶 2)模具温度过低,以致模具能够在闭合之前引起树脂凝胶	1)减少加料量和降低闭模温度 2)提高模具温度
裂缝	塑料破裂	1)制件在顶出时损坏:制件上的沟槽引起黏附或卡紧,顶出机构的缺陷而使制件歪斜脱模,顶杆数量不足或处在薄壁处,粘模 2)固化不完全,以致制件顶出损坏 3)过度固化引起物料收缩过大 4)接头痕迹处薄弱 5)流线处薄弱 6)模具闭合速率太快 7)嵌件温度太高或太低,特别是重型制件	1)收缩小的物料沟槽,或取消沟槽,采用脱件板就不会出现制件歪斜脱模,增加顶杆数量,采用缓解粘模措施 2)延长固化时间,提高模具温度 3)缩短固化时间,降低模具温度 4)适当放置预制坯料,清除留接痕迹 5)调整加料位置和制件设计,可使物料流线减至最少 6)降低模具闭合速度 7)控制嵌件温度为最宜值,通过差试法求得
内部缺料（空洞）	模制件的内部没有完全填满	发生在大于 9.55 mm 的截面内部,这是由玻璃纤维限制了树脂体积的收缩造成的	除去抗电晕性能外,对模制件的性能没有损害 通过制件设计和加装型芯来避免过厚的截面
外部缺料（空洞）	模制件表面没有完全填满	1)不通孔中存在空气不能通过物料溢出 2)温度太高,致使物料流动停止太快 3)模制温度太低,致使物料太易经由溢料间隙溢出 4)闭模速度太快或太慢 5)溢料间隙太大,使物料溢出太多 6)在闭模前物料从凹模溢出 7)装料量太少 8)模具润滑剂太多	1)不通孔设置出气口 2)降低温度 3)提高温度 4)加快或减慢闭模速度,大多用差试法求得 5)降低模具温度,加快闭模速度或减小溢料间隙 6)小心地安排装料 7)增加装料量,使溢料间隙处有物料显著溢出 8)少用润滑剂
粘模（部分）	模制件部分粘在模具表面	1)模具温度低,不完全固化,以致没有足够的收缩而不能使制件从模具中脱出 2)模具使用不当 3)模具表面太粗糙 4)固化时间太短,固化不完全以致收缩不足,不能使制件从模具中脱出	1)提高模具温度 2)连续装料模制,每次装料前均涂脱模剂,并应将所有黏附的痕迹(包括毛刺)消除干净 3)抛光模具表面 4)延长固化时间
粘模（部分）	制件全部黏附在模具上	1)模具中的沟槽,很细小的沟槽将使收缩小的制件发生黏附 2)顶杆将模具中的制件顶歪了 3)制件部分地黏附在模具表面,可能使整个制件出不来	1)去除沟槽 2)正确地驱动顶杆安装板(不用液压或弹簧),小心调节消除歪斜 3)检查模具温度、润滑剂、固化时间和模具表面粗糙度值

续表

缺陷或障碍	性状	产生原因	解决办法
翘曲	模制后尺寸畸变	物料流动或固化不均匀,加之所有半径趋向变小(直角将变小 2°～3°)	1)制件设计成允许或防止翘曲(如采用肋)的结构 2)变更模具中的加料位置 3)变更模具温度(制件在模具热表面有形成凹形的倾向)

　　片状模塑料是一种新型的热固性玻璃钢模压材料。短切原纱毡或短切玻璃无捻粗纱铺放在预先均匀涂覆树脂糊的聚乙烯承载薄膜上,然后在其上覆盖一层树脂糊的聚乙烯薄膜,形成夹芯结构。通过捏压辊使树脂糊与玻璃纤维(或毡)充分揉捏,使纤维充分浸渍树脂,经化学稠化而呈干片状的预浸料,收集成卷。再经熟化处理不粘手,按照图样要求剪裁成一定尺寸,揭去两面聚乙烯保护膜,按一定要求叠放在金属对模中进行加温加压成型。片状模塑料制品成型缺陷及其解决办法见附表 C-12。

附表 C-12　　片状模塑料制品成型缺陷及其解决办法

缺陷	说明	产生原因	处理方法
焦化	在未完全充满的位置上制件表面呈暗褐色或黑色	被困集的空气和苯乙烯蒸气受到压缩使温度上升到燃点	1)改进加料方式,使空气随料流出,不发生困集 2)若褐色斑点在不通孔处出现,可使用三半模结构或用顶出销排气
型腔未充满	模具边缘部位未充满	1)加料不足 2)成型温度太高 3)空压机闭合时间过短 4)成型压力太低 5)加料面太小	1)增加加料量 2)降低成型温度 3)延长空压机闭合时间 4)加大成型压力 5)增大加料面积
	在模具边缘少数部位上未充满	1)加料不足 2)模具闭合前物料损失 3)上下模配合间隙过大或配合长度过短	1)增加加料量 2)应更细心放料 3)增加模具配合长度,若缺陷细小,可提高成型温度或加入过量材料
	虽然整个边缘充满,但某些部位仍未充满	1)加料不足 2)空气未能推出 3)不通孔处空气无法排出	1)增加加料量 2)改进加料方式 3)采用三半模结构或使空气从顶出销处排出。若缺陷细小,可加大压力
内部开裂	制件内部出现裂纹	仅在厚壁制件个别层之间存在过大的收缩应力	1)减小加料面积,以便各层纤维之间更好地交织 2)降低成型温度
表面多孔	表面上有大量小孔,制件脱模会困难	加料面积太大,表面空气因流程过短而未能排出	1)减小加料面积 2)在大料块顶部加装小料块

续表

缺陷	说明	产生原因	处理方法
鼓泡	在已固化制件表面有半圆形鼓起	1)片材间困集空气 2)温度太高(单体蒸发) 3)固化时间太短(单体蒸发)	1)用预压除去层间空气,减小加料面积,以利于空气的排出 2)降低模具温度 3)延长固化时间
	在厚截面制件表面上有半圆形鼓起	1) 在特厚制件中,内应力使个别层面扯开 2)沿熔接线存在薄弱点 3)在具有极长流程区的某方向上强度下降(纤维取向)	1)减小加料面积,使各层纤维更好交织 2)改变料块形式 3)用增加加料面积的方法缩短流程
		在脱模过程中造成的损坏: 1)形成切口(无意识产生) 2)顶出销面积太小 3)顶出销数量不够 4)粘模 5)未完全固化	1)去除切口 2)增加顶出销面积 3)增加顶出销数量 4)见"粘模"项 5)增加固化时间或提高温度
粘模	制件难以从模具内脱模,在某些部位,材料粘在模具上	1)模具温度太低 2)固化时间太短 3)料卷打开时间太长,使用仅打开了外层的料卷 4)使用新模具或长期未用模具而又未经过开模处理 5)模具表面太粗糙	1)提高模具温度 2)延长固化时间 3)使用前料卷要始终保持密封 4)前几模应使用脱模剂 5)表面抛光
	已固化制件难以脱出,某部位材料粘在模具上,同时制件表面有微孔和伤痕	加料面积过大,空气未能排出,造成空气阻碍固化	减小加料面积,在大料块顶部加小料块
模具磨损	已固化制件表面上有暗黑斑点	模具磨损	模具镀铬
翘曲	制件稍有翘曲	1)制件在硬化和冷却过程中产生翘曲 2)一半模具比另一半模具温度高得多	1)制件应在夹具中冷却,在配方中用低收缩或无收缩树脂 2)减少模具温差
	制件严重翘曲	流程特长引起玻璃纤维取向不一致,产生翘曲	增加加料面积,缩短流程。在配料中采用低收缩或无收缩树脂
表面发暗	表面没有足够的光泽	1)压力太低 2)模温太低 3)模具表面粗糙度差	1)加大压力 2)提高模温 3)模具镀铬

续表

缺陷	说明	产生原因	处理方法
表面起伏	在与流动方向成直角长度方向的垂直薄壁表面上产生波纹,或在壁厚差较大处产生不规则表面起伏	制件复杂的设计妨碍了材料均匀流动	如不能完全消除表面起伏,可用下列方法改进: 1)增大压力 2)改进模具设计 3)变换装料位置 4)配方中采用低收缩或无收缩树脂
缩孔标记	在表面筋或者凸起部的背面出现凹陷(发亮或发暗点)	成型过程中不均匀收缩	1)在配方中采用低收缩或无收缩树脂,提高温度较低的一半模具温度,通常温差值可为5~6 ℃ 2)加大压力,缩短纤维短切长度,改变模具结构设计,变换加料位置,采用较小的上下模配合间隙
流动线	表面上局部有波纹	1)模具闭合设计不当或损坏 2)模温太低 3)纤维在极长流程或不利流程处发生取向 4)一边缘压力过度降低引起模具移动	1)改进模具结构设计 2)提高模温 3)加大加料面积,缩短流程 4)改善压力均匀性和改进模具导向

附录 D　钢材组织名词解释

D. 1　包辛格效应

在金属塑性加工过程中,正向加载引起的塑性应变强化导致金属材料在随后的反向加载过程中呈现塑性应变软化(屈服极限降低)的现象,是包辛格(J. Bauschinger)于 1886 年在金属材料的力学性能实验中发现的。当将金属材料先拉伸到塑性变形阶段后卸载至零,再反向加载,即进行压缩变形时,材料的压缩屈服极限(R_e)比原始态(即未经预先拉伸塑性变形而直接进行压缩)的屈服极限(R_e)明显要低(指绝对值)。若先进行压缩使材料发生塑性变形,卸载至零后再拉伸时,材料的拉伸屈服极限同样是降低的。

D. 2　马氏体（Martensite）

马氏体是黑色金属材料的一种组织名称。最先由德国冶金学家阿道夫·马滕斯(Adolf Martens,1850—1914)于 19 世纪 90 年代在一种硬矿物中发现。马氏体三维组织形态通常有片状(Plate)或者板条状(Lath),但在金相观察中(二维)通常表现为针状(Needle - shaped),这也是在一些地方通常描述为针状的原因。马氏体的晶体结构为体心四方结构(BCT)。中高碳钢中加速冷却通常能够获得这种组织。高强度和硬度是钢中马氏体的主要特征之一。

　　这位马滕斯先生是一位德国的冶金学家。他早年作为一名工程师从事铁路桥梁的建设工作，并接触到了正在兴起的材料检验方法。于是他用自制的显微镜观察铁的金相组织，并在 1878 年发表了《铁的显微镜研究》，阐述金属断口形态以及其抛光和酸浸后的金相组织。他观察到生铁在冷却和结晶过程中的组织排列很有规则，并预言显微镜研究必将成为最有用的分析方法之一。他还曾担任柏林皇家大学附属机械工艺研究所所长，也就是柏林皇家材料实验所（"Staatliche Materialprüfungsamt"）的前身，他在那里建立了第一流的金相实验室。1895 年，国际材料试验学会成立，他担任了副主席一职。直到现在，在德国依然有一个声望颇高的奖项以他的名字命名。

D. 3　奥氏体

　　奥氏体是碳溶解在 $\gamma-Fe$ 中的间隙固溶体，常用符号 A 表示。它仍保持 $\gamma-Fe$ 的面心立方晶格。其溶碳能力较大，在 727 ℃时溶碳为 $w(C) = 0.77\%$，1 148 ℃时可溶碳 2.11%。奥氏体是在超过 727 ℃高温下才能稳定存在的组织。奥氏体塑性好，是绝大多数钢种在高温下进行压力加工时所要求的组织。奥氏体组织就是由奥氏体单晶体结晶形成的团状组织，镶嵌在钢材中，改善钢材性能。在淬火处理中，铁的晶体结构转变是其性质变化的内在因素。奥氏体塑性很好，强度较低，具有一定韧性，不具有铁磁性。奥氏体因为是面心立方，四面体间隙较大，可以容纳更多的碳。

　　奥氏体（Austenite）是钢铁的一种显微组织，通常是 $\gamma-Fe$ 中固溶少量碳的无磁性固溶体。奥氏体的名称是由英国的冶金学家罗伯茨·奥斯汀（William Chandler Roberts-Austen）命名的。

D. 4　珠光体

　　珠光体是由奥氏体发生共析转变时析出的，铁素体与渗碳体片层相间的组织，是铁碳合金中最基本的五种组织之一。得名自其珍珠般（Pearl-like）的光泽。其形态为铁素体薄层和渗碳体薄层交替叠压的层状复相物，也称为片状珠光体。用符号 P 表示，碳的质量分数 $w(C) = 0.77\%$。在珠光体中铁素体占 88%，渗碳体占 12%，由于铁素体的数量大大多于渗碳体，所以铁素体层片要比渗碳体厚得多。在球化退火条件下，珠光体中的渗碳体也呈粒状，这样的珠光体称为粒状珠光体。

　　经 2%～4%（质量分数）硝酸酒精溶液浸蚀后，在不同放大倍数的显微镜下可以观察到不同特征的珠光体组织。当放大倍数较高时，可以清晰地看到珠光体中平行排列分布的宽条铁素体和窄条渗碳体；当放大倍数较低时，珠光体中的渗碳体只能看到一条黑线；而当放大倍数继续降低或珠光体变细时，珠光体的层片状结构就不能分辨了，此时珠光体呈黑色的一团。

D. 5　铁素体

　　铁素体是碳溶解在 $\alpha-Fe$ 中的间隙固溶体。具有体心立方晶格，其溶碳能力很低，常温下仅能溶解 0.000 8% 的碳，在 727 ℃时最大的溶碳能力为 0.02%，称为铁素体或 α 固溶体，用 α 或 F 表示。α 常用在相图标注中，F 在行文中常用。亚共析成分的奥氏体通过先共析析出形成铁素体。铁素体晶界圆滑，晶内很少见孪晶或滑移线，颜色浅绿、发亮，深腐蚀后发暗。钢中铁素体以片状、块状、针状和网状存在。

　　这部分铁素体称为先共析铁素体或组织上自由的铁素体。随着形成条件不同，先共析铁素体具有不同形态，如等轴形、沿晶形、纺锤形、锯齿形和针状等。铁素体还是珠光体组织的基体。在碳钢和低合金钢的热轧（正火）和退火组织中，铁素体是主要组成相；铁素体的成分和组织对钢的工艺性能有重要影响，在某些场合对钢的使用性能也有影响。

　　碳溶入 δ-Fe 中形成间隙固溶体，呈体心立方晶格结构，因存在的温度较高，故称高温铁素体或 δ 固溶体，用 δ 表示，在 1 394 ℃以上存在，在 1 495 ℃时溶碳量最大。碳的质量分数为 0.09%。

D. 6　渗碳体 [Fe₃C，(Fe，Me)₃C]

　　金相组织：渗碳体是碳与合金元素与铁的化合物，w (C) $=6.67\%$，属斜方晶格。一次渗碳体为块状，角不尖锐；共晶渗碳体呈骨骼状，破碎后呈多角形块状。二次渗碳体可呈网状、带状、针状。共析渗碳体呈片状，退火、回火后呈球状、点状。钢中一次渗碳体多在树枝晶间处，二次渗碳体可在晶粒内、晶界处，三次渗碳体析出到二次渗碳体或晶界处。颜色白亮，退火状态呈珠光色。渗碳体硬度很高，可以刻划玻璃，但塑性极低，几乎等于零，所以非常脆。渗碳体在钢与铸铁中呈片状、球状、网状或板状（一次渗碳体），是碳钢中主要强化相，它的形状与分布对钢的性能有很大的影响。

　　渗碳体也可与其他元素形成固溶体，其中碳原子可能被氮等小原子置换，而铁原子则可被其他金属原子（Mn，Cr 等）代替，这种以渗碳体为基的固溶体称为合金渗碳体。

D. 7　屈氏体

　　屈氏体是通过奥氏体等温转变所得到的由铁素体与渗碳体组成的极弥散的混合物，是一种最细的珠光体类型组织，其组织比索氏体组织还细。淬火马氏体在 350～500 ℃进行回火后的组织称为回火屈氏体（现称托氏体），其金相特征是马氏体仍然保持着条状或片状形态，碳化物呈条状或颗粒状，并开始长大。奥氏体在 600～550 ℃范围内等温转变形成，片层间距平均小于 0.1 μm，即使在高倍光学显微镜下也无法分辨出片层，只有在电子显微镜下才能分辨出片层，与珠光体、索氏体只有粗细之分，并无本质之分。在一般光学显微镜下，只能看到如墨菊状的黑色形态。当其少量析出时，沿晶界分布，呈黑色网状；当其大量析出时，呈大块黑状。两者的形态和性能均不相同（指相同硬度时），但由于结构不同，塑性指标差异大，回火屈氏体塑性高于淬火屈氏体。

D. 8　索氏体

　　索氏体是在光学金相显微镜下放大 600 倍以上才能分辨片层的细珠光体（GB/T

7232—2012），其实质是一种珠光体，是钢的高温转变产物，是片层的铁素体与渗碳体的双相混合组织，其层片间距较小（250～350 nm），碳在铁素体中已无过饱和度，是一种平衡组织。

回火索氏体（Tempered Sorbite）是马氏体于高温回火（500～600 ℃）时形成的，在光学金相显微镜下放大 600 倍以上才能分辨出来，其为基体铁素体内分布着碳化物（包括渗碳体）球粒的复合组织。它也是马氏体的一种回火组织，是铁素体与粒状碳化物的混合物。此时的铁素体已基本无碳的过饱和度，碳化物也为稳定型，常温下是一种平衡组织。性能：具有良好的韧性和塑性，同时具有较高的强度，因此具有良好的综合力学性能。

钢经正火或等温转变得到铁素体与渗碳体的机械混合物。索氏体组织属于珠光体类型的组织，但其组织比珠光体组织细，其珠光体片层较薄，片层厚度约为 800～1 500 Å（1 Å=10^{-10} m）。索氏体具有良好的综合力学性能。将淬火钢在 650～600 ℃进行回火，所得到的索氏体称为回火索氏体。回火索氏体中的碳化物分散度很大，呈球状。故回火索氏体比索氏体具有更好的力学性能。这就是多数结构零件要进行调质处理（淬火＋高温回火）的原因。

D. 9　贝氏体

一般情况下，将过冷奥氏体在中温范围内形成的由铁素体和渗碳体组成的非层状组织统称为贝氏体。奥氏体钢等温淬火后的产物，是将钢件奥氏体化，使之快冷到贝氏体转变温度区间（260～400 ℃）等温保持，使奥氏体转变为贝氏体。贝氏体具有较高的强韧性配合。在硬度相同的情况下，贝氏体组织的耐磨性明显优于马氏体，可以达到马氏体的1～3 倍。

20 世纪 30 年代初，美国人 E. C. Bain 发现低合金钢在中温、等温下可获得一种高温转变及低温转变相异的组织，后来人们称其为贝氏体。我国柯俊教授在这方面也曾做出过有益的贡献，他和他的合作者发表的论文至今仍在国内外广为援引。

贝氏体组织具有较高的强韧性配合。在硬度相同的情况下，贝氏体组织的耐磨性明显优于马氏体，可以达到马氏体的1～3 倍，因此在钢铁材料中基体组织获得贝氏体是人们追求的目标。

贝氏体等温淬火：是将钢件奥氏体化，使之快冷到贝氏体转变温度区间（260～400 ℃）等温保持，使奥氏体转变为贝氏体的淬火工艺，有时也叫做等温淬火。一般保温时间为 30～60min（较厚的工件按照厚度毫米数乘以 1 min 计算）。近 10 年来已经开发出了低温贝氏体，也是利用等温淬火技术，不过等温温度很低，可以低至 200 ℃以下。

贝氏体（Bainite），钢中相态之一。钢过冷奥氏体的中温（Ms～550 ℃）转变产物，α-Fe 和 Fe_3C 的复相组织，用符号 B 表示。贝氏体转变温度介于珠光体转变与马氏体转变之间。在贝氏体转变温度偏高区域转变产物叫作上贝氏体（Up bainite）（350～550 ℃），其外观似羽毛状，也称为羽毛状贝氏体。其冲击韧性较差，生产上应力求避免。在贝氏体转变温度下端偏低温度区域转变产物叫做下贝氏体（Ms～350 ℃），其冲击韧性较好。为了提高韧度，生产上应通过热处理控制获得下贝氏体。上贝氏体由许多从奥氏体晶界向晶内平行生长的条状铁素体和在相邻铁素体条间存在的断续的、短杆状的渗碳体组成。下贝氏体由含碳过饱和的片状铁素体和其内部析出的微细的碳化物组成。

贝氏体转变既具有珠光体转变，又具有马氏体转变的某些特征，是一个相当复杂的到目前为止还研究得很不够的一种转变。由于转变的复杂性和转变产物的多样性，致使现在还未完全弄清贝氏体转变的机制，对转变产物贝氏体也还是无法下一个确切的定义。

D.10 孪晶马氏体

孪晶马氏体透镜形貌为片状马氏体，是在碳含量较高的钢中形成的具有针状或竹叶状形貌的马氏体，其微观亚结构主要为孪晶。

附录 E 钢材冶炼名词解释

E.1 转炉炼钢 （Converter Steelmaking）

转炉炼钢是以铁液、废钢和铁合金为主要原料，不借助外加能源，靠铁液本身的物理热和铁液组分间化学反应产生热量在转炉中完成炼钢过程。转炉按耐火材料分为酸性和碱性，按气体吹入炉内的部位分为顶吹、底吹和侧吹；按气体种类分为空气转炉和氧气转炉。碱性氧气顶吹和顶底复吹转炉由于其生产速度快、产量大、单炉产量高、成本低、投资少，为目前使用最普遍的炼钢设备。转炉主要用于生产碳钢、合金钢及铜和镍的冶炼。

E.2 平炉冶炼

平炉冶炼是用平炉以煤气或重油为燃料，在燃烧火焰直接加热的状态下，将生铁和废钢等原料熔化并精炼成钢液的炼钢方法。此法同当时的转炉炼钢法比较有下述特点：

1）可大量使用废钢，而且生铁和废钢配比灵活；

2）对铁液成分的要求不像转炉那样严格，可使用转炉不能用的普通生铁；

3）能炼的钢种比转炉多，质量较好。因此，碱性平炉炼钢法问世后就为各国广泛采用，成为世界上主要的炼钢方法。

E.3 氧气顶吹转炉炼钢

氧气顶吹转炉炼钢是从转炉顶部用喷枪把高压氧气吹入炉内，从而强化炼钢过程，并改善熔池搅拌的转炉炼钢工艺。

E.4 电炉炼钢

电炉炼钢主要利用电弧热，在电弧作用区温度高达 4 000 ℃。冶炼过程一般分为熔化期、氧化期和还原期，在炉内不仅能造成氧化气氛，还能造成还原气氛，因此脱磷、脱硫的效率很高。此类炼钢炉即电炉，种类有电弧炉、感应电炉、电渣炉、电子束炉和自耗电弧炉等。通常说的电炉钢是用碱性电弧炉生产的钢。电炉钢多用来生产优质碳素结构钢、工具钢和合金钢。这类钢质量优良、性能均匀。在含碳量相同时，电炉钢的强度和塑性优于平炉钢。电炉钢用相近钢种废钢为主要原料，也有用海绵铁代替部分废钢。通过加入铁合金来调整化学成分、合金元素含量。以废钢为原料的电炉炼钢，比高炉转炉法基建投资少，同时由于直接还原的发展，为电炉提供金属化球团代替大部分废钢，因此大大地推动了电炉炼钢。

E.5 真空精炼 (Vacuum Refining)

真空精炼是在低于或远低于常压下脱除粗金属中杂质的火法精炼方法。这种方法在一定条件下还可综合回收粗金属中的有价元素。真空精炼除了能防止金属与空气中氧、氮反应和避免气体杂质的污染外，更重要的是对许多精炼过程（特别是脱气过程）还能创造有利于金属和杂质分离的热力学和动力学条件。真空精炼主要包括真空蒸馏（升华）和真空脱气。此外，人们也常把在真空下进行的碘化物热离解法、歧化冶金以及化学气相沉积划归真空精炼范畴。

真空蒸馏（升华）在真空条件下，利用各物质在同一温度下蒸气压和蒸发速度的不同，控制适当的温度，通过某种物质选择性挥发和选择性冷凝，来获得纯物质的方法。这种方法主要用来提纯某些沸点较低的金属（或化合物），如汞、锌、硒、碲、钙、镁、铍及某些重稀土金属等。纯度为 97.5% 的金属锌，经一次真空蒸馏后纯度可达 99.94%；稀土金属钇在真空度 0.133 kPa、蒸馏温度 2 173 K、冷凝温度 1 373～1 473 K 的条件下蒸馏，产品中杂质含量可降低 1～2 个数量级；工业纯镁经真空升华后纯度可达 99.99%。真空蒸馏也可用于分离某些冶金中间产品，以制取纯金属。如将铅锌合金、铝镁合金、钇镁合金蒸馏分离制取纯金属，将稀有金属氯化物镁还原法或钙还原法所得的产品蒸馏除去残余的镁（或钙）及其氯化物，以制得纯稀有金属。

E.6 电渣冶金 (Electroslag Metallurgy)

电渣冶金是利用电流通过液态熔渣产生电阻热用以精炼金属的一种特种熔炼方法。它是一项跨学科、跨行业的技术，用于重熔精炼时称作电渣重熔；用于铸造时称作电渣熔铸；用于焊接时称作电渣焊；用于制备复合材料时称作电渣复合；用于铸锭加热补缩时称作电渣热封顶；用于连续铸钢之中间罐的称为中间罐电渣加热；将熔融钢水浇入水冷结晶器，经过导电状态的熔渣渣洗的称为电渣浇铸；在耐火材料炉衬的炉体内，利用电渣过程，熔化金属使之合金化，获得优质合金钢钢液供铸造的称为有衬电渣炉熔炼；将有衬电渣炉与离心铸造相结合的称为电渣离心浇铸；在感应炉内（钢液上面）制造电渣过程、活化炉渣、强化脱硫，发展形成了感应电渣炉，进一步与离心浇铸相结合形成感应电渣离心浇铸。电渣冶金技术正处于发展阶段，其领域边界尚不分明，它属于冶金学科前沿技术，是 21 世纪金属毛坯、金属材料制备的新方向之一。电渣冶金产品共同的特点是金属纯净、组织致密、成分均匀、成型良好、表面光洁、使用性能优异。电渣冶金一般统称为电渣重熔，是利用炉渣作为电阻和提纯剂，熔渣和钢液的精炼及钢锭结晶都在一个水冷结晶器中进行，从而可控制钢锭结晶的一种冶金方法，一般也称为 ESR 法，即 Electro‐Slag Remelting。

E. 7　炉外精炼

炼钢工艺本身的根本改革，即由以往的全部冶炼任务在冶炼炉中完成的传统炼钢法，转变到冶炼炉只进行脱碳去磷初炼，将脱硫、调整钢液成分和温度的精炼任务转到炉外精炼装置中去完成的两次炼钢法。这一转变使过去用的传统炼钢法难以生产出许多高质量钢种、各种特殊用途钢，现在它们都能以非常经济的方法大量生产，并使钢内气体含量、夹杂物含量与形态、成分偏差等影响质量的因素均达到前所未有的水平，进而大大改善了钢的化学与力学性能，取得了巨大的经济效益。在炼钢生产内部，由于采用炉外精炼技术，炼钢炉的负荷大大减轻。钢液炉外精炼后，其成分与温度非常均匀，使连续的后步浇铸工艺变得稳定，使前后步生产环节更为协调与流畅。

炉外精炼的任务是使钢液更纯洁，并使各种成分达到所要求的标准。采取此种措施可使氧、氢和其他杂质降到极限值。其主要功能如下：

1）通过钢液激烈的搅拌，使钢液温度、成分均匀化。

2）通过精确地加入合金料，准确地控制钢液成分和节省各种合金及脱氧剂。

3）通过喷入脱硫变质剂，能得到含硫低的钢液，以达到控制硫化物的目的。

4）借助减压下的 CO 反应，进一步降低钢液中的溶解氧，或通过在钢液中强烈的湍流流动，促进氧化夹杂物凝聚，改善钢液的清洁度。

5）通过降低压力并促进钢液和气相之间物质交换措施相结合，减少钢中氢含量，以消除白点。

6）采用加热方式进行炉外精炼时，可以精确地调整钢液温度，在初炼炉与连铸机之间起到缓冲与协调作用，并有效地稳定连铸工艺。

7）稳定地匹配炼钢炉和连铸机，尤其是促进高水平的连铸机和热轧机的高温直接连接。

E. 8　电弧炉炼钢

电弧炉炼钢是通过石墨电极向电弧炼钢炉内输入电能，以电极端部和炉料之间发生的电弧为热源进行炼钢的方法。电炉钢以废钢为主要原料，有些电弧炉采用直接还原的海绵铁来代替部分（30%～70%）废钢。电弧炉以电能为热源，可调整炉内气氛，对熔炼含有易氧化元素较多的钢种极为有利，发明后不久，就用于冶炼合金钢，并得到了较大的发展。现在电炉不但用于生产合金钢，而且用来大量生产普通碳素钢。

E.9　真空热处理

真空热处理是真空技术与热处理技术相结合的新型热处理技术，真空热处理所处的真空环境指的是低于一个大气压的气氛环境，包括低真空、中等真空、高真空和超高真空，真空热处理实际也属于气氛控制热处理。真空热处理是指热处理工艺的全部和部分是在真空状态下进行的，真空热处理可以实现几乎所有的常规热处理所能涉及的热处理工艺，且热处理质量大大提高。与常规热处理相比，真空热处理可实现无氧化、无脱碳、无渗碳，可去掉工件表面的鳞屑，并具有脱脂、除气等作用，从而达到表面光亮净化的效果。

附录 F　其他名词解释

F.1　渗碳（氮）钢

渗碳是指使碳原子渗入钢表面层的过程，它使低碳钢的工件具有高碳钢的表面层，再经过淬火和低温回火，使工件的表面层具有高硬度和耐磨性，而工件的中心部分仍然保持着低碳钢的韧性和塑性。

F.2　载气

载气的作用是以一定的流速载带气体样品或经汽化后的样品气体一起进入色谱柱进行分离，再将被分离后的各组分载入检测器进行检测，最后流出色谱系统放空或收集。载气只是起载带作用，而基本不参与分离作用。常用的载气有氢、氦、氮、氩、二氧化碳等，对载气的选择和净化处理视检测器而定。

F.3　钢的各种硬度值对照表

硬度是表示抵抗硬物体压入其表面的能力，它是金属材料的重要性能指标之一。一般硬度越高，其耐磨性越好。金属硬度（Hardness）的代号为 H。按硬度试验方法不同，常规表示有布氏硬度（HBW）、洛氏硬度（HR）、维氏硬度（HV）、里氏硬度（HL）等，其中 HBW 及 HR 较为常用。HBW 应用范围较广，HR 适用于表面高硬度材料，如热处理硬度等。两者的区别在于硬度计的测头不同，布氏硬度计的测头为钢球，而洛氏硬度计的测头为金刚石。

1）布氏硬度（HBW）：以一定的载荷（一般 3 000 kg）把一定大小（直径一般为 10 mm）的淬硬钢球压入材料表面，保持一段时间，去载后，负荷与其压痕面积的比值，即为布氏硬度（HBW），单位为 kgf/mm^2。一般用于材料较软的时候，如有色金属、热处理之前或退火后的钢铁。

2）洛氏硬度（HR）：当 HBW>450 或者试样过小时，不能采用布氏硬度试验，而要改用洛氏硬度计量，它是用一个顶角为 120° 的金刚石圆锥体或直径为 1.59 mm/3.18 mm

的钢球，在一定载荷下压入被测材料表面，由压痕的深度求出材料的硬度。根据试验材料硬度的不同，分为以下 3 种不同的标度来表示：

HRA：是采用 60 kg 载荷和钻石锥压入器求得的硬度，用于硬度极高材料，如硬质合金等。

HRB：是采用 100 kg 载荷和直径为 1.59 mm 淬硬钢球求得的硬度，用于硬度较低的材料，如退火钢、铸铁等。

HRC：是采用 150 kg 载荷和钻石锥压入器求得的硬度，用于硬度很高的材料，如淬火钢等。

3）维氏硬度（HV）：用 120 kg 以内的载荷和顶角为 136° 的金刚石方形锥压入材料表面，用材料压痕凹坑的表面面积除以载荷值，即为维氏硬度 HV 值（kgf/mm^2）。

硬度试验是力学性能试验中最简单易行的一种试验方法。为了能用硬度试验代替某些力学性能试验，生产上需要一个比较准确的硬度和强度的换算关系。实践证明，金属材料的各种硬度值之间、硬度值与强度值之间具有近似的相应关系。硬度值是由起始塑性变形抗力和继续塑性变形抗力决定的，材料的强度越高，塑性变形抗力越高，硬度值也就越高。

附录 G　材料物理与力学性能定义与单位

1）密度：物质单位体积的质量，符号为 ρ，单位为 g/cm^3 或 kg/m^3。

2）导热系数：材料直接传导热量的能力称为导热系数，或称为热导率。导热系数定义为单位截面、长度的材料在单位温差下和单位时间内直接传导的热量。导热系数的代号 λ，单位为瓦每米开尔文 [$W/（m \cdot K$）]。

传热系数间接反映不同材料间的热传递能力，符号为 K，单位为瓦每平方米开尔文 [$W/（m^2 \cdot K$）]。

3）线胀系数：固体物质的温度每改变 1 ℃ 时，其单位长度的改变量和它在 0 ℃ 时长度之比，叫做"线胀系数"。符号为 α_l，单位为 $℃^{-1}$ 或 K^{-1}。

4）比热容：一定质量的某种物质，在温度升高时，所吸收的热量与该物质的质量和升高的温度乘积之比，称作这种物质的比热容，符号为 c，单位为焦耳每千克开尔文 [$J/（kg \cdot K$）]，或焦耳每千克摄氏度 [$J/（kg \cdot ℃$）]。

5）比定压热容：单位质量的物质在定压的条件下温度升高 1 K 时所吸收的热量，符号为 c_p，单位为 $kJ/（kg \cdot K$）。

6）磁导率：表示物质磁化性能的一个物理量，是物质中磁感应强度 B 与磁场强度 H 之比，又称为绝对磁导率，符号为 μ，单位为亨利/米（H/m）。

真空中的磁导率符号为 μ_0，单位为亨利/米（H/m）。

相对磁导率的符号为 μ_r，$\mu_r = \mu/\mu_0$，无量纲。

7）弹性模量：材料在弹性变形阶段，其应力和应变成正比例关系（即胡克定律），其比例系数称为弹性模量。

拉伸弹性模量符号为 E，单位为 GPa，剪切弹性模量符号为 G，单位为 GPa。

8）泊松比：材料沿载荷方向产生伸长（或缩短）变形的同时，在垂直于载荷的方向会产生缩短（或伸长）变形。垂直方向上的应变 ε_l 与载荷方向上的应变 ε 之比的负值称为材料的泊松比。泊松比符号为 μ，无量纲。

9）抗拉强度：试样在拉伸过程中，材料拉断前所能承受的最大力（F_b），除以试样原横截面面积 S_o 所得的应力称为抗拉强度，它是脆性材料选材和评定的依据，称为抗拉强度或者强度极限，符号为 R_m，单位为 MPa。

10）屈服强度：金属材料在外力的作用下产生屈服现象（即应力不增大而塑性应变不断增长到某一定值）时的最小应力称为屈服强度，它表示材料抵抗微量塑性变形的能力，是塑性材料选材和评定的依据，符号为 R_e，单位为 MPa。

条件屈服强度：对于无明显屈服现象的金属材料，规定以产生 0.2% 残余变形的应力值作为其屈服极限，称为条件屈服极限或条件屈服强度，符号为 $R_{p0.2}$，单位为 MPa。

屈服强度与抗拉强度的比值 R_e/R_m 称为屈强比，屈强比越小，工程构件的可靠性越高。

11）断面收缩率：断面收缩率是衡量材料塑性变形能力的性能指标，采用标准拉伸试样测试。试样拉断时缩颈部位的截面面积与原始截面面积之差，除以原始截面面积之商的百分数即为断面收缩率，符号为 Z，无量纲。

12）伸长率：伸长率是指试样在拉伸断裂后，原始标距的伸长与原始标距之比的百分率，是衡量材料塑性的指标。A 是标距为 5 倍直径时的伸长率，$A_{11.3}$ 是标距为 10 倍直径时的伸长率，无量纲。

13）冲击功：是衡量材料韧性的一个指标，指材料在冲击载荷的作用下吸收塑性变形功和断裂功的能力。

工程上常用一次摆锤冲击弯曲试验来测定材料抵抗冲击载荷的能力，即测定冲击载荷试样被折断而消耗的冲击功 A_K，单位为焦耳（J）。当试样为 V 形缺口时，表示为 KV；当试样为 U 形缺口时，表示为 KU。

我国多采用夏比冲击试样，试验结果不仅取决于材料本身，还与试样尺寸、形状和试验温度相关，只是一个相对指标。

14）断裂韧度：在弹塑性条件下，当应力场强度因子增大到某一临界值时，裂纹便失稳扩展而导致材料断裂，这个临界或失稳扩展的应力场强度因子即断裂韧度。它表征材料阻止裂纹扩展的能力，是度量材料韧性好坏的一个定量指标，符号为 K_{IC}，单位为 MPa · $m^{1/2}$。

参 考 文 献

［1］ 黄发荣，焦扬声，郑安呐．塑料工业手册［M］．北京：化学工业出版社，2001．

［2］ 文根保，文莉，史文．应用塑料成型时的二次工艺限制收缩特性制造塑件的高精密孔的工艺方法［J］．模具制造，2009（11）：103－109．

［3］ 文根保，文莉，史文．头盔外壳成型（裱糊）模的分析与设计［C］．泰安：2010年中国工程塑料复合材料技术研讨会（工程塑料应用），2010：289－293．

［4］ 文根保，文莉，史文．头盔外壳高效成型裱糊模的设计［C］．南京：2013年中国工程塑料复合材料技术研讨会（工程塑料应用），2013：273－275．

［5］ 文根保，文莉，史文．袋压成型头盔外壳成型钻模的设计与制造［J］．模具制造，2015（3）：66－68．

［6］ 文根保，文莉，史文．供氧面罩外壳凸凹模对模成型模的设计和制造［J］．模具制造，2015（4）：71－75．

［7］ 文根保，文莉，史文．盒体成型钻模设计与制造［J］．模具制造，2015（6）：65－68．

［8］ 文根保，文莉，史文．供氧面罩外壳激光切割夹具的设计与制造［J］．模具制造，2015（7）：66－70．

［9］ 文根保，文莉，史文．多个凸台形体头盔外壳成型钻模的设计与制造［J］．模具制造，2015（9）：84－88．

［10］ 文根保，文莉，史文．多个凸台形体头盔外壳激光切割夹具的设计与制造［J］．模具制造，2015（10）：80－82．

［11］ 文根保，文莉，史文．两侧带凸台头盔外壳成形钻模的设计与制造［J］．模具技术，2015（4）：21－25．

［12］ 文根保，文莉，史文．两侧带凸台头盔外壳激光切割夹具的设计［J］．模具技术，2015（5）：61－63．

［13］ 文根保，文莉，史文．头盔内壳成型钻模凹凸模加工［J］．模具制造，2015（11）：70－73．

［14］ 文根保，文莉，史文．复杂头盔内壳机械形式成型模设计［J］．模具制造，2016（4）：58－62．

［15］ 文根保，文莉，史文．头盔外壳成形（裱糊）模的制造工艺与加工方法［J］．模具技术，2016（3）：29－33．

［16］ 文根保，文莉，史文．警用防弹头盔外壳RTM技术简易成型钻模设计［J］．模具技术，2016（5）：42－47．

［17］ 文根保，文莉，史文．三通接头油缸内抽芯内外组合对合模的设计［J］．中国模具信息，2017（7）：30－33．

［18］ 文根保，文莉，史文．消防盔结构设计及主要零部件材料与加工工艺的选择［J］．安防技术，2015，3（4）：31－37．

［19］ 文根保，文莉，史文．罩壳内抽芯与内外组合对合模设计［J］．模具工业，2017（9）：50－54．

［20］ 文根保，文莉，史文．玻璃钢抽油烟机罩壳真空袋压成型组合凸模的设计［J］．模具技术，2018（3）：18－23＋57．

［21］ 文根保，文莉，史文．弧形盒的组合凹模设计和热压罐成型技术［J］．模具技术，2018（1）：26－30．

［22］ 文根保，文莉，史文．鼓风机玻璃钢外壳凸凹对合成型模工作件加工工艺［J］．国际金属加工商情，2018（8）：22－23．

［23］ 文根保，文莉，史文．吹风机玻璃钢外壳对合成型模设计［J］．模具工业，2018，44（9）：42－46．